21 世纪高职高专规划教材·计算机系列

计算机应用基础项目化教程

Project-based Course in Computer Application Basis

（第2版）

主编　赵　伟　宫国顺　韩雪松

清华大学出版社
北京交通大学出版社
·北京·

内 容 简 介

本书详细讲解了信息技术基础知识、Windows 7 操作系统、计算机网络与 Internet 应用、文字处理软件 Word 2010、电子表格处理软件 Excel 2010、演示文稿制作软件 PowerPoint 2010、网络安全基础、多媒体技术基础及动漫设计的内容，以项目、任务引领整个操作过程，旨在培养读者的操作技能，提高读者对知识的应用能力，帮助读者解决实际中遇到的问题。

本书详细讲解了计算机应用基础知识，并将理论很好地与实践进行了结合，适合用作专升本考试用书、高职院校计算机基础教材、计算机基础培训用书，也可作为办公人员的参考用书。

图书在版编目(CIP)数据

计算机应用基础项目化教程/赵伟，宫国顺，韩雪松主编．—2 版．—北京：北京交通大学出版社：清华大学出版社，2016.9
(21 世纪高职高专规划教材·计算机系列)
ISBN 978-7-5121-3032-6

Ⅰ.①计…　Ⅱ.①赵…　②宫…　③韩…　Ⅲ.①电子计算机 - 高等职业教育 - 教材
Ⅳ.①TP3

中国版本图书馆 CIP 数据核字（2016）第 207573 号

计算机应用基础项目化教程
JISUANJI YINGYONG JICHU XIANGMUHUA JIAOCHENG

责任编辑：韩　乐　　　助理编辑：付丽婷
出版发行：清 华 大 学 出 版 社　邮编：100084　电话：010 - 62776969
　　　　　北京交通大学出版社　邮编：100044　电话：010 - 51686414
印 刷 者：北京交大印刷厂
经　　销：全国新华书店
开　　本：185 mm × 260 mm　印张：33　字数：824 千字
版　　次：2016 年 9 月第 2 版　2016 年 9 月第 1 次印刷
书　　号：ISBN 978-7-5121-3032-6/TP · 833
印　　数：1～4 000 册　定价：56.00 元

本书如有质量问题，请向北京交通大学出版社质监组反映。对您的意见和批评，我们表示欢迎和感谢。
投诉电话：010 - 51686043，51686008；传真：010 - 62225406；E-mail：press@ bjtu. edu. cn。

再版前言

随着计算机的迅速普及和计算机技术日新月异的发展，计算机技术已经成为当今世界发展最快、应用最广泛的技术之一。进入21世纪以后，计算机基础教学所面临的形势发生了巨大的变化，计算机应用能力已成为衡量大学生业务素质与能力的主要标志之一。这对大学生计算机教育的教学内容提出了更高的要求。

大学计算机基础是非计算机专业高等教育的公共必修课程，是学习其他计算机相关技术课程的前提和基础。本书编写的宗旨是使读者全面、系统地了解计算机基础知识，具备计算机实际操作能力，并能在各自的专业领域应用计算机进行学习与研究。本书根据教育部计算机基础课程教学指导委员会对计算机基础教学提出的目标和要求编写，并结合当代大学生自身情况，因材施教。本书由浅入深，化繁为简，采用“基于任务的行动导向”的教学方法，为学生设计了任务及目标，让学生在实际操作过程中掌握知识和操作技能，举一反三，从而提升学生的计算机应用的水平。

本书设计了知识点提要、任务单、资料卡及实例、评价单、知识点强化与巩固五个模块，构建了相对完整的从引入到操作再到评价的教学环节，并在内容上采用按章划分的原则。本书采用项目化教学的模式，以“任务驱动、项目引领”为主要教学方式，教学目标明确，针对性和可操作性强，真正体现了职业技术教育的性质和特点。

本书由赵伟、宫国顺、韩雪松主编，尹宏飞、关玉梅、闫文达、牟春苗、徐秀华、韩江参编。本书内容合理，通俗易懂，适合高职高专各专业学生使用，也可以作为培训教材或自学指导书。为方便学习，本书免费提供书中涉及的所有电子素材资料、习题答案、任务单答案，读者可以从北京交通大学出版社网站上免费下载，网址为：http://www.bjtup.com.cn。

由于时间仓促及编者水平有限，书中难免出现疏忽、错漏之处，欢迎各位学者、专家、老师和同学对本书进行斧正或者提出宝贵的建议或意见。

编　者

2016年6月

第1版前言

计算机技术是当今发展最快、应用最为广泛的技术之一。掌握计算机的基础知识及操作技能是当代大学生所必须具备的基本素质。我们在多年的教学过程中发现，传统的教材大多以陈述性的知识为主，与实际应用联系较少，不利于调动学生的积极性。为此，我们在不断的摸索与实践过程中，总结出了一套新的教学方法——项目化教学与分组教学相结合的教学方法，这种新的教学方法能够充分调动学生的积极性。本书正是基于这种教学方法，以任务驱动为线索编写的教材。

全书共分为三大部分12个项目，其中第一部分是Windows XP操作系统的基本知识，包括2个项目，主要介绍计算机的基本操作与基本设置，以及操作系统中自带程序的使用方法；第二部分是计算机网络的基础知识，包括1个项目，主要介绍了网络的基础知识及基本应用操作；第三部分是Office 2007办公自动化软件的使用，包括9个项目，主要介绍了如何使用Word排版、使用Excel制作电子表格以及使用PowerPoint制作宣传演示文稿。在12个项目中，均包含有任务单、信息单、评价单及思考与练习。

本书由工作在一线、有丰富教学实践经验的教师编写。内容安排合理，逻辑性强，循序渐进，通俗易懂。本书适合高职高专各专业学生使用，也可作为培训班教材和自学参考书。

由于时间仓促和作者水平有限，书中难免存在缺点和不足之处，恳请各位学者、专家、老师和同学提出宝贵意见。

编　者

2010年8月

目　　录

第1章　信息技术基础知识

计算机是一种能够自动、高速、精确地进行各种信息处理的电子设备，是20世纪最伟大的发明创造之一，是科学技术史上的里程碑。自1946年世界上公认的第一台计算机诞生至今，计算机技术得到了飞速发展。从尖端科学领域到人类社会生活，到处都可以看到由计算机带来的巨大变化和深远影响。计算机目前已成为各行各业必不可少的、最基本的和最通用的工具之一。在21世纪的信息时代，计算机与信息技术的基础知识已成为人们必须掌握的基本知识。

项目一　信息技术发展历程

1. 信息技术的概念
2. 计算机的发展
3. 计算机的分类
4. 计算机的特点及应用
5. 计算思维
6. 大数据

任务单

<table>
<tr><td>任 务 名 称</td><td>信息技术发展历程</td><td>学　　时</td><td>2 学时</td></tr>
<tr><td>知识目标</td><td colspan="3">1. 了解计算机发展的时代。
2. 掌握世界上公认的第一台计算机产生的时间、地点。
3. 掌握计算机的分类。
4. 理解什么是计算思维和大数据。</td></tr>
<tr><td>能力目标</td><td colspan="3">1. 具有描述计算机发展情况的能力。
2. 具有将计算机发展与实际中计算机的使用联系在一起的能力。
3. 具有沟通、协作能力。</td></tr>
<tr><td>任务描述</td><td colspan="3">一、描述出你对计算机的理解

二、写出计算机发展的四个代次及其名称
<table><tr><th>代　　次</th><th>名　　称</th></tr><tr><td></td><td></td></tr><tr><td></td><td></td></tr><tr><td></td><td></td></tr><tr><td></td><td></td></tr><tr><td></td><td></td></tr></table>
三、举例说出大数据的应用实例

四、写出你对第五代计算机发展情况的认识</td></tr>
<tr><td>任务要求</td><td colspan="3">1. 仔细阅读任务描述中的要求，认真完成任务。
2. 小组间可以讨论并交流操作方法。</td></tr>
</table>

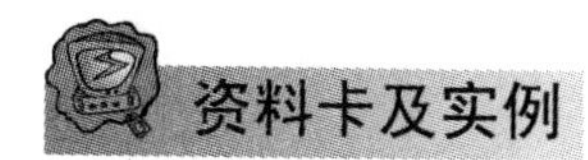

1.1　信息技术与计算机概述

21 世纪是一个崭新的信息化时代。随着信息技术的飞速发展和社会竞争的日趋激烈，特别是信息化进程的日益推进，信息管理活动日渐活跃，各种各样的信息管理系统应运而生。计算机与信息技术的基础知识已成为人们必须掌握的基本知识。无论是信息的获取和存储，还是信息的加工、传输和发布，均要通过计算机进行信息处理，并通过计算机网络有效地传送和处理信息。

1.1.1　信息技术的概念

信息技术（information technology）是在信息科学的基本原理和方法的指导下扩展人类信息功能的技术，是实现信息化的核心手段。一般来说，信息技术是以电子计算机和现代通信为主要手段实现信息的获取、加工、传递和利用等功能的技术总和。人的信息功能包括感觉器官承担的信息获取功能，神经网络承担的信息传递功能，思维器官承担的信息认知功能和信息再生功能，效应器官承担的信息执行功能。参照人的信息器官功能的分类，信息技术可分为以下几方面技术。

1. 传感技术

传感技术是信息的采集技术，对应人的感觉器官，它的作用是扩展人获取信息的感觉器官功能。它包括信息识别、信息提取、信息检测等技术。

信息识别包括文字识别、语音识别和图形识别等，通常采用一种叫作“模式识别”的方法。传感技术、测量技术与通信技术结合在一起而产生的遥感技术，能使人感知信息的能力得到进一步的加强。

2. 通信技术

通信技术是信息的传递技术，对应人的神经系统的功能。它的主要功能是实现信息快速、可靠、安全的转移，各种通信技术都属于这个范畴，如广播技术。由于存储、记录可以看成是从“现在”向“未来”或从“过去”向“现在”传递信息的一种活动，因而也可将它看作是信息传递技术的一种。

3. 计算机技术

计算机技术是信息的处理和存储技术，对应人的思维器官。计算机信息处理技术主要包括对信息的编码、压缩、加密和再生等技术。计算机信息存储技术主要包括影响计算机存储器的读写速度、存储容量及稳定性的内存储技术和外存储技术。

4. 控制技术

控制技术是信息的使用技术，对应人的效应器官。它包括调控技术、显示技术等。

传感技术、通信技术、计算机技术和控制技术是信息技术的四大基本技术。信息技术的主要支柱是通信（communication）技术、计算机（computer）技术和控制（control）技术，即“3C”技术。

1.1.2 计算机的发展

电子数字计算机是一种不需要人的干预，能够自动连续地、快速地、准确地完成信息存储、数值计算、数据处理和过程控制等多种功能的电子机器。它的物质基础是电子逻辑器件，基本功能是进行数字化信息处理，人们常称为“计算机”，又因为它的工作方式与人的思维过程十分类似，亦被叫作“电脑”。

现代计算机孕育于英国，诞生于美国。1936 年英国科学家图灵在伦敦权威的数学杂志上发表了一篇著名的论文《理想计算机》，文中提出了著名的“图灵机”（Turing machine）的设想，并提出“图灵机”由 3 部分组成：一条带子、一个读写头和一个控制装置。该论文还阐述了“图灵机”不是一种具体的机器，而是一种理论模型，可用来制造一种十分简单但运算能力极强的计算装置。图灵后来被称为“计算机理论之父”。

世界上公认的第一台电子数字计算机是 1946 年 2 月在美国宾夕法尼亚大学由约翰·莫克利领导的为导弹设计服务小组制成的 ENIAC，如图 1.1 所示。它使用了 18 800 个电子管，150 多个继电器，耗电 150 kW，占地面积 150 m^2，重量达 30 t，每秒钟只能完成 5 000 次加法运算。虽然它体积大、速度慢、能耗大，但它却为发展电子计算机奠定了技术基础。在 ENIAC 研制期间，另两位科学家，冯·诺依曼与莫尔合作研制了 EDVAC。EDVAC 采用的存储程序原理被沿用至今，所以现在的计算机都被称为以存储程序原理为基础的冯·诺依曼型计算机。

图 1.1 ENIAC

半个多世纪以来，计算机已经发展了四代，现在正向第五代计算机发展。在推动计算机发展的诸多因素中，电子器件的发展起着决定性的作用。另外，计算机系统结构和计算机软件的发展也起着重大的作用。

1. 第一代计算机

第一代（1946—1958）计算机称为电子管计算机。其特征是：采用电子管作为计算的逻辑元件；计算机体积庞大，可靠性差，输入输出设备有限，使用穿孔卡片；主存容量为数百字节到数千字节，主要以单机方式完成科学计算；要用机器语言或汇编语言编写程序，只能进行定点数运算。

2. 第二代计算机

第二代（1958—1964）计算机称为晶体管计算机。其特征是：采用晶体管代替了电子管；用铁淦氧磁芯和磁盘作为主存储器；体积、重量和功耗方面都比电子管计算机小很多，运算速度进一步提高，主存容量进一步扩大；软件有了很大发展，出现了 FORTRAN，COBOL，ALGOL 等高级语言，以简化程序设计；计算机不但用于科学计算，而且用于数据处理，并开始用于工业控制。有代表性的计算机是 IBM 公司生产的 IBM－7094 计算机和 CDC 公司生产的 CDC1604 计算机。

3. 第三代计算机

第三代（1964—1975）计算机称为中小规模集成电路计算机。其特征是：集成电路 IC（integrated circuit）代替了分立元件；半导体存储器逐渐取代了铁淦氧磁芯存储器；采用了微程序控制技术。在软件方面，操作系统日益成熟，功能日益强化。多处理机、虚拟存储器系统，以及面向用户的应用软件的发展，大大丰富了计算机软件资源。

4. 第四代计算机

第四代计算机（1975 至今）称为大规模和超大规模集成电路计算机。其特征是：以大规模集成电路 LSI 或超大规模集成电路 VLSI 为计算机主要功能部件；主存储器也采用集成度很高的半导体存储器。在软件方面，发展了数据库系统、分布式操作系统等。此时出现了微型机，由于微型机体积小、功耗低、成本低，其性能价格比优于其他类型的计算机，因而得到了广泛的应用。

20 世纪 70 年代以后，计算机使用的集成电路的集成度迅速从中小规模发展到大规模、超大规模的水平，微处理器和微型机应运而生，各类计算机的性能迅速提高。随着字长 4 位、8 位、16 位、32 位和 64 位的微型机相继问世和广泛应用，对小型计算机、通用计算机和专用计算机的需求量也相应增长了。

进入集成电路计算机发展时期以后，计算机中形成了相当规模的软件子系统，高级语言种类进一步增加，操作系统日趋完善。数据库管理系统、通信处理程序、网络软件等也不断增添到软件子系统中。软件子系统的功能不断增强，明显地改变了计算机的使用属性，显著提高了计算机的使用效率。

目前，世界各国正在加紧研制第五代计算机。一般认为新一代计算机不应仅在原有结构的基础上进行器件的更新换代，而应该突破冯·诺依曼型计算机的结构，发展成为具有知识库管理功能的、高度并行的智能计算机。

1.1.3　计算机的分类

随着计算机技术的发展和应用的推动，尤其是微处理器的发展，计算机的类型越来越多样化。计算机按照不同的原则可以有多种分类方法。

1. 按信息在计算机中的处理方式分类

1）数字计算机

数字计算机是当今世界电子计算机行业中的主流，其内部处理的是一种称为符号信号或数字信号的电信号。它采用二进制运算，主要特点是“离散”；解题精度高，便于存储，是通用性很强的计算工具；既能胜任科学计算和数字处理，也能进行过程控制和

CAD/CAM 等工作。由于此类计算机处理信号的独特性，使得它的组成结构和性能优于模拟计算机。

2）模拟计算机

模拟计算机问世较早，其内部所使用的电信号是模拟自然界的实际信号获得的。模拟计算机处理问题的精度差，且所有的处理过程均需模拟电路来实现，电路结构复杂，抗外界干扰能力较差。

通用模拟计算机的组成包括线性运算部件（比例器、加法器、积分器等）、非线性运算部件（函数产生器、乘法器等）、控制电路、电源、排线接线板、输出显示与记录装置。

模拟计算机特别适合于求解常微分方程，因此也被称为模拟微分分析器。物理系统的动态过程多数是以微分方程的数学形式表示的，所以模拟计算机很适用于动态系统的仿真研究。模拟计算机在工作时是把各种运算部件按照系统的数学模型联结起来，并行地进行运算的，各运算部件的输出电压分别代表系统中相应的变量，因此模拟计算机具有处理速度高和能直观表示出系统内部关系的特点。

3）数字模拟混合计算机

数字模拟混合计算机取数字、模拟计算机之长，既能高速运算，又便于存储信息，但这类计算机造价昂贵。现在人们所使用的大都属于数字计算机。

2. 按功能分类

1）专用计算机

专用计算机用于解决某个特定方面的问题，配有为解决某问题而用到的软件和硬件。专用计算机功能单一，可靠性高，结构简单，适应性差，但在特定用途下最有效、最经济、最快速，是其他计算机无法替代的，如军事系统、银行系统、生产过程的自动化控制、数控机床等都会用到专用计算机。

2）通用计算机

通用计算机功能齐全，适应性强，可用于解决各类问题。它既可以进行科学计算，也可以用于数据处理，通用性较强。目前人们所使用的大都是通用计算机。

3. 按计算机规模分类

按照计算机规模，并参考其运算速度、输入输出能力、存储能力等因素，通常将计算机分为巨型机、大型机、小型机、微型机等几类。

尽管长期以来这类名称一直在使用，但是这种叫法不确切，因为计算机技术发展很快，有些在大型机中使用的技术今天可能已在微型机中实现，如 Intel 80386 的 32 位微处理器采用了 20 世纪 70 年代大型机才采用的技术，其性能已达到当时大型机的水平。

1）巨型机

巨型机运算速度快，存储量大，结构复杂，价格昂贵，主要应用于尖端科学研究领域，如 IBM 390 系列、银河机等。如图 1.2 所示为银河Ⅲ百亿次并行巨型计算机，现在还有速度达到千万亿次的曙光机。

2）大型机

大型机规模次于巨型机，有比较完善的指令系统和丰富的外部设备，主要用于计算机网络和大型计算中心，如图 1.3 所示为 IBM 大型计算机。

图1.2 银河Ⅲ百亿次并行巨型计算机

图1.3 IBM大型计算机

大型机其实一直都是服务器的创新之源，随着它的技术不断完善，Power平台、x86平台都得到了前所未有的强化。大型机不仅没有因计算机技术的快速发展而走向弱式，而且形成了更为丰富的外延产品圈，可以全方位地满足不同类型的客户需要。

3）小型机

小型机较之大型机成本低，维护也容易。小型机用途广泛，现可用于科学计算和数据处理，也可用于生产过程自动控制和数据采集及分析处理等。如图1.4所示为Hp AlphaServer 800小型机。

4）微型机

微型机由微处理器、半导体存储器和输入输出接口等组成，这使得它较之小型机体积更小，价格更低，灵活性更好，可靠性更高，使用更加方便。如图1.5所示为方正君逸M580微型机。

图1.4 Hp AlphaServer 800小型机

图1.5 方正君逸M580微型机

4. 按照其工作模式分类

1）服务器

服务器是一种可供网络用户共享的高性能计算机。服务器一般具有大容量的存储设备和丰富的外部设备。由于要运行网络操作系统，要求较高的运行速度，因此，很多服务器都配置了双核、四核或更多核的CPU，如图1.6所示为Sun V480服务器。

图 1.6 Sun V480 服务器

2）工作站

工作站是高档微型机，它的独到之处，就是易于联网，配有大容量主存和大屏幕显示器，特别适合于 CAD/CAM 和办公自动化。

1.1.4 计算机的特点及应用

1. 计算机的主要特点

1）超强的记忆能力

计算机的存储器具有存储、记忆大量信息的功能，目前微型机内存容量已达到 512 MB ~ 1 GB。同时，计算机可实现快速存取，一般读取时间只需十分之几微秒，甚至百分之几微秒。具有记忆和高速存取能力是它能够自动高速运行的必要基础。

2）运算精度高

由于计算机利用二进制数字表示数据，因此它的精度主要取决于数据表示的位数，一般称为字长。字长越长，其精度越高。计算机的字长有 8 位、16 位、32 位、64 位等。

3）可靠的逻辑判断能力

计算机内部的运算器是由一些数字逻辑电路构成的。逻辑运算和逻辑判断是计算机基本的功能，如判断一个数大于还是小于另一个数。有了逻辑判断能力，计算机在运算时就可以根据对上一步运算结果的判断，自动选择下一步计算的方法。这一功能使得计算机还能进行诸如情报检索、逻辑推理、资料分类等工作，大大扩大了计算机的应用范围。

4）高度自动化

由于采用存储程序控制的方式，一旦输入编好的程序，启动计算机后，它就能自动地执行下去，不需要人来干预。这一点是计算机最突出的特点，也是它和其他一切计算工具的本质区别。

5）通用性强

在用计算机解决问题时，针对不同的问题，可以执行不同的计算机程序。因此，计算机的使用具有很大的灵活性和通用性，同一台计算机能解决各式各样的问题，应用于不同的领域。

2. 计算机的应用

由于计算机具有处理速度快、处理精度高、可存储、可进行逻辑判断、可靠性高、通用性强和自动化等特点，因此计算机具有广泛的应用领域。

1）科学计算

科学计算主要是为解决科学研究和工程设计中遇到的大量数学问题，如卫星轨道的计算、导弹发射参数的计算、宇宙飞船运行轨迹和气动干扰的计算等。它的特点是计算量大，而逻辑关系相对简单。

2）信息处理

它是指对各种信息进行收集、存储、加工、分析和统计，以及向使用者提供信息存储、检索等一系列活动的总和，如银行储蓄系统的存款、取款和计息，图书、书刊、文献和档案资料的管理和查询等。

3）过程控制

它是指由计算机对采集到的数据按一定方法经过计算，然后输出到指定执行机构去控制生产的过程，如在化工厂计算机可用来控制化工生产的某些环节或全过程。

4）计算机辅助系统

这是设计人员使用计算机进行设计的一项专门技术，是用来完成复杂的设计任务的。它不仅包括辅助设计，而且还包括辅助制造、辅助教学、辅助教育及其他许多方面的内容，这些都统称为计算机辅助系统。

- 计算机辅助设计 CAD（computer-aided design）；
- 计算机辅助制造 CAM（computer-aided manufacturing）；
- 计算机辅助教学 CAI（computer-aided instruction）；
- 计算机辅助教育 CBE（computer-based education）。

5）人工智能

人工智能即用计算机模拟人类大脑的高级思维活动，使之具有学习、推理和决策的功能。专家系统是人工智能研究的一个应用领域，可以对输入的原始数据进行分析、推理，并做出判断和决策，如智能模拟机器人、医疗诊断、语音识别、金融决策、人机对弈等。

6）电子商务

电子商务（electronic commerce，EC），广义上指使用各种电子工具从事商务或活动，狭义上指基于浏览器/服务器应用方式，利用 Internet 从事商务或活动。电子商务涵盖的范围很广，一般可分为企业对企业（business - to - business），或企业对消费者（business - to - consumer）两种，如消费者的网上购物、商户之间的网上交易和在线电子支付等。

7）多媒体应用

多媒体计算机的主要特点是集成性和交互性，即集文字、声音、图像等信息于一体，并使人机双方通过计算机进行交互。多媒体技术的发展大大拓宽了计算机的应用领域，而视频、音频信息的数字化，使得计算机走向家庭，走向个人。

计算机在社会各领域中的广泛应用，有力地推动了社会的发展和科学技术水平的提高，同时也促进了计算机技术的不断更新，使其朝着微型化、巨型化、网络化、多媒化与智能化的方向不断发展。

3. 计算机未来的发展

计算机技术不断地发展，其发展趋势正朝着巨型化、微型化、网络化、多媒化与智能化方向前进。

1）巨型化

巨型化是指计算机向运算速度更高，存储容量更大，功能更强的方向发展，如核试验、破解人类基因等。一个国家的巨型机的研制水平，在一定程度上标志着该国家计算机的技术水平。

2）微型化

微型化是指计算机向体积更小、质量更小、功能更齐全、价格更低的方向发展，如医疗中的微创手术及军事上的“电子苍蝇”“蚂蚁士兵”等。计算机只有微型化之后，才能使计算机更加贴近日常生活，从而进一步推动计算机的普及。

3）网络化

将分散的计算机连接成网，组成了网络。众多用户共享信息资源，互相传递信息，即资源共享。

4）多媒化

计算机数字化技术的发展，进一步改善了计算机的表现能力，使得计算机可以集成图像、声音、文字处理为一体，使人们能够通过键盘、鼠标和显示器对文字和数字进行交互，使人们能够面对一个有声有色、图文并茂的信息环境。

5）智能化

智能是指利用计算机来模拟人的思维过程，计算机智能化程度越高，就越能代替人的工作，也就越具有主动性，如利用计算机进行逻辑推理、理解自然语言、辅助疾病诊断、实现人机对弈和密码破译等工作。计算机高度智能化是人们长期不懈追求的目标。

从计算机与各个应用领域的结合来看，计算机未来的发展方向有以下五种。

1）计算机与各门学科相结合

研究工具和研究方法的改进，促进了各门学科的发展。过去，人们主要通过实验和理论两条途径进行科学技术研究。现在，计算和模拟已成为研究工作的第三条途径。

2）计算机与有关的实验观测仪器相结合

计算机可对实验数据进行现场记录、整理、加工、分析并绘制成图表，显著地提高了实验工作的质量和效率。计算机辅助设计已成为工程设计优质化、自动化的重要手段。在理论研究方面，计算机是人类大脑的延伸，可代替人脑的若干功能并加以强化。古老的数学靠纸和笔运算，现在计算机成了新的工具，数学定理证明之类的繁重脑力劳动，也可由计算机来完成或部分完成。

3）计算和模拟作为一种新的研究手段

计算机常使一些学科衍生出新的分支学科。例如，空气动力学、气象学、弹性结构力学等所面临的“计算障碍”，在有了高速计算机和有关的计算方法之后开始有所突破，并衍生出计算空气动力学、气象数值预报等边缘分支学科。利用计算机进行定量研究，不仅在自然科学中发挥了重大的作用，在社会科学和人文学科中也是如此。例如，在人口普查、社会调查和自然语言研究方面，计算机就是一种很得力的工具。

计算机在各行各业中的广泛应用，常常产生显著的经济效益和社会效益，从而引起产业结构、产品结构、经营管理和服务方式等方面的重大变革。在产业结构中已出现了计算机制造业和计算机服务业，以及知识产业等新的行业。

微处理器和微计算机已嵌入机电设备、电子设备、通信设备、仪器、仪表和家用电器中，使这些产品向智能化方向发展。计算机被引入各种生产过程的系统中，使化工、石油、钢铁、电力、机械、造纸、水泥等行业生产过程的自动化水平有了很大提高，同时劳动生产率上升、质量提高、成本下降。计算机嵌入各种武器装备和武器系统中，可显著提高其作战能力。

4）经营管理方面

计算机可用于完成统计、计划、查询、库存管理、市场分析、辅助决策等工作，使经营管理工作科学化和高效化，从而加速资金周转，降低库存水平，改善服务质量，缩短新产品研制周期，提高劳动生产率。在办公室自动化方面，计算机可用于文件的起草、检索和管理等，能显著提高办公效率。

5）计算机还是人们的学习工具和生活工具

借助家用计算机、个人计算机、计算机网、数据库系统和各种终端设备，人们可以学习各种课程，获取各种情报和知识，处理各种生活事务（如订票、购物、存取款等），甚至可以居家办公。越来越多的人的工作、学习和生活将与计算机发生直接的或间接的联系。普及计算机教育已成为一个重要的问题。

总之，计算机的发展和应用已不仅是一种技术现象，而是一种政治、经济、军事和社会现象。

1.1.5 计算思维

2006年3月，美国卡内基·梅隆大学周以真（Jeannette M. Wing）教授提出了计算思维的概念。她认为如同所有人都具备“读、写、算”的能力一样，计算思维应该成为适合于每个人的一种普遍的认识和一类普适的技能。

1. 思维的分类

思维是人类所具有的高级认识活动，是人脑对客观事物本质和规律的反应。思维可以让人类认知、诠释、描述或模型化其体验的周围世界，并能做出关于世界的预测。

人类对客观世界的正确认识要依赖科学方法。科学界一般认为，科学方法分为理论方法、实验方法和计算方法三大类，而与三大类科学方法相对的是三大科学思维，即理论思维、实验思维和计算思维。

理论思维，又称逻辑思维，是以推理和演绎为特征，以数学学科为代表，建构在公理系统之上的。

实验思维以观察和总结自然规律为特征，以物理学科为代表。对于实验思维来说，最为重要的事情就是设计、制造实验仪器和获得理想的实验环境。

计算思维是运用计算机科学的基础概念进行问题求解、系统设计，以及理解人类行为等涵盖计算机科学之广度的一系列思维活动。计算思维的本质是抽象和自动化。计算思维中的抽象完全超越物理的时空观，并完全用符号来表示，而且抽象是分层次的，人们可以根据不同的抽象层次，有选择地忽视某些细节，最终控制系统的复杂性。计算思维中的抽象最终要能够利用机器一步步自动执行，即所说的自动化。

2. 计算思维的特征

计算思维是概念化的抽象思维而不只是程序设计。像计算机科学家那样去思维意味着不仅要能为计算机编程，还要能在抽象的多个层次上思维。

计算思维是一种根本技能，不是刻板的技能。计算思维是每一个人为了在现代社会中发挥职能所必须掌握的技能，而不是简单的机械重复的技能。

计算思维是人的而不是计算机的思维方式。计算思维是人类求解问题的一条途径，但绝非要使人类像计算机那样思考。计算机枯燥且沉闷，人类聪颖且富有想象力。计算机赋予人类强大的计算能力，人类应该好好地利用这种能力去解决各种需要大量计算的问题。

计算思维是数学和工程思维的互补与融合。计算科学在本质上源自数学思维和工程思维，因此计算思维所建造的是能够与实际世界互动的系统。

计算思维是思想，不是人造品。计算思维是被人们用来求解问题、管理日常生活，以及与他人进行交流和互动的思想。

计算思维面向所有人和所有地方。当计算思维真正融入人类活动中时，它作为一个问题解决的有效工具，人人都应当掌握，处处都会被使用。

3. 生活中的计算思维

简单地说，计算思维就是应用计算机解决问题的意识和能力，因此在生活中有很多计算思维的实例。

比如，当你登录 QQ 时，输入账号和密码后，系统是如何快速把你的信息展示给你的？在腾讯的服务器中存储了所有 QQ 注册用户的信息库，当你输入自己的账号、密码，单击【登录】按钮后，腾讯的服务器应该在信息库里快速地找到你的账号，并读出你的密码，与你输入的密码进行比较，如果不一致，则提示你密码输入错误，如果一致则帮你启动 QQ。瞬间实现 8 亿多条信息的比较就要用到数据的存储和检索技术。

再比如做饭问题。很多人都会做饭，但并不是所有人都是好的厨师，因为很多人都是凭自己的直觉去做饭的。假设有 4 个灶头，锅碗瓢盆的数量是一样的，你要做肉菜、素菜，还要做一个甜点，那么你在保证做出好吃的饭的同时，还要考虑到诸如做荤菜的时候素菜不要凉了，同时要做搭配的甜点。其实，从计算思维角度来说，这就是在给定有限资源的情况下，如何去设定几个并行的流程的问题，实际上就是一个任务的统筹设计。

1.1.6 大数据

随着人类文明的不断发展，人们所掌握的数据量在呈指数级的增长。伴随着数据量的爆炸式增长，人类迎来了大数据时代。有人说“得大数据者得天下”，如何充分利用大数据技术解决各自领域的实际问题是摆在各行业、各部门决策者面前的一个重要任务。

数据、信息和知识是不同的概念。数据是信息的载体，知识是人们经过归纳和整理的有规律的信息。例如，关于学生身高的问题，测量得到的 1.62 m 为数据，张丽同学的身高为 1.62 m 则为信息，而经过对多个同学身高信息的归纳计算后，得出大学女生的平均身高为 1.62 m，则为知识。

1. 大数据时代中你的一天

7:00，你被手机闹钟叫醒。昨晚，你带着一款小型可穿戴设备睡觉的。这个设备连接着你手机里的一款大数据 App，你打开它就可以看到你昨晚睡觉时翻身次数、心跳和血压状况。根据测量结果，它建议你今天出门之前多喝点橙汁类的饮品来补充维生素。

7:15，在你刷牙洗脸时，早餐机按设定自动热好早餐。

7:30，在你吃早餐时，餐桌前的屏幕自动开启，开始播报订阅的隔夜新闻，提醒今日日程安排，显示当日的天气预报。

7:55，先打开手机，控制车辆，开启空调，调节好温度，然后设定目标路线。车内大数据系统会自动进行今天的交通预测，软件会自动根据大数据计算最佳的出行路线地图。

8:00，直接下楼，汽车已经根据指示自动驾驶，提前到达小区门口等待了。出发上班，进入自动驾驶模式，车辆开始播放音乐，座椅自动躺平，开始简单的按摩肩颈。

8:25，到达单位。视频监视系统自动识别人物特征，车辆直接进入公司大门口，下车后，车辆进入自动泊车模式，自行到车库寻找车位。

8:30，大数据会将公司遗留的工作内容和今天的工作安排发到你的手机上。办公桌上已经无电脑，直接使用手机将资料投影到办公桌前的一个玻璃上，并在投影中可以进行虚拟触摸操作，办公数据直接通过互联网存储到网络共享空间。

12:00，大数据自动会根据你之前的用餐记录，推荐一个餐馆，并已经推荐好菜单，同时告诉你餐馆附近有多少车位，算出可能的拥堵时间，以及到了是否还有车位等。

18:00，你回到了家，你的可穿戴设备告诉你，今天你在室内和室外的时间分别都是多少，你一天内走了多少步，吸入了多少雾霾。

2. 什么是大数据

维基百科给出的定义是：大数据（big data 或 megadata），或称巨量数据、海量数据、大资料，指的是所涉及的数据量规模巨大到无法通过人工，在合理时间内达到截取、管理、处理并整理成为人类所能解读的信息。

大数据是一个体量特别大，数据类别特别多，且无法在一定时间内用传统数据库软件工具对其内容进行抓取、管理和处理的数据集合。

3. 大数据的特点

大数据具有规模性（volume）、多样性（variety）、高速性（velocity）和价值性（value）四个特点，简称“4 V”特点。

1）规模性

规模性是指数据体量巨大。当前，典型个人计算机硬盘的容量为 TB 量级，而一些大企业的数据量已经接近 EB 量级。

2）多样性

多样性是指数据类型繁多。数据被分为结构化数据和非结构化数据。相对于以往便于存储的以文本为主的结构化数据，非结构化数据越来越多，包括网络日志、音频、视频、图片、地理位置信息等，这些不同类型的数据对数据的处理能力提出了很高要求。

3）高速性

高速性是指处理速度快。这是大数据区分于传统数据挖掘的最显著特征。随着数据产生、获取、存储速度持续加快，数据的处理和分析的速度亟待提高。特别是某些大数据的应用，其所采用的数据是实时产生的，因此对时间很敏感，比如实时欺诈监测或多渠道“即时”营销，要求必须实时地分析数据，才能产生价值，因此高速性是大数据得以发展的重要特性。

4）价值性

价值性是指价值密度低。以视频为例，一部 1 小时的视频，在连续不间断的监控中，有用数据可能仅有一两秒。如何通过强大的机器算法更迅速地完成数据的价值“提纯”，已成为目前大数据背景下亟待解决的难题。价值密度低不等于价值低，价值密度低使得在海量数据中提取有价值的知识难度加大，但是一旦提取出来，其价值便高于通过传统的数据处理技术获取的数据。

4. 大数据的应用

大数据被广泛应用于政治、金融、电子商务、教育、医疗、娱乐等诸多领域。

1）政治领域

政府可以利用大数据技术了解各个地区的经济发展情况，各产业发展情况，消费支出和产品销售情况，并依据数据分析结果，科学地制定宏观政策，平衡各产业发展，避免产能过剩，有效利用自然资源和社会资源，提高社会生产效率。

大数据还可以帮助政府管理自然资源。无论是国土资源、水资源、矿产资源、能源等，都能利用大数据通过各种传感器来提高管理的精准度。另外，大数据技术也能帮助政府进行支出管理。

此外，许多候选人也意识到大数据的价值，在参加竞选过程中充分利用大数据技术帮助其确定竞选方案。最典型的人物是美国总统奥巴马，他的数据团队对数以千万计的选民邮件进行了大数据挖掘，精确预测出了更可能拥护奥巴马的选民类型，并进行了有针对性的宣传，从而帮助奥巴马成为美国历史上唯一一位在竞选经费处于劣势的情况下实现连任的总统。

2）金融领域

大数据在金融行业主要应用于金融交易。股票与证券交易实时性要求高，数据规模大。目前沪、深两市在每天4个小时的交易时间内会产生3亿条以上逐笔成交的数据，通过对历史和实时数据的挖掘创新，可以创造和改进数量化交易模型，并将之应用于基于计算机模型的实时证券交易过程中。

3）电子商务领域

电子商务领域的成功与大数据技术有密不可分的联系。电子商务蓬勃发展，使得电子商务网站积聚了大量的经营者、消费者的商品交易数据。利用大数据技术对网络购物、网络消费、网上支付等数据进行分析挖掘可以获取大量有价值的信息。例如，亚马逊利用大数据技术对海量用户的浏览记录与购买记录进行分析，能够根据消费者的个人信息或是浏览习惯推荐相关商品。

4）教育领域

随着信息技术在教育领域的广泛应用，在课堂、考试、师生互动等各个教学环节中产生了大量的数据。这些数据不仅可以帮助改善教育教学，还有助于重大教育决策的制定和教育改革。例如，美国利用大数据来判断处在辍学危险期的学生，探索教育开支与学生学习成绩提升的关系，探索学生缺课与成绩的关系，大数据分析已经被应用到美国的公共教育中，成为教学改革的重要力量。大数据在国内的教育领域也有了非常多的应用，比如慕课、在线课程、翻转课堂等就应用了大量的大数据工具。不久的将来，利用大数据分析技术的个性化学习将会更多地融入学习资源平台中，实现根据每个学生的不同兴趣爱好和特长，推送相关领域的前沿技术及相关资源。

5）医疗领域

可以利用大数据技术对大量的临床数据进行分析，将结果迅速反馈给患者并指导患者治疗。此外可以利用保健服务数据确定饮食、运动、预防护理和其他因素对健康的影响，使人们不必向医生寻求医疗保健意见。大数据分析能够帮助确定临床治疗、处方药剂及公共卫生干预对特定或广泛群体的效果，并为传统研究方式提供参考。

6）娱乐

社会化媒体用户产生的大量数据给娱乐媒体带来了机遇，许多影视作品和娱乐节目通过大数据分析研究，提高了受众的接受比例，产生了更大的商业价值。例如，备受观众喜爱的电视节目《奔跑吧兄弟》就采用了大数据分析技术，在嘉宾选择上，充分考虑了不同年龄段、性别、地域的观众受众群体。

5. 大数据处理流程

大数据处理流程包括数据采集、数据预处理、数据分析与挖掘、结果呈现等过程。

1）数据采集

数据采集是指利用多个数据库来接收发自客户端的数据，包括 Web 网络、App、传感器及机构信息系统的数据，并附上时空标志，去伪存真。要尽可能地采集异源甚至是异构的数据，还可与历史数据对照，多角度验证数据的全面性和可信性。常用的数据库有传统的关系型数据库 MySQL 和 Oracle，以及 NoSQL 数据库（如 Redis 和 MongoDB）。

大数据技术不是采样，而是要获取全部的数据。在数据采集过程中，主要的特点和挑战是并发数高，因为同时有可能会有成千上万的用户来进行访问和操作，如火车票售票网站，它的并发访问量在峰值时达到上百万，所以需要在采集端部署大量数据库才能支撑，并且要考虑如何在数据库之间进行负载均衡和分片。

2）数据预处理

要对这些海量数据进行有效的分析，还应该将这些来自前端的数据导入到一个集中的大型分布式数据库，或者分布式存储集群，并对数据进行清洗和预处理。导入和预处理过程中每秒钟的数据量经常会达到百兆，甚至千兆级别，因此需要高速地进行海量数据的导入与预处理。

在数据的采集和导入的过程中，一个重要的技术问题是数据的存储。要达到低成本、低能耗、高可靠性目标，要用到冗余配置、分布化和云计算技术，存储时要对数据进行分类，通过过滤和去重，减少存储量，并加入便于检索的标签。

3）数据分析与挖掘

简单的分析需求，通过分布式计算集群对存储于其内的海量数据进行传统的统计分析和分类汇总即可完成，而要发掘大数据内部隐藏的知识，由于没有明确的主题和目标，则要应用多种技术综合挖掘。大数据的复杂性使得难以用传统的方法描述与度量海量数据，需要将高维图像等多媒体数据降维后再度量并处理，利用上下文关联进行语义分析，从大量动态及模棱两可的数据中提炼信息，并导出可理解的内容，这一过程会用到统计和分析、机器学习、数据挖掘等技术。大数据注重分析数据的相关关系，而不是因果关系，因此大数据分析的结果只是表明事物之间的相关性，事物之间并不一定存在必然的因果关系。

4）结果呈现

为了使大数据分析与挖掘的结果更直观以便于洞察，可以采用云计算、标签云、关系图等技术进行呈现。例如，支付宝的电子对账单可通过用户在一段时间内使用支付宝的情况，自动生成专门针对此用户的本月消费产品数据图表，可以帮助用户分析其自身的消费情况。

此外，一些社交网络或生活消费类网站将通过与网络地图相叠加，实现多维叠加式数据可视化应用。

6. 大数据处理的案例

1）沃尔玛的购物篮分析案例

在沃尔玛超市中，人们发现了一个特别有趣的现象，尿布与啤酒这两种风马牛不相及的商品居然摆在一起，但这一奇怪的举措居然使尿布和啤酒的销量大幅增加。原来，美国的妇女通常在家照顾孩子，所以她们经常会嘱咐丈夫在下班回家的路上为孩子买尿布，而丈夫在买尿布的同时又会顺手购买自己爱喝的啤酒。

“啤酒和尿布”的故事是营销界的神话，“啤酒”和“尿布”两个看上去没有关系的商品摆放在一起进行销售，获得了很好的销售收益，这种现象就是卖场中商品之间的关联性。研究“啤酒与尿布”关联的方法就是购物篮分析。购物篮分析是沃尔玛秘而不宣的独门武器，可以帮助其在门店的销售过程中找到具有关联关系的商品，并以此获得销售收益的增长。

沃尔玛的卖场面积巨大，通常都是上万平方米，商品种类繁多，大多在10万种以上，所以要通过购物篮分析找出淹没在不同区域的商品之间的关联关系，并将这些关联关系用于商品关联陈列、促销等具体工作中，是很难通过人工完成的。比如，啤酒在酒类区域，尿布在婴儿用品区域，两个商品陈列区域相差几十米，甚至可能是“楼上、楼下”的陈列关系，用肉眼很难发现啤酒与尿布存在关联关系的规律。

单个客户一次购买商品的总和（以收银台结账为准）称为一个购物篮。比如，某客户在超市收银台一次购买了啤酒、卫生纸、熟食、果汁饮料、大米5件商品，就可以认为在这个购物篮中共有5件商品，在收银台交款时这5件商品会集中体现在同一个购物小票中。因此，可以说，一个购物篮就是一张购物小票，购物小票就是购物篮分析的一个重要依据。

一张购物小票并不简单，这张小票实际上包含了3个层面的含义。

① 购买商品的客户：“啤酒与尿布”实际上是讲述了特定客户群体（年轻父亲）的消费行为，如果忽略了这个特定的客户群体，“啤酒与尿布”的故事将会毫无意义。

② 购物篮中的商品：同时出现在一个购物篮中的啤酒和尿布包含了很多要素，比如这些啤酒与尿布同时出现是否具有规律，啤酒和尿布的价格是多少，是否进行了促销……

③ 购物篮的金额信息：购买啤酒和尿布的客户使用了什么样的支付方式？是现金、银行卡、会员储值卡，还是支票，等等。

找出啤酒和尿布同时出现的概率属于商品相关性分析。商品相关性分析就是要找出不同商品出现在同一个购物篮的概率，如发现购物篮中诸如“80%买尿布的男性客户会购买啤酒”或者是“90%的写字楼顾客在购买纸杯的同时会购买速溶咖啡”之类的规律。

由此可知，计算出来的商品相关度（或称关联度）是一种概率形式，而这些概率数字的大小可以衡量商品之间是否具有关联关系。

购物篮分析的算法很多，如最常用的Aprior算法、FP－Growth算法等。

2）谷歌公司预测甲型H1N1流感

2009年出现了一种新的流感病毒——甲型H1N1病毒。甲型H1N1流感结合了导致禽流感和猪流感的病毒的特点，在短短几周之内迅速传播开来。全球的公共卫生机构都担心一场致命的流行病即将来袭。有的评论家甚至警告说，可能会爆发大规模流感。更糟糕的是，当时还没有研发出对抗这种新型流感病毒的疫苗。公共卫生专家能做的只是减慢它传播的速度。但要做到这一点，他们必须先知道这种流感出现在哪里。

美国和所有其他国家一样，都要求医生在发现新型流感病例时告知疾病控制与预防中心（简称疾控中心），但由于人们可能患病多日实在受不了了才会去医院，同时这个信息传达回疾控中心也需要时间，因此，通告新流感病例时往往会有一两周的延迟。而且，疾控中心每周只进行一次数据汇总，而对于一种飞速传播的疾病，信息滞后的后果将是致命的。这种滞后导致公共卫生机构在疫情爆发的关键时期反而无所适从。

在甲型 H1N1 流感爆发的几周前，互联网巨头谷歌公司的工程师们在《自然》杂志上发表了一篇引人注目的论文，令公共卫生官员们和计算机科学家们感到震惊。文中解释了谷歌公司为什么能够预测冬季流感的传播而且可以具体到特定的地区和州。谷歌公司通过观察人们在网上的搜索记录来完成这个预测，而这种方法以前一直是被忽略的。谷歌公司保存了多年来所有的搜索记录，而且每天都会收到来自全球超过 30 亿条的搜索指令，如此庞大的数据资源足以支撑和帮助它完成这项工作。

谷歌公司把 5 000 万条美国人最频繁检索的词条和美国疾控中心在 2003 年至 2008 年间季节性流感传播时期的数据进行了比较，希望通过分析人们的搜索记录来判断这些人是否患上了流感。其他公司也曾试图确定这些相关的词条，但是他们缺乏像谷歌公司一样庞大的数据资源、处理能力和统计技术。

虽然谷歌公司的员工猜测特定的检索词条是用户为了在网络上得到关于流感的信息，如“哪些是治疗咳嗽和发热的药物”，但是找出这些词条并不是重点，他们也不知道哪些词条更重要。更关键的是，他们建立的系统并不依赖于这样的语义理解。他们设立的这个系统唯一关注的就是特定检索词条的使用频率与流感在时间和空间上的传播之间的联系。谷歌公司为了测试这些检索词条，总共处理了 4.5 亿个不同的数学模型，然后将得出的结果与 2007 年、2008 年美国疾控中心记录的实际流感病例进行对比。谷歌公司发现，他们的软件发现了 45 条检索词条的组合，而将它们导入一个特定的数学模型后，预测结果与官方数据的相关性高达 97%。和疾控中心一样，他们也能判断出流感是从哪里传播出来的，而且判断非常及时，不会像疾控中心一样要在流感爆发一两周之后才可以做到。

所以，2009 年甲型 H1N1 流感爆发的时候，与习惯性滞后的官方数据相比，谷歌公司的数据成了一个更有效、更及时的指示标。谷歌公司帮助公共卫生机构的官员获得了非常有价值的数据信息。而且，谷歌公司的方法甚至不需要分发口腔试纸和联系医生，因为它是建立在大数据的基础之上的。这是当今社会所独有的一种新型能力：以一种前所未有的方式，通过对海量数据进行分析，获得有巨大价值的产品、服务或信息。基于这样的技术理念和数据储备，下一次流感来袭的时候，世界将会拥有一种更好的预测工具，以预防流感的传播。

评价单

项目名称	信息技术发展历程	完成日期	
班级	小组	姓名	
学号		组长签字	
评价内容	分值	学生评价	教师评价
计算机发展历程	15		
计算机的分类	15		
计算机的应用	10		
计算思维	10		
大数据	10		
态度是否认真	20		
与小组成员的合作情况	20		
总分	100		
学生得分			
自我总结			
教师评语			

知识点强化与巩固

一、填空题

1. 采用大规模或超大规模集成电路的计算机属于第（　　）代计算机。

2. “CAD”的中文含义是（　　）。

3. “CAI”的中文含义是（　　）。

4.（　　）是运用计算机科学的基础概念进行问题求解、系统设计，以及人类行为理解等涵盖计算机科学之广度的一系列思维活动。

5. 大数据具有（　　）、（　　）、（　　）和（　　）的特点。

二、选择题

1. 按使用器件划分计算机的种类，当前使用的微型机是（　　）。

A. 集成电路计算机　B. 晶体管计算机　C. 电子管计算机　D. 超大规模集成电路计算机

2. 从第一台计算机诞生到现在的半个多世纪里计算机的发展经历了（　　）个阶段。

A. 3　B. 4　C. 5　D. 6

3. 第二代电子计算机使用的电子器件是（　　）。

A. 电子管　B. 晶体管　C. 集成电路　D. 超大规模集成电路

4. 第四代电子计算机是（　　）。

A. 大规模集成电路电子计算机　B. 电子管计算机

C. 晶体管计算机　D. 集成电路计算机

5. 世界上公认的第一台电子计算机 ENIAC 诞生于（　　）年。

A. 1927　B. 1936　C. 1946　D. 1951

6. 世界上公认的第一台电子计算机诞生于（　　）。

A. 中国　B. 日本　C. 德国　D. 美国

7. 科学思维不包括（　　）。

A. 实验思维　B. 逻辑思维　C. 计算思维　D. 物理思维

8. 把计算机分为巨型机、大中型机、小型机和微型机，本质上是按（　　）来划分的。

A. 计算机的体积　B. CPU 的集成度

C. 计算机综合性能指标　D. 计算机的存储容量

9. 计算机应用最广泛的领域是（　　）。

A. 科学计算　B. 信息处理　C. 过程控制　D. 人工智能

三、判断题

1. 计算机的性能不断提高，体积和重量也随之不断加大。（　　）

2. 世界上公认的第一台计算机的电子元器件主要是晶体管。（　　）

3. 计算思维是人的而不是计算机的思维方式。（　　）

项目二　计算机系统

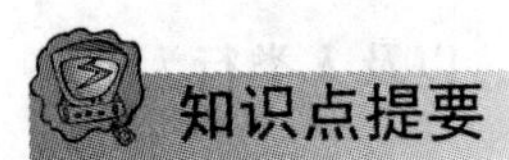

1. 计算机的基本原理
2. 计算机系统的组成
3. 计算机硬件系统
4. 硬件系统各部件的主要功能
5. 计算机软件系统
6. 操作系统的定义

任务单

任务名称	计算机系统	学 时	2 学时
知识目标	1. 掌握计算机系统的基本组成。 2. 掌握硬件系统各部分的功能和特点。 3. 掌握计算机软件系统的分类。		
能力目标	1. 具有描述计算机系统基本组成的能力。 2. 能熟练地掌握硬件系统各部分的功能和特点。 3. 能熟练地掌握计算机软件系统的分类。 4. 具有沟通、协作能力。		
任务描述	一、说出以下硬件的名称  二、进行市场调查，制定一份家用电脑的攒机清单，并给出具体的硬件配置及价格		
任务要求	1. 仔细阅读任务描述中的要求，认真完成任务。 2. 小组间可以讨论、交流操作方法。		

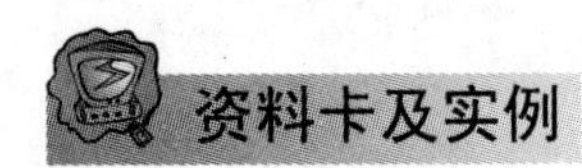

1.2 计算机系统

1.2.1 计算机的基本工作原理

计算机的基本工作原理即“存储程序”原理，是由冯·诺依曼提出的。1946年，美籍匈牙利数学家冯·诺依曼提出了关于计算机工作原理的基本设想。计算机系统应按照下述模式工作：将编写好的程序和原始数据输入并存储在计算机的内存储器中，即“存储程序”；计算机按照程序逐条取出指令，加以分析，并执行指令规定的操作，即“程序控制”。这一原理称为“存储程序”原理，是现代计算机的基本工作原理，核心是“存储程序”和“程序控制”。

1.2.2 计算机的基本结构

计算机的基本结构，包括硬件系统和软件系统两个部分，如图1.7所示。计算机硬件是组成计算机的物理设备的总称，是计算机完成计算的物质基础。计算机软件是在计算机硬件设备上运行的各种程序、相关数据的总称。

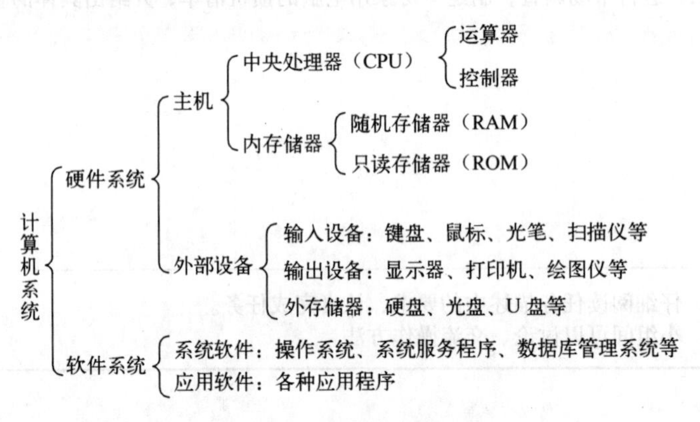

图1.7 计算机系统构成

1.2.3 计算机硬件系统

计算机硬件系统是构成计算机的所有实体部件的集合。通常这些部件由电子元器件、机电设备等物理部件组成，都是看得见、摸得着的，故通常称为硬件。它是计算机系统的物质基础。

绝大多数计算机都是根据冯·诺依曼计算机体系结构的思想来设计的，故具有相同的基本配置，即由运算器、控制器、存储器、输入设备和输出设备五大部件组成，其中核心部件是运算器。这种硬件结构也可称为冯·诺依曼结构，如图1.8所示。

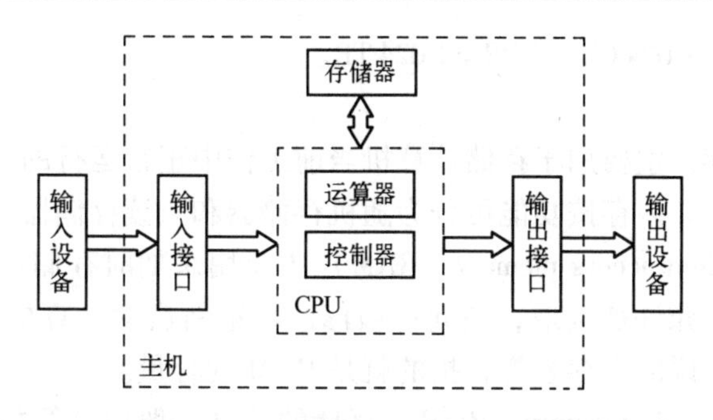

图1.8　计算机硬件系统的基本组成

1. 中央处理器（CPU）

中央处理器（central processing unit，CPU）是一个体积不大而集成度非常高，且功能强大的芯片，也称微处理器（micro processor unit，MPU），是微型机的核心。CPU由运算器和控制器两部分组成，用以完成指令的解释与执行。

运算器由算术逻辑单元、累加器、数据缓冲寄存器和标志寄存器组成，是微型机的数据加工处理部件。控制器由指令计数器、指令寄存器、指令译码器及相应的操作控制部件组成，能产生各种控制信号，使计算机各部件得以协调工作，是微型机的指令执行部件。CPU中还有时序产生器，其作用是对计算机各部件高速的运行实施严格的时序控制。

CPU的主要性能指标有时钟频率（或称主频）和字长。主频说明CPU的工作速度，通常以兆赫兹（MHz）或千兆赫兹（GHz）为单位，是衡量计算机运算速度的重要指标。其中，1 GHz = 1 024 MHz = 2^{30} Hz。字长说明CPU可以同时处理二进制数据的位数，如16位机、32位机、64位机等。目前，较流行的CPU芯片有Intel公司的Core（酷睿）、Celeron（赛扬）、Pentium（奔腾）等系列及AMD公司的Opteron（皓龙）、Phenom（羿龙）、Athlon（速龙）、Sempron（闪龙）等系列。如图1.9所示是Intel公司的Core i7。

图1.9　Intel Core i7 CPU

2. 存储器

存储器的主要功能是存放程序和数据，分为内存储器与外存储器两种。不管是程序还是数据，在存储器中都是用二进制的形式表示，统称为信息。数字计算机的最小信息单位称为位（bit），即一个二进制代码。能存储一个二进制代码的器件称为存储元。通常，CPU向存储器送入或从存储器取出信息时，不能存取单个的“位”，而是用B（字节）和W（字）等较大的信息单位来工作的。一个字节由8个二进制位组成，而一个字则至少由一个以上的字节组成，通常把组成一个字的二进制位数叫作字长。

存储器存储容量的基本单位是字节（Byte，B），常用的单位有千字节（KB）、兆字节（MB）、吉字节（GB）、太字节（TB）、拍字节（PB）。其中：1 KB = 1 024 B，1 MB = 1 024 KB，

1 GB = 1 024 MB，1 TB = 1 024 GB，1 PB = 1 024 TB。

1）内存储器

内存储器简称内存，主要用于存储计算机当前工作中正在运行的程序、数据等，相当于计算机内部的存储中心。内存按功能可分为随机存储器和只读存储器。

随机存储器（random access memory，RAM）主要用来随时存储计算机中正在进行处理的数据。这些数据不仅允许被读取，还允许被修改。重新启动计算机后，RAM 中的信息将全部丢失。我们平常所说的内存容量，指的就是 RAM 的容量。

只读存储器（read only memory，ROM）存储的信息一般由计算机厂家确定，通常是计算机启动时的引导程序及系统的基本输入输出等重要信息，这些信息只能读取，不能修改。重新启动计算机后，ROM 中的信息不会丢失。

2）外存储器

外存储器简称外存，用于存储暂时不用的程序和数据。常用的外存有硬盘、光盘、U 盘等。它们的存储容量也是以字节为基本单位的。外存相对于内存的最大特点就是容量大，可移动，便于不同计算机之间进行信息交流。下面介绍几种常用的外存。

（1）硬盘。硬盘是由若干盘片组成的盘片组，一般被固定在机箱内，容量可达 TB 级。硬盘工作时，固定在同一个转轴上的数张盘片以每分钟 7 200 转，甚至更高的速度旋转，磁头在驱动马达的带动下在磁盘上做径向移动，寻找定位点，完成写入或读出数据工作。硬盘使用前要经过低级格式化、分区及高级格式化，一般硬盘出厂前低级格式化已完成。硬盘结构如图 1. 10 所示。

图 1. 10　硬盘结构图

（2）光盘。光盘是利用激光原理进行读写的设备，可分为只读性光盘（CD - ROM）、一次性写入光盘（CD - R）、可抹性光盘（CD - RW）、数字通用光盘（DVD）。

（3）闪存。闪存是一种新型的移动存储器。由于闪存具有不需要驱动器和额外电源、体积小、即插即用、寿命长等优点，因此越来越受用户的青睐。目前常用的闪存有 U 盘、CF 卡、SM 卡、SD 卡、XD 卡、记忆棒（又称 MS 卡）。

3. 输入设备

输入设备用于接受用户输入的数据和程序，并将它们转换成计算机能够接受的形式存放到内存中。常见的输入设备有键盘、鼠标、扫描仪、光笔、数字化仪等。

1）键盘（keyboard）

键盘是计算机系统中最基本的输入设备，通过一根电缆线与主机相连接。键盘一般可分为机械式、电容式、薄膜式和导电胶皮式四种。键盘一般有 101 键盘和 104 键盘两种，101 键盘被称为标准键盘。

2）鼠标（mouse）

鼠标是一种“指点”设备，多用于 Windows 的操作系统环境，可以取代键盘上的部分键的子功能。按照工作原理，鼠标可分为机械式鼠标、光电式鼠标、无线遥控式鼠标。按照键的数目，鼠标可分为两键鼠标、三键鼠标及滚轮鼠标。按照鼠标接口类型，鼠标可分为 PS/2 接口的鼠标、串行接口的鼠标、USB 接口的鼠标。

3）扫描仪（scanner）

扫描仪是常用的图像输入设备，它可以把图片和文字材料快速地输入计算机中。其工作步骤是：将光源照射到被扫描材料上，被扫描材料将光线反射到扫描仪的光电器件上；根据反射的光线强弱不同，光电器件将光线转换成数字信号，并存入计算机的文件中；计算机用相关的软件进行显示和处理。

4. 输出设备

输出设备是将计算机处理的结果从内存中输出。常见的输出设备有显示器、打印机、绘图仪等。

1）显示器

显示器是用户用来显示输出结果的，是标准的输出设备，分为单色显示器和彩色显示器两种。台式机主要使用 CRT display（cathode ray tube display，阴极射线管显示器）和 LCD（liquid crystal display，液晶显示器），笔记本电脑均使用液晶显示器。

（1）显示器的一些性能指标。显示器的主要性能指标有颜色、像素、点间距、分辨率和显存等。颜色是指显示器所显示的图形和文字有多少种颜色可供选择。显示器所显示的图形和文字是由许许多多的“点”组成的，这些点称为像素。屏幕上相邻两个像素之间的距离称为点间距，也称点距。点距越小，图像越清晰，细节越清楚。单位面积上能显示的像素的数目称为分辨率。分辨率越高，所显示的画面就越精细，但同时也会越小。目前的显示器一般都能支持 800×600、1 024×768、1 280×1 024 等规格的分辨率。显示器在显示一帧图像时，首先要将其存入显卡的内存（简称显存）中，显存的大小会限制显示分辨率及流行色参数的设置。

（2）显示适配卡。显示适配卡又称显卡，显示器只有配备了显卡才能正常工作。显卡一般被插在主板的扩展槽内，通过总线与 CPU 相连。当 CPU 有运算结果或有图形要显示时，首先将信号送给显卡，由显卡的图形处理芯片把它们翻译成显示器能够识别的数据格式，并通过显卡后面的一根 15 芯 VGA 接口和显示电缆传给显示器。

常见的显卡有 CGA、VGA、TVGA（适用于有较高分辨率的彩色显示器）、SVGA（超级 VGA，适用于亮度高的显示器）。

2）打印机

打印机作为各种计算机的最主要输出设备之一，随着计算机技术的发展和用户需求的增加而有了较大的发展。目前，常见的有针式打印机、喷墨打印机和激光打印机。

（1）针式打印机。针式打印机的基本工作原理是在打印机联机状态下，通过接口接收PC机发送的打印控制命令、字符打印或图形打印命令，再通过打印机的CPU处理后，从字库中寻找与该字符或图形相对应的图像编码首列地址（正向打印时）或末列地址（反向打印时），如此一列一列地找出编码地址并送往打印头驱动电路，然后利用机械和电路驱动原理，使打印针撞击色带和打印介质，进而打印出点阵，再由点阵组成字符或图形来完成打印任务。

（2）喷墨打印机。喷墨打印机是在针式打印机之后发展起来的，采用非打击的工作方式。目前喷墨打印机按打印头的工作方式可以分为压电喷墨技术和热喷墨技术两大类型。按照喷墨的材料性质又可以分为水质料、固态油墨和液态油墨等类型的打印机。

压电喷墨技术是将许多小的压电陶瓷放置到喷墨打印机的打印头喷嘴附近，利用它在电压作用下会发生形变的原理，适时地把电压加到它的上面，压电陶瓷随之产生伸缩，近而使喷嘴中的墨汁喷出，在输出介质表面形成图案。热喷墨技术是让墨水通过细喷嘴在强电场的作用下，将喷头管道中的一部分墨汁气化，形成一个气泡，并将喷嘴处的墨水顶出喷到输出介质表面，形成图案或字符，所以这种喷墨打印机有时又被称为气泡打印机。

（3）激光打印机。激光打印机是将激光扫描技术和电子显像技术相结合的非打击输出设备。激光打印机是由激光器、声光调制器、高频驱动、扫描器、同步器及光偏转器等组成。其原理是把接口电路送来的二进制点阵信息调制在激光束上，之后扫描到感光体上，然后感光体与照相机组成电子照相转印系统，把射到感光鼓上的图文映象转印到打印纸上。

5. 总线与接口

微型机采用总线结构将各部分连接起来并与外界实现信息传送。它的基本结构如图1.11所示。

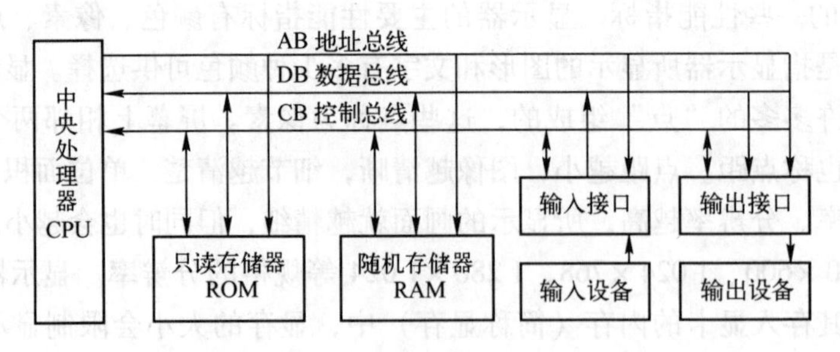

图1.11 微型机的基本结构

1）总线（BUS）

总线是指计算机中传送信息的公共通路，包括数据总线（DB），地址总线（AB），控制总线（CB）。CPU本身也由若干个部件组成，这些部件之间也是通过总线连接的。通常把CPU芯片内部的总线称为内部总线，而把连接系统各部件间的总线称为外部总线或系统总线。

（1）数据总线：用来传输数据信息，是 CPU 同各部件交换信息的通道，是双向的。

（2）地址总线：用来传送地址信息，CPU 通过地址总线把需要访问的内存单元地址或外部设备地址传送出去，通常是单方向的。地址总线的宽度与寻址的范围有关，如寻址 1MB 的地址空间，需要有 20 条地址线。

（3）控制总线：用来传输控制信号，以协调各部件的操作。

2）接口

接口是指在计算机中的两个部件或两个系统之间按一定要求传送数据的部件。不同的外部设备与主机相连都要配备不同的接口。微型机与外部设备之间的信息传输方式有串行和并行两种。串行方式一次只能传输 1 个二进制位，传输速度较慢，但器材投入少。并行方式一次可以传输若干个二进制位的信息，传输速度比串行方式快，但器材投入较多。

（1）串行端口。微型机中采用串行通信协议的接口称为串行端口，也称为 RS－232 接口。一般微型机有 COM1 和 COM2 两个串行端口，主要连接鼠标、键盘和调制解调器等。

（2）并行端口。微型机中一般配置一个并行端口，被标记为 LPT1 或 PRN，主要连接设备有打印机、外置光驱和扫描仪等。

（3）PCI 接口。PCI 是系统总线接口的国际标准。网卡、声卡等接口大部分是 PCI 接口。

（4）USB 接口。USB 接口是符合通用串行总线硬件标准的接口，能够与多个外部设备相互串接，即插即用，树状结构的最多可接 127 个外部设备，主要用于连接外部设备，如扫描仪、鼠标、键盘、光驱、调制解调器等。

从实际组装个人计算机的角度讲，微型机基本都是由显示器、键盘和主机箱构成。主机箱内有主板、硬盘驱动器、CD－ROM 驱动器、电源、显示适配器（显示卡）等。

1.2.4　计算机软件系统

计算机软件是程序、数据和相关文档的集合。计算机软件是计算机系统的重要组成部分，它可以使计算机更好地发挥作用。计算机软件可以分为系统软件和应用软件。

1. 系统软件

系统软件是完成管理、监控和维护计算机资源的软件，是保证计算机系统正常工作的基本软件，如操作系统、编译程序、数据库管理系统等，用户不得随意修改。

1）操作系统

操作系统是系统的资源管理者，是用户与计算机的接口。用户可以通过操作系统最大限度地利用计算机的功能。操作系统是最底层的系统软件，但却是最重要的。常用的操作系统有 DOS、Windows XP、UNIX、Windows 7 等。有关操作系统的具体内容将在下节介绍。

2）计算机语言

计算机语言是为了编写能让计算机进行工作的指令或程序而设计的一种用户容易掌握和使用的编写程序的工具，具体可分为以下几种。

（1）机器语言。机器语言的每一条指令都是由 0 和 1 组成的二进制代码序列。机器语言是最底层的面向机器硬件的计算机语言，是计算机唯一能够直接识别并执行的语言。利用机器语言编写的程序执行速度快、效率高，但不直观、编写难、记忆难、易出错。

（2）汇编语言。将二进制形式的机器指令代码用符号（或称助记符）来表示的计算机语言称为汇编语言。用汇编语言编写的程序，计算机不能直接执行，必须由机器中配置的汇编程序将其翻译成机器语言目标程序后，计算机才能执行。将汇编语言源程序翻译成机器语言目标程序的过程称为汇编。

（3）高级语言。机器语言和汇编语言都是面向机器的语言，而高级语言则是面向用户的语言。高级语言与具体的计算机硬件无关，其表达方式更接近于人们对求解过程或问题的描述方法，容易理解、掌握和记忆。用高级语言编写的程序通用性和可移植性好，如C语言、FoxPro、Visual FoxPro、Visual Basic、Java、C++等都是人们最为熟知和广泛使用的高级语言。

高级语言编写的程序，计算机是不能直接识别和接收的，也需要翻译，这个过程有编译与解释两种方式，如图1.12所示。编译方式是将程序完整地进行翻译，整体执行；解释方式是翻译一句，执行一句。解释方式的交互性好，但速度比编译方式慢，不适用于大的程序。

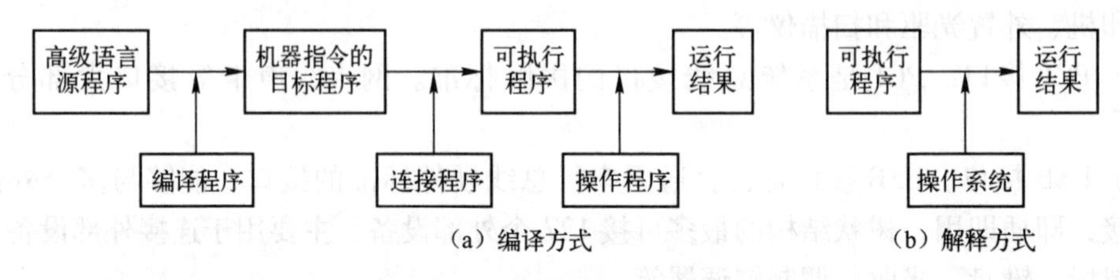

图1.12　编译方式与解释方式

3）数据库管理系统

数据库是为了满足某部门中不同用户的需要，在计算机系统中按照一定的数据模型组织、存储和应用的互相关联的数据的集合。目前常用的数据库管理系统有Visual FoxPro、Access、SQL Server等。

4）服务性程序

服务性程序是指协助用户进行软件开发和硬件维护的软件，如各种开发调试工具软件、编辑程序工具软件、诊断测试软件等。

2. 应用软件

应用软件是指计算机用户利用计算机的软、硬件资源为某一专门的应用目的而开发的软件。除系统软件以外的所有软件都属于应用软件，常用的应用软件有以下四类。

（1）各种信息管理软件。

（2）办公自动化系统软件，如Microsoft Office等。

（3）各种辅助设计软件及辅助教学软件。

（4）各种软件包，如数值计算程序库、图形软件包等。

1.2.5　操作系统

操作系统（operating system，OS）是系统软件的核心，是整个计算机系统的控制管理中心，是用户与计算机之间的一个接口，是人机交互的界面。一方面操作系统管理着所有计算机系统的资源，另一方面操作系统为用户提供了一个抽象概念上的计算机。在操作系统的帮助下，用户在使用计算机时，避免了对计算机系统硬件的直接操作。对计算机系统而言，操作系统是对所有系统资源进行管理的程序的集合；对用户而言，操作系统提供了对系统资源进行有效利用的简单抽象的方法。安装了操作系统的计算机称为虚拟机（virtual machine），是对裸机的扩展。

目前微型机上常见的操作系统有 UNIX、XENIX、Linux、Windows 等。所有的操作系统一般都具有并发性、共享性、虚拟性和不确定性四个基本特征。不同类型计算机中安装的操作系统也不相同，如手机上的嵌入式操作系统和超级电脑上的大型操作系统等。操作系统的研究者对操作系统的理解也不一致，如有些操作系统集成了图形化使用者界面，而有些操作系统仅使用文本接口，将图形界面视为一种非必要的应用程序。

1. 操作系统的功能

操作系统是一个由许多具有管理和控制功能的程序组成的大型管理程序，它比其他的软件具有“更高”的地位。操作系统管理了整个计算机系统的所有资源，包括硬件资源和软件资源，其基本功能如下。

1）CPU 的控制与管理

CPU 是计算机系统中最重要的硬件资源，任何程序只有占有了 CPU 才能运行。CPU 处理信息的速度远比存储器和外部设备的工作速度快，只有协调好它们之间的关系才能充分发挥 CPU 的作用。

操作系统可以使 CPU 按照预先规定的顺序和管理原则，轮流地为若干外部设备和用户服务，或在同一时间间隔内并行地处理几项任务，从而使计算机系统的工作效率得到最大的发挥。

2）内存的分配和管理

当计算机处理一个具体问题时，要用到操作系统、编译系统、多用户程序和数据等许多东西，这就需要操作系统进行统一分配内存并加以管理，使它们既保持联系，又避免相互干扰。如何合理地分配与使用有限的内存空间，是操作系统对内存管理的一个重要工作。操作系统按一定的原则回收空闲的存储空间，必要时还可以使有用的内容临时覆盖掉暂时无用的内容（把暂时不用的内容调入外存，待需要时再把被覆盖掉的内容从外存调入内存），从而相对地增加了可用的内存容量。

3）外部设备的控制和管理

操作系统是控制外部设备和 CPU 之间的通道。它能把提出请求的外部设备按一定的优先顺序排好队，等待 CPU 响应。为提高 CPU 与输入/输出设备之间并行操作的效率，以及协调高速 CPU 与低速输入/输出设备的工作节奏，操作系统通常在内存中设定一些缓冲区，使 CPU 与外部设备通过缓冲区成批传送数据。数据传输方式是，先从外部设备一次写入一组数据到内存的缓冲区，然后 CPU 依次从缓冲区读取数据，待缓冲区中的数据处理完后再从外部设备写入一组数据到缓冲区。这样成组进行 CPU 与输入/输出设备之间的数据交互，减少了 CPU 与外部设备之间的交互次数，从而提高了运算速度。

4）文件的控制和管理

文件是存储在外部介质上的在逻辑上具有完整意义的信息集合。每一个文件必须有一个名字，称为文件名。一个源程序、一批数据、一个文档、一个表格或一幅图片都可以各自组成一个文件。操作系统负责对文件的组织，以及对文件存取权限、打印等的控制。

5）作业的控制和管理

作业就是用户提交给计算机的程序和处理的原始数据。一个计算机问题是一个作业，一个文档的打印也是一个作业。作业管理为用户提供“作业控制语言”，可通过它来书写控制作业执行的说明书，同时还为操作员和终端用户提供与系统对话的“命令语言”，可通过它来请求系统服务。操作系统按操作说明书的要求或收到的命令控制用户作业的执行。

2. 操作系统的分类

操作系统的分类方法有很多。按照系统提供的功能分类，可分为单用户操作系统、批处理操作系统、实时操作系统、分时操作系统、网络操作系统、分布式和嵌入式操作系统；按其功能和特性分类，可分为批处理操作系统、分时操作系统和实时操作系统；按系统同时管理用户数的多少分类，可分为单用户操作系统和多用户操作系统。

1）单用户操作系统

单用户操作系统面对单一用户，所有资源均提供给单一用户使用，用户对系统有绝对的控制权。单用户操作系统是从早期的系统监控程序发展起来的，进而成为系统管理程序，再进一步发展为独立的操作系统。单用户操作系统是针对一台机器、一个用户的操作系统，其特点是独占计算机。

2）批处理操作系统

批处理操作系统一般分为两种概念，即单道批处理系统和多道批处理系统。它们都是成批处理或者顺序共享式系统，允许多个用户以高速、非人工干预的方式进行成组作业工作和程序执行。批处理操作系统将作业成组（成批）提交给系统，由计算机按顺序自动完成后再给出结果，从而减少了用户建立作业和被打断的时间。批处理操作系统的优点是系统吞吐量大、资源利用率高。

3）实时操作系统

实时操作系统（real-time operating system）可实现实时控制和实时信息处理。该系统可对特定的输入在限定的时间内做出准确的响应。实时操作系统主要有以下四个特点。

（1）实时钟管理：实时操作系统设置了定时时钟，可完成时钟中断处理和实时任务的定时或延时管理。

（2）中断管理：外部事件通常以中断的方式通知系统，因此系统中配置有较强的中断处理机构。

（3）系统可靠性：实时操作系统追求高度可靠性，在硬件上采用双机系统，操作系统具有容错管理功能。

（4）多重任务性：外部事件的请求通常具有并发性，因此实时操作系统具有处理多重任务的能力。

4）分时操作系统

批处理操作系统的缺点是用户不能直接控制其作业的运行。为了满足用户的人机对话需求，就有了分时操作系统。分时操作系统（time-sharing operating system）的基本思想是基于人的操作和思考速度比计算机慢得多的事实。如果将处理时间分成若干个时间段，并规定每个作业在运行了一个时间段后即暂停，将处理器让给其他作业；经过一段时间后，所有的作业都被运行了一段时间，当处理器被重新分给第一个作业时，用户感觉不到其内部发生的变化，感觉不到其他作业的存在。分时操作系统使多个用户共享一台计算机成为可能。分时操作系统主要有以下四个特点。

(1) 独立性：用户之间可互相独立地操作，而互不干扰。

(2) 同时性：若干远程、近程终端上的用户可在各自的终端上“同时”使用同一台计算机。

(3) 及时性：计算机可以在很短的时间内做出响应。

(4) 交互性：用户可以根据系统对自己的请求和响应情况，通过终端直接向系统提出新的请求，以便程序的检查和调试。

5) 网络操作系统

网络操作系统，有人也将它称为网络管理系统。它与传统的单机操作系统有所不同，是建立在单机操作系统之上的一个开放式的软件系统。它面对的是各种不同的计算机系统的互连操作，以及不同的单机操作系统之间的资源共享、用户操作协调和交互，能解决多个网络用户（甚至是全球远程的网络用户）之间争用共享资源的分配与管理问题。

网络操作系统可对多台计算机的软件和硬件资源进行管理和控制，并提供网络通信和网络资源共享功能。它要保证网络中信息传输的准确性、安全性和保密性，提高系统资源的利用率和可靠性。

网络操作系统允许用户通过系统提供的操作命令与多台计算机软件和硬件资源打交道。常用的网络操作系统有 Windows NT Server、NetWare 等，这类操作系统通常被用在计算机网络系统的服务器上。

6) 分布式操作系统

与网络操作系统类似，分布式操作系统要求一个统一的操作系统，以实现系统操作的统一性。分布式操作系统管理系统中所有资源，负责全系统的资源分配和调度、任务划分及信息传输控制协调工作，并为用户提供一个统一的界面。它具有统一界面资源、对用户透明等特点。

7) 嵌入式操作系统

嵌入式操作系统（embedded operating system）是运行在嵌入式系统环境中，对整个嵌入式系统，以及它所操作、控制的各种部件装置等资源进行统一协调、调度、指挥和控制的系统软件，具有实时高效性、硬件的相关依赖性、软件固态化及应用的专用性等特点。比较典型的嵌入式操作系统有 Palm OS、WinCE、Linux 等。

3. 典型操作系统介绍

在计算机的发展过程中，出现过许多不同的操作系统，其中最为常用的有 DOS、Mac OS、Windows、Linux、UNIX/XENIX、Android 系统等，下面介绍几种常用的微型机操作系统的发展过程和功能特点。

1) DOS

DOS 是磁盘操作系统（disk operating system）的缩写，是一个单用户、单任务的操作系统，是曾经最为流行的个人计算机操作系统。DOS 的主要功能是进行文件管理和设备管理。比较典型的 DOS 操作系统是微软公司的 MS－DOS 操作系统。

自从 DOS 在 1981 年问世以来，版本就不断更新，从最初的 DOS 1.0 升级到了最新的 MS－DOS 8.0（Windows ME 系统）。纯 DOS 的最高版本为 DOS 6.22，这以后的新版本都是由 Windows 系统所提供的，并不单独存在。DOS 的优点是快捷，熟练的用户可以通过创建

BAT 或 CMD 批处理文件完成一些烦琐的任务。因此，即使在 Windows XP 操作系统下，CMD 也是高手的最爱。

2）UNIX/XENIX

UNIX 是一个强大的多用户、多任务操作系统，支持多种处理器架构，按照操作系统的分类，属于分时操作系统。最早由 Ken Thompson、Dennis Ritchie 和 Douglas McIlroy 于 1969 年在 AT&T 的贝尔实验室开发。由于 UNIX 具有技术成熟、结构简练、可靠性高、可移植性好、可操作性强、网络和数据库功能强、伸缩性突出和开放性好等特色，可满足各行各业的实际需要，特别能满足企业重要业务的需要，已经成为主要的工作站平台和重要的企业操作平台。它主要安装在巨型计算机、大型机上，被作为网络操作系统使用。它曾经是服务器操作系统的首选，占据最大市场份额，但最近在跟 Windows Server 及 Linux 的竞争中有所失利。

3）Linux

Linux 是一类 UNIX 计算机操作系统的统称。过去，Linux 主要被用作服务器的操作系统，但它的廉价、灵活性及 UNIX 背景使得它适合于更广泛的应用。以 Linux 为基础的"LAMP（Linux，Apache，MySQL，Perl/PHP/Python 的组合）"经典技术组合，提供了包括操作系统、数据库、网站服务器、动态网页的一整套网站架设支持。在更大规模级别的领域中，如数据库中的 Oracle、DB2、PostgreSQL，以及用于 Apache 的 Tomcat JSP 等都已经在 Linux 上有了很好的应用样本。

Linux 与其他操作系统相比是个后来者，但 Linux 具有两个其他操作系统无法比拟的优势。其一，Linux 具有开放的源代码，能够大大降低成本。其二，Linux 既满足了手机制造商根据实际情况有针对性地开发自己的 Linux 手机操作系统的要求，又吸引了众多软件开发商对内容应用软件的开发，丰富了第三方应用。

4）Mac OS

Mac OS 是一套运行于苹果 Macintosh 系列电脑上的操作系统，是首个在商用领域成功的图形用户界面。MAC OS 操作系统是基于 UNIX 的核心系统。它能通过对称多处理技术充分发挥双处理器的优势，提供无与伦比的 2D、3D 和多媒体图形性能，以及广泛的字体支持和集成的 PDA 功能。

5）Windows

Windows 是微软公司推出的视窗计算机操作系统。随着计算机硬件和软件系统的不断升级，微软的 Windows 操作系统也在不断升级，从 16 位、32 位发展到 64 位操作系统。从最初的 Windows 1.0 到大家熟知的 Windows 95/NT/97/98/2000/Me/XP/Server/Vista/7/8 及 Windows 10 各种版本的持续更新，微软一直在致力于 Windows 操作系统的开发和完善。

Windows 操作系统是彩色界面的操作系统，支持键鼠功能，默认的平台是由任务栏和桌面图标组成的。Windows 操作程序主要由鼠标和键盘控制，单击鼠标左键默认为是选定命令，双击鼠标左键是运行命令，单击鼠标右键是弹出菜单。

6）Android 系统

Android 系统是一种基于 Linux 的自由及开放源代码的操作系统，主要应用于移动设备，如智能手机和平板电脑，由 Google 公司和开放手机联盟开发。

评价单

<table>
<tr><td>项目名称</td><td colspan="5">计算机系统</td><td>完成日期</td><td></td></tr>
<tr><td>班　级</td><td colspan="2"></td><td>小　组</td><td colspan="2"></td><td>姓　名</td><td></td></tr>
<tr><td>学　号</td><td colspan="4"></td><td colspan="2">组长签字</td><td></td></tr>
<tr><td colspan="2">评价内容</td><td colspan="3">分　值</td><td colspan="2">学生评价</td><td>教师评价</td></tr>
<tr><td colspan="2">计算机系统的基本组成</td><td colspan="3">10</td><td colspan="2"></td><td></td></tr>
<tr><td colspan="2">对 CPU 的认识</td><td colspan="3">10</td><td colspan="2"></td><td></td></tr>
<tr><td colspan="2">对内存的认识</td><td colspan="3">10</td><td colspan="2"></td><td></td></tr>
<tr><td colspan="2">对外存的认识</td><td colspan="3">10</td><td colspan="2"></td><td></td></tr>
<tr><td colspan="2">对输入设备的认识</td><td colspan="3">10</td><td colspan="2"></td><td></td></tr>
<tr><td colspan="2">对输出设备的认识</td><td colspan="3">10</td><td colspan="2"></td><td></td></tr>
<tr><td colspan="2">应用软件的使用</td><td colspan="3">10</td><td colspan="2"></td><td></td></tr>
<tr><td colspan="2">系统软件的使用</td><td colspan="3">10</td><td colspan="2"></td><td></td></tr>
<tr><td colspan="2">态度是否认真</td><td colspan="3">10</td><td colspan="2"></td><td></td></tr>
<tr><td colspan="2">与小组成员的合作情况</td><td colspan="3">10</td><td colspan="2"></td><td></td></tr>
<tr><td colspan="2">总分</td><td colspan="3">100</td><td colspan="2"></td><td></td></tr>
<tr><td>学生得分</td><td colspan="7"></td></tr>
<tr><td>自我总结</td><td colspan="7"></td></tr>
<tr><td>教师评语</td><td colspan="7"></td></tr>
</table>

知识点强化与巩固

一、填空题

1. 电子计算机的基本结构基于存储程序思想，这个思想最早是由（　　）提出的。

2. 在计算机中存储数据的最小单位是（　　）。

3. 计算机的硬件系统核心是（　　），它是由运算器和（　　）两个部分组成的。

4. 可以将数据转换成为计算机能够接受的形式并输送到计算机中的设备统称为（　　）。

5. 鼠标是一种（　　）设备。

6. 微型机开机顺序应遵循先（　　）后主机的次序。

7. 计算机总线是连接计算机中各部件的一簇公共信号线，由（　　）总线、数据总线及控制总线组成。

8. 微型机上使用的操作系统主要有单用户、单任务操作系统，单用户、多任务操作系统和多用户、多任务操作系统，Windows 属于（　　）操作系统。

二、选择题

1. CPU 的主要功能是进行（　　）。

A. 算术运算　　B. 逻辑运算
C. 算术逻辑运算　　D. 算术逻辑运算与全机的控制

2. 下面对计算机硬件系统组成的描述，不正确的一项是（　　）。

A. 构成计算机硬件系统的都是一些看得见、摸得着的物理设备
B. 计算机硬件系统由运算器、控制器、存储器、输入设备和输出设备组成
C. 软盘属于计算机硬件系统中的存储设备
D. 操作系统属于计算机的硬件系统

3. ROM 是指（　　）。

A. 存储器规范　　B. 随机存储器　　C. 只读存储器　　D. 存储器内存

4. 下列不能作为存储容量单位的是（　　）。

A. B　　B. MIPS　　C. KB　　D. GB

5. 计算机的软件系统分为（　　）。

A. 程序和数据　　B. 工具软件和测试软件
C. 系统软件和应用软件　　D. 系统软件和测试软件

6. 操作系统的主要功能是（　　）。

A. 实现软件和硬件之间的转换　　B. 管理系统所有的软件和硬件资源
C. 把源程序转换为目标程序　　D. 进行数据处理和分析

7. 计算机系统是由（　　）组成的。

A. 主机及外部设备　　B. 主机键盘显示器和打印机
C. 系统软件和应用软件　　D. 硬件系统和软件系统

8. 一个完整的微型机系统应包括（　　）。

A. 计算机及外部设备　　B. 主机箱、键盘、显示器和打印机

C. 硬件系统和软件系统　　D. 系统软件和系统硬件

9. 微型机的微处理器包括（　　）。

A. CPU 和存储器　　B. CPU 和控制器

C. 运算器和累加器　　D. 运算器和控制器

10. 使用 Cache 可以提高计算机运行速度，这是因为（　　）。

A. Cache 增大了内存的容量　　B. Cache 扩大了硬盘的容量

C. Cache 缩短了 CPU 的等待时间　　D. Cache 可以存放程序和数据

11. （　　）不是电脑的输出设备。

A. 显示器　　B. 绘图仪　　C. 打印机　　D. 扫描仪

12. （　　）不是电脑的输入设备。

A. 键盘　　B. 绘图仪　　C. 鼠标　　D. 扫描仪

13. （　　）不是计算机的存储设备。

A. 软盘　　B. 硬盘　　C. 光盘　　D. CPU

14. 扫描仪属于（　　）。

A. CPU　　B. 存储器　　C. 输入设备　　D. 输出设备

15. 输入设备是（　　）。

A. 从磁盘上读取信息的电子线路　　B. 磁盘文件等

C. 键盘、鼠标和打印机等　　D. 从计算机外部获取信息的设备

16. 中央处理器的英文缩写是（　　）。

A. CAD　　B. CAI　　C. CAM　　D. CPU

17. 存储器的容量一般用 KB、MB、GB 和（　　）来表示。

A. FB　　B. TB　　C. YB　　D. XB

18. 存储容量按（　　）为基本单位计算。

A. 位　　B. 字节　　C. 字符　　D. 数

19. 关掉电源后，对半导体存储器而言，下列叙述正确的是（　　）。

A. RAM 中的数据不会丢失　　B. ROM 中的数据不会丢失

C. CPU 中的数据不会丢失　　D. ALU 中的数据不会丢失

20. 断电会使存储数据丢失的存储器是（　　）。

A. RAM　　B. 硬盘　　C. 软盘　　D. ROM

21. RAM 中存储的数据在断电后（　　）丢失。

A. 不会　　B. 部分　　C. 完全　　D. 不一定

22. 能直接让计算机识别的语言是（　　）。

A. C　　B. BASIC　　C. 汇编语言　　D. 机器语言

23. 使用高级语言编写的初始程序为（　　）。

A. 应用程序　　B. 源程序　　C. 目标程序　　D. 系统程序

24. 通常将运算器和（　　）合称为中央处理器，即 CPU。

A. 存储器　　B. 输入设备　　C. 输出设备　　D. 控制器

25. 下列软件中不是操作系统的是（　）。

A. WPS　　B. Windows　　C. DOS　　D. UNIX

三、判断题

1. 微型机的硬件系统与一般计算机一样，由运算器、控制器、存储器、输入和输出设备组成。（　）

2. 一台没有软件的计算机，我们称之为“裸机”。“裸机”在没有软件的支持下，不能产生任何动作，不能实现任何功能。（　）

3. 当内存储器容量不够时，可通过增大软盘或硬盘的容量来解决。（　）

4. 计算机高级语言是与计算机型号无关的计算机语言。（　）

项目三　计算机中信息的表示

知识点提要

1. 数制的概念
2. 二进制、八进制、十六进制的基本概念
3. 二进制、八进制、十进制和十六进制数值间的相互转换
4. 字符的 ASCII 码及汉字编码

任务单

任 务 名 称	计算机中信息的表示	学 时	2学时
知识目标	1. 熟练掌握二进制、八进制、十进制和十六进制数值间的相互转换方法。 2. 掌握非数值信息的表示与处理方法。		
能力目标	1. 具有完成二进制、八进制、十进制和十六进制数值间的相互转换的能力。 2. 掌握非数值信息的表示与处理方法。 3. 具有沟通、协作能力。		
任务描述	一、进位计数制的基本概念 1. 进位计数制（计数制） 概念： 2. 十进制 规则是： 基数是： 位权是： 3. 二进制 规则是： 基数是： 位权是： 4. 八进制 规则是： 基数是： 位权是： 5. 十六进制 规则是： 基数是： 位权是： 二、写出各种字母所表示的进制 B： D： H： O：		
任务要求	1. 仔细阅读任务描述中的要求，认真完成任务。 2. 小组间可以讨论、交流操作方法。		

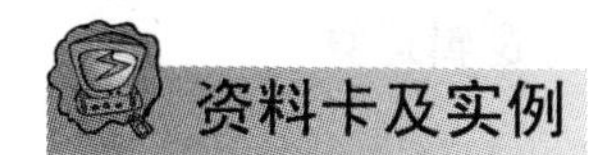

1.3　信息的表示和处理

信息从存在的形式上来讲，包括文字、数字、图片、图表、图像、音频、视频等内容。对计算机而言，需处理的信息分为数值信息和非数值信息两类。各种信息都必须经过数字化编码后才能被传送、存储和处理。所谓数字化编码，就是计算机内部普遍采用二进制代码“0”和“1”表示信息，即通过输入设备输入到计算机中的任何信息，都必须转换成 0、1 代码的表示形式，才能被计算机识别。本节主要介绍数制的基本概念和数值信息及非数值信息的表示与处理。

1.3.1　数制

所谓数制，就是人们利用符号来计数的科学方法，又称为计数制。数制有很多种，如最常使用的十进制，钟表的六十进制（每分钟 60 秒、每小时 60 分钟），年月的十二进制（一年十二个月）等。无论哪种数制，都包含基数和位权两个基本要素。

1. 数制的基本要素

1）基数

在一个数制中，表示每个数位上可用字符的个数称为该数制的基数。例如：十进制数，每一位可使用的数字为 0，1，2，…，9 共 10 个，则十进制的基数为 10，即逢十进一；二进制中用 0 和 1 来计数，则二进制的基数为 2，即逢二进一。

2）位权

一个数码处在不同位置，其所代表的值不同，如十进制中，数字 5 在十位数位置上表示 50，在百位数位置上表示 500，而在小数点后第 1 位表示 0.5。可见每个数码所代表的真正数值等于该数码乘以一个与数码所在位置相关的常数，这个常数就叫作位权。位权的大小是以基数为底，数码所在位置的序号为指数的整数次幂。其中，位置序号的排列规则为小数点左边，从右至左分别为 0，1，2，…，小数点右边从左至右分别为 -1，-2，-3，…。

以十进制为例，十进制的个位数位置的位权是 10^0，十位数位置的位权为 10^1，小数点后第 1 位的位权为 10^{-1}。

十进制数 12345.678 的值等于 $1\times10^4+2\times10^3+3\times10^2+4\times10^1+5\times10^0+6\times10^{-1}+7\times10^{-2}+8\times10^{-3}$。

2. 计算机中常用数制

1）二进制

在现代电子计算机中，采用 0 和 1 表示的二进制进行计数，基数为 2，二进制数 1010 可以表示为 $(1010)_2$。为什么计算机中使用二进制进行计数，而不采用其他数制呢？

（1）二进制使用 0 和 1 进行计数，分别对应两个基本状态。对于物理元器件而言，一般也都具有两个稳定状态，如开关的接通与断开，二极管的导通与截止，电平的高与低等，这些都可以用 0 和 1 两个数码来表示。

（2）二进制数的运算法则少，运算简单，大大简化了计算机运算器的硬件结构。

(3) 二进制的0和1可以对应逻辑中的真和假，可以很自然地进行逻辑运算。

2）八进制和十六进制

计算机使用二进制进行各种算术运算和逻辑运算虽然有计算速度快、简单等优点，但也存在着一些不足。在一般情况下，使用二进制表示需要占用更多的位数，如十进制数9，对应的二进制数为1001，占四位。因此，为了方便读写，人们发明了八进制和十六进制。八进制基数为8，使用数字0，1，2，…，7共8个数字来表示，运算时“逢八进一”。十六进制基数为16，使用数字0，1，2，…，9，A，B，C，D，E，F共16个数字和字母来表示，字母A、B、C、D、E、F分别表示十进制数10、11、12、13、14、15，运算时“逢十六进一”。为了区别这几种数制表示方法，常在数字后面加一个缩写的字母或进制下标来标识，见表1.1。

表1.1 进制标识

类 别	字母标识	书写格式	英文单词
二进制	B	$(1001)_2$或1001B	Binary
八进制	Q或O	$(1001)_8$或1001Q/1001O	Octal
十进制	D	$(1001)_{10}$或1001D	Decimal
十六进制	H	$(1001)_{16}$或1001H	Hexadecimal

3. 各种进制间的转换

1）R进制转换成十进制

任意R进制数可以按其位权方式进行展开。若L有n位整数和m位小数，其各位数为$K_{n-1}K_{n-2}\cdots K_2K_1K_0.K_{-1}\cdots K_{-m}$，则$L$可以表示为

$$L=\sum_{i=-m}^{n-1}K_iR^i=K_{n-1}R^{n-1}+K_{n-2}R^{n-2}+\cdots+K_1R^1+K_0R^0+K_{-1}R^{-1}+\cdots+K_{-m}R^{-m}$$

当一个R进制数按位权展开后，也就得到了该数值所对应的十进制数。所以，R进制数转换为十进制数时，我们可以采用按位权展开各项相加的法则。

【例1.1】将二进制数11011.01B转换成对应的十进制数。

$$11011.01B=1\times2^4+1\times2^3+0\times2^2+1\times2^1+1\times2^0+0\times2^{-1}+1\times2^{-2}=27.25D$$

【例1.2】将八进制数33.2Q转换成对应的十进制数。

$$33.2Q=3\times8^1+3\times8^0+2\times8^{-1}=27.25D$$

【例1.3】将十六进制数1B.4H转换成对应的十进制数。

$$1B.4H=1\times16^1+11\times16^0+4\times16^{-1}=27.25D$$

2）十进制转换成R进制

整数部分的转换采用“除R取余”法；小数部分的转换采用“乘R取整”法。

对于整数L，我们可以表示为

$$L=K_{n-1}R^{n-1}+K_{n-2}R^{n-2}+\cdots+K_1R^1+K_0R^0$$

其中$K_i(i=0,1,\cdots,n-1)$表示由除以R得到的各位余数。

对于小数L'，我们可以表示为

$$L'=K_{-1}R^{-1}+K_{-2}R^{-2}+\cdots+K_{-m}R^{-m}$$

其中$K_{-i}(i=1,2,\cdots,m)$表示由乘以R得到的各位整数。

【例 1.4】将十进制数 35.625 转换为二进制数。

整数部分转换：35 除以 2 取各位上的余数。

除以 R	取余数
35÷2=17	1
17÷2=8	1
8÷2=4	0
4÷2=2	0
2÷2=1	0
1÷2=0	1

（箭头：自下而上）

所以，35D = 100011B

注意：在转换整数部分时，当除以 R 的商为 0 时，应停止取余操作。先得到的余数作为低位，后得到的余数作为高位。

小数部分转换：0.625 乘以 2 取各位上的整数。

乘以 R	取整数
0.625×2=1.250	1
0.25×2=0.5	0
0.5×2=1.0	1

（箭头：自上而下）

所以，0.625D = 0.101B

注意：在转换小数部分时，当乘以 R 后的小数部分为 0 时，或已满足某些精度要求时，应停止取整操作。先得到的整数作为高位，后得到的整数作为低位。另外，取走的整数部分不参与下次乘法运算。

最后，我们将整数部分和小数部分的转换结果相加，就是转换后的最终结果。

所以，35.625D = 100011.101B

3）二进制与八进制的转换

由于 $2^3 = 8$，三位二进制数正好可以用一位八进制数表示，所以只要把每三位二进制数码转换成相应的八进制数码即可。基本法则是：整数部分以小数点为界从右往左，每三位一组进行转换；小数部分从小数点开始，自左向右，每三位一组进行转换；整数部分不足三位一组者，左边补 0，小数部分不足三位一组者右边补 0。

若将八进制数转换成二进制数，则只要把八进制数的每一位数码用相应的三位二进制数码表示出来，并排列在一起即可。

【例 1.5】将二进制数 10101101.101 转换成八进制数。

10101101.101B = 010 101 101.101B = 255.5Q

【例 1.6】将八进制数 255.6 转换成二进制数。

255.6Q = 010 101 101.110B = 10101101.11B

4）二进制与十六进制的转换

与八进制和二进制之间的转换类似，由于 $2^4 = 16$，四位二进制数正好可以用一位十六进制数表示，所以只要把每四位二进制数码转换成相应的十六进制数码即可。基本法则是：整数部分以小数点为界从右往左，每四位一组进行转换；小数部分从小数点开始，自左向右，每四位一组进行转换；整数部分不足四位一组者，左边补 0，小数部分不足四位一组者右边补 0。

若将十六进制数转换成二进制数，则只要把十六进制数的每一位数码用相应的四位二进制数码表示出来，并排列在一起即可。

【例1.7】将二进制数10101101.101转换成十六进制数。

10101101.101B = 1010 1101.1010B = AD.AH

【例1.8】将十六进制数A8.9转换成二进制数。

A8.9H = 1010 1000.1001B = 10101000.1001B

1.3.2 数据信息的表示与处理

数据在计算机中采用“二进制”方式存储。数据有正负、大小之分。为了解决数据的正负问题，引入了数据的原码、反码、补码。为了解决数据的表示范围问题，引入了数据的定点表示法和浮点表示法。

1. 真值数与机器数

1）真值数

在机器外，用“+”“-”号表示的数，如-6。

2）机器数

机器数可分为无符号数和带符号数两种。无符号数中，计算机字长的所有二进制位均表示数值。带符号数中，机器数分为符号和数值两部分，且均用二进制代码表示（在机器内用“0”表示“正号”，“1”表示“负号”），如真值数+6和-6用8位带符号机器数表示分别为00000110和10000110。

3）机器数的特点

（1）机器数字长是有限的，因此由字长决定数的表示范围。机器数字长是指以多少个二进制位表示一个数。

（2）符号被数值化，并参与运算。

（3）小数点按约定方式标出。

2. 数的定点和浮点表示

1）定点数

所有数值数据的小数点隐含在某一个固定位置上，称为定点表示法，简称定点数。定点数通常分为定点小数和定点整数。

（1）定点小数：小数点固定在符号位之后，机器中的所有数均为纯小数。任何一个小数都可以写成$N = N_sN_{-1}N_{-2}\cdots N_{-m}$，$N_s$表示符号位，如图1.13所示。注意，在这种表示数的方法中，小数点紧接在符号位之后，不用明确表示出来，即不占用二进制的位。$m+1$个二进制位表示的小数，其值的范围：$|N| \leqslant 1-2^{-m}$。

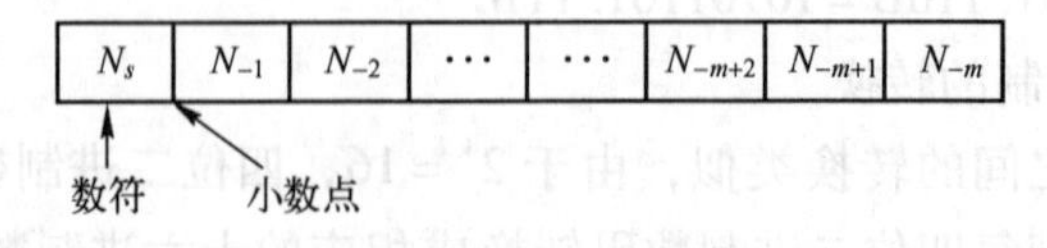

图1.13 定点小数

【例1.9】将±0.625D用机器数表示。

将十进制数转换为二进制数　±0.625D=±0.101B

用机器数表示									
	+0.625D	0	1	0	1	0	0	0	0
	−0.625D	1	1	0	1	0	0	0	0

（2）定点整数：小数点固定在最低位之后，机器中的所有数均为整数。整数分为带符号整数和不带符号整数两类。带符号整数，符号位仍然在最高位，可以写成 $N = N_s N_n N_{n-1} \cdots N_2 N_1 N_0$，$N_s$表示符号位，如图 1.14 所示。$n+1$ 个二进制位表示的整数，其值的范围为：$|N| \leqslant 2^n - 1$。

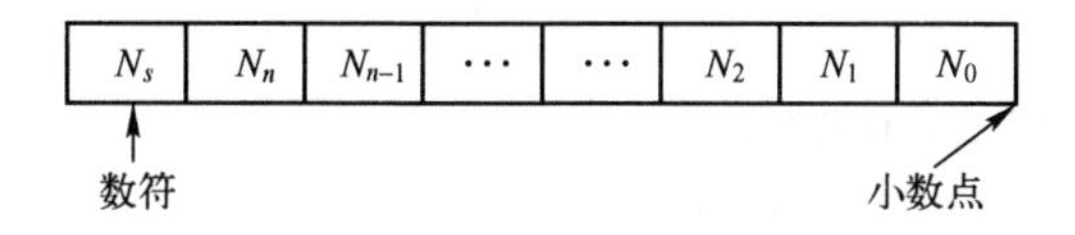

图 1.14　定点整数

对于不带符号的整数，$n+1$ 个二进制位均可看成数值，其值的范围为：$0 \leqslant N \leqslant 2^{n+1} - 1$。

由于实际参与运算的数往往既有整数部分又有小数部分，所以必须选取合适的比例因子，把原始的数缩小成纯小数或扩大成纯整数后再进行处理，然后将所得到的运算结果根据比例因子还原成实际的数值，这是很麻烦的。所以，定点表示法仅适用于计算较简单且数的范围变化不太大的情况。

2）浮点数

与科学计数法相似，任意一个 J 进制数 N，总可以写成 $N = J^E \times M$。式中，M 称为数 N 的尾数（mantissa），是一个纯小数；E 为数 N 的阶码（exponent），是一个整数，其符号位称为阶符；J 称为比例因子 J^E 的底数。这种表示方法中数的小数点位置随比例因子的不同而在一定范围内可以自由浮动，所以称为浮点表示法。

底数是事先约定好的（常取 2），在计算机中不出现。在机器中表示一个浮点数时，一是要给出尾数，用定点小数形式表示，尾数部分给出了有效数字的位数，因而决定了浮点数的表示精度；二是要给出阶码，用整数形式表示，阶码指明小数点在数据中的位置，因而决定了浮点数的表示范围。另外，浮点数也要有符号位，称为数符。如果用 16 位二进制数表示一个浮点数，则 16 位二进制数的分配方式见表 1.2。

表 1.2　浮点数的分配方式

15	14～12	11	10～0
阶符	阶码	数符	尾数

【例 1.10】 N = −35.625 = −100011.101B = $-0.100011101 \times 2^{110}$的浮点表示。

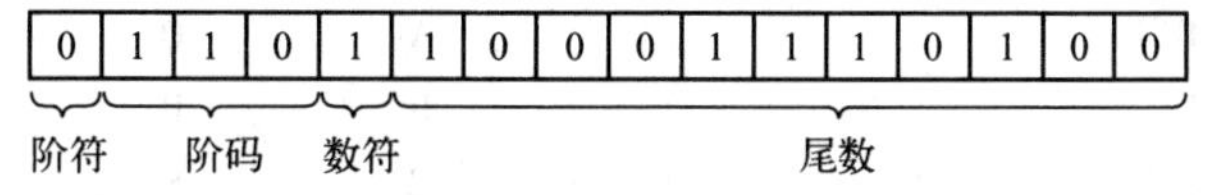

阶码是一个带符号的整数，用来指示尾数中的小数点应当向左或向右移动的位数。尾数表示数值的有效数字，其本身的小数点约定在数符和尾数之间。

3. 原码、反码和补码

常见的机器数有原码、反码、补码三种不同形式。

（1）原码：真值数的符号位用“0”表示正号，“1”表示负号。

【例 1.11】 +6 的原码为 00000110

　　　　　　　−6 的原码为 10000110

（2）反码：正数的反码与原码相同，负数的反码即将原码中，除符号位之外的每一个位取反。

【例 1.12】 +6 的反码为：00000110

　　　　　　　−6 的反码为：11111001

（3）补码：正数的补码与原码相同，负数的补码为将原码取反后加 1（注：负数的最高位为 1）。

【例 1.13】 +6 的补码为：00000110

　　　　　　　−6 的补码为：11111010

1.3.3　非数值信息的表示与处理

所谓非数值信息，通常是指字符、图像、音频、视频等信息。字符又可以分为汉字字符和非汉字字符。非数值信息通常不用来表示数值的大小，它们在计算机内部都采用了某种编码标准，通过该编码标准可以把其转换成 0、1 代码串进行处理，计算机将这些信息处理完毕后再转换成可视的信息显示出来。

1. ASCII 码

字符是计算机中使用最多的信息形式之一，是人与计算机进行通信、交互的重要媒介。在计算机中，要为每个字符指定一个确定的编码，作为识别与使用这些字符的依据。各种字母和符号也必须用规定的二进制码表示，计算机才能处理。目前普遍采用的是 ASCII 码（American Standard Code for Information Interchange，美国信息交换标准码）。ASCII 码虽然是美国国家标准，但它已被国际标准化组织（ISO）定为国际标准，并在全世界范围内通用。

标准的 ASCII 码是 7 位码，用一个字节表示，最高位是 0，可以表示 128 个字符。前面 32 个码和最后一个码通常是计算机系统专用的，代表一个不可见的控制字符。数字字符 0 ~ 9 的 ASCII 码是连续的，为 30H ~ 39H（H 表示十六进制数）；大写英文字母 A ~ Z 和小写英文字母 a ~ z 的 ASCII 码也是连续的，分别为 41H ~ 5AH 和 61H ~ 7AH。因此，知道一个字母或数字的 ASCII 码，就很容易推算出其他字母和数字的 ASCII 码，见表 1.3。

表 1.3　ASCII 码表

低 4 位	高 3 位							
	000	001	010	011	100	101	110	111
0000	NUL	DLE	Space	0	@	P	'	p
0001	SOH	DC1	!	1	A	Q	a	q
0010	STX	DC2	"	2	B	R	b	r
0011	ETX	DC3	#	3	C	S	c	s
0100	EOT	DC4	$	4	D	T	d	t
0101	ENQ	NAK	%	5	E	U	e	u
0110	ACK	SYN	&	6	F	V	f	v
0111	BEL	ETB	‘	7	G	W	g	w
1000	BS	CAN	(	8	H	X	h	x

续表

低 4 位	高 3 位							
	000	001	010	011	100	101	110	111
1001	HT	EM	)	9	I	Y	i	y
1010	LF	SUB	*	:	J	Z	j	z
1011	VT	ESC	+	;	K	[	k	{
1100	FF	FS	,	<	L	\	l	|
1101	CR	GS	-	=	M	]	m	}
1110	SO	RS	.	>	N	^	n	~
1111	ST	US	/	?	O	_	o	DEL

2. 汉字编码

由于汉字是象形文字，具有字形结构复杂，重音字和多音字多等特殊性，因此汉字在输入、存储、处理及输出过程中所使用的汉字编码是不同的，其中包括用于汉字输入的输入码，用于机内存储和处理的机内码，以及用于输出显示和打印的字模点阵码（或称字形码）。

1）汉字的输入码

汉字的输入码是为了利用现有的计算机键盘，将形态各异的汉字输入计算机中而编制的代码。目前，我国推出的汉字输入编码方案很多，其表示形式有字母、数字和符号。编码方案大致可以分为，以汉字发音进行编码的音码，如全拼码、简拼码、双拼码等；以汉字书写的形式进行编码的形码，如五笔字型码。

2）汉字的机内码

汉字的机内码是供计算机系统内部进行存储、加工处理、传输等统一使用的代码，又称为汉字内部码或汉字内码。不同的系统使用的汉字机内码有所不同。目前使用最广泛的是一种 2B（两个字节）的机内码，俗称变形的国标码。它的最大优点是机内码表示方法简单，且与交换码之间有明显的对应关系，同时也解决了中西文机内码存在二义性的问题。

3）汉字的字形码

汉字的字形码是汉字字库中存储的汉字字形的数字化信息，用于汉字的显示和打印。目前汉字字形的产生方式大多是数字式，即以点阵方式形成汉字。因此，汉字字形码主要是指汉字字形点阵的代码。汉字字形点阵有 16×16 点阵、24×24 点阵、32×32 点阵、64×64 点阵等。“春”字的 24×24 点阵表示形式如图 1.15 所示。一个汉字方块中行数、列数分得越多，描绘的汉字也就越精确，但占用的存储空间也就越大。

3. 图形和图像的表示

图形是由计算机绘图工具绘制的图形，图像是由数码相机或扫描仪等输入设备将捕捉到的实际场景记录下来的画面，通常可以将图形和图像统称为图像。在计算机中，图像常采用位图图像或矢量图像两种表示方法。

1）位图图像

计算机屏幕图像是由一个个像素点组成的，将这些像素点的信息有序地储存到计算机中，进而保存整幅图的信息，这种图像文件类型叫位图图像，如图 1.16 所示。

对于黑白图像，只有黑、白两种颜色，计算机只要用1位数据即可记录1个像素的颜色，用0表示黑色，1表示白色。如果增加表示像素的二进制数的位数，则能够增加计算机可以表示的灰度。例如，计算机用1字节（8位）数据记录1个像素的颜色，则从00000000（纯黑）到11111111（纯白），可以表示256色灰度图像。

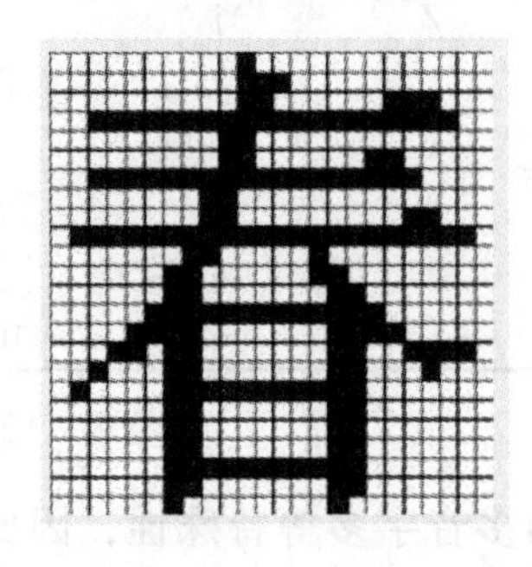
图1.15 "春"字的24×24点阵表示形式

图1.16 世界地图的位图图像

对于彩色图像，则每个像素的颜色用红(R)、绿(G)、蓝(B)三原色的强度来表示。如果每一种颜色的强度用一个字节来表示，则每种颜色包括256个强度级别，强度从00000000到11111111。描述每个像素的颜色需要3个字节，因为该像素的颜色是三种颜色的复合结果。例如，11111111(R)、00000000(G)、00000000(B)为红色，11111111(R)、11111111(G)、00000000(B)为黄色，11111111(R)、11111111(G)、11111111(B)为白色。

常见的位图图像文件类型有bmp、pcx、gif、jpg、tif、psd和cpt等，同样的图像以不同类型的文件保存时，文件大小也会有所差别。

位图图像能够制作出颜色和色调变化丰富的图像，可以逼真地表现出自然界的景观，而且很容易在不同软件之间交换文件，被广泛应用于照片和绘图图像中。它的缺点是无法制作真正的三维图像，并且图像在缩放、旋转和放大时会产生失真现象，同时文件较大，对内存和硬盘空间容量的需求也较高。

2）矢量图像

矢量图像通过一组指令集合来描述图像的内容。这组指令被用来描述构成该图像的所有直线、圆、圆弧、矩形、曲线等图元的位置、维数和形状。

矢量图像所占的存储容量较小，可以很容易地进行放大、缩小和旋转等操作，并且不会失真，适合用于表示线框型的图画、工程制图、美术字和三维建模等。但是，矢量图像不适于制作色调丰富或色彩变化太多的图像。

常见的矢量图像文件类型有ai、eps、svg、dwg、dxf、wmf和emf等。

4. 音频的表示

音频用于表示声音和音乐，其本身是模拟信号，是连续的，不适合在计算机中存储，需要对其进行离散化处理。首先，需要对其采样，即以相等的时间间隔来测量信号的值；其次，再量化采样值，就是给采样值分配值；最后，将量化值转换为二进制数，并存入计算机中。

常见的音频格式有wav、midi、mp3、au、wma等。

5. 视频和动画的表示

所谓视频，其实是由一系列的静态图像组成的动态图像，其中每幅静态图像称为帧。当组成动态图像的每帧图像是由人工或计算机加工而成的，则称其为动画。当组成动态图像的每帧图像是通过实时摄取自然景象或活动对象而成的，则称其为视频。

视频文件是将静态图像运用点阵图的形式有序储存得到的，但这样数据量太大，因此现在的视频文件大多采用视频压缩技术。根据所采用的压缩技术不同，视频分为多种格式，如 mpeg、mov、wmv、rmvb、avi、asf 和 flv 等。

动画由于应用领域不同，也存在不同的存储格式，常见的有 gif、swf、mov、fli、flc、mov 等。

评价单

项目名称	计算机中信息的表示	完成日期	
班级	小组	姓名	
学号		组长签字	
评价内容	分值	学生评价	教师评价
进制的概念	10		
进制的转换	60		
ASCII 码	10		
态度是否认真	10		
与小组成员的合作情况	10		
总分	100		
学生得分			
自我总结			
教师评语			

知识点强化与巩固

一、填空题

1. 与八进制数 16. 327 等值的二进制数是（　　）。
2. 将二进制数 10001110110 转换成八进制数是（　　）。
3. 将十进制数 110. 125 转换为十六进制数是（　　）。
4. 将十进制小数化为二进制小数的方法是（　　）。
5. 八位无符号的二进制数能表示的最大十进制数是（　　）。
6. 同十进制数 100 等值的十六进制数是（　　），八进制数是（　　），二进制数是（　　）。
7. 无符号二进制整数 10101101 等于十进制数（　　），等于十六进制数（　　），等于八进制数（　　）。
8. 如数字符号“1”的 ASCII 码的十进制可表示为“49”，那么数字符号“9”的 ASCII 码的十进制可表示为（　　）。
9. 已知大写字母 D 的 ASCII 码为 68，那么小写字母 d 的 ASCII 码为（　　）。
10. 标准 ASCII 码字符集采用的二进制码长是（　　）位。
11. 存储 120 个 64 ×64 点阵的汉字，需要占存储空间（　　）KB。
12. 在计算机系统中对有符号的数字，通常用原码、反码和（　　）表示。

二、选择题

1. 计算机内部采用二进制表示数据信息，二进制的主要优点是（　　）。
   A. 容易实现　B. 方便记忆　C. 书写简单　D. 符合使用的习惯
2. 计算机中数据的表示形式是（　　）。
   A. 八进制　B. 十进制　C. 十六进制　D. 二进制
3. 16 个二进制位可表示的整数的范围是（　　）。
   A. 0 ~65 535　B. －32 768 ~32 767
   C. －32 768 ~32 768　D. －32 768 ~32 767 或 0 ~65 535
4. 为了避免混淆，十六进制数在书写时常在后面加上字母（　　）。
   A. H　B. O　C. D　D. B
5. 下列 4 种不同数制表示的数中，数值最小的一个是（　　）。
   A. 八进制数 247　B. 十进制数 169
   C. 十六进制数 A6　D. 二进制数 10101000
6. 下面的数值中，（　　）肯定是十六进制数。
   A. 1011　B. DDF　C. 84EK　D. 125M
7. 下面有关数值书写错误的是（　　）。
   A. 1242D　B. 10110B　C. 34H　D. C4R2H
8. ASCII 码是（　　）。
   A. 美国标准信息交换码　B. 国际标准信息交换码
   C. 欧洲标准信息交换码　D. 以上都不是
9. 计算机中西文字符的标准 ASCII 码由（　　）位二进制数组成。

A. 16　　B. 4　　C. 7　　D. 8

10. 7 位 ASCII 码共有（　　）个不同的编码值。

A. 126　　B. 124　　C. 127　　D. 128

11. 下列字符中，ASCII 码值最小的是（　　）。

A. A　　B. a　　C. k　　D. M

12. 存储 400 个 24×24 点阵汉字字形所需的存储容量是（　　）。

A. 255KB　　B. 75KB　　C. 37.5KB　　D. 28.125KB

13. 十进制数“-3”用 8 位二进制数补码表示为（　　）。

A. 10000011B　　B. 11111100B　　C. 11111101B　　D. 01111101B

14. 微型机中，普遍使用的字符编码是（　　）。

A. 补码　　B. 原码　　C. ASCII 码　　D. 汉字编码

第 2 章　Windows 7 操作系统

项目一　Windows 7 概述

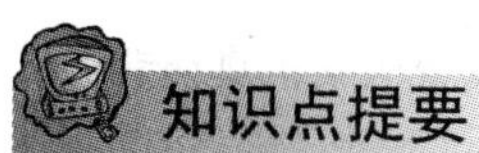

1. Windows 7 新增功能
2. Windows 7 的启动和退出
3. 认识 Windows 7 桌面
4. 认识 Windows 7 窗口基本组成部分
5. Windows 7 窗口的基本操作
6. 外观的个性化设置
7. Windows 7 的主题、桌面背景、桌面图标、屏幕保护、桌面小工具相关操作
8. Windows 7 的【开始】菜单、任务栏

任务单

<table>
<tr><td>任务名称</td><td>Windows 7 概述</td><td>学　　时</td><td>2 学时</td></tr>
<tr><td>知识目标</td><td colspan="3">1. 了解 Windows 7 新增功能。
2. 掌握 Windows 7 的启动、退出等基本操作方法。
3. 了解 Windows 7 界面各部分的功能。
4. 掌握 Windows 7 窗口的关闭、打开、调整大小、移动等基本操作方法。
5. 掌握 Windows 7 外观个性化设置的操作方法。</td></tr>
<tr><td>能力目标</td><td colspan="3">1. 对 Windows 7 有系统的认识。
2. 对 Windows 7 窗口的基本操作有全面的认识。
3. 会设置 Windows 7 的个性化外观。
4. 具有沟通、协作能力。</td></tr>
<tr><td>任务描述</td><td colspan="3">1. 启动 Windows 7 系统，进入 Windows 7 工作界面。
2. 将【开始】菜单中的 Microsoft Office Word 程序添加到任务栏上。
3. 在桌面创建【计算机】快捷方式图标。
4. 将【开始】菜单中的 Jump List（跳转列表）功能关闭。
5. 桌面主题设置：采用 Windows 7 提供的【Aero 主题】中的【人物】。
6. 桌面背景个性化设置：将系统自带的名为“风景”的图片设置为本机桌面背景，显示方式设置为【拉伸】。
7. 图标个性化设置：将桌面上【计算机】图标更改成样式，并重新命名为“我的电脑”；将【回收站】图标更改为样式，并重新命名为“垃圾箱”。
8. 屏幕保护设置：设置本机屏幕保护程序为“气泡”，等待 5 分钟启用屏保，在恢复工作界面时需显示登录屏幕。
9. 添加小工具：将“时钟”添加到桌面上，并设置时钟名称为“小闹表”，时区为“当前计算机时间”，并显示秒表。
10. 任务栏基本操作：锁定任务栏；设置屏幕上的任务栏位置为“右侧”；将音量图标设置为“仅显示通知”；将 Windows 资源管理器图标设置为“显示图标和通知”。
11. 鼠标个性化设置：设置鼠标键双击速度为“快”；设置指针方案为“Windows 标准（大）（系统方案）”；设置指针移动速度为“快”，并显示指针轨迹；设置垂直滚动时滚动滑轮一个齿格，对应的滚动行数为“5”行，水平滚动时一次滚动显示字符数为“5”。
12. 键盘个性化设置：设置光标闪烁速度为“中”，字符重复速度为“快”。</td></tr>
<tr><td>任务要求</td><td colspan="3">1. 仔细阅读任务描述中的操作要求，认真完成任务。
2. 小组间共享有效资源。</td></tr>
</table>

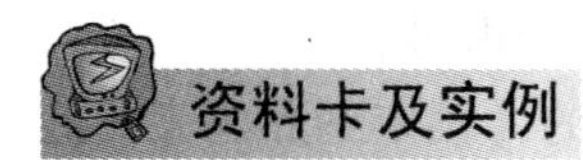

2.1　Windows 7 概述

Windows 7 是由微软公司开发的操作系统，2009 年 10 月 22 日正式版发布并被投入市场。它继承了 Windows XP 的实用和 Windows Vista 的华丽。

2.1.1　Windows 7 新增功能

1. Jump List 功能菜单

Jump List（跳转列表）功能菜单是 Windows 7 推出的第一大特色，是最近使用的项目列表，能帮助用户迅速地访问历史记录。在【开始】菜单和任务栏中，每一个程序都有一个 Jump List，可以让用户很容易地找到最近使用的文档。例如，IE 浏览器中的 Jump List，可以让用户看到最近访问过的 Web 站点。

用户在 Jump List 中看到的内容取决于程序本身。【开始】菜单和任务栏中的 Jump List 显示的是最近使用的程序，如最近打开的图片和播放的歌曲等，如图 2.1 所示。用户还可以“锁定”要收藏或者经常访问的文件。下面介绍 Windows 7【开始】菜单和任务栏中的 Jump List 的功能。

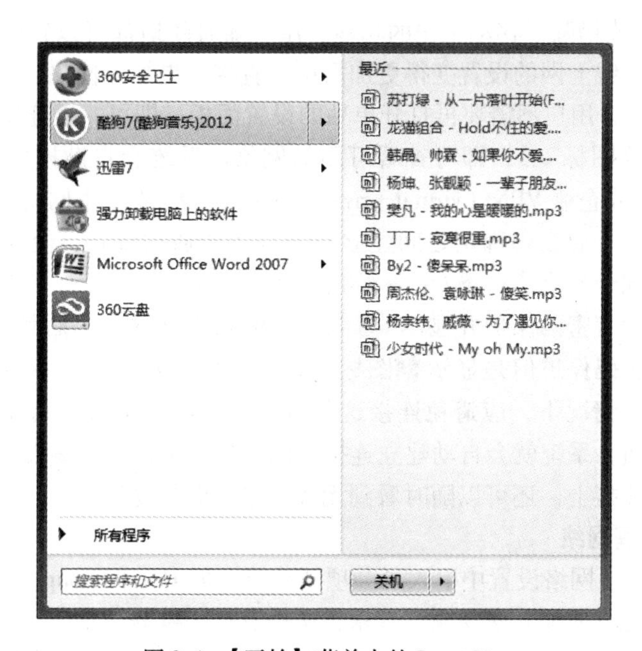

图 2.1　【开始】菜单中的 Jump List

（1）在【开始】菜单中，单击某个程序旁边的箭头，将会弹出一个列表，显示最近打开的文件。

（2）右击任务栏上的程序，最近通过这个程序打开的文档就会全部显示出来。

（3）若要将【开始】菜单中的程序添加到任务栏上，只需右击该程序，从弹出的快捷菜单中选择【锁定到任务栏】选项，或者直接将该程序拖动到任务栏上即可。

（4）若要将一些文件一直留在 Jump List 中，可以单击文件右侧的【锁定到此列表】按钮，或者在文件上右击，从弹出的快捷菜单中选择【锁定到此列表】选项，即成功将文件锁定到 Jump List 中。

（5）若要将锁定的文件解锁，只需单击文件右侧的【从此列表解锁】按钮，或者在该文件上右击，从弹出的快捷菜单中选择【从此列表解锁】选项。

（6）关闭 Jump List 功能的具体步骤可参照实例 2. 1。

实例 2. 1：关闭 Jump List 功能

操作方法：

（1）在【开始】菜单上右击，从弹出的快捷菜单中选择【属性】选项，弹出【任务栏和「开始」菜单属性】对话框，切换到【「开始」菜单】选项卡。

（2）单击自定义(C)...按钮，弹出【自定义「开始」菜单】对话框，在【「开始」菜单大小】组合框中将【要显示在跳转列表中的最近使用的项目数】微调框中的数值调为“0”。

（3）设置完毕后，单击确定按钮，出现【任务栏和「开始」菜单属性】对话框，然后依次单击该对话框中的应用(A)和确定按钮，即可关闭 Jump List 功能。

2. 轻松实现无线联网

Windows 7 进一步增强了移动工作的功能，用户随时随地都可以轻松地使用便携式电脑查看和连接网络，无线上网的设置变得更加简单、直接，更加人性化。

在 Windows 7 中，用户不需要再打开单独的设置面板，即可一键连接到各种网络。只需单击任务栏上的网络图标，即可查看可用的网络。系统会自动搜索到各种无线网络信号，如 Wi-Fi、拨号或企业 VPN（virtual private network，虚拟专用网）。可以通过同一地理地址的两个或者多个企业在内部网之间建立一条专用的通信线路，但并不是真正的物理线路，而是功能上等同于架设了一条专线一样的技术。

如果选择的网络有密码保护并显示图标，输入正确的密码后就可以连接互联网了。如果选择的网络有密码保护但是显示图标，为了信息的安全，在不熟悉或者无法确认此网络信号是否安全的情况下，应避免连接这些带警示的网络信号。选择需要连接的网络信号，单击连接(C)按钮，系统就会自动建立连接。网络连接上以后，桌面任务栏右下角的网络连接图标会显示已连接上，还可以随时看到无线信号强弱的变化。

3. 轻松创建家庭网络

在 Windows 7 中，网络设置中引入了一项新功能，即 Home Group（家庭组），可以使拥有多台电脑的家庭更方便地共享视频、音乐、文档及打印机等。

如果家庭网络中不存在家庭组，用户可以在 Windows 7 操作系统中创建一个家庭组；如果家庭网络中已存在家庭组，用户可以直接加入该家庭组。创建或者加入家庭组后，可以选择需要共享的库，还可以阻止共享特定文件或文件夹，其他人是无法更改用户的共享文件的，除非用户授予其进行此操作的权限。对于保护家庭组的密码，用户可以随时更改。要加入家庭组，必须是运行 Windows 7 的计算机，所有版本的 Windows 7 都可以加入设置好的家庭组。在 Windows 7 初级版和 Windows 7 家庭基础版中，用户可以加入家庭组，但无法创建家庭组。家庭组仅适用于家庭网络。

4. Windows 7 触控技术

触控技术在 Windows 7 之前的版本中也有应用，不过在 Windows 7 中又将其进一步完善，扩展到了计算机的每一个部位。Windows 7 明显改进了触摸屏体验，通过触摸感应显示屏，实现了不用鼠标和键盘就可以完成相关的操作。

2.1.2 Windows 7 的启动和退出

作为一名首次接触 Windows 7 的初学者，要想熟练地掌握 Windows 7 的入门知识和基本操作，首先要学会启动和退出 Windows 7 的方法，并能在不同的用户之间切换。

1. Windows 7 的启动

电脑中安装好 Windows 7 操作系统之后，启动电脑的同时就会随之进入 Windows 7 操作系统。

启动 Windows 7 的具体步骤如下。

（1）依次按下电脑显示器和机箱的开关，电脑会自动启动并首先进行开机自检。自检画面中将显示电脑主板、内存、显卡、显存等信息（不同的电脑因配置不同，所显示的信息自然也就不同）。

（2）通过自检后会出现欢迎界面，根据使用该电脑的用户账户数目，界面将分为单用户登录和多用户登录两种。

（3）单击需要登录的用户名，然后在用户名下方的文本框中会提示输入登录密码。

（4）输入登录密码，然后按 Enter 键或者单击文本框右侧的箭头，即可开始加载个人设置，进入 Windows 7 操作系统桌面。

2. Windows 7 的退出

用户通过关机、休眠、锁定、注销和切换用户等操作，都可以退出 Windows 7 操作系统。

1）关机

电脑的关机与平常使用的家用电器不同，不是简单地关闭电源就可以了，而是需要在系统中进行关机操作。正常关机步骤如下：单击【开始】按钮，弹出【开始】菜单，单击【关机】按钮 关机 ▷，系统即可自动保存相关的信息，然后关机。关于关机，还有一种特殊情况，被称为“非正常关机”，就是当用户在使用电脑的过程中突然出现了“死机”“花屏”“黑屏”等情况，不能通过【开始】菜单关闭电脑，此时用户只能持续地按主机机箱上的电源开关按钮几秒钟，片刻后主机会关闭，然后关闭显示器的电源开关即可。

2）休眠

休眠是退出 Windows 7 操作系统的另一种方法。选择休眠会保存会话并关闭计算机，打开计算机时会还原会话。此时，电脑并没有真正的关闭，而是进入了一种低能耗状态。

3）锁定

当用户有事情需要暂时离开，但是电脑还在运行，某些操作不方便停止，也不希望其他人查看自己电脑里的信息时，就可以通过这一功能来使电脑锁定，恢复到“用户登录界面”，再次使用时只有输入用户密码才能开启电脑进行操作。

4）注销

Windows 7 与之前的操作系统一样，允许多用户共同使用一台电脑上的操作系统，每个用户都可以拥有自己的工作环境并对其进行相应的设置。当需要退出当前的用户环境时，可以通过注销的方式来实现。注销功能和重新启动相似，在进行该动作前要关闭当前运行的程序，保存打开的文档，否则会造成数据的丢失。进行此操作后，系统会自动将个人信息保存到硬盘里，并快速地切换到“用户登录界面”。

5）切换用户

通过切换用户也能快速地退出当前的用户环境，并回到“用户登录界面”。

提示：注销和切换用户都可以快速地回到“用户登录界面”，但是注销要求结束当前用户的操作程序，而切换用户则允许当前用户的操作程序继续运行，并不受到影响。

2.1.3 认识 Windows 7 桌面

登录 Windows 7 操作系统后，首先展现在用户眼前的就是桌面。本节介绍有关 Windows 7 桌面的相关知识。用户完成的各种操作都是从桌面开始的，桌面包括桌面背景、桌面图标、【开始】按钮和任务栏 4 部分，如图 2.2 所示。

图 2.2 Windows 7 桌面

1. 桌面背景

桌面背景是指 Windows 桌面的背景图案，又称为桌布或者墙纸，用户可以根据自己的喜好更改桌面的背景图案，其作用是让操作系统的外观变得更加美观。具体操作将在后面章节中介绍。

2. 桌面图标

桌面图标由一个形象的小图片和说明文字组成，图片是它的标识，文字则表示它的名称或功能，如图 2.3 所示。在 Windows 7 中，所有的文件、文件夹及应用程序都用图标来形象地表示，双击这些图标就可以快速地打开文件、文件夹或启动某一应用程序。不同的桌面可以有不同的图标，用户可以自行设置。

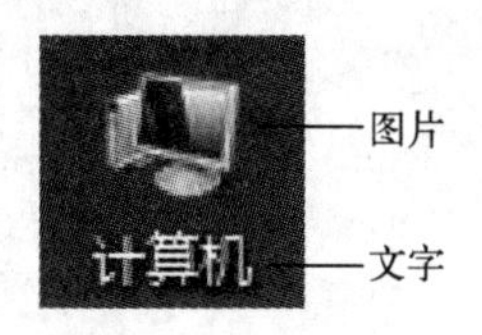

图2.3 桌面图标

3. 【开始】按钮

单击任务栏左侧的【开始】按钮，即可弹出【开始】菜单，这是用户使用和管理计算机的起点。

4. 任务栏

任务栏是位于屏幕底部的水平长条。与桌面不同的是，桌面可以被打开的窗口覆盖，而任务栏几乎始终可见。任务栏主要由程序按钮区、通知区域、【显示桌面】按钮3部分组成，如图2.4所示。

图2.4 Windows 7任务栏

在Windows 7中，任务栏经过了全新的设计，拥有了新外观，除了依旧能实现不同的窗口之间的切换外，看起来也更加方便，功能更加强大和灵活。

1）程序按钮区

程序按钮区主要放置的是已打开窗口的最小化按钮，单击这些按钮就可以在窗口间切换。在任意一个程序按钮上右击，就会弹出Jump List列表。用户可以将常用程序“锁定”到任务栏上，以方便访问，还可以根据需要通过单击和拖动操作重新排列任务栏上的图标。

Windows 7任务栏还增加了Aero Peek——窗口预览功能。将鼠标指针移到任务栏图标处，可预览已打开文件或者程序的缩略图，如图2.5所示，然后单击任意一个缩略图，即可打开相应的窗口。Aero Peek提供了2个基本功能：第一，通过Aero Peek，用户可以透过所有窗口查看桌面；第二，用户可以快速切换到任意打开的窗口，因为这些窗口可以随时隐藏或可见。

2）通知区域

通知区域位于任务栏的右侧，除包括系统时钟、音量、网络和操作中心等一组系统图标之外，还包括一些正在运行的程序图标，并提供访问特定设置的途径。用户看到的图标集取决于已安装的程序或服务，以及计算机制造商设置计算机的方式。将鼠标指针移向特定图标，会看到该图标的名称或某个设置的状态。有时，通知区域中的图标会弹出小窗口（称为通知），向用户通知某些信息。同时，用户也可以根据自己的需要设置通知区域的显示内容，具体的操作方法将在后面章节中介绍。

3）【显示桌面】按钮

在Windows 7任务栏的最右侧增加了既方便又常用的【显示桌面】按钮，作用是快速地

图 2.5 窗口预览功能

将所有已打开的窗口最小化，这样查找桌面文件就会变得很方便。在以前的系统中，它被放在快速启动栏中。

将鼠标指针移到该按钮处，所有已打开的窗口就会变成透明，显示桌面内容；移开鼠标指针，窗口则恢复原状；单击该按钮则可将所有打开的窗口最小化。如果希望恢复显示这些已打开的窗口，也不必逐个在任务栏上单击，只要再次单击【显示桌面】按钮，所有已打开的窗口又会恢复为显示的状态。

虽然在 Windows 7 中取消了“快速启动”功能，但是“快速启动”功能仍在，用户可以把常用的程序添加到任务栏上，以方便使用。

5.【开始】菜单

【开始】菜单是计算机程序、文件夹和设置的主通道。在【开始】菜单中几乎可以找到所有的应用程序，方便用户进行各种操作。Windows 7 操作系统的【开始】菜单是由【固定程序】列表、【常用程序】列表、【所有程序】列表、【搜索】文本框、【启动】菜单和【关闭选项】按钮区组成的，如图 2.6 所示。

1)【固定程序】列表

该列表中的程序会固定地显示在【开始】菜单中，用户通过它可以快速地打开其中的应用程序。在此列表中默认的固定程序只有四个。用户可以根据自己的需要在【固定程序】列表中添加常用的程序。

2)【常用程序】列表

在【常用程序】列表中默认存放了 2 个常用的系统程序。随着对一些程序的频繁使用，该列表中会列出 10 个最常使用的应用程序。如果超过了 10 个，系统会按照使用时间的先后顺序依次顶替。

用户也可以根据需要设置【常用程序】列表中能够显示的程序数量的最大值。Windows 7 默认的上限值是 30。

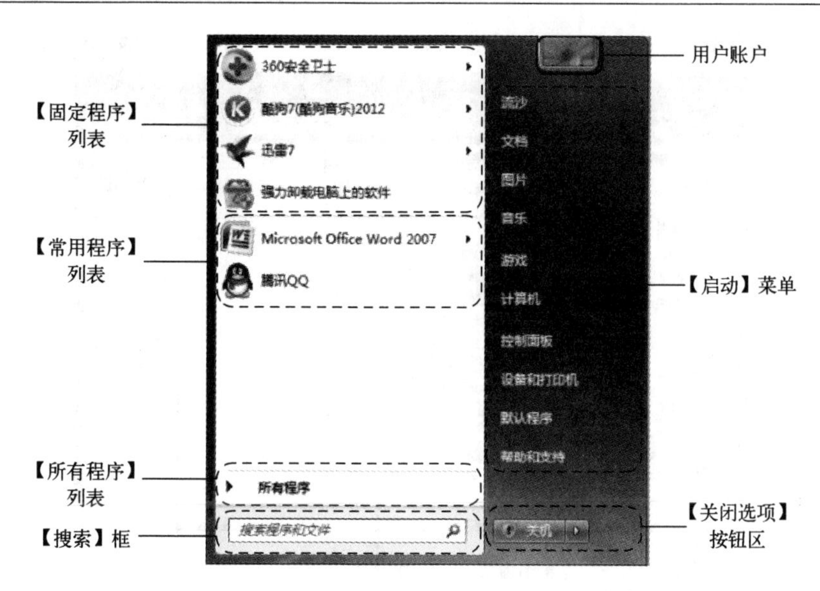

图 2.6　Windows 7 操作系统的【开始】菜单

3)【所有程序】列表

用户在【所有程序】列表中可以查看系统中安装的所有程序。打开【开始】菜单，单击【所有程序】选项左侧的【右箭头】按钮，即可显示【所有程序】子菜单。在【所有程序】子菜单中，分为应用程序和程序组两种。要区分二者很简单，在子菜单中显示文件夹图标的项为程序组，未显示文件夹图标的项为应用程序。单击程序组，即可弹出应用程序列表。

4)【搜索】文本框

使用【搜索】文本框是在计算机中查找项目的最便捷的方法之一。【搜索】文本框将遍历用户的所有程序，以及个人文件夹（包括“文档”“图片”“音乐”）、“桌面”及其他的常用位置中的所有文件，因此是否提供项目的确切位置并不重要。

5)【启动】菜单

【启动】菜单位于【开始】菜单的右窗格中。在【启动】菜单中列出了一些经常使用的 Windows 程序链接，如【文档】【计算机】【控制面板】及【设备和打印机】等。通过【启动】菜单，用户可以快速地打开相应的程序，进行相应的操作。

6)【关闭选项】按钮区

【关闭选项】按钮区包含【关机】按钮和【关闭选项】按钮。单击【关闭选项】按钮，会弹出【关闭选项】列表，其中包含【切换用户】【注销】【锁定】【重新启动】【休眠】【睡眠】6 个选项。

2.1.4　Windows 7 窗口

在 Windows 7 中，虽然各个窗口的内容各不相同，但所有的窗口都有一些共同点。一方面，窗口始终显示在桌面上；另一方面，大多数窗口都具有相同的基本组成部分。

窗口一般由控制按钮区、搜索栏、标题栏、地址栏、菜单栏、工具栏、导航窗格、状态栏、细节窗格和工作区 10 部分组成，如图 2.7 所示。

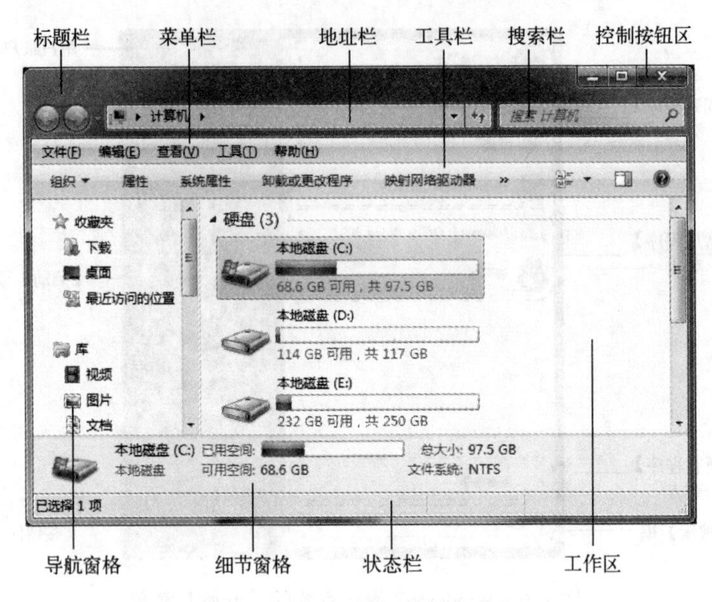

图 2.7 Windows 7 窗口的组成

1. 控制按钮区

在控制按钮区有 3 个窗口控制按钮，分别为【最小化】按钮、【最大化/还原】按钮和【关闭】按钮。

2. 地址栏

位于标题栏下方，用于显示和输入当前窗口的地址。

3. 搜索栏

将要查找的目标名称输入到搜索栏的文本框中，然后按 Enter 键或者单击 按钮即可。窗口搜索栏的功能和【开始】菜单中【搜索】文本框的功能相似，只不过搜索栏只能搜索当前窗口范围内的目标。另外，还可以添加搜索筛选器，以便能更精确、更快速地搜索到所需的内容。

4. 菜单栏

一般来说，菜单分为快捷菜单和下拉菜单两种。在窗口菜单栏中的就是下拉菜单，每一项都是命令的集合，用户可以通过选择其中的选项进行操作，如图 2.8 所示的【查看】下拉菜单。

Windows 菜单中有一些特殊的标志符号，代表了不同的意义。当菜单进行一些改动时，这些符号会相应地出现变化，下面介绍各个符号所表示的意义。

1） ✓标识

当某个选项前面标有✓标识时，说明该选项正在被应用，而再次单击该选项，标识就会消失。例如，【状态栏】选项前面的✓标识表示此时窗口中状态栏是显示出来的，再次单击该选项即可将状态栏隐藏起来。

2） •标识

菜单中某些选项是作为一个组集合在一起的。例如，【查看】下拉菜单中的几个查看方式选项，当选择某个选项时其前面就会有•标识（如图 2.8 中的【中等图标】选项前面就

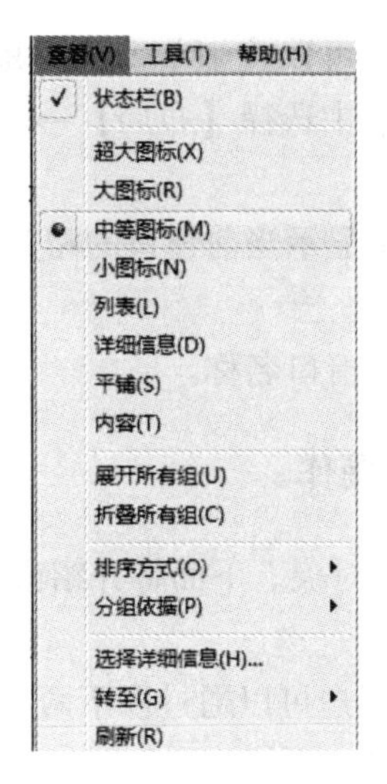

图 2.8 【查看】下拉菜单

有此标识，表示以“中等图标”的方式显示窗口内的所有项目)。

3) ▸标识

当某个选项后面出现▸标识时，表明这个选项还具有级联菜单。例如，将鼠标指针移到【排序方式】选项后面的▸标识上，就会弹出【排序方式】子菜单。

4) 灰色选项标识

某个选项呈灰色显示，说明此选项目前无法使用。

5) … 标识

某个选项后面出现…标识时，选择该选项会弹出一个对话框。例如，选择【工具】菜单中的【文件夹选项…】选项，就会弹出【文件夹选项】对话框。

5. 工具栏

工具栏位于菜单栏的下方，存放着常用的工具命令按钮，以便于用户能更加方便地使用这些形象化的工具。

6. 导航窗格

导航窗格位于工作区的左边区域。与以往的 Windows 系统版本有所差别，Windows 7 操作系统的导航窗格一般包括“收藏夹”“库”“家庭组”和“计算机”等部分。导航窗格中提供了文件夹列表，它们以树状结构显示给用户，从而方便用户迅速地定位所需目标。

7. 工作区

工作区位于窗口的右侧，是整个窗口中最大的矩形区域，用于显示窗口中的操作对象和操作结果。当窗口中显示的内容太多而无法在一个屏幕内显示出来时，单击窗口右侧垂直滚动条两端的上箭头按钮和下箭头按钮，或者拖动滚动条，都可以使窗口中的内容垂直滚动。

8. 细节窗格

细节窗格位于窗口的下方，用来显示选中对象的详细信息。例如，要显示本地磁盘(C:)的详细信息，只需单击一下工作区中的【本地磁盘(C:)】，窗口下方就会显示它的详细信息。

当用户不需要显示详细信息时，可以将细节窗格隐藏起来：单击【工具栏】上的【组织】下三角按钮，从弹出的下拉列表中选择【布局】→【细节窗格】选项。

9. 状态栏

状态栏位于窗口的最下方，用于显示当前窗口的相关信息和被选中对象的状态信息。

10. 标题栏

标题栏位于窗口顶部，用于标识窗口名称。

2.1.5 Windows 7 窗口的基本操作

窗口是 Windows 7 环境中的基本对象。下面将介绍窗口的基本操作。

1. 打开窗口

以打开【计算机】窗口为例，用户可以通过以下两种方法实现。

1）利用桌面图标

双击桌面上的【计算机】图标，或者在【计算机】图标上单击鼠标右键，从弹出的快捷菜单中选择【打开】选项。

2）利用【开始】菜单

单击【开始】按钮，从弹出的【开始】菜单中选择【计算机】选项即可。

2. 关闭窗口

当某个窗口不再使用时，需要将其关闭以节省系统资源。下面以【计算机】窗口为例，用户可以通过以下 6 种方法将其关闭。

1）利用【关闭】按钮

单击【计算机】窗口右上角的【关闭】按钮即可将其关闭。

2）利用【文件】菜单

在【计算机】窗口的菜单栏上单击【文件】→【关闭】选项，即可将其关闭。

3）利用右键快捷菜单

在【计算机】窗口的标题栏上单击鼠标右键，从弹出的快捷菜单中选择【关闭】选项，即可将其关闭。

4）利用标题栏左侧的应用程序按钮

单击窗口标题栏左侧的应用程序按钮，从弹出的菜单中选择【关闭】选项即可。

5）利用组合键

选中当前要关闭的窗口，按 Alt + F4 组合键，即可快速地将窗口关闭。

6）利用 Jump List 列表

在任务栏中的【计算机】图标上单击鼠标右键，从弹出的 Jump List 列表中选择【关闭窗口】选项，即可将其关闭。

3. 调整窗口大小

这里以【控制面板】窗口为例，介绍调整窗口大小的 3 种方法。

1）利用控制按钮

窗口控制按钮包括【最小化】按钮、【最大化/还原】按钮和【关闭】按钮。单击【最小化】按钮，即可将【控制面板】窗口最小化到任务栏上的程序按钮区；再次单击任务栏上的程序按钮，窗口恢复到原始大小。单击【最大化】按钮，即可将【控制面板】窗口放大到整个屏幕，此时【最大化】按钮会变成【还原】按钮，单击该按钮可以将【控制面板】窗口恢复到原始大小。

2）利用标题栏调整

当打开【控制面板】窗口时，如果窗口默认不是最大化打开，只需在窗口标题栏上的任意位置双击，即可使窗口最大化，再次双击可以将窗口还原为原始的大小。

3）手动调整

当窗口处于非最大化和最小化状态时，用户可以通过拖动鼠标的方式来改变窗口的大小。

4. 移动窗口

有时桌面上会同时打开多个窗口，这样就会出现某个窗口被其他窗口挡住的情况，对此用户可以将需要的窗口移动到合适的位置。具体的操作步骤如下。

（1）将鼠标指针移动到其中一个窗口的标题栏上，此时鼠标指针变成形状。

（2）按住鼠标左键不放，将其拖动到合适的位置后释放即可。

5. 排列窗口

当桌面上打开的窗口过多时，就会显得杂乱无章，这时用户可以通过设置窗口的显示形式对窗口进行排列。

在任务栏的空白处单击鼠标右键，弹出的快捷菜单中包含了显示窗口的 3 种形式，即【层叠窗口】【堆叠显示窗口】和【并排显示窗口】选项，用户可以根据需要选择一种窗口的排列形式，对桌面上的窗口进行排列。

6. 切换窗口

在 Windows 7 系统环境下可以同时打开多个窗口，但是当前活动窗口只能有一个。因此，用户在操作过程中经常需要在不同的窗口间切换。切换窗口的方法有以下几种。

1）利用 Alt + Tab 组合键

若要在多个程序窗口中快速地切换到需要的窗口，可以通过 Alt + Tab 组合键实现。在 Windows 7 中利用该方法切换窗口时，桌面中间会显示预览小窗口，按住 Alt 键并重复按 Tab 键可循环切换所有打开的窗口和桌面。

2）利用 Alt + Esc 组合键

用户也可以通过 Alt + Esc 组合键在窗口之间切换。使用这种方法可以直接在各个窗口之间切换，而不会出现预览小窗口。

3）利用 Ctrl 键

如果用户想打开同类程序中的某一个程序窗口，比如要打开任务栏上多个 Word 文档中的某一个，可以按住 Ctrl 键，同时用鼠标重复单击 Word 程序图标按钮，就会弹出不同的 Word 窗口，找到想要的程序后停止单击即可。

4）利用程序按钮区

每运行一个程序，就会在任务栏上的程序按钮区中出现一个相应的程序图标按钮。将鼠标指针停留在任务栏中某个程序图标按钮上，任务栏上方就会显示该程序打开的所有内容的小预览窗口，单击某预览窗口即可快速打开该窗口。

2.2 外观的个性化设置

相比于之前的操作系统，Windows 7 进行了重大的变革。它不仅延续了 Windows 家族的传统，而且带来了更多的全新体验。Windows 7 新颖的个性化设置，在视觉上给用户带来了不一样的感受。本节将介绍 Windows 7 操作系统的个性化设置。

2.2.1 设置 Windows 7 桌面主题

桌面上的所有可视元素和声音统称为 Windows 7 桌面主题，用户可以根据自己的喜好和需要，对 Windows 7 的桌面主题进行相应的设置。设置 Windows 7 桌面主题的具体步骤如下。

(1) 在桌面空白处单击鼠标右键，从弹出的快捷菜单中选择【个性化】选项，如图 2.9 所示，将会弹出【更改计算机上的视觉效果和声音】窗口。

(2) 此时可以看到 Windows 7 提供了包括“我的主题”和“Aero 主题”等多种个性化主题供用户选择。只要在某个主题上单击鼠标，即可选中该主题。例如，单击“Aero 主题”中的【Windows 7】按钮，即可将该主题设置为 Windows 7 桌面主题，如图 2.10 所示。

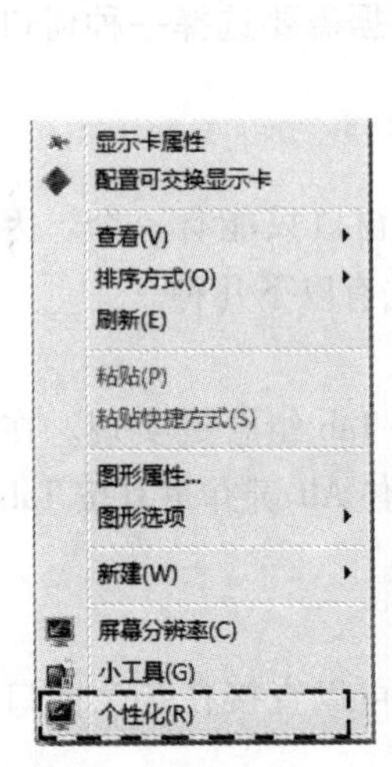

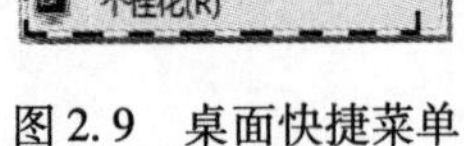

图 2.9 桌面快捷菜单

图 2.10 设置桌面主题

2.2.2 桌面背景个性化设置

在 Windows 7 操作系统中，系统提供了很多个性化的桌面背景，包括图片、纯色或带有颜色框架的图片等。用户可以根据自己的需要收集一些电子图片作为桌面背景，还可以将多张图片以幻灯片的形式显示。

1. 利用系统自带的桌面背景

Windows 7 操作系统中自带了包括建筑、人物、风景和自然等很多精美漂亮的背景图片，用户可以从中挑选自己喜欢的图片作为桌面背景。具体的操作步骤如下。

（1）在桌面空白处单击鼠标右键，从弹出的快捷菜单中选择【个性化】选项，弹出【更改计算机上的视觉效果和声音】窗口。

（2）单击【桌面背景】按钮，弹出【选择桌面背景】窗口。

（3）在【选择桌面背景】窗口中的【图片位置】下拉列表中选择【Windows 桌面背景】选项，此时下边的列表框中会显示场景、风景、建筑、人物、中国和自然等多组图片，选择其中一组中的一幅图片。

（4）在 Windows 7 操作系统中，桌面背景有 5 种显示方式，分别为填充、适应、拉伸、平铺和居中。用户可以在【选择桌面背景】窗口左下角的【图片位置】下拉列表中选择适合自己的选项。

（5）设置完毕，单击【保存修改】按钮，如图 2. 11 所示，系统会自动返回【更改计算机上的视觉效果和声音】窗口。在【我的主题】组合框中会出现一个【未保存的主题】图片标识，即刚才设置的图片。

图 2. 11　设置桌面背景

（6）单击【保存主题】链接，弹出【将主题另存为】对话框，在【主题名称】文本框中输入主题名称，然后单击【保存】按钮即可。

2. 将自定义的图片设置为桌面背景

用户可以把自己平时收藏的精美图片找出来，设置成桌面背景，还可以通过画图程序或者 Photoshop 等绘图软件进行加工，使其更完美。将自己收藏的图片设置为桌面背景的具体步骤如下。

（1）在桌面空白处单击鼠标右键，从弹出的快捷菜单中选择【个性化】选项，弹出【更改计算机上的视觉效果和声音】窗口，单击【桌面背景】按钮，弹出【选择桌面背景】

窗口。

(2) 单击【图片位置】后面的 浏览(B)... 按钮，弹出【浏览文件夹】对话框，找到图片所在文件夹并选中该文件夹。

(3) 单击【确定】按钮，返回【选择桌面背景】窗口，可以看到所选择的文件夹中的图片已在【图片位置】下拉列表中列出。

(4) 从下拉列表中选择一张图片作为桌面背景图片，然后单击 保存修改 按钮，返回【更改计算机上的视觉效果和声音】窗口，按前面方法在【我的主题】组合框中保存主题即可。返回桌面，即可看到设置桌面背景后的效果。

另外，用户也可以直接找到自己喜欢的图片，然后单击鼠标右键，从弹出的快捷菜单中选择【设置为桌面背景】选项，即可将该图片设置为桌面背景。

2.2.3 桌面图标个性化设置

在 Windows 7 操作系统中，所有的文件、文件夹及应用程序都可以用形象化的图标表示，这些图标放置在桌面上就叫作"桌面图标"。双击任意一个桌面图标都可以快速地打开相应的文件、文件夹或者应用程序。

1. 添加桌面图标

为了方便应用，用户可以手动在桌面上添加一些桌面图标。

1) 添加系统图标

进入刚装好的 Windows 7 操作系统时，桌面上只有一个【回收站】图标。【计算机】和【控制面板】等系统图标都被放在了【开始】菜单中，用户可以通过手动的方式将其添加到桌面上，具体的操作步骤如下。

(1) 在桌面空白处单击鼠标右键，从弹出的快捷菜单中选择【个性化】选项，弹出【更改计算机上的视觉效果和声音】窗口。

(2) 在窗口的左边窗格中单击【更改桌面图标】链接，弹出【桌面图标设置】对话框，如图 2.12 所示。

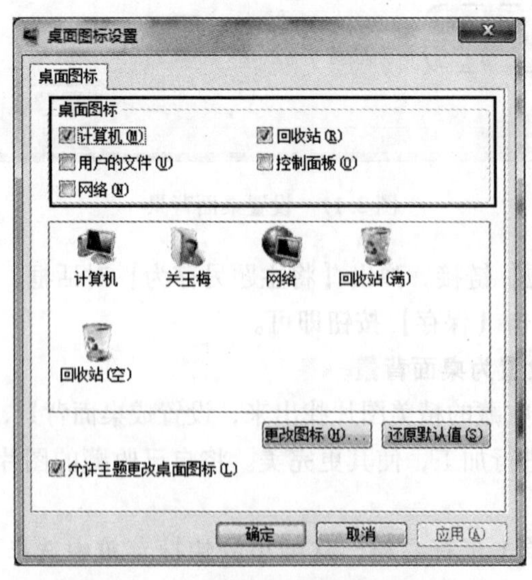

图 2.12 【桌面图标设置】对话框

（3）用户可根据自己的需要在【桌面图标】区域选择需要添加到桌面上的系统图标，依次单击【应用】和【确定】按钮，返回【更改计算机上的视觉效果和声音】窗口，然后关闭该窗口即可完成桌面图标的添加。

2）添加应用程序快捷方式

用户还可以将常用的应用程序的快捷方式放置在桌面上，形成桌面图标。以添加【画图】快捷方式图标为例，具体的操作步骤如下。

（1）单击【开始】→【所有程序】→【附件】选项，弹出程序组列表。

（2）在程序组列表中选择【画图】选项，然后单击鼠标右键，从弹出的快捷菜单中选择【发送到】→【桌面快捷方式】选项。

（3）返回桌面，可以看到桌面上已经新增加了一个【画图】快捷方式图标。

2. 排列桌面图标

在日常应用中，用户不断地添加桌面图标，就会使桌面变得很乱，这时可以通过排列桌面图标来整理桌面。可以按照名称、大小、项目类型和修改日期 4 种方式排列桌面图标。

在桌面空白处单击鼠标右键，从弹出的快捷菜单中选择【排序方式】选项，在其级联菜单中可以看到 4 种排列方式，如图 2.13 所示。

3. 更改桌面图标

用户还可以根据自己的实际需要更改桌面图标的标识和名称。

1）利用系统自带的图标

Windows 7 操作系统中自带了很多图标，用户可以从中选择自己喜欢的，具体的操作步骤如下。

（1）在桌面空白处单击鼠标右键，选择【个性化】选项，弹出【更改计算机上的视觉效果和声音】窗口。在窗口的左边窗格中单击【更改桌面图标】链接，弹出【桌面图标设置】对话框。

（2）在对话框的【桌面图标】区域中选中要更改标识的桌面图标复选项，然后单击 更改图标(H)... 按钮，弹出【更改图标】对话框，如图 2.14 所示。

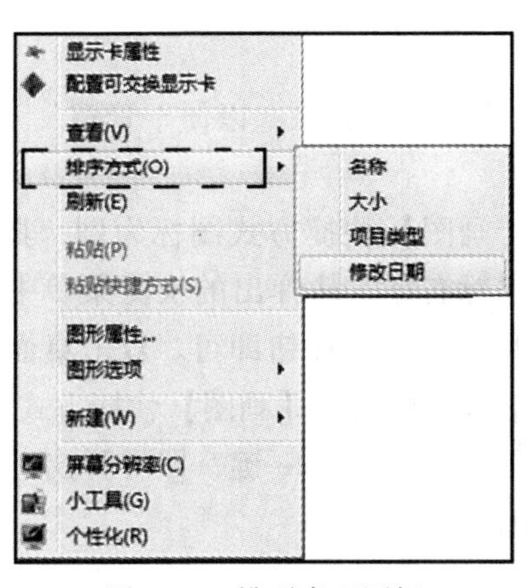

图 2.13　排列桌面图标

图 2.14　【更改图标】对话框

（3）从【从以下列表中选择一个图标】列表框中选中一个自己喜欢的图标，然后单击

【确定】按钮，返回【桌面图标设置】对话框，可以看到选择的图标标识。

(4) 然后依次单击【应用】和【确定】按钮返回桌面，可以看到选择的图标标识已经更改。

提示： 如果用户希望把更改过的图标还原为系统默认的图标，在【桌面图标设置】对话框中单击【还原默认值】按钮即可。

2) 利用自己喜欢的图标

如果系统自带的图标不能满足需求，用户可以将自己喜欢的图标设置为桌面图标标识，具体的操作步骤如下。

(1) 按照前面介绍的方法打开【桌面图标设置】对话框。

(2) 在【桌面图标】区域中选中要更改标识的桌面图标复选项，然后单击 更改图标(H)... 按钮，弹出【更改图标】对话框。

(3) 单击【查找此文件夹中的图标】右侧的 浏览(B)... 按钮，弹出一个新的对话框。

(4) 从中选择自己喜欢的图标，然后单击 打开(O) 按钮，返回【更改图标】对话框，可以看到选择的图标已经显示在【从以下列表中选择一个图标】列表框中。

(5) 选中某一图标后单击 确定 按钮，返回【桌面图标设置】对话框，然后依次单击【应用】和【确定】按钮返回桌面，即可看到更改后的效果。

4. 更改桌面图标名称

有的时候用户安装完应用程序会在桌面创建一个快捷方式图标，但有些图标显示的却是英文名称，看起来很不习惯，此时用户可以更改桌面图标名称。下面以更改桌面图标的名称"Internet Explorer"为例进行介绍。

(1) 在桌面图标上单击鼠标右键，从弹出的快捷菜单中选择【重命名】选项。

(2) 此时该图标的名称处于可编辑状态，在此处输入新的名称，如"浏览器"，然后按下 Enter 键或者在桌面空白处单击鼠标即可。

提示： 用户还可以通过 F2 功能键来快速地完成重命名操作，操作方法如下，首先选中要更改名称的图标，然后按 F2 功能键，此时图标名称就会变为可编辑状态，输入新的名称后按 Enter 键即可。

5. 删除桌面图标

为了使桌面看起来整洁美观，用户可以将不常用的图标删除，以便于管理。

1) 删除到回收站

(1) 通过右键快捷菜单删除。以删除添加的【画图】快捷方式图标为例，具体的操作步骤如下：在桌面【画图】快捷方式图标上单击鼠标右键，从弹出的快捷菜单中选择【删除】选项；弹出【删除快捷方式】对话框，然后单击 是(Y) 按钮即可。双击桌面上的【回收站】图标，打开【回收站】窗口，可以在窗口中看到删除的【画图】快捷方式图标。

(2) 通过 Delete 键删除。选中要删除的桌面图标，按 Delete 键，即可弹出【删除快捷方式】对话框，然后单击 是(Y) 按钮即可将图标删除。

2) 彻底删除

彻底删除桌面图标的方法与删除到回收站的方法类似。在选择【删除】选项或者按 Delete 键的同时需要按 Shift 键，此时会弹出【删除快捷方式】对话框，提示"您确定要永久删除此快捷方式吗?”然后，单击 是(Y) 按钮即可。

2.2.4　更改屏幕保护程序

当用户在指定的一段时间内没有使用鼠标和键盘进行操作，系统就会自动进入账户锁定状态，此时屏幕会显示图片或动画，这就是屏幕保护程序的效果。

设置屏幕保护程序有以下 3 方面的作用。

（1）可以减少电能消耗。

（2）可以起到保护电脑屏幕的作用。

（3）可以保护个人的隐私，增强计算机的安全性。

1. 使用系统自带的屏幕保护程序

Windows 7 自带了一些屏幕保护程序，用户可以根据自己的喜好进行选择，具体的操作步骤如下。

（1）在桌面空白处单击鼠标右键，在弹出的快捷菜单中选择【个性化】选项，将弹出【更改计算机上的视觉效果和声音】窗口。

（2）单击【屏幕保护程序】按钮，弹出【屏幕保护程序设置】对话框。

（3）在【屏幕保护程序】区域中的下拉列表中列出了很多系统自带的屏幕保护程序，用户可以根据自己的需求进行选择。例如，选择【彩带】选项，此时在上方的预览框中可以看到设置的效果，如图 2. 15 所示。

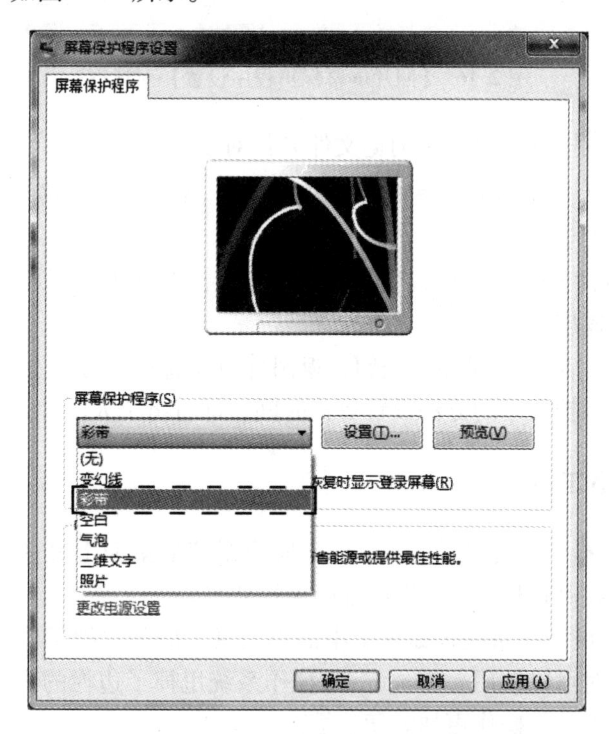

图 2. 15　【屏幕保护程序设置】对话框

（4）在【等待】微调框中设置等待的时间，用户也可以选中【在恢复时显示登录屏幕】复选框，然后依次单击【应用】和【确定】按钮。

如果用户在设置的等待时间内没有对电脑进行任何操作，系统就会自动启动屏幕保护程序。

2. 使用个人图片设置屏幕保护程序

用户可以使用保存在计算机中的个人图片来设置自己的屏幕保护程序，也可以从网站上下载屏幕保护程序。将用户个人的图片设置成屏幕保护程序的具体操作步骤如下。

（1）按照前面介绍的方法打开【屏幕保护程序设置】对话框，在【屏幕保护程序】区域中的下拉列表中选择【照片】选项。

（2）单击右侧的 设置(T)... 按钮，弹出【照片屏幕保护程序设置】对话框，如图 2.16 所示。

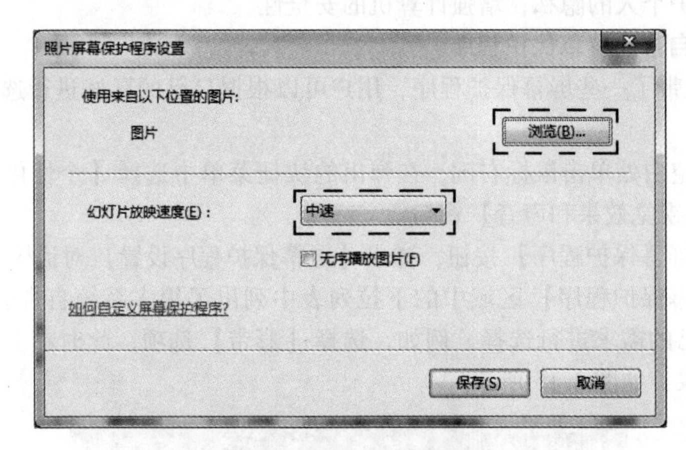

图 2.16 【照片屏幕保护程序设置】对话框

（3）单击 浏览(B)... 按钮，弹出【浏览文件夹】对话框。

（4）选中要设置为屏幕保护图片的图片文件夹，然后单击 确定 按钮，返回【照片屏幕保护程序设置】对话框。

（5）单击【幻灯片放映速度】右侧的下三角按钮，在弹出的下拉列表中根据自己的需要选择幻灯片的放映速度。

（6）设置完毕后，单击【保存】按钮，返回【屏幕保护程序设置】对话框，然后按照设置系统自带的屏幕保护程序的方法设置等待时间，即可将个人图片设置为屏幕保护图片。

2.2.5 更改桌面小工具

从 Windows Vista 操作系统开始，Windows 操作系统的桌面上又多了一个新成员——桌面小工具。这个功能在 Windows 7 操作系统中更加完美。

虽然 Windows Vista 操作系统也提供了桌面小工具，但是它把不同类型的小工具都放在了一个边栏里面，随时可以使用。Windows 7 操作系统甩掉了边栏的限制，用户可以把想要的小工具拖动到桌面上，使操作更加方便快捷。

1. 添加桌面小工具

Windows 7 操作系统自带了很多漂亮实用的小工具，下面介绍如何将这些小工具添加到桌面上。

（1）在桌面空白处单击鼠标右键，从弹出的快捷菜单中选择【小工具】选项，弹出【小工具库】窗口，其中列出了系统自带的多个小工具，如图 2.17 所示。

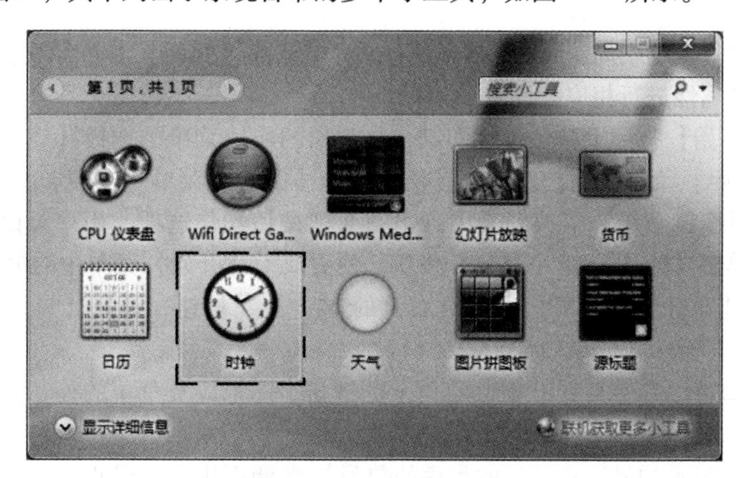

图 2.17 【小工具库】窗口

（2）用户可以从中选择自己喜欢的个性化小工具。只需双击小工具的图标，或者单击鼠标右键，在弹出的快捷菜单中选择【添加】选项，即可将其添加到桌面上，也可以用鼠标拖动的方法将小工具直接拖到桌面上。

此外，用户还可以通过联机获取更多的小工具。

2. 设置桌面小工具的效果

用户添加了小工具后，如果对显示的效果不满意，可以通过手动方式设置小工具的显示效果，下面以时钟为例进行介绍。

（1）将鼠标指针移到小工具上，单击鼠标右键，从弹出的快捷菜单中选择【选项】选项。

（2）弹出【时钟】对话框，在这里可以设置时钟样式。用户可以通过单击【前进】按钮或【后退】按钮进行选择。

（3）选中某一种样式，然后单击【确定】按钮即可。用户还可以在【时钟】对话框中设置时钟名称、时区和是否显示秒针等，如图 2.18 所示。

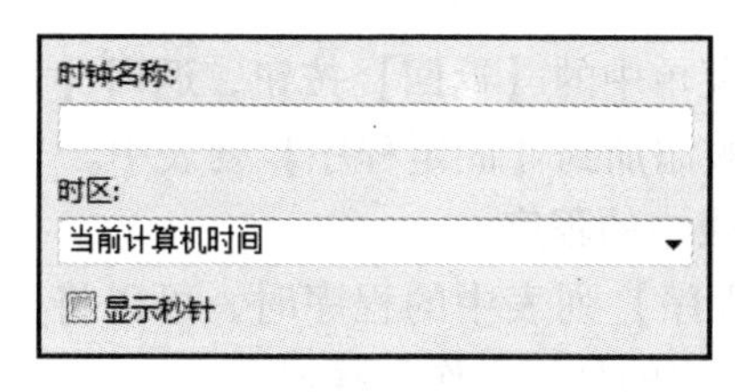

图 2.18 【时钟】对话框

2.3 【开始】菜单的个性化设置

在 Windows 7 操作系统的【开始】菜单中，用户可以快速地找到要执行的程序，完成相应的操作。为了使【开始】菜单更加符合自己的使用习惯，用户可以对其进行相应的设置。

2.3.1 【开始】菜单属性的设置

与之前的操作系统不同，Windows 7 只有一种默认的【开始】菜单样式，不能更改，但是用户可以对其属性进行相应的设置。

(1) 在【开始】按钮上单击鼠标右键，从弹出的快捷菜单中选择【属性】选项，弹出【任务栏和「开始」菜单属性】对话框，切换到【「开始」菜单】选项卡。

(2)【电源按钮操作】下拉列表中列出了6项按钮操作选项，用户可以选择其中的一项，然后依次单击【应用】和【确定】按钮，便更改了【开始】菜单中的电源按钮。

(3) 单击【「开始」菜单】选项卡右侧的 自定义(C)... 按钮，弹出【自定义「开始」菜单】对话框。

(4) 在【您可以自定义「开始」菜单上的链接、图标以及菜单的外观和行为】列表框中设置【开始】菜单中各个选项的属性。

(5) 在【要显示的最近打开过的程序的数目】微调框中设置最近打开程序的数目，在【要显示在跳转列表中的最近使用的项目数】微调框中设置最近使用的项目数。

(6) 设置完毕后，单击【确定】按钮，返回【任务栏和「开始」菜单属性】对话框，然后依次单击【应用】和【确定】按钮即可。

(7) 打开【开始】菜单，可以看到设置的地方已经发生了改变。

2.3.2 【固定程序】列表个性化设置

【固定程序】列表中的程序会固定地显示在【开始】菜单中，用户可以快速地打开其中的应用程序。

1. 将常用的程序添加到【固定程序】列表中

用户可以根据自己的需要将常用的程序添加到【固定程序】列表中。例如，将“Windows 资源管理器”程序添加到【固定程序】列表中的具体操作步骤如下。

(1) 单击【开始】→【所有程序】→【附件】选项，从弹出的【附件】菜单中选择【Windows 资源管理器】选项，然后单击鼠标右键，从弹出的快捷菜单中选择【附件「开始」菜单】选项。

(2) 单击【所有程序】菜单中的【返回】按钮，返回【开始】菜单，可以看到【Windows 资源管理器】选项已经被添加到【固定程序】列表中。

2. 删除【固定程序】列表中的程序

当用户不再使用【固定程序】列表中的程序时，可以将其删除。例如，删除刚刚添加的“Windows 资源管理器”程序的具体操作步骤如下。

(1) 在【固定程序】列表中选择【Windows 资源管理器】选项，单击鼠标右键，从弹出的快捷菜单中选择【从「开始」菜单解锁】选项。

(2) 打开【开始】菜单，可以看到【Windows 资源管理器】选项已经从【固定程序】列表中删除了。

2.3.3 【常用程序】列表个性化设置

【常用程序】列表中列出了一些经常使用的程序，用户也可以根据自己的习惯进行设置。

1. 设置【常用程序】列表中的程序数目

系统会根据程序被使用的频繁程度，在该列表中默认地列出 10 个最常使用的程序，用户可以根据实际需要设置【常用程序】列表中显示的程序数目。按照前面介绍的方法打开【自定义「开始」菜单】对话框，调整【要显示的最近打开过的程序的数目】微调框中的数值，然后单击【确定】按钮即可。

2. 删除【常用程序】列表中的程序

用户如果想从【常用程序】列表中删除某个不再经常使用的应用程序，如要将“计算器”应用程序从列表中删除，只需在该应用程序选项上单击鼠标右键，然后从弹出的快捷菜单中选择【从列表中删除】选项即可。

如果用户想将删除的“计算器”应用程序再次显示在【常用程序】列表中，可以单击【开始】→【所有程序】→【附件】→【计算器】选项，然后单击鼠标右键，从弹出的快捷菜单中选择【附到「开始」菜单】选项，即可将“计算器”应用程序再次添加到【常用程序】列表中。

2.3.4 【开始】菜单个性化设置

在【开始】菜单右侧窗格中列出了部分 Windows 项目链接，用户可以通过这些链接快速地打开相应的窗口进行各项操作。

与之前版本的 Windows 操作系统相比，这个窗格中又增加了库项目链接。在 Windows 7 操作系统中，有 4 个默认库（文档、音乐、图片和视频），也可以新建其他库。默认情况下，文档、图片和音乐显示在该窗格中。用户可以在这个窗格中添加或删除这些项目链接，也可以自定义其外观。

提示：在以前版本的 Windows 操作系统中，管理文件意味着在不同的文件夹和子文件夹下对文件进行组织和管理。在 Windows 7 操作系统中可以使用库，按类型来组织和访问文件，而不管其存储位置是否相同。库可以收集不同位置的文件，并将其显示为一个集合，而无须从其存储位置移动到同一文件夹中。

用户可以将一些常用的项目链接添加到【开始】菜单中，也可以删除一些项目，并且可以定义其显示方式，具体的操作步骤如下。

（1）在【开始】按钮上单击鼠标右键，从弹出的快捷菜单中选择【属性】选项，弹出【任务栏和「开始」菜单属性】对话框，切换到【「开始」菜单】选项卡。

（2）单击右侧的 自定义(C)... 按钮，弹出【自定义「开始」菜单】对话框。

（3）在【您可以自定义「开始」菜单上的链接、图标以及菜单的外观和行为】列表框中，选中【计算机】选项下方的【显示为菜单】单选按钮，再选中【控制面板】选项下方的【不显示此项目】单选按钮和【连接到】复选框，然后单击【确定】按钮即可。

（4）打开【开始】菜单，可以看到【连接到】项目已经被添加到右侧窗格中，【控制面板】项目也已被删除，并且【计算机】选项是以菜单形式显示的，效果如图 2.19 所示。

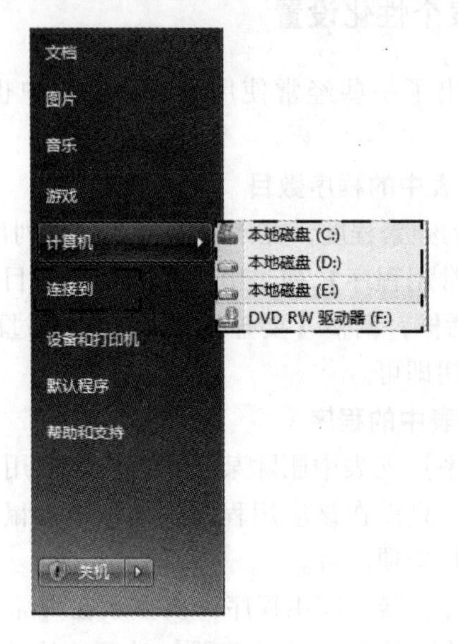

图 2.19　自定义【开始】菜单

2.4　任务栏的个性化设置

在 Windows 7 中，任务栏经过了重新设计。任务栏图标不但拥有了新外观，而且除了为用户显示正在运行的程序外，还新增了一些功能。用户可以根据自己的需要，对 Windows 7 的任务栏进行个性化设置。

2.4.1　程序按钮区个性化设置

任务栏的左边部分是程序按钮区，用于显示用户当前已经打开的程序和文件，用户可以在它们之间进行快速切换。在 Windows 7 中新增加了 Jump List 功能菜单、程序锁定和相关项目合并等功能，用户可以更轻松地访问程序和文件。

1. 更改任务栏上程序图标的显示方式

用户可以自定义任务栏上程序按钮区显示的方式，具体的操作步骤如下。

（1）在【开始】按钮上单击鼠标右键，从弹出的快捷菜单中选择【属性】选项，弹出【任务栏和「开始」菜单属性】对话框，切换到任务栏选项卡。

（2）任务栏按钮下拉列表中列出了按钮显示的 3 种方式，分别是【始终合并、隐藏标签】【当任务栏被占满时合并】和【从不合并】选项，用户可以选择其中的一种方式。若要使用小图标显示，则选中【使用小图标】复选框；若要使用大图标显示，则取消选中该复选框即可。

（3）【始终合并、隐藏标签】选项是系统的默认设置。此时每个程序显示为一个无标签的图标，打开某个程序的多个项目与一个项目是一样的。

（4）选择【当任务栏被占满时合并】选项，则每个程序显示为一个有标签的图标。当任务栏变得很拥挤时，具有多个打开项目的程序会重叠为一个程序图标，单击图标可显示打开的项目列表。

（5）选择【从不合并】选项，该设置下的图标则从不会重叠为一个图标，无论打开多少个窗口都是一样。随着打开的程序和窗口越来越多，图标会缩小，并且最终在任务栏中滚动。

提示：在以前版本的 Windows 中，程序会按照打开它们的顺序出现在任务栏上，但在 Windows 7 中，相关的项目会始终彼此靠近。要重新排列任务栏上程序图标的顺序，只需拖动图标，将其从当前位置拖到任务栏上的其他位置即可。

2. 使用任务栏上的跳转列表

跳转列表即最近使用的项目列表。在任务栏上，已固定到任务栏的程序和当前正在运行的程序，会出现跳转列表。使用任务栏上的跳转列表，可以快速地访问最常用的程序。用户可以清除跳转列表中显示的项目。

2.4.2 自定义通知区域

在默认情况下，通知区域位于任务栏的右侧。它除了包含时钟、音量等标识之外，还包括一些程序图标，这些程序图标提供有关系统更新、网络连接等事项的状态和通知。安装新程序时，有时可以将此程序的图标添加到通知区域内。

1. 更改图标和通知在通知区域的显示方式

通知区域有时会布满杂乱的图标，在 Windows 7 中可以选择将某些图标设置为始终保持可见，而使通知区域的其他图标保留在溢出区，还可以自定义可见的图标及其相应的通知在任务栏中的显示方式，如图 2.20 所示，具体操作步骤如下。

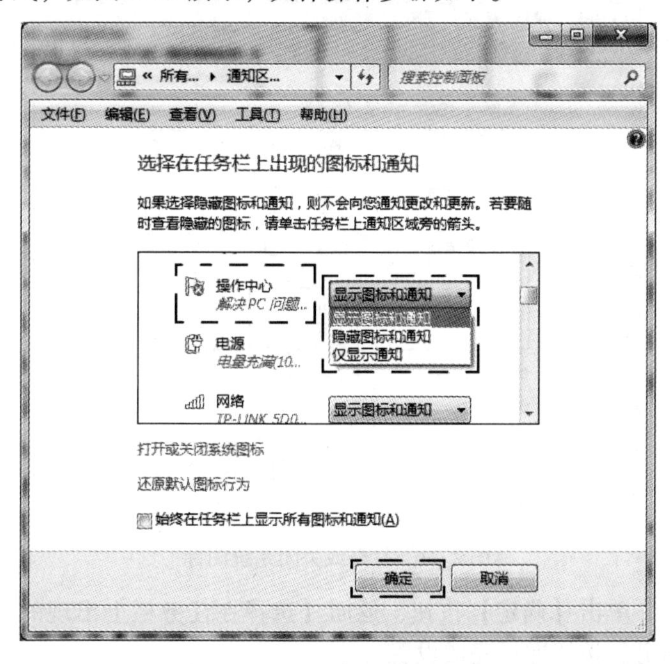

图 2.20　设置通知区域显示方式

（1）在【开始】按钮上单击鼠标右键，从弹出的快捷菜单中选择【属性】选项，弹出【任务栏和「开始」菜单属性】对话框，切换到任务栏选项卡。

（2）单击【通知区域】区域右侧的自定义(C)...按钮，弹出【选择在任务栏上出现的图标和通知】对话框。

（3）在该对话框的列表框中列出了各个图标及其显示的方式。每个图标都有3个选项，对应3种显示方式，即【显示图标和通知】【隐藏图标和通知】【仅显示通知】选项。

（4）选择一种显示方式后单击【确定】按钮，返回【任务栏和「开始」菜单属性】对话框，依次单击【应用】和【确定】按钮即可。

（5）用户若要随时查看隐藏的图标，可以单击任务栏中通知区域里的【显示隐藏的图标】按钮▲，在弹出的快捷菜单中会显示隐藏的图标，单击【自定义】链接，即可弹出【选择在任务栏上出现的图标和通知】对话框。

2. 打开和关闭系统图标

【时钟】【音量】【网络】【电源】和【操作中心】5个图标是系统图标，用户可以根据需要将其打开或者关闭，具体的操作步骤如下。

（1）按照前面介绍的方法打开【选择在任务栏上出现的图标和通知】对话框，单击【打开或关闭系统图标】链接。

（2）弹出【打开或关闭系统图标】对话框，在对话框中间的列表框中设置有5个系统图标的行为，如图2.21所示。例如，在【操作中心】图标右侧的下拉列表中选择【关闭】选项，即可将【操作中心】图标从任务栏的通知区域中删除并且关闭通知。若想还原图标行为，单击对话框左下角的【还原默认图标行为】链接即可。

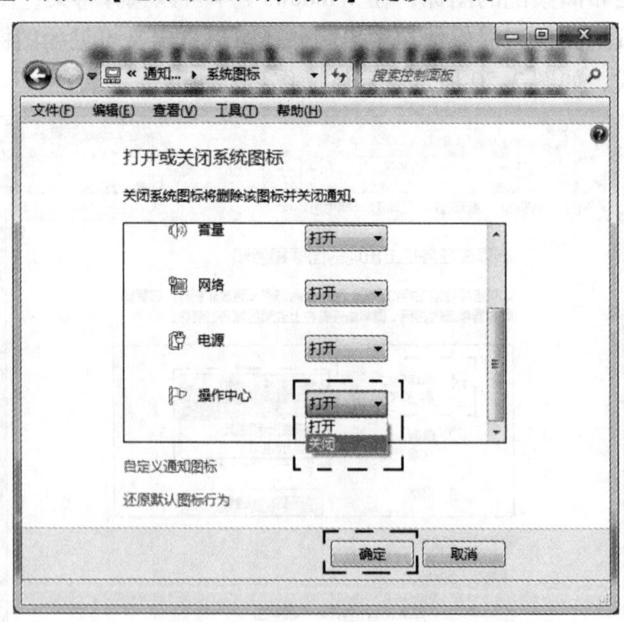

图2.21 打开或关闭系统图标

（3）设置完毕，单击【确定】按钮，返回【选择在任务栏上出现的图标和通知】对话框，然后单击【确定】按钮即可完成设置。

2.4.3 调整任务栏位置和大小

用户可以通过手动的方式调整任务栏的位置和大小，以便为程序按钮区和通知区域创建更多的空间。下面介绍调整任务栏位置和大小的方法。

1. 调整任务栏的位置

通过鼠标拖动的方法调整任务栏位置的具体操作步骤如下。

（1）在任务栏的空白处单击鼠标右键，在弹出的快捷菜单中会显示【锁定任务栏】选项，若其旁边有标识√，单击删除此标识。

提示：调整任务栏位置的前提是，任务栏处于非锁定状态。当【锁定任务栏】选项前面有一个√标识时，说明此时任务栏处于锁定状态。

（2）将鼠标指针移动到任务栏中的空白区域，然后拖动任务栏。

（3）将其拖至合适的位置后释放即可。

此外，还可以通过在【任务栏和「开始」菜单属性】对话框中进行设置来调整，具体操作步骤如下。

（1）在【开始】按钮上单击鼠标右键，从弹出的快捷菜单中选择【属性】选项，弹出【任务栏和「开始」菜单属性】对话框，切换到任务栏选项卡。

（2）从【屏幕上的任务栏位置】下拉列表中选择任务栏需要放置的位置，然后依次单击【应用】和【确定】按钮即可。

2. 调整任务栏的大小

调整任务栏的大小首先也要使任务栏处于非锁定状态，具体的操作步骤如下。

（1）将鼠标指针移到任务栏上的空白区域边界上方，此时鼠标指针变成↕形状，然后按住鼠标左键不放向上拖动，拖至合适的位置后释放即可。

（2）若想将任务栏还原为原来的大小，只要按照上面的方法再次拖动鼠标即可实现。

2.5 鼠标和键盘的个性化设置

鼠标和键盘是计算机系统中的两个最基本的输入设备，用户可以根据自己的习惯对其进行个性化设置。

2.5.1 鼠标的个性化设置

鼠标用于帮助用户完成对电脑的一些操作。为了便于使用，可以对其进行一些相应的设置。进行鼠标个性化设置的具体步骤，如图 2.22 所示。

（1）选择【开始】→【控制面板】选项，弹出【控制面板】窗口。

（2）在【查看方式】下拉列表中选择【小图标】选项。

（3）单击【鼠标】图标，弹出【鼠标 属性】对话框，切换到【鼠标键】选项卡。

（4）在【鼠标键配置】区域中设置目前起作用的是哪个键，如选中【切换主要和次要的按钮】复选框，此时起主要作用的就变成鼠标右键。

（5）拖动【双击速度】区域中的【速度】滑块，设置鼠标双击的速度。

（6）设置完毕后切换到【指针】选项卡。

（7）在【方案】下拉列表中选择鼠标指针方案，如选择【Windows 黑色（特大）（系统方案)】选项，此时在【自定义】列表框中就会显示出该方案的一系列鼠标指针形状，从中选择一种即可。

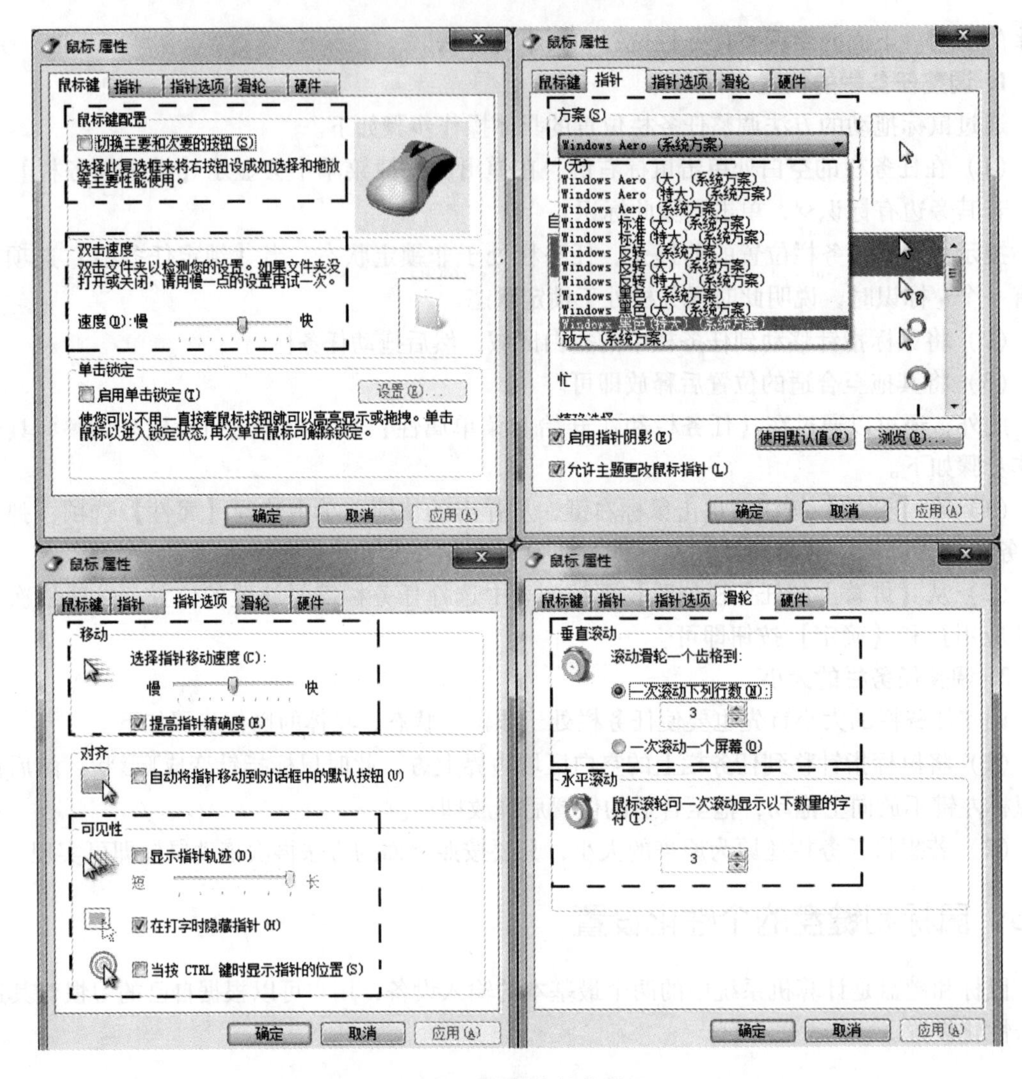

图 2.22　鼠标个性化设置

(8) 设置完毕后切换到【指针选项】选项卡。

(9) 在【移动】区域中拖动【选择指针移动速度】滑块，调整指针的移动速度。如果用户想提高指针的精确度，选中【提高指针精确度】复选框即可。

(10) 在【可见性】区域中用户也可以进行相应的设置。用户如果想显示指针的轨迹，选中【显示指针轨迹】复选框，然后可通过下方的滑块来调整显示轨迹的长短。如果想在打字时隐藏指针，则可选中【在打字时隐藏指针】复选框。

(11) 设置完毕后切换到【滑轮】选项卡。

(12) 在【垂直滚动】区域中选中【一次滚动下列行数】单选按钮，然后在下面的微调框中设置一次滚动的行数。

(13) 在【水平滚动】区域中的微调框中可以设置滚轮滚动一次显示的字符数目。

(14) 设置完毕后依次单击【应用】和【确定】按钮即可。

2.5.2　键盘的个性化设置

同鼠标的个性化设置一样，键盘也可以进行个性化设置，具体操作步骤如下。

（1）单击【开始】→【控制面板】选项，弹出【控制面板】窗口。

（2）在【查看方式】下拉列表中选择【小图标】选项。

（3）单击【键盘】图标，弹出【键盘 属性】对话框，如图 2.23 所示。

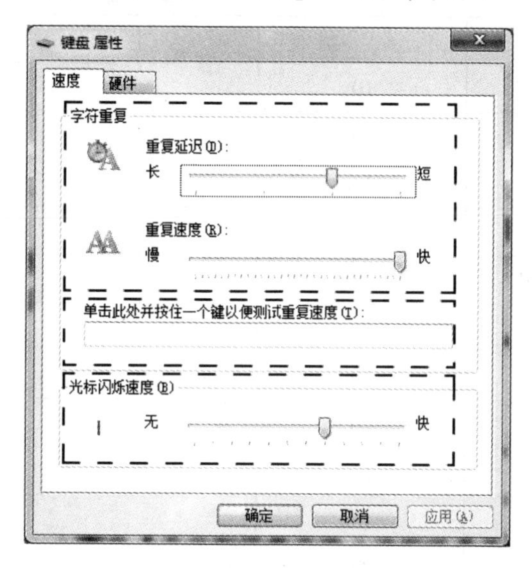

图 2.23　键盘个性化设置

（4）切换到【速度】选项卡，在【字符重复】区域中通过拖动滑块可以设置字符的“重复延迟”和“重复速度”。在调整的过程中，用户可以在【单击此处并按住一个键以便测试重复速度】文本框中进行测试：将鼠标指针定位在文本框中，然后连续按下同一个键可以测试按键的重复速度。

（5）在【光标闪烁速度】区域中可以通过拖动滑块来设置光标的闪烁速度，滑块越靠近左侧，光标的闪烁速度越慢，反之越靠近右侧则越快。

（6）设置完毕后依次单击【应用】和【确定】按钮，即可完成对键盘的个性化设置。

评价单

<table>
<tr><td>项目名称</td><td colspan="3">Windows 7 概述</td><td>完成日期</td><td></td></tr>
<tr><td>班　级</td><td></td><td>小　组</td><td></td><td>姓　名</td><td></td></tr>
<tr><td>学　号</td><td colspan="2"></td><td colspan="2">组长签字</td><td></td></tr>
<tr><td colspan="2">评价内容</td><td>分　值</td><td colspan="2">学生评价</td><td>教师评价</td></tr>
<tr><td colspan="2">Windows 基本操作熟练程度</td><td>10</td><td colspan="2"></td><td></td></tr>
<tr><td colspan="2">桌面个性化设置</td><td>10</td><td colspan="2"></td><td></td></tr>
<tr><td colspan="2">图标个性化设置</td><td>10</td><td colspan="2"></td><td></td></tr>
<tr><td colspan="2">屏幕保护设置</td><td>10</td><td colspan="2"></td><td></td></tr>
<tr><td colspan="2">Windows 7 桌面小工具设置</td><td>10</td><td colspan="2"></td><td></td></tr>
<tr><td colspan="2">任务栏基本操作</td><td>10</td><td colspan="2"></td><td></td></tr>
<tr><td colspan="2">鼠标个性化设置</td><td>10</td><td colspan="2"></td><td></td></tr>
<tr><td colspan="2">键盘个性化设置</td><td>10</td><td colspan="2"></td><td></td></tr>
<tr><td colspan="2">态度是否认真</td><td>10</td><td colspan="2"></td><td></td></tr>
<tr><td colspan="2">与小组成员的合作情况</td><td>10</td><td colspan="2"></td><td></td></tr>
<tr><td colspan="2">总分</td><td>100</td><td colspan="2"></td><td></td></tr>
<tr><td>学生得分</td><td colspan="5"></td></tr>
<tr><td>自我总结</td><td colspan="5"></td></tr>
<tr><td>教师评语</td><td colspan="5"></td></tr>
</table>

项目二 Windows 7 常用操作及应用

知识点提要

1. 文件、文件名、文件类型
2. 文件的存放原则和分类
3. 文件和文件夹的显示与查看
4. 创建快捷方式，新建、重命名、复制、移动文件和文件夹
5. 删除、恢复、查找、隐藏、显示文件和文件夹
6. 添加新的用户账户，设置用户账户图片
7. 设置、更改和删除用户账户密码
8. 更改用户账户的类型、名称
9. 删除用户账户
10. 系统工具
11. 画图程序
12. 计算器程序
13. 记事本
14. 写字板
15. 截图工具

任务单

任 务 名 称	Windows 7 常用操作及应用	学　　时	4 学时
知识目标	1. 掌握文件和文件夹的基本操作。 2. 了解用户账户的基本操作。 3. 会运用画图和计算器程序。 4. 掌握记事本和写字板的基本操作。 5. 会运用截图工具。		
能力目标	1. 能熟练地掌握 Windows 7 的常用操作。 2. 能熟练地运用 Windows 7 的应用小程序。 3. 具有沟通、协作能力。		
任务描述	一、文件处理 1. 在桌面创建一个文件夹，并以学号和姓名重命名该文件夹，样式为“学号 + 姓名”，如“16 李戈”。 2. 在文件夹内新建一个文件夹，命名为“th”，在“th”内创建一个名为“rr”的文本文件。 3. 在“th”内创建一个名为“ss”的文件夹，将“rr”文件复制到文件夹“ss”内，并重命名为“gg”。 4. 在文件夹“ss”内新建一个名为“ww”的 Word 文档。 二、画图程序的应用 1. 在画布上输入文字“我们学习使用画图程序”。 2. 将文字字体设置为“华文彩云”，字号“36 磅”，字形“加粗”。 3. 画一个圆形。 4. 画三条红色的直线。 5. 用蓝色画一个多边形，如下图所示。 6. 将该文件保存在桌面以“学号 + 姓名”方式命名的文件夹内，文件名称为“画图 . JPG”。 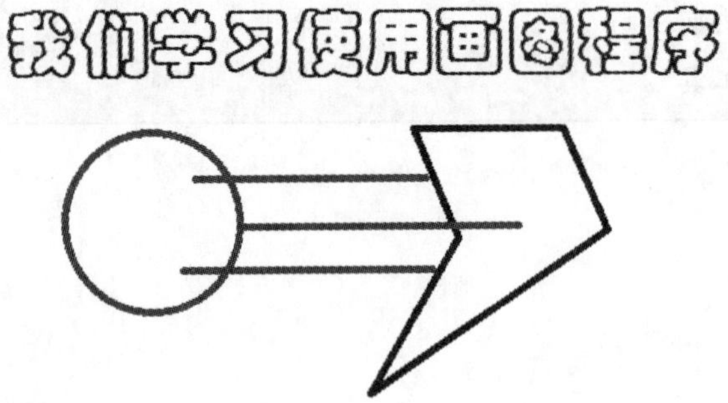 三、计算器的应用 1. 创建文本文件“计算 . txt”，并保存到桌面以“学号 + 姓名”方式命名的文件夹内。 2. 用计算器计算“25 Mod 18 × 36”的结果。 3. 将结果转换成八进制。 4. 将计算结果写入“计算 . txt”文件中。 5. 用计算器计算“5 Xor 3 × 1 000”的结果。 6. 将计算结果转换成十六进制。 7. 将该计算结果写入“计算 . txt”文件中的上一个结果的下方，分两行显示两次计算结果。		

续表

<table>
<tr><td>任务描述</td><td>四、记事本的应用
1. 利用记事本新建一个文本文档，保存在 D 盘，文件名为“校训 . txt”。
2. 文本文档内容为“厚德　重行　自强　奋进”，字体设置为“华文行楷”，字形“加粗”，字号“48 磅”。
3. 在下一行输入文本“黑交院——校训”，并启用“自动换行”功能。
五、截图工具
1. 利用截图工具截取桌面上的【计算机】图标。
2. 在截图程序中编辑图片，并用紫色粗点笔书写文本“我的电脑”。
3. 保存在桌面以“学号 + 姓名”方式命名的文件夹内，命名为“截图 . PNG”，保存类型设置为“可移植网络图形文件 PNG”，样例如下图所示。
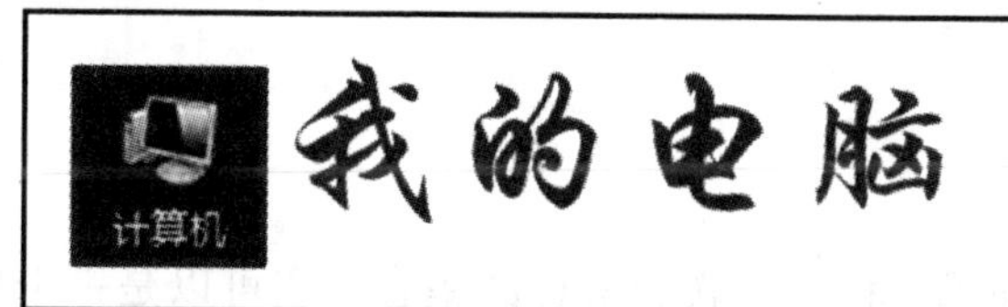
</td></tr>
<tr><td>任务要求</td><td>1. 仔细阅读任务描述中的设计要求，认真完成任务。
2. 提交电子作品，并认真填写评价表。
3. 小组间共享有效资源。</td></tr>
</table>

资料卡及实例

文件和文件夹是 Windows 系统的重要组成部分，只有管理好文件和文件夹才能对操作系统运用自如。

2.6 认识文件和文件夹

在操作系统中大部分数据都以文件的形式存储在磁盘上，用户对计算机的操作实际上就是对文件的操作，而这些文件的存放场所就是各个文件夹，因此文件和文件夹在操作系统中是至关重要的。

2.6.1 文件

文件是一组逻辑上相互关联的信息的集合。它可以是一个应用程序，也可以是一段文字。文件是操作系统最基本的存储单位。

1. 文件名

在 Windows 7 操作系统中，每个文件都有一个属于自己的文件名，文件名的格式是“主文件名 . 扩展名”。主文件名用来表示文件的名称，扩展名主要说明文件的类型。例如，名为“abc. exe”的文件，“abc”为主文件名，“exe”为扩展名。

2. 文件类型

操作系统是通过扩展名来识别文件的类型的，因此了解一些常见的文件扩展名对管理和操作文件将有很大的帮助。可以将文件分为程序文件、文本文件、图像文件，以及多媒体文件等。

表 2. 1 列出了一些常见文件的扩展名及其对应的文件类型。

表 2.1 常见文件的扩展名及其文件类型

文件扩展名	文 件 类 型	文件扩展名	文 件 类 型
asf	声音/图像媒体文件	log	日志文件
avi	视频文件	bmp	位图文件（一种图像文件）
wav	音频文件	mid	音频压缩文件
rar	WinRAR 压缩文件	mp3	采用 MPEG-1 layout 3 标准压缩的音频文件
bat	MS-DOS 环境中的批处理文件	pdf	图文多媒体文件
bkf	备份文件	sys	系统文件
docx	Microsoft Word 文件	zip	压缩文件
html	超文本文件	txt	文本文件
ico	图示文件	tiff	图像文件
inf	软件安装信息文件	wps	WPS 文本文件
jpeg	图像压缩文件	psd	Photoshop 中使用的标准图形文件

文件的种类很多，运行方式各不相同。不同文件的图标也不一样，只有安装了相关的软件才会显示正确的图标。

提示：在 Windows 7 操作系统中，还有一类主要用于支持各种应用程序运行的特殊的文件，用于存储一些重要的信息。这类文件的扩展名为“sys”“drv”和“dll”等，是不能被执行的。

2.6.2　文件夹

操作系统中用于存放程序和文件的“容器”就是文件夹。在 Windows 7 操作系统中，文件夹的图标是 。

1. 文件夹的存放原则

可以将程序、文件及快捷方式等存放到文件夹中，文件夹中还可以包括文件夹。为了能对各个文件进行有效的管理，方便文件的查找和统计，可以将一类文件集中地放置在一个文件夹内，这样就可以按照类别存储文件了。但是，同一个文件夹中不能存放相同名称的文件或文件夹。例如，文件夹中不能同时出现两个名称为“a. doc”的文件，也不能同时出现两个名称为“a”的文件夹。

2. 文件夹的分类

根据文件夹的性质，可以将文件夹分为以下两类。

1）标准文件夹

用户平常所使用的用于存放文件和文件夹的“容器”就是标准文件夹。当打开标准文件夹时，它会以窗口的形式出现在屏幕上，关闭时，则会收缩为一个文件夹图标。此外，用户可以对文件夹中的对象进行剪切、复制和删除等操作。

2）特殊文件夹

特殊文件夹是 Windows 系统所支持的另一种文件夹格式，其实质就是一种应用程序，如“控制面板”“打印机”和“网络”文件夹。特殊文件夹是不能用于存放文件和文件夹的，但是可以查看和管理其中的内容。

2.6.3　文件和文件夹的显示与查看

1. 文件和文件夹的显示

这里以设置“system32”文件夹的显示方式为例，介绍设置单个文件夹的显示方式的具体操作步骤。

（1）找到“system32”文件夹，双击该文件夹，打开【system32】窗口。

（2）单击【更改您的视图】按钮 右侧的下三角按钮，在弹出的下拉列表中会列出 8 个视图选项，分别为【超大图标】【大图标】【中等图标】【小图标】【列表】【详细信息】【平铺】及【内容】。

（3）按住鼠标左键拖动下拉列表左侧的小滑块，可以使视图根据滑块所在的选项位置进行切换。

若要将所有的文件和文件夹的显示方式都设置为与“system32”文件夹相同的视图显示方式，则需要在【文件夹选项】对话框中进行设置，具体的操作步骤如下。

（1）按前面方法打开【system32】窗口，单击该窗口工具栏上的组织▾按钮，从弹出的下拉列表中选择【文件夹和搜索选项】选项。

（2）弹出【文件夹选项】对话框，单击【查看】选项卡，再单击【应用到文件夹(L)】按钮，即可将“system32”文件夹使用的视图显示方式应用到所有的这种类型的文件夹中。

（3）单击【确定】按钮，弹出【文件视图】对话框，询问“是否让这种类型的所有文件夹与此文件夹的视图设置匹配”，单击【是】按钮，返回【文件夹选项】对话框，然后单击【确定】按钮即可完成设置。

2. 文件和文件夹的查看

了解文件和文件夹的属性，可以得到相关的类型、大小和创建时间等信息。下面介绍查看文件属性的方法。

（1）若要查看文件的属性，先选中文件，单击鼠标右键，从弹出的快捷菜单中选择【属性】选项。

（2）在弹出的【属性】对话框中的【常规】选项卡中包括文件类型、打开方式、位置、大小、占用空间、创建时间、修改时间、访问时间和属性等相关信息。通过创建时间、修改时间和访问时间可以查看最近对该文件进行的操作时间。在【属性】对话框的下边列出了文件的【只读】和【隐藏】两个属性复选框。

（3）切换到【详细信息】选项卡，从中可以查看到关于该文件的更详细的信息。单击【关闭】按钮，即可完成对文件属性的查看。

查看文件夹的方式与查看文件的方式相同，此处不做赘述。

2.6.4 文件和文件夹的基本操作

熟悉文件和文件夹的基本操作，对于用户管理计算机中的程序和数据是非常重要的。

1. 新建文件和文件夹

新建文件的方法有两种，一种是通过右键快捷菜单新建文件，另一种是在应用程序中新建文件。文件夹的新建方法也有两种，一种是通过右键快捷菜单新建文件夹，另一种是通过窗口【工具栏】上的【新建文件夹】按钮新建文件夹。

2. 创建文件和文件夹快捷方式

快捷方式是用户计算机或者网络上任何一个可链接项目（文件、文件夹、程序、磁盘驱动器、网页、打印机或另一台计算机等）的链接。用户可以为常用的文件和文件夹建立快捷方式，将它们放在桌面或是能够快速访问的位置，便于日常操作。具体的操作步骤是：选择某文件或文件夹，单击鼠标右键，从弹出的快捷菜单中选择【创建快捷方式】选项。

快捷方式可以存放到桌面上或者其他的文件夹中。在文件或者文件夹的右键快捷菜单中选择【发送到】→【桌面快捷方式】选项，就可以将快捷方式存放到桌面上。

3. 重命名文件和文件夹

用户可以根据需要对文件和文件夹重新命名，以方便查看和管理。

1）重命名单个文件或文件夹

可以通过以下 3 种方法对文件或文件夹重命名。

通过右键快捷菜单：选中某文件或文件夹，单击鼠标右键，从弹出的快捷菜单中选择【重命名】选项，此时文件或文件夹名称处于可编辑状态，直接输入新的文件或文件夹名称，输入完毕后在窗口空白区域单击或按 Enter 键即可。

通过鼠标单击：选中需要重命名的文件或文件夹，单击所选文件或文件夹的名称，使其处于可编辑状态，然后直接输入新的文件或文件夹的名称即可。

通过【工具栏】上的【组织】下拉列表：选中需要重命名的文件或文件夹，单击【工具栏】上的【组织】按钮，从弹出的下拉列表中选择【重命名】选项；此时，所选的文件或文件夹的名称处于可编辑状态，直接输入新文件或文件夹的名称，然后在窗口的空白处单击即可。

2）批量重命名文件或文件夹

有时需要重命名多个相似的文件或文件夹，这时用户就可以使用批量重命名文件或文件夹的方法，方便快捷地完成操作，具体的操作步骤如下。

（1）选中需要重命名的多个文件或文件夹。

（2）单击【工具栏】上的【组织】按钮，从弹出的下拉列表中选择【重命名】选项。

（3）此时，所选中的文件或文件夹中的第 1 个文件或文件夹的名称处于可编辑状态。

（4）直接输入新的文件或文件夹名称。

（5）在窗口的空白区域单击或者按 Enter 键，可以看到所选中的其他文件或文件夹都以该名称重新命名，只是结尾处附带不同的编号。

4. 复制和移动文件或文件夹

在日常操作中，经常需要为一些重要的文件或文件夹备份，即在不删除原文件或文件夹的情况下，创建与原文件或文件夹相同的副本，这就是文件或文件夹的复制。移动文件或文件夹则是将文件或文件夹从一个位置移动到另一个位置，原文件或文件夹被删除。

复制文件或文件夹的方法有以下 4 种。

（1）通过右键快捷菜单：选中要复制的文件或文件夹，单击鼠标右键，从弹出的快捷菜单中选择【复制】选项；打开要存放副本的磁盘或文件夹窗口，单击鼠标右键，从弹出的快捷菜单中选择【粘贴】选项，即可将文件或文件夹复制到此磁盘或文件夹窗口中。

（2）通过【工具栏】上的【组织】下拉列表：选中要复制的文件或文件夹，单击【工具栏】上的【组织】按钮，从弹出的下拉列表中选择【复制】选项；打开要存放副本的磁盘或文件夹窗口，单击【组织】按钮，从弹出的下拉列表中选择【粘贴】选项，即可将复制的文件粘贴到打开的磁盘或文件夹窗口中。

（3）通过鼠标拖动：选中要复制的文件或文件夹，按 Ctrl 键的同时，拖动选中的文件或文件夹到目标文件夹中；释放鼠标和 Ctrl 键，即完成复制。

（4）通过组合键：按 Ctrl + C 组合键可以复制文件，按 Ctrl + V 组合键可以粘贴文件。

移动文件或文件夹的方法有以下 4 种。

（1）通过右键快捷菜单中的【剪切】和【粘贴】选项：选中要移动的文件或文件夹，单击鼠标右键，从弹出的快捷菜单中选择【剪切】选项；打开存放该文件或文件夹的目标位置，然后单击鼠标右键，从弹出的快捷菜单中选择【粘贴】选项，即可实现文件或文件夹的移动。

（2）通过【工具栏】上的【组织】下拉列表：选中要移动的文件或文件夹，单击【工具栏】上的【组织】按钮，从弹出的下拉列表中选择【剪切】选项；打开存放该文件或文件夹的目标位置，单击【组织】按钮，从弹出的下拉列表中选择【粘贴】选项，即可实现文件或文件夹的移动。

（3）通过鼠标拖动：选中要移动的文件或文件夹，按住鼠标左键不放，将其拖动到目标文件夹中，然后释放即可实现移动操作。

（4）通过组合键：按 Ctrl + X 组合键可以剪切文件，按 Ctrl + V 组合键可以粘贴文件。

5. 删除和恢复文件和文件夹

为了节省磁盘空间，可以将一些无用的文件或文件夹删除，但有时删除后会发现有些文件或文件夹中还有一些有用的信息，这时就要对其进行恢复操作。

1）删除文件或文件夹

文件或文件夹的删除可以分为暂时删除（暂存到回收站里）和彻底删除（回收站不存储）两种。

暂时删除文件或文件夹的方法有 4 种。

（1）通过右键快捷菜单：在需要删除的文件或文件夹上单击鼠标右键，从弹出的快捷菜单中选择【删除】选项。

（2）通过【工具栏】上的【组织】下拉列表：选中要删除的文件或文件夹，然后单击【工具栏】上的【组织】按钮，从弹出的下拉列表中选择【删除】选项。

（3）通过 Delete 键：选中要删除的文件或文件夹，然后按下键盘上的 Delete 键，随即弹出【删除文件】对话框，单击【是】按钮。

（4）通过鼠标拖动：选中要删除的文件或文件夹，将其拖动到桌面上的回收站图标上，然后释放即可。

一旦文件或文件夹被彻底删除，将不会存放在回收站中，而是永久地被删除，可以通过下面 4 种方法彻底删除文件或文件夹。

（1）Shift 键 + 右键快捷菜单：选中要删除的文件或文件夹，按 Shift 键的同时在该文件或文件夹上单击鼠标右键，从弹出的快捷菜单中选择【删除】选项，在弹出的对话框中单击【是】按钮即可。

（2）Shift 键 +【组织】下拉列表：选中要删除的文件或文件夹，按 Shift 键的同时单击【工具栏】上的【组织】按钮，从弹出的下拉列表中选择【删除】选项，在弹出的对话框中单击【是】按钮即可。

（3）Shift + Delete 组合键：选中要删除的文件或文件夹，然后按 Shift + Delete 组合键，在弹出的对话框中单击【是】按钮即可。

（4）Shift 键 + 鼠标拖动：按 Shift 键的同时，按住鼠标左键，将要删除的文件或文件夹拖动到桌面上的回收站图标上，也可以将其彻底删除。

2）恢复文件或文件夹

用户将一些文件或文件夹删除后，若发现又需要用到该文件或文件夹，只要没有将其彻底删除，就可以从回收站中将其恢复，具体的操作步骤如下：双击桌面上的【回收站】图标，弹出【回收站】窗口，窗口中列出了被删除的所有文件或文件夹；选中要恢复的文件或文件夹，然后单击鼠标右键，从弹出的快捷菜单中选择【还原】选项，或者单击【工具栏】上的【还原此项目】按钮；此时，被还原的文件就会重新回到原来存放的位置。

提示：在桌面上的【回收站】图标上单击鼠标右键，从弹出的快捷菜单中选择【清空回收站】选项，然后在弹出的对话框中单击【是】按钮，也可以将所有的项目彻底删除。

6. 查找文件和文件夹

计算机中的文件和文件夹会随着时间的推移而日益增多，想从众多文件中找到所需的文件则是一件非常麻烦的事情。为了省时省力，可以使用搜索功能查找文件。Windows 7 操作系统提供了查找文件和文件夹的多种方法，在不同的情况下可以使用不同的方法。

1）使用【开始】菜单上的【搜索】文本框

用户可以使用【开始】菜单上的【搜索】文本框来查找存储在计算机上的文件、文件夹、程序和电子邮件等。单击【开始】按钮，在弹出的【开始】菜单中的【搜索】文本框中输入想要查找的信息。例如，想要查找计算机中所有关于图像的信息，只需在该文本框中输入“图像”，输入完毕，与所输入文本相匹配的项都会显示在【开始】菜单上。

2）使用文件夹或库窗口上搜索栏的文本框

通常用户可能知道所要查找的文件或文件夹位于某个特定的文件夹或库中，此时即可使用此文件夹或库窗口上搜索栏的文本框进行搜索。以在特定库中查找文件为例，具体的操作步骤如下：打开【文档库】窗口；在【文档库】窗口顶部的搜索文本框中输入要查找的内容，输入完毕后系统将自动对文件进行筛选，可以在窗口下方看到所有相关的文件。

如果用户想要基于一个或多个属性来搜索文件，则可在搜索时使用搜索筛选器来指定属性。在文件夹或库的搜索栏的文本框中，用户可以通过添加搜索筛选器来更加快速地查找指定的文件或文件夹。

7. 隐藏与显示文件和文件夹

有一些重要的文件或文件夹，为了避免被其他人误操作，可以将其设置为隐藏属性。当用户想要查看这些文件或文件夹时，只要设置相应的文件夹选项即可看到文件内容。

1）隐藏文件和文件夹

用户如果要隐藏文件和文件夹，首先将想要隐藏的文件和文件夹设置为隐藏属性，然后再对文件夹选项进行相应的设置。

设置文件和文件夹的隐藏属性：在需要隐藏的文件或文件夹上单击鼠标右键，从弹出的快捷菜单中选择【属性】选项；在【属性】对话框中选中【隐藏】复选框，然后单击【确定】按钮；在弹出的【确认属性更改】对话框中选中【将更改应用于此文件夹、子文件夹和文件】单选按钮，然后单击【确定】按钮，即可完成对所选文件或文件夹隐藏属性的设置。

在文件夹选项中设置不显示隐藏文件：在文件夹窗口中单击【工具栏】上的【组织】按钮，从弹出的下拉列表中选择【文件夹和搜索选项】选项，将弹出【文件夹选项】对话框；切换到【查看】选项卡，然后在【高级设置】区域中选中【不显示隐藏的文件、文件夹和驱动器】单选按钮；单击【确定】按钮，即可隐藏所有设置为隐藏属性的文件、文件夹及驱动器。

如果在文件夹选项中设置了显示隐藏文件，那么隐藏的文件将会以半透明状态显示，此时还是可以看到文件夹，不能起到保护的作用，所以要在文件夹选项中设置不显示隐藏的文件。

2）显示所有隐藏的文件和文件夹

默认情况下，为了保护系统文件，系统会将一些重要的文件设置为隐藏属性。有些病毒就是利用了这一功能，将自己的名称变成与系统文件相似的类型而隐藏起来。用户如果不显示这些隐藏的系统文件，就不会发现这些隐藏的病毒。显示隐藏的所有文件及文件夹的方法如下：按前面介绍的方法打开【文件夹选项】对话框，切换到【查看】选项卡，在【高级设置】区域中撤选【隐藏受保护的操作系统文件（推荐）】复选框，并选中【显示隐藏的文件、文件夹和驱动器】单选按钮；设置完毕，依次单击【应用】和【确定】按钮，即可显示所有隐藏的系统文件，以及设置为隐藏属性的文件、文件夹和驱动器，这样用户就可以查看系统中是否隐藏了病毒文件。

2.7 用户账户设置与管理

在 Windows 7 操作系统中，可以设置多个用户账户。不同的账户类型拥有不同的权限，它们之间相互独立，从而实现多人使用同一台电脑而又互不影响的目的。

只有具有管理员权限的用户才能创建和删除用户账户。

1. 添加新的用户账户

在 Windows 7 操作系统中添加用户账户很简单，这里以增加一个标准用户为例，具体的操作步骤如下。

（1）单击【开始】→【控制面板】选项，弹出【控制面板】窗口，单击【用户帐户和家庭安全】下的【添加或删除用户帐户】链接。

（2）弹出【选择希望更改的帐户】窗口，单击【创建一个新帐户】链接，弹出【命名帐户并选择帐户类型】窗口。

（3）在【该名称将显示在欢迎屏幕和「开始」菜单上】文本框中输入要创建的用户账户名称，在此输入想要设定的账户名“晚林枫”，选中【标准用户】单选按钮，然后单击【创建帐户】按钮即可。

2. 设置用户账户图片

用户可以为创建的用户账户更改图片。Windows 7 操作系统中自带了大量的图片，用户可以从中选择自己喜欢的图片，把它设置为账户的头像。以之前创建的用户账户“晚林枫”为例，具体的操作步骤如下。

（1）按照前面介绍的方法打开【选择希望更改的帐户】窗口。

（2）单击用户账户【晚林枫】图标，弹出【更改 晚林枫 的帐户】窗口。在此窗口中可以更改账户名称、创建密码、更改图片、更改账户类型、删除账户和管理其他账户等。

（3）单击【更改图片】链接，弹出【为 晚林枫 的帐户选择一个新图片】窗口。

（4）从图片列表中选择并选中一张自己喜欢的图片，然后单击【更改图片】按钮，即可将其设置为用户账户的头像。

（5）如果系统自带的图片不符合要求，可以单击【浏览更多的图片…】链接，在弹出的【打开】对话框中选择自己喜欢的图片文件，然后单击【打开】按钮即可。

3. 设置、更改和删除用户账户密码

新创建的用户账户没有设置密码保护，任何用户都可以登录使用，因此用户可以通过设置用户账户的密码，更好地保护系统的安全。下面以之前创建的“晚林枫”用户账户为例，介绍设置、更改和删除用户账户密码的操作步骤。

（1）按前面介绍的方法打开【更改 晚林枫 的帐户】窗口。

（2）单击【创建密码】链接，弹出【为 晚林枫 的帐户创建一个密码】窗口。

(3) 在【新密码】和【确认新密码】文本框中输入要创建的密码，在【键入密码提示】文本框中输入密码提示，然后单击【创建密码】按钮即可。

(4) 如果用户设置的密码过于简单或者长时间使用后担心泄露，还可以更改，打开【更改 晚林枫 的帐户】窗口，单击【更改密码】链接。

(5) 弹出【更改 晚林枫 的密码】窗口，在【新密码】和【确认密码】文本框中输入要创建的新密码，在【键入密码提示】文本框中输入密码提示，然后单击【更改密码】按钮即可。

(6) 设置了密码的用户账户在登录时需要输入密码。如果是个人电脑用户，可以取消设置的密码，方法很简单，在【更改 晚林枫 的帐户】窗口中单击【删除密码】链接。

(7) 弹出【删除密码】窗口，单击【删除密码】按钮即可。

4. 更改用户账户的类型

在 Windows 7 操作系统中，有超级管理员、管理员和标准用户等类型的用户。不同类型的用户具有不同的操作权限。其中，超级管理员的操作权限最高，对系统文件的更改都需要切换到这个用户下才能进行。使用最多的是管理员和标准用户。

之前创建的“晚林枫”用户账户只具有标准用户的权限，如果在使用中发现权限不够，可以把它提升为管理员身份，具体的操作步骤如下。

(1) 用前面介绍的方法打开【更改 晚林枫 的帐户】窗口，单击【更改帐户类型】链接。

(2) 弹出【为 晚林枫 选择新的帐户类型】窗口。

(3) 选中【管理员】单选按钮，然后单击【更改帐户类型】按钮，即可把用户账户类型更改为管理员。

5. 更改用户账户名称

比如，要把用户账户“晚林枫”更改为“枫林晚”，具体的操作步骤如下。

(1) 用前面介绍的方法打开【更改 晚林枫 的帐户】窗口，单击【更改帐户名称】链接。

(2) 弹出【为 晚林枫 的帐户输入一个新帐户名】窗口，在文本框中输入新的用户账户名称“枫林晚”，然后单击【更改名称】按钮即可。

6. 删除用户账户

当某个账户不用时，可以将其删除，以便更好地保护 Windows 7 操作系统的安全。例如，要删除用户账户“枫林晚”，具体的操作步骤如下。

(1) 用前面介绍的方法打开【更改 枫林晚 的帐户】窗口，单击【删除帐户】链接，弹出【是否保留 枫林晚 的文件】窗口。

(2) 用户可以选择是否保留该用户账户的文件，一般推荐直接删除文件，单击【删除文件】按钮，弹出【确定要删除 枫林晚 的帐户吗?】对话框。

(3) 单击【删除帐户】按钮，即可将用户账户从电脑中删除。

2.8 附件小程序

Windows 7 操作系统自带了一些实用的附件小程序，如画图程序、截图工具、计算器、Tablet PC、文档编辑工具等。

2.8.1 系统工具

Windows 系统中带有一些常用系统工具和实用工具软件。单击【开始】→【所有程序】→【附件】选项，将弹出工具列表，单击某一工具便可以方便地启动这些工具。在“附件”中的“系统工具”文件夹中，包含多个维护系统的功能程序。常用功能程序如下。

1. 磁盘清理

可以对一些临时文件、已下载的文件等进行清理，以释放磁盘空间。

2. 磁盘碎片整理程序

整理磁盘的碎片以加快文件读取速度，提高系统性能。

3. 系统还原

恢复系统到选择的还原点。

4. 系统信息

可以查看当前使用系统的版本、资源使用情况等信息。

2.8.2 画图程序

画图程序是 Windows 7 自带的附件程序。使用该程序除了可以绘制、编辑图片，以及为图片着色外，还可以将文件和设计图案添加到其他图片中，对图片进行简单的编辑。

1. 启动画图程序

单击【开始】按钮，从弹出的【开始】菜单中选择【所有程序】→【附件】→【画图】选项，即可启动画图程序。

2. 认识【画图】窗口

【画图】窗口主要由 4 部分组成，分别是快速访问工具栏、【画图】按钮、功能区和绘图区域，如图 2.24 所示。

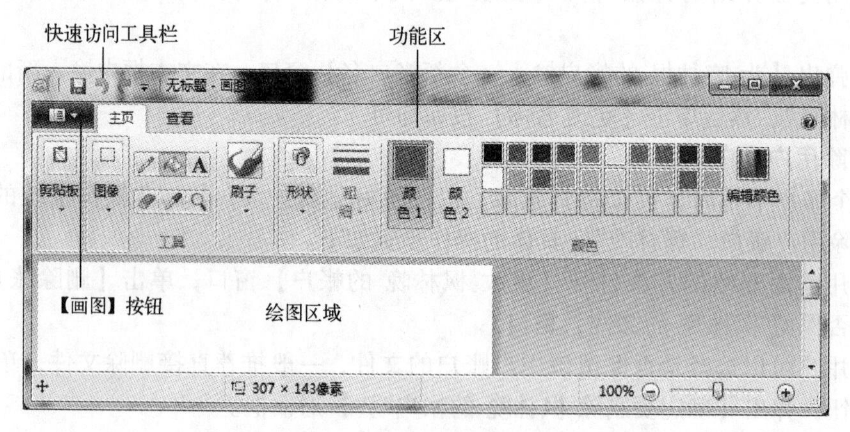

图 2.24 【画图】窗口

3. 绘制基本图形

画图程序是一款比较简单的图形编辑工具，使用它可以绘制简单的几何图形，如直线、曲线、矩形、圆形及多边形等。展开的【画图】窗口功能区如图 2.25 所示。

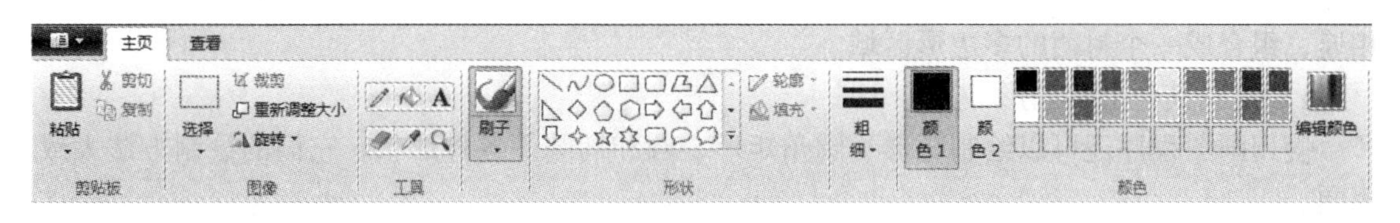

图 2.25　【画图】窗口功能区

1）绘制线条

使用画图程序绘制直线的方法如下。

（1）单击功能区中【形状】选项组中的【直线】按钮。

（2）单击【形状】选项组中的【轮廓】按钮，然后在弹出的下拉列表中设置直线的轮廓，如图 2.26 所示。

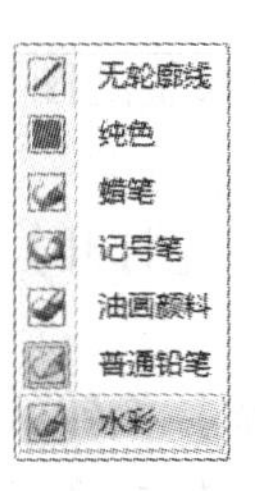

图 2.26　【轮廓】下拉列表

（3）单击功能区中的【粗细】按钮，在弹出的下拉列表中设置直线的粗细。

（4）在【颜色】选项组中设置直线的颜色。

（5）将鼠标指针移动到绘图区域，此时指针变成形状，拖动鼠标即可绘制直线。

（6）若要绘制竖线、横线，以及与水平成 45°角的直线，则需在绘制的同时按 Shift 键。

提示：绘制图形时默认使用的颜色都是【颜色 1】按钮中的颜色，若想使绘制的图形与【颜色 2】按钮中的颜色相同，需要按下鼠标右键进行绘制。设置【颜色 2】按钮中的颜色的方法比较简单，只需单击【颜色 2】按钮，然后在其右侧的【颜色】列表中选择要设置的颜色即可。

绘制曲线与绘制直线的方法大致相同，只是使用的工具（【曲线】按钮）不同，这里不做赘述。

2）绘制多边形

使用画图程序绘制多边形的具体操作步骤如下。

（1）单击功能区中【形状】选项组中的【多边形】按钮。

（2）单击【形状】选项组中的【轮廓】按钮，然后在弹出的下拉列表中设置线条的轮廓。

（3）单击【形状】选项组中的【填充】按钮，从弹出的下拉列表中选择某一填充类型。

（4）单击【粗细】按钮，在弹出的下拉列表中设置多边形轮廓的粗细。

（5）单击【颜色 1】按钮，在【颜色】列表中选择多边形轮廓的颜色，然后单击【颜色 2】按钮，在【颜色】列表中选择多边形的填充颜色。

（6）将鼠标指针移动到绘图区域，然后按住鼠标左键，绘制多条直线，并将它们首尾相连，组合成一个封闭的多边形区域。

3）绘制其他形状图形

使用画图程序还可以绘制矩形、圆角矩形、圆和椭圆等各种形状，它们的绘制方法大致相同。

若想绘制矩形，单击【形状】选项组中的【矩形】按钮□，在功能区完成轮廓、填充、粗细及颜色的设置，在绘制区域拖动鼠标绘制矩形（若想绘制正方形，则需在按住鼠标左键的同时按下 Shift 键）。

若想绘制圆，单击【形状】选项组中的【椭圆形】按钮○，在功能区完成轮廓、填充、粗细及颜色的设置，在绘制区域拖动鼠标绘制椭圆（若想绘制正圆，则需在按住鼠标左键的同时按下 Shift 键）。

4）添加和编辑文字

为了增加图形的效果，用户可以在所绘制的图形或添加的图片中添加文字，具体的操作步骤如下。

（1）打开画图程序，单击【文件】→【打开】选项，在弹出的对话框中选中要添加文字的图片文件，单击【打开】按钮。

（2）单击【工具】选项组中的【文本】按钮A。

（3）将鼠标指针移至绘图区域，然后在要输入文字的位置单击，将出现文本框，此时窗口将自动切换到【文本工具】下的【文本】选项卡中，并进入文字可输入状态。接下来，在【字体】选项组中设置字体格式。

（4）单击【背景】选项组中的A 透明按钮，可将文字的背景颜色设置为透明，然后在【颜色】选项组中设置字体颜色。设置完成后，在文本框中输入要添加的文字内容。

（5）输入完成后，将鼠标指针移至文本框的边缘位置，当鼠标指针变成✥时，拖动鼠标即可调整文字的位置。

（6）在文本框之外的任意位置单击即可完成文字的输入。

5）保存文件

（1）单击【文件】→【另存为】选项，或者按 Ctrl + S 组合键。

（2）随即弹出【另存为】对话框，在左侧列表框中设置图像的存放路径，在【文件名】文本框中输入文件名，在【保存类型】下拉列表中选择保存文件的类型。

（3）单击【保存】按钮即可。

2.8.3 计算器程序

Windows 7 自带的计算器程序不仅具有标准的计算器功能，而且集成了编程计算器、科学型计算器和统计信息计算器的高级功能。另外，还附带了单位转换、日期计算和工作表等功能，使计算器变得更加人性化。

1. 打开计算器程序

单击【开始】按钮，弹出【开始】菜单，单击【所有程序】→【附件】→【计算器】选项，即可弹出【计算器】窗口。

2. 计算器分类

计算器从类型上可分为标准型、科学型、程序员型和统计信息型 4 种类型。

标准型：计算器工具的默认界面为标准型界面，使用标准型计算器可以进行加、减、乘、除等简单的四则混合运算，如图 2. 27 所示。

图 2. 27　计算器的标准型（左）与科学型（右）

科学型：在【计算器】窗口中，单击【查看】→【科学型】选项，即可打开科学型计算器。使用科学型计算器可以进行比较复杂的运算，如三角函数运算、平方和立方运算等，运算结果可精确到 32 位，如图 2. 27 所示。

程序员型：在【计算器】窗口中，单击【查看】→【程序员型】选项，即可打开程序员型计算器。使用程序员型计算器不仅可以实现进制之间的转换，而且可以进行与、或、非等逻辑运算，如图 2. 28 所示。

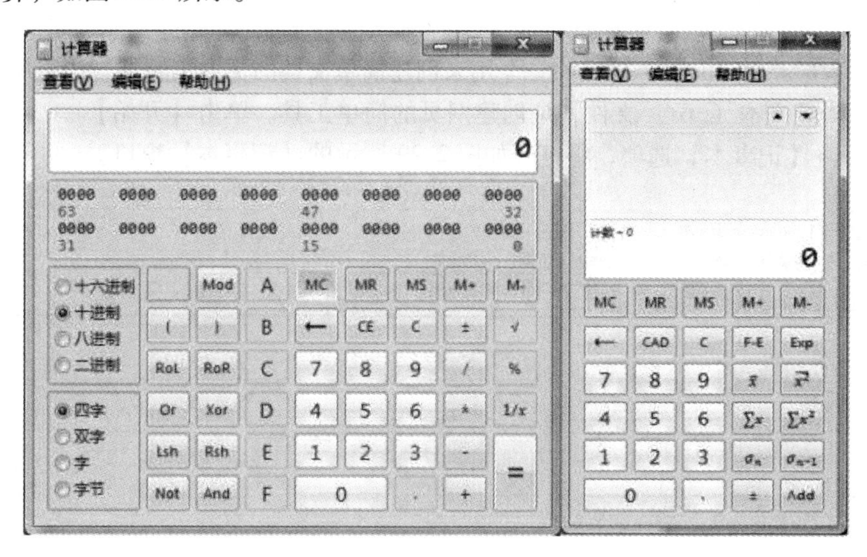

图 2. 28　计算器的程序员型（左）与统计信息型（右）

统计信息型：在【计算器】窗口中，单击【查看】→【统计信息】选项，即可打开统计信息型计算器。使用统计信息型计算器可以进行平均值、平均平方值、求和、平方值总和、标准偏差，以及总体标准偏差等统计运算，如图 2. 28 所示。

3. 计算器的使用

实例 2.2：

1. 求(19 + 78) × 10 ÷ 22 的值。

操作步骤：打开标准型计算器，单击按钮的顺序如下：1 → 9 → + → 7 → 8 → = → * → 1 → 0 → / → 2 → 2 → =。

2. 求 4^5（4 的 5 次幂）的值。

操作步骤：打开科学型计算器，单击按钮的顺序如下：4 → x^y → 5 → =，其中按钮 x^y 表示 X 的 Y 次幂。

3. 将十进制数 1978 转换为十六进制数。

操作步骤：打开程序员型计算器，单击按钮的顺序如下：◉十进制 → 1 → 9 → 7 → 8 → ◉十六进制。

4. 计算 11、12、13、14 和 15 这 5 个数的总和、平均值和总体标准偏差。

操作步骤：打开统计信息型计算器，单击 1 → 1，然后单击【添加】按钮 Add，将输入的数字添加到统计框中，用相同的方法依次将数字 12、13、14 和 15 添加到统计框中，单击【求和】按钮 Σx，即可计算出这 5 个数的总和；单击【求平均值】按钮 $\bar{x}$，即可计算出这 5 个数的平均值；单击【求总体标准偏差】按钮 σ_{n-1}，即可计算出这 5 个数的总体标准偏差。

2.8.4 记事本程序

记事本程序是 Windows 7 自带的一个用来创建简单文档的文本编辑器。记事本程序常用来查看或编辑纯文本（.txt）文件，是创建网页的简单工具。单击【开始】→【所有程序】→【附件】→【记事本】选项，将打开如图 2.29 所示的【记事本】窗口。

图 2.29 【记事本】窗口

2.8.5 写字板程序

写字板程序是一个功能比记事本稍强的文字处理工具，它接近于标准的文字处理软件，是适用于短小文档的文本编辑器。在写字板程序中可用各种不同的字体和段落样式来编辑和排版文档，还可插入图片等对象，所编辑的文本存档时的默认扩展名为“rtf”，【写字板】窗口如图 2.30 所示。

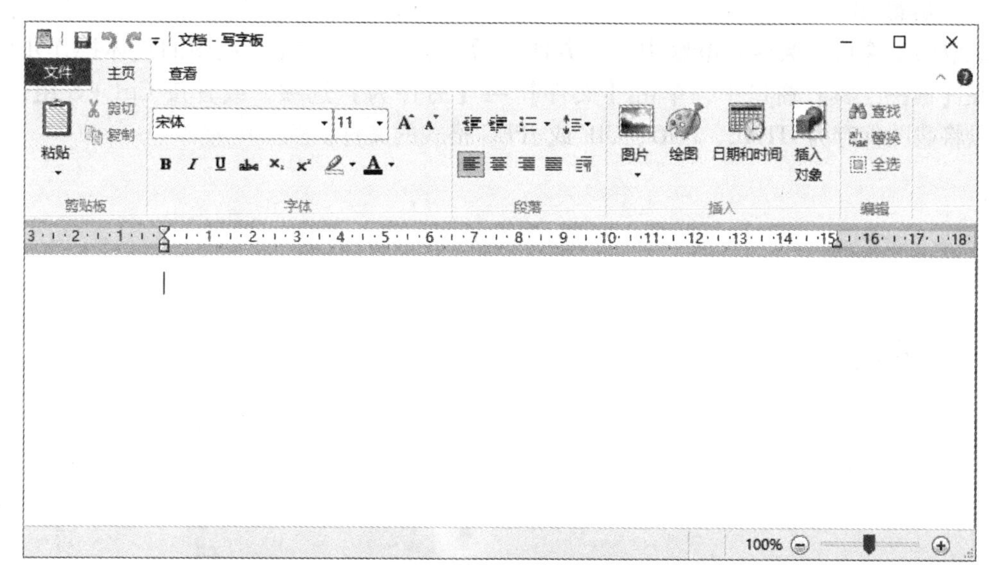

图 2.30 【写字板】窗口

2.8.6 截图工具

Windows 7 系统自带了一款截图工具，具有便捷、简单、截图清晰等突出优点，可实现多种形状的截图、全屏截图及局部截图，并且可以对截取的图像进行编辑。

1. 新建截图

新建截图的具体操作步骤如下。

（1）单击【开始】按钮，在弹出的【开始】菜单中选择【所有程序】→【附件】→【截图工具】选项，也可以通过在【运行】文本框中输入“Snipping Tool”命令来启动截图工具，弹出的【截图工具】窗口如图 2.31 所示。

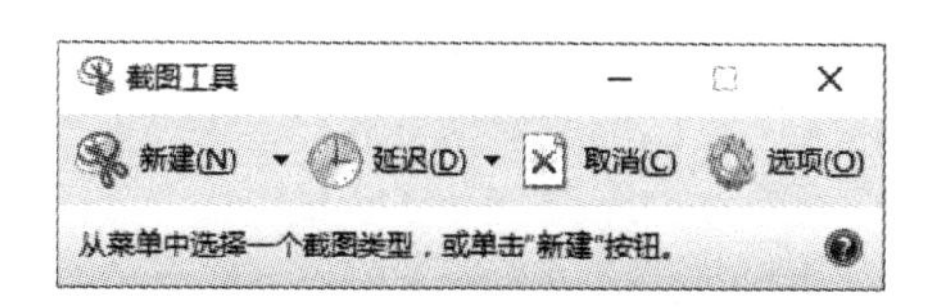

图 2.31 【截图工具】窗口

（2）单击 新建(N) 按钮右侧的下三角按钮，从弹出的下拉列表中选择【任意格式截图】【矩形截图】【窗口截图】或【全屏幕截图】中的一项。此时，鼠标指针变成“十”字形状，单击要截取图片的起始位置，然后按住鼠标左键不放，拖动选中要截取的图像区域。

（3）释放鼠标即可完成截图，此时在【截图工具】窗口中会显示截取的图像。

2. 编辑截图

截图工具带有简单的图像编辑功能：单击【复制】按钮可以复制图像；单击【笔】按钮可以使用画笔功能绘制图形或者书写文字；单击【荧光笔】按钮可以绘制和书写具有荧光效果的图形和文字；单击【橡皮擦】按钮可以擦除利用【笔】和【荧光笔】按钮绘制的图形和文字。

3. 保存截图

截取的图像可以保存到电脑中，以方便以后查看和编辑。保存截图的具体操作步骤如下：在【截图工具】窗口中，单击【文件】→【另存为】选项，或者按 Ctrl + S 组合键，都可以将截图保存为 HTML、PNG、GIF 或 JPEG 格式的文件。

评价单

<table>
<tr><td>项目名称</td><td colspan="3">Windows 7 常用操作及应用</td><td>完成日期</td><td></td></tr>
<tr><td>班　级</td><td></td><td>小　组</td><td></td><td>姓　名</td><td></td></tr>
<tr><td>学　号</td><td colspan="2"></td><td colspan="2">组长签字</td><td></td></tr>
<tr><td colspan="2">评价内容</td><td colspan="2">分　值</td><td>学生评价</td><td>教师评价</td></tr>
<tr><td colspan="2">Windows 7 基本操作的熟练程度</td><td colspan="2">10</td><td></td><td></td></tr>
<tr><td colspan="2">文件和文件夹操作的熟练程度</td><td colspan="2">10</td><td></td><td></td></tr>
<tr><td colspan="2">用户账户设置和使用的掌握程度</td><td colspan="2">10</td><td></td><td></td></tr>
<tr><td colspan="2">画图程序的掌握程度</td><td colspan="2">10</td><td></td><td></td></tr>
<tr><td colspan="2">计算器程序的掌握程度</td><td colspan="2">10</td><td></td><td></td></tr>
<tr><td colspan="2">记事本程序的掌握程度</td><td colspan="2">10</td><td></td><td></td></tr>
<tr><td colspan="2">写字板程序的掌握程度</td><td colspan="2">10</td><td></td><td></td></tr>
<tr><td colspan="2">截图工具的掌握程度</td><td colspan="2">10</td><td></td><td></td></tr>
<tr><td colspan="2">态度是否认真</td><td colspan="2">10</td><td></td><td></td></tr>
<tr><td colspan="2">与小组成员的合作情况</td><td colspan="2">10</td><td></td><td></td></tr>
<tr><td colspan="2">总分</td><td colspan="2">100</td><td></td><td></td></tr>
<tr><td>学生得分</td><td colspan="5"></td></tr>
<tr><td>自我总结</td><td colspan="5"></td></tr>
<tr><td>教师评语</td><td colspan="5"></td></tr>
</table>

知识点强化与巩固

一、填空题

1. Windows 7 操作系统是由（　　　　　　）公司开发的具有革命性变化的操作系统。

2. Windows 7 操作系统有四个默认库，分别是视频、图片、（　　　　　　）和音乐。

3. Windows 7 操作系统从软件归类来看属于（　　　　　　）软件。

4. 在 Windows 7 操作系统中，被删除的文件或文件夹将存放在（　　　　　　）中。

5. 在 Windows 7 操作系统中，当打开多个窗口时，标题栏的颜色与众不同的窗口是（　　　　　　）窗口。

6. 在 Windows 7 操作系统中，菜单有 3 类，分别是下拉式菜单、控制菜单和（　　　　　　）。

7. 在 Windows 7 操作系统中，Ctrl + C 是（　　　　　　）命令的组合键。

8. 在 Windows 7 操作系统中，Ctrl + V 是（　　　　　　）命令的组合键。

9. 在 Windows 7 操作系统中，Ctrl + X 是（　　　　　　）命令的组合键。

10. 在 Windows 7 操作系统的窗口中，为了使系统中具有隐藏属性的文件或文件夹不显示出来，首先应进行的操作是选择（　　　　　　）菜单中的【文件夹】选项。

11. 在 Windows 7 操作系统中，为了在系统启动成功后自动执行某个程序，应该将该程序文件添加到（　　　　　　）文件夹中。

12. 在 Windows 7 操作系统中，回收站是（　　　　　　）中的一块区域。

13. 在 Windows 7 操作系统中，如果要把整幅屏幕内容复制到剪贴板上，可按（　　　　　　）键。

二、选择题

1. Windows 7 操作系统桌面上任务栏的作用是（　　）。

A. 记录已经执行完毕的任务，并报给用户，准备好执行新的任务

B. 记录正在运行的应用软件，同时可控制多个任务、多个窗口之间的切换

C. 列出用户计划执行的任务，供计算机执行

D. 列出计算机可以执行的任务，供用户选择，以便于用户在不同任务之间进行切换

2. Windows 7 操作系统中的文件夹组织结构是一种（　　）。

A. 表格结构　　B. 树形结构　　C. 网状结构　　D. 线性结构

3. Windows 7 操作系统是一个（　　）操作系统。

A. 多任务　　B. 单任务　　C. 实时　　D. 批处理

4. Windows 7 操作系统中文件的扩展名的长度为（　　）字符。

A. 1 个　　B. 2 个　　C. 3 个　　D. 4 个

5. Windows 7 操作系统自带的网络浏览器是（　　）。

A. NETSCAPE　　B. HOT - MAIL　　C. CUTFTP　　D. Internet Explorer

6. 在 Windows 7 操作系统中，能弹出对话框的操作是（　　）。

A. 选择了带省略号的选项　　B. 选择了带▶的选项
C. 选择了颜色变灰的选项　　D. 运行了与对话框对应的应用程序

7. 在 Windows 7 操作系统中，不同文档之间互相复制信息需要借助于（　　）。
A. 剪贴板　　B. 记事本　　C. 写字板　　D. 磁盘缓冲器

8. 在 Windows 7 操作系统中，若鼠标指针变成了“I”形状，则表示（　　）。
A. 当前系统正在访问磁盘　　B. 可以改变窗口大小
C. 可以改变窗口位置　　D. 可以在鼠标光标所在位置输入文本

9. 在 Windows 7 操作系统中，当某个程序因某种原因陷入死循环时，下列哪一个方法能较好地结束该程序？（　　）
A. 按 Ctrl + Alt + Del 组合键，在弹出的对话框中的任务列表中选择该程序，并单击【结束任务】按钮，结束该程序的运行
B. 按 Ctrl + Del 组合键，在弹出的对话框中的任务列表中选择该程序，并单击【结束任务】按钮，结束该程序的运行
C. 按 Alt + Del 组合键，在弹出的对话框中的任务列表中选择该程序，并单击【结束任务】按钮，结束该程序的运行
D. 直接重启计算机，结束该程序的运行

10. 在 Windows 7 操作系统中，文件名为“MM. txt”和“mm. txt”的文件（　　）。
A. 是同一个文件　　B. 不是同一个文件
C. 有时候是同一个文件　　D. 是两个文件

11. 在 Windows 7 操作系统中，用“打印机”可同时打印（　　）文件。
A. 2 个　　B. 3 个　　C. 多个　　D. 1 个

12. 在 Windows 7 操作系统中，允许用户同时打开（　　）个窗口。
A. 8　　B. 16　　C. 32　　D. 无限多

13. 在 Windows 7 操作系统中，允许用户同时打开多个窗口，但只有一个窗口处于激活状态，其特征是标题栏高亮显示，该窗口称为（　　）窗口。
A. 主　　B. 运行　　C. 活动　　D. 前端

14. 在 Windows 7 操作系统中，可按（　　）键得到帮助信息。
A. F1　　B. F2　　C. F3　　D. F10

15. 在 Windows 7 操作系统中，可按 Alt +（　　）组合键在多个已打开的程序窗口中进行切换。
A. Enter　　B. Space　　C. Insert　　D. Tab

16. 在 Windows 7 操作系统中，在实施打印前（　　）。
A. 需要安装打印应用程序
B. 用户需要根据打印机的型号，安装相应的打印机驱动程序
C. 不需要安装打印机驱动程序
D. 系统将自动安装打印机驱动程序

17. 在 Windows 7 操作系统中，当应用程序窗口最大化后，该应用程序窗口将（　　）。
A. 扩大到整个屏幕，程序照常运行
B. 不能用鼠标拖动的方法改变窗口的大小，系统暂时进入挂起状态

C. 扩大到整个屏幕，程序运行速度加快

D. 可以用鼠标拖动的方法改变窗口的大小，程序照常运行

18. 在 Windows 7 操作系统中，为保护文件不被修改，可将它的属性设置为（　　）。

A. 只读　　B. 存档　　C. 隐藏　　D. 系统

19. 操作系统是（　　）。

A. 用户与软件的接口　　B. 系统软件与应用软件的接口

C. 主机与外设的接口　　D. 用户和计算机的接口

20. 以下四项不属于 Windows 7 操作系统特点的是（　　）。

A. 图形界面　　B. 多任务

C. 即插即用　　D. 不会受到黑客攻击

21. 下列不是汉字输入法的是（　　）。

A. 全拼　　B. 五笔字型　　C. ASCII 码　　D. 双拼

22. 任务栏上不可能存在的内容为（　　）。

A. 对话框窗口的图标　　B. 正在执行的应用程序窗口图标

C. 已打开文档窗口的图标　　D. 语言栏的图标

23. 在 Windows 7 操作系统的中文输入状态下，中、英文输入方式之间切换应按的组合键是（　　）。

A. Ctrl + Alt　　B. Ctrl + Shift

C. Shift + Space　　D. Ctrl + Space

24. 在 Windows 7 操作系统中，下面的叙述正确的是（　　）。

A. 写字板是文字处理软件，不能进行图文处理

B. 画图是绘图工具，不能输入文字

C. 写字板和画图均可以进行文字和图形处理

D. 记事本文件中可以插入自选图形

25. 关于 Windows 7 操作系统窗口的概念，以下叙述正确的是（　　）。

A. 屏幕上只能出现一个窗口，这就是活动窗口

B. 屏幕上可以出现多个窗口，但只有一个是活动窗口

C. 屏幕上可以出现多个窗口，且不止一个是活动窗口

D. 当屏幕上出现多个窗口时，就没有了活动窗口

26. 在 Windows 7 操作系统中，【计算机】图标（　　）。

A. 一定出现在桌面上　　B. 可以设置到桌面上

C. 可以通过单击将其显示到桌面上　　D. 不可能出现在桌面上

27. 在 Windows 7 操作系统中，剪贴板是用来在程序和文件间传递信息的临时存储区，此存储区是（　　）。

A. 回收站的一部分　　B. 硬盘的一部分

C. 内存的一部分　　D. 软盘的一部分

28. "附件"文件夹中的"系统工具"文件夹中一般不包含（　　）。

A. 磁盘清理　　B. 磁盘碎片整理程序

C. 系统还原　　D. 重装计算机程序

三、判断题

1. Windows 7 操作系统家庭普通版支持的功能最少。 ( )
2. Windows 7 操作系统旗舰版支持的功能最多。 ( )
3. 在 Windows 7 操作系统中，必须先选择操作对象，再选择操作项。 ( )
4. Windows 7 操作系统的桌面是不可以调整的。 ( )
5. Windows 7 操作系统的【资源管理器】窗口可分为两部分。 ( )
6. Windows 7 操作系统的剪贴板是内存中的一块区域。 ( )
7. 在 Windows 7 操作系统的任务栏中，不能修改文件属性。 ( )
8. 在 Windows 7 操作系统环境中，可以同时运行多个应用程序。 ( )
9. Windows 7 操作系统是一个多用户、多任务的操作系统。 ( )
10. 在 Windows 7 操作系统中，窗口大小的改变可通过对窗口的边框进行操作来实现。 ( )
11. 在 Windows 操作系统的各个版本中，支持的功能都一样。 ( )
12. 在 Windows 7 操作系统中，默认库被删除后可以通过恢复默认库功能进行恢复。 ( )
13. 在 Windows 7 操作系统中，默认库被删除了就无法恢复。 ( )
14. 在 Windows 7 操作系统中，任何一个打开的窗口都有滚动条。 ( )
15. 在 Windows 7 操作系统中，若选项前面带有"√"符号，则表示该选项所代表的状态已经呈现。 ( )
16. 在 Windows 7 操作系统中，如果要把整幅屏幕内容复制到剪贴板上，可以按 PrintScreen + Ctrl 组合键。 ( )
17. 在 Windows 7 操作系统中，如果要将当前窗口内容复制到剪贴板上，可以按 Alt + PrintScreen 组合键。 ( )

第3章 计算机网络与Internet应用

计算机网络是计算机应用的一个重要领域。计算机网络技术是现代通信技术与计算机技术结合的产物，是社会信息化的基础技术。特别是Internet的出现，使网络的服务功能越来越完善。人们利用Internet这一先进的信息武器来为各行各业服务。随着Internet应用领域的不断扩大，计算机网络将对下一世纪的人类生活产生深远的影响。所以，计算机网络知识是计算机应用基础课中十分重要的一部分。

项目一 计算机网络概述

知识点提要

1. 计算机网络的概念
2. 计算机网络的发展
3. 计算机网络的分类
4. 计算机网络的拓扑结构
5. OSI参考模型
6. TCP/IP参考模型
7. 计算机网络硬件系统
8. 计算机网络软件系统

任务单

任务名称	认识计算机网络	学　　时	2 学时
知识目标	1. 掌握计算机网络的概念。 2. 掌握计算机网络的分类。 3. 掌握计算机网络拓扑结构。 4. 熟悉常用的计算机网络硬件和软件。		
能力目标	1. 理解计算机网络的相关理论知识。 2. 具有将计算机网络理论知识应用于实践中的能力。 3. 具有沟通、协作能力。		
任务描述	一、介绍一下你平时接触过的网络及所认识的网络设备 二、介绍一下你常用的网址 三、写出你对计算机网络的认识 四、将下列网络资源按资源子网和通信子网进行归类 服务器、用户计算机（工作站）、网络软件、网络接口卡、通信线路、集线器(hub)、网络交换机、路由器、modem。		
任务要求	1. 仔细阅读任务描述中的要求，认真完成任务。 2. 小组间可以讨论、交流各自掌握的网络知识。		

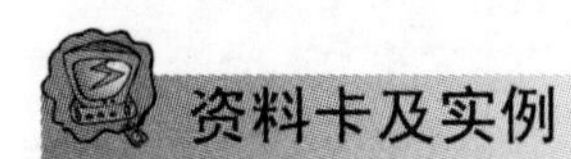

资料卡及实例

3.1 计算机网络

计算机网络是计算机技术和通信技术结合的产物，是随着社会对信息共享、信息传递的要求而发展起来的。随着计算机软、硬件及通信技术的快速发展，计算机网络迅速渗透到金融、教育、运输等各个行业，而且随着计算机网络的优势逐渐被人们所熟悉和接受，网络将越来越快地融入社会生活的方方面面。可以说，未来是一个充满网络的世界。

3.1.1 计算机网络概述

1. 计算机网络的概念

计算机网络就是利用通信设备和线路将地理位置不同且功能独立的多个计算机系统互连起来，以功能完善的网络软件（网络通信协议、信息交换方式及网络操作系统等）实现网络中资源共享和信息传递的系统。

计算机网络通常由资源子网、通信子网和通信协议三部分组成。

资源子网是计算机网络中面向用户的部分，负责全网络面向应用的数据处理工作，其主体是连入计算机网络内的所有主计算机，以及这些计算机所拥有的面向用户端的外部设备、软件和可用来共享的数据等。

通信子网是计算机网络中负责数据通信的部分。通信传输介质可以是双绞线、同轴电缆、无线电、微波、光导纤维等。

通信协议是指为使网内各计算机之间的通信可靠、有效，通信双方必须共同遵守的规则和约定。

计算机网络主要涉及以下三项重要内容。

（1）具有独立功能的多个计算机系统：各种类型的计算机、工作站、服务器、数据处理终端设备。

（2）通信线路和设备：通信线路是指网络连接介质，如同轴电缆、双绞线、光缆、铜缆、卫星等；通信设备是指网络连接设备，如网关、网桥、集线器、交换机、路由器、调制解调器等。

（3）网络软件：各类网络系统软件和各类网络应用软件。

2. 计算机网络的发展

计算机网络大致可分为四代。

1）第一代：面向终端的计算机网络

1946 年世界上第一台公认的电子计算机 ENIAC 在美国诞生时，计算机技术与通信技术并没有直接的联系。直到 20 世纪 50 年代初期，出现了以单个计算机为中心的面向终端的远程联机系统，但其终端往往只具备基本的输入及输出功能（显示系统及键盘）。该系统是计算机技术与通信技术相结合而形成的计算机网络的雏形，因此也称为面向终端的计算机网络，如图 3.1 所示。

2）第二代：以通信子网为中心的计算机网络

这一代兴起于 20 世纪 60 年代后期，典型代表是美国国防部高级研究计划局协助开发的

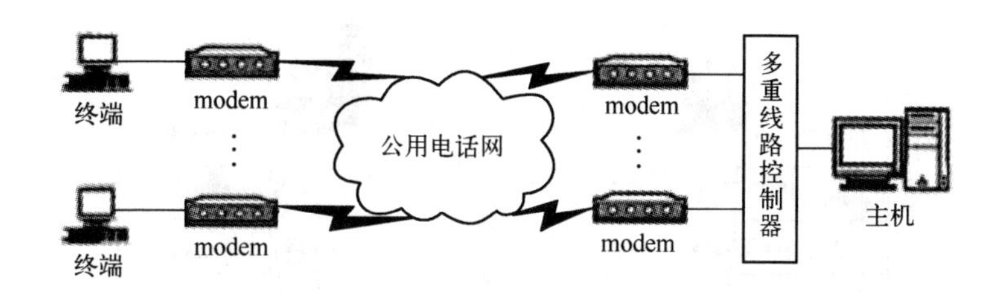

图 3.1　面向终端的计算机网络

ARPANET。ARPANET 各个通信子网的主机之间不是直接用线路相连的，而是通过接口消息处理器 IMP 转接后互联的。IMP 和与之互联的通信线路一起负责主机间的通信任务，构成了通信子网。与通信子网互联的主机负责运行程序，提供资源共享，组成了资源子网。

两个主机间通信时对传送信息内容的理解，信息表示形式，以及各种情况下的应答信号都必须遵守一个共同的约定，称为协议。

连网用户可以通过计算机使用网络中其他计算机的软件、硬件与数据资源，以达到资源共享的目的。以通信子网为中心的计算机网络是以分组交换技术为核心技术的计算机网络。如图 3.2 所示，网络中的通信双方都是具有自主处理能力的计算机，功能以资源共享为主。

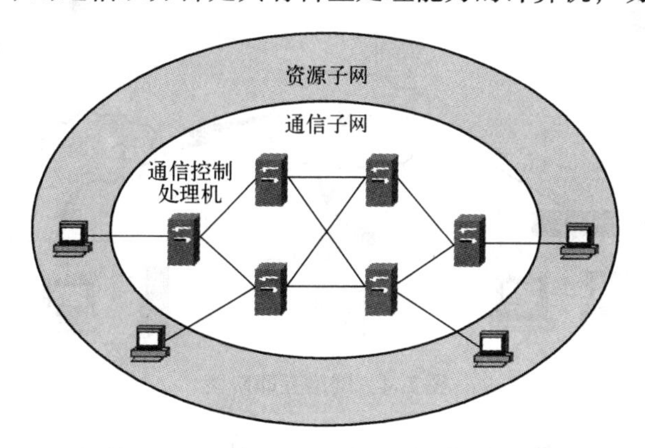

图 3.2　以通信子网为中心的计算机网络

3）第三代：以 OSI 网络体系结构为核心的计算机网络

国际标准化组织（ISO）在 1984 年颁布了 OSI/RM 网络模型，为普及局域网奠定了基础。该模型分为七个层次，也称为 OSI 七层模型，成为新一代计算机网络体系结构的基础，如图 3.3 所示。这之后，各种符合 OSI/RM 与协议标准的远程计算机网络、局部计算机网络与城市地区计算机网络开始广泛应用。

4）第四代：网络互联阶段

从 20 世纪 80 年代末开始，局域网技术发展成熟，同时出现了光纤及高速网络技术，整个网络就像一个对用户透明的大的计算机系统。Internet（因特网）是这一代网络的典型代表，其特点是互联、高速、智能与应用更为广泛，如图 3.4 所示。

3. 计算机网络的功能

（1）数据通信。计算机网络使分散在不同部门、不同单位甚至不同省份、不同国家的计算机与计算机之间可以进行通信，互相传送数据，方便地进行信息交换，如使用电子邮件进行通信及在网上召开视频会议等。

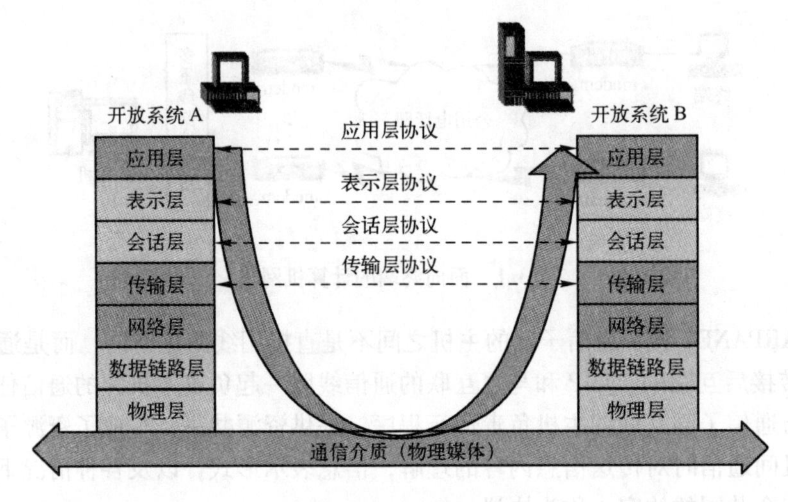

图 3.3　OSI 网络体系结构

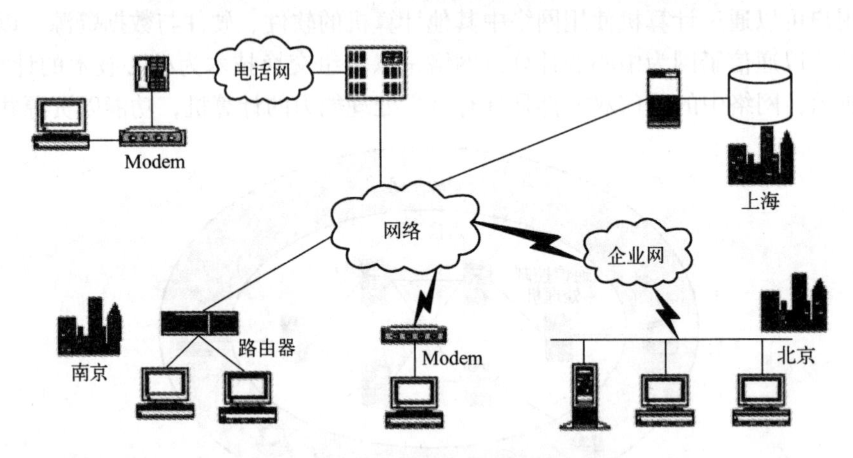

图 3.4　网络互联阶段

（2）资源共享。这是计算机网络最有吸引力的功能。在网络范围内，用户可以共享软件、硬件、数据等资源，而不必考虑用户及资源所在的地理位置。资源共享必须经过授权才可进行。

（3）提高计算机系统的可靠性和可用性。网络中的计算机可以互为后备，一旦某台计算机出现故障，它的任务可由网络中其他计算机取而代之。当网络中某些计算机负荷过重时，网络可将新任务分配给较空闲的计算机去完成，从而提高了每一台计算机的利用率。

（4）实现分布式的信息处理。由于有了计算机网络，因此许多大的信息处理问题可以借助于分散在网络中的多台计算机协同完成，解决单机无法完成的信息处理任务。特别是分布式数据库管理系统，它使分散存储在网络中不同系统中的数据在使用时就好像集中存储和集中管理那样方便。

3.1.2　计算机网络的分类

计算机网络的分类方式有很多种，如按地理范围、拓扑结构、传输速率和传输介质等。按拓扑结构可以分为总线、星状、环状、网状、树状；按传输速率可以分为宽带网和窄带网；按传输介质可以分为有线网和无线网；按网络传输技术可以分为广播式网络（broadcast networks）和点-点式网络（point-to-point networks）。通常我们都是按照地理范围将计算机网络划分为局域网、城域网和广域网。

1. 局域网

局域网地理范围一般在几百米到十千米之间，属于小范围内的连网，如一个建筑物内、一个学校内、一个工厂的厂区内等。局域网的组建简单、灵活，使用方便。随着计算机应用的普及，局域网的地位和作用越来越重要，人们已经不满足计算机与计算机之间的资源共享。现在安装软件和视频图像处理等操作均可在局域网中进行。

2. 城域网

城域网地理范围可从几十公里到上百公里，可覆盖一个城市或地区，是一种中等范围内的连网。城域网使用的技术与局域网相同，但分布范围要更广一些，可以支持数据、语音及有线电视网络等。

3. 广域网

广域网也称为远程网络，其作用范围通常为几十千米到几千千米，属于大范围的连网，如几个城市、一个或几个国家，甚至全球。广域网是将多个局域网连接起来的更大的网络。各个局域网之间可以通过高速电缆、光缆、微波卫星等远程通信方式连接。广域网是网络系统中的最大型的网络，能实现大范围的资源共享，如国际性的Internet。

3.1.3 计算机网络拓扑结构

拓扑结构是指将不同设备根据不同的工作方式进行连接的结构。不同计算机网络系统的拓扑结构是不同的，而且不同拓扑结构的网络的功能、可靠性、组网的难易程度及成本等也不同。计算机网络的拓扑结构是计算机网络上各节点（分布在不同地理位置上的计算机设备及其他设备）和通信链路所构成的几何形状。常见的拓扑结构有5种：总线、星状、环状、树状和网状。各种拓扑结构的示意图如图3.5所示。

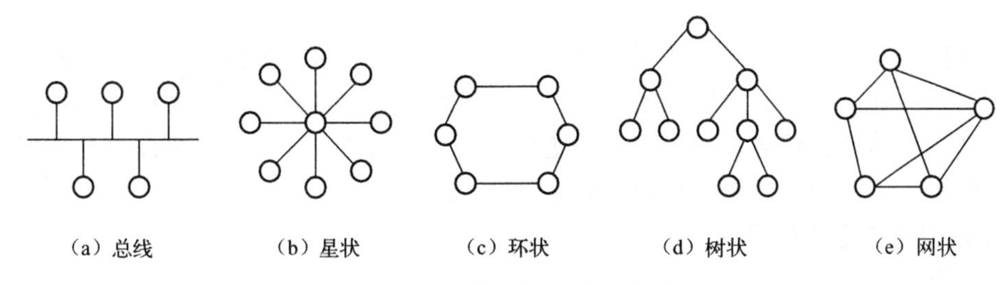

图3.5 网络拓扑结构示意图

1. 总线结构

总线拓扑结构如图3.5（a）所示，它采用一条公共线作为数据传输介质，所有网络上的节点都连接在总线上，通过总线在节点之间传输数据。由于各节点共用一条总线，在任意时刻只允许一个节点发送数据，因此传输数据易出现冲突现象，而如果总线出现故障，将影响整个网络的运行。但是，总线拓扑结构具有结构简单，易于扩展，建网成本低等优点，局域网中以太网就是典型的总线拓扑结构。

2. 星状结构

星状结构如图3.5（b）所示，网络上每个节点都由一条点到点的链路与中心节点相连。中心节点充当整个网络控制的主控计算机，具有数据处理和存储的双重功能，也可以是程控交换机或集线器，仅在各节点间起连通作用。各节点之间的数据通信必须通过中心节点，一旦中心节点出现故障，将导致整个网络系统彻底崩溃。

3. 环状结构

环状结构如图3.5（c）所示，网络上各节点都连接在一个闭合环状的通信链路上，信息单方向沿环传递，两节点之间仅有唯一的通道。网络上各节点之间没有主次关系，各节点负担均衡，但网络扩充及维护不太方便。如果网络上有一个节点或者是环路出现故障，将可能引起整个网络发生故障。

4. 树状结构

树状结构（是星状结构的发展）如图3.5（d）所示，网络中各节点按一定的层次连接起来，形状像一棵倒置的树，所以称为树状结构。在树状结构中，顶端的节点称为根节点，它带有若干个分支节点，每个分支节点再带有若干个子分支节点，信息可以在每个分支链路上双向传递。树状结构的优点是网络扩充、故障隔离比较方便，适用于分级管理和控制系统，但如果根节点出现故障，将影响整个网络的运行。

5. 网状结构

网状结构如图3.5（e）所示，其网络上各节点的连接是不规则的，每个节点可以有多个分支，信息可以在任何分支上进行传递，这样可以减少网络阻塞的现象，可靠性高，灵活性好，节点的独立处理能力强，信息传输容量大，但结构复杂，不易管理和维护，成本高。

以上介绍的是计算机网络系统基本的拓扑结构，在实际组建网络时，可根据具体情况，选择某种拓扑结构或选择几种基本拓扑结构的组合方式来完成网络拓扑结构的设计。

3.1.4 数据通信技术

计算机网络是计算机技术与数据通信技术结合的产物。数据通信是一门独立的学科。在计算机网络中，通信系统负责信息的传递，计算机系统负责信息的处理工作。通信技术的任务是利用通信媒体传输信息，所研究的问题是：用什么媒体、什么技术来使信息数据化并准确地传输信息。下面简单介绍数据通信的基础知识。

1. 模拟信号与数字信号

1）模拟数据与数字数据

数据有数字数据和模拟数据之分。

（1）模拟数据：状态是连续变化的、不可数的，如强弱连续变化的语音、亮度连续变化的图像等。

（2）数字数据：状态是离散的、可数的，如符号、数字等。

2）模拟信号与数字信号

数据在通信系统中需要变换为（通过编码实现）电信号的形式，从一点传输到另一点。信号是数据在传输过程中电磁波的表现形式。由于有两种不同的数据类型，信号也相应地有两种形式。

（1）模拟信号：是一种连续变换的电信号，它的幅值可由无限个数值表示，如普通电话机输出的信号就是模拟信号。

（2）数字信号：是一种离散信号，它的幅值被限制在有限个数值之内，如电传机输出的信号就是数字信号。

2. 信道的分类

信道是信号传输的通道，包括通信设备和传输媒体。这些媒体可以是有形媒体（如电缆、光纤），也可以是无形媒体（如传输电磁波的空间）。

（1）信道按传输媒体可分为有线信道和无线信道。

（2）信道按传输信号可分为模拟信道和数字信道。

（3）信道按使用权可分为专用信道和公用信道。

3. 通信方式种类

（1）通信仅在点与点之间进行，按信号传送的方向与时间分类，通信方式可分为 3 种。

① 单工通信：是指信号只能单方向进行传输的工作方式。一方只能发送信号，另一方只能接收信号，如广播、遥控采用的就是单工通信方式。

② 半双工通信：是指通信双方都能接收、发送信号，但不能同时进行收和发的工作。它要求双方都有收发信号的功能，如无线电对讲机。

③ 全双工通信：是指通信双方可同时进行收和发的双向传输信号的工作方式，如普通电话采用的就是一种最简单的全双工通信方式。

（2）按数字信号在传输过程中的排列方式分类，通信方式可分为 2 种。

① 并行传输：指数据以成组的方式在多个并行信道上同时传输。并行传输的优点是不存在字符同步问题，速度快，缺点是需要多个信道并行，这在信道远距离传输中是不允许的。因此，并行传输往往仅限于机内的或同一系统内的设备间的通信，如打印机一般都接在计算机的并行接口上。

② 串行传输：指信号在一条信道上一位接一位地传输。在这种传输方式中，收发双方保持位同步或字符间同步是必须解决的问题。串行传输比较节省设备，所以目前计算机网络中普遍采用这种传输方式。

4. 数据传输的速率

（1）比特率是数字信号的传输速率。1 个二进制位所携带的信息即称为 1 个比特（bit）的信息，并作为最小的信息单位。比特率是单位时间内传送的比特数（二进制位数）。

（2）波特率也称为调制速率，是调制后的传输速率，指单位时间内模拟信号状态变化的次数，即单位时间内传输波形的个数。

（3）误码率是指码元在传输中出错的概率，它是衡量通信系统传输可靠性的一个指标。在数字通信中，数据传输的形式是代码，代码由码元组成，码元用波形表示。

5. 异步传输和同步传输

计算机网络中收发信息的双方用传输介质连接之后，发送方可以将数据发送出去，而接收方如何识别这些数据，并将其组合成字符，从而形成有用的信息，这是用交换数据的设备之间的同步技术来实现的。常用的同步方式分为异步传输和同步传输两种。

（1）异步传输：指以一个字符为单位进行数据传输，每个字符独立传输，起始时刻是任意的，字符与字符间隔也是任意的。字符之间的传输是异步的，接收和发送端的时钟各自独立，并在传送的每个字符前加起始位，在每个字符后加终止位，以表示一个字符的开始和结束，从而实现字符同步。这种方式效率低、速度慢，但技术简单、设备成本低，适用于低速通信场合。

（2）同步传输：指以大的数据块为单位进行数据传输，在数据传输过程中接收和发送端时钟信号是同步、严格要求、一一对应的，在传输的数据块的前后会分别加上一些特殊的字符作为同步信号。这种方式速度快，但需要时钟装置，设备价格相对高，适用于高速传输场合，如计算机之间的通信。

3.1.5 计算机网络体系结构

一个功能完备的计算机网络需要制定一整套复杂的协议集。对于结构复杂的网络协议来说，最好的组织方式是层次结构模型。计算机网络协议就是按照层次结构模型来组织的。计算机网络体系结构（network architecture）是网络层次结构模型与各层协议集合的统一。计算机网络是一个非常复杂的系统，需要解决的问题很多并且性质各不相同，所以在设计ARPANET时，就提出了“分层”的思想，即将庞大而复杂的问题分为若干较小且易于处理的局部问题。

1974年，美国IBM公司按照分层的方法制定了系统网络结构SNA（system network architecture）。现在SNA已成为世界上较广泛使用的一种网络体系结构。起初，各个公司都有自己的网络体系结构，这使得各公司自己生产的各种设备容易互连成网，有助于该公司垄断自己的产品。但是，随着社会的发展，不同网络体系结构的用户迫切要求能互相交换信息。为了使不同体系结构的计算机网络能互连，国际标准化组织ISO于1978年提出了“异种机连网标准”的框架结构，这就是著名的开放系统互连参考模型。

OSI得到了国际的承认，成为其他各种计算机网络体系结构参照的标准，大大地推动了计算机网络的发展。20世纪70年代末到80年代初，出现了利用人造通信卫星作为中继站的国际通信网络。

OSI参考模型用物理层、数据链路层、网络层、传输层、会话层、表示层和应用层七个层次描述网络的结构。它的规范对所有的厂商都是开放的，具有指导国际网络结构和开放系统走向的作用。它直接影响总线、接口和网络的性能。目前常见的网络体系结构有FDDI、以太网、令牌环网和快速以太网等。从网络互连的角度看，网络体系结构的关键要素是协议和拓扑。

1. OSI参考模型

国际上主要有两大制定计算机网络标准的组织：国际电报与电话咨询委员会（Consultative Committee on International Telegraph and Telephone，CCITT）和国际标准化组织（International Organization for Standards，ISO）。CCITT主要是从通信角度考虑标准的制定，而ISO则侧重于信息的处理与网络体系结构，但随着计算机网络的发展，通信与信息处理已成为两大组织共同关注的领域。

1974年，ISO发布了著名的ISO/IEC 7498标准，它定义了网络互连的7层框架，即开放系统互连（open system internet work，OSI）参考模型，并在OSI框架下，详细规定了每一层的功能，以实现开放系统环境中的互连性（interconnection）、互操作性（interoperation）与应用的可移植性（portability）。OSI中的“开放”是指只要遵循OSI标准，一个系统就可以与位于世界任何地方、遵循同一标准的其他任何系统进行通信。OSI 参考模型对不同的层次定义了不同的功能并提供了不同的服务，每一层都会与相邻的上下层进行通信和协调，为上层提供服务，将上层传来的数据和信息经过处理传递到下层，直到物理层，最后通过传输介质传到网上。OSI 参考模型中层与层之间通过接口相连，每一层与其相邻上下两层通信均需通过接口传输，每层都建立在下一层的标准上。分层结构的优点是每一层都有各自的功能及明确的分工，便于在网络出现故障时进行分析、查错。如图 3.6 所示为两主机的 OSI 参考模型结构图。

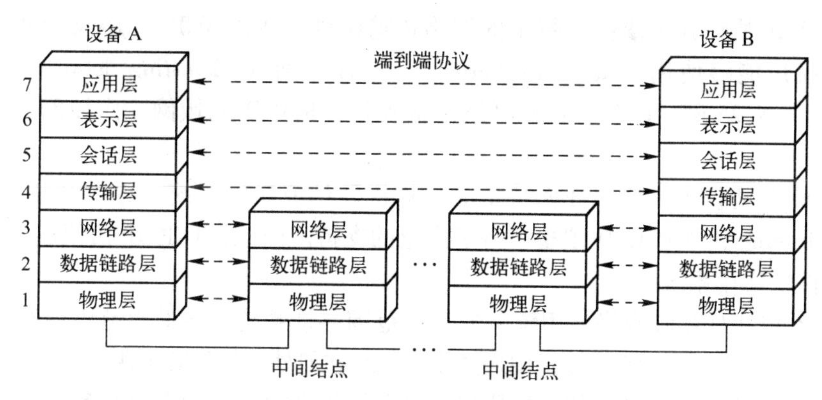

图 3.6　OSI 参考模型结构图

OSI 参考模型各层功能如下。

（1）物理层（physical layer）。在 OSI 参考模型中，物理层是参考模型中的最低层，它是网络通信的数据传输介质，由连接不同节点的电缆和设备共同构成。它的任务是利用传输介质为数据链路层提供物理连接。物理层负责处理数据传输率并监控数据出错率，以实现数据流的透明传输。物理层在接收数据链路层的数据后，便将数据以二进制比特流（数据流）的形式传输到网络传输介质上。

（2）数据链路层（data link layer）。在物理层提供的服务的基础上，数据链路层负责在两个通信实体间建立数据链路连接，传输以帧为单位的数据包，并采用差错控制与流量控制方法，使有差错的物理线路变成无差错数据链路。

（3）网络层（network layer）。网络层的主要功能是为数据在节点之间传输创建逻辑链路，通过路由选择算法为分组通过通信子网选择最佳路径，以及实现拥塞控制、网络互连等功能。

（4）传输层（transport layer）。传输层主要向用户提供可靠的端到端服务，处理数据包错误及次序等。传输层向高层屏蔽了下层数据通信的细节，是体系结构中的关键层。

（5）会话层（session layer）。会话层负责维护两个节点之间的传输链接，以确保点到点传输不中断，同时还具有管理数据交换等功能。

（6）表示层（presentation layer）。表示层负责处理两个通信系统中交换信息的表示方式，主要包括数据格式变换、数据加密与解密、数据压缩及解压等。

（7）应用层（application layer）。应用层中的应用软件提供了很多服务，如数据库、电子邮件等服务。

在 OSI 参考模型中，通常把 7 个层次分为低层与高层。低层为 1 ~ 4 层，也叫数据传输层，其中部分物理层、数据链路层和网络层可通过硬件方式来实现，是面向通信的；高层为5～7层，也叫应用层，各层基本上是通过软件方式来实现的，是面向信息处理的。

2. TCP/IP 参考模型

TCP/IP 是一个工业标准的协议集，它最早应用于 ARPANET。运行 TCP/IP 的网络具有很好的兼容性，并可以使用铜缆、光纤、微波及卫星等多种链路通信。Internet 上的 TCP/IP 协议之所以能够迅速发展，是因为它适应了世界范围内的数据通信的要求。TCP/IP 具有如下特点。

（1）TCP/IP 协议并不依赖于特定的网络传输硬件，所以 TCP/IP 协议能够集成各种各样的网络。用户能够使用以太网（Ethernet）、令牌环网（token-ring network）、拨号线路（dial-up line）、X. 25 网，以及所有的网络传输硬件，适用于局域网、广域网，更适用于互联网。

（2）TCP/IP 协议不依赖于任何特定的计算机硬件或操作系统，提供开放的协议标准，即使不考虑 Internet，TCP/IP 协议也获得了广泛的支持。因此，TCP/IP 协议成为一种联合各种硬件和软件的实用系统。

（3）TCP/IP 工作站和网络使用统一的全球范围寻址系统，在世界范围内给每个 TCP/IP 网络指定唯一的地址，这就使得无论用户的物理地址在何处，任何其他用户都能访问该用户。

（4）TCP/IP 协议是标准化的高层协议，可以提供多种可靠的用户服务。

TCP/IP 参考模型如图 3. 7 所示，由应用层、传输层、网际层和网络接口层组成，与 OSI 参考模型的 7 层大致对应。OSI 参考模型将 7 层分成应用层和数据传输层两层，TCP/IP 参考模型也像 OSI 参考模型一样分为协议层和网络层两层，具体如图 3. 7 所示。协议层定义了网络通信协议的类型，而网络层定义了网络的类型和设备之间的路径选择。

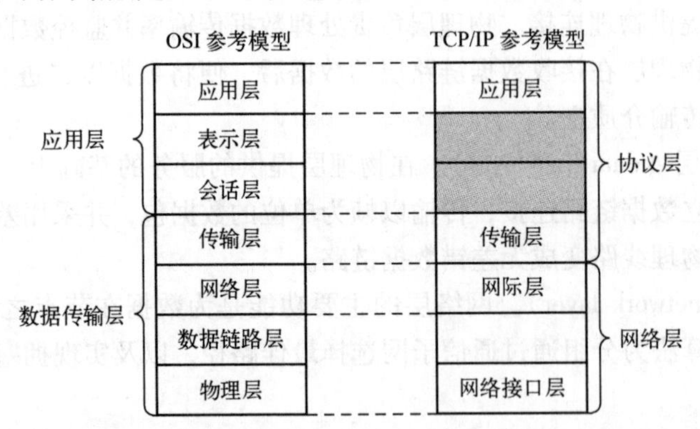

图 3. 7　TCP/IP 参考模型与 OSI 参考模型的对比图

（1）网络接口层（network interface layer）。网络接口层是 TCP/IP 参考模型的最低层，对应 OSI 参考模型的数据链路层和物理层。网络接口层主要负责通过网络发送和接收 IP 数据报。TCP/IP 参考模型允许主机在连入网络时使用其他协议，如局域网协议。

（2）网际层（internet layer）。网际层对应于 OSI 参考模型中的网络层，负责将源主机的报文分组发送至目标主机，此时源主机和目标主机可在同一网络或不同网络中。

（3）传输层（transport layer）。传输层对应于 OSI 参考模型中的传输层，负责应用进程之间的端对端的通信。该层定义了传输控制协议和用户数据报协议。

传输控制协议（TCP）：TCP 提供的是可靠的面向连接的协议，它将一台主机传送的数据无差错地传送到目标主机。TCP 将应用层的字节流分成多个字节段，然后由传输层将一个个字节段向下传送到网际层，发送到目标主机。接收数据时，网际层会将接收到的字节段传送给传输层，传输层再将多个字节段还原成字节流传送到应用层。TCP 同时还要负责流量控制，协调收发双方的发送与接收速度，以达到正确传输的目的。

用户数据报协议（UDP）：UDP 是 TCP/IP 中的一个非常重要的协议，它只是对网际层的 IP 数据报在服务上增加了端口功能，以便于进行复用、分用及差错检测。UDP 为应用程序提供的是一种不可靠、面向非连接的服务，其报文可能出现丢失、重复等问题。正是由于它提供的服务不具有可靠性，所以它的开销很小，即 UDP 提供了一种在高效可靠的网络上传输数据而不用消耗必要的网络资源和处理时间的通信方式。

（4）应用层（application layer）。应用层对应于 OSI 参考模型中的应用层。应用层是 TCP/IP 参考模型中的最高层，所以应用层的任务不是为上层提供服务，而是为最终用户提供服务。该层包括了所有高层协议，每一个应用层的协议都对应一个用户使用的应用程序，主要的协议有：

- 网络终端协议（telnet），实现用户远程登录功能；
- 文件传输协议（file transfer protocol，FTP），实现交互式文件传输；
- 简单邮件传送协议（simple mail transfer protocol，SMTP），实现电子邮件的传送；
- 域名系统（domain name system，DNS），实现网络设备名字到 IP 地址映射的网络服务；
- 超文本传送协议（hypertext transfer protocol，HTTP），用于 WWW 服务。

3.1.6　计算机网络硬件系统

20 世纪 80 年代以后，随着基于 TCP/IP 协议的 Internet 的应用，计算机网络发展更加迅速。宽带综合业务数字网（ISDN）的产生和发展，使得计算机网络发展到一个全新的阶段。利用网络互连设备可以将相同的或不同的网络连接起来，形成一个范围更大的网络，或者将一个原本很大的网络划分为几个子网或网段。

1. 计算机网络传输介质

（1）双绞线（twisted pair）是由两条相互绝缘的导线按照一定的规格互相缠绕（一般以顺时针缠绕）在一起而制成的一种通用配线，属于信息通信网络传输介质，如图 3.8 所示。双绞线过去主要是用来传输模拟信号的，但现在同样适用于数字信号的传输。双绞线采用了一对互相绝缘的金属导线互相绞合的方式来抵御一部分外界电磁波干扰，更主要的是降低自身信号对外界的干扰。把两根绝缘的铜导线按一定密度互相绞在一起，可以降低信号干扰的程度，一根导线在传输中辐射出的电波会被另一根导线上发出的电波抵消。

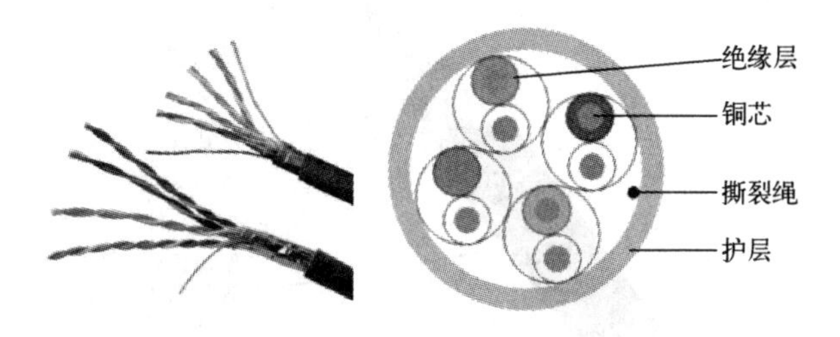

图 3.8　双绞线及超 5 类双绞线（4 对）剖面图

双绞线在外界的干扰磁通中，每根导线均被感应出干扰电流，同一根导线在相邻两个环的两段上流过的感应电流大小相等且方向相反，因而被抵消。因此，双绞线对外界磁场干扰有很好的屏蔽作用。双绞线外加屏蔽可以克服双绞线易受静电感应的缺点，使信号线有很好的电磁屏蔽效果。双绞线分为屏蔽双绞线（shielded twisted pair，STP）与非屏蔽双绞线（unshielded twisted pair，UTP）。屏蔽双绞线在双绞线与外层绝缘封套之间有一个金属屏蔽层，可减少辐射，防止信息被窃听，也可阻止外部电磁干扰的进入，这使屏蔽双绞线比同类的非屏蔽双绞线具有更高的传输速率。非屏蔽双绞线是一种数据传输线，由四对不同颜色的传输线组成，被广泛用于以太网和电话线中。

常见的双绞线有 3 类线、5 类线和超 5 类线，以及最新的 6 类线。每条双绞线两头通过安装 RJ－45 连接器（水晶头）与网卡和集线器（或交换机）相连。

双绞线制作标准有以下两种。

① EIA/TIA 568A 标准：白绿/绿/白橙/蓝/白蓝/橙/白棕/棕（从左起）。

② EIA/TIA 568B 标准：白橙/橙/白绿/蓝/白蓝/绿/白棕/棕（从左起）。

连接方法有以下两种。

① 直通线：双绞线两边都按照 EIA/TIA 568B 标准连接。

② 交叉线：双绞线一边按照 EIA/TIA 568A 标准连接，另一边按照 EIA/TIA 568B 标准连接。

如图 3.9 所示是用直通线用测线仪测试网线和水晶头连接是否正常。

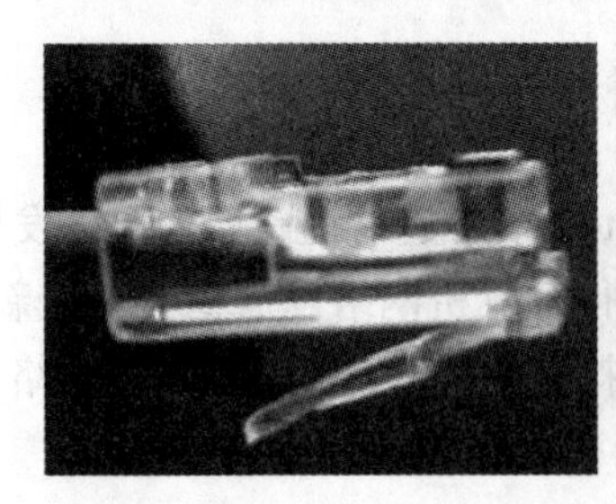

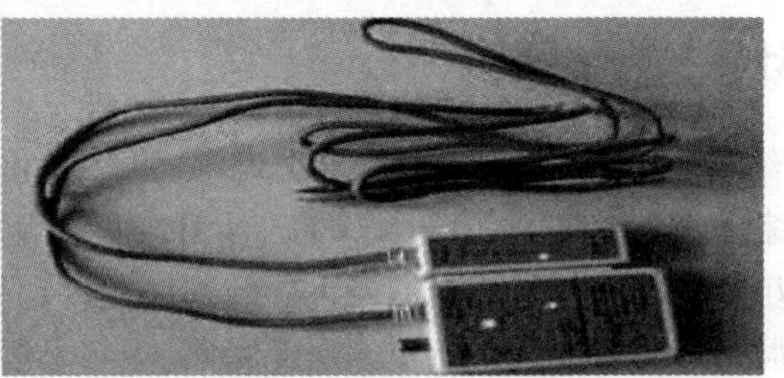

图 3.9　水晶头和直通线用测线仪

（2）同轴电缆是指有两个同心导体，而导体和屏蔽层又共用同一轴心的电缆，也是局域网中最常见的传输介质之一。外层导体和中心轴铜线的圆心在同一个轴心上，所以叫作同轴电缆，如图 3.10 所示。同轴电缆之所以设计成这样，也是为了防止外部电磁波干扰信号的传递。

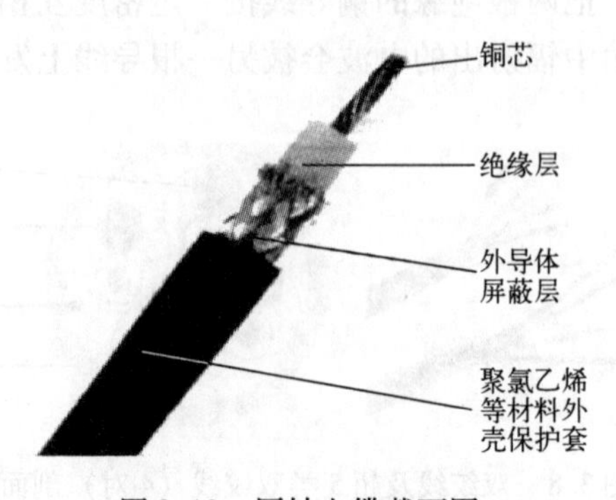

图 3.10　同轴电缆截面图

同轴电缆从用途上可分为基带同轴电缆和宽带同轴电缆（即网络同轴电缆和视频同轴电缆）。目前，同轴电缆大量被光纤取代，但仍广泛应用于有线和无线电视和某些局域网。

由于同轴电缆中铜导线的外面具有多层保护层，所以同轴电缆具有很好的抗干扰性且传输距离比双绞线远，但同轴电缆的安装比较复杂，维护也不方便。

（3）光纤是光导纤维的简写，是一种细小、柔韧并能传输光信号的介质。它是利用光在玻璃或塑料制成的纤维中会发生全反射的原理而达成传输信号目的的，如图 3.11 所示。通常光纤与光缆两个名词会被混淆。多数光纤在使用前必须由几层保护结构包覆，包覆后的缆线即被称为光缆。一根光缆中通常包含有多条光纤。光纤外层的保护结构可防止周围环境对光纤的伤害，如水、火、电击等。光纤具有频带宽、损耗低、质量小、抗干扰能力强、保真度高、工作性能可靠等优点。

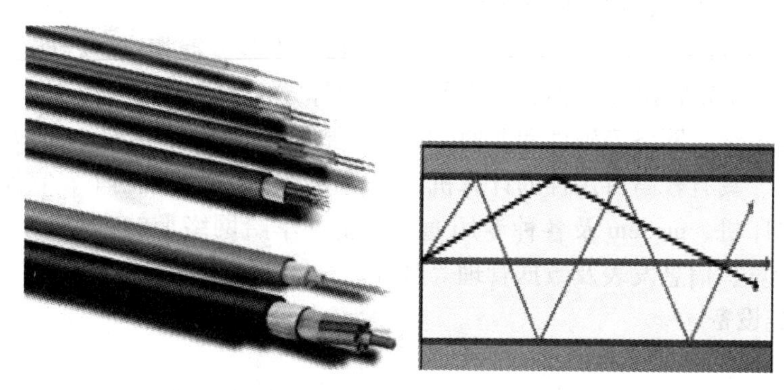

图 3.11 光纤和光纤原理

光缆是利用发光二极管或激光二极管在通电后产生的光脉冲信号传输数据信息的，光缆分多模和单模两种。

① 多模光缆是由发光二极管 LED 驱动的。由于 LED 发出的光是散的，所以在传输时需要较宽的传输路径，频率较低，传输距离也会受到限制。

② 单模光缆是由注入式激光二极管 ILD 驱动的。由于 ILD 是激光发光，光的发散特性很弱，所以传输距离比较远。

（4）地面微波通信。由于微波是以直线方式在大气中传播的，而地表面是曲面，所以微波在地面上直接传输的距离不会大于 50 km。为了使其传输信号距离更远，需要在通信的两个端点设置中继站。中继站的功能一是放大信号，二是恢复失真信号，三是转发信号。如图 3.12 所示，A 微波传输塔要向 B 微波传输塔传输信号，无法直接传播，可通过中间三个微波传输塔转播，在这里中间三个微波传输塔即中继站。

（5）卫星通信是利用人造地球卫星作为中继站，通过人造地球卫星转发微波信号，实现地面站之间的通信，如图 3.12 所示。卫星通信比地面微波通信传输容量和覆盖范围要广得多。

2. 工作站与服务器

（1）工作站（workstation）是一种以个人计算机和分布式网络计算为基础，主要面向专业应用领域，具备强大的数据运算与图形、图像处理能力，为满足工程设计、动画制作、科学研究、软件开发、金融管理、信息服务、模拟仿真等专业领域而设计开发的高性能计算机。工作站是一种高档的微型机，通常配有高分辨率的大屏幕显示器及容量很大的内部存储

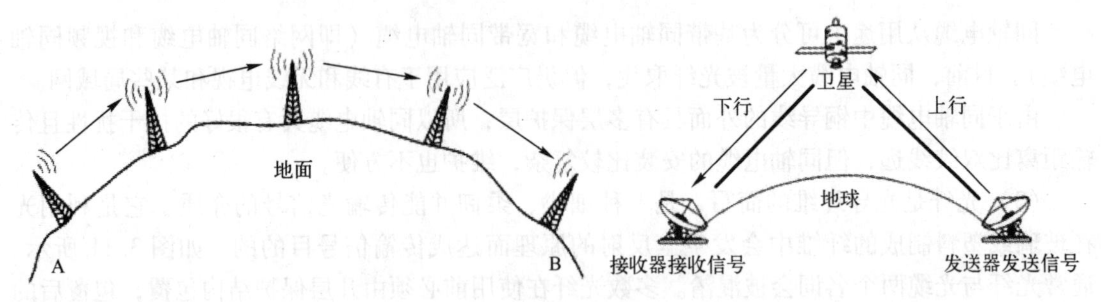

图 3.12 地面微波通信和卫星通信图

器和外部存储器，并且具有较强的信息处理能力和图形、图像处理能力，以及连网功能。工作站可以访问文件服务器，共享网络资源。

（2）服务器（server）通常分为文件服务器、数据库服务器和应用程序服务器。相对于普通 PC 机来说，服务器在稳定性、安全性、性能等方面都要求更高，因此其 CPU、芯片组、内存、磁盘系统、网络等硬件和普通 PC 机有所不同。它是网络上一种为客户端计算机提供各种服务的、具有较高可用性的计算机。在网络操作系统的控制下，它能将与其相连的硬盘、磁带、打印机、modem 及各种专用通信设备共享给网络上的客户站点，也能为网络用户提供集中计算、信息发表及数据管理等服务。

3. 网络互连设备

1）网卡

网卡是帮助计算机连接到网络的主要硬件。它把工作站计算机的数据通过网络送出，并且为工作站计算机收集进入的数据。台式机的网卡插在计算机主板的一个扩展槽中。笔记本电脑除内置板载网卡外，还可以配置一种 PCMCIA 接口的外置网卡，如图 3.13 所示。

图 3.13 台式机网卡和笔记本 PCMCIA 网卡

网卡可应用于网络上的每个服务器、工作站及其他网络设备中。不同的网络使用不同类型的网卡。如果要把一台计算机连入网络，首先就要根据网络类型选择并安装一块网卡。本文提到的网卡都是通过有线电缆连接的。

一般来讲，每块网卡都具有 1 个以上的发光二极管（light emitting diode，LED）指示灯，用来表示网卡的不同工作状态，以方便用户查看网卡是否正常工作。典型的 LED 指示灯有 Link/Act、Full、Power 等。Link/Act 表示连接活动状态，Full 表示是否全双工（Full Duplex），而 Power 是电源指示灯。

网卡的主控制芯片是网卡的核心元件，一块网卡性能的好坏，主要是看这块芯片的质量。网卡的主控制芯片一般采用3.3 V的低耗能设计及0.35 μm的芯片工艺，这使得它能快速计算流经网卡的数据，从而减轻CPU的负担。

无线网络的网卡包含必要的传输设备，能把数据通过局域网传输到别的设备上。信号的发送可以通过无线电、微波或者红外线。无线网络通过无线电或者红外线把数据从一个网络设备传送到另外一个网络设备。无线网络一般用于不易安装电缆的环境，如历史建筑等。除此之外，无线网络还具有可移动性，如通过无线网络，一台笔记本电脑或者手持设备可以在整个库房中的任意位置来处理库存信息。无线网络还有一个好处就是安装的临时性，可避免穿洞布线带来的不方便和不经济。

2）中继器与集线器

中继器（repeater）是连接网络线路的一种装置，常用于两个网络节点之间物理信号的双向转发。中继器是最简单的网络互连设备，主要完成物理层的功能，负责在两个节点的物理层上按位传递信息，完成信号的复制、调整和放大功能，以此来延长网络的长度。由于存在损耗，在线路上传输的信号功率会逐渐衰减，衰减到一定程度时将造成信号失真，因此会导致接收错误。中继器就是为解决这一问题而设计的。它可实现物理线路的连接，放大衰减的信号，从而保持与原数据相同。

集线器（hub）是“中心”的意思，其主要功能是对接收到的信号进行再生、整形和放大，以扩大网络的传输距离，同时把所有节点集中在以它为中心的节点上。它工作于OSI参考模型第一层，即“物理层”。集线器与网卡、网线等传输介质一样，属于局域网中的基础设备，采用CSMA/CD（一种检测协议）访问方式。中继器和集线器图如图3.14所示。

图3.14　中继器（左）和集线器（右）

3）网桥与交换机

网桥可将两个相似的网络连接起来，并对网络数据的流通进行管理。它工作于数据链路层，不但能扩展网络的距离和范围，而且可提高网络的性能、可靠性和安全性。比如，网络1和网络2通过网桥连接后，网桥接收网络1发送的数据包，检查数据包中的地址，如果地址属于网络1，它就将其放弃，相反，如果是网络2的地址，它就继续发送给网络2，这样可利用网桥隔离信息，将网络划分成多个网段，隔离出安全网段，防止其他网段内用户的非法访问。由于各网段相对独立，一个网段的故障不会影响到另一个网段的运行。

交换机是一种用于电信号转发的网络设备。它可以为接入交换机的任意两个网络节点提供独享的电信号通路。最常见的交换机是以太网交换机，其他常见的还有电话语音交换机、光纤交换机等。网桥和以太网交换机图如图3.15所示。

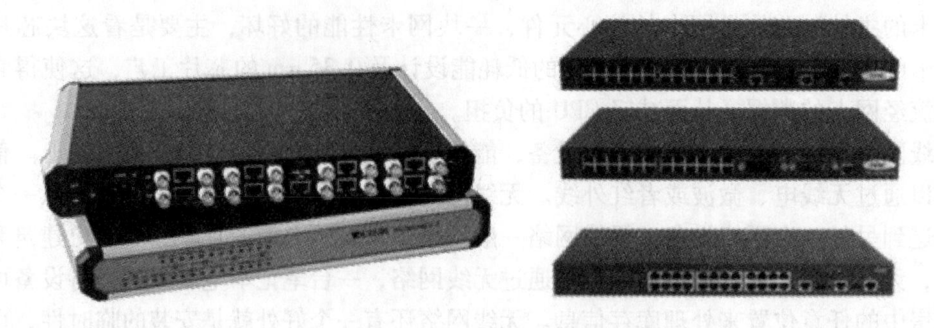

图 3.15　网桥（左）和以太网交换机（右）

4）路由器和网关

路由器（router）是连接因特网中各局域网、广域网的设备，它会根据信道的情况自动选择和设定路由，以优化路径，并按前后顺序发送信号。路由器是互联网络的枢纽和“交通警察”。目前，路由器已经广泛应用于各行各业，各种不同档次的路由器已经成为实现各种骨干网内部连接、骨干网间互联、骨干网与互联网互联互通业务的主力军。

网关（gateway）又称网间连接器、协议转换器。网关是在传输层上实现网络互连的，是最复杂的网络互连设备，仅用于两个高层协议不同的网络互连。网关既可以用于广域网互连，也可以用于局域网互连。网关是一种充当转换重任的计算机系统或设备。在使用不同的通信协议、数据格式或语言，甚至体系结构完全不同的两种系统之间，网关是一个翻译器。与网桥只是简单地传达信息不同，网关对收到的信息要重新打包，以适应目标系统的需求。同时，网关也可以提供过滤和安全功能。大多数网关运行在 OSI 7 个层次的顶层——应用层。路由器和串口网关图如图 3.16 所示。

图 3.16　路由器（左）和串口网关（右）

5）调制解调器

调制解调器（modem）实际是调制器（modulator）与解调器（demodulator）的简称。所谓调制，就是把数字信号转换成电话线上传输的模拟信号；解调，即把模拟信号转换成数字信号。

调制解调器是模拟信号和数字信号的“翻译员”。前面讲过电信号分为“模拟信号”和“数字信号”两种。我们使用的电话线路传输的是模拟信号，而 PC 机之间传输的是数字信号。所以，若想通过电话线把自己的电脑连入 Internet 时，就必须使用调制解调器来“翻译”两种不同的信号。连入 Internet 后，当 PC 机向 Internet 发送信息时，由于电话线传输的是模拟信号，所以必须要用调制解调器来把数字信号“翻译”成模拟信号，才能传送到 Internet 上，这个过程叫作“调制”。当 PC 机从 Internet 获取信息时，由于通过电话线从 Internet 传来的信息都是模拟信号，所以 PC 机想要看懂它们，也必须借助调制解调器这个“翻译员”，这个过程叫作“解调”。调制解调器图如图 3. 17 所示。

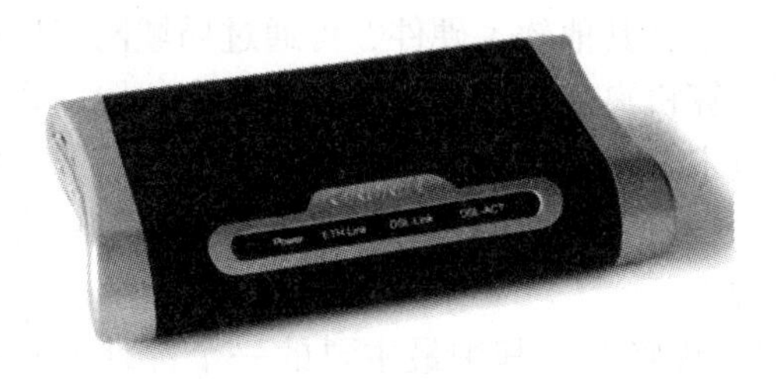

图 3. 17　调制解调器

3. 1. 7　网卡相应功能

1. 网卡判断网络故障的命令

（1）ping 命令是测试网络连接状况，以及信息包发送和接收状况的非常有用的工具，是网络测试最常用的命令。ping 命令通过向目标主机（地址）发送一个回送请求数据包，要求目标主机收到请求后给予答复，从而判断网络的响应时间和本机是否与目标主机（地址）连通。

如果执行 ping 命令不成功则可以预测故障出现的三种情况：网线故障，网络适配器配置不正确，IP 地址不正确。如果执行 ping 命令成功而网络仍无法使用，那么问题很可能出在网络系统的软件配置方面。ping 命令成功只能保证本机与目标主机间存在一条连通的物理路径。

命令格式：ping IP 地址或主机名[-t] [-a] [-n count] [-l size]

参数含义：-t，不停地向目标主机发送数据；-a，以 IP 地址格式来显示目标主机的网络地址；-n count，指定要 ping 多少次，具体次数由 count 来指定；-l size，指定发送到目标主机的数据包的大小。例如，测试本机的网卡是否正确安装的常用命令是 ping 127. 0. 0. 1。

（2）tracert 命令用来显示数据包到达目标主机所经过的路径，并显示到达每个节点的时间。tracert 命令功能同 ping 命令类似，但它所获得的信息要比 ping 命令详细得多，它可把数据包所传输的全部路径、节点的 IP，以及花费的时间都显示出来。该命令比较适用于大型网络。

命令格式：tracert IP 地址或主机名[-d][-h maximum_hops] [-j host_ list] [-w timeout]

参数含义：-d，不解析目标主机的名字；-h maximum_hops，指定搜索到目标地址的最大跳跃数；-j host_list，按照主机列表中的地址释放源路由；-w timeout，指定超时时间间隔，程序默认的时间单位是毫秒。

（3）netstat 命令可以帮助网络管理员了解网络的整体使用情况。它可以显示当前正在活动的网络连接的详细信息，如显示网络连接、路由表和网络接口信息，可以统计系统总共有哪些网络连接正在运行。

命令格式：netstat [-r] [-s] [-n] [-a]

参数含义：-r，显示本机路由表的内容；-s，显示每个协议的使用状态（包括 TCP、UDP、IP 协议）；-n，以数字表格形式显示地址和端口；-a，显示所有主机的端口号。

2. 网卡远程唤醒功能

远程唤醒技术是由网卡配合其他软、硬件，可通过局域网实现远程开机的一种技术。采用该技术，无论被访问的计算机离用户有多远、处于什么位置，只要处于同一局域网内，就都能够被随时启动。这种技术非常适合具有远程网络管理要求的环境，如果有这种要求，那么在选购网卡时应注意其是否具有此功能。可被远程唤醒的计算机对硬件有一定的要求，主要表现在网卡、主板和电源上。

(1) 网卡。能否实现远程唤醒，其中最主要的一个部件就是支持 WOL 的网卡。远程可被唤醒的计算机的网卡必须支持 WOL，而用于唤醒其他计算机的网卡则不必支持 WOL。另外，当一台计算机中安装有多块网卡时，只将其中的一块设置为可远程唤醒类型即可。

(2) 主板。主板也必须支持远程唤醒，可通过查看 CMOS 的【Power Management Setup】菜单中是否拥有【Wake On LAN】选项而确认。另外，支持远程唤醒的主板上通常都拥有一个专门的 3 芯插座，以给网卡供电（PCI 2.1 标准）。由于主板通常支持 PCI 2.2 标准，可以直接通过 PCI 插槽向网卡提供 +3.3 V Standby 电源，即使不连接 WOL 电源线也一样能够实现远程唤醒，因此主板可能不再提供 3 芯插座。

(3) 电源。若欲实现远程唤醒，计算机安装的必须是符合 ATX 2.01 标准的 ATX 电源，+5 V Standby 电流至少应在 600 mA 以上。

3.1.8 计算机网络软件系统

随着网络的发展，不同的开发商开发了不同的通信方式。为了使通信成功可靠，网络中的所有主机都必须使用同一语言。网络中不同的工作站、服务器之间能传输数据，源于协议的存在。协议（protocol）是对数据格式和计算机之间交换数据时必须遵守的规则的正式描述。网络中的计算机要能够互相顺利地通信，就必须使用同样的语言。语言相当于协议，它分为 Ethernet、NetBEUI、IPX/SPX，以及 TCP/IP 协议。

(1) TCP/IP 协议是 Internet 中进行通信的标准协议，它实际上是由两个协议“传输控制协议”（TCP）和“互联网协议”（IP）组成的。由于这两个协议通常连接在一起使用，因此叫作 TCP/IP 协议。

TCP/IP 协议使用一组由十进制数组成的 4 段数字（最大为 255）来确定计算机的地址，每段数字之间用小数点隔开，如 192.168.1.1，习惯上把这种识别计算机的数字称为 IP 地址。通过 IP 地址，操作系统可以方便地在网络中识别不同的计算机。TCP/IP 协议中提供了称为域名解析服务的方案，它可以将 IP 地址转化为用文字表示的计算机名称，如 www.microsoft.com。这种用文字表示主机的方法，可以使用户更加容易理解 IP 地址所代表的含义，或者拥有该地址的计算机所代表的公司或提供服务的领域，避免了纯数字的枯燥乏味。另外，TCP/IP 协议是一种可以路由的协议，通过识别子网掩码，可以在多个网络间传递和复制信息。

(2) 数据交换技术。在两个远程节点进行通信时，采用的是点 - 点通信线路，但该通信线路并不是一直固定连接的，而是根据需要由网络来安排各点之间的通信线路。这种能将两个通信节点连接到一起进行通信的操作即为交换。网络通信常用的三种交换方式有：电路交换、报文交换和分组交换。

电路交换（circuit switching）与电话交换系统相似，即两个终端在开始通信前，由主叫端进行呼叫，送出被呼叫端的电话号码，由电话交换机替主叫端与被叫端连接，直到主叫端与被叫端建立起一个适当的通信通道。主叫端和被叫端可以进行双向的数据传输，在整个数据传输期间信道是被独占的，通信结束后，将断开主叫和被叫两端间的连接信道。电路交换是一种直接交换方式，是多个输入线路与多个输出线路之间直接形成传输信息的物理链路。电路交换可以看成是由开关群组成的网络。在电路交换方式中，通信双方一旦建立连接，无论有无通信都要占据通信通道，其他通信节点无法使用这个通信通道，所以，电路交换方式有时会出现浪费通信通道的现象。电路交换是面向连接的通信方式。公众电话网（PSTN 网）和移动网（包括 GSM 网和 CDMA 网）采用的都是电路交换技术。

报文交换（message switching）中的报文是网络中交换与传输的数据单元。报文包含了将要发送的完整的数据信息，其长短很不一致。报文也是网络传输的单位，传输过程中会不断地将数据封装成组、包、帧等来传输，封装的方式就是添加一些信息段，如报文类型、报文版本、报文长度、报文实体等信息。报文交换方式的重点在于转发方式。在网络中传输的数据有时是非实时性的。对于实时性要求不高的数据，可以让中转节点把要传的信息暂时存储下来，等通信通道空闲时再转发给下个节点（各个节点都有存储转发的功能），这种交换方式为存储转发，即发送端将数据以报文为单位进行发送，中间的中转节点将数据按报文方式存储并转发到下一节点，直到接收端接收到为止。

分组交换（packet switching）是针对数据通信业务的特点提出的一种交换方式。它将需要传送的数据按照一定的长度分割成许多小段数据，并在数据之前增加相应的用于对数据进行选路和校验等功能的头部字段，作为数据传送的基本单元。分组交换比电路交换的电路利用率高，但时延较长。

（3）网络操作系统（NOS）是网络的心脏和灵魂，是向网络计算机提供服务的特殊的操作系统。它在计算机操作系统下工作，为计算机操作系统增加了网络操作所需要的能力。

NOS 与运行在工作站上的单用户操作系统或多用户操作系统因提供的服务类型不同而有所差别。一般情况下，NOS 是以使网络相关特性达到最佳为目的的，如共享数据文件、软件应用，以及共享硬盘、打印机、调制解调器、扫描仪和传真机等。一般计算机的操作系统，如 DOS 和 OS/2 等，其目的是让用户与系统及在此操作系统上运行的各种应用之间的交互作用达到最佳。

常用的网络操作系统有 Windows 操作系统、NetWare 操作系统、UNIX 操作系统、Linux 操作系统等。微软公司的 Windows 操作系统不仅在个人操作系统中占有绝对优势，而且在网络操作系统中也具有非常强劲的力量。Windows 操作系统用在整个局域网中是最常见的，但由于它对服务器的硬件要求较高，且稳定性能不是很好，所以该操作系统一般只用在中、低档服务器中，高端服务器通常采用 UNIX、Linux 等非 Windows 操作系统。

NetWare 操作系统虽然远不如早几年那么风光，在局域网中早已失去了当年雄霸一方的气势，但是 NetWare 操作系统仍以对网络硬件的要求较低而受到一些设备比较落后的中小型企业，特别是学校的青睐。

UNIX 操作系统支持网络文件系统服务，提供数据等应用，功能强大，由 AT&T 和 SCO 公司推出。这种网络操作系统稳定和安全性能非常好，但由于它多数是以命令方式来进行操作的，不容易掌握，特别是初级用户。所以，小型局域网基本不使用 UNIX 作为网络操作系统。UNIX 操作系统一般用于大型的网站或大型的企、事业局域网中。

Linux 操作系统是一种新型的网络操作系统，它最大的特点就是源代码开放，可以免费得到许多应用程序。它与 UNIX 操作系统有许多类似之处，其安全性和稳定性也很好。目前这类操作系统主要应用于中、高档服务器中。

网络操作系统使网络上各计算机能方便而有效地共享网络资源，是为网络用户提供所需的各种服务类软件和有关规程的集合。网络操作系统与通常的操作系统有所不同，它除了应具有通常操作系统所应具有的处理机管理、存储器管理、设备管理和文件管理功能外，还应具有高效、可靠的网络通信能力，以及提供多种网络服务功能的能力，如录入远程作业并对其进行处理的服务功能，文件传输服务功能，电子邮件服务功能，远程打印服务功能。

评价单

<table>
<tr><td>项目名称</td><td colspan="5">计算机网络概述</td><td>完成日期</td><td></td></tr>
<tr><td>班　　级</td><td colspan="2"></td><td>小　　组</td><td colspan="2"></td><td>姓　　名</td><td></td></tr>
<tr><td>学　　号</td><td colspan="4"></td><td colspan="2">组长签字</td><td></td></tr>
<tr><td colspan="2">评价内容</td><td colspan="3">分　　值</td><td colspan="2">学生评价</td><td>教师评价</td></tr>
<tr><td colspan="2">计算机网络的组成</td><td colspan="3">10</td><td colspan="2"></td><td></td></tr>
<tr><td colspan="2">计算机网络的概念</td><td colspan="3">10</td><td colspan="2"></td><td></td></tr>
<tr><td colspan="2">计算机网络的发展</td><td colspan="3">10</td><td colspan="2"></td><td></td></tr>
<tr><td colspan="2">计算机网络的分类</td><td colspan="3">10</td><td colspan="2"></td><td></td></tr>
<tr><td colspan="2">计算机网络的拓扑结构</td><td colspan="3">10</td><td colspan="2"></td><td></td></tr>
<tr><td colspan="2">数据通信技术</td><td colspan="3">10</td><td colspan="2"></td><td></td></tr>
<tr><td colspan="2">OSI 参考模型</td><td colspan="3">10</td><td colspan="2"></td><td></td></tr>
<tr><td colspan="2">TCP/IP 参考模型</td><td colspan="3">10</td><td colspan="2"></td><td></td></tr>
<tr><td colspan="2">态度是否认真</td><td colspan="3">10</td><td colspan="2"></td><td></td></tr>
<tr><td colspan="2">与小组成员的合作情况</td><td colspan="3">10</td><td colspan="2"></td><td></td></tr>
<tr><td colspan="2">总分</td><td colspan="3">100</td><td colspan="2"></td><td></td></tr>
<tr><td>学生得分</td><td colspan="7"></td></tr>
<tr><td>自我总结</td><td colspan="7"></td></tr>
<tr><td>教师评语</td><td colspan="7"></td></tr>
</table>

知识点强化与巩固

一、填空题

1. 路由器的作用是实现 OSI 参考模型中（ ）层的数据交换。
2. 从用户角度或者逻辑功能上可把计算机网络划分为通信子网和（ ）。
3. 计算机网络最主要的功能是（ ）。

二、选择题

1. 计算机网络的功能主要体现在信息交换、资源共享和（ ）三个方面。
   A. 网络硬件 B. 网络软件 C. 分布式处理 D. 网络操作系统
2. 计算机网络是按照（ ）相互通信的。
   A. 信息交换方式 B. 传输装置 C. 网络协议 D. 分类标准
3. 计算机网络最突出的优点是（ ）。
   A. 精度高 B. 内存容量大 C. 运算速度快 D. 资源共享
4. 目前网络传输介质中传输速率最高的是（ ）。
   A. 双绞线 B. 同轴电缆 C. 光缆 D. 电话线
5. 为了能在网络上正确地传送信息，制定了一整套关于传输顺序、格式、内容和方式的约定，可称之为（ ）。
   A. OSI 参数模型 B. 网络操作系统 C. 通信协议 D. 网络通信软件
6. 调制解调器的作用是（ ）。
   A. 将计算机的数字信号转换成模拟信号，以便发送
   B. 将计算机的模拟信号转换成数字信号，以便接收
   C. 将计算机的数字信号与模拟信号互相转换，以便传输
   D. 为了上网与接电话两不误
7. 根据计算机网络覆盖地理范围的大小，网络可分为局域网和（ ）。
   A. WAN B. NOVELL C. 互联网 D. 因特网
8. 拨号上网的硬件中除了计算机和电话线外，还必须有（ ）。
   A. 鼠标 B. 键盘 C. 调制解调器 D. 听筒
9. 有线传输介质中传输速度最快的是（ ）。
   A. 双绞线 B. 同轴电缆 C. 光纤 D. 卫星
10. 在计算机网络术语中，LAN 的中文含义是（ ）。
    A. 以太网 B. 互联网 C. 局域网 D. 广域网
11. 网络中各节点的互联方式叫作网络的（ ）。
    A. 拓扑结构 B. 协议 C. 分层结构 D. 分组结构
12. Internet 是全球性的、最具有影响力的计算机互联网络，它的前身就是（ ）。
    A. Ethernet B. Novell C. ISDN D. ARPANET
13. 计算机网络按地址范围可划分为局域网和广域网，下列选项中（ ）属于局域网。
    A. PSDN B. Ethernet C. China DDN D. China PAC
14. Internet 实现了分布在世界各地的各类网络的互连，其最基础和核心的协议是

（　　）。

A. TCP/IP　　B. FTP　　C. HTML　　D. HTTP

15. 网卡是构成网络的基本部件，其一方面连接局域网中的计算机，另一方面连接局域网中的（　　）。

A. 服务器　　B. 工作站　　C. 传输介质　　D. 主机板

16. 在 OSI 的 7 层参考模型中，主要功能为在通信子网中进行路由选择的层次是（　　）。

A. 数据链路层　　B. 网络层　　C. 传输层　　D. 表示层

17. 在网络数据通信中，实现数字信号与模拟信号转换的网络设备被称为（　　）。

A. 网桥　　B. 路由器　　C. 调制解调器　　D. 编码解码器

三、判断题

1. 计算机网络按通信距离可分为局域网和广域网两种，Internet 是一种局域网。（　　）

2. 计算机网络能够实现资源共享。（　　）

3. 通常所说的 OSI 参考模型分为 6 层。（　　）

4. 在计算机网络中，通常把提供并管理共享资源的计算机称为网关。（　　）

5. 局域网常用的传输媒体有双绞线、同轴电缆、光纤三种，其中传输速率最快的是光纤。（　　）

项目二　Internet 概述及应用

知识点提要

1. Internet 提供的服务
2. 中国 Internet 的发展情况
3. IP 地址的设置
4. 浏览器的设置与使用
5. 收藏和保存网页
6. 网络邮箱的申请
7. 收发电子邮件的方法

任务单

<table>
<tr><td>任 务 名 称</td><td>企业日常网络信息处理</td><td>学　　时</td><td>4 学时</td></tr>
<tr><td>知识目标</td><td colspan="3">1. 掌握 IP 地址的设置方法。
2. 能熟练地使用 Outlook 2007 收发电子邮件。
3. 能熟练地应用 IE 浏览器完成对网页及信息的各种处理操作。</td></tr>
<tr><td>能力目标</td><td colspan="3">1. 具有设置网络 IP 地址，安装或卸载网络协议，开启或关闭网络端口的能力。
2. 具有使用 Outlook 2007 收发电子邮件的能力。
3. 具有应用 IE 浏览器完成对网页及信息的各种处理操作的能力。
4. 具有沟通、协作能力。</td></tr>
<tr><td>任务描述</td><td colspan="3">一、IP 地址的设置
对学校机房中某台学生用的计算机的系统进行了重新安装，为确保其能正常上网，请进行如下设置。
1. 在 Internet 协议版本 4（TCP/IPv4）上设置 IP 地址为：10. 10. 10. 25。
2. 在 Internet 协议版本 4（TCP/IPv4）上设置子网掩码为：255. 255. 255. 0。
3. 在 Internet 协议版本 4（TCP/IPv4）上设置默认网关为：10. 10. 10. 1。
4. 在 Internet 协议版本 4（TCP/IPv4）上设置首选 DNS 服务器为：137. 25. 10. 78。
二、用 Outlook 2007 收发邮件
1. 过年了，给你的朋友送上一张新年贺卡吧！你的朋友叫王芳，她的邮箱地址是 fangfang@ sina. com，用 Outlook 2007 发送邮件。
邮件主题是：新年快乐。
抄送地址是：zhang@ sina. com。
邮件内容是：身体健康，万事如意。
2. 到邮箱中查看并下载邮件。
3. 将最近收到的邮件转发给自己的好友。
三、Internet 应用
打开 IE 浏览器进行如下操作。
1. 打开 163 主页的“新闻”超链接。
2. 回访 2 天前浏览的网页。
3. 将频繁访问的网页添加到链接栏中。
4. 将 163 主页添加到收藏夹中。
5. 在桌面创建一个名为“网页文件”的文件夹，并进行如下操作：
（1）将 163 主页保存到文件夹中；
（2）将 163 主页中的“新闻”超链接保存到文件夹中；
（3）下载一首歌曲，保存到文件夹中；
（4）下载一张贺卡，保存到文件夹中。
6. 将百度首页设置为主页。
7. 整理收藏夹，在收藏夹中创建一个名为“重要网页”的文件夹，并将收藏夹中的前三个网页添加到该文件夹中，删除收藏夹中的其他网页。
8. 设置网页在“历史记录”中保存的天数为 10 天。
9. 申请一个电子邮箱，并用该邮箱给自己的好友发送一封电子邮件。</td></tr>
<tr><td>任务要求</td><td colspan="3">1. 仔细阅读任务描述中的要求，认真完成任务。
2. 小组间可以讨论、交流操作方法。</td></tr>
</table>

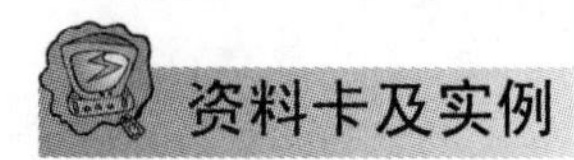

3.2 Internet

Internet 作为当今世界上最大的计算机网络，正改变着人们的生活和工作方式。在这个完全信息化的时代，人们必须学会在网络环境下使用计算机，以及通过网络进行交流、获取信息。

3.2.1 Internet 概述

Internet 是全世界范围内的资源共享网络，它为每一个网上用户提供信息。通过 Internet，世界范围内的人们可以互通信息，进行信息交流。它是由那些使用公用语言互相通信的计算机连接而成的全球网络。连接到它的任何一个节点上，都意味着用户的计算机已经连入 Internet 了。目前，Internet 的用户已经遍及全球，有数亿人在使用 Internet，并且它的用户数还在以等比级数上升。

英语中 inter 的含义是“交互的”，net 是“网络”。从词义讲，Internet 是一个计算机交互网络，又称“网络中的网络”。它是一个全球性的巨大的计算机网络体系，是由成千上万个不同类型、不同规模的计算机网络与成千上万台计算机组成的世界范围的计算机网络，又称为“因特网”。

3.2.2 Internet 起源与发展

Internet 最早来源于美国国防部高级研究计划局 DARPA（Defense Advanced Research Projects Agency）的前身 ARPA 建立的 ARPANET，该网于 1969 年投入使用。从 20 世纪 60 年代开始，ARPA 就开始向美国国内大学的计算机系和一些私人有限公司提供经费，以促进基于分组交换技术的计算机网络的研究。1968 年，ARPA 为 ARPANET 网络项目立项，这个项目基于这样一种主导思想：网络必须能够经受住故障的考验而维持正常工作，一旦发生战争，当网络的某一部分因遭受攻击而失去工作能力时，网络的其他部分应当能够维持正常通信。最初，ARPANET 主要用于军事研究。

1972 年，ARPANET 在首届计算机后台通信国际会议上首次与公众见面，并验证了分组交换技术的可行性，由此，ARPANET 成为现代计算机网络诞生的标志。ARPANET 在技术上的另一个重大贡献是 TCP/IP 协议簇的开发和使用。

1980 年，ARPA 投资把 TCP/IP 协议加进 UNIX 操作系统（BSD 4.1 版本）的内核中。在 BSD 4.2 版本以后，TCP/IP 协议成为 UNIX 操作系统的标准通信模块。

1982 年，Internet 由 ARPANET、MILNET 等几个计算机网络合并而成。作为 Internet 的早期骨干网，ARPANET 奠定了 Internet 存在和发展的基础，较好地解决了异种机网络互连的一系列理论和技术问题。

1983 年，ARPANET 分裂为两部分：ARPANET 和纯军事用的 MILNET。同年 1 月，ARPA 把 TCP/IP 协议作为 ARPANET 的标准协议，其后，人们称这个以 ARPANET 为主干网的网际互联网为 Internet。TCP/IP 协议簇便在 Internet 中进行研究、试验，并被改进成为使用方便且效率极高的协议簇。与此同时，局域网和其他广域网的产生和蓬勃发展对 Internet 的进一步发展起了重要的作用。其中，最为引人注目的就是美国国家科学基金会 NSF（National Science Foundation）建立的美国国家科学基金网 NSFNET。

1986 年，NSF 建立起了六大超级计算机中心。为了使美国的科学家、工程师能够共享这些超级计算机设施，NSF 建立了自己的基于 TCP/IP 协议簇的计算机网络——NSFNET。NSF 在美国建立了按地区划分的计算机广域网，并将这些地区网络和超级计算中心相连，最后将各超级计算中心互连起来。地区网一般是由一批在地理上局限于某一地域，在管理上隶属于某一机构或在经济上有共同利益的用户的计算机互连而成。各地区网上主通信节点计算机的高速数据专线互连构成了 NSFNET 的主干网。这样，当一个用户的计算机与某一地区网络相连以后，它除了可以使用该网上任意超级计算中心的设施，以及同网上任意用户通信外，还可以获得网络提供的大量信息和数据。这一成功使得 NSFNET 于 1990 年 6 月彻底取代了 ARPANET 而成为 Internet 的主干网。

1995 年，NSF 被撤销，美国的商业财团接管了 Internet 的架构。

今天的 Internet 已不再是计算机人员和军事部门进行科研的工具，它的应用领域包括广告、航空、农业生产、艺术、导航设备、化工、通信、计算机、咨询、娱乐、财贸等 100 多类，覆盖了社会生活的各个领域，构成了一个信息社会的缩影。

3.2.3　Internet 提供的资源与服务

建立因特网的目的是共享信息，而不同的信息共享方式代表不同的网络信息服务。下面介绍因特网信息服务的部分典型应用。

1. 万维网（WWW，即 World、Wide、Web）

万维网也叫作“Web”“WWW”“W3”，是一个由许多互相链接的超文本文档组成的系统。它使用链路方式从 Internet 上的一个站点访问另一个站点，从而获得所需信息资源。在这个系统中，每个有用的事物，称为一样“资源”，并且由一个全域“统一资源定位符”标识；这些资源通过超文本传送协议传送给用户。万维网常被当成互联网的同义词，这是一种误解，它只是靠着互联网运行的一项服务。

万维网的内核部分是由三个标准构成的。

（1）统一资源定位符（uniform resource locator，URL）：这是一个世界通用的负责给万维网上的资源定位的系统。URL 是 WWW 网页的地址，它由下述部分组成。

① Internet 资源类型（scheme）：指出 WWW 客户程序用来操作的工具，如“http://”表示 WWW 服务器，“ftp://”表示 FTP 服务器，“gopher://”表示 Gopher 服务器。

② 服务器地址（host）：指出 WWW 网页所在的服务器域名。

③ 端口（port）：有时（并非总是这样）对某些资源的访问，需给相应的服务器提供端口号。

④ 路径（path）：指明服务器上某资源的位置（其格式与 DOS 系统中的格式一样，通常由目录/子目录/文件名这样的结构组成）。与端口一样，路径并非总是需要的。

例如，http://www.tsinghua.edu.cn/qhdwzy/index.jsp 就是一个典型的 URL 地址，是清华大学的主页，在 Internet 上是唯一的标识。

（2）超文本传送协议（hypertext transfer protocol，HTTP）：它负责规定浏览器和服务器怎样互相交流。用户在网上能够看到图片、动画、音频等，都是这个协议在起作用。

(3) 超文本置标语言（HTML）：它的作用是定义超文本文档的结构和格式。HTML 能使众多风格各异的 WWW 文档在 Internet 上的不同机器上显示出来，同时能告诉用户在哪里存在超级链接。

2. 文件传输协议（file transfer protocol，FTP）

FTP 也称为“文传协议”，用于 Internet 上的控制文件的双向传输。同时，它也是一个应用程序。用户可以通过它把自己的 PC 机与世界各地所有运行 FTP 协议的服务器相连，从而访问服务器上的大量程序和信息。FTP 的主要作用就是让用户连接上一个运行着 FTP 服务器程序的远程计算机，从而查看远程计算机有哪些文件，然后把文件从远程计算机复制到本地计算机上，或把本地计算机的文件传送到远程计算机上。

3. 域名系统（domain name system，DNS）

DNS 用于命名组织到域层次结构中的计算机和网络服务。在 Internet 上，域名与 IP 地址之间是一对一（或者多对一）的，域名虽然便于人们记忆，但机器之间只识别 IP 地址，它们之间的转换工作称为域名解析。域名解析需要由专门的域名解析服务器来完成，DNS 就是进行域名解析的服务器。当用户在应用程序中输入 DNS 名称时，DNS 服务器可以将此名称解析为与之相关的其他信息，如 IP 地址。用户在上网时输入的网址，先要通过域名解析系统解析，找到相对应的 IP 地址，才能上网。

4. 电子邮件（electronic mail，E－mail）

电子邮件还被大家昵称为“伊妹儿”，其标志是“@”。它是一种用电子手段提供信息交换的通信方式，是 Internet 应用最广的服务。通过网络的电子邮件系统，用户可以用非常低廉的价格，以非常快速的方式（几秒钟之内可以发送到世界上任何指定的目的地），与世界上任何一个角落的网络用户联系，这些电子邮件包含的内容可以是文字、图像、声音等。同时，用户可以得到大量免费的新闻、专题邮件。

5. 公告板系统（bulletin board system，BBS）

在 BBS 中，可以和陌生的朋友交流，可以和网友一起讨论各种感兴趣的话题，可以从热心人那里得到各种帮助，当然也可以为其他人提供信息，利用 Telnet 协议的用户还可以在本地计算机上完成远程主机的工作。

6. 网上寻呼机（ICQ）

ICQ 可以即时传递文字信息、语音信息，以及聊天和发送文件等，是以色列 Mirabilis 公司 1996 年开发出的一种即时信息传输软件。它具有很强的“一体化”功能，可以将手机、电子邮件等多种通信方式集于一身。使用 ICQ，先要安装 ICQ 软件，申请注册一个 ICQ 账号，建立好友名单，这样只要一上网，启动 ICQ 后，用户便可和 ICQ 网友联络。腾讯 QQ 是目前使用最广泛的中文 ICQ 软件，微软的 MSN 也有众多的用户。

7. 博客（Blog）

在网络上发表 Blog 的构想始于 1998 年，但到了 2000 年才真正开始流行。Blog 大致可以分成两种形态：一种是个人创作；另一种是将个人认为有趣的、有价值的内容推荐给读者。Blog 就是一个网页，它通常是由简短且经常更新的文章构成，而 Blog 网站是网友们通过因特网发表各种思想的虚拟场所。

8. 微型博客（MicroBlog）

微型博客，简称微博，是一种通过关注机制分享简短的实时信息的广播式的社交网络平台。用户可以通过各种连接网络的平台，在任何时间、任何地点即时向自己的微博发布信息，其信息发布速度超过传统纸媒及网络媒体。微博发布的信息比较简短，一般限定为 140 字左右。相比传统博客的长篇大论，微博的字数限制恰恰使用户更易于成为一个多产的信息发布者。微博的影响力基于用户现有的被“关注”的数量，用户发布信息的吸引力、新闻性越强，“关注”该用户现有的人数就越多，影响力也就越大。国际上最知名的微博网站是 Twitter，国内新浪微博（http://weibo.com）也具有较大的影响力。

3.2.4 中国因特网发展情况

自 20 世纪 90 年代，我国的互联网技术逐渐成熟，出现了四大全国范围的公用计算机网络：中国公用计算机互联网（CHINANET）、中国金桥信息网（CHINAGBN）、中国教育科研计算机网（CERNET）和中国科学技术网（CSTNET）。

1. 中国公用计算机互联网（CHINANET）

CHINANET 是 1995 年由邮电部门经营的基于 Internet 网络技术的中国公用 Internet 骨干网。通过接入 Internet，使 CHINANET 成为 Internet 的一部分。CHINANET 是面向社会公开开放的、服务于社会的大规模的网络基础设施和信息资源的集合，主要是为了满足我国科研、教育、经济、文化、政治、商业等部门的计算机与 Internet 交换信息的需要，并实现计算机资源和科研成果的共享。

2. 中国金桥信息网（CHINAGBN）

中国金桥信息网即金桥工程，简称金桥网，也叫国家公用经济信息通信网。金桥工程是在 1993 年 12 月的国务院会议上提出的，以建设我国重要的信息化基础设施为目的的跨世纪的重大工程。它为国家宏观经济调控和决策服务，同时也为经济和社会信息资源共享和电子信息市场建设创造条件。金桥工程实行天地一网，即天上卫星网和地面光纤网互连互通，互为备用，互为补充。CHINAGBN 是国家指定的面向社会提供商业服务的互联网之一。

3. 中国教育科研计算机网（CERNET）

CERNET 是 1994 年由国家投资建设，教育部负责管理，并由清华大学、北京大学等 10 所高等学校承担建设和管理运行的全国性学术计算机互联网络。它是我国第一个由自己的科技人员设计、建设的全国性计算机网络，主要面向教育科研单位，是全国最大的公益性互联网。CERNET 分四级管理，分别是全国网络中心，地区网络中心和地区主节点，省教育科研网，校园网。全国网络中心设在清华大学；地区网络中心分别设在清华大学、北京大学、上海交通大学、西安交通大学、华中科技大学、华南理工大学、电子科技大学、东南大学、东北大学等 10 所高校，这些高校负责地区网的运行管理和规划建设。

CERNET 总体建设目标是利用先进、实用的计算机技术和网络通信技术，把全国大部分高等学校连接起来，推动学校的校园网和信息资源的建设及交流，与现存的国际性学术计算机网络互连，使其成为中国高等学校进入世界科学技术领域快捷、方便的入口。CERNET 目前联网的大学、教育机构、科研单位超过 1 300 个，用户超过 1 500 万人，是我国教育信息化的基础平台。

4. 中国科学技术网（CSTNET）

1989 年 8 月，中国科学院承担了国家计委立项的中关村教育与科研示范网络（NCFC）的建设工作。1994 年 4 月，NCFC 率先与美国 NSFNET 直接互联，实现了与 Internet 全功能网络连接，标志着我国最早的国际互联网络的诞生。1995 年 12 月，中国科学院百所联网工程完成；1996 年 2 月，中国科学院决定正式将以 NCFC 为基础发展起来的中国科学院院网（CSTNET）命名为“中国科学技术网”。

CSTNET 以实现中国科学院科学研究活动信息化和科研活动管理信息化为建设目标，先后独立承担了中国科学院百所联网工程、中国科学院网络升级改造等近百项网络工程的建设，以及国家“863”计算机网络和信息管理系统、网络流量计费系统、网络安全系统等项目的开发，并且负责中国科学院视频会议系统、邮件系统的建设和维护。

CHINANET 和 CHINAGBN 是商业性网络，可以从事商业活动，而 CSTNET 和 CERNET 是教育科研网络，主要为教育和科研提供服务，是公益性、非营利性的网络。

3.2.5 Internet 协议

Internet 包含了 100 多个协议，用来将各种计算机和数据通信设备组成计算机网络。TCP/IP 是 Internet 采用的协议标准。由于 TCP/IP 是最基本、最重要的协议，所以通常用 TCP/IP 来代表整个 Internet 协议系列。

（1）TCP 即传输控制协议，是面向连接的可靠的通信协议，主要用来解决数据的传输和通信的可靠性。TCP 负责将数据从发送方正确地传递到接收方。由于 TCP 是面向连接的，因此在传送数据之前，先要建立连接。数据在传输中有可能丢失，而 TCP 能检测到数据的丢失，并且重发数据，直至数据被正确接收为止。TCP 能保证数据可靠、按次序、完全、无重复地传递，还能控制流量超载、传输拥塞等问题。

（2）网际协议（IP）负责将数据单元从一个节点传送到另一个节点。IP 提供了三个基本功能：第一是基本数据单元的传送，规定了通过 TCP/IP 网的数据格式；第二是执行路由功能，选择传递数据的路径；第三是确定主机和路由器如何处理分组的规则，以及产生差错报文后的处理方法。

（3）IP 地址、子网掩码及分类。在 Internet 上连接的所有计算机，都是以独立的身份出现的，我们称为主机。为了实现各主机间的通信，每台主机都必须有一个唯一的网络地址，就好像每一个住宅都有唯一的门牌地址一样，这样才不至于在传输资料时出现混乱。

Internet 的网络地址是指连入 Internet 的计算机的地址编号。在 Internet 中，网络地址唯一地标识一台计算机，这个地址叫 IP 地址，即用 Internet 协议语言表示的地址。目前，在 Internet 中 IP 地址是一个 32 位的二进制地址。为了便于记忆，IP 地址分为 4 组，每组 8 位，由小数点分开，用四个字节来表示。用小数点分开的每个字节的数值范围是 0 ~ 255，如“202.116.0.1”，这种书写方法叫作点分十进制数表示法。如图 3.18 所示，是 IP 地址的二进制、十进制和点分十进制表示法。

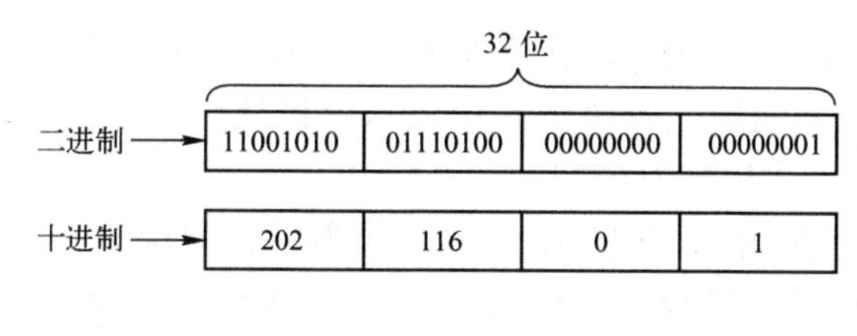

图 3.18 IP 地址表示方法

IP 地址可确认网络中的任何一台计算机。根据计算机所在网络规模的大小，IP 地址分为 A、B、C、D 和 E 五类，其中前三类是唯一的单播地址，后两类为组播和试验留用地址，如图 3.19 所示。

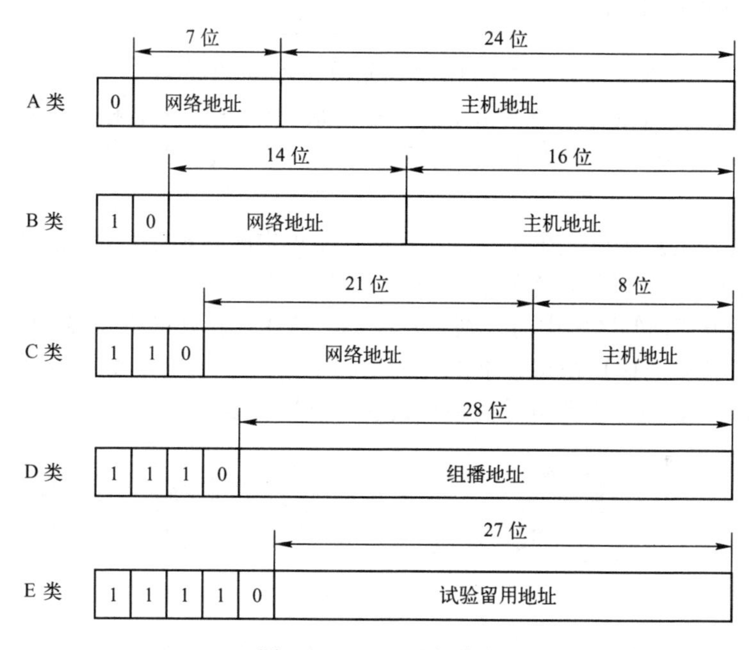

图 3.19 IP 地址的分类

子网掩码（subnet mask）又叫网络掩码、地址掩码、子网络遮罩，是一个 32 位地址。子网掩码不能单独存在，必须结合 IP 地址一起使用。它的主要作用有两个：一是屏蔽 IP 地址的一部分以区别网络标识和主机标识，并说明该 IP 地址是在局域网上，还是在远程网上；二是将一个大的 IP 网络划分为若干小的子网络。

A 类地址的最高位为 0，主要用于大型网络，默认的子网掩码为 255. 0. 0. 0。它使用 IP 地址中的第一个 8 位表示网络地址，其余三个 8 位表示主机地址，所以 A 类地址网络的主机数非常多。A 类地址的十进制点分在 0 ~ 127 范围内，但由于 127. x. x. x 和 0. x. x. x 分别作为回路测试和广播地址，所以 A 类地址可分配使用的网络号有 126 个。每个 A 类地址的主机数可以达到 2^{24}，其中全 0 表示“本主机”，而全 1 表示“所有”，即该网络上所有主机，因此主机个数的运算方法是 2^N-2（N 是主机地址位数），则 A 类地址拥有主机的最大数应为 16777214 个($2^{24}-2$)。

B 类地址的最高两位为 1 和 0，支持大中型网络，默认子网掩码为 255. 255. 0. 0。它使用前两个 8 位表示网络地址，后两个 8 位表示主机地址。B 类地址的网络数为 16384 个 (2^{14})，每个网络拥有的主机数为 65534 个($2^{16}-2$)。

C 类地址的最高三位为 1、1 和 0，支持小型网络，默认的子网掩码为 255. 255. 255. 0。它使用前三个 8 位表示网络地址，最后一个 8 位表示主机地址。C 类地址的网络数为 2097152 个(2^{21})，每个网络拥有的主机数为 254 个($2^{8}-2$)。

3. 3 Windows 7 网络管理

Windows 7 在网络管理方面更加简单，便于普通家庭用户操作。

3. 3. 1 网络和共享中心

Windows XP 中与网络配置有关的界面被分散于不同的界面中，用户要进行一个完整流程的设置操作就比较麻烦。在 Window 7 操作系统中进行网络相关的配置，只需借助【网络和共享中心】窗口即可找到所有设置的入口。打开【网络和共享中心】窗口的方法有三种。

（1）单击【开始】按钮，在弹出的【开始】菜单中的【搜索程序和文件】文本框中输入“网络和共享中心”，并按回车键。

（2）单击任务栏通知区域中的【网络】图标，选择【打开网络和共享中心】选项。

（3）打开【控制面板】窗口，单击【网络和 Internet】链接，如图 3. 20 所示，在出现的【网络和 Internet】窗口中单击【网络和共享中心】链接。

图 3. 20 【控制面板】窗口中的【网络和 Internet】链接

【网络和共享中心】窗口如图 3. 21 所示，在左侧任务列表中可以执行常用的管理操作，如管理无线网络、更改网卡（适配器）设置及管理高级共享，而窗口右侧的区域则用于查看当前网络连接状态，设置网络连接，设置家庭组等操作。

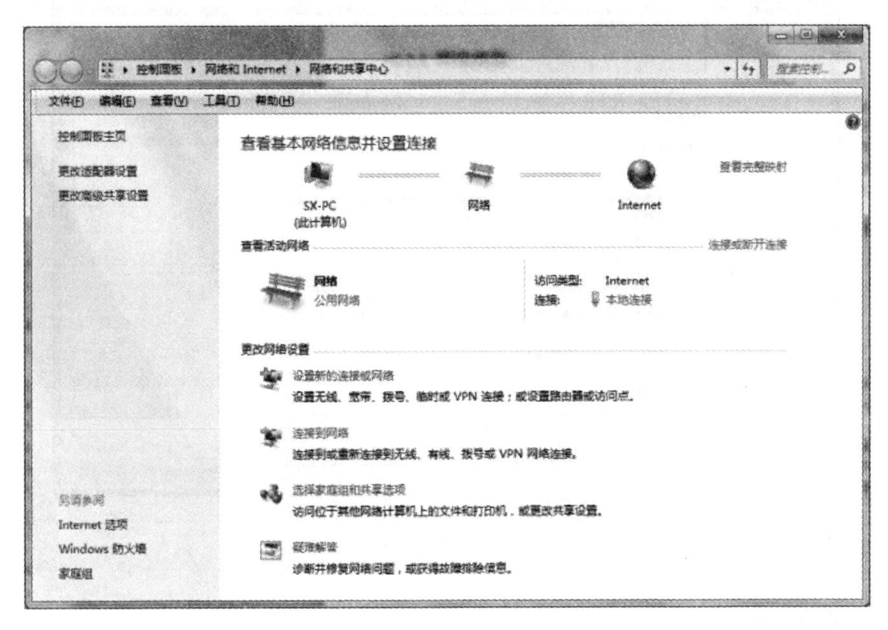

图 3.21　【网络和共享中心】窗口

3.3.2　网络映射

在 Windows 7 操作系统中，可以借助网络映射特性以形象的示意图形式查看当前处于同一个子网内的网络的结构，操作方法如下：单击【网络和共享中心】窗口右上角的【查看完整映射】链接，打开【网络映射】窗口，在该窗口中完成相应操作即可。无论是有线网络还是无线网络，通过网络映射示意图用户都可以轻松地了解当前处于同一子网中网络的连接状态。网络映射示意图不仅能反映当前网络结构，如果将鼠标指针指向映射的某个节点图标，还会显示计算机和设备的 IP 地址、MAC 地址。如果需要访问网络中某台计算机的共享目录，直接单击网络映射示意图中的计算机图标即可。对于普通用户而言，为了安全考虑，只有当计算机网络类型处于“专用”网络时才能够查看该示意图。

3.3.3　自定义网络

用户若经常使用笔记本电脑在机场或宾馆移动办公，在 Windows 7 中当用户完成系统安装并连接到一个新的网络时，系统会弹出如图 3.22 所示的窗口，让用户选择一种网络类型。常见的有两种类型，分别为专用网络和公用网络。

在图 3.22 所示的窗口中，“家庭网络”和“工作网络”都属于专用网络，它要求确认所连接的网络环境是可信的。在专用网络中，Windows 7 会自动打开网络发现功能，便于用户查看网络中其他计算机的共享目录，以及使用家庭组功能和 Windows 流媒体功能，网络中的其他计算机也可以访问此台计算机。

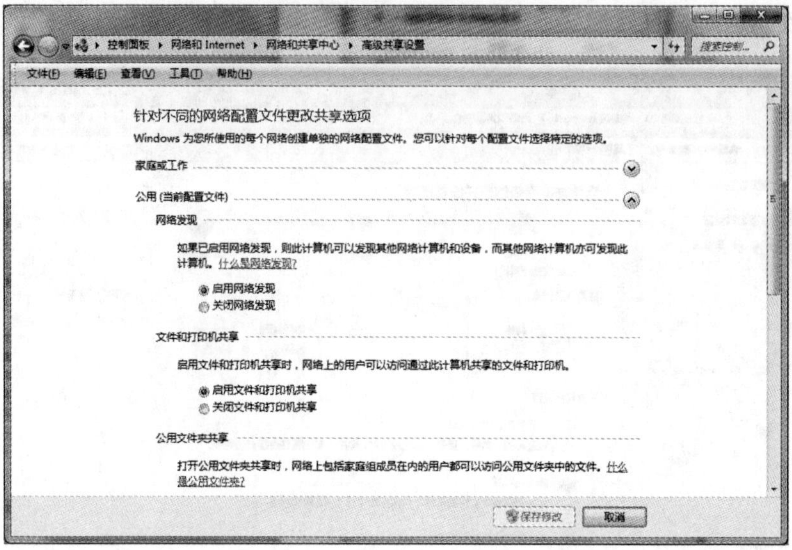

图 3.22 【高级共享设置】窗口

3.3.4 配置 TCP/IP 协议

用户完成局域网中的设置后可在 Windows 7 中设置 IP 地址。打开【网络和共享中心】窗口，如图 3.21 所示，在左侧列表中单击【更改适配器设置】链接，在弹出的【网络连接】窗口中双击【本地连接】图标，将弹出【本地连接 状态】对话框，单击【属性】按钮，弹出【本地连接 属性】对话框，如图 3.23 所示，双击【此连接使用下列项目】列表框中的【Internet 协议版本 4（TCP/IPv4）】选项，将弹出【Internet 协议版本 4（TCP/IPv4）属性】对话框，如图 3.24 所示，单击【使用下面的 IP 地址】单选按钮，输入用户 IP 地址

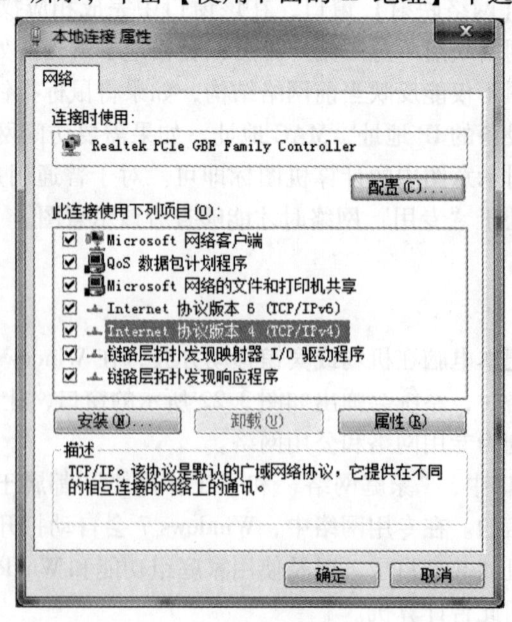

图 3.23 【本地连接 属性】对话框

信息，再单击【确定】按钮即可完成本地连接 TCP/IP 属性的配置。连接到 Internet 后，可在【本地连接 状态】对话框中查看本地连接状态，如图 3. 25 所示。

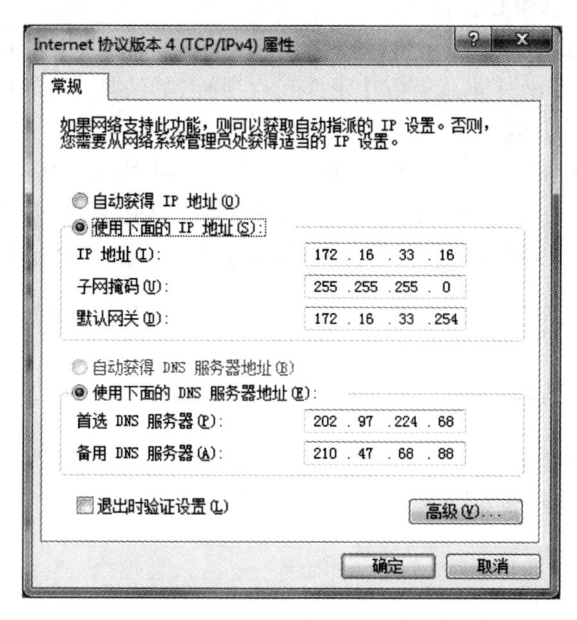

图 3. 24　【Internet 协议版本 4（TCP/IPv4）属性】对话框

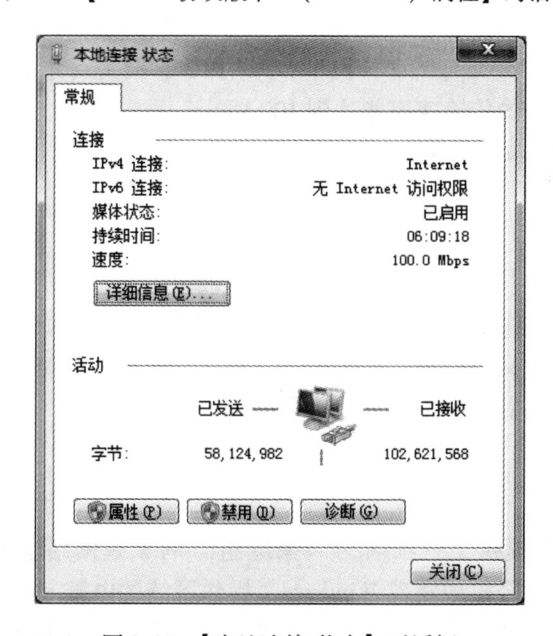

图 3. 25　【本地连接 状态】对话框

实例 3. 1：查看计算机的网络配置。

操作方法：

（1）打开计算机，进入 Windows 7 操作系统。

（2）单击【开始】按钮，在弹出的【开始】菜单右侧列表中单击【控制面板】选项，打开【控制面板】窗口，单击【网络和 Internet】下的【查看网络状态和任务】链接，打开【网络和共享中心】窗口。

(3) 在【网络和共享中心】窗口左侧列表中单击【更改适配器设置】链接，打开【网络连接】窗口，右击【本地连接】图标，在弹出的快捷菜单中选择【属性】选项，打开【本地连接 属性】对话框。

(4) 在【本地连接 属性】对话框中选中【Internet 协议版本 4 (TCP/IPv4)】复选项，单击【属性】按钮，打开【Internet 协议版本 4 (TCP/IPv4)】对话框，在对话框中查看计算机的 IP 地址、默认网关、首选 DNS 服务器 IP、备用 DNS 服务器 IP，查看完毕后关闭各个对话框。

3.3.5 路由器建立共享网络

将多个电脑通过路由器连接起来，可以组建一个小的局域网，实现多台电脑同时共享上网。局域网的组建不仅需要准备相应的硬件设施，还需要根据实际情况设计相应的组网方案。

1. 硬件准备

一般情况下，组建局域网需要以下的硬件设施：

(1) 多台计算机；

(2) 网卡与网线，100 Mbps 的 PCI 网卡，采用 RJ45 插头（水晶头）和超五类双绞线与交换机连接，以保证网络的传输速率能达到 100 Mbps；

(3) 10/100 Mbps 的 hub 和交换机；

(4) RJ45 的水晶头。

2. 组网方案

局域网的组建是一个非常细致的工作，一点疏漏将会导致整个局域网的工作处于瘫痪状态，所以要从多方面考虑组网方案。一般情况下，在主干网络上放置一台主干交换机，各种服务器都直接连接到主干交换机上，同时由下一层交换机扩充网络交换端口，负责和所有工作站的连接，最后由路由器将整个网络连接到 Internet 上。

3.3.6 家庭组共享

Windows 7 操作系统提供了一项名为“家庭组”的家庭网络辅助功能，非常简单和快捷。通过该功能用户可以轻松地实现 Windows 7 操作系统的电脑互连，使用户在电脑之间可以直接共享文档、照片、音乐等各种资源，还能直接进行局域网联机，也可以对打印机进行共享。创建家庭网络的具体操作步骤如下。

(1) 单击【开始】按钮，在弹出的【开始】菜单右侧列表中单击【控制面板】选项，打开【控制面板】窗口。

(2) 单击【网络和 Internet】链接，在打开的窗口中单击【家庭组】链接，打开【家庭组】窗口，如图 3.26 所示。如果当前使用的网络中没有已经建好的家庭组的话，则 Windows 7 操作系统会提示用户创建家庭组进行文件共享。

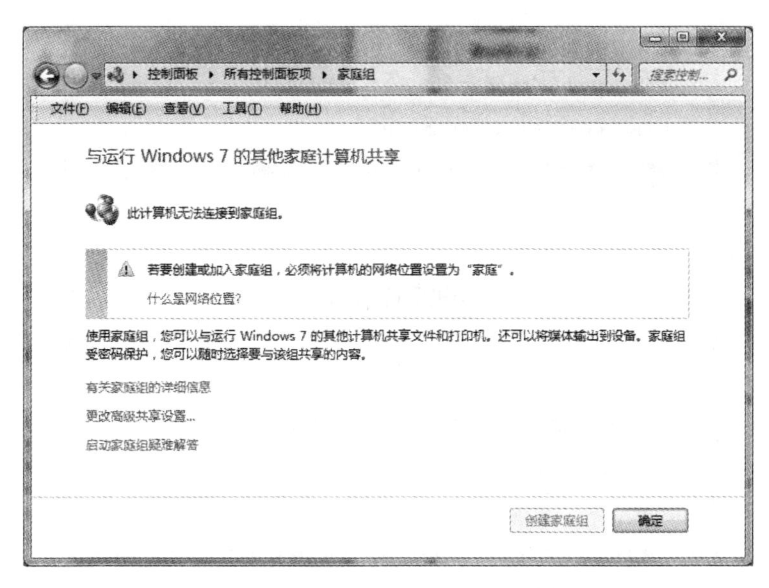

图3.26 【家庭组】窗口

(3) 单击【创建家庭组】按钮，打开【创建家庭组】向导窗口，如图3.27所示。使用该向导就可以创建一个全新的家庭组网络，即局域网。

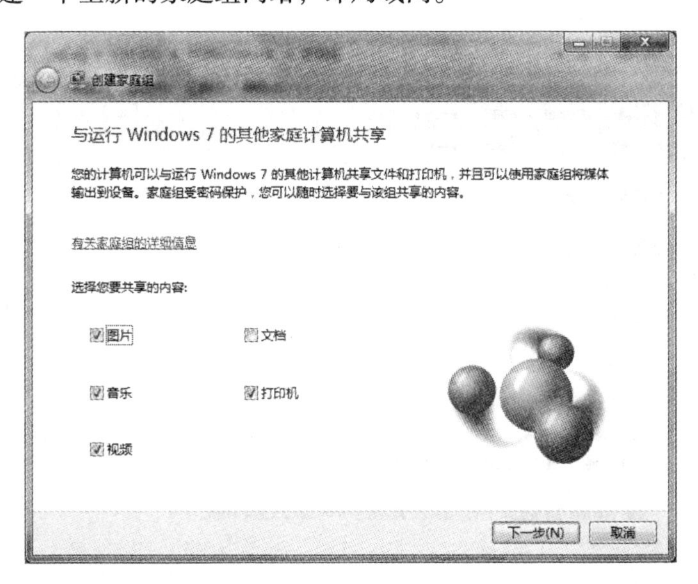

图3.27 【创建家庭组】向导窗口

(4) 在打开的【创建家庭组】向导窗口中，选择要与家庭网络共享的文件类型，默认共享的内容是图片、音乐、视频、文档和打印机5个选项，如图3.27所示。除了打印机以外，其他4个选项分别对应系统中默认存在的几个共享文件夹。

(5) 单击【创建家庭组】向导窗口中的【下一步】按钮后，系统会自动生成一连串的密码，如图3.28所示，此时需要把该密码复制下来，并发给其他计算机用户。当其他计算机通过Windows 7家庭网络连接进来时必须输入此密码。虽然此密码是自动生成的，但也可以在后面的设置中修改成用户熟悉的密码。

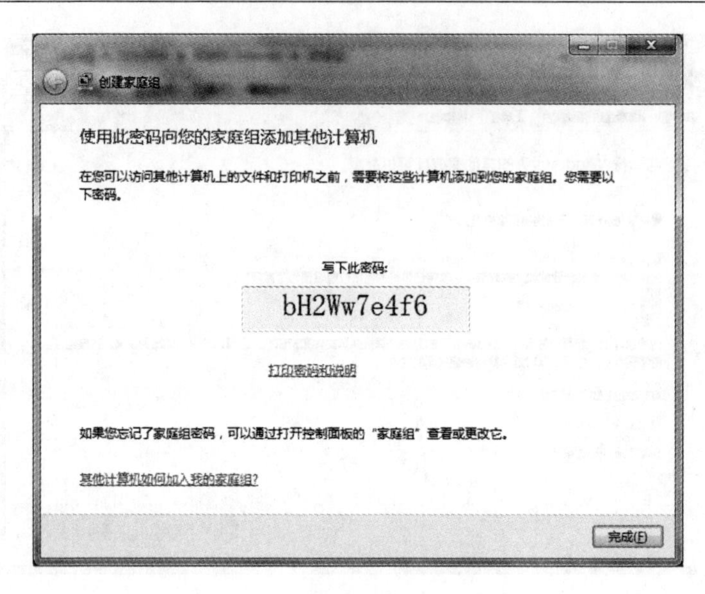

图 3.28 自动生成的家庭组密码

（6）单击【创建家庭组】向导窗口中的【完成】按钮，则家庭网络创建成功。如果要更改家庭组设置，可以通过【控制面板】打开如图 3.29 所示的窗口，在窗口中完成相应的设置。

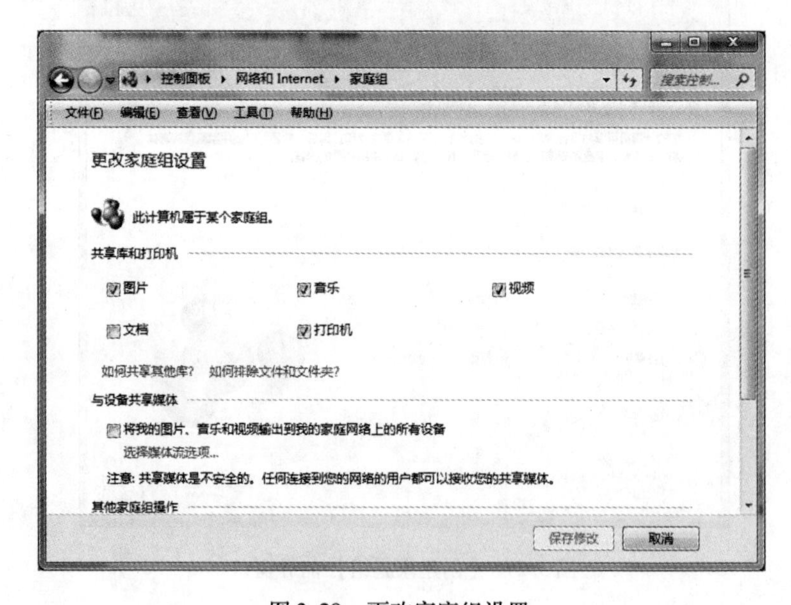

图 3.29 更改家庭组设置

3.4 Internet Explorer 9.0 及应用

Internet Explorer（简称 IE）是现在使用人数最多的浏览器，是微软新版本的 Windows 操作系统的一个组成部分。安装 Windows 7 操作系统以后，系统将默认安装 IE8。本节主要介绍 IE9 及计算机网页的应用。

3.4.1 网页基础

网站作为新媒体，具有很多与传统媒体不同的特征与特性。在开始制作网页之前，需要对网站的设计有全面的了解和认识，下面介绍网站的基本概念及构成要素。

1. 网页（Web page）

网页是网站中的一页，通常是文本格式（文件扩展名可能为 HTML、HTM、ASP、ASPX、PHP、JSP 等）。网页要使用网页浏览器来阅读。

2. 网站（website）

网站是根据一定的规则，使用 HTML 等工具制作的用于展示特定内容的相关网页的集合。网络用户可以通过网页浏览器来访问网站，获取自己需要的资讯或者享受网络服务。

3. 主页（homepage）

每一个网站中都有很多网页，其中第一个进入的网页称为主页（或首页）。主页是一个网站中最重要的网页，也是用户访问最频繁的网页。它是一个网站的标志，体现了整个网站的制作风格和性质。主页上通常会有整个网站的导航目录，所以主页也是一个网站的起点站或者说是主目录。网站的更新内容一般都会在主页上突出显示。如图 3.30 所示是 IE9 默认的主页——MSN 中国的首页。

图 3.30 IE9 默认的主页

4. 超链接（hyperlink）

超链接是指从一个网页指向一个目标的连接关系，这个目标可以是另一个网页，也可以是相同网页上的不同位置，还可以是一个图片，一个电子邮件地址，一个文件，甚至是一个应用程序。当用户单击某个超链接后将执行该超链接。

5. 浏览器（browser）

浏览器是指可以显示网页服务器或者文件系统的 HTML 文件内容，并让用户与这些文件交互的一种软件。常见的网页浏览器包括微软的 Internet Explorer（IE）、Mozilla 的 Firefox、Apple 的 Safari、Google 的 Chrome，以及 Opera、HotBrowser。其中，以 IE 用户最多。目前我国用户常用的浏览器除了 IE 外，还有国产的 Maxthon（傲游）、360 等，用户可以根据自己的需要和习惯选择浏览器。

6. 客户机-服务器工作模式

用户浏览网页采用的是传统的客户-服务器模式。服务器除了 HTML 文件以外，还有一个 HTTP 驻留程序，用于响应用户请求。当用户在浏览器地址栏中输入了网页 URL 地址或单击了一个超链接时（如 http://www. tsinghua. edu. cn/），浏览器就向服务器发送了一个 HTTP 请求，此请求会被送往由 IP 地址指定的 URL 地址。驻留程序接收到请求，在进行必要的操作后会回送所要求的文件。客户机收到送回的响应即下载所需显示的网页，之后客户机与服务器间连接关闭。

3. 4. 2 Internet Explorer 9. 0

Internet Explorer 9. 0，简称 IE9，是微软公司开发的一款浏览器。该款浏览器由原微软公司 Windows 部门高级副总裁史蒂文·西诺夫斯基（Steven Sinofsky）在 2009 年 11 月 18 日于美国洛杉矶市举行的“专业开发者大会”（PDC）上宣布研发；2011 年 3 月 21 日微软在中国发布了 IE9 的正式版本，该版本支持 Windows Vista、Windows 7 和 Windows Server 2008 操作系统，但不支持 Windows XP 操作系统。IE9 浏览器支持 HTML5 多媒体功能，包括音频、视频、2D 图像功能，另外还将支持 Web Open Font Format 标准内嵌字体，使用 Google 开放代码的 WebM 视频编码器，并支持 H. 264 视频编码标准，而且 IE9 还将支持全新的 Chakra 脚本引擎，在提升硬件速度方面有明显的效果。

1. Internet Explorer 9. 0 的新增功能

从某种意义上来说，IE9 可谓是浏览器集大成者，它既吸收了其他浏览器的优点，又加入了自己独特的东西，主要优点如下。

1）速度快

无论从哪种角度衡量，IE9 都是微软推出的一款速度较快的浏览器。它拥有更出色的 JavaScript 引擎，并利用硬件加速器加快了网页的载入速度。IE9 的设计目标就是充分利用当今 PC 机的元件，包括 CPU 和 GPU，帮助用户更快地访问最喜爱的网站。

2）界面清新简洁

微软以前版本的浏览器都存在一个很大的毛病，就是它们的设计看起来都不人性化，它们不是把用户的浏览体验放在首位，网页过于凌乱。微软基于以上问题进行了改进，为 IE9 创造了一个清新、简洁的界面。

3）体验放在核心位置

微软的 IE9 借鉴了谷歌浏览器的一些特点，浏览器的界面简洁、清爽，还可让用户在同一个地方输入网址或搜寻网络。

4）固定网站功能富有特色

微软的与众不同之处就在于，它会设计支持浏览器运行的操作系统，它能把固定网站

（pinned sites）功能添加到 IE9 上。这个功能可让用户将他们最喜爱的网站保存到 Windows 7 操作系统下的任务栏上，以供他们方便地访问。

5）安全性能更高

IE9 解决了三个方面的安全威胁：利用浏览器或操作系统进行的攻击，利用网站漏洞进行的攻击，以及“社交工程”（social engineering）攻击。其中，一个重要的安全功能就是“SmartScreen 应用程序信誉度”（SmartScreen application reputation）智能过滤功能。该功能的设计意图就是减少恼人的警告提示，并自动对用户的下载文件进行分析，若发现该文件是恶意软件，就及时地提醒用户。

6）企业用户更满意

IE9 为企业用户增添了许多新的功能，包括群组政策（group policy）设置功能。该功能可以使企业 IT 部门的专业人员事先设置好 IE9 的各个选项，然后将它发送给其他员工使用。

7）网络跟踪终结者

随着人们越来越依赖网络来处理自己的事务，网络跟踪问题就成了一个大问题。微软意识到了这是一个安全隐患，于是在 IE9 中添加了跟踪保护（tracking protection）功能。这种功能可让用户利用“跟踪保护列表”来保护那些可能被用来跟踪用户网络使用习惯的文件内容。此外，IE9 还添加了“不允许跟踪用户偏好”功能，可进一步提高用户反跟踪的力度。

8）不支持 Windows XP 操作系统

IE9 支持 Windows Vista 和 Windows 7 操作系统，放弃了 Windows XP 操作系统。这对于仍然使用 Windows XP 操作系统的个人和企业用户来说可能是一个问题。

2. Internet Explorer 9.0 的使用

1）Internet Explorer 9.0 的启动与关闭

（1）启动：在 Windows 7 桌面上有一个 Internet Explorer 图标，双击此图标可以启动 Internet Explorer 程序，或单击【开始】按钮，从弹出的【开始】菜单中找到【Internet Explorer】选项，单击该选项启动应用程序。

（2）关闭：单击 Internet Explorer 9.0 窗口右上角的【关闭】按钮，或单击左上角图标，在弹出的选项列表中单击【关闭】选项。

2）Internet Explorer 窗口的组成

启动 IE9 后，就看到了 IE9 的窗口组成，如图 3.31 所示。安装 IE9 后第一次启动，会自动打开 IE9 官方网站，显示一些升级提示及功能介绍。IE9 的界面比以前版本简洁了很多，地址栏、标签栏、工具栏，所有的这些东西全都整齐地排成了一排，节省出来的空间可以让更多的网页内容显示出来，这样的设计对于屏幕较小或分辨率较低的上网本来说是非常实用的。下面对 IE9 窗口的各组成部分进行如下介绍。

① 窗口控制按钮。和其他窗口一样，IE9 窗口右上角也有【最小化】按钮、【最大化/还原】按钮和【关闭】按钮，用于对网页窗口执行相应操作。

②【后退/前进】按钮。通过【前进/后退】按钮可实现快速地在浏览过的网页之间切换。单击【后退】按钮可返回到前一个访问的网页中，而单击【前进】按钮将返回到单击【后退】按钮之前的网页中，单击【前进】按钮后的下三角按钮，可在弹出的下拉列表中快速选择某个浏览过的网页。【后退】按钮需在浏览过两个以上的网页后才为深色可操

图 3.31 IE9 的窗口组成

作状态，而【前进】按钮则需在单击【后退】按钮之后才为深色可操作状态，处于灰度状态时将不能进行操作。

③ 地址栏。用于输入所要登录的 Internet 地址或网站的网址，打开网页时显示当前网页的网址。

网页下载不全时单击其右侧的【刷新】按钮，可重新载入当前的网页内容。Internet 地址有时称为 URL，即“统一资源定位符”，通常包含协议名、站点的位置、负责维护该站点的组织名称，以及标识组织类型的后缀。例如，地址 http://www. microsoft. com 提供了下列信息：

http，代表 Web 服务器使用的超文本传输协议；

www，代表此主机提供 WWW 服务；

microsoft，代表 Web 服务器在 Microsoft 公司；

com，代表商业机构。

④ 搜索栏。是 IE7 之后的浏览器新增项目，在其文本框中输入要搜索的内容，并按 Enter 键或单击按钮可搜索相关内容，单击其后的按钮，可在弹出的下拉列表中进行相应的搜索设置。

⑤ 选项卡。显示当前网页的标题和名称，它自动出现在地址栏右侧，也可将其移动到地址栏下面。

⑥ 工具栏。IE9 具有回到主页的功能，无论你正在看哪个页面，只要单击窗口右上角的按钮即可返回到原始主页。按 Alt 键，可以显示出菜单栏，方便用户使用。按钮和按钮的功能分别为收藏网页和设置浏览器选项。单击按钮，可显示如图 3.32 所示的下拉列表；右击按钮可显示浏览器为用户提供的系列常用工具选项，通过工具选项可将菜单栏、常用工具栏等锁定在地址栏下方，如图 3.33 所示。

⑦ 状态栏。窗口的左下角是状态栏，用于显示文件载入时的状态信息。当鼠标指针放在某个链接上时，状态栏上将显示与此链接相关联的地址。

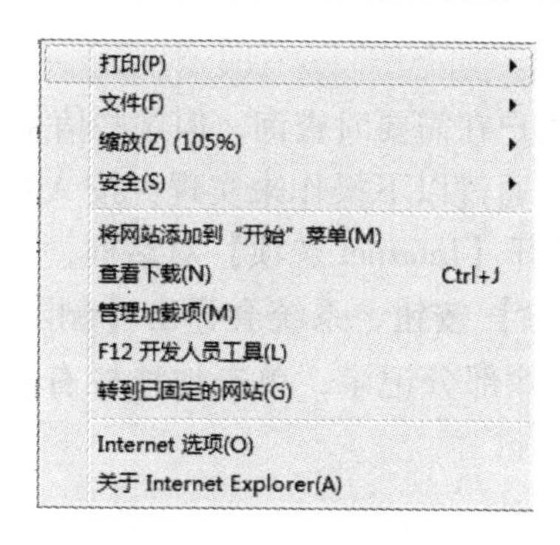

图 3.32 单击按钮显示的下拉列表

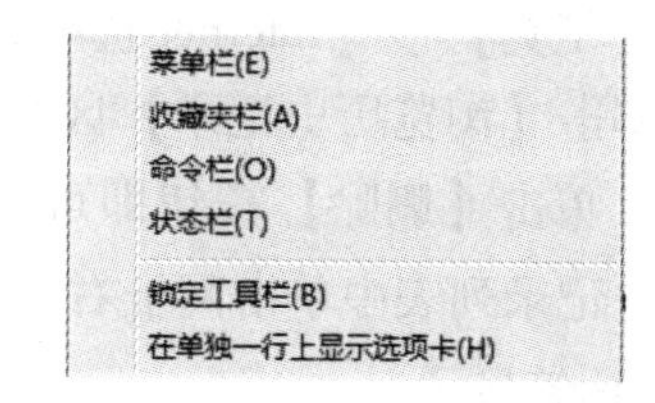

图 3.33 右击按钮显示的下拉列表

3）保存网页信息

浏览网页时可以将有用的信息保存起来，下面介绍保存网页信息的两种方法。

（1）将当前网页保存在计算机上。按 Alt 键，单击【文件】→【另存为】选项，打开【保存网页】对话框，在对话框中选择保存网页的文件夹，在【文件名】文本框中输入网页的名称，选择网页保存的类型，然后单击【保存】按钮。

（2）将信息从网页复制到文档。选中要复制的信息，如果复制整页的内容可先按 Alt 键显示出菜单栏，然后单击【编辑】→【全选】选项，再单击【编辑】→【复制】选项，再双击需要编辑信息的程序图标（如 Word 2010 应用程序图标）以打开应用程序，将光标移到需要粘贴信息的地方，按 Ctrl + V 组合键。

另外，可以直接搜索从网页上复制下来的文字，同样先复制网页中要搜索的文字，在空白处单击鼠标右键，从弹出的快捷菜单中选择【使用复制的文本搜索】选项即可。

4）收藏网页

打开一个网页，单击【收藏夹】按钮，在弹出的窗口中单击【添加到收藏夹】按钮，在弹出的【添加收藏】对话框中设置网页名称和收藏位置，单击【添加】按钮即可。

5）查看历史记录

使用 IE 浏览器浏览网页后，IE 浏览器会自动记录最近一段时间内浏览过的网页地址，通过历史记录可以快速找到曾经浏览过的网页。单击【收藏夹】按钮，在弹出的窗口中选择【历史记录】选项卡，可查看近期所浏览网页的详细记录，单击网站链接即可快速打开该网页。

6）隐藏搜索栏

IE9 为了方便用户使用，首次将地址栏与搜索栏合二为一，用户只要将关键字输入地址栏，浏览器即会智能予以识别，启动搜索引擎，执行搜索。这一设计比较符合一般的用户使用习惯，用户可在地址栏中直接输入肯定会被浏览器自动识别的网址，于是 IE9 提供了一个隐藏的搜索栏。在关键词前加上一个“？”前缀后，浏览器会强制通过搜索引擎搜索其后的关键字，这样隐藏的搜索栏便出现了，也可以通过按 Ctrl + E 组合键直接进入搜索栏模式。

7）管理下载文件

IE 浏览器每下载一个文件就会开启一个新的窗口，基于此 IE9 整合并管理下载的功能，使用户可以较快找到并管理下载的文件，只要单击右上角的按钮，然后在下拉列表中单击【查看下载】选项即可。

8）清除临时文件和历史记录

在访问网页时，系统会自动保存相关信息供用户在需要时查询，但这些信息是以临时文件的形式保存的，要清除临时文件和历史记录，可通过以下操作来实现：按 Alt 键显示出菜单栏，单击【工具】→【Internet 选项】选项，打开【Internet 选项】对话框，单击【常规】选项卡，再单击【浏览历史记录】区域中的【删除】按钮，系统会弹出【删除浏览历史记录】对话框，单击【删除】按钮即可。若只想清除部分记录，单击地址栏右侧的▼按钮，在弹出的历史记录列表中单击网址右边的☒按钮即可。

9）分页标签显示

IE9 的地址栏与分页标签挤在同一行里，使用起来很不方便。其实这个问题很容易解决，只要在索引标签上方单击鼠标右键，在弹出的快捷菜单中选择【在单独一行上显示选项卡】选项之后，就可以看到开启的分页标签显示在地址栏的下面一行。

10）设置浏览器主页

启动 IE9，按 Alt 键显示出菜单栏，单击【工具】→【Internet 选项】选项，在弹出的【Internet 选项】对话框中单击【常规】选项卡，在【主页】文本框中输入主页网址，单击【确定】按钮，完成主页的设置。

3.4.3 电子邮件应用

电子邮件系统是一种新型的信息系统，是通信技术和计算机技术相结合的产物。电子邮件在 Internet 上发送和接收的过程可以很形象地用我们日常生活中邮寄包裹来形容：当我们要寄一个包裹的时候，我们首先要找到一个有这项业务的邮局，在填写完收件人姓名、地址等之后包裹就会被寄到收件人所在地的邮局，那么对方取包裹的时候就必须去这个邮局才能取出。同样的，当我们发送电子邮件的时候，这封邮件是由邮件发送服务器发出，然后发送服务器根据收信人的邮件地址判断对方的邮件接收服务器而将这封信发送到该服务器上，收信人要收取邮件也只能访问这个服务器才能够完成。

1. 电子邮件地址的构成

电子邮件地址的格式是 USER@ SERVER. COM，由 3 部分组成，第一部分“USER”代表用户邮箱的账号，对于同一个邮件接收服务器来说，这个账号必须是唯一的，一般是用户在申请时自己命名的；第二部分“@”是分隔符；第三部分“SERVER. COM”是用户邮箱的邮件接收服务器域名，用以标志其所在的位置。我国常用的免费邮箱有 163、126 等，如果经常和国外的客户联系，建议使用国外的电子邮箱，如 Gmail、Hotmail、Yahoo 等。

2. 电子邮件的发送和接收原理

电子邮件的传输是通过电子邮件简单传输协议（simple mail transfer protocol，SMTP）来完成的，它是 Internet 下的一种电子邮件通信协议。电子邮件的基本原理是在通信网上设立电子邮件系统，它实际上是一个计算机系统，系统的硬件是一个高性能、大容量的计算机。硬盘作为邮箱的存储介质，系统会在硬盘上为用户分配一定的存储空间作为用户的邮箱，使每位用户都有属于自己的一个电子邮箱。存储空间包含存放所收邮件、编辑邮件，以及邮件存档 3 部分空间，用户可使用口令开启自己的邮箱，并进行发信、读信、编辑、转发、存档等各种操作。系统功能主要由软件实现。

用户首先开启自己的邮箱，然后通过输入命令的方式将需要发送的邮件发到对方的邮箱中。邮件在邮箱之间进行传递和交换。收方在取信时，要使用特定账号将信从邮箱中提取出来。

电子邮件的工作过程遵循客户机-服务器模式。每份电子邮件的发送都要涉及发送方与接收方，发送方构成客户端，而接收方构成服务器，服务器含有众多用户的电子邮箱。电子邮件的具体工作过程如下：发送方通过邮件客户程序，将编辑好的电子邮件向邮局服务器（SMTP服务器）发送；邮局服务器识别接收者的地址，并向管理该地址的邮件服务器（POP3服务器）发送消息；邮件服务器将消息存放在接收者的电子邮箱内，并告知接收者有新邮件到来；接收者通过邮件客户程序连接到服务器后，就会看到服务器的通知，进而打开自己的电子邮箱来查收邮件。

3. 申请免费邮箱

网络用户要想与其他用户进行邮件传递必须具备如下条件：一是必须连接上Internet；二是必须有自己的邮箱地址；三是必须知道对方的邮箱账号。下面以申请域名为163. com的邮箱账号为例，介绍申请免费邮箱的操作步骤。

（1）进入163网站，在其左上角可以看到【注册免费邮箱】链接，单击该链接，进入【注册新用户】页面。

（2）在【注册新用户】页面需要完成创建账号、设置安全信息、注册验证、服务条款阅读确认四个步骤。其中，创建账号需要用户自己起用户名，用户名不是用户本身的姓名，而是打开邮箱所用的账户名。一般规定用户名必须为6~18个字符，包括字母、数字、下划线，并且以字母开头，不区分大小写。用户在输入完用户名后可以单击页面空白位置以检测是否有同名，已被别人注册的用户名不能再用，如peixunzhongxin用户名已有人注册，会显示如图3. 34所示的提示。如果所选qiqiharpxzx用户名在“@163. com”“@126. com”“@yeah. net”3个任何一款网易邮箱中都可以使用，会出现如图3. 35所示的界面，需要选择要注册的邮箱域名。

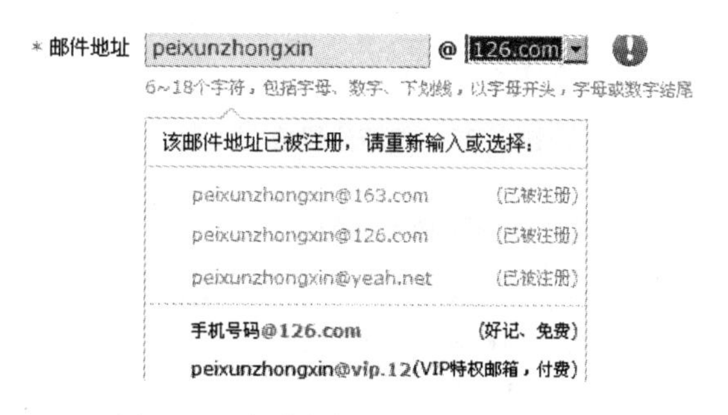

图3. 34　申请邮箱时进行用户名检测

图3. 35　申请邮箱成功时用户输入密码

(3) 单击【域名】下三角按钮，在弹出的下拉列表中选择一个邮箱域名，如@163. com，选择好后继续填写下面的信息。

(4) 在填写申请人的个人资料时，注意必须记住密码，以及密码保护问题，若是密码遗忘时，会有帮助信息提示找回密码，如图 3. 36 所示。

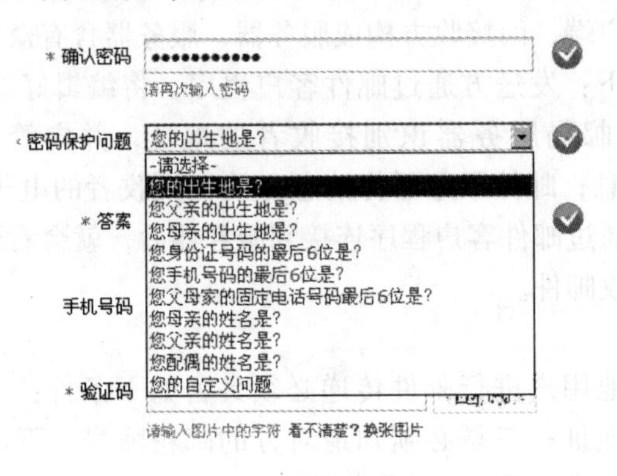

图 3. 36　申请新邮箱界面

(5) 注册成功后，会出现“恭喜，您的网易邮箱注册成功!”的字样，要记住邮箱账号、密码，以及密码保护的问题及答案，以方便使用，如图 3. 37 所示。

(6) 登录邮箱时，进入指定邮箱登录网页，填写用户名和密码，单击【登录】按钮即可，如图 3. 38 所示。

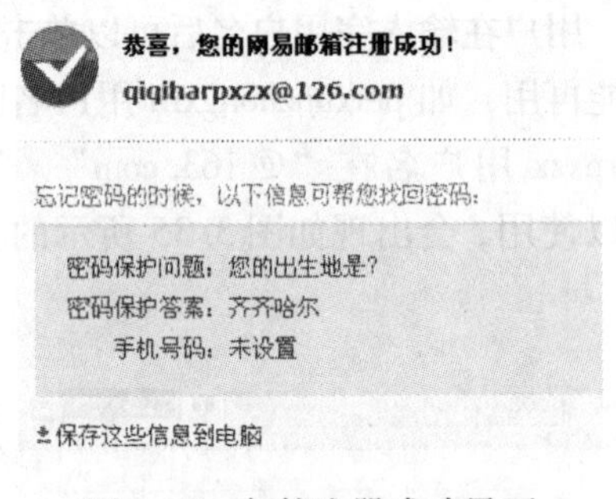

图 3. 37　邮箱注册成功界面

图 3. 38　登录邮箱

4. 发送邮件

进入邮箱后，可以接收和发送邮件。

1）邮箱的主要功能

单击收信按钮可将接收到的邮件放到收件箱中，用户可以进入收件箱单击邮件打开阅读，如图 3.39 所示，还可以建立通讯录，如图 3.40 所示，另外邮箱提供了多元化的邮箱服务，如图 3.41 所示。单击邮箱界面右上角的【设置】按钮，将弹出如图 3.42 所示的下拉列表，可进行邮箱信息的设置。

图 3.39 收信和写信

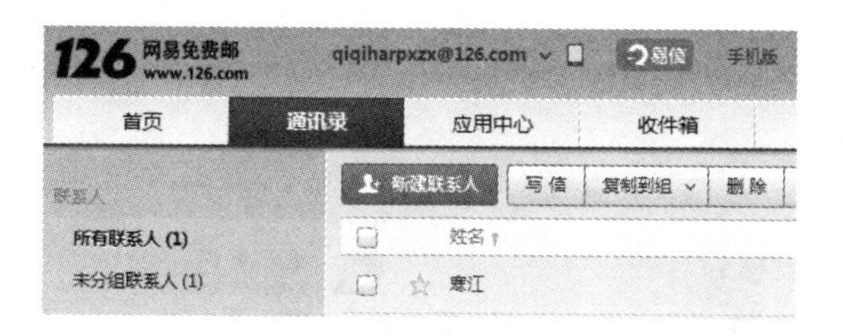

图 3.40 建立通讯录

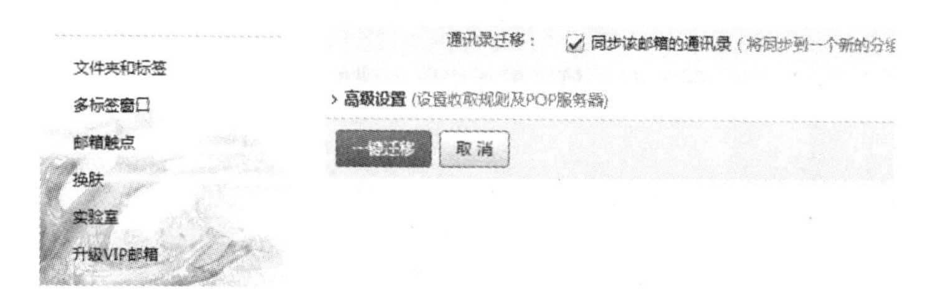

图 3.41 多元化的邮箱服务

图 3.42 邮箱信息设置

2）邮件的发送

发邮件时一定要知道收件人的邮箱地址，需要完成的项目主要有收件人（多个收件人用逗号隔开）、抄送、主题、添加附件，以及正文内容的设置和填写，最后单击【发送】按钮即可完成邮件的发送，如图 3.43 所示。

图 3.43　发送电子邮件

信纸模板的选择可通过单击【添加信纸】按钮，在弹出的列表中选择一种信纸样式。选择信纸模板后，可按已创建好的格式替换原格式，如图 3.44 所示。若邮件包括文档、图片、声音、动画等文件，只要邮箱的空间足够大就可以添加各类文件到附件中，操作如下：单击【添加附件】链接，打开如图 3.45 所示的对话框，选择要加载的文件后单击【打开】按钮，即完成添加附件。

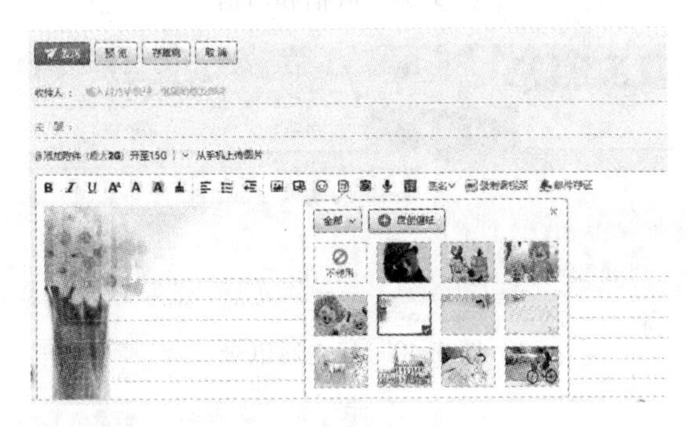

图 3.44　信纸模板中已创建好的格式

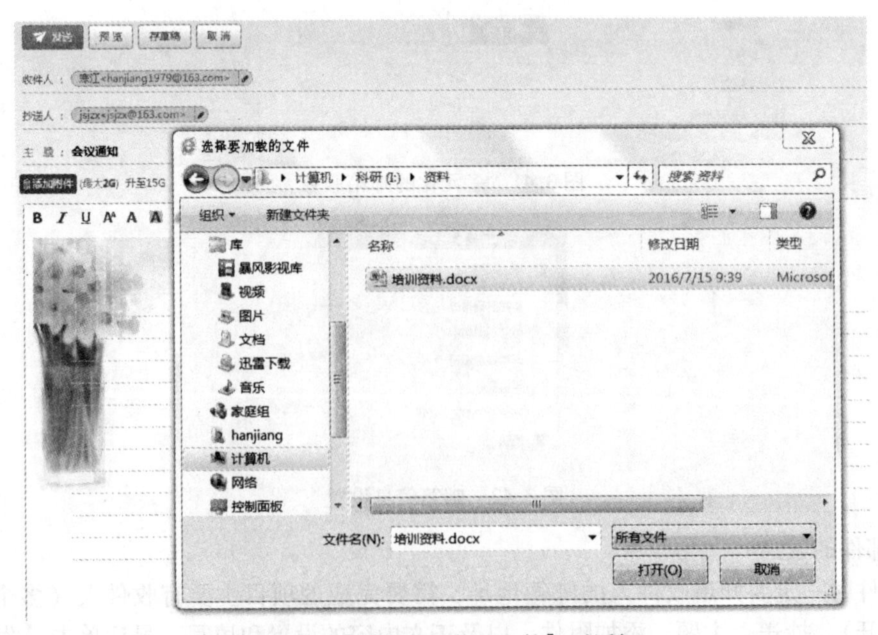

图 3.45　【选择要加载的文件】对话框

单击【发送】按钮，发送邮件，如图3.46所示，还可以先存到草稿箱待修改后再发送。

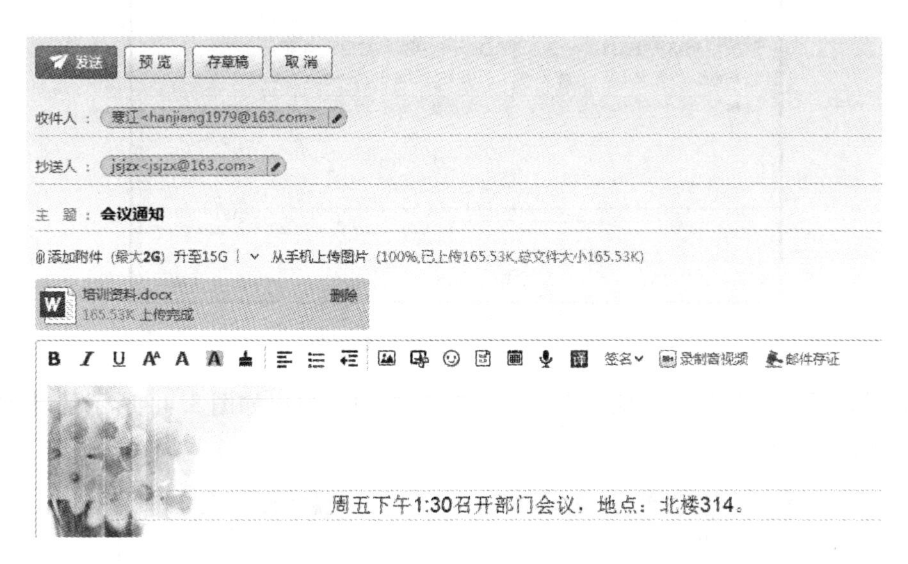

图3.46 发送已完成的邮件

5. 使用 Microsoft Outlook 2007 收发邮件

通常我们在某个网站注册了自己的电子邮箱后，要收发电子邮件，须访问该网站，进入邮箱登录网页，输入用户名和密码，然后进行电子邮件的收、写、发操作。Outlook 可以帮助用户更好地管理时间与信息，进行跨边界连接。

在使用 Microsoft Outlook 2007 发送和接收电子邮件之前，必须先添加和配置电子邮件账户。

1）使用自动账户设置功能添加电子邮件账户

如果是第一次使用 Outlook 2007 或在一台计算机上第一次安装 Outlook 2007，则自动账户设置功能将自动启动，来帮助用户配置电子邮箱账户。此设置过程只需提供用户姓名、电子邮件地址和密码。如果无法自动配置电子邮件账户，则必须手动输入这些信息。

（1）启动 Outlook 2007。

（2）当系统提示用户配置电子邮件账户时，选中【是】单选项，然后单击【下一步】按钮，进入【添加新帐户】对话框。

（3）输入姓名、电子邮件地址和密码。

（4）单击【下一步】按钮。

在配置账户时，会显示一个进度指示器。设置过程可能需要几分钟时间。成功添加账户后，可以通过单击【添加其他帐户】按钮来添加其他账户。

（5）若要退出【添加新帐户】对话框，单击【完成】按钮即可。

2）在 Outlook 2007 中添加电子邮件账户

（1）单击 Outlook 2007 窗口中的【工具】按钮，在弹出的下拉列表中选择【帐户设置】选项，将弹出如图3.47所示的【帐户设置】对话框。

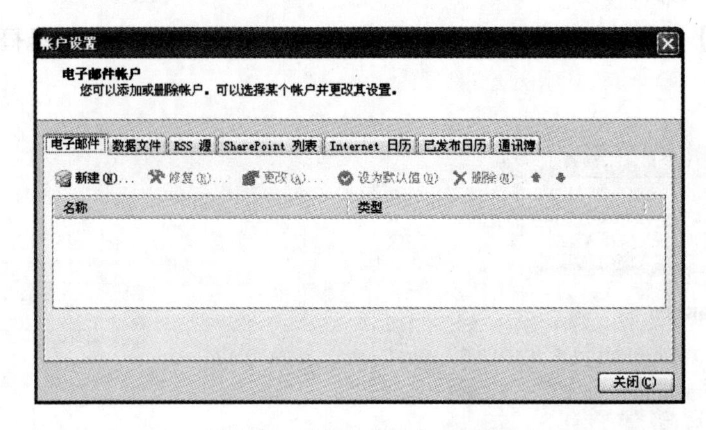

图 3.47 【帐户设置】对话框

（2）单击【电子邮件】选项卡中的【新建】按钮，弹出如图 3.48 所示的【添加新电子邮件帐户】对话框。

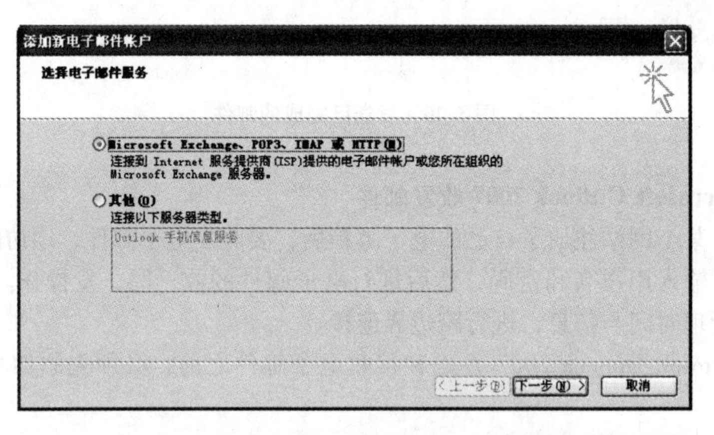

图 3.48 【添加新电子邮件帐户】对话框

（3）选中【Microsoft Exchange、POP3、IMAP 或 HTTP（M）】单选项，单击【下一步】按钮，弹出如图 3.49 所示的账户设置界面。

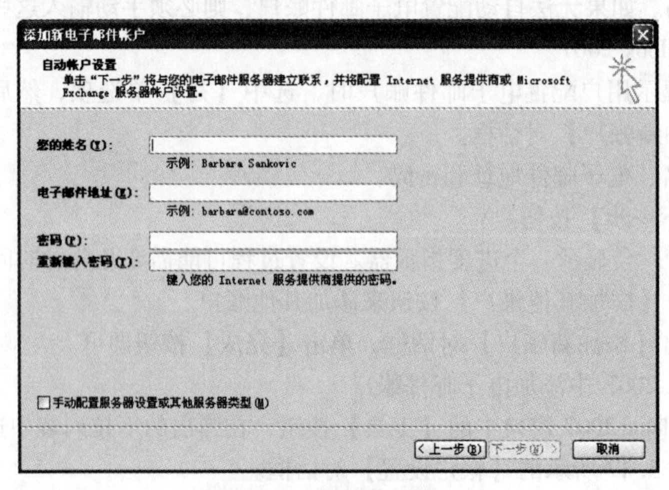

图 3.49 账户设置界面

（4）输入姓名、电子邮件地址和密码等信息后，单击【下一步】按钮，弹出如图 3.50 所示的建立网络连接界面。

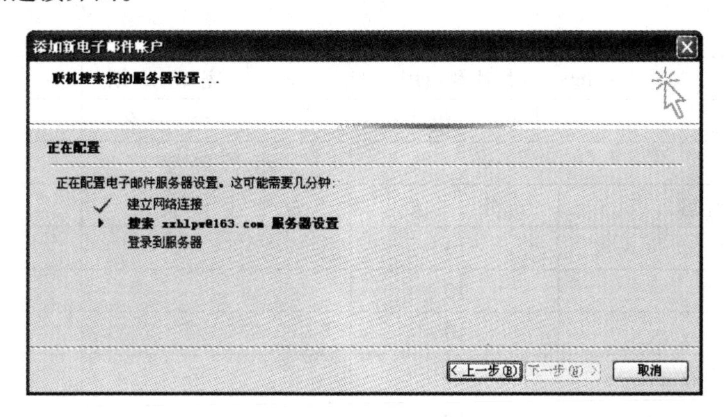

图 3.50　建立网络连接界面

（5）成功建立网络连接后，单击【下一步】按钮，开始搜索电子邮件服务器设置，搜索完成后再单击【下一步】按钮，登录到服务器并发送一封测试电子邮件，单击【完成】按钮，即成功创建了一个电子邮件账户，如图 3.51 所示。

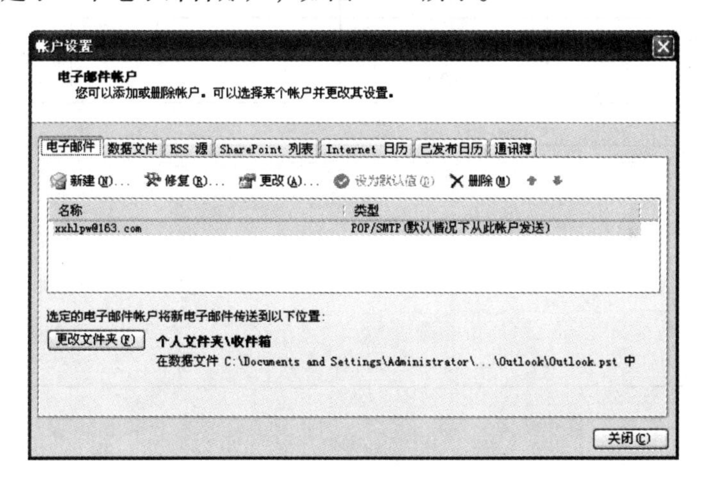

图 3.51　【帐户设置】对话框

3）发送电子邮件

（1）打开 Outlook 2007 窗口。

（2）单击常用工具栏中的 新建(N) 按钮，将弹出发送邮件的窗口。

（3）在该窗口中输入收件人地址、邮件主题、邮件内容及附件信息，单击【发送】按钮，即完成了邮件的发送。

4）接收邮件

要对邮件进行查看或接收，先打开 Outlook 2007 窗口，然后单击窗口左侧的【收件箱】按钮，进入收件箱，双击要查看的邮件即可。

评价单

<table>
<tr><td>项目名称</td><td colspan="3">Internet 概述及应用</td><td>完成日期</td><td></td></tr>
<tr><td>班　级</td><td></td><td>小　组</td><td></td><td>姓　名</td><td></td></tr>
<tr><td>学　号</td><td colspan="2"></td><td colspan="2">组长签字</td><td></td></tr>
<tr><td>评价内容</td><td colspan="2">分　值</td><td colspan="2">学生评价</td><td>教师评价</td></tr>
<tr><td>IP 地址的设置</td><td colspan="2">10</td><td colspan="2"></td><td></td></tr>
<tr><td>代理服务器的设置</td><td colspan="2">10</td><td colspan="2"></td><td></td></tr>
<tr><td>端口的设置</td><td colspan="2">10</td><td colspan="2"></td><td></td></tr>
<tr><td>Outlook 2007 账户的创建</td><td colspan="2">10</td><td colspan="2"></td><td></td></tr>
<tr><td>邮件的发送</td><td colspan="2">10</td><td colspan="2"></td><td></td></tr>
<tr><td>邮件的接收</td><td colspan="2">10</td><td colspan="2"></td><td></td></tr>
<tr><td>Internet 网页处理</td><td colspan="2">10</td><td colspan="2"></td><td></td></tr>
<tr><td>免费邮箱申请</td><td colspan="2">10</td><td colspan="2"></td><td></td></tr>
<tr><td>态度是否认真</td><td colspan="2">10</td><td colspan="2"></td><td></td></tr>
<tr><td>与小组成员的合作情况</td><td colspan="2">10</td><td colspan="2"></td><td></td></tr>
<tr><td>总分</td><td colspan="2">100</td><td colspan="2"></td><td></td></tr>
<tr><td>学生得分</td><td colspan="5"></td></tr>
<tr><td>自我总结</td><td colspan="5"></td></tr>
<tr><td>教师评语</td><td colspan="5"></td></tr>
</table>

知识点强化与巩固

一、填空题

1. 在 Internet 中，IP 地址是一个 32 位的二进制地址，分为（　　）组。
2. Internet 上的网络地址有两种表示形式，分别是 IP 地址和（　　）。
3. Internet 上最基本的通信协议是（　　）。
4. E－mail 的中文含义是（　　）。

二、选择题

1. 用户要想在网上查询 WWW 信息，必须要安装并运行一个被称之为（　　）的软件。

A. HTTP　　B. YAHOO　　C. 浏览器　　D. 万维网

2. 统一资源定位符的英文简称是（　　）。

A. TCP/IP　　B. DDN　　C. URL　　D. IP

3. 微软公司的网上流览器是（　　）。

A. Outlook Express　　B. Internet Explore　　C. FrontPage　　D. Outlook

4. 下面 IP 地址中，正确的是（　　）。

A. 202. 9. 1. 12　　B. CX. 9. 23. 01

C. 202. 122. 202. 345. 34　　D. 202. 156. 33. D

5. 有关 IP 地址与域名的关系，下列描述正确的是（　　）。

A. IP 地址与域名无相关性

B. 域名对应多个 IP 地址

C. IP 地址与主机的域名一一对应

D. 地址表示的是物理地址，域名表示的是逻辑地址

6. 下列各项中属于非法 IP 地址的是（　　）。

A. 126. 96. 2. 6　　B. 203. 226. 1. 68

C. 190. 256. 38. 8　　D. 203. 113. 7. 15

7. 下列域名中，表示教育机构的是（　　）。

A. ftp. bta. net. cn　　B. www. ioa. ac. cn

C. www. buaa. edu. cn　　D. ftp. sst. net. cn

8. 中国公用计算机互联网的英文简写是（　　）。

A. CHINANET　　B. CERNET　　C. NCFC　　D. CHINAGBNET1

9. Internet 采用的数据传输方式是（　　）。

A. 报文交换　　B. 存储/转发交换　　C. 分组交换　　D. 线路交换

10. 统一资源定位符的格式是（　　）。

A. 协议://IP 地址或域名/路径/文件名　B. 协议://路径/文件名

C. TCP/IP 协议　　D. http 协议

三、判断题

1. 电子邮件也是计算机病毒传播的一种途径。 ( )
2. 使用拨号方式接入 Internet 时，必须使用电话机。 ( )
3. HTTP 是 WWW 服务程序所用的网络传输协议。 ( )
4. 用户在连接网络时，只可以使用域名，不可以使用 IP 地址。 ( )
5. shi@ online@ sh. cn 是合法的 E - mail 地址。 ( )
6. 电子邮件是一种应用计算机网络进行信息传递的现代化通信手段。 ( )
7. 计算机网络按通信距离分局域网和广域网两种，Internet 是一种局域网。 ( )

第 4 章　文字处理软件 Word 2010

项目一　文 档 排 版

知识点提要

1. Word 2010 的启动和退出
2. Word 2010 窗口各组成部分的功能
3. 文档的创建、打开、保存等基本操作
4. 文档视图
5. 文本的编辑操作
6. 字符格式和段落格式的设置
7. 边框和底纹
8. 文档批注和修订

任务单(一)

任务名称	文档排版（一）	学　　时	2学时
知识目标	1. 熟练掌握文字的编辑操作方法。 2. 掌握查找、替换和定位的操作方法。 3. 掌握字符格式和段落格式的设置方法。 4. 熟悉格式刷的功能和使用方法。		
能力目标	1. 能熟练地掌握各种字符格式和段落格式的操作技巧。 2. 能根据需要对文档进行合理的排版。 3. 具有沟通、协作能力。		
任务描述	对指定的素材按要求排版 1. 将提供的素材文档（附件1：散文《林海》）的内容重新输入一遍。 2. 将标题“林海”字符格式设置为“二号、隶书、加粗、倾斜、橙色、居中对齐、双下划线”。 3. 将副标题“作者：老舍”字符格式设置为“小三、宋体、加粗、橙色”，段落格式设置为“右缩进2厘米、右对齐”。 4. 正文所有字体格式设置为“宋体、小四”，段落格式设置为“首行缩进2字符、两端对齐、1.5倍行距，段前段后间距0.5行”。 5. 将正文第二段“大兴安岭……盛气凌人。”的字符间距设置为“紧缩1磅”。 6. 将正文第三段“目之所及……那么多绿颜色来呢!”文本设置为“绿色”，并加着重号。 7. 将正文第四段文字的底纹设置为“深蓝、文字2、淡色、40%”。 8. 用【格式刷】按钮复制第三段的格式，并应用到第六段。 9. 将正文中所有的“兴安岭”替换为“红色、倾斜、加粗”格式的“兴安岭”。 10. 将正文中所有的“林海”位置提升3磅，文本设置为“紫色”（不包括标题）。 11. 页面边框设置为“蓝色、20磅、雨伞艺术型”边框。 12. 统计文章字数（不含标题和作者信息），在文档最后添加一段，输入统计的字数值，并设置该数字为四号字。 13. 对最后一段的数字设置文字效果，效果为“渐变填充、紫色、强调文字颜色4”，阴影效果为“外部向右偏移、浅蓝色、大小150%”。 14. 用标尺调整页边距，使文档中的所有内容在一页内。 15. 保存文档到桌面，文件按“学号+姓名”方式命令。		
任务要求	1. 仔细阅读任务描述中的排版要求，认真完成任务。 2. 上交电子作品。 3. 小组间可以讨论、交流操作方法。		

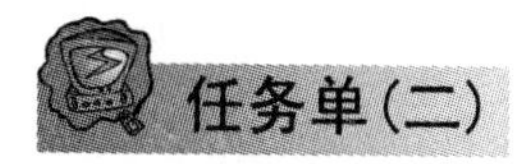

任务单(二)

任务名称	文档排版（二）	学　时	2 学时
知识目标	1. 熟练掌握字符格式的设置方法。 2. 熟练掌握段落格式的设置方法。 3. 熟练掌握边框底纹的设置方法。		
能力目标	1. 能熟练地掌握各种字符格式和段落格式的操作技巧。 2. 能根据需要对文档进行合理的排版。 3. 具有沟通、协作能力。		
任务描述	对指定的素材按要求排版 1. 将提供的素材文档（附件 2：散文《秋天的怀念》）的内容重新输入一遍。 2. 将标题“秋天的怀念”字符格式设置为“三号、黑体、加粗、白色”，段落格式设置为“居中对齐、段前段后间距 0.5 行、1.5 倍行距”，底纹设置为“蓝色”，边框设置为“2.25 磅、黄色、阴影”。 3. 将副标题“作者：史铁生”字符格式设置为“小四、宋体、加粗、蓝色”，段落格式设置为“右缩进 4 个字符、右对齐、段前段后间距 0.5 行、1.5 倍行距”。 4. 将正文各段字符格式设置为“宋体、五号”，段落格式设置为“首行缩进 2 个字符、两端对齐、1.5 倍行距、段前段后间距 0.5 行”。 5. 将正文第三段和第四段合并为一个段落，作为正文的第三段。 6. 设置正文第一段“双腿瘫痪后及……睡不了觉。”的段落底纹为“浅绿色”。 7. 设置正文第二段的文字底纹为“黄色”。 8. 设置正文第三段段落边框为“3 磅、深红色、方框”。 9. 将正文第四段设置为隐藏效果，并在【Word 选项】对话框中设置显示隐藏的文字。 10. 将正文第五段“邻居的小伙子……还未成年的女儿……”格式设置为“悬挂缩进 4 个字符”，文本颜色设置为“橙色”。 11. 将正文最后一段文本格式设置为“字符缩放 150%”。 12. 在文档后增加一段，并输入“写作于 2005 年 7 月 25 日”。 13. 设置最后输入的一段文本的格式为“中文为楷体，西文为 Bookman Old Sytle，右对齐，字符缩放 100%”。 14. 用标尺调整页边距，将所有内容放在一页内。 15. 保存文档到桌面，文件按“学号 + 姓名”方式命名。		
任务要求	1. 仔细阅读任务描述中的排版要求，认真完成任务。 2. 上交电子作品。 3. 小组间可以讨论、交流操作方法。		

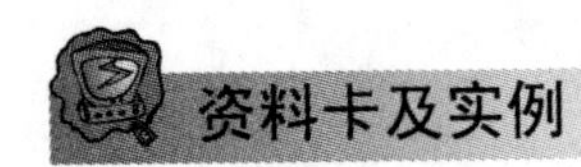

4.1 Microsoft Office 2010 概述

1. Microsoft Office 2010 简介

Microsoft Office 2010 是微软推出的新一代办公软件。该软件共有 6 个版本，分别是初级版、家庭及学生版、家庭及商业版、标准版、专业版和专业增强版，此外还推出了 Microsoft Office 2010 免费版本，其中仅包括 Word 和 Excel 两项应用。Microsoft Office 2010 可支持 32 位和 64 位的 Vista 及 Windows 7 操作系统，仅支持 32 位的 Windows XP 操作系统，不支持 64 位的 Windows XP 操作系统。

Microsoft Office 2010 是基于 Microsoft Windows 视窗系统的一套办公室套装软件，是继 Microsoft Office 2007 之后的新一代套装软件，包括文字处理软件 Word 2010、电子表格处理软件 Excel 2010、幻灯片制作软件 PowerPoint 2010、笔记记录和管理软件 OneNote 2010、日程及邮件信息管理软件 Outlook 2010、桌面出版管理软件 Publisher 2010、数据库管理软件 Access 2010、即时通信客户端软件 Communicator 2010、信息收集和表单制作软件 InfoPath 2010、协同工作客户端软件 SharePoint Workspace 2010 等。

2. Microsoft Office 2010 的新增特色与功能改善

Microsoft Office 2010 比前几代版本更加以“角色”为中心，且有许多功能和特色是为了研究与专业开发人员、销售员和人力资源专家设置的。Microsoft Office 2010 更注重结合网络的便利，将 SharePoint Server 的特色集成进来。

新功能还包含自带的屏幕截取工具、背景去除工具、保护文件模式、新 SmartArt 范本和编辑权限。Microsoft Office 2007 中使用的 Office 圆形按钮被取代为方形菜单按钮，点击后会进入全视窗的文件菜单，也就是 Backstage 模式，方便用户应用打印或分享等以任务为主的功能。Microsoft Office 2010 也针对 Windows 7 的弹跳菜单功能设计了菜单选项，具备列出最近打开文件和相关软件的功能。

3. Microsoft Office 2010 工作界面的特点

工程化——选项卡：Microsoft Office 2010 采用名为“Ribbon”的全新用户界面，将 Office 中丰富的功能按钮按照其功能分为多个选项卡。选项卡按照制作文档时的使用顺序依次从左至右排列。当用户在制作一份文档时，可以按照选项卡的排列，逐步完成文档的制作过程，就如同完成一个工程。双击任意一个选项卡可以关闭或打开功能区。

条理化——功能区分组：选项卡中按照功能的不同，将按钮分布到各个功能区。当用户需要使用某一项功能的时候，只需要找到相应的功能区，在功能区中就可以快速地找到该工具。

简捷化——显示比例工具条：Microsoft Office 2010 的工作区与 Microsoft Office 2003 相比变得更加简洁。在工作区的右下方增加了“显示比例”的工具条。用户通过拖动工具条可以快速精确地改变视图的大小。

集成化——【文件】菜单：在 Microsoft Office 2010 中，【文件】菜单集成了丰富的文档编辑以外的操作。编辑文档之外的操作都可以在【文件】菜单中找到。其中值得一提的是，在【保存并发送】菜单中新增加了保存为“PDF/XPS”格式功能，使用户不需要借助第三方软件就可以直接创建 PDF/XPS 文档。

4.2　Word 2010 基础

4.2.1　Word 2010 的启动和退出

1. 启动

启动 Word 2010 可以采用以下方法。

（1）启动 Windows 7 后，单击【开始】→【所有程序】→【Microsoft Office】→【Microsoft Word 2010】选项，即可启动 Word 2010。启动后，屏幕上会显示 Word 2010 的工作窗口。

（2）双击桌面上的 Word 2010 快捷图标。

（3）双击已存在的 Word 2010 文档。

2. 退出

退出 Word 2010 可以采用以下方法。

（1）单击 Word 窗口的【关闭】按钮。

（2）选择【文件】菜单下的【退出】选项。

4.2.2　Word 2010 窗口

Word 2010 启动后，会自动创建一个名为“文档 1”的文档。与 Word 2007 窗口相似，Word 2010 窗口将相关按钮显示在工作界面的上方，使用方便、快捷，更能提高工作效率。Word 2010 的工作界面如图 4.1 所示，主要由快速访问工具栏、标题栏、选项卡、【帮助】按钮、功能区、标尺、文档编辑区、状态栏和视图切换按钮栏、显示比例等几个主要部分组成。

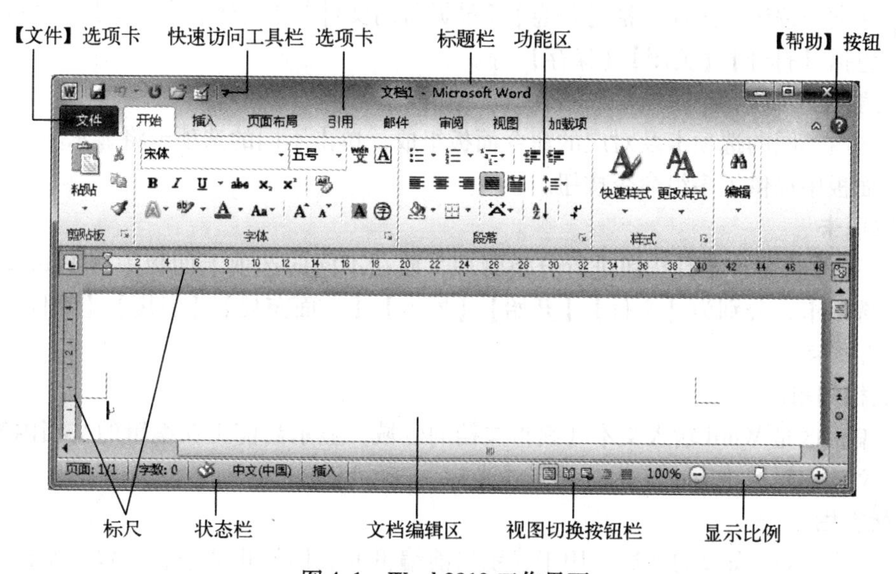

图 4.1　Word 2010 工作界面

1. 标题栏

标题栏位于窗口的最上端。窗口最上端由左至右显示的依次是应用程序图标、快速访问工具栏、当前正在编辑的文档名称、应用程序名称 Microsoft Word、【最小化】按钮、【最大化/还原】按钮和【关闭】按钮。

2. 快速访问工具栏

快速访问工具栏在标题栏的左侧，该工具栏用于设置常用按钮的显示与隐藏。快速访问工具栏中的按钮可由用户自己设置，单击【自定义快速访问工具栏】按钮，可以设置某个按钮的显示或隐藏，如图 4.2 所示。要显示更多的按钮可以单击其中的【其他命令(M)…】选项，进行设置。

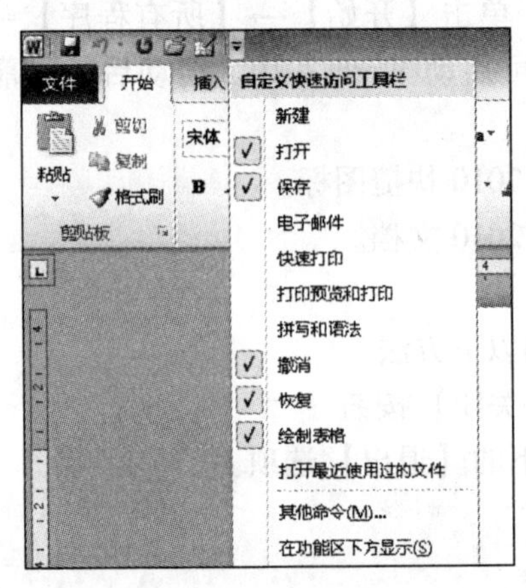

图 4.2 快速访问工具栏的设置

3.【文件】选项卡

Word 2010 中的【文件】选项卡是一个类似于菜单的选项卡，位于 Word 2010 窗口左上角。单击【文件】选项卡可以打开文件界面，界面采用全页面形式，分为三栏，最左侧是功能选项和常用按钮，选项包括【信息】【最近所用文件】【新建】【打印】【保存并发送】等，按钮包括【打开】【关闭】【保存】等。

4. 功能区

功能区由不同的选项卡及对应的命令面板组成，单击不同的选项卡将显示不同的命令面板，命令面板中提供了多组命令按钮。

5. 选项卡

Word 2010 将各种工具按钮进行分类管理，放在不同的选项卡面板中。Word 2010 窗口中有八个选项卡，分别为【文件】【开始】【插入】【页面布局】【引用】【邮件】【审阅】【视图】选项卡。

6. 文档编辑区

文档编辑区是 Word 输入文本和编辑文档的区域，显示当前正在编辑的文档内容及排版的效果。文档编辑区中有一个闪烁的竖线光标，表示当前插入点。

7. 状态栏

状态栏在 Word 窗口的下边，用于显示当前编辑的文档的相关信息，包括文档页数、字数、输入法状态、插入或改写模式等信息。

8. 视图切换按钮栏

视图切换按钮栏中显示了多个视图按钮，单击不同的按钮，可以将文档切换到不同的视图方式。

9. 显示比例

显示比例按钮和滑块位于视图切换按钮栏的右侧，用于设置当前文档页面的显示比例。

10. 标尺

Word 2010 窗口有水平标尺和垂直标尺。利用标尺可以调整段落缩进、段落对齐、页边距、栏宽，以及设置制表位等。

11.【帮助】按钮

单击 Word 2010 窗口【关闭】按钮下方的【帮助】按钮或按 F1 键，会打开【Word 帮助】窗口。在【Word 帮助】窗口中，列出了可以获得帮助的内容和方法。单击【目录】中的相关链接就可以找到相应的帮助说明信息。

4.3　Word 2010 文档的基本操作

4.3.1　创建新文档

1. 创建空白文档

创建空白文档有以下几种方法。

（1）单击【文件】→【新建】选项，将显示如图 4.3 所示的界面。

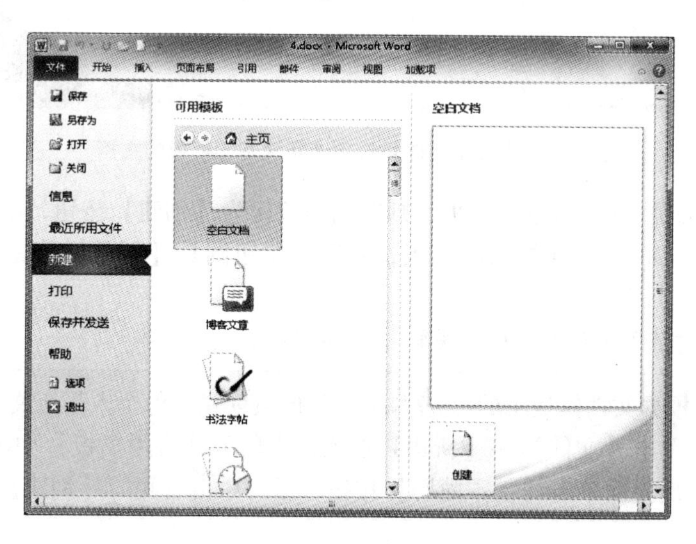

图 4.3　使用【文件】选项卡新建空白文档

选中其中的【空白文档】按钮，双击或单击右侧下方的【创建】按钮。

（2）单击【自定义快速访问工具栏】上的【新建】按钮，创建新空白文档。

（3）按组合键 Ctrl + N。

2. 创建基于模板的文档

除了通用型的空白文档模板之外，Word 2010 中还内置了多种文档模板，如博客文章模板、书法字帖模板等。另外，Office. com 网站还提供了证书、奖状、名片、简历等特定功能的模板。借助这些模板，用户可以创建比较专业的 Word 2010 文档。在 Word 2010 中，使用模板创建文档的步骤如下。

（1）单击【文件】→【新建】选项，将显示如图 4. 4 所示的界面。

（2）选择“博客文章”“书法字帖”等 Word 2010 自带的模板或 Office. com 提供的“名片”“日历”“贺卡”等在线模板。

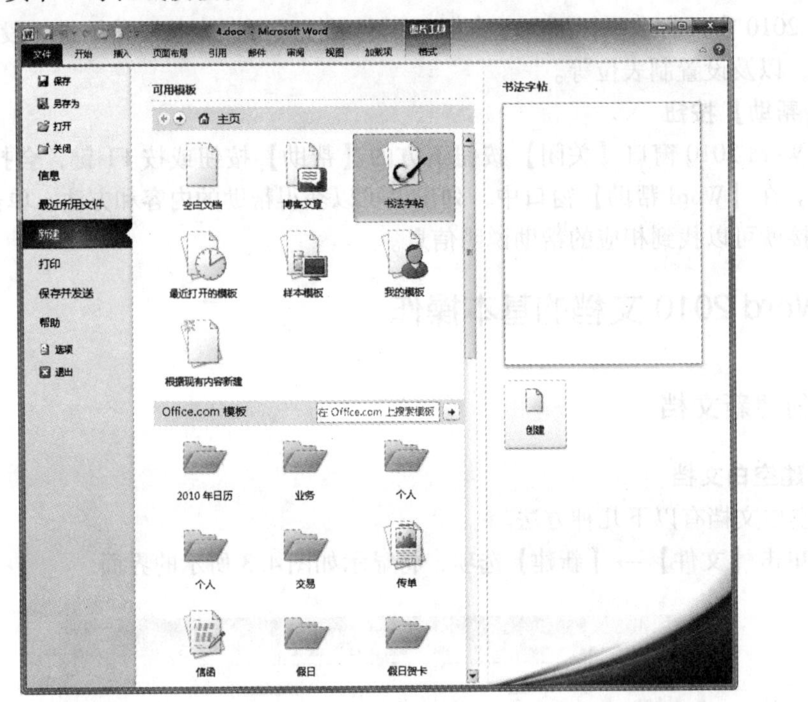

图 4. 4　使用【文件】选项卡新建基于模板的文档

（3）若选择的是 Word 自带的模板，则右侧的按钮为【创建】按钮，单击此按钮可完成创建；若选择的是 Office. com 提供的模板，右侧的按钮则是【下载】按钮，单击此按钮可完成模板下载。

（4）在创建的基于模板的文档中编辑相应的内容。

实例 4. 1　根据文档模板中的“基本简历”模板创建一份个人简历文档。

操作方法：单击【文件】→【新建】选项，再单击【可用模板】中的【样本模板】按钮，然后在弹出界面单击【基本简历】按钮，最后单击右侧的【创建】按钮。

4. 3. 2　保存文档

1. 保存文档的几种方法

（1）单击【文件】→【保存】选项。

（2）单击快速访问工具栏中的【保存】按钮。

（3）按组合键 Ctrl + S。

Word 2010 文件保存后默认的扩展名是“docx”，也可以保存为 97 – 2003 版本的文件格式。

2. 文档的加密保护

文档加密保护的主要目的是防止其他用户随意打开或修改文档。设置密码保护的方法及步骤如下。

（1）单击【文件】→【信息】选项，将显示如图 4.5 所示的界面。

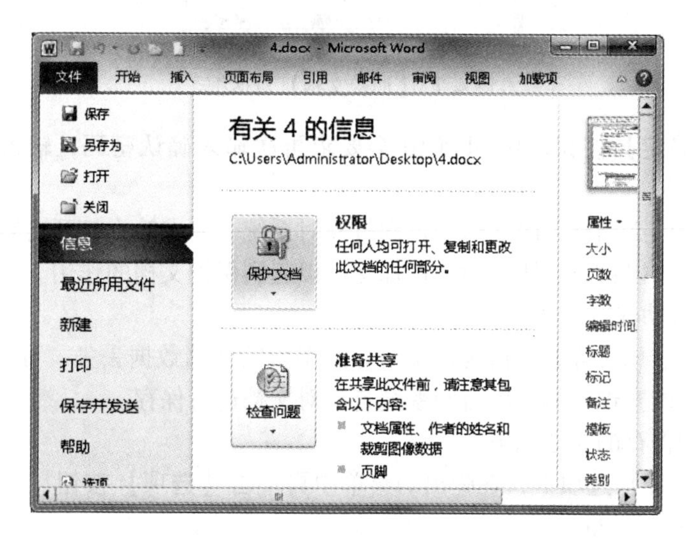

图 4.5　单击【文件】选项卡中的【信息】选项

（2）单击【保护文档】按钮，将弹出如图 4.6 所示的下拉菜单。

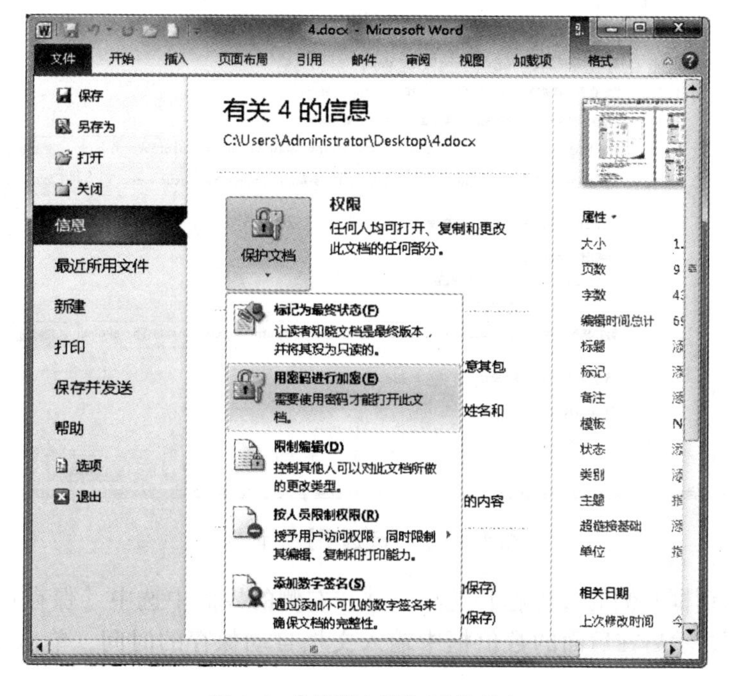

图 4.6　【保护文档】下拉列表

（3）选择下拉列表中的【用密码进行加密】选项，将弹出如图 4.7 所示的【加密文档】对话框，在该对话框中输入一个限制打开文档的密码。

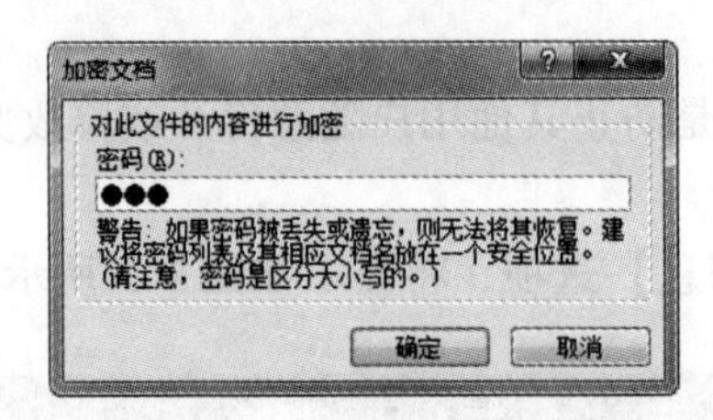

图 4.7 【加密文档】对话框

（4）单击【确定】按钮，Word 2010 会要求再次输入确认密码，输入后单击【确定】按钮即可。

设置密码之后的文档被关闭之后，再次打开时系统会要求输入打开密码，而只有密码输入正确之后文档才可以打开，所以对文档加密可以起到保护文档的作用。

3. 设置文档自动保存时间

为了防止停电、死机等意外情况发生而导致编辑的文档数据丢失，可以利用 Word 2010 提供的自动保存功能实现每隔一段时间系统自动对文档进行保存。

设置文档自动保存的方法如下。

（1）单击【文件】选项卡，在弹出的菜单中再单击【选项】按钮，将弹出如图 4.8 所示的【Word 选项】对话框。

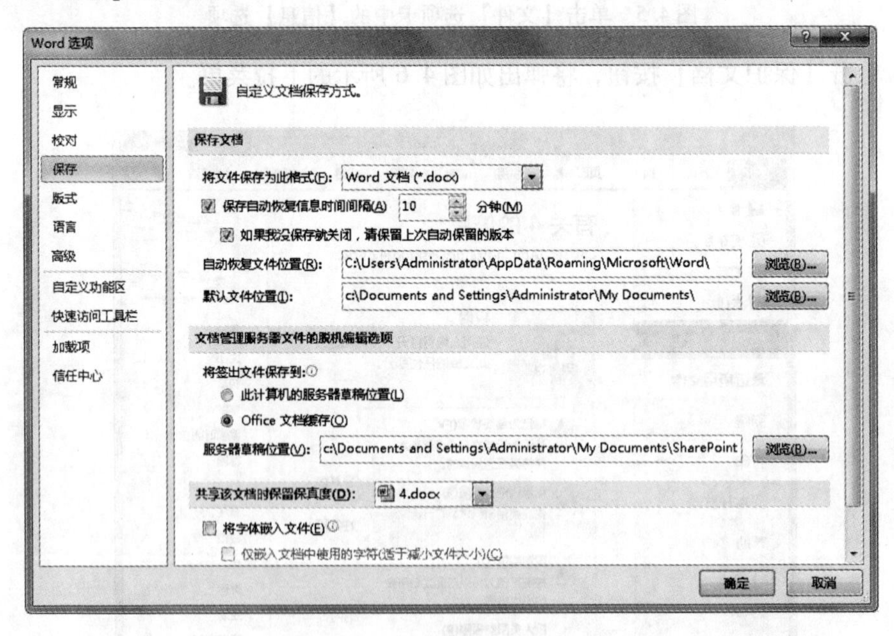

图 4.8 【Word 选项】对话框

（2）单击对话框左侧的【保存】选项，并在右侧的界面中选中【保存自动恢复信息时间间隔】复选框，然后在后面的数值框中输入文档自动保存的时间，单击【确定】按钮，完成设置。

4.3.3　文档的打开

打开已存在的文档有多种方法。

（1）单击【文件】→【打开】选项，弹出【打开】对话框，在对话框中选择要打开的文件，然后单击【打开】按钮。

（2）单击快速访问工具栏中的【打开】按钮。

（3）按组合键 Ctrl + O。

（4）按组合键 Ctrl + F12。

（5）如果要打开的文档是最近访问过的，可以单击【文件】→【最近使用文件】选项，在显示的界面中单击要打开的文档。

4.3.4　文档的关闭

文档在完成编辑、排版之后要关闭。关闭文档可以采用下列方法。

（1）单击【文件】→【关闭】选项。

（2）单击文档标题栏右侧的【关闭】按钮。

（3）双击标题栏左侧的应用程序图标。

（4）右击任务栏上的文档按钮，在弹出的快捷菜单中选择【关闭】选项。

4.3.5　文档视图

所谓视图，简单地说就是文档窗口的显示方式。用户可根据自己的工作需要在不同的视图下查看、编辑文档。Word 2010 提供了五种视图方式。

1. 页面视图

页面视图是 Word 2010 默认的视图方式，是使用 Word 编辑文档时最常用的一种视图。它的每一页如同生活中使用的纸张一样，有明确的纸张边界。它能够直观地显示所编辑的文档信息和排版结果，以及页码、页眉页脚、插入的图片等信息，几乎与打印的效果相同。

2. 阅读版式视图

阅读版式视图最大的特点是便于阅读。它模拟书本阅读的方式，让用户感觉好像在阅读书籍一样。在阅读内容紧凑的文档时，它能把相连的两页显示在同一个版面上，十分方便。这种视图是为浏览文档而准备的，一般不允许对文档进行编辑。若要编辑文档，可以单击页面右上角的【视图选项】按钮，在弹出的菜单中选择【允许键入】选项，便可以对文档进行编辑操作。

3. Web 版式视图

Web 版式视图主要用于编辑 Web 页。如果选择 Web 版式视图，编辑窗口将显示文档的 Web 布局视图，此时显示的内容与使用浏览器打开该文档时的内容一样。在 Web 版式视图下，文本能自动换行以适应窗口的大小。

4. 大纲视图

大纲视图用于显示、修改或创建文档的大纲。文档切换到该视图后会显示大纲标签和大纲功能区。在该视图下可以设置文档各个标题的级别，为创建索引和目录做准备。

5. 草稿视图

草稿视图是 Word 2010 中比较常用的视图方式。在该视图方式下所有的文档页都连接在一起，中间用虚线分页符分隔。分页符和分节符在该视图下是可见的，而页码、页眉页脚、图形、图片等信息在该视图下是不可见的。

要在各种视图之间切换，可单击 Word 窗口下方状态栏右侧的 5 个视图按钮，也可单击【视图】选项卡，在【文档视图】选项组中选择相应的视图方式，如图 4.9 所示。

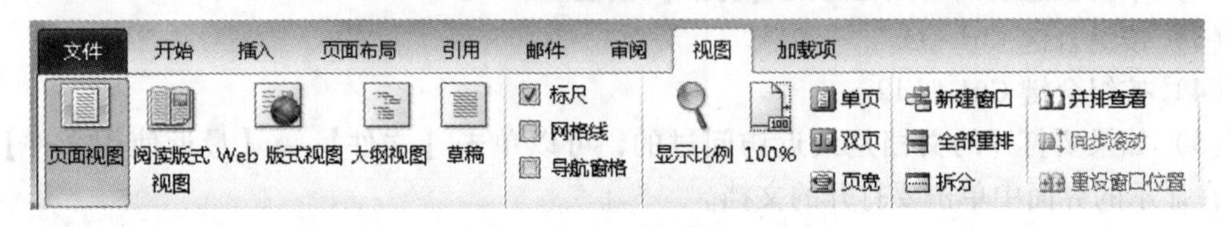

图 4.9 单击【视图】选项卡显示的功能区

4.4 文档编辑

4.4.1 文本的输入

新建 Word 文档后，需要在文档中输入文本内容，从而使文档更加完整；输入文本后，还需要运用文本的复制、粘贴、移动、查找和替换等功能对文本内容进行编辑，从而使文本的内容更加完善。熟练运用文本的各种编辑功能可以提高工作效率。下面介绍文本的输入方法及文本的各种编辑方法。

1. 插入点的定位和移动

(1) 用鼠标定位。将鼠标移动到要插入内容的位置后单击，此处便会出现闪动的光标，即为插入点。

(2) 用键盘移动或定位。常用的移动插入点的按键及功能如下。

Home：将插入点移动到当前行首。

End：将插入点移动到当前行尾。

Ctrl + Home：将插入点移动到文档开头。

Ctrl + End：将插入点移动到文档末尾。

2. 输入正文

启动 Word 2010 后，工作区内有一闪动的光标（插入点），表示可以在此输入文字。输入时，如果要输入中文，则需要启用中文输入法；如果要输入英文，则需要将输入法切换到英文输入状态。Word 有自动换行的功能，当文本到达文档右侧边界时，会自动换到下一行。当需要另起一个自然段时，按 Enter 键。

输入法切换中常使用的快捷键有如下几个。

Ctrl + Space：中文/英文切换。

Shift + Space：全角/半角切换。

Ctrl + Shift：输入法依次切换。

Ctrl + “.”：中文/英文标点切换。

Shift：中文输入法下，中文/英文切换。

3. 插入一个文件

在文档中插入一个文件是指将另一个文件的全部内容插入到当前文档的插入点处，操作步骤如下：首先，在文档中设置插入点；然后，单击【插入】选项卡，再单击【文本】选项组中【对象】按钮右侧的下三角按钮，并在弹出的下拉列表中选择【文件中的文字】选项；最后，选择要插入的文件，并单击【插入】按钮。

4. 统计文档的字数

Word 2010 可以统计文档的字数，操作步骤如下：单击【审阅】选项卡，再单击【校对】选项组中的【字数统计】按钮。除此之外，Word 2010 还可以统计文档的页数、单词数、段落数、行数等信息。

4.4.2　文档编辑

文档编辑是指对文档中已有的字符、段落或整个文档进行编辑，如复制重复的信息，移动或删除信息，查找和替换等。

1. 选中文本

选中文本是文档编辑的基础，大部分编辑操作都是在选中文本的基础上进行的。被选中文本部分将呈现浅蓝色底纹。选中文本可以使用鼠标，也可以使用键盘。

1）用键盘组合键选中文本

使用组合键选中文本，可提高选中文本的速度。常用的组合键见表 4.1。

表 4.1　使用组合键选中文本的方法

组 合 键	选 中 结 果
Shift + →或 Shift + ←	从当前光标所在位置选中到下一字或上一字
Shift + ↑或 Shift + ↓	从当前光标所在位置选中到上一行或下一行
Shift + End 或 Shift + Home	从当前光标所在位置选中到行尾或行首
Shift + PgDn 或 Shift + PgUp	从当前光标所在位置选中到本屏尾或本屏首
Ctrl + Shift + End 或 Ctrl + Shift + Home	从当前光标所在位置选中到文件尾或文件首
Ctrl + A	选中整个文档

2）使用鼠标选中文本

使用鼠标选中文本，常用的操作是将鼠标指针置于待选中文本的第一个字前面，按住鼠标左键并拖动到要选中的最后一个字，释放鼠标左键，则第一个字到最后一个字之间的文字将被选中。使用鼠标选中文本常用的方法见表 4.2。

表 4.2　使用鼠标选中文本的方法

操 作 方 法	选 中 结 果
双击该单词的任意位置	选中一个单词
按住 Ctrl 键，并单击句子上的任意位置	选中一个句子
将鼠标指针移到最左边的选择栏中（此时鼠标指针变成指向右上方的箭头），然后单击鼠标左键	选中一行文本
在选择栏中单击并拖动鼠标至相应位置	选中多行文本
双击段落旁边的选择栏	选中一个段落
按住 Ctrl 键，并在选择栏内任意位置单击，或在选择栏内连击三次鼠标左键	选中整个文档

如果需要取消文本的选中状态，在文档的任意位置上单击鼠标或者按一下方向键即可。

2. 移动文本

移动文本是指将选中的文本从文档中的一个位置移到另一个位置。移动文本有一个简单的方法，即选中对象后，将鼠标置于该部分并按住左键（此时鼠标指针旁出现一条虚线和一个虚框），然后拖动鼠标直接到插入点处后放开鼠标，选中的对象便被移动到新位置上。这种方法适合于少量文本在一页内移动。

另外，还可以使用剪贴板移动文本，操作步骤如下。

（1）选中要移动的文本，单击【开始】选项卡中【剪贴板】选项组中的【剪切】按钮，或者按组合键 Ctrl + X。此时，选中的文本已从文档中删除，并被放到剪贴板上。

（2）将插入点定位到欲插入的位置，再单击【粘贴】按钮，或按组合键 Ctrl + V，即可插入剪切的文本，完成移动。

3. 复制文本

如果文档中需要有反复出现的信息，则利用复制功能可以节省重复输入的时间。复制文本的方法有两种：一种是拖动的方法，即选中要复制的文本，按住 Ctrl 键，并用鼠标拖动选定的文本到目的位置；另一种是使用剪贴板复制，即选中要复制的文本，单击【开始】选项卡中【剪贴板】选项组中的【复制】按钮，或者按组合键 Ctrl + C，将插入点定位到目的位置，再单击【粘贴】按钮，或者按组合键 Ctrl + V。

4. 删除对象

删除对象的方法是选中对象后，单击【剪切】按钮，将其置于剪贴板上，或按 Del 键删除所选对象。Del 键与【剪切】按钮的区别是：前者删除后不能再使用，而后者是将删除掉的信息放到剪贴板上，可以再使用。另外，还可以用 Back Space 键删除光标前的一个字符，用 Del 键删除光标后的一个字符。

5. 查找、定位和替换

查找和替换是 Word 2010 的常用功能。查找是指从已有的文档中根据指定的关键字找到匹配的字符串，进行查看或修改。查找和替换通常分为简单查找与替换和带格式的查找与替换两种情况。

1）简单查找与替换

简单查找与替换是指按系统默认值进行操作，不限定要查找和替换的文字的格式。系统默认的查找范围为主文档区。

简单查找文档中的内容或定位到某个位置，可以利用 Word 2010 提供的导航功能。

单击【开始】选项卡中【编辑】选项组中的【查找】按钮，或在【视图】选项卡的【显示】选项组中选中【导航窗格】复选项，都可以打开【导航】窗格，还可以将【导航】窗格用鼠标拖动的方法拖出，使之成为一个独立的窗口，如图 4.10 所示。

Word 2010 新增的文档导航功能可以轻松地查找、定位到想查阅的段落或特定的对象。导航方式有四种：文档标题导航、文档页面导航、关键词导航和特定对象导航。

（1）文档标题导航。文档标题导航是最简单的导航方式，使用方法也最简单。在打开【导航】窗格后，单击【浏览您的文档中的标题】按钮，Word 2010 会对文档进行智能分析，并将文档标题在【导航】窗格中列出，然后单击标题，就会自动定位到相关段落。

提示：文档标题导航使用的前提条件是打开的文档事先设置有标题。如果文档没有设置标

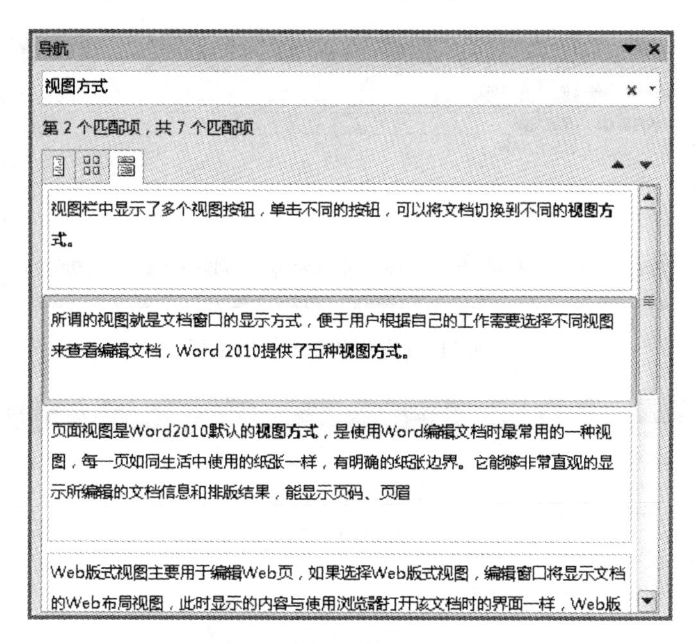

图 4.10　【导航】窗格

题，就无法用文档标题进行导航，而如果文档事先设置了多级标题，导航效果会更好、更精确。

（2）文档页面导航。当 Word 中内容很多时，Word 会自动分页，文档页面导航就是根据 Word 文档的默认分页进行导航的。单击【导航】窗格上的【浏览您的文档中的页面】按钮，Word 2010 会在【导航】窗格上以缩略图的形式列出文档分页，单击分页缩略图，就可以定位到相关页面。

（3）关键词导航。单击【导航】窗格上的【浏览您当前搜索的结果】按钮，然后在文本框中输入关键词，【导航】窗格上就会列出包含关键词的导航链接，单击这些导航链接，就可以快速定位到文档的相关位置。

（4）特定对象导航。一篇完整的文档，往往包含图形、表格、公式、批注等对象，Word 的导航功能可以快速查找文档中的这些特定对象。单击搜索框右侧的▼按钮，在弹出的下拉列表中选择相关选项，就可以快速查找文档中的图形、表格、公式和批注等信息。

简单查找和替换还可以通过【查找和替换】对话框来实现，操作方法如下。

单击【开始】选项卡，然后单击【编辑】选项组中【查找】按钮右侧的▼按钮，在弹出的下拉列表中单击【高级查找】选项，屏幕上即出现【查找和替换】对话框，此对话框在查找过程中始终出现在屏幕上，如图 4.11 所示。

【查找和替换】对话框有 3 个选项卡：【定位】【查找】和【替换】。

- 定位

定位可根据用户指定的条件使光标快速地到达指定的位置，操作方法如下。

单击【查找和替换】对话框中的【定位】选项卡，在【定位目标】列表框中选择查找的类型，在右侧文本框中输入具体内容，如图 4.12 所示。随着定位目标的类型不同，文本框的提示也不同，比如选择按“节”进行查找，文本框的提示会变成“输入节号”。

确定查找位置后，【下一处】按钮会自动变成【定位】按钮，单击【定位】按钮，光标自动定位到指定的位置。

图 4. 11 【查找和替换】对话框

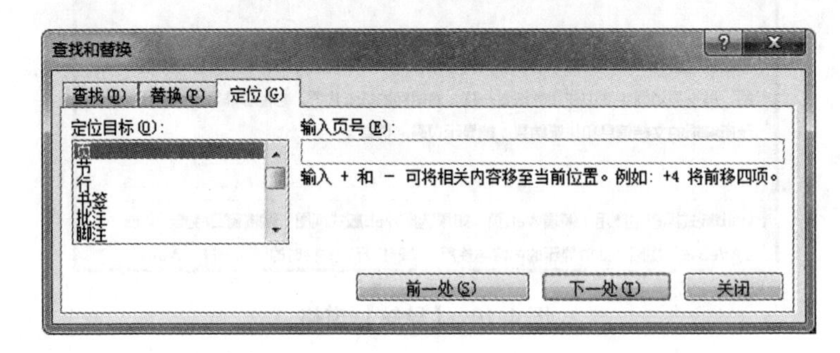

图 4. 12 选择【定位】选项卡的【查找和替换】对话框

● 查找

查找文本的具体操作方法如下。

单击【查找和替换】对话框中的【查找】选项卡，在【查找内容】文本框中输入要查找的关键字，输入关键字后，系统会自动激活【查找下一处】按钮，单击【查找下一处】按钮，光标即定位到查找区域内的第一个与关键字相匹配的字符串处；再次单击【查找下一处】按钮，将继续进行查找；到达文档尾部时，系统会给出全部文档搜索完毕的提示框，单击【确定】按钮返回到原对话框。

单击【查找】选项卡中的【取消】按钮或按 Esc 键可随时结束查找操作。

● 替换

替换是先查找需要替换的内容，再按照指定的要求进行替换。替换文本的操作方法如下。

单击【查找和替换】对话框中的【替换】选项卡，弹出如图 4. 13 所示的对话框。

图 4. 13 选择【替换】选项卡的【查找和替换】对话框

在【查找内容】文本框中输入要查找的关键字，在【替换为】文本框中输入要替换的字符串，单击【查找下一处】按钮，光标即定位在文档中查找区域内的第一个与关键字相匹配的字符串处，再次单击【查找下一处】按钮，则继续进行查找。对找到的目标，系统以浅蓝色突出显示。如果要进行替换，单击【替换】按钮。如果要将所有相匹配的关键字全部进行替换，单击【全部替换】按钮即可。当查找到文档尾部时，系统将给出完成的提示。单击【取消】按钮，则结束查找和替换操作，同时关闭【查找和替换】对话框，返回到 Word 文档窗口。

2）带格式的查找与替换

带格式的查找与替换是指查找带有格式设置的文字，或将没有进行格式设置的文字替换成带有格式设置的文字。这项操作是通过【查找和替换】对话框中的【更多】按钮实现的。

在【查找和替换】对话框中，单击【更多】按钮，对话框中将显示更多搜索项。此时，用户可以根据需要选择所需格式，对查找的关键字和替换的关键字进行设置。

6. 撤消与恢复操作

在文档的编辑过程中，可能会出现一些误操作，这时可以使用 Word 2010 中的撤消功能进行撤消。如果发现撤消操作步骤过多，可以进行恢复。

1）撤消操作

撤消操作的方法有 2 种。

（1）单击快速访问工具栏中的【撤消】按钮。

（2）使用组合键 Ctrl + Z 或组合键 Alt + Back Space。

2）恢复操作

恢复操作是撤消操作的逆过程，它可以使被撤消的操作恢复。恢复操作的方法有 2 种。

（1）单击快速访问工具栏中的【恢复】按钮。

（2）使用组合键 Ctrl + Y。

7. 批注与修订文档

1）插入批注

批注是指审阅者根据自己对文档的理解，给文档添加的注解和说明文字。插入标注的具体操作方法如下。

（1）单击【审阅】选项卡。

（2）将插入点置于要插入批注的文字后面，或者选中要插入批注的文字内容。

（3）单击【批注】选项组中的【新建批注】按钮。

（4）在批注的标记区输入所需注解或说明的文字。

（5）在文档窗口中的其他区域单击鼠标，即可完成当前批注的创建。

2）删除批注

若要删除部分批注，可以单击要删除的批注，再单击【批注】选项组中的【删除】按钮，还可以直接单击鼠标右键，在弹出的快捷菜单中选择【删除批注】选项；若要删除所有批注，可以单击【批注】选项组中【删除】按钮下方的下三角按钮，在弹出的下拉列表中选择【删除文档中的所有批注】选项。

3）修订文档

修订模式下，审阅者对文档的各种修改细节可以以不同的标记在 Word 中准确地表现出来，以供文档的作者进行修改和确认。具体操作方法如下。

（1）单击【审阅】选项卡。

（2）单击【修订】选项组中的【修订】按钮。此时，对文档的所有修改操作都会以不同的标记在文档窗口或修订标记区显示出来，再次单击【修订】按钮即可结束修订。单击【更改】选项组中的【拒绝】按钮，可以删除修订，单击【接受】按钮则接受了文档的修改操作，修订标识消失。

实例 4.2 对给定的素材 4.1 按要求完成编辑操作。

（1）将正文第一段“做人需要……他人的信赖。”复制到第三段的后面，使之成为第四段。

（2）将文档中的所有“律行”替换为“言行”。

（3）将第三段和第二段合并为一段，整体作为第二段。

（4）对文档进行修订，将第二段中的“一点点地浸染了我们全部的身心；”一句后面的分号改为句号，将“及至上了学”改为“上学后”，并接受全部修订。

操作方法：

（1）选中第一段文本，按 Ctrl + C 复制，将光标移到第三段的最后，按 Enter 键，再按 Ctrl + V 组合键。

（2）单击【开始】选项卡中【编辑】选项组中的【替换】按钮，打开【查找和替换】对话框，在【查找内容】文本框中输入“律行”，在【替换为】文本框中输入“言行”，单击【全部替换】按钮。

（3）将光标移到第三段段首，按两下 Back Space 键。

（4）单击【审阅】选项卡中【修订】选项组中的【修订】按钮，然后删除分号，输入句号，再删除“及至上了学”，输入“上学后”，单击【更改】选项组中的【接受】按钮，在下拉列表中选择【接受对文档的所有修订】选项。

素材 4.1

一生学做人

做人需要我们穷尽一生的时间来学。在我们成长的路上或是人生任何的时刻，都需要不断地去校正自己的律行，让自己以善美的心姿融入生活的舞台上，赢得社会、生活、他人的信赖。

从我们来到这个世上的那一刻起，我们就已经用纯净的心灵来感受父母的身传言教，耳濡目染种种关于人的行为。当然父母的教育是最好的榜样，是他们把做人的善良、宽容与对生活的爱，一点点地浸染了我们全部的身心；及至上了学，又得到老师们关于做人更深层次的教育，让我们读懂了做人的道理，处事的哲学。这一阶段对我们整个的人生都大有裨益。知识让我们有了做人的资本和识别行为的能力，也让我们懂得了什么是人生。

4.5　文档格式设置

Word 提供了许多文档排版功能，用于改变字符的字体、字号、颜色、底纹、间距，以及段落的对齐方式、行间距、段落缩进等效果，使文档更加美观。

4.5.1　设置字符格式

字符格式包括字符的字体、字号、颜色、下划线、字形等效果。设置字符格式的方法有两种，一种是在【字体】对话框中设置，另一种是使用【开始】选项卡中【字体】选项组中的按钮进行设置。

1.【字体】对话框的使用

打开【字体】对话框的方法有 3 种。

（1）单击【开始】选项卡中【字体】选项组右下角的【对话框启动器】按钮。

（2）按 Ctrl + D 组合键。

（3）在文档中单击右键，在弹出的快捷菜单中选择【字体】选项。

打开的字体对话框如图 4.14 所示。

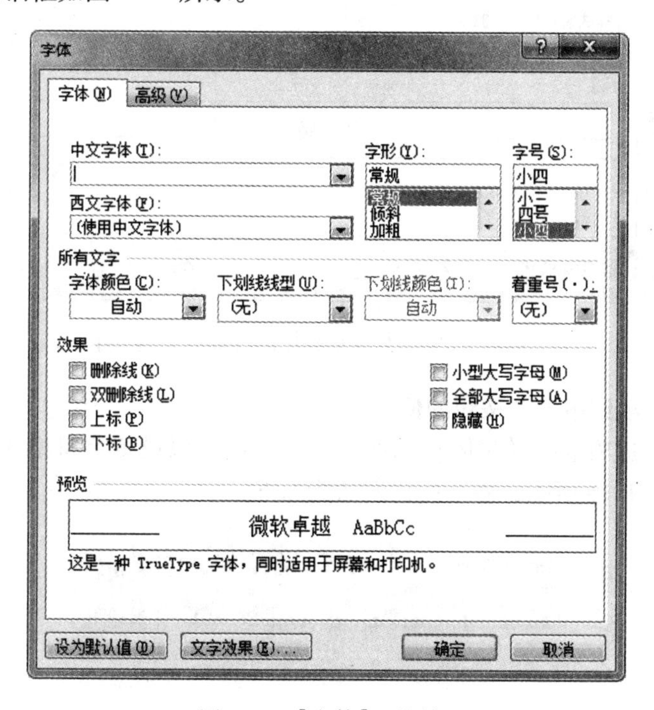

图 4.14　【字体】对话框

单击【字体】选项卡，进行字符格式设置，最后单击【确定】按钮完成设置。

【字体】对话框中各选项的功能如下。

1）【字体】选项卡

在【中文字体】和【西文字体】下拉列表中可以设置字体类型，如宋体、楷体、仿宋等。在【字形】列表框中可以设置常规、倾斜、加粗等效果。在【字号】列表框中可以设置字符大小。在【所有文字】区域，可以设置字体颜色、下划线线型、着重号等效果。在【效果】区域，可以设置删除线、上标、下标等多种特殊效果。

2)【高级】选项卡

单击【字体】对话框中的【高级】选项卡可设置字符的缩放、间距和位置等，如图4.15所示。

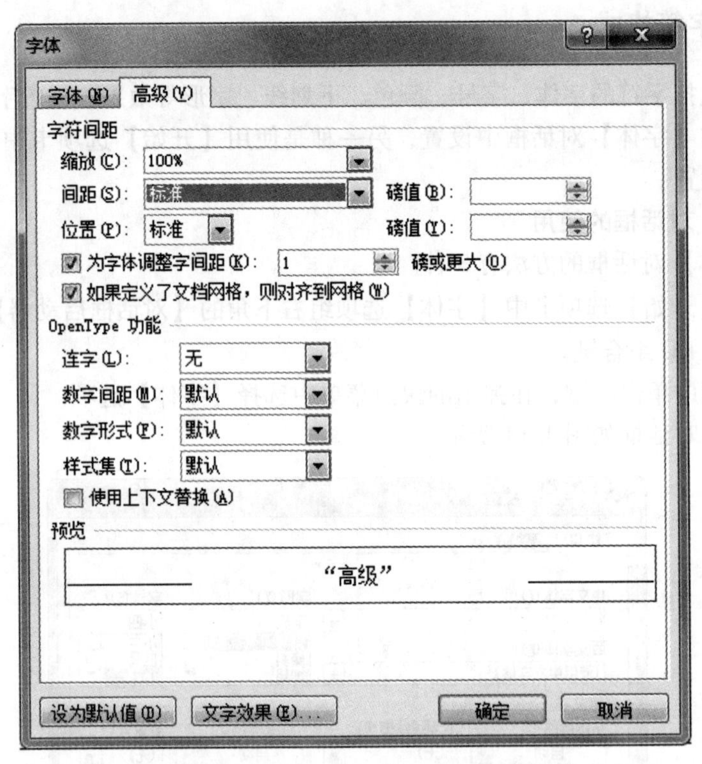

图4.15 【字体】对话框中的【高级】选项卡

2. 【字体】选项组中各个按钮的使用

利用【开始】选项卡中【字体】选项组中的按钮可以设置字符格式。【字体】选项组中的各个按钮如图4.16所示，各个按钮的功能如下。

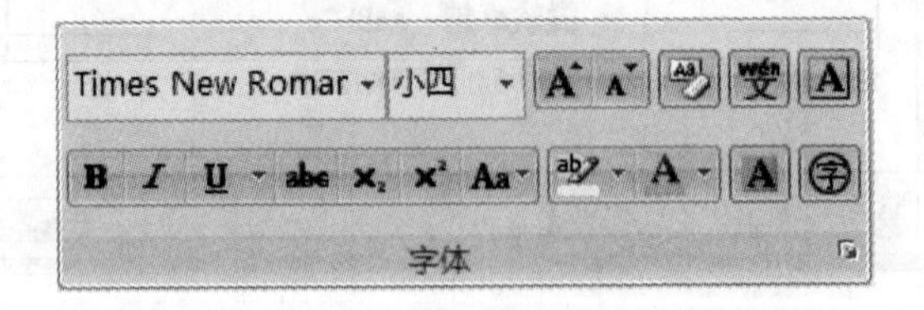

图4.16 【字体】选项组中的各个按钮

(1) Times New Romar 小四 按钮：设置字符的字体和字号。

(2) A A 按钮：增大字号和减小字号。

(3) 按钮：清除字符格式、添加拼音和添加字符边框。

(4) B I U abc x₂ x² Aa 按钮：加粗、倾斜、添加下划线、添加删除线、下标、上标、更改大小写。

（5） 按钮：设置文本效果，突出显示文本，设置字符颜色，设置字符底纹，设置带圈字符。

4.5.2　设置段落格式

段落是文档的基本单位，按一次 Enter 键，就会产生一个段落标记，表示一个段落的结束。

段落标记的作用是存放整个段落的格式信息。如果删除一个段落标记，这个段落就会与后一个段落合并，而被合并的后一个段落的段落格式也将消失，取而代之的是前一个段落的段落格式。

段落格式设置包括设置段落缩进、对齐、行间距、段间距等。当需要对某一个段落进行格式设置时，要先选中该段落，或将光标放在该段落中，然后再进行段落格式设置。

1. 段落的对齐

段落的对齐方式包括左对齐、右对齐、居中对齐、两端对齐和分散对齐五种。

设置对齐方式可以使用【段落】对话框，也可以使用【开始】选项卡中【段落】选项组中的“对齐”按钮，如图 4.17 所示。使用功能区的按钮操作很简单，只需在选中段落后，单击相应的按钮，即可改变段落的对齐方式。各个按钮的功能从左至右依次为：左对齐、居中对齐、右对齐、两端对齐、分散对齐。

图 4.17　段落对齐按钮

使用【段落】对话框设置对齐方式的操作步骤如下。

（1）选中需要改变对齐方式的段落。

（2）单击【开始】选项卡，再单击【段落】选项组右下角的【对话框启动器】按钮，将弹出【段落】对话框，在弹出的对话框中单击【缩进和间距】选项卡，如图 4.18 所示。

（3）在【常规】区域的【对齐方式】下拉列表中选择一种对齐方式；在对话框中的【预览】区域可查看设置的效果。

（4）单击【确定】按钮，关闭对话框。

2. 段落的缩进

对于一般的文档段落，大都规定首行缩进 2 个字符。在同一文档中，对各个段落的左、右边界和段落首行可以设置不同的缩进量。

Word 2010 中段落缩进方式有四种：左缩进、右缩进、首行缩进和悬挂缩进。设置段落缩进可以使用【开始】选项卡中【段落】选项组中的【缩进】按钮、窗口中的水平标尺或【段落】对话框来完成。

1）用标尺设置缩进

使用标尺和鼠标直接在文档中设置缩进是最简单的方法。Word 2010 的水平标尺上面有 4 个缩进标记，如图 4.19 所示。

使用标尺来改变缩进时，首先要选中要改变缩进的段落，然后将缩进标记拖动到合适的位置上即可。在拖动时，文档中会显示一条竖虚线，表明缩进所在的新位置。

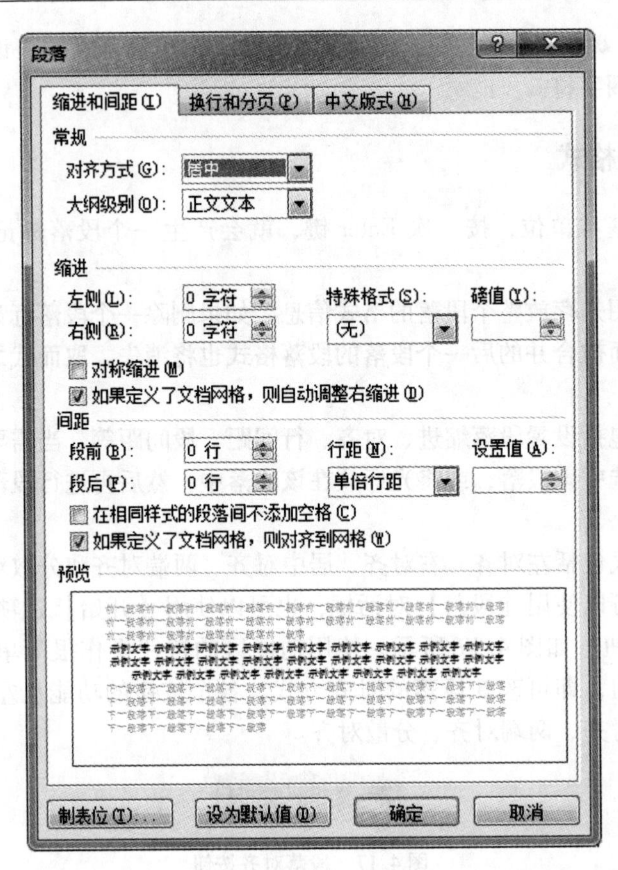

图 4.18 【段落】对话框中的【缩进和间距】选项卡

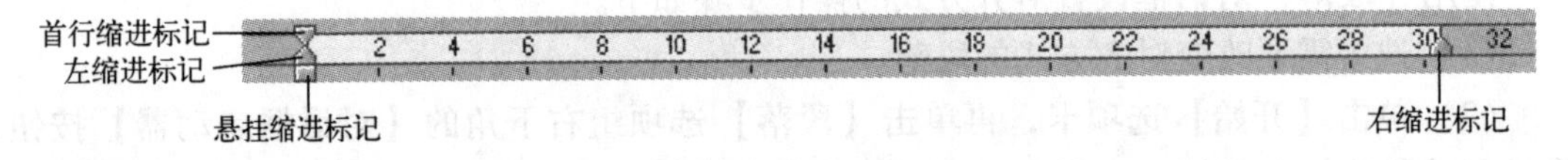

图 4.19 水平标尺

如果在视图窗口中没有显示出标尺，可以通过单击【视图】选项卡，再选中【显示】选项组中的【标尺】复选框来显示标尺。

2）用【缩进】按钮设置缩进

单击【段落】选项组中的【增加缩进量】按钮或【减少缩进量】按钮，可以快速地增加或减少当前段落或所选段落的左缩进量。

3）用【段落】对话框设置缩进

如果要精确地设置段落的缩进量，则应使用【段落】对话框，具体操作步骤如下。

（1）选中要改变缩进量的段落。

（2）按前面方法打开如图 4.18 所示的【段落】对话框，单击【缩进和间距】选项卡。

（3）在对话框的【缩进】区域，单击【左侧】或【右侧】微调按钮，或直接在文本框中输入数值来设定增加或减少的缩进量；对于首行缩进或悬挂缩进的设置，要在【特殊格式】下拉列表中选择缩进类型（首行缩进或悬挂缩进），然后单击【磅值】微调按钮调节缩进量，或直接在文本框中输入缩进量。

(4) 在对话框中的【预览】区域可以查看改变的效果。

(5) 单击【确定】按钮，关闭对话框。

3. 设置行间距与段落间距

行间距指段落中文本行与行之间的距离。段落间距指段与段之间的间距，不同类型文本的段落之间的距离也应不同。例如，标题与段落之间的间距应该大一些，而正文各段之间的间距就应该保持正常的水平。设置行间距的操作步骤如下。

(1) 选中要改变行间距的段落。

(2) 按前面的方法打开如图 4.18 所示的【段落】对话框。

(3) 单击对话框中的【行距】下拉按扭，在列表框中选择适当的行间距。其中，“单倍行距”，即行与行之间保持正常的 1 倍行距；“1.5 倍行距”，即行与行之间保持正常的 1.5 倍行距；2 倍行距，即行与行之间保持正常的 2 倍行距；“多倍行距”，需要在【设置值】文本框中输入具体倍数，改变行间距；“固定值”，即行间距是一定值，该值由【设置值】文本框中输入的值确定；“最小值”，即行间距至少是在【设置值】文本框中输入的值。

(4) 单击【确定】按钮，关闭对话框。

Word 中段落间距有段前间距和段后间距两种，可以在【段落】对话框中进行设置。改变段间距的操作步骤如下：选中要改变段间距的段落；在【段落】对话框中【间距】区域的【段前】和【段后】文本框中分别输入间距值；单击【确定】按钮，关闭对话框。

4. 段落标记的显示与隐藏

显示或隐藏段落标记的方法如下。

单击【文件】→【选项】按钮，将弹出如图 4.20 所示的对话框。单击左侧的【显示】选项，在【始终在屏幕上显示这些格式标记】区域选中或取消【段落标记】复选项，就可以设置段落标记的显示或隐藏状态。

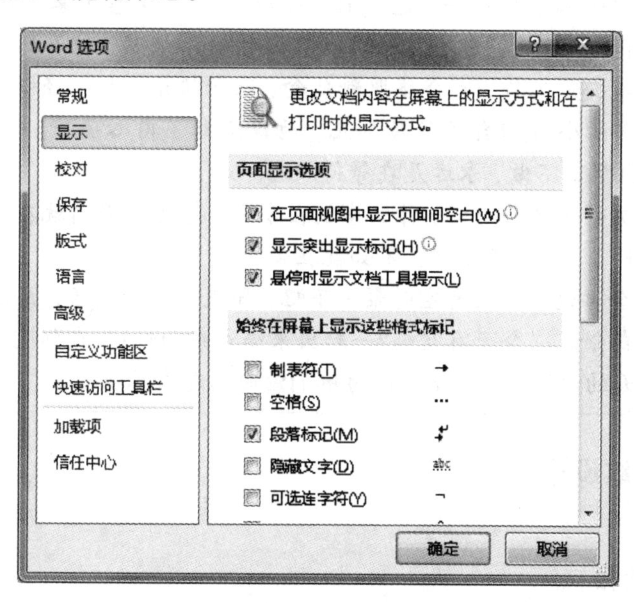

图 4.20 【Word 选项】对话框

实例 4.3：对给定的素材 4.2 按要求完成编辑操作。

（1）将标题“不如就在今天”设置为“楷体、二号、居中对齐”。

（2）将副标题“亦舒散文”设置为“四号、加粗、倾斜、右对齐”。

（3）将正文的三个段落设置为“首行缩进 2 个字符、左对齐”。

操作方法：

（1）选中标题文本，在【开始】选项卡的【字体】选项组中设置字体为“楷体”，字号为“二号”，然后单击【段落】选项组的【对话框启动器】按钮，在弹出的【段落】对话框中单击【缩进和间距】选项卡，然后在【常规】区域中的【对齐方式】下拉列表中选择【居中对齐】选项，单击【确定】按钮。

（2）选中副标题文本，在【开始】选项卡的【字体】选项组中设置字号为“四号”，单击【加粗】【倾斜】按钮，在【段落】选项组中单击【右对齐】按钮。

（3）选中正文三个段落，单击【段落】选项组的【对话框启动器】按钮，在弹出的【段落】对话框中单击【缩进和间距】选项卡，然后在【常规】区域中的【对齐方式】下拉列表中选择【左对齐】选项，在【缩进】区域中的【特殊格式】下拉列表中选择【首行缩进】选项，在【磅值】文本框中输入“2 字符”。

素材 4.2

不如就在今天

亦舒散文

我的一位朋友在北京漂了十年之久，结婚生女，一直租房住，北京房价太高，想住像样一点的，根本是把一辈子搭进去。忽一日，她跟我说：“我想回家乡内蒙古了。”我说：“好啊，其实北京有什么好的，它是别人的，与你无关。”果然，她真的行动了，举家往回迁。现在在二线城市安定工作，有公婆照料伙食，孩子快乐，大人轻松，周末一家人去爬山，三天小长假开车两小时回自己父母那儿。她说感到了内心安宁。人生不过是取舍而已。做了，机会是 50%，不做，永远是在等待状态。

正好昨天看到亦舒说的一句话，什么事就在今天。想约人喝酒就在今天，因为明天的心情、环境都不一样了，一切都变了。不如就在今天。

现在我一般不会再说等哪天有空时聚一下吧，知道这是句空话，因为这个哪天可能不知是猴年马月了。我会说：“今天有空吗?一起出来喝点东西吧!”我知道，想见的朋友总是有空的，那个等哪天的永远是没空的，因为他们没时间花在你身上。

4.5.3 边框和底纹设置

1. 设置边框

设置边框的方法如下。

（1）选中要设置边框的文字或段落，单击【开始】选项卡，再单击【段落】选项组中的【下框线】下三角按钮，在弹出的下拉列表中选择【边框和底纹】选项，将弹出【边框和底纹】对话框，如图 4.21 所示。

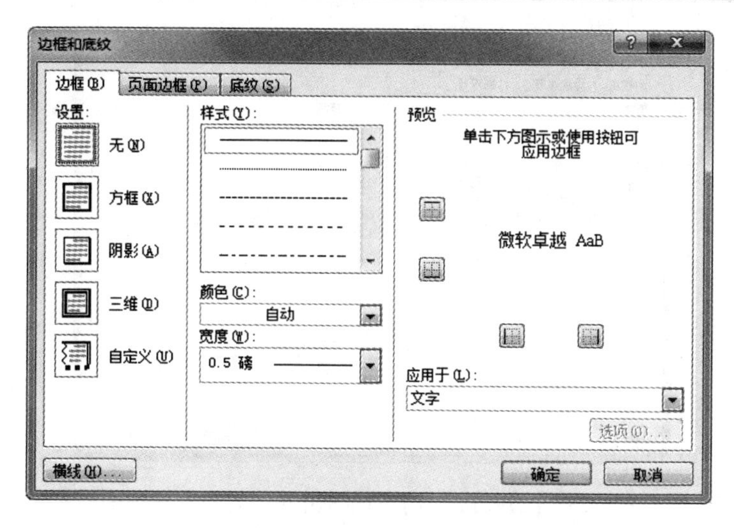

图 4.21 【边框和底纹】对话框

(2) 单击【边框】选项卡，在中间区域选择边框线条样式、颜色、宽度，在【应用于】下拉列表中选择应用于“文字”或“段落”，在左侧的【设置】区域中设置边框的类型，单击【确定】按钮。

(3) 页面边框可以在【页面边框】选项卡中设置。设置页面边框与设置文字或段落边框相似，但是在设置页面边框时可以选择艺术型页面边框，艺术型页面边框可以设置宽度，也可以设置颜色，如图 4.22 所示。

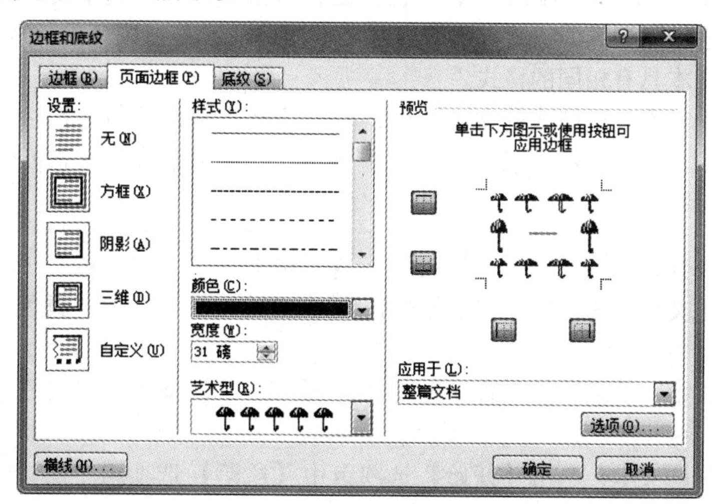

图 4.22 【边框和底纹】对话框的【页面边框】选项卡

2. 设置底纹

设置底纹的方法如下。

(1) 选中要设置底纹的文字或段落，按前面方法打开【边框和底纹】对话框，单击【底纹】选项卡，如图 4.23 所示。

(2) 在该选项卡中可以选择底纹填充的颜色或图案样式，以及图案的颜色，单击【确定】按钮即完成设置。

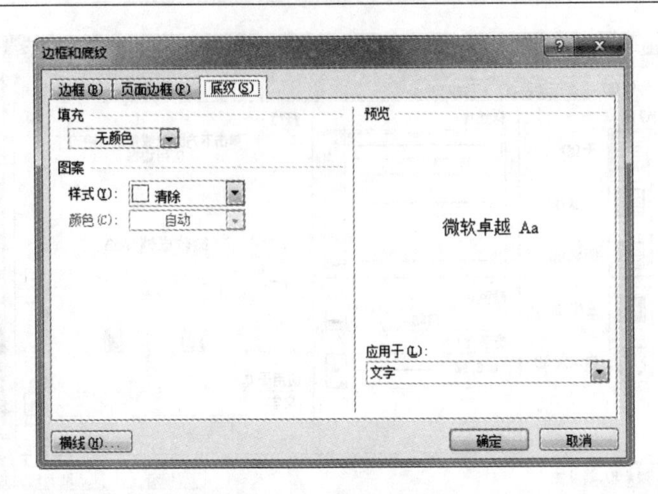

图 4.23 【边框和底纹】对话框中的【底纹】选项卡

4.5.4 复制字符格式或段落格式

对于已经设置了字符格式的文本或设置了段落格式的段落，可以将它的格式复制到文档中其他要求格式相同的文本或段落中，而不用对每段文本重复设置，具体的操作步骤如下。

（1）选中已设置格式的源文本。

（2）单击【开始】选项卡中【剪贴板】选项组中的【格式刷】按钮。

（3）鼠标外观变为一个小刷子后，按住左键，用拖动的方法选中要设置相同格式的目标文本，则所有选中的文本的格式都会变为源文本的格式；若在段落前的选择区拖动鼠标，则整个段落与源文本具有相同的格式。

注意：在选中具有一定格式的文本之后，单击【格式刷】按钮进行格式复制的功能只能应用一次，而双击【格式刷】按钮则可以应用多次，取消格式刷状态可以再次单击【格式刷】按钮。

实例 4.4：对给定的素材 4.3 按要求完成编辑操作。

（1）将标题文字格式设置为“浅绿色底纹”，并将边框设置为“黄色、3 磅、阴影”的样式。

（2）将正文第一段设置为“青绿色底纹”，第二、三段设置为“黄色底纹”。

操作方法：

（1）选中标题文本，单击【开始】选项卡中【段落】选项组中的【边框】下三角按钮，在弹出的下拉列表中选择【边框和底纹】选项，在弹出的对话框中单击【边框】选项卡，在【边框】选项卡中的【颜色】下拉列表中选择“黄色”，【宽度】下拉列表中选择“3 磅”，【设置】区域中选择【阴影】，【应用于】下拉列表中选择【文本】；切换到【底纹】选项卡，在【填充颜色】下拉列表中选择“浅绿色”，【应用于】下拉列表中选择【文本】选项，单击【确定】按钮。

（2）选中第一段文本，在【边框和底纹】对话框的【底纹】选项卡中的【填充】下拉列表中选择“青绿色”，【应用于】下拉列表中选择【段落】，单击【确定】按钮。按相同的方法将第二段和第三段的底纹设置为“黄色”。

素材 4.3

执着与固执

我想起了一些朋友，他们属于执着的人，因为他们心中有梦想。他们为了实现心中的梦想，不受他人意见的左右，坚持倾听内心的声音，走属于自己的路。他们坚持自己的梦想，但并不死板僵化，他们会根据实际情况采取灵活多变的办法去追逐自己的梦想。他们也会适当妥协，但为的是迂回前进。执着的人，执着的是目标，不是实现目标的手段。他们遵循梦想的指引，而不是受情绪的控制。

固执的人，则是受情绪左右，他们坚持的是自己的手段，而不是梦想。甚至，他们常常没有梦想，也不会将眼光放得长远。他们只受当下情绪的控制，非要按照某种僵化的方法来做某事不可。

当你坚持己见却遭遇众人反对的时候，要先想想：你是在坚持梦想，还是在被情绪所左右，而坚持某种手段？分清执着和固执，更有助于你做出正确的选择。

评价单

项目名称	文档排版		完成日期	
班　级		小　组	姓　名	
学　号			组长签字	

评价内容	分　值	学生评价	教师评价
Word 文档的操作熟练程度	10		
文本编辑熟练程度	10		
对 5 种视图方式的掌握程度	10		
查找和替换功能的使用	10		
字符格式设置	10		
段落格式设置	10		
边框和底纹设置	10		
Word 选项设置	10		
态度是否认真	10		
与小组成员的合作情况	10		
总分	100		

学生得分	
自我总结	
教师评语	

知识点强化与巩固

一、填空题

1. Word 2010 文档的扩展名是（　　）。
2. 在 Word 2010 中保存文档可以使用组合键（　　）。
3. 打开 Word 2010 软件后，系统默认的视图是（　　）视图。
4. 在编辑 Word 文档时，执行了误操作后，可以按（　　）组合键撤消误操作。
5. 第一次启动 Word 2010 后，系统自动创建的文件的名称为（　　）。
6. 选中文本后，单击【剪切】按钮，则选中的内容被删除并被移到（　　）上。
7. 段落对齐方式有 5 种，分别是左对齐、（　　）、（　　）、分散对齐和（　　）。
8. 在 Word 2010 中，要新建文档，第一步要单击（　　）选项卡。
9. 要设置文档中文本的颜色、文本效果等格式，可以使用（　　）选项卡中的按钮。
10. 在 Word 2010 中，要选择多处不连续的文本，可以采取按（　　）键，同时用鼠标拖动的方法选择。

二、选择题

1. 打开 Word 2010，系统新建文件的默认名称是（　　）。
A. DOC1　B. SHEET1　C. 文档 1　D. BOOK1
2. Word 2010 的主要功能是（　　）。
A. 幻灯片处理　B. 声音处理　C. 图像处理　D. 文字处理
3. 在 Word 2010 中，当前输入的文字显示在（　　）。
A. 文档的开头　B. 文档的末尾　C. 插入点的位置　D. 当前行的行首
4. 下列视图中最接近打印效果的视图是（　　）。
A. 草稿视图　B. 页面视图　C. 大纲视图　D. 阅读版式视图
5. 在 Word 2010 编辑状态下，若要进行字体效果设置（如设置文本的隐藏），首先应打开（　　）对话框。
A.【字体】　B.【段落】　C.【边框和底纹】　D.【查找】
6. 在 Word 2010 编辑状态下，对选中的文本不能进行（　　）设置。
A. 加下划线　B. 加着重号　C. 动态效果　D. 阴影效果
7. 用 Word 2010 编辑文档时，要将选中区域的内容放到剪贴板上，可单击【剪贴板】选项组中的（　　）按钮。
A.【剪切】或【替换】　B.【剪切】或【清除】
C.【剪切】或【复制】　D.【剪切】或【粘贴】
8. 在 Word 2010 中，在不选中文本的情况下设置字体则该操作（　　）。
A. 不对任何文本起作用　B. 对全部文本起作用
C. 对当前文本起作用　D. 对插入点后新输入的文本起作用
9. 在 Word 2010 主窗口的右上角，可以同时显示的按钮是（　　）。
A.【最小化】【还原】和【最大化】　B.【还原】【最大化】和【关闭】
C.【最小化】【还原】和【关闭】　D.【还原】和【最大化】
10. 新建 Word 文档的组合键是（　　）。

A. Ctrl + N B. Ctrl + O C. Ctrl + C D. Ctrl + S

11. 在 Word 2010 的默认状态下，直接打开最近使用过的文档的方法是（ ）。

A. 单击快速工具栏中的【打开】按钮

B. 单击【文件】选项卡中的【打开】选项

C. 按组合键 Ctrl + O

D. 单击【文件】选项卡中的【最近使用文件】选项

12. 在 Word 2010 中，当前编辑的是 C 盘的某一文档，要将该文档复制到 D 盘，应当使用（ ）。

A.【文件】选项卡中的【另存为】选项 B.【文件】选项卡中的【保存】选项

C.【文件】选项卡中的【新建】选项 D.【开始】选项卡中的【粘贴】选项

13. 在 Word 2010 中，当前编辑的是新建的文档“文档 1”，单击【文件】选项卡中的【保存】选项后，（ ）。

A. “文档 1”被存盘 B. 弹出【另存为】对话框

C. 系统自动以“文档 1”为名存盘 D. 系统不能以“文档 1”为名存盘

14. 在 Word 2010 编辑状态下，要改变段落的缩进方式，调整左右边界，最直观快捷的方法是使用（ ）。

A.【字体】对话框 B.【段落】对话框

C. 标尺 D.【开始】选项卡中的按钮

15. 单击【开始】选项卡中编辑选项组中的【查找】按钮，将弹出（ ）。

A.【查找】对话框 B.【替换】对话框

C.【选择】窗格 D.【导航】窗格

16. 在 Word 2010 编辑状态下，执行“复制”命令后（ ）。

A. 插入点所在段落的文本被复制 B. 被选中的文本被复制

C. 光标所在段落的文本被复制 D. 被选中的文本被复制到插入点处

17. 在 Word 2010 中打开文档的实质是（ ）。

A. 将指定的文档从剪贴板中读出并显示

B. 为指定的文档打开一个空白窗口

C. 将指定的文档从外存读入内存并显示

D. 显示并打印指定文档的内容

18. 在 Word 2010 编辑状态下进行字体设置操作，按新设置的字体格式显示的文字是（ ）。

A. 插入点所在段落中的文字 B. 文档中被选中的文字

C. 插入点所在行中的文字 D. 文档中全部的文字

19. 在 Word 2010 编辑状态下，依次打开了 a1、a2、a3、a4 这 4 个文档，则当前活动窗口是（ ）。

A. a1 文档窗口 B. a2 文档窗口 C. a3 文档窗口 D. a4 文档窗口

20. 在 Word 2010 中，具有设置文本行间距功能的按钮位于（ ）选项组中。

A.【字体】 B.【段落】 C.【插图】 D.【样式】

21.【另存为】按钮位于（ ）选项卡中。

A.【插入】　B.【文件】　C.【开始】　D.【页面布局】

22. 在【字体】对话框中的【效果】区域内，可以设置（　　）效果。

A. 删除线　B. 加粗　C. 隐藏　D. 倾斜

23. 下列哪项不能在【字体】对话框中的【高级】选项卡中完成设置?（　　）

A. 缩放　B. 位置　C. 效果　D. 间距

24.【复制】和【粘贴】按钮位于【开始】选项卡中的（　　）选项组中。

A.【剪贴板】　B.【粘贴】　C.【编辑】　D.【剪切】

25. 以下关于 Word 2010 中字号大小的比较，正确的是（　　）。

A. 五号 > 四号，13 磅 > 12 磅　B. 五号 < 四号，13 磅 < 12 磅

C. 五号 < 四号，13 磅 > 12 磅　D. 五号 > 四号，13 磅 < 12 磅

26. 在 Word 2010 中，下列说法正确的是（　　）。

A. 使用“查找”功能时，可以区分全角和半角字符，不能区分大小写字符

B. 使用“替换”功能时，发现内容替换错了，可以单击【撤消】按钮还原

C. 使用“替换”功能进行文本替换时，只能替换半角字符

D. 使用“替换”功能时，【替换】和【全部替换】按钮作用完全相同

27. 关于 Word 2010，以下说法中错误的是（　　）。

A. 剪切功能是将选取的对象从文档中删除，并存放在剪贴板中

B. 粘贴功能是将剪贴板上的内容粘贴到文档中插入点所在的位置上

C. 剪贴板是外存中一个临时存放信息的特殊区域

D. 剪贴板是内存中一个临时存放信息的特殊区域

28. 在 Word 2010 中选中某段文字后，连击两次【开始】选项卡中的【B】按钮，则（　　）。

A. 这段文字呈粗体格式　B. 这段文字呈细体格式

C. 这段文字格式不变　D. 产生出错报告

29. 在 Word 2010 的编辑状态下，选中文档中的一行文本，按 Del 键后，系统将（　　）。

A. 删除文档中所有内容

B. 删除被选中的行

C. 删除被选中行及其之后的所有内容

D. 删除被选中行及其之前的所有内容

30. 在 Word 2010 中，【替换】按钮在（　　）选项卡中。

A.【文件】　B.【开始】　C.【插入】　D.【页面布局】

三、判断题

1. 在 Word 2010 中没有调整字符间距的功能。（　　）

2. 在 Word 2010 的编辑状态下，要完成移动、复制、删除等操作，必须先选中要编辑的内容。（　　）

3. 屏幕截图和删除背景功能是 Word 2010 的新增功能。（　　）

4. 页边距可以通过标尺设置。（　　）

5. 在 Word 2010 中要复制格式，可以使用格式刷来实现。（　　）

6. 在 Word 2010 中设置艺术型边框时，所有的艺术型边框不能更改颜色。（　　）

7. 选中一个段落后，设置底纹时，应用范围选择“段落”和“文字”的效果相同。 ( )

8. 在 Word 2010 中，将鼠标放在文档左边的文本选择区双击，可以选中一行文本。 ( )

9. 在 Word 2010 中，只能对数字设置上标或下标效果，不能对汉字设置上标或下标效果。 ( )

10. 在 Word 2010 中，段落有两种缩进方式：左缩进和右缩进。 ( )

项目二　制作职工入职登记表、成绩单

知识点提要

1. 表格的创建
2. 行高、列宽的调整
3. 行、列的插入与删除
4. 单元格的合并与拆分
5. 表格格式的设置
6. 表格的排序与计算

任务单

任务名称	制作职工入职登记表、成绩单	学　时	2学时
知识目标	1. 掌握在 Word 2010 中插入表格的方法。 2. 掌握 Word 2010 中表格的编辑方法。 3. 掌握 Word 2010 中表格的排序、计算方法。		
能力目标	1. 能利用 Word 2010 提供的表格创建与编辑功能设计生活中需要的表格。 2. 熟悉 Word 2010 中表格操作的技巧。 3. 具有沟通、协作能力。		
任务描述	（见下）		

任务描述

一、参考下表，制作一份与之相同的“职工入职登记表”

职工入职登记表

编号：　　　　　　　　　　　　　　　　　　　　填表日期：

<table>
<tr><td colspan="5">填表须知：
请认真填写此表，尽量避免遗漏重要信息；如果表内项目本人没有，请写（无）。</td><td rowspan="3">照
片</td></tr>
<tr><td>姓　　名</td><td colspan="2"></td><td>性　　别</td><td></td></tr>
<tr><td>所在系/部</td><td colspan="2"></td><td>职　　务</td><td></td></tr>
<tr><td>籍　　贯</td><td></td><td>民　　族</td><td></td><td>出生年月</td><td></td></tr>
<tr><td>从　　事
专业时间</td><td></td><td>健康状况</td><td></td><td>婚姻状况</td><td></td></tr>
<tr><td>最高学历</td><td></td><td>学位</td><td></td><td>毕业时间</td><td></td></tr>
<tr><td>毕业院校</td><td colspan="3"></td><td>所学专业</td><td></td></tr>
<tr><td>技术职称、
从业资格</td><td></td><td>入职时间</td><td></td><td>外语语种</td><td></td></tr>
<tr><td>政治面貌</td><td></td><td>入党/团
时　　间</td><td></td><td>外语水平</td><td></td></tr>
<tr><td>家庭住址</td><td colspan="5"></td></tr>
<tr><td>身份证号</td><td colspan="2"></td><td>户籍地址</td><td colspan="2"></td></tr>
<tr><td>移动电话</td><td colspan="2"></td><td>E-mail</td><td colspan="2"></td></tr>
<tr><td colspan="6">工 作 经 历</td></tr>
</table>

起止时间	单位	部门及岗位	主要职责

承诺：本人理解到本表格所要求的信息是非常重要的，在此确认以上提供的信息均是真实和准确的，如有虚假信息，本人愿承担相应责任。

本人签字：　　　　　　　　年　　月　　日

设计要求：

1. 所有行行高 0.8 厘米，表格内文本的字号为五号，第一行和最后一行左对齐，其余行居中对齐；

2. 表格外边框为“1.5 磅、黑色、实线”，内边框为“1 磅、黑色、实线”。

续表

<table>
<tr><td>任务描述</td><td>
二、参考下表，制作一份与之相同的“成绩单”表格
成绩单
<table>
<tr><th>考号</th><th>姓名</th><th>性别</th><th>成绩</th><th>备注</th></tr>
<tr><td>1001</td><td>宋＊＊</td><td>男</td><td>580</td><td></td></tr>
<tr><td>1002</td><td>张＊＊</td><td>男</td><td>621</td><td></td></tr>
<tr><td>1003</td><td>李＊＊</td><td>女</td><td>630</td><td></td></tr>
<tr><td>1004</td><td>王＊＊</td><td>男</td><td>559</td><td></td></tr>
<tr><td>1005</td><td>陈＊＊</td><td>女</td><td>610</td><td></td></tr>
<tr><td>1006</td><td>杜＊＊</td><td>男</td><td>586</td><td></td></tr>
</table>
设计要求：
1. 表格外框线为“1.5 磅、绿色、实线”，内框线为“1 磅、绿色、实线”；
2. 第一行填充“黄色”底纹，“成绩”列（除标题外）填充“水绿色，淡色 60%”底纹；
3. 所有单元格中的内容居中对齐；
4. 将标题行文本设置为“四号、宋体、加粗”效果；
5. 对表格中的数据按成绩降序排序。
</td></tr>
<tr><td>任务要求</td><td>
1. 仔细阅读任务描述中的设计要求，认真完成任务。
2. 上交电子作品。
3. 小组间互相学习表格设计的优点。
</td></tr>
</table>

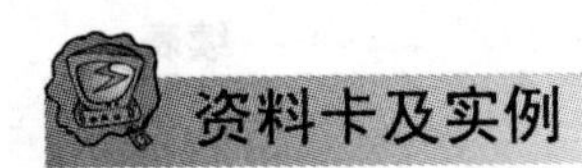

4.6 创建表格

Word 2010 提供了强大的表格制作及表格编辑功能。利用这些功能可以方便快捷地创建各种表格。

利用 Word 2010 创建表格有多种方法，既可以自动创建表格，也可以手动创建表格，还可以两种方法混合使用。用户可以根据具体情况选用不同的方法。

4.6.1 创建表格的方法

1. 自动创建表格

通过【插入】选项卡中【表格】选项组中的【表格】按钮，可以在文档中自动创建表格，具体操作步骤如下。

（1）将光标定位于文档中要创建表格的位置，单击【插入】选项卡，再单击【表格】选项组中的【表格】按钮▦。

（2）在弹出的菜单中有一个由 8 行 10 列方格组成的虚拟表格，将鼠标指针放在此虚拟表格中，虚拟表格会以不同的颜色显示表格的行数和列数，如图 4.24 所示。

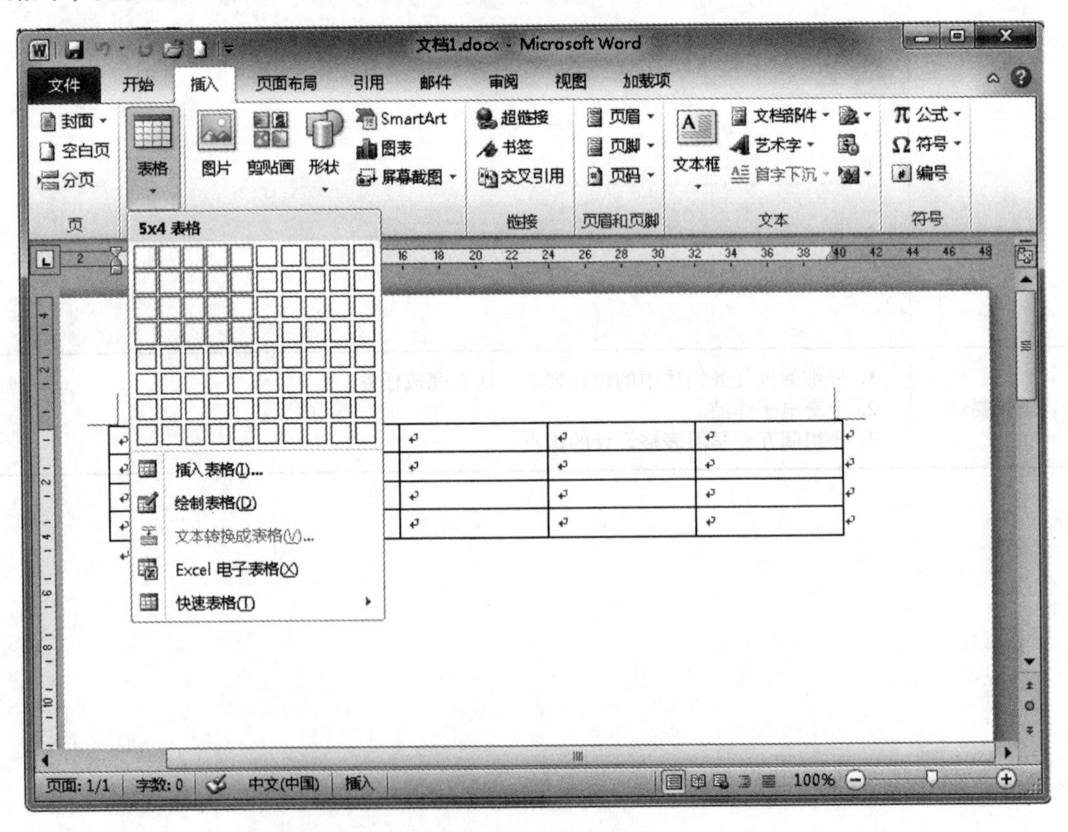

图 4.24 自动创建表格

（3）移动鼠标指针，当虚拟表格中的行数和列数满足要求时，单击鼠标左键，即可在页面中创建一个空白表格。

2. 利用对话框创建表格

利用对话框创建表格，不仅可以准确地输入表格的行数和列数，而且可以根据实际情况来调整表格的列宽，具体操作步骤如下。

（1）将光标定位于文档中要创建表格的位置。

（2）单击【插入】选项卡，再单击【表格】选项组中的【表格】按钮，在弹出的菜单中选择【插入表格】选项。

（3）在弹出的【插入表格】对话框中的【列数】和【行数】文本框中分别输入“列数”和“行数”，其中“行数”最大值为 32767，“列数”最大值为 63，如图 4. 25 所示。

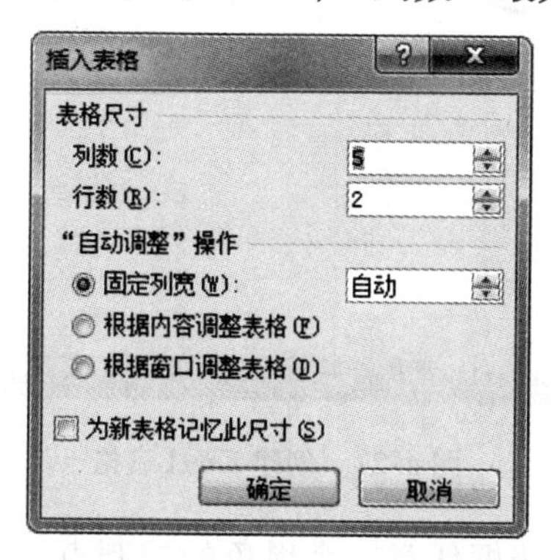

图 4. 25　【插入表格】对话框

（4）设置完成后，单击【确定】按钮，即可在文档中插入表格。

3. 绘制表格

手动绘制表格方式可以让用户根据需要绘制复杂的表格，具体操作步骤如下。

（1）将光标定位于文档中要绘制表格的位置。

（2）单击【插入】选项卡，再单击【表格】选项组中的【表格】按钮，在弹出的菜单中选择【绘制表格】选项，此时鼠标指针呈✎形状。

（3）在需要绘制表格的位置拖动鼠标，在文档中绘制一个虚线框，释放鼠标即可得到一个表格的外框。此时【设计】选项卡中【绘图边框】选项组中的【绘制表格】按钮会自动被选中，如图 4. 26 所示。

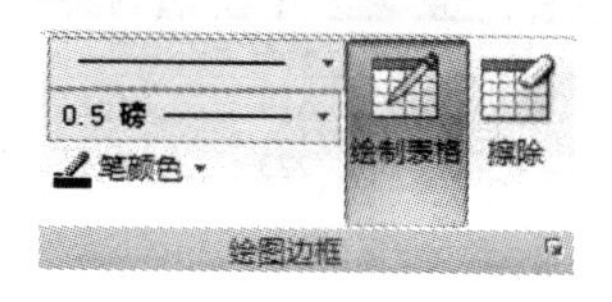

图 4. 26　【绘图边框】选项组

（4）根据需要，用鼠标拖动的方法绘制表格的行线与列线，同样的方法也可以绘制斜线。

（5）如果要擦除不需要的线，单击【绘图边框】选项组中的【擦除】按钮，将橡皮形状的鼠标指针移到需要擦除的线的一端，按下鼠标左键，然后拖动鼠标到线的另一端，再放开鼠标左键，就可以擦除此线。

4. 创建 Excel 电子表格

Excel 是专门用于制作表格的 Microsoft Office 组件。为了能够将 Word 中制作出的表格数据直接引入到 Excel 中，可在创建表格时就将其创建为 Excel 表格，具体操作步骤如下。

（1）将光标定位于文档中要创建表格的位置。

（2）单击【插入】选项卡，再单击【表格】选项组中的【表格】按钮，在弹出的菜单中选择【Excel 电子表格】选项，系统将自动调用 Excel 程序，并创建一个 Excel 表格，如图 4.27 所示。

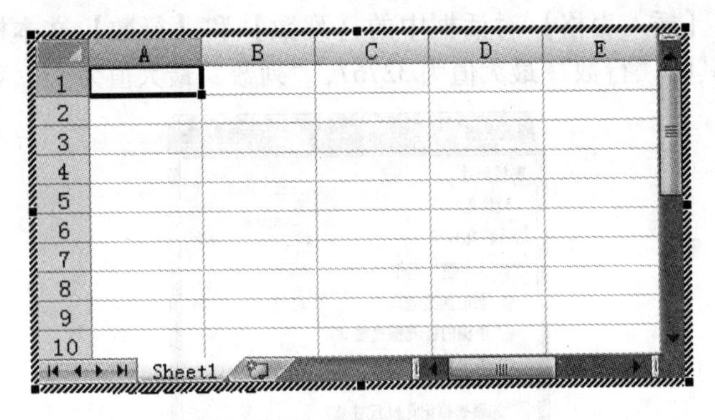

图 4.27 创建 Excel 表格

（3）将鼠标指针移动到虚线框任意一个黑色的控制点上，按住鼠标左键向任意方向拖动鼠标，可调节该表格的大小及显示的行数和列数。

（4）单击 Excel 表格外的任意空白处，即可退出 Excel 表格的编辑状态。

5. 快速创建表格

Word 2010 提供了几种表格模板样式，使用快速创建表格功能，可以快速插入已有的表格模板，以节省绘制时间，具体操作步骤如下。

（1）将光标定位于文档中要创建表格的位置。

（2）单击【插入】选项卡，再单击【表格】选项组中的【表格】按钮，在弹出的菜单中选择【快速表格】选项，根据需要在弹出的界面中选择表格模板样式即完成表格的创建。在创建的表格中可以修改数据或格式，如图 4.28 所示。

学院	新生	毕业生	更改
	本科生		
Cedar 大学	110	103	+7
Elm 学院	223	214	+9
Maple 高等专科院校	197	120	+77
	研究生		
Cedar 大学	24	20	+4
Elm 学院	43	53	−10
Maple 高等专科院校	3	11	−8
总计	998	908	90

图 4.28 表格模板样式

6. 文本转换成表格

在 Word 2010 中可以将符合一定要求的文本转换为表格，具体操作步骤如下。

（1）先输入需要转换为表格的文本，在输入时通过按 Tab 键、空格键或输入英文状态的逗号来指明在何处将文本分列，通过插入段落标记来指明在何处将文本分行，如下所示。

学号,姓名,数学,英语↵

1001,孙晓彤,78,89 ↵

1002,钱文文,90,95 ↵

（2）选中输入的所有文本。

（3）单击【插入】选项卡，再单击【表格】选项组中的【表格】按钮，在弹出的菜单中选择【文本转换成表格】选项，弹出【将文字转换成表格】对话框，如图 4.29 所示。

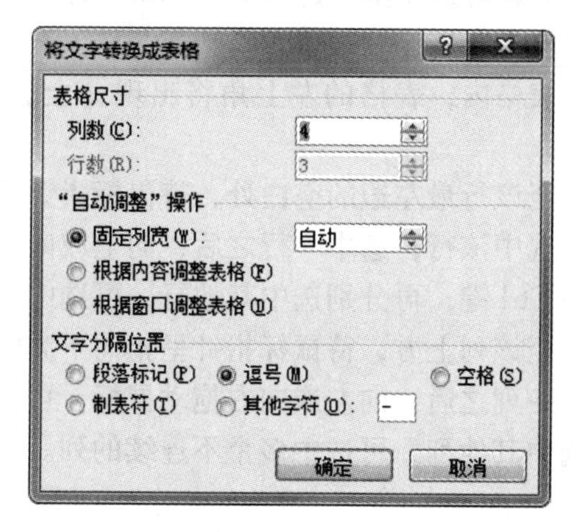

图 4.29 【将文字转换成表格】对话框

（4）在【文字分隔位置】区域选择输入的分隔符类型。

（5）单击【确定】按钮，文本就转换成了表格。

实例 4.5： 参考样例 4.1 中的表格，在 Word 2010 中绘制一份与之相同的表格。

操作方法：

单击【插入】选项卡中【表格】选项组中的【表格】按钮，在弹出的菜单中选择【绘制表格】选项，然后在 Word 文档中绘制表格的外框，再依次绘制第 1 列和最后 1 列的列线，所有横线，第 2、3、4 列的列线，最后输入表格信息。

样例 4.1

项目	2007 年销售额（万元）				合计
	第 1 季度	第 2 季度	第 3 季度	第 4 季度	
计算机	¥230	¥312	¥312	¥330	
网络设备	¥120	¥134	¥137	¥144	
其他	¥89	¥92	¥93	¥98	
小计					

4.6.2 编辑表格

一般情况下，不可能一次就创建出完全符合要求的表格，所以需要对表格进行适当的修改，以满足需求。

1. 选中表格

对表格中的内容进行编辑之前，首先需要选中编辑的对象，这里介绍了单元格、表格、行和列的选中方法。

选中单元格：将鼠标指针移至表格中单元格的左端线上，待鼠标指针呈指向右上方向的黑色箭头形状时，单击鼠标左键即可选中该单元格；在表格的一个单元格内单击鼠标左键，并拖动鼠标至另一个单元格处，可选中多个连续的单元格；选中一个单元格，按 Ctrl 键，再分别选中其他单元格，可选中多个不连续的单元格。

选中表格：将光标移至表格内，表格的左上角将出现【全选】按钮，单击该按钮，可选中整个表格。

选中行：将鼠标指针移至该行最左边的空白处，待鼠标指针呈指向右上方向的白色箭头形状时，单击鼠标左键即可选中该行；选中一行之后，向上或向下拖动鼠标，可选中连续的多行；选中一行之后，按住 Ctrl 键，再分别选中其他行，可选中多个不连续的行。

选中列：将鼠标指针移至该列上方，待鼠标指针呈指向下方的黑色箭头形状时，单击鼠标左键即可选中该列；选中一列之后，向左或向右拖动鼠标，可选中连续的多列；选中一列之后，按 Ctrl 键，再分别选中其他列，可选中多个不连续的列。

2. 调整行高或列宽

调整表格行高或列宽，可以采用以下两种方法。

1）使用鼠标拖动的方法

使用这一方法调整表格的行高或列宽比较简便。移动鼠标指针到表格的边框线上，当鼠标指针变为双向箭头时，拖动鼠标即可。若想进行微调，可通过按 Alt 键的同时拖动鼠标来实现。

小提示：

① 表格的行高有默认的最小值，用鼠标拖动的方法调整行高时，若要使行高小于这个默认值，可以在拖动鼠标的同时按住 Ctrl 键；

② 用鼠标调整列线时，若不调整整条线的位置而是要调整列线的一部分，可以先选中这部分列线所在的单元格，然后拖动鼠标进行调整。

2）使用【表格属性】对话框调整行高或列宽

使用这一方法可精确地设置表格的行高或列宽。选中要调整的行或列，单击【布局】选项卡中【表】选项组中的【属性】按钮，打开【表格属性】对话框，或单击鼠标右键，在弹出的快捷菜单中选择【表格属性】选项，也可以打开【表格属性】对话框，然后根据需要在【表格属性】对话框中对表格行高或列宽进行更改，如图 4.30 所示。

3. 插入行或列

在表格中插入行或列的具体操作步骤如下。

（1）在表格中选中与需要插入行或列的位置相邻的行或列。

（2）单击【布局】选项卡，然后根据实际需要单击【行和列】选项组中的相应按钮，

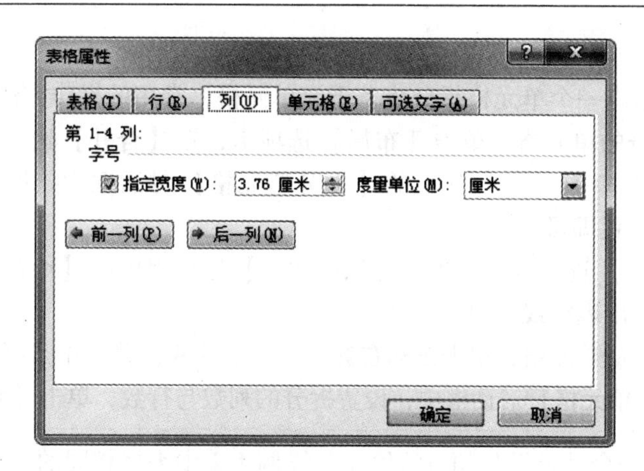

图 4. 30 【表格属性】对话框

如图 4. 31 所示。

若要在表格的最下面插入行，可以将鼠标放在最后一个单元格内，每按一次 Tab 键就插入一行。

4. 删除行、列、单元格或表格

具体操作步骤如下。

（1）选中要删除的行、列、单元格或表格。

（2）单击【布局】选项卡中【行和列】选项组中的【删除】按钮，将弹出下拉列表，如图 4. 32 所示，用户可根据实际需要进行选择。

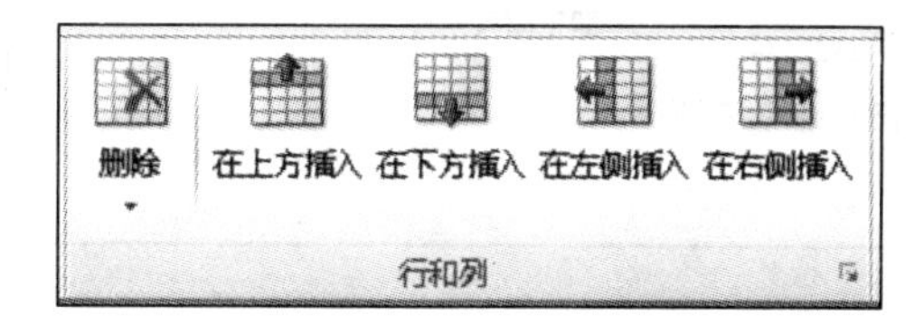

图 4. 31 【行和列】选项组

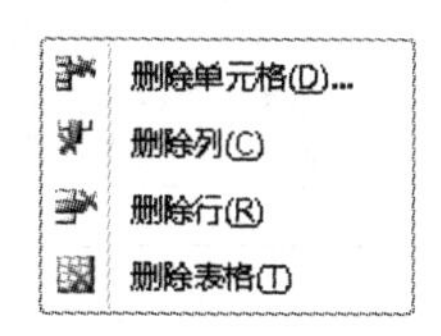

图 4. 32 单击【删除】按钮弹出的下拉列表

5. 合并单元格

合并单元格就是把两个或多个单元格合并成一个单元格，常用的操作方法有以下 3 种。

（1）选中要合并的单元格，单击【布局】选项卡，再单击【合并】选项组中的【合并单元格】按钮即可，如图 4. 33 所示。

（2）单击【设计】选项卡，再单击【绘图边框】选项组中的【擦除】按钮，如图 4. 34 所示，此时鼠标指针呈橡皮擦图标形状，单击需要合并的单元格之间的表格线即可。

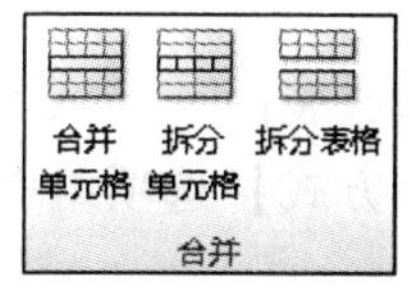

图 4. 33 【合并】选项组

图 4. 34 【绘图边框】选项组

（3）选中要合并的单元格，单击鼠标右键，在弹出的快捷菜单中选择【合并单元格】选项即可。

6. 拆分单元格

拆分单元格是指将一个单元格拆分成若干个单元格，常用的操作方法有以下 3 种。

（1）选中要拆分的单元格，单击【布局】选项卡，在【合并】选项组中单击【拆分单元格】按钮，如图 4.33 所示，在弹出的【拆分单元格】对话框中，设置拆分的列数与行数，单击【确定】按钮即可。

（2）单击【设计】选项卡，再单击【绘图边框】选项组中的【绘制表格】按钮，在要拆分的单元格中绘制出表格线即可。

（3）选中要拆分的单元格，单击鼠标右键，在弹出的快捷菜单中选择【拆分单元格】选项，在弹出的【拆分单元格】对话框中，设置拆分的列数与行数，单击【确定】按钮即可。

实例 4.6：利用合并及拆分的方法绘制与样例 4.2 中表格相同的表格。

操作方法：

插入一个 4 行 9 列的表格，将第 1 行的 4、5 列和 7、8 列合并，再将第 3 行的 2、3、4 列和 6、7、8 列合并，再将第 4 行的第 2 列到第 8 列合并，然后将最后一列所有单元格合并，最后输入表格信息。

样例 4.2

职工基本信息表

<table>
<tr><td>编号</td><td>0201</td><td>部门</td><td colspan="2">销售部</td><td>姓名</td><td colspan="2">李潼</td><td rowspan="4">职工照片</td></tr>
<tr><td>性别</td><td>男</td><td>年龄</td><td>38</td><td>职务</td><td>经理</td><td>工龄</td><td>15</td></tr>
<tr><td>单位</td><td colspan="3">上海某科技公司</td><td>电话</td><td colspan="3">027-88212345</td></tr>
<tr><td>基本情况</td><td colspan="7">2004 年加入本公司，2008 年调入销售部任经理，主要负责本公司省外产品销售。</td></tr>
</table>

4.6.3 表格的格式设置

1. 单元格内容的对齐方式

单元格内容的对齐方式是表格格式设置中最常用的一项功能。Word 2010 表格中提供的单元格内容的对齐方式有 9 种，分别为靠上两端对齐、靠上居中对齐、靠上右对齐、中部两端对齐、水平居中、中部右对齐、靠下两端对齐、靠下居中对齐、靠下右对齐，具体的设置方法有以下 3 种。

1）在【布局】选项卡中设置

具体操作步骤如下。

（1）在表格中选中需要设置对齐方式的单元格或整张表格。

（2）单击【布局】选项卡，根据需要单击【对齐方式】选项组中的按钮，如图 4.35 所示。

2）利用【表格属性】对话框和【段落】选项组设置

具体操作步骤如下。

（1）在表格中选中需要设置对齐方式的单元格或整张表格。

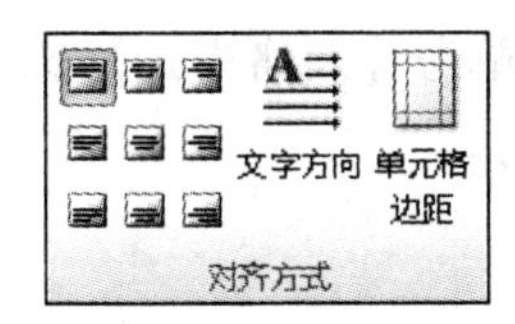

图 4.35 【对齐方式】选项组

（2）单击【布局】选项卡，再单击【表】选项组中的【属性】按钮。

（3）在打开的【表格属性】对话框中单击【单元格】选项卡，如图 4.36 所示，根据需要设置垂直对齐方式。

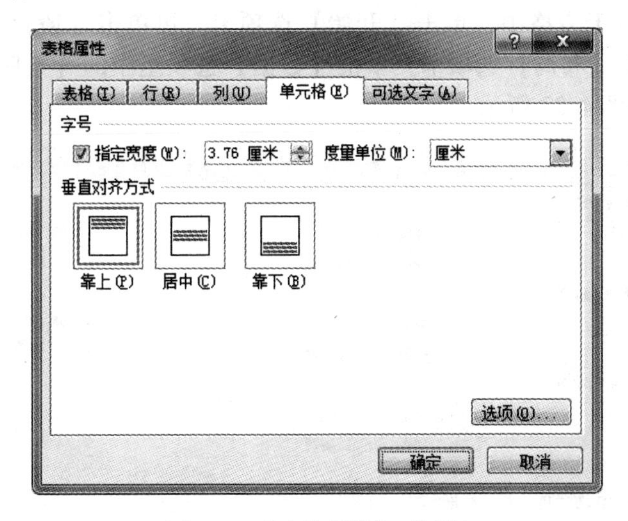

图 4.36 【表格属性】对话框

（4）单击【开始】选项卡中【段落】选项组中的相应按钮，根据需要设置单元格内容的水平对齐方式。

3）利用快捷菜单设置

具体操作步骤如下。

（1）在表格中选中需要设置对齐方式的单元格或整张表格。

（2）右击被选中的单元格或整张表格，在打开的快捷菜单中选择【单元格对齐方式】选项，在打开的级联菜单中选择相应的单元格对齐方式。

2. 设置表格边框线和底纹

1）设置表格边框线

具体操作步骤如下。

（1）在表格中选中需要设置边框线的单元格或整张表格。

（2）单击【设计】选项卡，在【绘图边框】选项组中分别设置线的样式、粗细和颜色，如图 4.34 所示。

（3）单击【表格样式】选项组中的【边框】下三角按钮，在弹出的下拉列表中设置相应边框即可。

2）设置表格底纹

（1）在表格中选中需要设置底纹的单元格或整张表格。

（2）单击【设计】选项卡，再单击【表格样式】选项组中的【底纹】下三角按钮，在弹出的下拉列表中选择相应颜色即可。

4.6.4 表格的排序和计算

在日常工作中，常常要对表格中的数据进行排序，Word 提供了方便的排序功能。此外，利用表格的计算功能，还可以对表格中的数据进行一些简单的计算。

1. 表格排序

对表格进行排序的具体操作步骤如下。

（1）将光标定位于表格中，单击【开始】选项卡，再单击【段落】选项组中的【排序】按钮，或切换至【布局】选项卡，单击【数据】选项组中的【排序】按钮，都可打开【排序】对话框，如图 4.37 所示。

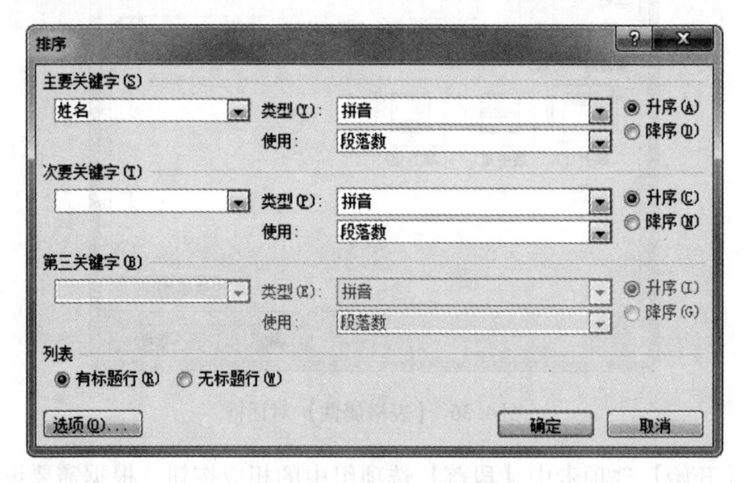

图 4.37 【排序】对话框

（2）如果表格的标题行参与排序，需要选中【列表】区域的【有标题行】单选项。

（3）在【排序】对话框中设置排序的关键字、排序类型和排序方式。

（4）若只针对选择的某列排序，单击【选项】按钮，弹出【排序选项】对话框，选中【排序选项】区域中的【仅对列排序】复选框，单击【确定】按钮，返回【排序】对话框。

（5）单击【确定】按钮，完成排序。

2. 表格计算

在表格中，可以进行一些简单的计算，如求和计算，具体操作步骤如下。

（1）将光标定位于求和的单元格内，如图 4.38 所示。

学号	姓名	数学	语文	总分
1001	孙晓彤	95	96		
1002	钱文文	84	90	
1003	李珊珊	82	84	

图 4.38 定位光标于求和的单元格内

（2）单击【布局】选项卡中【数据】选项组中的公式按钮***fx***，弹出【公式】对话框，在【公式】文本框中输入“=SUM(LEFT)”，如图 4.39 所示。

（3）单击【确定】按钮，即可完成求和计算。

（4）用同样的方法计算出其他同学的总分，效果如图 4.40 所示。

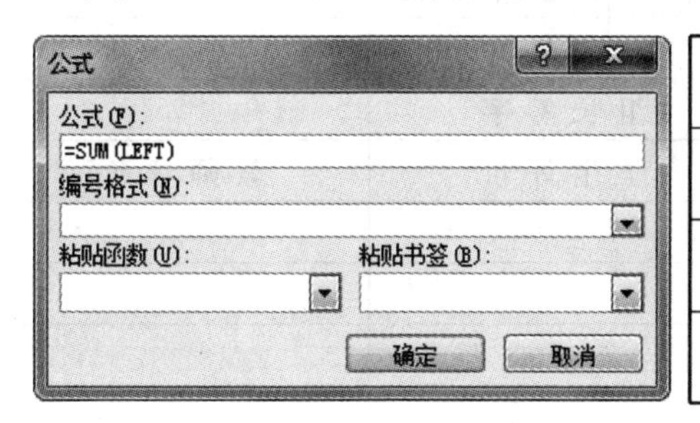

图 4.39　【公式】对话框

学号	姓名	数学	语文	总分
1001	孙晓彤	95	96	191
1002	钱文文	84	90	174
1003	李珊珊	82	84	166

图 4.40　求和计算效果图

实例 4.7：对样例 4.1 中的表格按下述要求进行格式设置。

（1）外框线为“1.5 磅、蓝色、实线”，内框线为“1 磅、红色、实线”。

（2）第 1、2 行为“浅蓝色”底纹，其他行为“浅绿色”底纹。

（3）所有单元格文字水平和垂直方向都居中。

（4）利用公式计算每个季度的小计值和每种项目的合计值。

操作方法：

（1）选中表格，单击【设计】选项卡，在【绘图边框】选项组中的【笔样式】下拉列表中选择“实线”，在【笔画粗细】下拉列表中选择“1.5 磅”，在【笔颜色】下拉列表中选择“蓝色”，然后单击【表格样式】选项组中的【边框】下三角按钮，选择【外侧边框】选项。按相同的方法设置内框线。

（2）选中第 1、2 行单元格，单击【设计】选项卡中【表格样式】选项组中的【底纹】下三角按钮，在弹出的下拉列表中选择“浅蓝色”，再选中其他行单元格，单击【底纹】下三角按钮，在弹出的下拉列表中选择“浅绿色”。

（3）选中整个表格，右击，在弹出的快捷菜单中选择【单元格对齐方式】选项，在弹出的级联菜单中单击【水平居中】按钮。

（4）将鼠标放在“小计”右侧的单元格中，单击【表格工具】下的【布局】选项卡，再单击【数据】选项组中的【公式】按钮，将弹出【公式】对话框，在对话框的【公式】文本框中输入“=SUM(ABOVE)”，单击【确定】按钮。在同一行的其他小计单元格按同样的方法操作。将鼠标放在“合计”下方的单元格中，再打开【公式】对话框，在对话框的【公式】文本框中输入“=SUM(LEFT)”，单击【确定】按钮。在同一列的其他合计单元格按同样的方法操作。

评价单

<table>
<tr><td>项目名称</td><td colspan="5">制作职工入职登记表、成绩单</td><td>完成日期</td><td></td></tr>
<tr><td>班级</td><td colspan="2"></td><td>小组</td><td colspan="2"></td><td>姓名</td><td></td></tr>
<tr><td>学号</td><td colspan="4"></td><td colspan="2">组长签字</td><td></td></tr>
<tr><td colspan="2">评价内容</td><td colspan="3">分值</td><td colspan="2">学生评价</td><td>教师评价</td></tr>
<tr><td colspan="2">表格的创建</td><td colspan="3">10</td><td colspan="2"></td><td></td></tr>
<tr><td colspan="2">行高、列宽的调整</td><td colspan="3">10</td><td colspan="2"></td><td></td></tr>
<tr><td colspan="2">单元格对齐方式的设置</td><td colspan="3">10</td><td colspan="2"></td><td></td></tr>
<tr><td colspan="2">表格边框和底纹的设置</td><td colspan="3">10</td><td colspan="2"></td><td></td></tr>
<tr><td colspan="2">表格的排序与计算</td><td colspan="3">10</td><td colspan="2"></td><td></td></tr>
<tr><td colspan="2">单元格的合并与拆分</td><td colspan="3">10</td><td colspan="2"></td><td></td></tr>
<tr><td colspan="2">表格的插入与删除</td><td colspan="3">10</td><td colspan="2"></td><td></td></tr>
<tr><td colspan="2">整体布局是否合理</td><td colspan="3">10</td><td colspan="2"></td><td></td></tr>
<tr><td colspan="2">态度是否认真</td><td colspan="3">10</td><td colspan="2"></td><td></td></tr>
<tr><td colspan="2">与小组成员的合作情况</td><td colspan="3">10</td><td colspan="2"></td><td></td></tr>
<tr><td colspan="2">总分</td><td colspan="3">100</td><td colspan="2"></td><td></td></tr>
<tr><td>学生得分</td><td colspan="7"></td></tr>
<tr><td>自我总结</td><td colspan="7"></td></tr>
<tr><td>教师评语</td><td colspan="7"></td></tr>
</table>

知识点强化与巩固

一、选择题

1. 在 Word 2010 编辑状态下，若光标位于表格外右侧的行尾处，按 Enter 键，结果是（　　）。

A. 光标移到下一列　　B. 光标移到下一行，表格行数不变
C. 插入一行，表格行数改变　　D. 在本单元格内换行，表格行数不变

2. 在 Word 2010 中，要插入一个表格应单击【插入】选项卡中【表格】选项组中的（　　）按钮。

A.【插入】　B.【表格】　C.【插入表格】　D.【插图】

3. 在表格中要使两个单元格合并成一个单元格可以使用【布局】选项卡中的（　　）按钮。

A.【擦除】　B.【合并单元格】　C.【绘制表格】　D.【删除单元格】

4. 在 Word 2010 中，创建表格不能通过（　　）实现。

A. 使用绘图工具　　B. 使用【插入表格】选项
C. 使用【绘制表格】选项　　D. 使用【快速表格】选项

5. 在 Word 2010 中，关于快速表格样式的用法，以下说法正确的是（　　）。

A. 只能用快速表格方法生成表格
B. 可在生成新表时使用快速表格样式
C. 每种快速表格样式已经固定，不能对其进行任何形式的修改
D. 在使用一种快速表格样式后，不能再更改为其他样式

6. 在 Word 2010 编辑状态下，将光标定位于某个单元格中，右击，在弹出的快捷菜单中单击【选择】→【行】选项，按同样的方法再单击【选择】→【列】选项，则表格中被选中的部分是（　　）。

A. 插入点所在的行　　B. 插入点所在的列
C. 一个单元格　　D. 整个表格

7. 在 Word 2010 中选中某一单元格，按 Delete 键，删除的是（　　）。

A. 整个表格　B. 一行　C. 一列　D. 单元格中的内容

8. 在用鼠标拖动表格列线，调整表格列宽时，若要使调整的列线右侧的单元格列宽不变，应按（　　）键。

A. Ctrl　B. Alt　C. Shift　D. Esc

9. 在 Word 2010 中选中了整个表格，单击【布局】选项卡中的【删除】按钮，在弹出的下拉列表中单击【删除行】选项，结果是（　　）。

A. 删除第一行　B. 表格不变　C. 删除表格中内容　D. 删除整个表格

10. 在 Word 2010 中，选中表格中的某一个单元格，将鼠标指向该单元格的左边框线位置，当鼠标变成双箭头形状时拖动鼠标，结果是（　　）。

A. 该单元格的左边线被移动　　B. 该单元格左边线所在的列线整体被移动
C. 单元格的内容被移动　　D. 没有变化

11. 将光标定位于表格右下方最后一个单元格中，按 Tab 键，结果是（　　）。

A. 光标被移出表格 B. 在表格的最后插入一行

C. 表格最后一行被删除 D. 光标被移到左侧的单元格

12. 在 Word 2010 的表格操作中，改变表格的行高与列宽可用鼠标操作，方法是（ ）。

A. 当鼠标指针在表格线上变为双箭头形状时拖动鼠标

B. 双击表格线

C. 单击表格线

D. 单击【拆分单元格】按钮

13. 在 Word 2010 中，（ ）可选中矩形区域。

A. 拖动鼠标 B. 按 Shift 键同时拖动鼠标

C. 按 Alt 键同时拖动鼠标 D. 按 Ctrl 键同时拖动鼠标

14. 在 Word 2010 中，关于表格操作，下列叙述不正确的是（ ）。

A. 可以将两个或多个连续的单元格合并成一个单元格

B. 可以将两个表格合并成一个表格

C. 不能将一个表格拆分成多个表格

D. 可以为表格加实线边框

15. 在 Word 2010 编辑状态下，文档中有两个表格，中间有一个回车符，删除回车符后（ ）。

A. 两个表格合并成一个表格

B. 两个表格不变，光标被移到下边的表格中

C. 两个表格不变，光标被移到上边的表格中

D. 两个表格均被删除

16. 在 Word 2010 中，对表格中的数据进行排序时，不能按照数据的（ ）排序。

A. 笔画 B. 数字 C. 字号 D. 拼音

17. 在【表格属性】对话框中不可以设置（ ）。

A. 表格浮于文字之上 B. 单元格中文字顶端对齐

C. 单元格中文字居中对齐 D. 单元格中文字底端对齐

18. 下列关于 Word 2010 表格的行高的说法，正确的是（ ）。

A. 行高不能修改

B. 行高只能用鼠标拖动的方法来调整

C. 行高只能用对话框来设置

D. 行高既可以用鼠标拖动的方法来调整，也可以用对话框来设置

19. 在编辑表格时，若单击了【分布行】按钮，则结果是（ ）。

A. 表格行高被调整为原有行高中的最大值

B. 表格行高被调整为原有行高中的最小值

C. 表格行高被调整为原有行高中的预设值

D. 表格行高被调整为原有行高高度总和的平均值

20. 在 Word 2010 的表格中，添加的信息（ ）。

A. 只限于文字形式 B. 只限于数字形式

C. 可以是文字、数字和图形对象等　　D. 只限于文字和数字形式

二、判断题

1. 在 Word 2010 中，表格和文本是可以互相转换的。 (　)
2. 在 Word 2010 中，表格一旦建立，行、列不能随便增、删。 (　)
3. 在 Word 2010 中，不能对表格中的数据进行排序操作。 (　)
4. 表格中的行线和列线只能一起移动，不能局部移动。 (　)
5. 在绘制表格时，可以逐行来绘制，即先绘制第一行，再绘制第二行，依次绘制。 (　)

项目三 校报设计

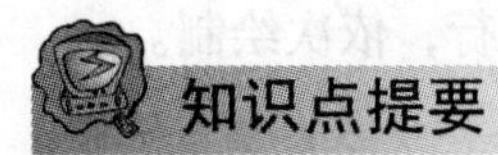

知识点提要

1. 项目符号的使用
2. 分栏、首字下沉效果的设置
3. 页眉和页脚的设置
4. 样式的使用
5. 中文版式
6. 图片、艺术字、图形等对象的插入

任务单(一)

任务名称	设计校报	学　时	2 学时
知识目标	1. 掌握 Word 2010 中项目符号的使用方法，以及首字下沉、分栏的设计方法。 2. 掌握 Word 2010 中艺术字、图片、图形的插入方法。 3. 掌握 Word 2010 中图形、图片的编辑方法。		
能力目标	1. 能对 Word 文档布局进行合理设计。 2. 能根据需求对文档中添加的对象进行编辑。 3. 具有沟通、协作能力。		
任务描述	利用提供的素材，按下列要求以“迎中秋，庆国庆”为主题设计一份校报 1. 纸张设置：A4，横向。 2. 适当使用艺术字、图片、文本及图形等对象。 3. 对图片或图形进行合理编辑。 4. 适当设置页面背景和页面边框效果。 5. 布局合理，文字与图片搭配协调。 参考样例： 		
任务要求	1. 仔细阅读任务描述中的设计要求，认真完成任务。 2. 上交电子作品。 3. 小组间互相学习设计作品的优点。		

任务单(二)

任务名称	绘制流程图	学时	2学时
知识目标	1. 掌握 SmartArt 图形的绘制与编辑方法。 2. 掌握 SmartArt 图形的使用方法。 3. 掌握 SmartArt 图形选择、组合的方法。		
能力目标	1. 能用 Word 绘制各种流程图。 2. 能对文档中添加的流程图根据需求进行编辑。 3. 具有沟通、协作能力。		
任务描述	使用 SmartArt 图形绘制如下的流程图 董事会 董事长 总经理 房地产事业部 后勤采购部 计划财务部 行政人事部 广告事业部 策划部 销售一部 销售二部 销售三部 设计部 项目一部 项目二部 项目三部		
任务要求	1. 仔细阅读任务描述中的设计要求，认真完成任务。 2. 上交电子作品。 3. 小组间互相学习设计作品的优点。		

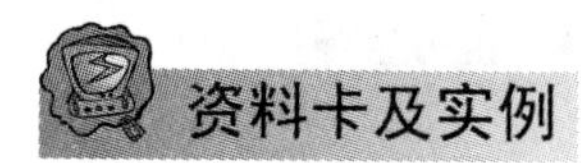

4.7　版面效果设置

4.7.1　添加项目符号和编号

在段落前添加项目符号和编号可以使文档中的信息内容醒目，层次清晰。

1. 对已输入文本添加项目符号或编号

选中要添加项目符号或编号的段落，单击【开始】选项卡中【段落】选项组中的【项目符号】或【编号】右侧的下三角按钮，弹出下拉列表，如图 4.41 和图 4.42 所示，选择合适的样式即可。

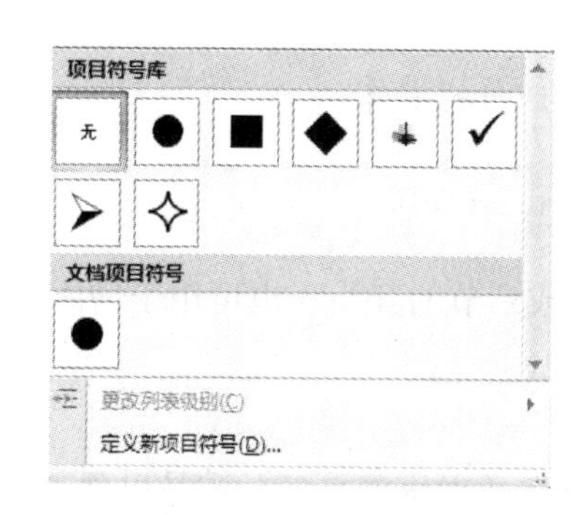

图 4.41　【项目符号】下拉列表

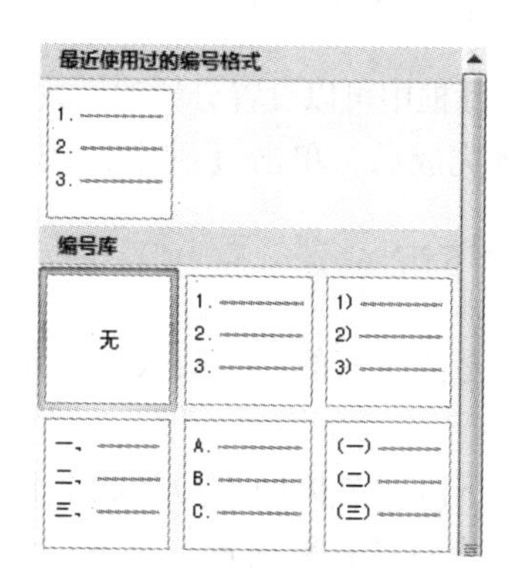

图 4.42　【编号】下拉列表

2. 输入时自动产生项目符号或编号

输入文本前，若按 * 和空格键，则输入文本之后按 Enter 键会自动生成项目符号；若输入 1、2 或 A、B 等这样有顺序的编号，则输入文本后按 Enter 键会自动生成编号。这样，每次按 Enter 键时，会在下一段自动插入项目符号或编号，当不再需要项目符号或编号时，可以按两次 Enter 键或者按 Back Space 键将其删除。

要产生多级项目符号或编号，可以按 Tab 键降低级别，按 Shift + Tab 组合键升高级别。

4.7.2　设置分栏效果

如果要使文档具有类似于报纸的分栏效果，可以使用 Word 2010 中的分栏功能。在分栏的文档中，文字是逐栏排列的，排满一栏后才转排下一栏。对每一栏，都可以单独进行格式化和版面设计。

设置分栏效果的具体操作步骤如下。

(1) 单击【页面布局】选项卡中【页面设置】选项组中的【分栏】按钮，弹出如图 4.43 所示的【分栏】下拉列表。

(2) 在下拉列表中选择需要的分栏样式，如果不能满足需要，可单击【更多分栏】选项，将弹出如图 4.44 所示的【分栏】对话框。

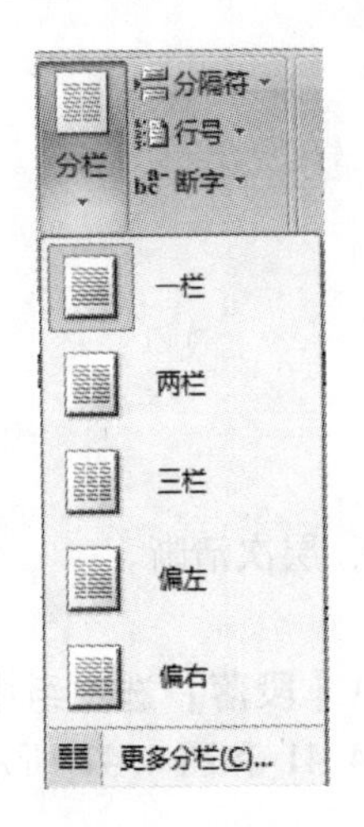

图 4.43 【分栏】下拉列表

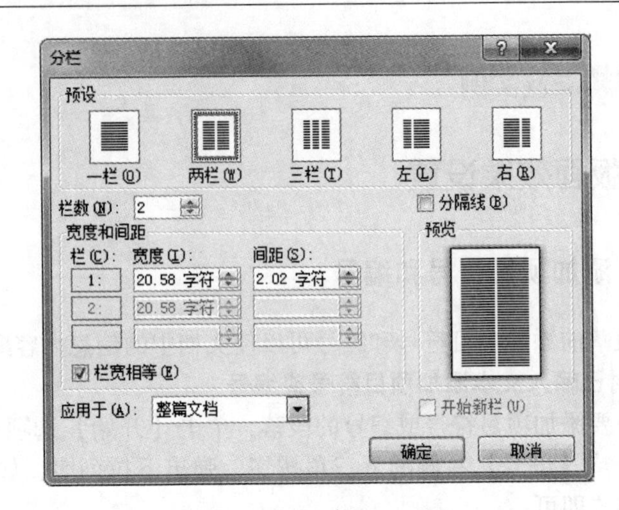

图 4.44 【分栏】对话框

(3) 在对话框中可以设置分栏的栏数、栏宽、间距、栏宽是否相等、有无分隔线等效果。

(4) 设置完成后，单击【确定】按钮即可完成分栏操作。

4.7.3 首字下沉

首字下沉是使段落的首字放大，可用于文档或章节的开头，也可用于增添新闻稿或请柬的趣味。

设置首字下沉的具体操作步骤如下。

(1) 将插入点放在要设置首字下沉效果的段落（该段落首字必须是可视字符）。

(2) 单击【插入】选项卡中【文本】选项组中的【首字下沉】按钮，弹出如图 4.45 所示的【首字下沉】下拉列表。

(3) 单击【下沉】或【悬挂】选项，可实现对选中段落进行固定的首字下沉设置。

(4) 若单击【首字下沉选项】选项，将弹出如图 4.46 所示的【首字下沉】对话框。在该对话框中的【位置】区域可以取消首字下沉的效果或首字下沉的样式；在【选项】区域可以设置下沉文字的字体、下沉行数、距正文距离。

(5) 设置完成后，单击【确定】按钮即可完成首字下沉效果的设置。

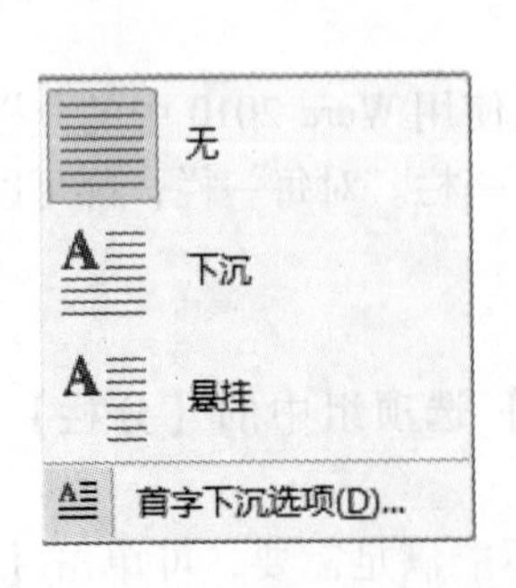

图 4.45 【首字下沉】下拉列表

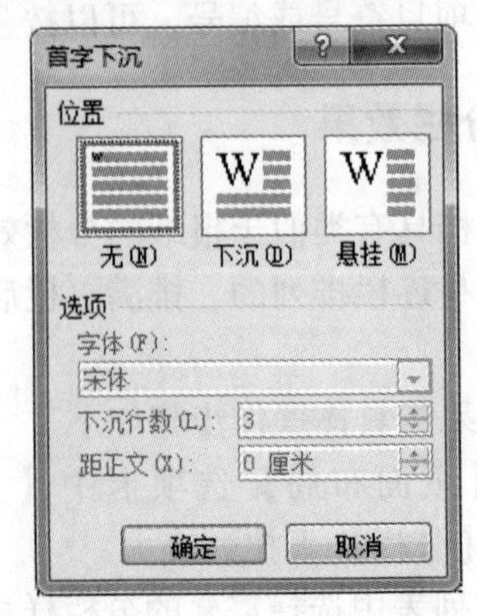

图 4.46 【首字下沉】对话框

4.7.4　添加页眉和页脚

通过 Word 的页眉和页脚功能，可以在文档每页的顶部和底部添加诸如日期、单位名称、文档标题、页码等内容。

1. 页眉/页脚的设计

设计页眉/页脚的具体操作步骤如下。

（1）在文档中的页眉或页脚位置双击鼠标，或单击【插入】选项卡中【页眉和页脚】选项组中的任意一个按钮，在下拉列表中任选一项（【页码】下拉列表中的【设置页码格式】和【删除页码】选项除外），便可激活【页眉和页脚工具】的【设计】选项卡，进入页眉/页脚编辑状态。

（2）在【设计】选项卡中单击相应的按钮可插入页眉、页脚、页码、时间等，单击【关闭页眉和页脚】按钮，就可以退出页眉/页脚的编辑状态。

【页眉和页脚工具】下的【设计】选项卡的功能区，如图 4.47 所示。

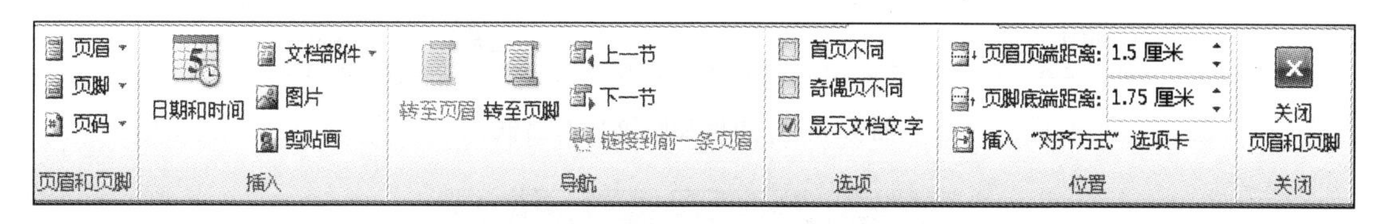

图 4.47　【设计】选项卡的功能区

- 单击 页眉、 页脚按钮，在弹出的下拉列表中可选择页眉/页脚库中保存的页眉/页脚样式，也可以把自己设计的页眉/页脚保存到页眉/页脚库中，以便日后调用。
- 单击 页码按钮，可选择页码在页眉/页脚中的插入样式。
- 单击 日期和时间 按钮，可以在页眉/页脚处插入日期和时间。
- 选中 首页不同复选框，表示第一页与其他页应用不同的页眉/页脚。
- 选中 奇偶页不同复选框，表示奇数页和偶数页应用不同的页眉/页脚。
- 选中 显示文档文字复选框，表示正文只显示文字，否则正文显示空白纸张样式。
- 在【位置】选项组中可以设置页眉和页脚距离页面上、下边界的距离。

在正文和页眉/页脚处双击鼠标可以实现正文编辑状态和页眉/页脚编辑状态的切换。

2. 插入页眉线

在默认状态下，页眉的底部有一条单线，叫页眉线。为了使文档更加美观，可以设置、修改、删除页眉线。

插入页眉线的具体操作步骤如下。

（1）单击【插入】选项卡中【页眉和页脚】选项组中的【页眉】按钮，切换到页眉编辑状态，在弹出的下拉列表中选择【页眉信息】选项。

（2）单击【开始】选项卡中【段落】选项组中的【边框线】下三角按钮，在弹出的下拉列表中选择【边框和底纹】选项，将弹出【边框和底纹】对话框，如图 4.48 所示。

（3）在【样式】列表框中选择线条样式，或单击该对话框左下角的 横线(H)... 按钮，将弹出【横线】对话框，如图 4.49 所示，在该对话框中选择一种横线，单击【确定】按钮退出。

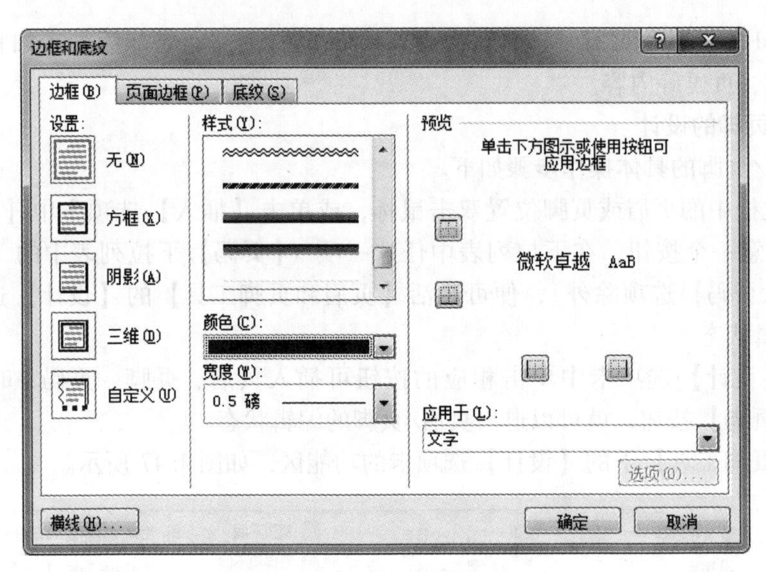

图 4.48 【边框和底纹】对话框

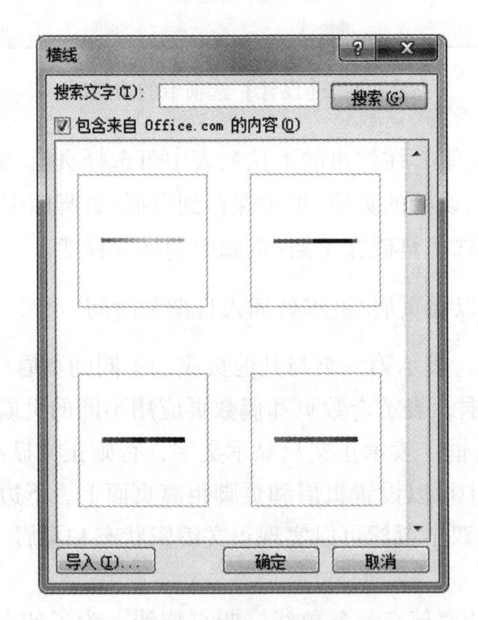

图 4.49 【横线】对话框

（4）在【边框和底纹】对话框的【预览】区域中，单击【下边线】按钮，然后单击【确定】按钮，即可在页眉处插入一条页眉线。

（5）设置完成后，单击【关闭页眉和页脚】按钮，回到文档编辑状态。

4.7.5 插入页码

为了方便查看某一页的内容，我们需要给文档插入页码。页码可以放置在页眉或页脚处，一般情况下放置在页脚。下面，我们以在页脚插入页码为例，介绍插入页码的方法，具体操作步骤如下。

(1) 单击【插入】选项卡中【页眉和页脚】选项组中的【页码】按钮，在弹出的下拉列表中选择 页面底端(B) ▸选项，在弹出的菜单中选择合适的样式即可。

(2) 如果系统自带的样式不符合要求，可以选择 设置页码格式(F)... 选项，在弹出的【页码格式】对话框中进行设置，如图 4.50 所示。在【编号格式】右侧的下拉列表中可以选择编号格式。

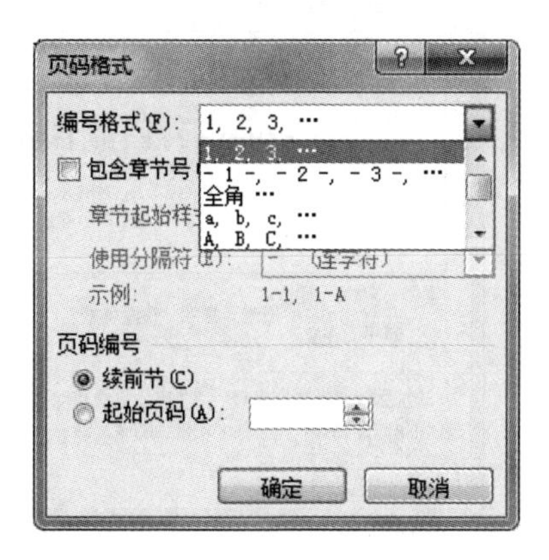

图 4.50 【页码格式】对话框

(3) 在【页码编号】区域中选中【续前节】单选按钮，可以接续前一节的页码插入连续的页码，选中【起始页码】单选按钮后，可以在其后面的文本框中输入自己定义的起始页码。

要删除页码，可以单击【插入】选项卡中【页眉和页脚】选项组中的【页码】按钮，在弹出的下拉列表中选择【删除页码】选项即可。

4.7.6　样式的建立与应用

所谓样式，就是系统或用户定义并保存的一系列排版格式，包括字体、字号、颜色、对齐、缩进、制表位和边距等排版格式。

重复地设置各个段落的格式不仅烦琐，而且很难保证几个段落的格式完全相同。使用样式不仅可以轻松快捷地设置多个段落，而且可以使文档格式严格保持一致。

样式实际上是一组排版格式指令，因此，在编辑文档时，可以将文档中要用到的各种样式分别定义，然后再应用到需要这种样式的段落中。Word 2010 定义了部分标准样式，如果用户有特殊要求，可以根据自己的需要修改系统自带的标准样式或重新定义新样式。

1. 创建样式

创建样式的操作步骤如下。

(1) 单击【开始】选项卡中【样式】选项组右下角的【对话框启动器】按钮，弹出【样式】对话框，如图 4.51 所示。

(2) 单击【样式】对话框左下角的【新建样式】按钮，弹出【根据格式设置创建新样式】对话框，如图 4.52 所示。

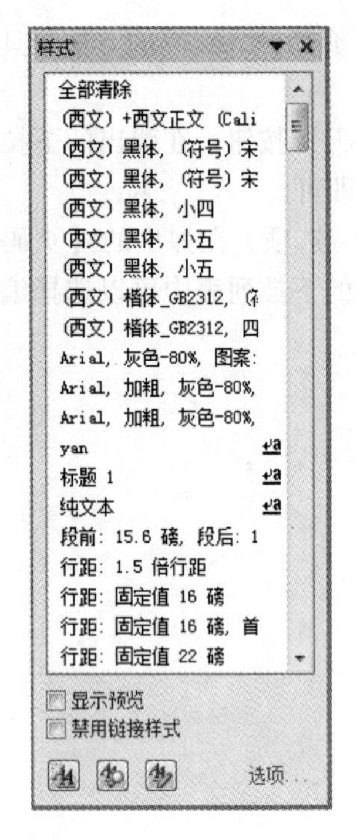

图 4.51 【样式】对话框

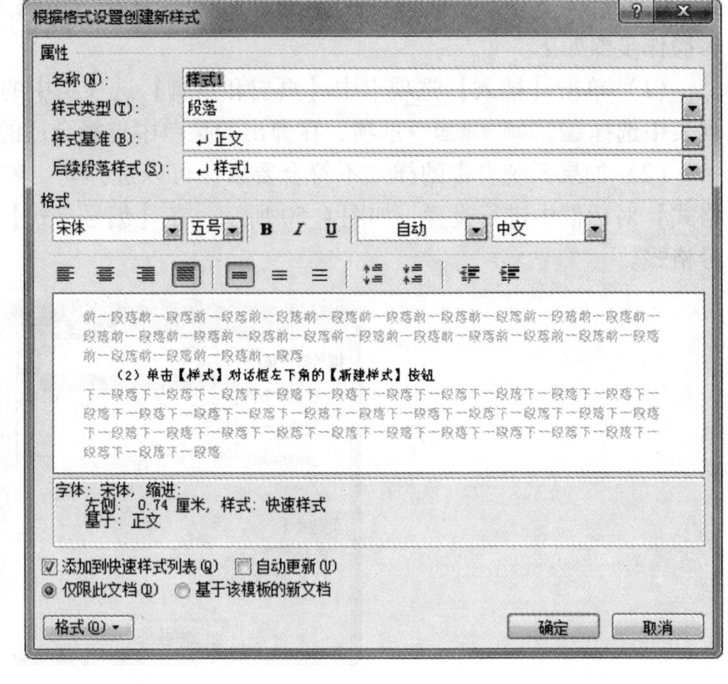

图 4.52 【根据格式设置创建新样式】对话框

(3) 在【名称】文本框中输入新样式名称。

(4) 单击左下角的【格式】按钮，依次选择需要设置的样式信息（如字体、段落、边框、底纹等），最后单击【确定】按钮。

2. 修改样式

对已经存在的样式，若需要修改，可按如下步骤来操作。

(1) 将鼠标指针置于【开始】选项卡中【样式】选项组中要修改的某个样式上，单击鼠标右键，在弹出的快捷菜单中选择【修改样式】选项，弹出【修改样式】对话框。

(2) 在【修改样式】对话框中可根据需要对样式信息进行调整、修改。

(3) 单击【确定】按钮，完成修改。

3. 样式的应用

无论是系统自带的样式还是用户创建或修改的样式，都会显示在【开始】选项卡中的【样式】选项组中。要应用样式，首先将光标定位在需要应用样式的段落中或选中要应用样式的字符，然后单击【样式】选项组中相应的样式按钮，光标所在段落或被选中的字符就拥有该样式中所包含的一切格式。

要清除样式，首先选中应用了样式的字符或段落，然后单击【样式】选项组右下角的【其他】按钮，在弹出的下拉列表中选择【清除样式】选项即可。

实例 4.8：样式操作。

(1) 创建一个新样式，名称为“边框底纹”，样式类型为“字符”，字符格式为“隶书、四号、加粗、红色”，底纹为“黄色”，边框为“浅蓝色、1.5 磅、阴影”。

(2) 在文档中输入任意一段文字，应用该样式。

操作方法：

（1）单击【开始】选项卡中【样式】选项组中的【对话框启动器】按钮，在弹出的下拉列表中单击【新建样式】按钮，在弹出的对话框中的【属性】区域中设置样式名称为“边框底纹”，样式类型为“字符”，在【格式】区域中设置字符格式为“隶书、四号、加粗、红色”，再单击左下角的【格式】→【边框】选项，在弹出的【边框和底纹】对话框中设置“黄色”底纹，“浅蓝色、1.5 磅、阴影”边框，单击【确定】按钮，回到【根据格式设置创建新样式】对话框，再单击【确定】按钮。

（2）在文档中输入文字，然后选中其中的部分字符，单击【样式】选项组中的【边框底纹】样式按钮。

4.7.7　应用特殊排版方式

1. 拼音指南

利用 Word 2010 提供的“拼音指南”功能，可以为汉字标注汉语拼音，具体操作方法如下。

（1）选中需要添加拼音的文字。

（2）单击【开始】选项卡中【字体】选项组中的 wén 文 按钮，弹出如图 4.53 所示的【拼音指南】对话框。

图 4.53　【拼音指南】对话框

（3）在对话框中设置对齐方式、偏移量、字号、字体等内容，单击【确定】按钮。

对话框中的偏移量是指拼音与文字之间的距离，字体、字号及对齐方式都是针对拼音设置的，文字格式不会发生变化。

如果遇到多音字，可能系统添加的拼音与需要的拼音不一致，这时可以在【拼音指南】对话框中的【拼音文字】栏中输入拼音。带声调的韵母可以用软键盘来输入，方法如下：切换到中文输入法，右击输入法状态栏，单击【软键盘】中的【拼音字母】选项，在弹出的软键盘中，可以找到标有声调的拼音字母。

2. 带圈字符

利用 Word 2010 提供的带圈字符功能可以在字符周围添加圆圈或其他类型的边框，以示强调，具体操作方法如下。

（1）单击【开始】选项卡中【字体】选项组中的【带圈字符】按钮㊕，弹出【带圈字符】对话框，如图 4.54 所示。

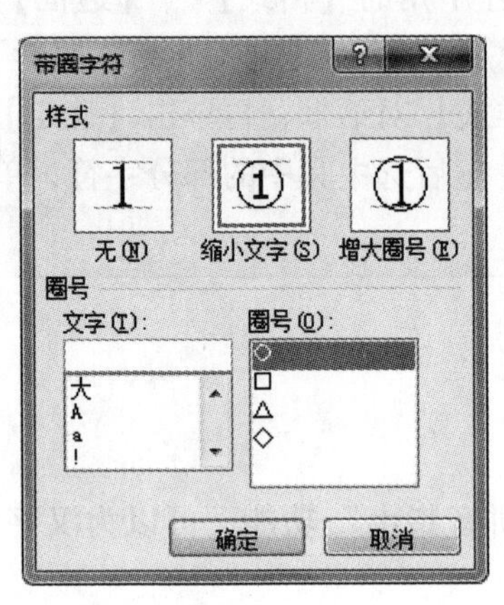

图 4.54 【带圈字符】对话框

（2）在【带圈字符】对话框中的【样式】和【圈号】区域中，根据需要设置带圈字符的效果，单击 确定 按钮后则在文档中加入了带圈字符。

如果为文档中已输入的文字设置带圈字符效果，需要先选中文字，此时【圈号】区域中的【文字】文本框中将显示已选中的文字。

3. 改变文字方向

一般情况下排版方式都是水平排版，也可以对文字进行竖直排版，具体的操作步骤如下。

（1）选中文档中需要竖直排版的文字。

（2）单击【页面布局】选项卡中【页面设置】选项组中的 文字方向 按钮，在弹出的下拉列表中选择【垂直】选项即可，还可以在【文字方向选项】对话框中选择相应的效果。

实例 4.9：对素材 4.4 中的内容按下面要求进行设置。

（1）将正文第一段分为 2 栏，添加分隔线。

（2）第二段设置首字下沉效果，下沉 3 行，距正文 2 厘米。

（3）为“钱塘湖春行”这 5 个字设置带圈字符效果，样式为增大的菱形。

（4）为 4 句诗添加拼音，拼音与文字的偏移量为 3 磅，拼音的字号为 14 磅，对齐方式为 1－2－1。

（5）为 4 句诗添加任意一种样式的项目符号。

操作方法：

（1）选中第一段，单击【页面布局】选项卡中【页面设置】选项组中的【分栏】按钮，在下拉列表中选择【更多分栏】选项，然后在【分栏】对话框中选择【两栏】按钮，选中【分隔线】复选框，单击【确定】按钮。

(2) 将光标定位到第二段，单击【插入】选项卡中【文本】选项组中的【首字下沉】按钮，在弹出的下拉列表中选择【首字下沉选项】选项，然后在弹出的【首字下沉】对话框中的【位置】区域单击【下沉】按钮，在【下沉行数】文本框中输入“3”，在【距正文】文本框中输入“2 厘米”，单击【确定】按钮。

(3) 选中“春”字，单击【开始】选项卡中【字体】选项组中的字按钮，然后在弹出的【带圈字符】对话框中选择“增大圈号”样式，选择“菱形”圈号，单击【确定】按钮。其他字执行相同的过程。

(4) 选中 4 句诗句，单击【开始】选项卡中【字体】选项组中的【拼音指南】按钮，在弹出的对话框中按要求设置拼音的对齐方式、偏移量、字号，单击【确定】按钮。

(5) 选中 4 句诗句，单击【开始】选项卡中【段落】选项组中的【项目符号】按钮，单击一种项目符号样式即可。

素材 4.4

借　口

“没有任何借口”是无数商界精英秉承的理念和价值观。它体现的是一种完美的执行力，一种服从、诚实的态度，一种负责、敬业的精神。在现实生活中，我们缺少的正是这种人：他们想尽办法去完成任务，而不是去寻找借口。

借口让我们暂时逃避了困难和责任，获得了些许心理的慰藉。但是，借口的代价却无比高昂，它给我们带来的危害一点儿也不比其他任何恶习少。世界上最愚蠢的事情就是推卸眼前的责任，认为等到以后准备好了、条件成熟了再去承担才好。在需要你去承担重大责任的时候，马上就去承担，这就是最好的准备。如果不习惯这样去做，即使等到条件成熟了以后，你也不可能承担起重大的责任，你也不可能做好任何重要的事情。

“没有任何借口”看似冷漠，缺乏人情味，但它却可以激发一个人最大的潜能。无论你是谁，在人生中，无须任何借口。失败了也罢，做错了也罢，再妙的借口对于事情本身也没有丝毫的用处。许多人生中的失败，就是因为那些一直麻醉着我们的借口。

钱塘湖春行

孤山寺北贾亭西，水面初平云脚低。
几处早莺争暖树，谁家新燕啄春泥。
乱花渐欲迷人眼，浅草才能没马蹄。
最爱湖东行不足，绿杨阴里白沙堤。

4.8　在 Word 中插入对象

4.8.1　插入图片

1. 插入图片

插入图片的操作方法如下。

（1）将光标定位于要插入图片的位置。

（2）单击【插入】选项卡中【插图】选项组中的【图片】按钮，弹出【插入图片】对话框。

（3）在【插入图片】对话框中选择要插入的图片文件，单击【插入】按钮。

2. 编辑图片

图片插入到文档后，图片大小、位置、颜色等不一定满足要求，需要对其进行调整，以使文档更加美观。

选中插入的图片，会激活【图片工具】下的【格式】选项卡，利用其功能区中的按钮和选项可以对图片进行调整，如图 4.55 所示。

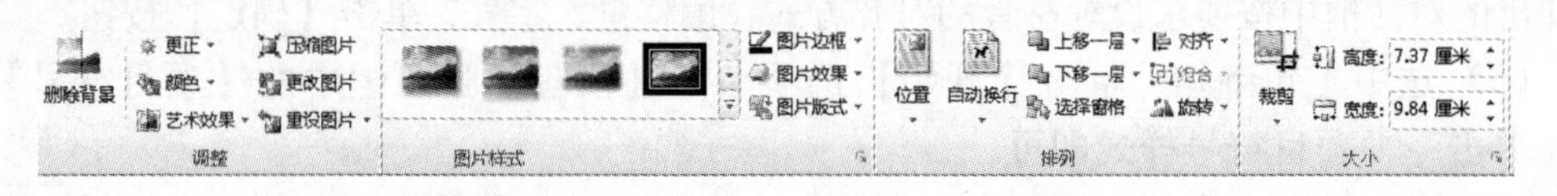

图 4.55 【格式】选项卡的功能区

1）【调整】选项组中各按钮的功能

（1）【删除背景】按钮：删除图片中的背景部分。单击此按钮后，将自动显示如图 4.56 所示的【背景消除】选项卡；如果有要保留的部分，可以单击【标记要保留的区域】按钮进行标记；如果有要删除的多余部分，可以单击【标记要删除的区域】按钮进行标记。

图 4.56 【背景消除】选项卡

（2）【更正】按钮：设置图片的锐化、柔化、亮度和对比度效果。

（3）【颜色】按钮：设置图片的颜色饱和度、色调、重新着色效果，还可以选择颜色模式。

（4）【艺术效果】按钮：设置图片的铅笔素描、影印、粉末素描等艺术效果。

（5）【压缩图片】按钮：调整图片的分辨率，减小图片文件的大小，以节省空间。

（6）【更改图片】按钮：单击此按钮，将会弹出【插入图片】对话框，在该对话框中可选择新的图片来替换当前的图片。

（7）【重设图片】按钮：恢复原始图片样式，取消对图片的调整。

2）【图片样式】选项组中各按钮的功能

（1）【图片样式】按钮：设置图片的形状、边框及外观效果。

（2）【图片边框】按钮：设置图片边框的颜色、宽度、线型等效果。

（3）【图片效果】按钮：设置图片的阴影、预设、映像、发光、柔化边缘、棱台、三维旋转效果，如图 4.57 所示。

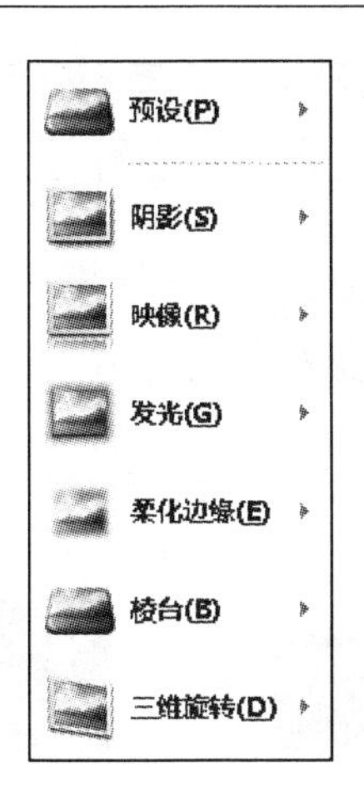

图 4.57　【图片效果】下拉列表

(4)【图片版式】按钮：将图片转换为 SmartArt 图形，可以轻松地排列、添加标题，以及调整图片大小等。

3)【排列】选项组中各按钮的功能

(1)【位置】按钮：设置图片在文档中的位置，并且文字环绕方式自动为四周型环绕。

(2)【自动换行】按钮：设置图片与文字之间的环绕方式。

(3)【上移一层】和【下移一层】按钮：设置图片叠放次序。

(4)【选择窗格】按钮：帮助选择对象，并可设置图片的叠放次序和可见性。

(5)【对齐】按钮：设置多个对象的对齐方式。

(6)【组合】按钮：将选择的多个对象组合到一起，作为一个对象来处理。

(7)【旋转】按钮：设置图片的旋转角度。

提示：对图片使用【对齐】和【组合】命令，图片的文字环绕方式不能是“嵌入型”。

4)【大小】选项组中各按钮的功能

(1)【裁剪】按钮：可以将图片周围要删除的部分裁掉，也可以将图片裁剪成一定的形状。

(2)【宽度】和【高度】按钮：设置图片的宽度值和高度值。

4.8.2　插入剪贴画

1. 剪贴画的插入

单击【插入】选项卡中【插入】选项组中的【剪贴画】命令，在窗口的右侧将显示【剪贴画】窗格，如图 4.58 所示。

在【搜索文字】文本框中输入所要的剪贴画类别，单击【搜索】按钮，将显示该类别的剪贴画，单击剪贴画图片，文档插入点处就插入了选择的剪贴画。

2. 剪贴画的编辑

选中插入的剪贴画，同选中图片一样，也会激活【图片工具】下的【格式】选项卡。剪贴画的编辑与图片的编辑操作类似，但剪贴画不能删除背景，不能设置“锐化和柔化”“颜色饱和度”“色调”效果。

图 4.58 【剪贴画】窗格

4.8.3 插入形状

在 Word 2010 中可以插入各种图形，如线条、正方形、椭圆、箭头、流程图、标注、旗帜和星形等，利用这些图形工具可以绘制出各种复杂的图形。

1. 插入形状

在文档中插入形状的方法如下。

（1）单击【插入】选项卡中【插图】选项组中的【形状】按钮，弹出【形状】下拉列表，如图 4.59 所示。在该列表中选择需要插入的形状。

（2）在文档中单击并拖动鼠标，到达合适位置后释放鼠标左键，即可完成形状绘制。

2. 编辑形状

在文档中插入形状后，还可以对其样式、阴影效果、三维效果及大小进行调整，使其符合我们的要求。

在文档中插入形状对象并选中该对象后，会激活【绘图工具】下的【格式】选项卡，如图 4.60 所示。利用该选项卡中的按钮可以对形状进行编辑操作。

1）添加文字

选中形状，直接输入文字，该形状中会自动显示输入的文字，或者在要添加文字的形状上单击鼠标右键，在弹出的菜单中选择【添加文字】选项，也可达到如上效果。

2）【插入形状】选项组中各按钮的功能

（1）【编辑形状】按钮：单击该按钮会弹出下拉列表，下拉列表中有【更改形状】【编

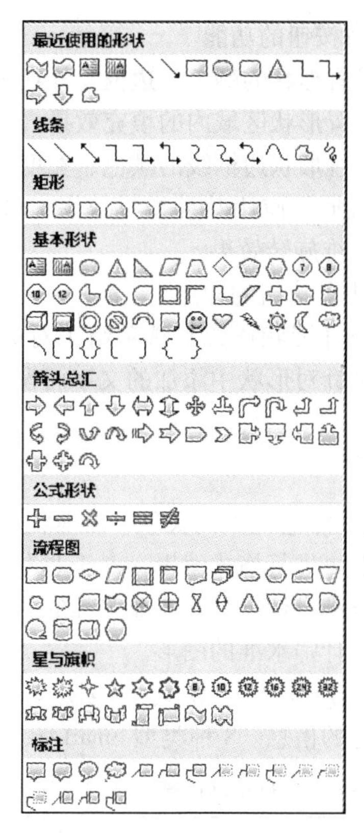

图 4.59　【形状】下拉列表

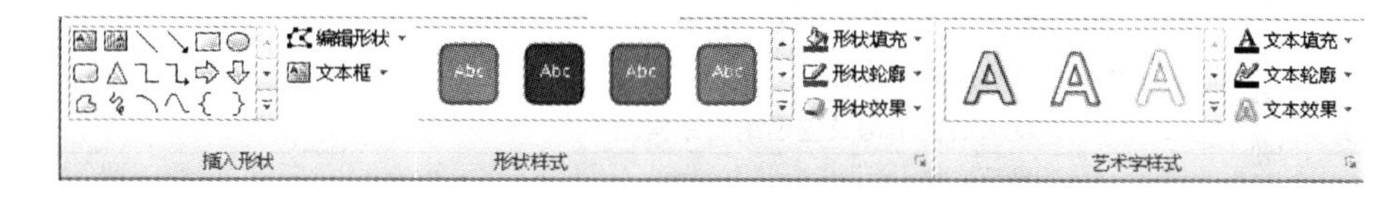

图 4.60　形状的【格式】选项卡

辑顶点】【重排连接符】三个选项，如图 4.61 所示。其中，【更改形状】选项可以将所选的形状用新的形状替换掉；【编辑顶点】选项可以通过调整形状的顶点使其变成任意的多边形，也可以使直线边缘变成曲线边缘；【重排连接符】选项可以更改连接符连接的对象。

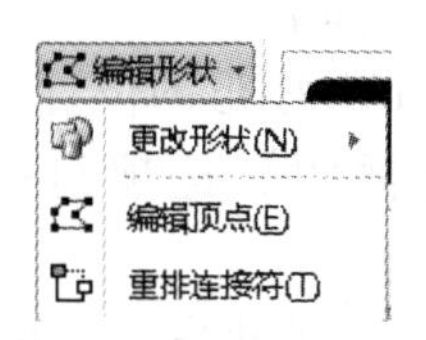

图 4.61　【编辑形状】下拉列表

提示：连接符只有在画布中才能实现与形状的自动连接。创建画布的方法：单击【插入】选项卡中【插图】选项组中的【形状】按钮，在弹出的下拉列表中选择【新建绘图画布】选项。

（2）【文本框】按钮：单击该按钮，可以在文档中绘制文本框。

3）【形状样式】选项组中各按钮的功能

（1）【形状样式】按钮：设置形状的颜色、边框及外观效果。

（2）【形状填充】按钮：设置形状区域内的填充效果（颜色、图片或纹理填充）。

（3）【形状轮廓】按钮：设置形状边框线的颜色、宽度、虚实效果。

（4）【形状效果】按钮：对形状应用某种视觉效果，可以设置形状的阴影、预设、映像、发光、柔化边缘、棱台、三维旋转效果。

4）【艺术字样式】选项组中各按钮的功能

该选项组中各按钮的功能与【形状样式】选项组中对应按钮的功能类似，但该选项组中各按钮的功能所实现的效果是针对形状中添加的文字而设置的。

4.8.4 插入 SmartArt 图形

在 Word 中，为了清晰地表示信息之间的关联，常常需要插入图形帮助分析、理解。如果采用传统的方法即先绘制图形再进行格式编辑，对于非专业设计人员来说，不但需要花费大量的时间来设计图形，而且很难设计出具有专业水准的图形。通过使用 SmartArt 图形，只需轻点几下鼠标即可创建具有设计师水准的图形。

Word 2010 提供了 8 种类型的 SmartArt 图形。在创建 SmartArt 图形之前，需要选择一种图形类型，使其最适合所要阐述的信息。8 种类型 SmartArt 图形及其用途见表 4. 3。

表 4. 3 SmartArt 图形类型及其用途

SmartArt 图形类型	SmartArt 图形用途
列表	显示无序信息
流程	在流程或日程表中显示步骤
循环	显示连续的流程
层次结构	显示层次结构及创建组织结构图
关系	图示连接
矩阵	显示各部分如何与整体关联
棱锥图	显示与顶部或底部最大部分的比例关系
图片	绘制带图片的族谱

1. 插入 SmartArt 图形

插入 SmartArt 图形的具体操作步骤如下。

（1）将光标定位于需要插入 SmartArt 图形的位置。

（2）单击【插入】选项卡中【插图】选项组中的【SmartArt】按钮，弹出【选择 SmartArt 图形】对话框，如图 4. 62 所示。

（3）在对话框中选择一种图形类型，再选择一种布局，单击【确定】按钮，文档中就会出现添加的 SmartArt 图形，如图 4. 63 所示，左侧为添加图片提示框，右侧为文本输入提示框。

（4）根据图片提示和文本提示添加图片，并输入文本信息。

2. 编辑 SmartArt 图形

创建好 SmartArt 图形后，将激活【SmartArt 工具】下的【设计】和【格式】选项卡，如图 4. 64、图 4. 65 所示。通过这两个选项卡中的按钮可对 SmartArt 图形的布局、颜色和样式等进行编辑。

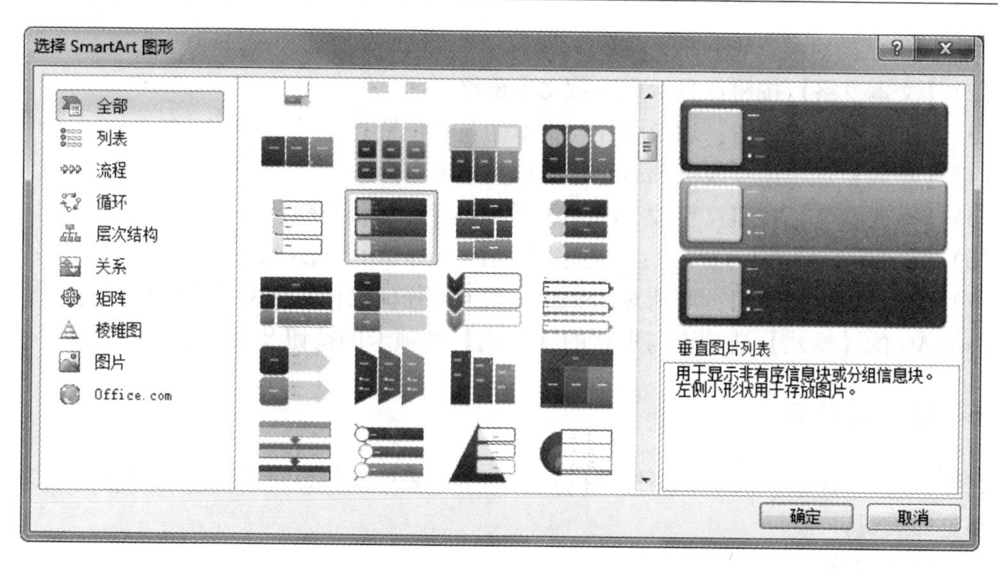

图 4.62 【选择 SmartArt 图形】对话框

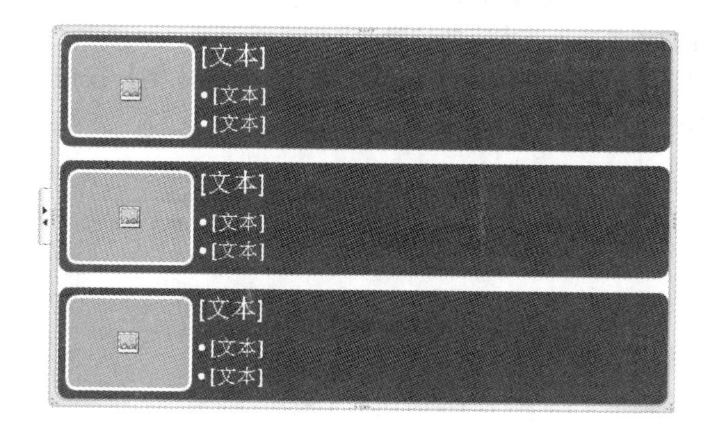

图 4.63　插入的 SmartArt 图形

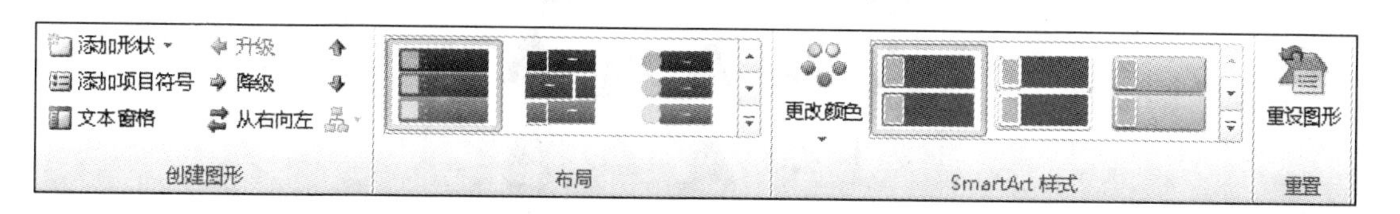

图 4.64　SmartArt【设计】选项卡的功能区

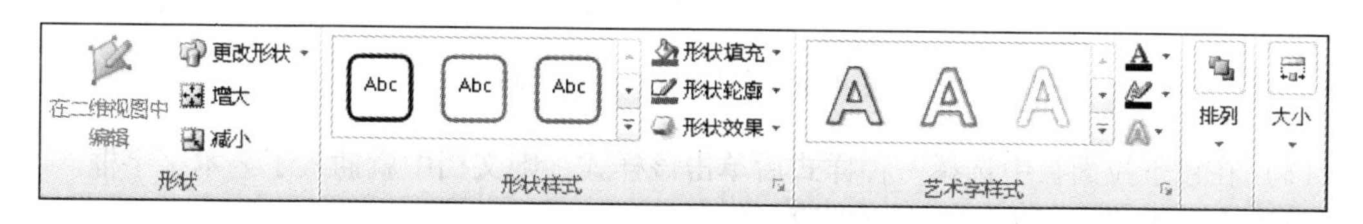

图 4.65　SmartArt【格式】选项卡的功能区

【设计】选项卡上各按钮的功能如下。

(1)【添加形状】按钮：当 SmartArt 图形中默认的图形单元个数不够用时，单击此按钮可添加相同形状的对象。

(2)【文本窗格】按钮：显示或隐藏文本窗格。

(3)【从右向左】按钮：切换图片与文本的左右位置。

(4)【布局】选项组：改变 SmartArt 图形类别或布局。

(5)【更改颜色】按钮：更改 SmartArt 图形中各个形状的颜色。

(6)【SmartArt 样式】选项组：可选择不同的 SmartArt 图形样式。

(7)【重设图形】按钮：取消对 SmartArt 图形的任何操作，恢复插入时的状态。

SmartArt 的【格式】选项卡与形状的【格式】选项卡的按钮及其功能类似。

4.8.5 插入艺术字

在编辑特殊 Word 文档（如制作板报）时，为了装饰文档，可以插入艺术字，使文档整体效果更加美观。

1. 插入艺术字

插入艺术字的具体操作步骤如下。

(1) 将光标定位于要插入艺术字的位置。

(2) 单击【插入】选项卡中【文本】选项组中的【艺术字】按钮，弹出如图 4.66 所示的下拉面板，其中包含 30 种艺术字样式。

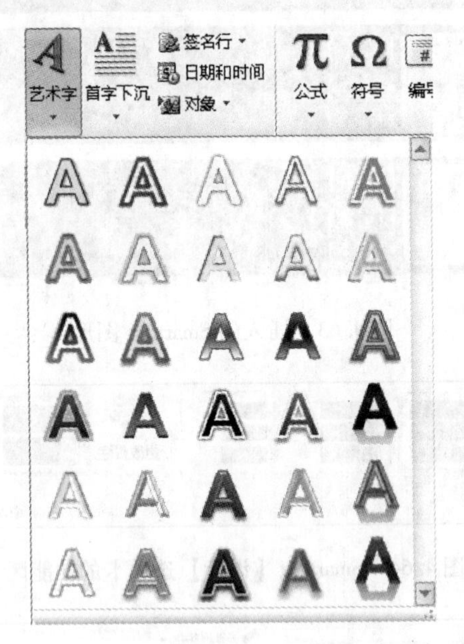

图 4.66 【艺术字】下拉面板

(3) 在该下拉面板中选择一种样式后单击该样式，则文档中就插入了艺术字字框。

(4) 在艺术字字框中输入文字即可。

2. 编辑艺术字

在 Word 2010 中插入的艺术字是带有文字的图形对象，艺术字是特殊的图形对象。插入艺术字并选中该艺术字后会激活【绘图工具】下的【格式】选项卡，利用该选项卡中

【艺术字样式】选项组中的按钮可以对艺术字进行编辑操作，如设置艺术字文本填充颜色、文本轮廓颜色、轮廓线宽度、轮廓线类型、文本效果等，操作方法与编辑形状的方法相同。

4.8.6　插入文本框

文本框可以看作是特殊的图形对象，主要用来在文档中建立特殊文本，如局部竖排文本。另外，使用文本框的好处是可以随意移动文本的位置，这是普通的文档文本无法实现的。

1. 插入文本框

插入文本框的操作步骤如下。

（1）单击【插入】选项卡中【文本】选项组中的【文本框】按钮，在弹出的下拉列表中选择【绘制文本框】（横排）或【绘制竖排文本框】选项，此时鼠标指针呈十字形状。

（2）在目标位置拖动鼠标，即可插入文本框，此时文本框内出现闪烁的光标。

（3）在文本框中输入文本即可。

2. 编辑文本框

文本框是特殊的图形对象，其编辑操作可以分为两个部分：文本框的编辑和文本框中文字的编辑。文本框的编辑同形状的编辑方法相同，文本框中的文字同艺术字中的文字编辑方法相同。

4.8.7　屏幕截图

屏幕截图是 Word 2010 的一项新增功能。屏幕截图的操作步骤如下。

（1）将光标定位于要插入图像的位置，单击【插入】选项卡中【插图】选项组中的【屏幕截图】按钮，弹出下拉列表。

（2）若要截取某个打开的窗口，可以在下拉列表中的【可用视窗】中选择要截取的窗口。若要截取窗口中的一部分，可以选择【屏幕剪辑】选项，此时整个屏幕变成模糊状态，鼠标变成十字形状，拖动鼠标，选择要截取的部分；被选中的部分将变得清晰，并作为图片自动插入到文档中。

实例 4.10：创建一个 Word 文档，按下面的要求插入对象并编辑（样张 4.1 为参考效果）。

（1）在文档中插入一个任意样式的艺术字，输入文字“Word 图片编辑”，设置文本填充颜色为“绿色”，轮廓线为“1.5 磅、黄色、实线”。

（2）艺术字形状为“下弯弧”。

（3）在艺术字下面插入一幅图片。

（4）设置图片颜色为“浅紫色”，样式为“棱台左透视、白色”。

操作方法：

（1）单击【插入】选项卡中的【艺术字】按钮，在弹出的下拉面板中选择一种样式，然后在弹出的文本框中输入文本内容，选中该艺术字，单击【绘图工具】下的【格式】选项卡，在【艺术字样式】选项组中的【文本填充】下拉列表中选择“绿色”，在【文本轮廓】下拉列表中选择“1.5 磅、黄色、实线”。

（2）选中艺术字，单击【文本轮廓】下面的【文本效果】按钮，然后在弹出的下拉列表中单击【转换】→【下弯弧】按钮。

（3）单击【插入】选项卡中的【图片】按钮，在弹出的对话框中选择一幅图片，再单击【插入】按钮。

（4）选中图片，单击【图片工具】下的【格式】选项卡，再单击【调整】选项组中的【颜色】按钮，然后在弹出的下拉面板的【重新着色】区域中选择“浅紫色”，最后单击【图片样式】选项组中的【棱台左透视，白色】样式按钮。

样张 4.1

评价单

<table>
<tr><td>项目名称</td><td colspan="3">校报设计</td><td>完成日期</td><td></td></tr>
<tr><td>班　级</td><td></td><td>小　组</td><td></td><td>姓　名</td><td></td></tr>
<tr><td>学　号</td><td colspan="2"></td><td colspan="2">组长签字</td><td></td></tr>
<tr><td colspan="2">评价内容</td><td>分　值</td><td colspan="2">学生评价</td><td>教师评价</td></tr>
<tr><td colspan="2">文件创建、保存等操作是否熟练</td><td>10</td><td colspan="2"></td><td></td></tr>
<tr><td colspan="2">文件背景、边框的设置</td><td>10</td><td colspan="2"></td><td></td></tr>
<tr><td colspan="2">图片或图形对象插入的熟练程度</td><td>10</td><td colspan="2"></td><td></td></tr>
<tr><td colspan="2">图片或图形对象格式设置的熟练程度</td><td>10</td><td colspan="2"></td><td></td></tr>
<tr><td colspan="2">设计布局是否合理</td><td>10</td><td colspan="2"></td><td></td></tr>
<tr><td colspan="2">对象编辑操作是否熟练</td><td>10</td><td colspan="2"></td><td></td></tr>
<tr><td colspan="2">内容设计是否满足要求</td><td>10</td><td colspan="2"></td><td></td></tr>
<tr><td colspan="2">态度是否认真</td><td>10</td><td colspan="2"></td><td></td></tr>
<tr><td colspan="2">是否能独立完成任务</td><td>10</td><td colspan="2"></td><td></td></tr>
<tr><td colspan="2">与小组成员的合作情况</td><td>10</td><td colspan="2"></td><td></td></tr>
<tr><td colspan="2">总分</td><td>100</td><td colspan="2"></td><td></td></tr>
<tr><td>学生得分</td><td colspan="5"></td></tr>
<tr><td>自我总结</td><td colspan="5"></td></tr>
<tr><td>教师评语</td><td colspan="5"></td></tr>
</table>

知识点强化与巩固

一、选择题

1. 能显示页眉和页脚信息的视图是（　　）。

A. 草稿视图　　B. 页面视图　　C. 大纲视图　　D. Web 版式视图

2. 要使图片按比例缩放，应（　　）。

A. 把鼠标放在图片中心位置拖动　　B. 拖动四个角的控制点

C. 拖动图片边框线　　D. 拖动边框线中间的控制点

3. 在 Word 2010 中，如果要在文档中层叠图形对象，应单击（　　）选项卡中的按钮。

A.【绘图工具】下的【格式】　　B.【表格工具】下的【布局】

C.【图片工具】下的【格式】　　D.【页面布局】

4. 在 Word 2010 中，要添加页眉，应单击（　　）选项卡中【页眉和页脚】选项组中的【页眉】按钮。

A.【页眉】　　B.【页脚】　　C.【页眉页脚】　　D.【插入】

5. 要使某段文本的第一个字下沉，应该单击【插入】选项卡中【文本】选项组中的（　　）按钮。

A.【艺术字】　　B.【对象】　　C.【首字下沉】　　D.【文档部件】

6. 在 Word 2010 中，要对文档进行“分栏”设置，应该单击（　　）选项卡中的【分栏】按钮。

A.【开始】　　B.【插入】　　C.【页面布局】　　D.【视图】

7. 在 Word 2010 的编辑状态下，执行“粘贴”命令后，（　　）。

A. 选中的内容被移到插入点　　B. 选中的内容被移到剪贴板

C. 剪贴板中的内容被移到插入点　　D. 剪贴板中的内容被复制到插入点

8. 在 Word 2010 编辑状态下，若要在当前窗口中绘制形状，可以单击（　　）。

A.【文件】选项卡中的【新建】按钮　　B.【开始】选项卡中的【粘贴】按钮

C.【插入】选项卡中的【图片】按钮　　D.【插入】选项卡中的【形状】按钮

9. 在 Word 2010 中，下列关于分栏的说法正确的是（　　）。

A. 可以将指定的段落分成指定宽度的两栏

B. 任何视图下均可以看到分栏效果

C. 设置的各栏宽度和间距与页面宽度无关

D. 栏与栏之间不可以设置分隔线

10. 在 Word 2010 的编辑状态下，要将另一个文档中的内容全部添加到当前文档中，可以单击（　　）。

A.【文件】选项卡中的【打开】按钮　　B.【文件】选项卡中的【新建】按钮

C.【插入】选项卡中的【对象】按钮　　D.【插入】选项卡中的【超链接】按钮

11. 在 Word 2010 中，要为文档插入页码，可以使用（　　）选项卡中的按钮。

A.【开始】　　B.【插入】　　C.【页面布局】　　D.【视图】

12. 在 Word 2010 中编辑文本时，要切换中文和英文输入法状态，可以使用组合键（　　）。

A. Ctrl + Shift　　B. Ctrl + 空格　　C. Shift + 空格　　D. Alt + 空格

13. 在 Word 2010 中，要复制图形，在选中图形之后可以使用组合键（　　）。

A. Ctrl + C　　B. Ctrl + V　　C. Ctrl + X　　D. Ctrl + Z

14. 在 Word 2010 中插入图形后，不可以对图形对象进行的操作是（　　）。

A. 裁剪　　B. 旋转　　C. 改变形状　　D. 设置填充颜色

15. 要在文档中插入分隔符，可以使用的选项卡是（　　）。

A. 【开始】　　B. 【插入】　　C. 【页面布局】　　D. 【审阅】

二、判断题

1. 对于在 Word 文档中插入的艺术字，既能设置其字体，又能设置其字号。（　　）
2. 如果在文档中插入了页眉信息，每页上的页眉必须是相同的。（　　）
3. 导航窗格是 Word 2010 的新增功能。（　　）
4. 在 Word 文档中插入的图片和图形，在任何情况下都不能组合到一起。（　　）
5. 在 Word 文档中插入的图片可以裁剪，但不能改变颜色。（　　）
6. 在 Word 文档中要选中多个图形对象，可以按住 Ctrl 键的同时用鼠标依次单击对象。（　　）
7. Word 样式是格式的组合，用户不能自己定义样式，只能应用系统自带的样式。（　　）
8. 样式只包含字体、字号格式，不包含颜色格式。（　　）
9. 当将带圈字符设置为增大圈号中的圆形时，圆圈的大小不能更改。（　　）
10. 在 Word 文档中，为汉字添加的拼音可以设置字号，还可以设置拼音与汉字之间的间距。（　　）

项目四 页面设置、目录制作、邮件合并

知识点提要

1. 页面背景设置
2. 稿纸设置
3. 页面格式设置
4. 封面设置
5. 打印输出设置
6. 目录制作
7. 邮件合并

任务单(一)

任务名称	文档页面设置	学　时	2 学时
知识目标	1. 掌握页边距、纸张大小的设置方法。 2. 掌握文档水印效果的设置方法。 3. 掌握背景颜色、填充效果的设置方法。 4. 熟悉文档封面的设置方法。 5. 掌握打印的设置方法。 6. 掌握稿纸格式的设置方法。		
能力目标	1. 能根据需要对文档页面进行合理设计。 2. 能正确进行打印设置。 3. 具有沟通、协作能力。		
任务描述	一、对提供的素材文档（附件 3：散文《山口》）按下面的要求进行页面设置 1. 设置纸张大小为“A4”，上下左右页边距都是“2.5 厘米”，纸张方向为“纵向”。 2. 设置文档每页有“45 行”，每行有“40 个字符”。 3. 设置页眉、页脚距离页面边界的距离为“1.5 厘米”，装订线在左侧。 4. 为文档添加一个“网格”封面，并添加主标题“经典散文”，副标题“山口”，摘要处输入“作者：【瑞士】赫·黑塞”。 5. 标题格式为“宋体、小一号、居中”；副标题格式为“宋体、四号、右对齐、右缩进 3 个字符”；正文格式为“小四号、首行缩进 2 个字符、单倍行距”；全文字体颜色为“橙色”。 6. 文档背景设置为“深蓝色”。 7. 将正文第一段分为等宽的 2 栏，中间设置分隔线，间距 4 个字符。 8. 正文第二段“首字下沉 2 行，隶书，距离正文 0.5 厘米”。 9. 给文档最后 5 段加项目编号“A.”“B.”“C.”“D.”“E.”。 10. 为文档添加“14 磅、红色、心形”的艺术型边框。 11. 设置第一页页眉为“散文《山口》”，第二页页眉为“作者：赫·黑塞”，此两页页眉字体格式为“五号、黄色”，另外加“1.5 磅、红色”页眉线。 12. 设置页面双页显示。 13. 设置水印效果，文字为“经典散文”，格式为“楷体、150 磅、红色、倾斜、半透明”。 14. 保存文档，以“学号 + 姓名”的方式为文件命名。 二、制作稿纸文档 1. 新建一个 Word 文档，设计为稿纸。 2. 稿纸格式为“方格式稿纸”，网格颜色为“浅橙色”。 3. 纸张大小为“A4”，纸张方向为“纵向”。 4. 自拟一份通知，输入到稿纸文档中。		
任务要求	1. 仔细阅读任务描述中的设计要求，认真完成任务。 2. 上交电子作品。 3. 小组间互相学习设计作品的优点。		

任务单(二)

任 务 名 称	目录制作与邮件合并	学　时	2学时
知识目标	1. 掌握目录的创建方法。 2. 掌握目录的更新与编辑方法。 3. 理解邮件合并的作用和意义。 4. 掌握邮件合并的操作步骤和方法。		
能力目标	1. 能根据实际情况熟练地创建目录。 2. 能利用 Word 提供的邮件合并功能生成批量文档。 3. 具有沟通、协作能力。		
任务描述	一、为提供的素材文档创建目录 1. 目录放在文档的首页，并插入页码，页码样式为“I、II、III”。 2. 目录前面输入“目　　录”字样，字体格式为“二号、宋体、居中”。 3. 目录中显示3级标题，标题与页码之间用“…………”分隔。 二、根据提供的素材“考生信息 . xlsx”中的信息，批量生成准考证 1. 准考证纸张大小为“高8厘米，宽12厘米”。 2. 数据源为“考生信息 . xlsx”，照片素材位于“邮件合并”文件夹中。 3. 准考证的最终设计效果如下图所示。 准　考　证 准考证号　201601 姓名　徐丽 性别　女 考场号　1 座位号　01 三、利用邮件合并功能，设计通知书 1. 根据提供的素材“录取学生信息 . xlsx”中的信息，为每个学生发一份录取通知书。 2. 通知书内容自拟，通知书中应包含学生姓名、录取专业、报到时间。 3. 为所有被录取的学生创建一个信封，信封中要有收件人姓名、住址、邮编及寄信人信息。		
任务要求	1. 仔细阅读任务描述中的设计要求，认真完成任务。 2. 上交电子作品。 3. 小组间互相学习设计作品的优点。		

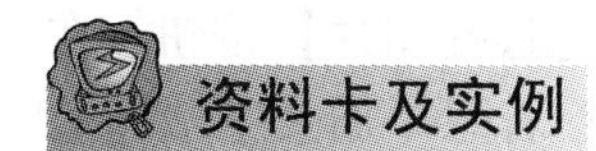

4.9　页面设置

4.9.1　页面背景设置

1. 设置背景颜色或填充效果

为了使文档效果美观，可以设置文档背景颜色或背景填充效果，设计方法如下。

（1）单击【页面布局】选项卡中【页面背景】选项组中的【页面颜色】按钮，将弹出如图 4.67 所示的下拉列表。

（2）若要设置单一的背景颜色，在下拉列表中单击某一颜色块；若要设置填充效果，选择【填充效果】选项，将弹出如图 4.68 所示的【填充效果】对话框，在该对话框中可以选择渐变填充、纹理填充、图案填充和图片填充四种填充效果。

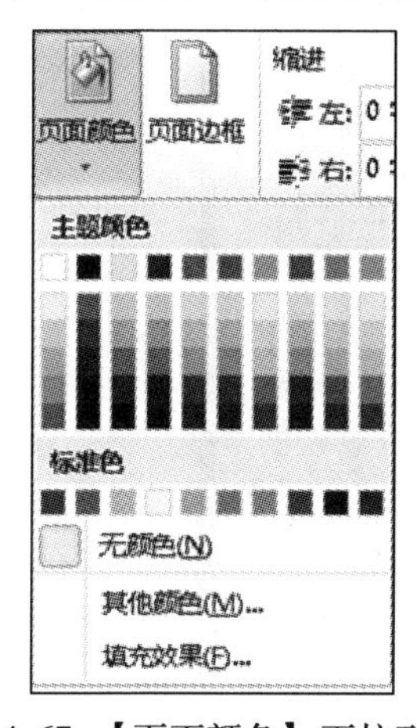

图 4.67　【页面颜色】下拉列表

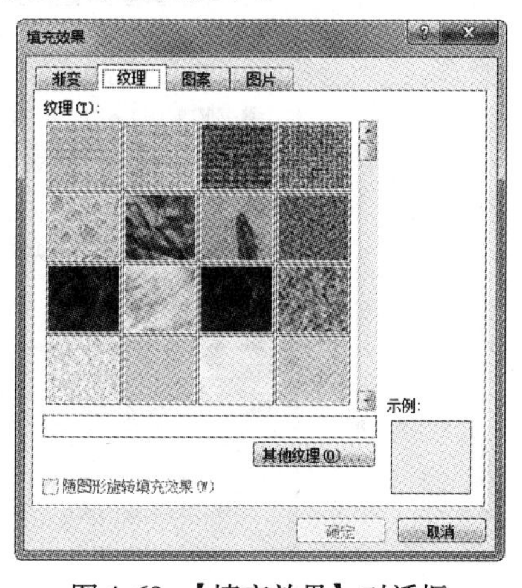

图 4.68　【填充效果】对话框

2. 设置水印效果

设置水印效果的具体操作方法如下。

（1）单击【页面布局】选项卡中【页面背景】选项组中的【水印】按钮，在弹出的下拉列表中选择【自定义水印】选项，将弹出【水印】对话框，如图 4.69 所示。

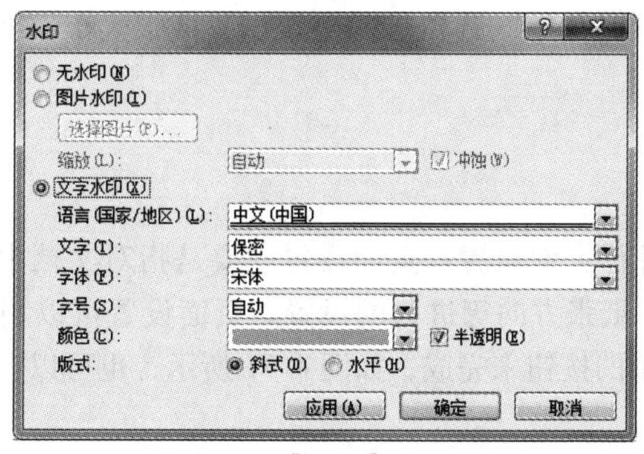

图 4.69　【水印】对话框

（2）若想添加图片水印效果，就单击◎图片水印(I)单选按钮，单击【选择图片】按钮，在弹出的对话框中选择合适的图片作为水印效果，单击【插入】按钮；若想添加文字水印效果，就单击◎文字水印(X)单选按钮，然后在其下方进行相应的文字格式设置。

（3）单击确定按钮即可完成水印效果的设置。

若要取消水印效果，打开【水印】对话框，单击【无水印】单选按钮即可。

4.9.2 稿纸设置

可以将一个空文档设置为稿纸样式，也可以将现有文档应用稿纸样式。应用了稿纸样式后，文档中的所有文本都将与网格对齐，字号也将进行适当更改，以确保所有字符都位于网格内的适当位置。设置稿纸样式的方法如下。

（1）单击【页面布局】选项卡，再单击【稿纸】选项组中的【稿纸设置】按钮，弹出如图 4.70 所示的【稿纸设置】对话框。

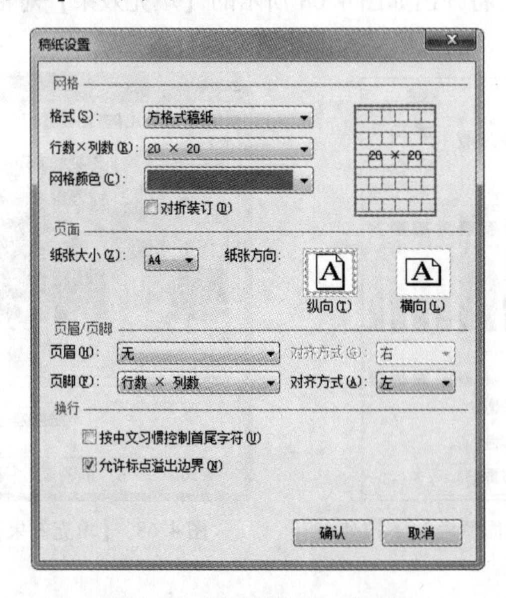

图 4.70 【稿纸设置】对话框

（2）单击【稿纸设置】对话框中的【格式】下三角按钮，在弹出的下拉列表中有“方格式稿纸”“行线式稿纸”“外框式稿纸”三种类型的稿纸选项，选择合适的类型。

（3）在对话框中设置完行数×列数、网格颜色、纸张大小、纸张方向等信息后，单击【确认】按钮即可。

4.9.3 页面设置

编辑完文档后需要进行页面设置。页面设置主要是指对文档中的部分或全部文字的方向、页边距、纸张大小、纸张方向等进行的设置。页面设置可以利用【页面布局】选项卡中【页面设置】选项组中的按钮来完成，如图 4.71 所示，也可以在【页面设置】对话框中完成。

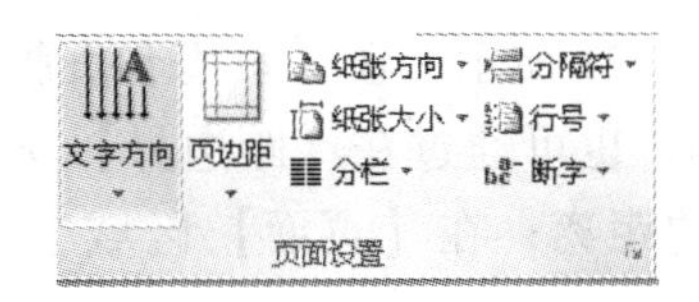

图 4.71 【页面设置】选项组中的按钮

1)【页面设置】选项组中各按钮的功能

(1)【文字方向】按钮：在弹出的下拉列表中可以设置文字的方向。

(2)【页边距】按钮：在弹出的下拉列表中可以选择系统自带的页边距格式。

(3)【纸张方向】按钮：在弹出的下拉列表中可以选择纸张的方向。

(4)【纸张大小】按钮：在弹出的下拉列表中可以选择系统自带的纸张大小。

(5)【分栏】按钮：在弹出的下拉列表中可以选择系统自带的分栏格式。

(6)【分隔符】按钮：在弹出的下拉列表中可以选择插入各种分隔符。

(7)【行号】按钮：在弹出的下拉列表中可以对文本的行数编号进行设置。

(8)【断字】按钮：在弹出的下拉列表中可以对文本的断字方式进行设置。

2)【页面设置】对话框的使用

单击【页面布局】选项卡中【页面设置】选项组右下角的【对话框启动器】按钮，弹出【页面设置】对话框。

(1)【页边距】选项卡：如图 4.72 所示，可在【页边距】区域中的【上】【下】【左】【右】四个文本框内输入数值，设置文本边界距纸张边缘的距离，在【装订线】和【装订线位置】处设置装订线位置和装订线距纸张边缘的距离；在【纸张方向】区域中可以选择页面横向显示或纵向显示；在【页码范围】区域中的【多页】下拉列表中可以设置对称页边距、拼页和书籍折页等页面格式，但该选项仅适用于有多页文档的情况。

(2)【纸张】选项卡：如图 4.73 所示，可在【纸张大小】区域中的下拉列表中选择需要的纸张类型，也可在【宽度】和【高度】文本框中自定义纸张大小。

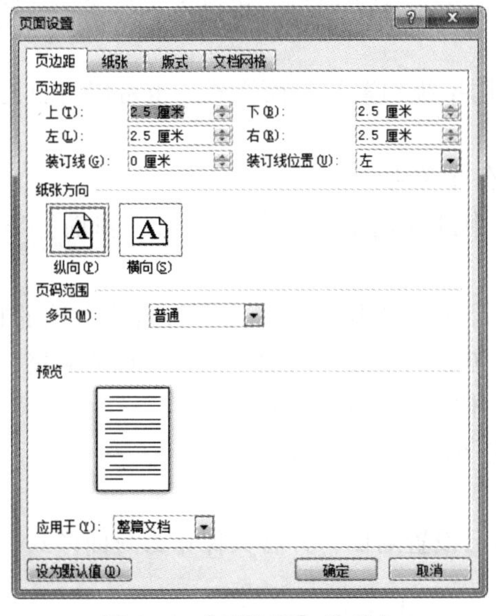

图 4.72 【页边距】选项卡

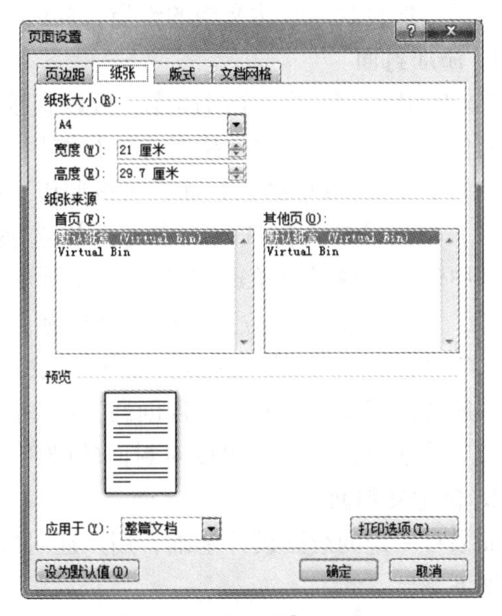

图 4.73 【纸张】选项卡

（3）【版式】选项卡：如图 4.74 所示，在【页眉和页脚】区域中可以设置文档的奇偶页或首页具有不同的页眉和页脚，也可通过在【距边界】选区的两个文本框中输入数值来设置页眉和页脚距离文档边界的距离；在【页面】区域中可以设置页面垂直方向的对齐方式。

（4）【文档网格】选项卡：如图 4.75 所示，在该选项卡中可以设置文字排列的方向和栏数，网格类型，每页文档包含的行数及每行文档包含的字符数等内容。

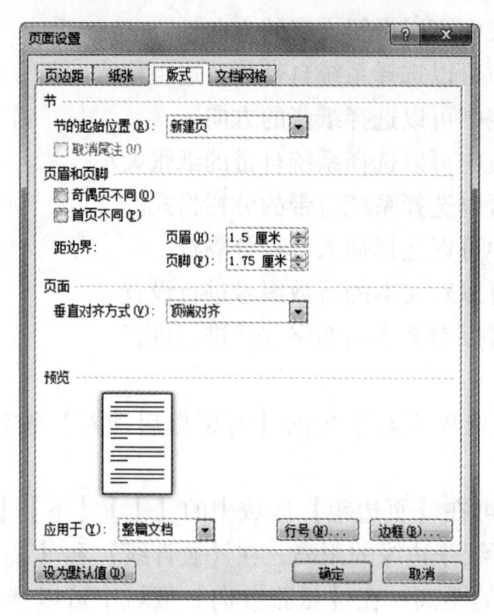

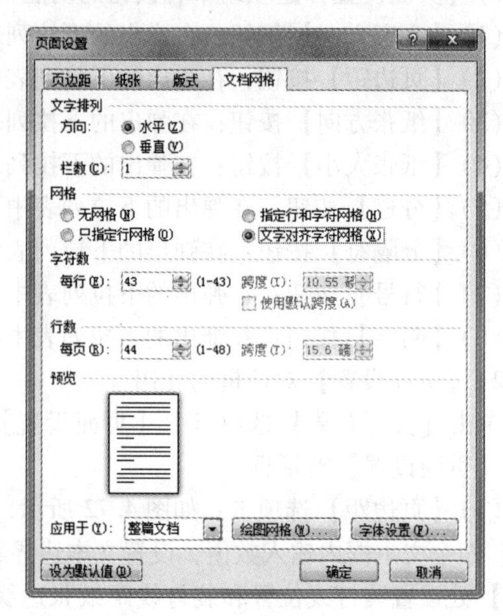

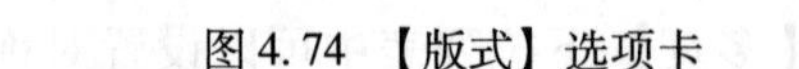
图 4.74 【版式】选项卡

图 4.75 【文档网格】选项卡

4.9.4 设置封面

为了更加直观地表达文档的性质，同时使文档看起来更美观，可以为文档添加封面。

1. 添加封面

Word 2010 提供了一个封面库，可以直接采用系统预置的封面样式，也可以将自己创建的封面保存在其中，需要使用时再进行调用。

如果要在 Word 中插入封面，可按照以下操作步骤进行。

（1）单击【插入】选项卡中【页】选项组中的【封面】按钮，弹出【封面】下拉列表，其中包含多种封面样式，如图 4.76 所示。

（2）在【封面】下拉列表中选择要使用的封面，单击即可将其设为当前文档的封面，如图 4.77 所示为单击某一封面后在 Word 文档中创建的封面。封面应适合文档的风格，办公文档一般选用沉稳的封面，广告创意文档一般选用鲜艳、有朝气的封面。

（3）在创建的封面上可以对封面的颜色、文字格式进行编辑。

2. 自定义封面

如果有一定的绘画设计基础，用户还可以自己设置封面，并将其保存为封面样式，具体方法如下。

（1）自己制作完一个封面后，选中封面中的所有内容。

图 4.76 【封面】下拉列表

图 4.77 创建的封面

(2) 单击【插入】选项卡中【页】选项组中的【封面】按钮，在弹出的下拉列表中选择【将所选内容保存到封面库】选项，弹出【新建构建基块】对话框，如图 4.78 所示。

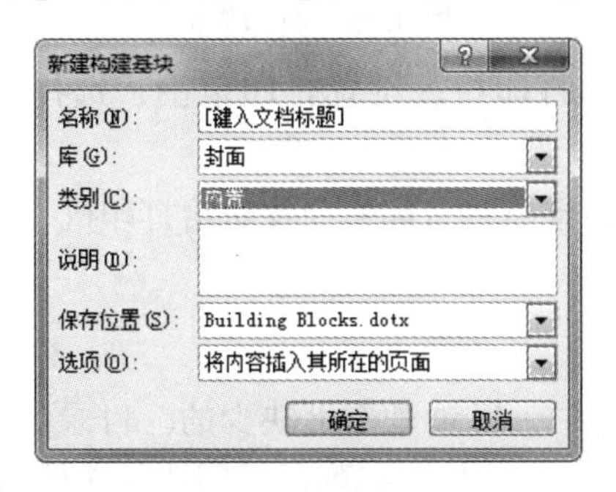

图 4.78 【新建构建基块】对话框

(3) 在【名称】文本框内为自己创建的封面命名，在【库】下拉列表中选择【封面】选项，在【类别】下拉列表中选择【内置】选项。

(4) 设置完成后，单击【确定】按钮。

若对已经插入的封面效果不满意，可单击【页】选项组中的【封面】按钮，在弹出的下拉列表中选择【删除当前封面】选项，删掉正在使用的封面效果。

4.9.5 打印文档

在首次打印前，应对打印机进行检查和设置，确保正确连接了打印机，并安装了正确的打印机驱动程序。检查一切正常后，即可开始打印。打印的具体操作步骤如下。

(1) 单击【文件】→【打印】选项，将显示打印界面，如图 4.79 所示。

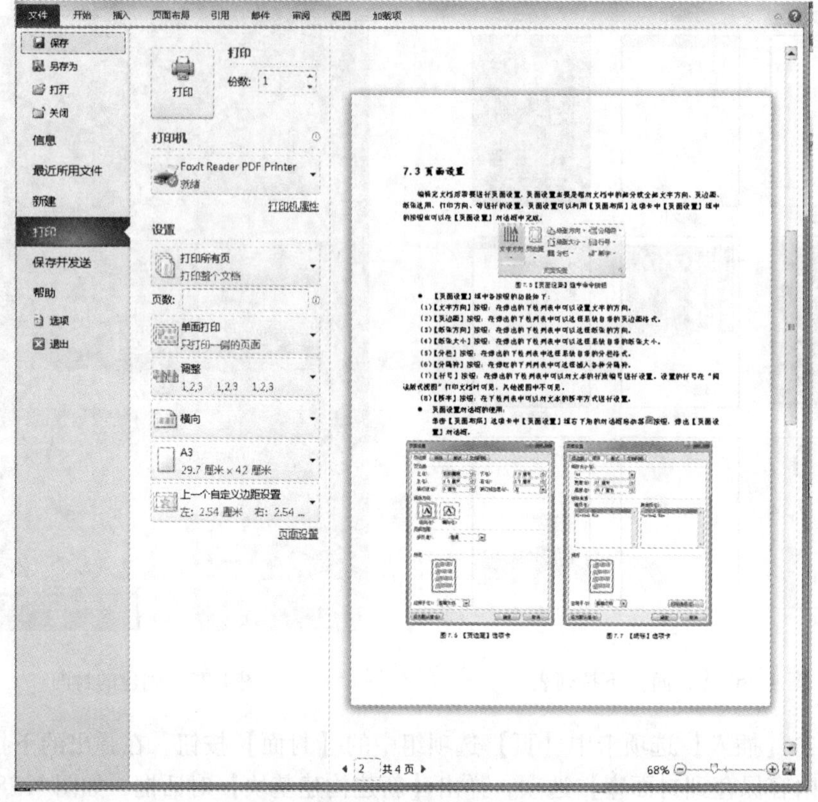

图 4.79 打印界面

（2）设置打印份数，选择打印机，设置打印范围，选择单面打印或手动双面打印等信息。

（3）单击【打印】按钮，即可将打印命令发送给打印机，完成打印任务。

4.10 目录制作

在书籍和许多文档的编辑中，目录是不可缺少的。目录的作用是列出文档中的各级标题，以及每个标题所在的页码，以便快速找到需要阅读的文档内容。

1. 创建目录

在创建目录之前，首先要确定文档中哪些信息作为标题出现在目录中，并为这些信息设置大纲级别。设置大纲级别的操作方法如下。

（1）将文档视图切换到大纲视图方式。单击【视图】选项卡中【文档视图】选项组中的【大纲视图】按钮，文档将切换到大纲视图方式，功能区会显示【大纲】选项卡，如图 4.80 所示。

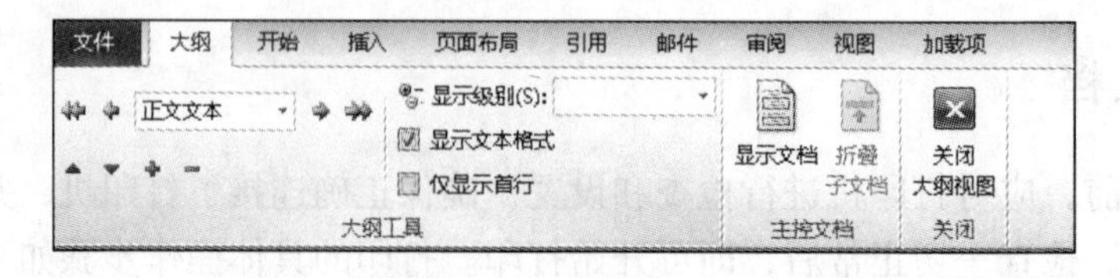

图 4.80 【大纲】选项卡

（2）选中要在目录中显示的标题，单击【大纲级别】下三角按钮，在弹出的下拉列表中选择大纲级别。如图 4.81 所示，选中了“1.1 文档视图”“1.2 文档编辑”两个标题，并定义其大纲级别为“1 级”。

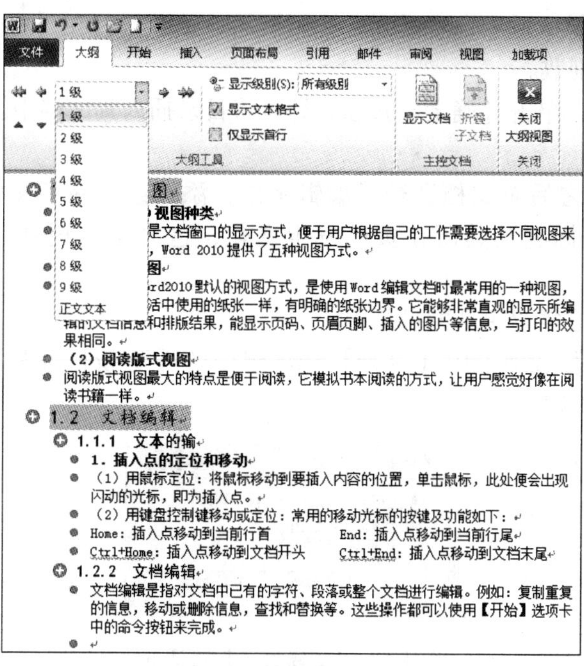

图 4.81　选择标题并定义大纲级别

定义了大纲级别的文本行前面会显示“+”标识。

（3）将所有标题设置完大纲级别后，单击【大纲】选项卡中的【关闭大纲视图】按钮，切换到页面视图。

（4）将光标定位在需要创建目录的位置。

（5）单击【引用】选项卡中【目录】选项组中的【目录】按钮，在弹出的下拉列表中选择【插入目录】选项，将弹出【目录】对话框，如图 4.82 所示。

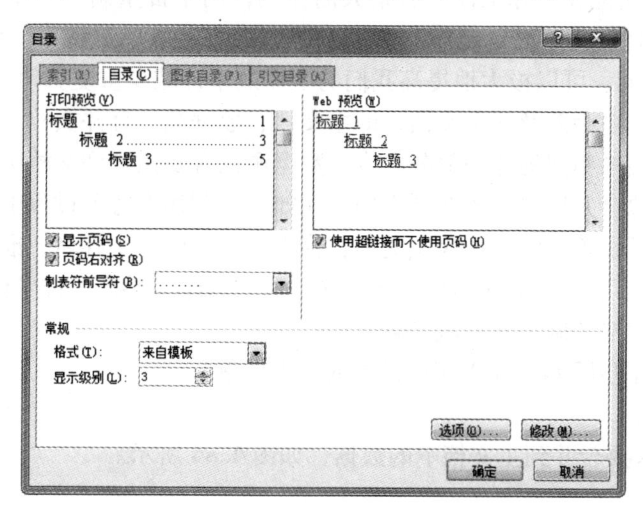

图 4.82　【目录】对话框

(6) 单击对话框中的【目录】选项卡，在该选项卡中选中☑显示页码(S)和☑页码右对齐(R)复选框，则目录中每个标题后边都会显示页码，并且页码格式为右对齐；在【制表符前导符】下拉列表中选择一种分隔符样式；在【常规】区域中的【格式】下拉列表中选择一种目录风格，在【Web 预览】区域中即可看到已选风格的显示效果；在【显示级别】文本框中设置目录显示的标题级别数。

(7) 设置完成后，单击【确定】按钮，即可将目录插入到文档中。

2. 更新目录

如果在创建目录之后对文档进行了编辑操作，添加或删除了文档中的标题或部分内容，可能会导致各个标题及其所在页码发生变化，这时必须更新目录。更新目录的步骤如下。

(1) 将光标定位在需要更新的目录中。

(2) 单击【引用】选项卡中【目录】选项组中的【更新目录】按钮，弹出【更新目录】对话框，如图 4.83 所示。

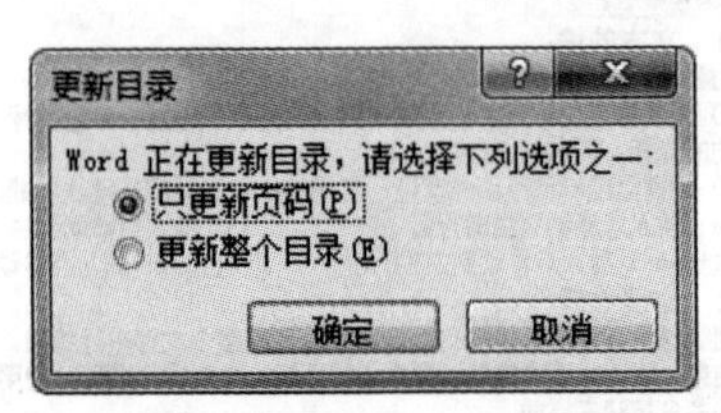

图 4.83 【更新目录】对话框

(3) 在该对话框中选中⊙只更新页码(P)单选按钮，则只更新现有目录的页码，而不更新目录标题的内容，选中⊙更新整个目录(E)单选按钮，则重新创建目录。

(4) 单击【确定】按钮，即可完成更新目录操作。

4.11 邮件合并

Word 邮件合并功能在实际工作中有很大的作用，用于批量制作内容或格式相同，且只需修改局部信息的对象，如批量制作准考证、通知书、工资单、请柬、胸卡等。灵活使用 Word 的邮件合并功能，可以极大地提高我们的工作效率，减少重复劳动。

在邮件合并过程中会涉及三个文档，即主文档、数据源、合并文档。主文档中存放的是最后生成的批量文档中相同的那一部分内容；数据源包含要插入到文档中的信息；合并文档是将主文档与数据源合并后得到的结果文档。例如：在制作准考证过程中，对固定不变的主体内容和版面进行了设置，将其作为主文档；将需要改变的学生姓名、准考证号、考场等信息输入到 Excel 表中，这个 Excel 表就是数据源；将包含学生姓名、准考证号等信息的 Excel 表与主文档合并，生成的结果文档就是合并文档。

邮件合并的操作步骤如下（以制作录取通知书为例）。

1）创建数据源

在 Excel 中输入要合并到主文档中的数据，如图 4.84 所示。

2）创建主文档

新建 Word 文档，输入通知书中共有的内容，并设置格式，如图 4.85 所示。

	B	C	D	E	F
1	姓名	录取专业	家庭住址	邮编	身份证号
2	徐丽	铁道运输	齐齐哈尔	161000	11111111
3	李大伟	铁道工程	佳木斯	154000	11111112
4	姜小雨	机电工程	哈尔滨	150000	11111113
5	李保利	机车车辆	大庆	163000	11111114
6	刘晓晓	铁道运输	牡丹江	157000	11111115
7	马海东	铁道工程	鸡西	158100	11111116
8	孙琳琳	机电工程	鹤岗	154100	11111117
9	郝红梅	机车车辆	哈尔滨	150000	11111118
10	王洋	机电工程	齐齐哈尔	161000	11111119
11	李晨	机车车辆	牡丹江	157000	11111120

图 4.84　邮件合并需要的数据源

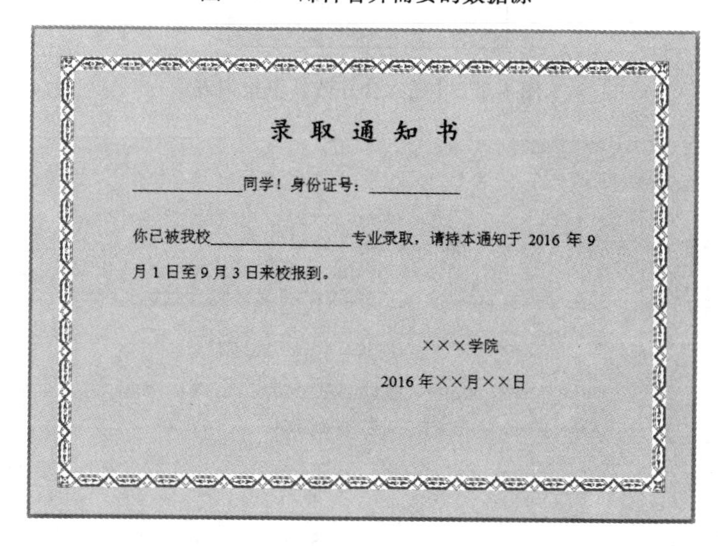

录 取 通 知 书

__________同学！身份证号：__________

你已被我校__________专业录取，请持本通知于 2016 年 9 月 1 日至 9 月 3 日来校报到。

×××学院

2016 年××月××日

图 4.85　主文档

3）合并邮件

（1）单击【邮件】选项卡，再单击【开始邮件合并】选项组中的【开始邮件合并】按钮，在弹出的下拉列表中选择【信函】或【普通 Word 文档】选项。

（2）单击【开始邮件合并】选项组中的【选择收件人】按钮，在弹出的下拉列表中选择【使用现有列表】选项，弹出【选择数据源】对话框，选择数据源文件，单击【打开】按钮，将弹出【选择表格】对话框，如图 4.86 所示。

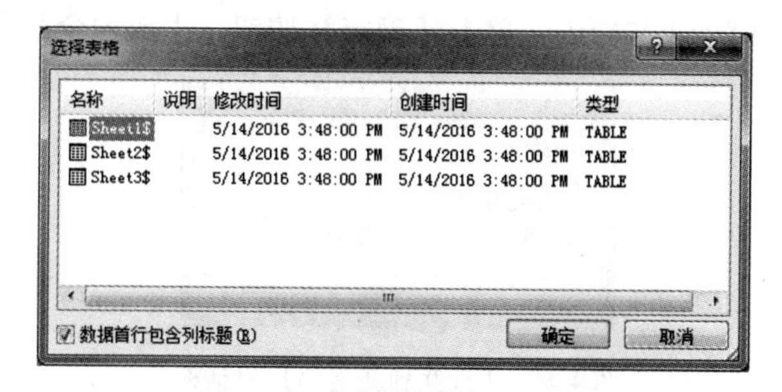

图 4.86　【选择表格】对话框

(3) 选择数据所在的工作表标签，单击【确定】按钮。

(4) 将鼠标放在要插入信息的位置，单击【编写和插入域】选项组中的【插入合并域】按钮，数据表中的所有字段将显示在弹出的下拉列表中，如图 4.87 所示，然后选择对应的字段。如图 4.88 所示为插入合并域后的文档。

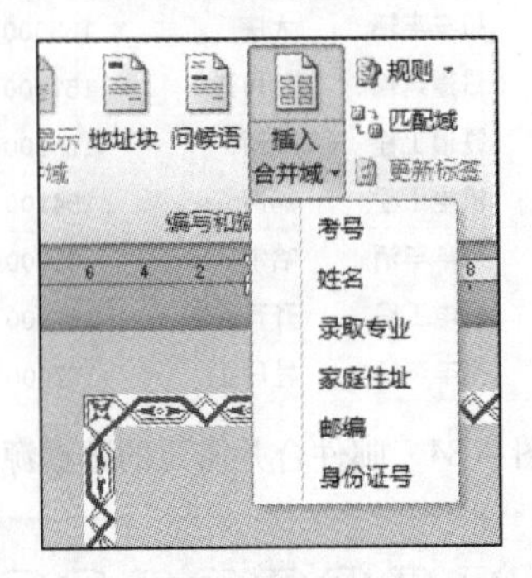

图 4.87 【插入合并域】下拉列表

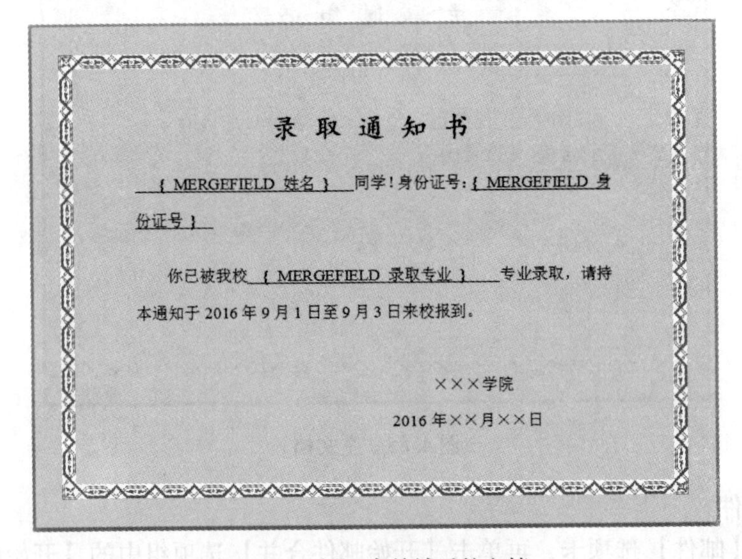

图 4.88 插入合并域后的文档

4) 完成合并

单击【完成】选项组中的【完成并合并】按钮，在弹出的下拉列表中选择【编辑单个文档】选项，将弹出【合并到新文档】对话框，如图 4.89 所示，选中【全部】单选项，则把信息输出到一个新的 Word 文档中，单击【确定】按钮，生成的合并文档如图 4.90 所示。

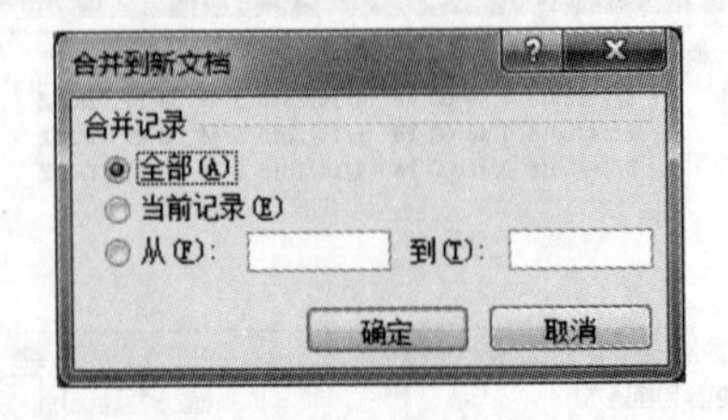

图 4.89 【合并到新文档】对话框

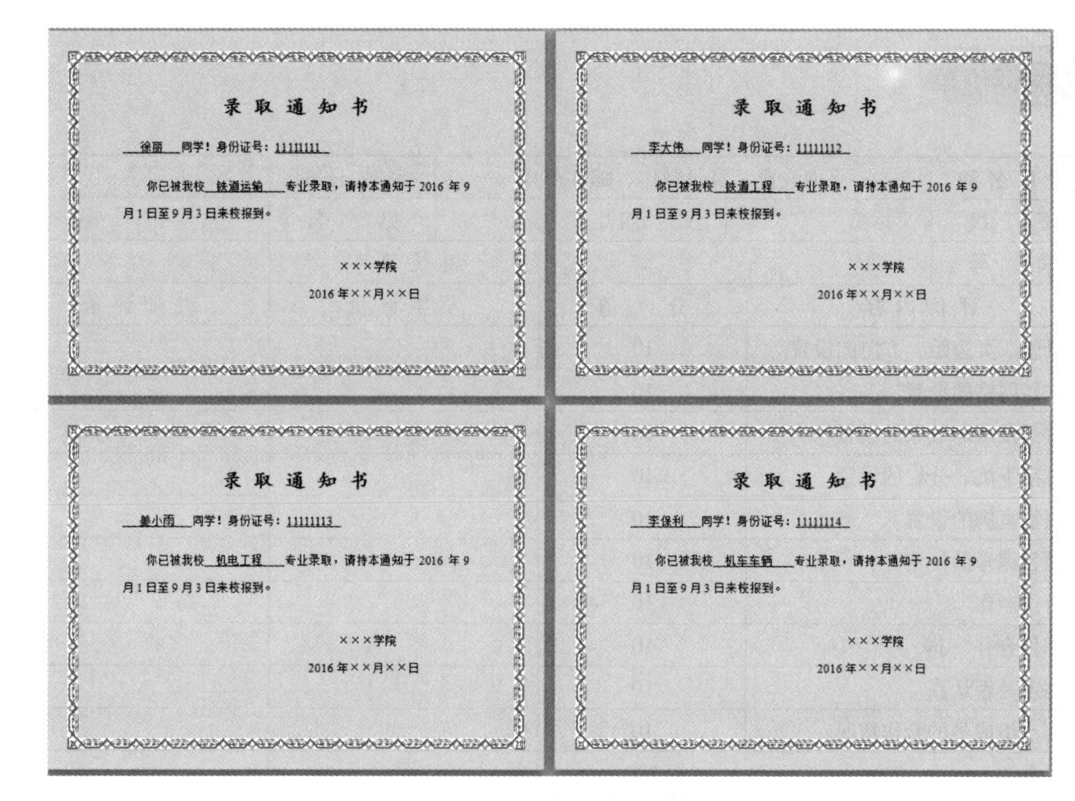

图 4.90　生成的合并文档部分图

实例 4.11：利用邮件合并功能制作荣誉证书。

（1）在 Excel 中输入获奖学生的班级、姓名、获奖名次信息。

（2）证书纸张设置为“B5”，打印方向为“横向”。

（3）创建邮件合并的主文档。

（4）邮件合并。

操作方法：

（1）打开 Excel，输入获奖学生的班级、姓名、获奖名次信息，并保存该表作为数据源。

（2）单击【页面布局】选项卡，在【页面设置】选项组中设置纸张大小、方向。

（3）打开 Word，创建一个新文档，输入荣誉证书中的共有信息并设置格式。

（4）单击【邮件】选项卡中【开始邮件合并】选项组中的【选择收件人】按钮，在弹出的下拉列表中选择【使用现有列表】选项，在弹出的对话框中选择在步骤（1）中创建的 Excel 数据源；将光标分别定位在要插入班级、姓名、获奖名次的位置，单击【插入合并域】按钮，选择对应字段；单击【完成并合并】→【编辑单个文档】选项，在弹出的【合并到新文档】对话框中选中【全部】单选项，最后单击【确定】按钮。

评价单

项目名称	页面设置、目录制作、邮件合并			完成日期	
班　级		小　组		姓　名	
学　号				组长签字	
评价内容		分　值	学生评价		教师评价
纸张、页边距、方向的设置		10			
文档网格的设置		10			
背景及水印效果的设置		10			
首字下沉、分栏的设置		10			
页眉页脚的设置		10			
项目编号的使用		10			
目录制作		10			
邮件合并		10			
态度是否认真		10			
与小组成员的合作情况		10			
总分		100			
学生得分					
自我总结					
教师评语					

知识点强化与巩固

一、选择题

1. 为文档插入目录时，可以使用（　　）选项卡中的【目录】按钮。
   A.【开始】　B.【插入】　C.【引用】　D.【审阅】
2. 【大纲视图】按钮位于（　　）选项卡的功能区中。
   A.【开始】　B.【插入】　C.【视图】　D.【页面布局】
3. 【页面设置】对话框中不包含（　　）选项卡。
   A.【页边距】　B.【纸张】　C.【版式】　D.【对齐方式】
4. 下列关于页眉和页脚的说法不正确的是（　　）。
   A. 只要将【奇偶页不同】复选框选中，就可以在文档的奇、偶页中插入不同的页眉和页脚
   B. 在输入页眉和页脚内容时还可以在每一页中插入页码
   C. 可以将每一页的页眉和页脚的内容设置成相同的内容
   D. 插入页码时必须每页都要显示页码
5. 【分栏】按钮位于（　　）选项卡的功能区中。
   A.【开始】　B.【插入】　C.【视图】　D.【页面布局】
6. 下列关于分栏的说法不正确的是（　　）。
   A. 在【分栏】对话框的【宽度和间距】区域不能根据需要设置每个栏的宽度和间距
   B. 分隔线是加在相邻两个栏之间的
   C.【分栏】对话框的右下部分是预览框
   D. 在进行分栏前先要将要进行分栏操作的文字选中
7. 下列关于插入的页码的说法正确的是（　　）。
   A. 只能从第 1 页开始
   B. 只能是数字 1、2、3 这样的页码
   C. 同一个文档页码必须是连续的
   D. 可以将插入的页码放在某种图形内
8. 在 Word 2010 中，可以通过（　　）来增减选项卡的数量。
   A.【视图】选项卡中的【显示】选项组
   B.【文件】选项卡中的【选项】选项
   C.【插入】选项卡中的【选项】选项
   D.【页面布局】选项卡中的【页面设置】选项组
9. 在 Word 2010 中，单击文档中的图片，产生的效果是（　　）。
   A. 弹出快捷菜单
   B. 选中图片
   C. 启动图形编辑器，进入图形编辑状态
   D. 该图片被加上文本框
10. 以下关于 Word 2010 中分页符的描述，错误的是（　　）。

A. 分页符的作用是分页

B. 按 Ctrl + Enter 组合键可以插入一个分页符

C. 各种分页符都可以在选中后按 Delete 键删除

D. 在“草稿视图”方式下，分页符以虚线显示

11. 在 Word 2010 中，图片版式不能设置为（　　）。

A. 嵌入型　　B. 滚动型　　C. 四周型　　D. 紧密型

12. 在 Word 2010 中，单击【文件】选项卡中的【最近所用文件】选项，在右侧弹出的【最近使用的文档】列表中最多可以显示（　　）个文档。

A. 10　　B. 20　　C. 25　　D. 50

13. 在 Word 2010 中，单击【文件】选项卡中的【最近所用文件】选项，在右侧弹出的【最近使用的文档】列表中显示的文档是（　　）。

A. 当前被操作的文档

B. 当前已经打开的所有文档

C. 最近被操作过的文档

D. 等待处理的所有文档

14. 下列操作中，不能选中文档全部内容的是（　　）。

A. 将光标移到文本左边空白区任意处，连击三次鼠标

B. 将光标移到文本右边空白区任意处，连击三次鼠标

C. 将光标移到文本左边空白区任意处，按 Ctrl 键，并单击鼠标左键

D. 按 Ctrl + A 组合键

15. 在 Word 2010 中，【字数统计】选项在（　　）选项组中。

A.【字体】　　B.【段落】　　C.【样式】　　D.【审阅】

16. Word 2010 在编辑状态下，【文本框】按钮在（　　）选项卡中。

A.【引用】　　B.【插入】　　C.【开始】　　D.【视图】

17. 在 Word 2010 中，可以设置（　　）种样式的稿纸。

A. 2　　B. 4　　C. 6　　D. 8

18. 对文档进行修订，可以使用（　　）选项卡中的命令按钮。

A.【引用】　　B.【邮件】　　C.【审阅】　　D.【视图】

19. 在 Word 2010 中，若要设定打印纸张的大小，可在（　　）选项卡中进行。

A.【开始】　　B.【插入】　　C.【视图】　　D.【页面布局】

二、判断题

1. 在 Word 2010 中，要为文档添加封面必须使用系统提供的封面样式。（　　）

2. 在 Word 2010 中，要打印文档必须全部打印，不能选择其中某些页打印。（　　）

3. 在 Word 2010 中，同一文档中所有页的页面大小都一样，不能设置不同大小的页面。（　　）

4. 在 Word 2010 中，纸张大小可在【页面布局】选项卡中的【页面设置】选项组中进行设置。（　　）

5. 在 Word 2010 中，文档中添加的水印效果可以有两种版式：水平和垂直版式。（　　）

6. 在 Word 2010 中，每页文字的行数及每行的字符数都是可以通过设置来改变的。（　）
7. 文档中创建的目录不能更改，因此创建完目录后的文档不能再进行编辑。（　）
8. 在 Word 2010 中，目录最多能显示 3 级。（　）
9. 利用邮件合并功能只能在文档中插入文本，不能插入图片。（　）
10. 邮件合并所需要的数据源必须是 Excel 表格。（　）

第5章 电子表格处理软件 Excel 2010

项目一 Excel 工作表的创建与编辑

1. Excel 的启动和退出
2. 工作簿的基本操作
3. 工作表的基本操作
4. 单元格的操作与使用
5. 数据的输入和编辑操作
6. 序列的填充
7. 设置单元格格式

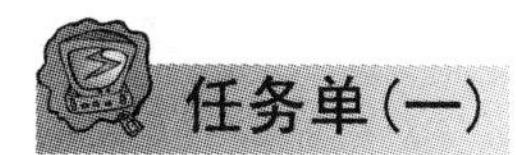

任务单(一)

<table>
<tr><td>任务名称</td><td>销售部年支出预算表的制作</td><td>学　　时</td><td>2 学时</td></tr>
<tr><td>知识目标</td><td colspan="3">1. 能够用 Excel 软件录入各种类型的数据。
2. 能够对工作表进行操作。
3. 能够独立设置单元格属性。
4. 完成数据的序列填充。</td></tr>
<tr><td>能力目标</td><td colspan="3">1. 能够准确输入 Excel 数据。
2. 具有自主学习的能力。
3. 具有沟通、协作能力。</td></tr>
<tr><td>任务描述</td><td colspan="3">1. 用 Excel 2010 软件，制作如下图所示的工作表，保存在桌面上。
2. 为 B9 单元格插入批注，内容为“50% 需员工自费”。
3. 分别将 A1 至 E1，A3 至 A6，A7 至 A14 单元格合并。
4. 为 A2 至 E2 单元格添加“黄色”底纹。
5. 设置 A1 至 E1 单元格字体为隶书，字号为 20 磅。
6. 将 C 列的数据设置成货币格式，保留 2 位小数。
7. 将工作表标签 Sheet1 的名称改为“支出预算”，将 Sheet2 的名称改为“填充序列”，将 Sheet3 删除。
<table>
<tr><td></td><td>A</td><td>B</td><td>C</td><td>D</td><td>E</td></tr>
<tr><td>1</td><td colspan="5">销售部年支出预算表</td></tr>
<tr><td>2</td><td colspan="2">支出项目</td><td>预算资金
（万元）</td><td colspan="2">备注</td></tr>
<tr><td>3</td><td rowspan="4">员工工资</td><td>基本工资</td><td>¥130.80</td><td colspan="2"></td></tr>
<tr><td>4</td><td>津贴补贴</td><td>¥452.20</td><td colspan="2"></td></tr>
<tr><td>5</td><td>公积金</td><td>¥34.00</td><td colspan="2"></td></tr>
<tr><td>6</td><td>养老金</td><td>¥17.00</td><td colspan="2"></td></tr>
<tr><td>7</td><td rowspan="8">办公费</td><td>交通费</td><td>¥21.00</td><td colspan="2"></td></tr>
<tr><td>8</td><td>电话费</td><td>¥0.81</td><td colspan="2"></td></tr>
<tr><td>9</td><td>培训费</td><td>¥2.50</td><td colspan="2"></td></tr>
<tr><td>10</td><td>差旅费</td><td>¥10.00</td><td colspan="2"></td></tr>
<tr><td>11</td><td>印刷费</td><td>¥3.60</td><td colspan="2"></td></tr>
<tr><td>12</td><td>广告费</td><td>¥15.00</td><td colspan="2"></td></tr>
<tr><td>13</td><td>招待费</td><td>¥5.00</td><td colspan="2"></td></tr>
<tr><td>14</td><td>水电费</td><td>¥0.30</td><td colspan="2"></td></tr>
</table>
8. 在“填充序列”工作表中完成下面的操作：
（1）A1 单元格输入 1，利用填充功能向下填充等比序列 10，100，1 000，10 000，100 000；
（2）从 B1 单元格开始向下填充等差序列 1，3，5，…，11；
（3）在 C1 单元格输入分数 1/2 并插入批注，批注的内容为“输入分数方法：先输入 0 和空格，再输入分数”。
9. 保护工作表，设置工作表只能浏览，不能进行任何操作，密码为“123”。</td></tr>
<tr><td>任务要求</td><td colspan="3">1. 仔细阅读任务描述中的要求，认真完成任务。
2. 上交电子作品。
3. 小组间可以讨论、交流。</td></tr>
</table>

任务单(二)

<table>
<tr><td>任务名称</td><td>部门费用管理表的制作</td><td>学　时</td><td>2学时</td></tr>
<tr><td>知识目标</td><td colspan="3">1. 掌握插入、删除行和列的方法。
2. 掌握设置表格的边框、底纹等方法。
3. 掌握创建自定义序列的方法。
4. 掌握数据有效性、条件格式的设置方法。</td></tr>
<tr><td>能力目标</td><td colspan="3">1. 具有处理复杂数据的能力。
2. 具有团队合作的能力。
3. 具有沟通、协作的能力。</td></tr>
<tr><td>任务描述</td><td colspan="3">1. 用 Excel 2010 软件，制作如下图所示的工作表。
<table>
<tr><td>A</td><td>B</td><td>C</td><td>D</td><td>E</td><td>F</td><td>G</td><td>H</td></tr>
<tr><td></td><td colspan="7">部门费用管理表</td></tr>
<tr><td></td><td>序号</td><td>所属部门</td><td>员工姓名</td><td>费用类别</td><td>支出</td><td>时间</td><td>备注</td></tr>
<tr><td></td><td>1</td><td rowspan="3">销售部</td><td>江雨薇</td><td>办公费</td><td>¥2,100</td><td>2008/1/1</td><td></td></tr>
<tr><td></td><td>2</td><td>李晓彤</td><td>差旅费</td><td>¥1,300</td><td>2008/1/16</td><td></td></tr>
<tr><td></td><td>3</td><td>薛婧</td><td>宣传费</td><td>¥2,300</td><td>2008/3/26</td><td></td></tr>
<tr><td></td><td>4</td><td rowspan="3">开发部</td><td>邱月清</td><td>办公费</td><td>¥507</td><td>2008/2/21</td><td></td></tr>
<tr><td></td><td>5</td><td>李强</td><td>办公费</td><td>¥606</td><td>2008/2/21</td><td></td></tr>
<tr><td></td><td>6</td><td>陈国宝</td><td>宣传费</td><td>¥502</td><td>2008/2/21</td><td></td></tr>
<tr><td></td><td>7</td><td rowspan="3">市场部</td><td>郝思嘉</td><td>办公费</td><td>¥100</td><td>2008/1/16</td><td></td></tr>
<tr><td></td><td>8</td><td>李立</td><td>宣传费</td><td>¥500</td><td>2008/3/3</td><td></td></tr>
<tr><td></td><td>9</td><td>陈桂芬</td><td>差旅费</td><td>¥1,000</td><td>2008/3/8</td><td></td></tr>
</table>
2. 分别将 C3:C5、C6:C8、C9:C11 单元格合并。
3. 为 B2:H2 单元格添加“黄色”底纹。
4. 将时间“年/月/日”的形式更改为“某年某月某日”的形式。
5. 在表格的上方添加表格标题“部门费用管理表”，标题行高为 25 磅，合并 A1:H1 单元格，设置标题文字垂直居中、水平居中。
6. 将员工姓名创建一个自定义序列，填充到表格的 D 列中。姓名从上到下依次为：江雨薇、李晓彤、薛婧、邱月清、李强、陈国宝、郝思嘉、李立、陈桂芬。
7. 通过模糊查找，找到所有姓李的员工。
8. 将数据区域外框线设置为黑色、粗线，内框线设置为黑色、细线。
9. 设置 E3:E11 单元格的数据有效性，有效性条件为“差旅费、办公费、宣传费”；用户向该区域输入数据时提示：“请输入差旅费、办公费、宣传费中的一个!”；用户输入出错时显示：“输入非法，请重新输入!”
10. 设置单笔支出超过 1 000 的单元格格式为字体加粗、红色、“黄色”底纹。
11. 将工作表标签 Sheet1 的名称改为“费用管理”，隐藏工作表 Sheet2。</td></tr>
<tr><td>任务要求</td><td colspan="3">1. 仔细阅读任务描述中的要求，认真完成任务。
2. 上交电子作品。
3. 小组间可以讨论、交流。</td></tr>
</table>

5.1　Excel 2010 简介

Excel 2010 是 Microsoft Office 2010 系列软件之一，是专门用于处理数据、管理表格的软件。它的主要功能是：快捷地创建和编辑大量数据表格；借助多种公式对数据进行进一步处理；快速地将数据制成各种类型的图表，以便于对数据进行直观的分析。

5.1.1　Excel 2010 启动和退出

1. 启动

启动 Excel 2010 的方法有两种。

（1）单击【开始】→【所有程序】→【Microsoft Office】→【Microsoft Excel 2010】选项，即可启动 Excel 2010。启动后，屏幕上显示 Excel 2010 的工作窗口。

（2）双击桌面上 Excel 2010 的图标。

2. 退出

退出 Excel 2010 的常用方法有两种。

（1）单击标题栏右侧的【关闭】按钮。

（2）单击【文件】→【退出】选项。

5.1.2　Excel 2010 工作界面

Excel 2010 启动后，会自动创建一个名为“工作簿 1”的文件。Excel 2010 的工作界面如图 5.1 所示，主要包括【文件】按钮、快速访问工具栏、选项卡、标题栏、功能区、【帮助】按钮、编辑区、状态栏、工作表标签、视图切换按钮栏和显示比例等。

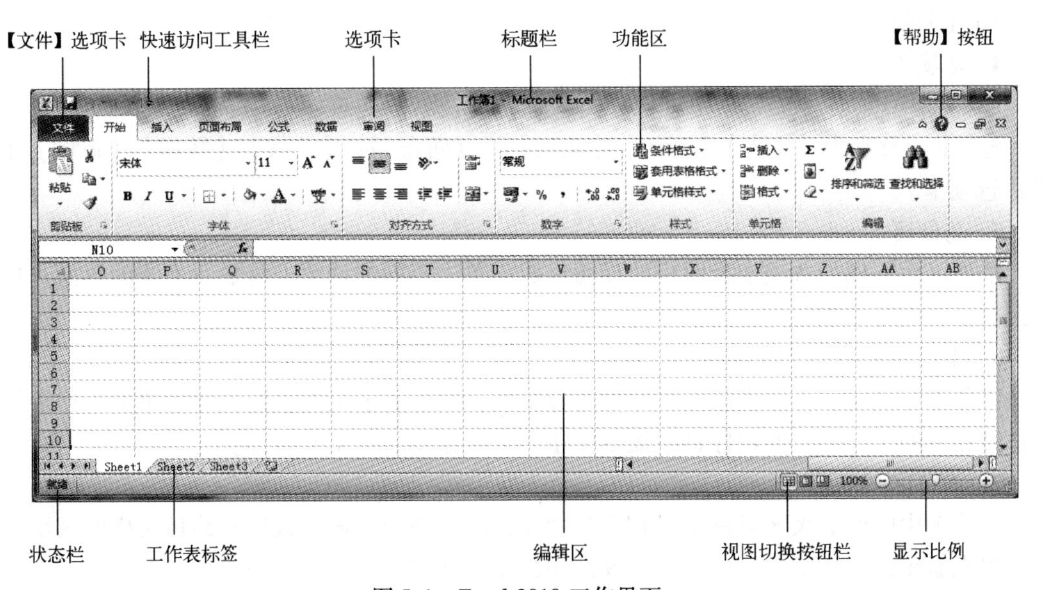

图 5.1　Excel 2010 工作界面

1. 标题栏

标题栏位于窗口的最上端，在标题栏上自左至右显示的是应用程序图标、快速访问工具栏、当前正在编辑的文档名称、应用程序名称“Microsoft Excel”、【最小化】按钮、【最大化/还原】按钮和【关闭】按钮。

2. 快速访问工具栏

快速访问工具栏在标题栏的左侧，用于显示常用的工具按钮。用户可以通过如下方法自定义常用的工具按钮：单击【自定义快速访问工具栏】按钮，在弹出的下拉列表中通过单击某个选项即可设置某个按钮的显示或隐藏，如图 5.2 所示；要显示更多的命令按钮，单击【其他命令】选项，在弹出的【Excel 选项】对话框中完成设置即可。

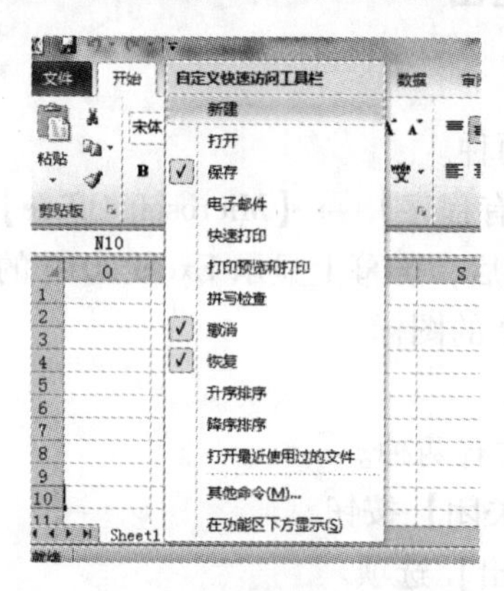

图 5.2 快速访问工具栏设置

3.【文件】选项卡

Excel 2010 中的【文件】选项卡位于 Excel 窗口左上角。单击【文件】选项卡可以打开文件界面，界面采用全页面形式，分为三栏，最左侧是功能选项和常用按钮，选项包括【信息】【最近所用文件】【新建】【打印】【保存并发送】，按钮包括【保存】【另存为】【打开】【关闭】等。

4. 选项卡

Excel 2010 将各种工具按钮进行分类管理，放在不同的选项卡中。Excel 2010 窗口中有 8 个选项卡，分别为【文件】【开始】【插入】【页面布局】【公式】【数据】【审阅】【视图】选项卡。

5. 功能区

功能区由不同的选项卡及对应的界面组成，单击不同的选项卡将显示不同的界面，界面中提供了多组命令按钮。

6. 工作表标签

工作表标签位于工作表区左侧底端的标签栏，用于显示工作表的名称。单击工作表标签将打开相应的工作表，使用标签栏滚动按钮，可以滚动显示工作表标签。

7. 编辑区

工作表中间的最大区域是 Excel 2010 的编辑区，是用户输入数据与编辑表格的区域。用户可以在编辑区为活动单元格输入内容，如数据、文字或公式等。

8. 视图切换按钮栏

视图切换按钮栏中显示了多个视图按钮，单击不同的按钮，可以将文档切换到不同的视图方式。

9. 显示比例

显示比例按钮和滑块在状态栏的右侧，用于设置当前文档页面的显示比例。

10. 状态栏

状态栏位于 Excel 2010 窗口的底部，用于显示当前的工作状态，如就绪、输入、选定目标区域等。

11.【帮助】按钮

单击【帮助】按钮或按 F1 键，打开【帮助】窗口。在【帮助】窗口中，列出了可以获得帮助的内容和方法，单击相关项，即可找到对应的帮助说明信息。

5.1.3 Excel 的基本概念

1. 工作簿

工作簿是用来储存并处理数据的文件。在 Windows 7 中，一个单独的 Excel 文档称为一个工作簿，其扩展名是“.xlsx”。

2. 工作表

一个工作簿可以包含一个或多个工作表，如 Sheet1、Sheet2 等均代表一个工作表，类似于一本书由若干页组成，这里的“书”称为工作簿，每一“页”称为一个工作表。

3. 单元格

在工作表中，每一格称为一个单元格，单元格是存放数据的基本单位。每个单元格的地址由交叉的列标和行标组成，如 A1 代表第 A 列第 1 行的单元格。

5.2 工作簿的基本操作

5.2.1 创建新工作簿

启动 Excel 2010 之后，程序会自动创建一个新的空白工作簿，默认情况下命名为“工作簿 1”。在“工作簿 1”未关闭之前，再次新建的工作簿会自动被命名为“工作簿 2”“工作簿 3”……创建新的工作簿有以下几种方法。

1. 创建空白工作簿

（1）单击【文件】→【新建】→【空白工作簿】选项，如图 5.3 所示，双击鼠标或单击右侧下方的【创建】按钮。

（2）单击快速访问工具栏中的【新建】按钮。

（3）按 Ctrl + N 组合键。

2. 创建基于模板的工作簿

除了通用型的空白工作簿模板之外，Excel 2010 中还内置了多种工作簿模板，如销售报表模板、账单模板等。另外，Office.com 网站还提供了表单表格、费用报表、图表、列表等特定的功能模板。借助这些模板，用户可以创建比较专业的 Excel 2010 工作簿。在 Excel

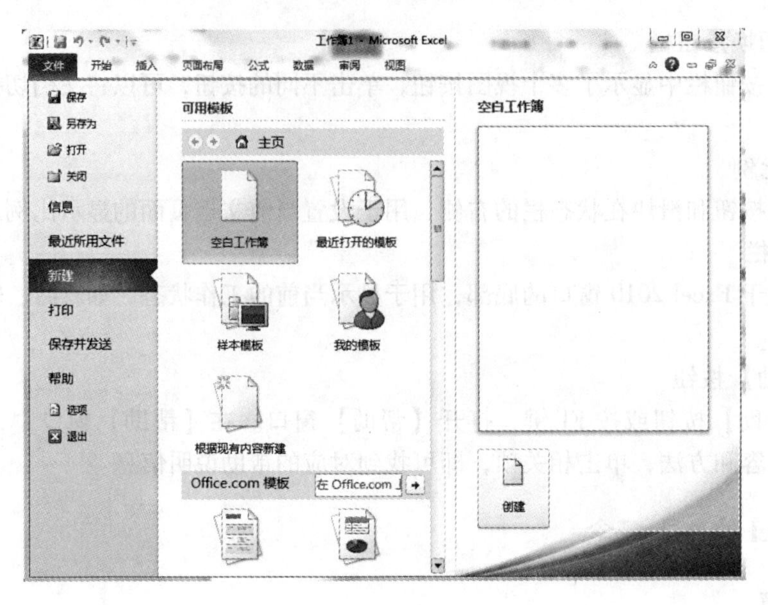

图 5.3 新建工作簿

2010 中使用模板创建文档有以下两种方法。

（1）单击【文件】→【新建】→【样本模板】选项，将弹出如图 5.4 所示的界面。该界面提供了销售报表模板、账单模板等 Excel 自带的模板，单击右侧【创建】按钮。

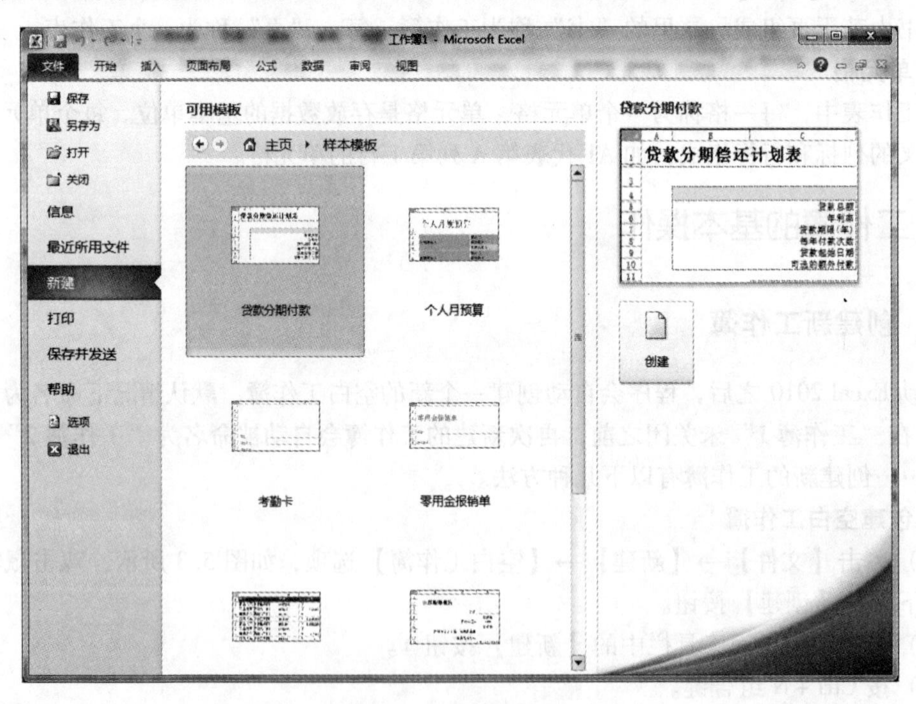

图 5.4 样本模板界面

（2）单击【文件】→【新建】选项，在【Office. com 模板】下有表单表格、费用报表、图表、列表等在线模板，单击右侧【下载】按钮。

5.2.2　保存工作簿

1. 保存工作簿的方法

（1）单击【文件】→【保存】按钮。若是保存过的文件，执行此操作将会将原文件覆盖；若是未保存过的文件，将弹出【另存为】对话框，在该对话框中可选择保存位置，输入文件名，如图 5.5 所示。

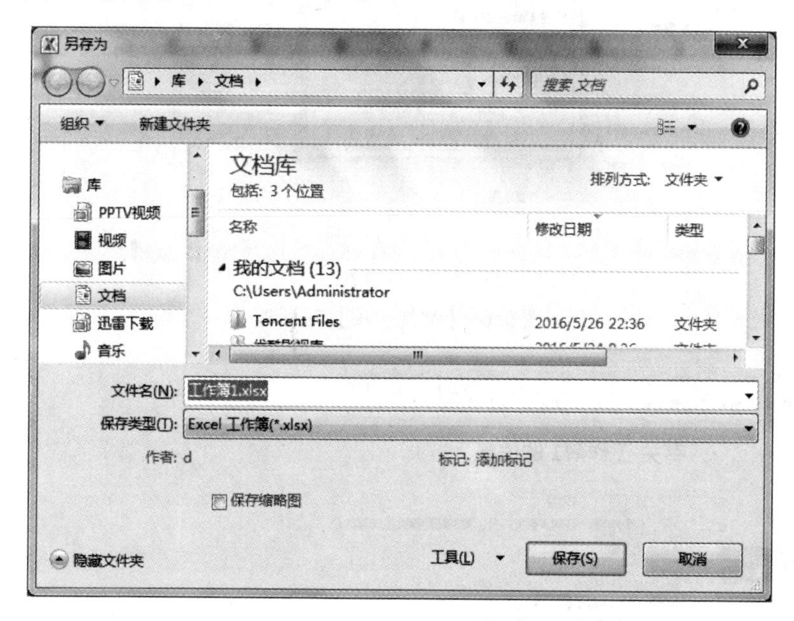

图 5.5　【另存为】对话框

（2）单击【文件】→【另存为】按钮，可以为已保存过的文件再保存一个副本。

（3）单击快速访问工具栏中的【保存】按钮。

（4）按 Ctrl + S 组合键。

Excel 2010 文件保存后的扩展名是“xlsx”，也可以保存为 97 –2003 版本的文件格式。

2. 工作簿的加密保护

Excel 2010 有数据保护功能，为防止数据被篡改，提供了多层保护控制。Excel 2010 文件设置密码后，关闭文件后再次打开时，系统会要求输入密码，只有密码输入正确才可以打开工作簿，对工作簿起到了加密保护的作用。

工作簿的加密方法如下。

（1）单击【文件】→【另存为】→【工具】→【常规选项】选项，弹出【常规选项】对话框，如图 5.6 所示。设置“打开权限密码”，用户可以用这个密码阅读 Excel 文件；设置“修改权限密码”，用户可以用这个密码打开和修改 Excel 文件；选中【建议只读】复选框，用户在试图打开 Excel 文件的时候，会弹出建议只读的提示窗口。

（2）单击【文件】→【信息】→【保护工作簿】下拉列表框，如图 5.7 所示，选择下拉列表中的【用密码进行加密】选项，弹出如图 5.8 所示的【加密文档】对话框，输入密码，单击【确定】按钮，再输入相同的密码，则密码设置成功。

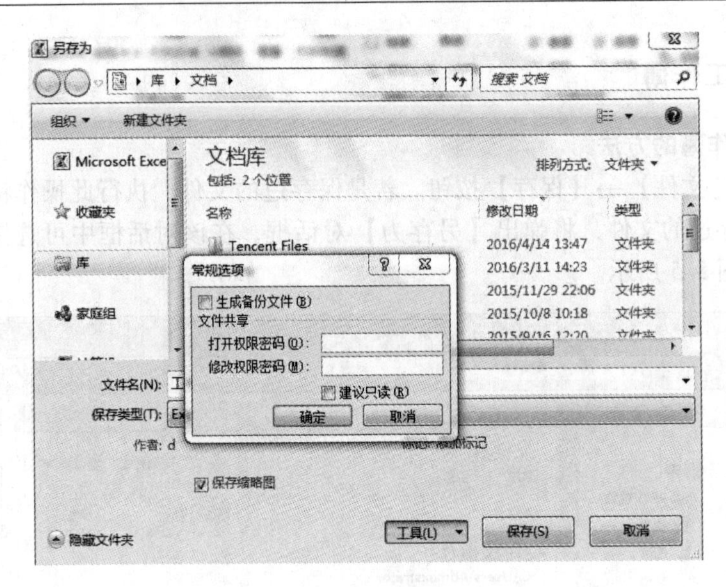

图 5.6 【常规选项】对话框

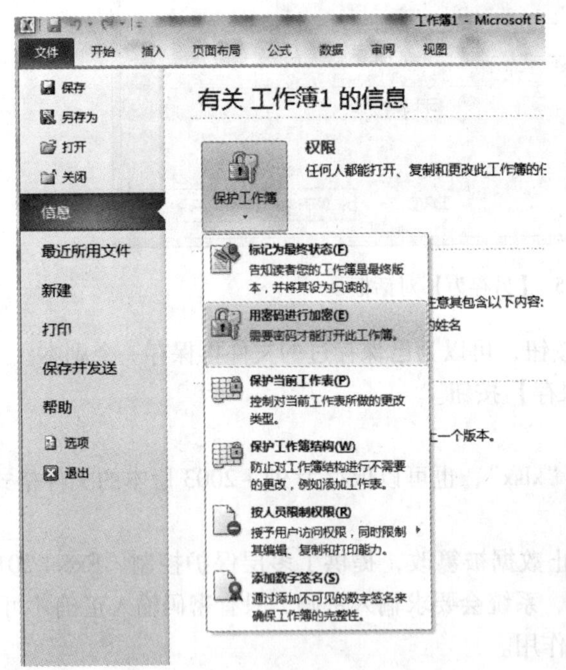

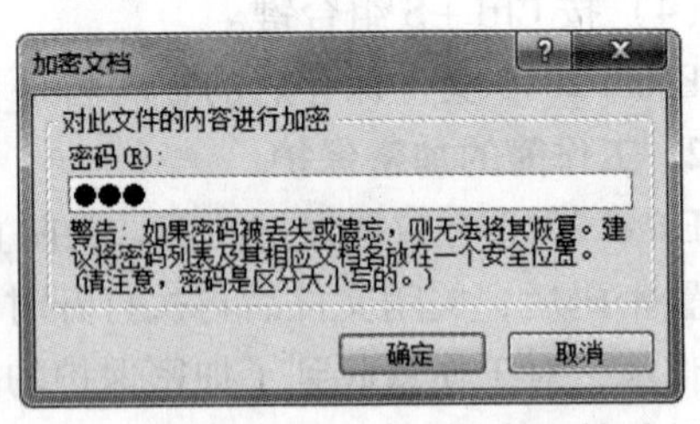

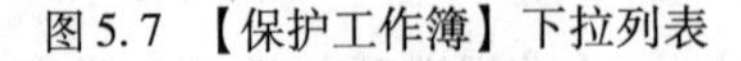
图 5.7 【保护工作簿】下拉列表

图 5.8 【加密文档】对话框

3. 设置工作簿自动保存时间

为了防止停电、死机等意外情况发生而导致编辑的文档数据丢失，可以利用 Excel 2010 提供的自动保存功能，设置每隔一段时间系统自动对工作簿进行保存。设置工作簿自动保存的方法如下。

单击【文件】→【选项】选项，弹出如图 5.9 所示的【Excel 选项】对话框，单击【保存】选项，在【保存自动恢复信息时间间隔】复选框后面的数值框中，输入时间，单击【确定】按钮，完成设置。

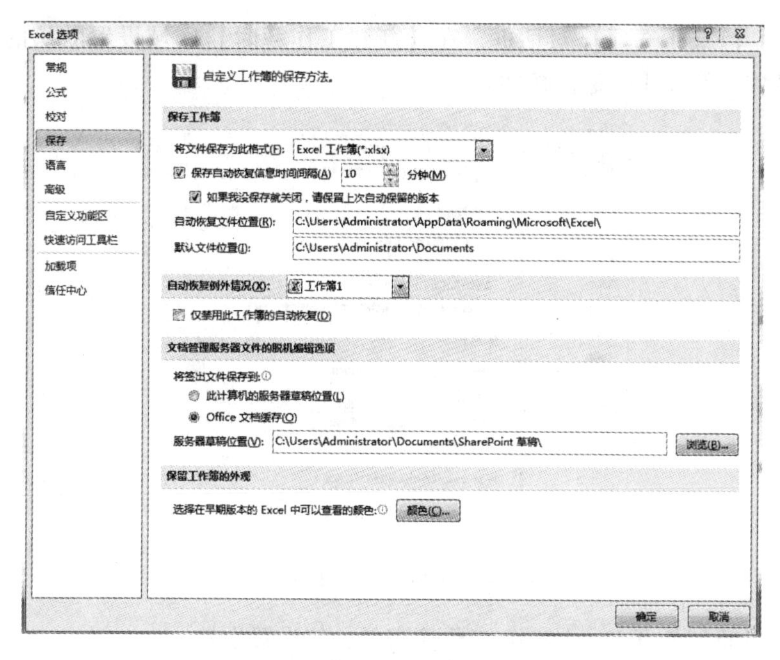

图 5.9 【Excel 选项】对话框

5.2.3 工作簿的打开

打开已存在的文档有多种方法。

（1）单击【文件】→【打开】选项，从弹出的【打开】对话框中选择要打开的文件，单击【打开】按钮。

（2）单击快速访问工具栏中的【打开】选项。

（3）按 Alt + O 组合键。

如果要打开的文档是最近访问过的，可以单击【文件】→【最近使用文件】选项，在弹出的界面中单击要打开的文档。

5.2.4 工作簿的关闭

处理完数据后要关闭工作簿，关闭工作簿有多种方法。

（1）单击【文件】→【关闭】选项。

（2）单击标题栏的【关闭】按钮。

（3）双击标题栏左侧的应用程序图标。

（4）右击任务栏上的工作簿按钮，在弹出的快捷菜单中选择【关闭窗口】选项。

5.2.5 设置默认工作簿

默认情况下，新建工作簿的字体格式为宋体、11 号，视图的选择方式为普通视图。用户可以根据实际需要设置 Excel 2010 的默认字体、视图和页数，操作步骤如下。

（1）打开 Excel 2010 工作簿窗口，单击【文件】→【选项】→【常规】选项，弹出如

图5.10所示的【Excel选项】对话框，在【新建工作簿时】区域设置默认的字体、字号、视图和工作表数，单击【确定】按钮。

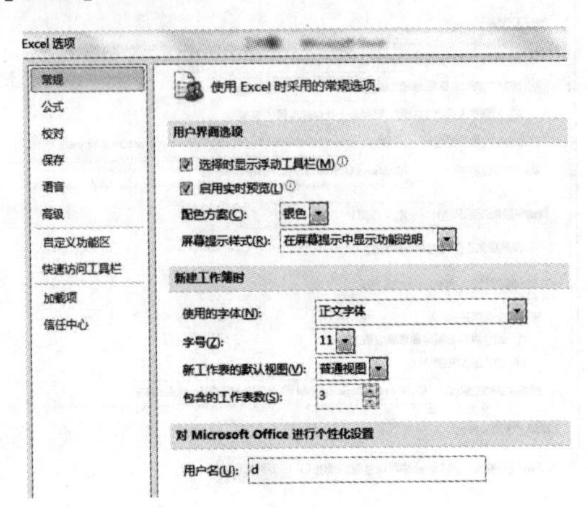

图5.10 【Excel选项】对话框

（2）关闭并重新打开Excel 2010工作簿窗口，使设置生效。

5.3 工作表的基本操作

5.3.1 选择工作表

1. 选择单个工作表

单击要选择的工作表标签，可以选择单个工作表。

2. 选择多个工作表

1）选择多个连续的工作表

单击第一张工作表标签，按Shift键，同时单击要选择的最后一张工作表标签，可以选中多个连续的工作表。

2）选择多个不连续的工作表

单击第一张工作表标签，按Ctrl键，同时单击要选择的其他工作表标签，可以选中两个或多个不连续的工作表。

3）选择全部工作表

右击工作表标签，在弹出的快捷菜单中选择【选定全部工作表】选项。

3. 取消工作表的选择

单击任意一个未选定的工作表标签，即可取消选择工作簿中的多个工作表。如果看不到未选定的工作表，右击工作表标签，在弹出的快捷菜单上选择【取消组合工作表】选项。

5.3.2 插入工作表

1. 插入单个工作表

（1）单击工作表底部的【插入工作表】按钮，即在现有工作表的末尾快速插入了新工作表，如图 5. 11 所示。

（2）选择现有的工作表，单击【开始】→【单元格】→【插入】→【插入工作表】选项，如图 5. 12 所示。

图 5. 11　插入工作表的方法 1

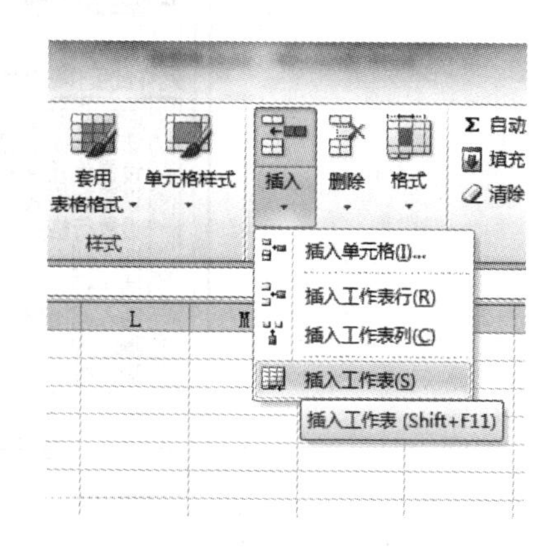

图 5. 12　插入工作表的方法 2

2. 插入多个工作表

选择与要插入的工作表数目相同的现有工作表标签，如要添加三个新工作表，则要选择三个现有工作表的工作表标签，再单击【开始】→【单元格】→【插入】→【插入工作表】选项。

5. 3. 3　移动工作表

单击鼠标右键选择要前移的工作表标签，在弹出的快捷菜单中选择【移动或复制】选项，弹出【移动或复制工作表】对话框，在【下列选定工作表之前】列表框中选择一个工作表，单击【确定】按钮，即可将右键选择的工作表移至在列表框中选择的工作表之前。

5. 3. 4　重命名、删除工作表

1. 重命名工作表

右击工作表标签，在弹出的快捷菜单中选择【重命名】选项，即可以重命名工作表。

2. 删除工作表

右击工作表标签，在弹出的快捷菜单中选择【删除】选项，即可以删除当前工作表。

5. 3. 5　保护工作表

为了防止其他人修改或防止自己无意修改工作表的内容，可以对工作表进行保护。单击【审阅】→【保护工作表】选项，出现如图 5. 13 所示的对话框，在对话框中设置要保护的内容，在【取消工作表保护时使用的密码】文本框里输入密码，单击【确定】按钮，确认密码，即可保护工作表。

当工作表不再需要进行保护时，将【取消工作表保护时使用的密码】选项的密码清除，单击【确定】按钮，则取消了保护工作表的功能。

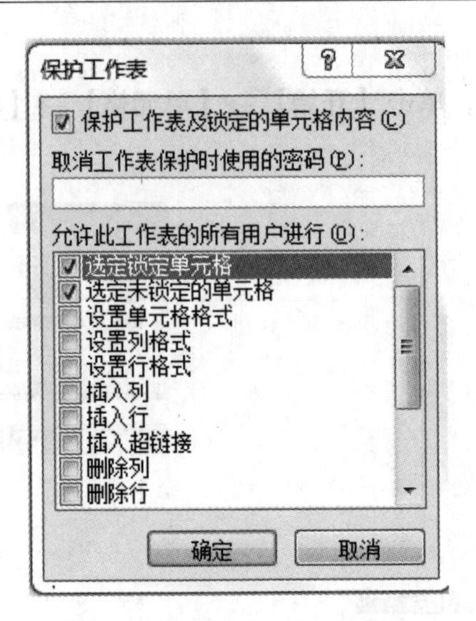

图 5.13 【保护工作表】对话框

实例 5.1：按如下要求，完成操作。

（1）将工作簿保存到桌面，名称为“我的工作簿”。

（2）为工作表 Sheet1 修改名字，名称为“我的工作表”，删除工作表 Sheet2。

（3）为工作表 Sheet3 设置密码，密码为“123”，关闭工作簿。

操作方法：

（1）打开工作簿，单击【文件】→【另存为】按钮，弹出【另存为】对话框，在【文件名】文本框中输入文件名称“我的工作簿”，保存位置选择【桌面】，单击【保存】按钮。

（2）右击 Sheet1 工作表标签，在弹出的快捷菜单中选择【重命名】选项，输入“我的工作表”。右击 Sheet2 工作表标签，在弹出的快捷菜单中选择【删除】选项，单击【确定】按钮。

（3）选中 Sheet3 工作表，单击【审阅】选项卡中【更改】选项组中的【保护工作表】按钮，在弹出的对话框中输入密码“123”，单击【确定】按钮，再次输入确认密码“123”，单击【确定】按钮，单击标题栏右侧的【关闭】按钮，在弹出的对话框中单击【保存】按钮，关闭工作簿。

5.3.6 隐藏和恢复工作表

有时候工作表暂时不使用，或者有隐私不想被别人看到，但是以后还是会用，可以把工作表隐藏起来，下面介绍如何隐藏和显示工作表。

右击要隐藏的工作表标签，在弹出的快捷菜单中选择【隐藏】选项，即将此工作表隐藏，如图 5.14 所示。

右击工作表标签，在弹出的快捷菜单中选择【取消隐藏】选项，将弹出如图 5.15 所示的对话框，在对话框中可选择要显示的工作表。

图 5.14　隐藏工作表

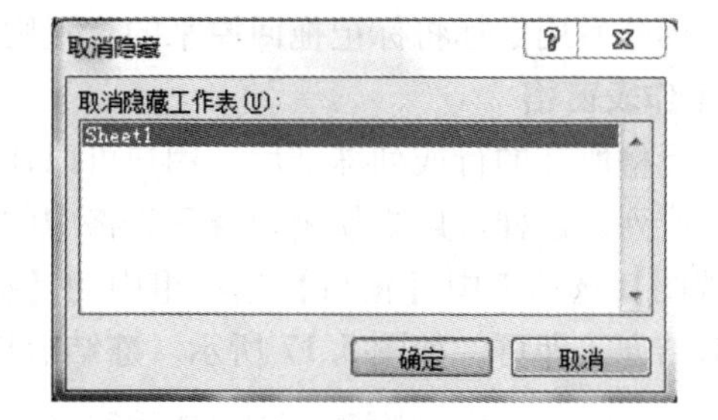

图 5.15　【取消隐藏】对话框

5.3.7　拆分和冻结工作表窗口

1. 拆分工作表窗口

为了方便查看各项数据的前后对照关系，可以通过拆分工作表窗口的方法将工作表拆分为 2 个或 4 个独立的窗格，在独立的窗格中查看不同位置的数据。拆分工作表窗口的方法主要有两种，菜单命令拆分和拖动标记拆分，具体操作方法如下。

1）菜单命令拆分

选中要拆分的某一单元格位置，单击【视图】选项卡中【窗口】选项组中的【拆分】选项，将窗口拆分为 4 个独立的窗格，如图 5.16 所示。拆分后再次单击【拆分】选项，则可取消工作表窗口的拆分。

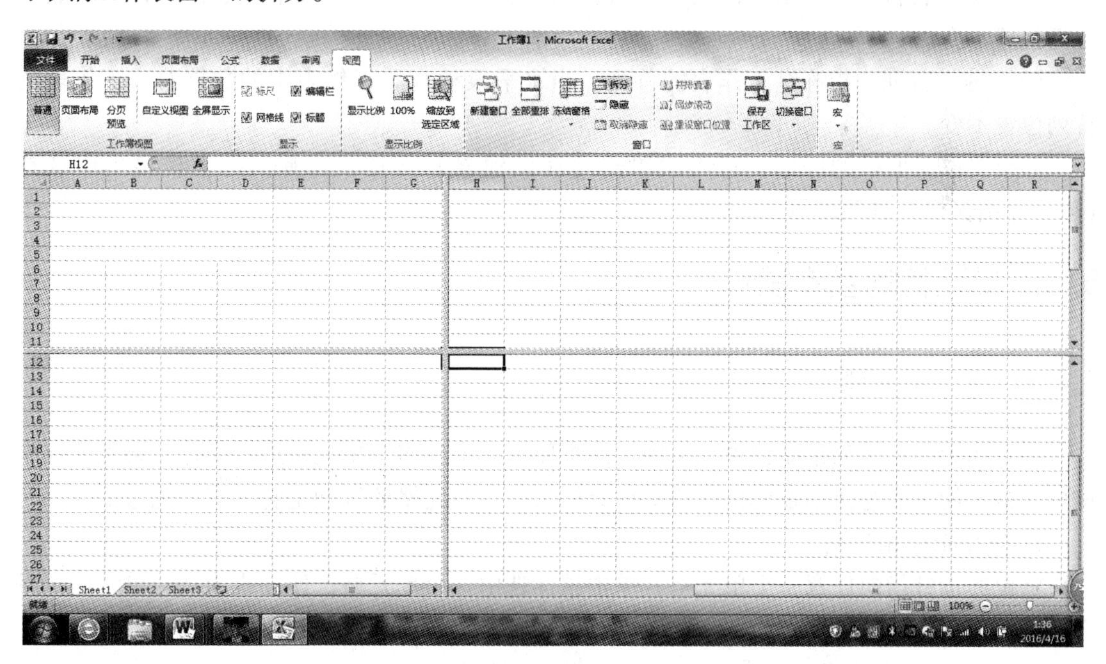

图 5.16　拆分窗口

2）拖动标记拆分

将鼠标指针移动到垂直滚动条上方的按钮或水平滚动条右端的按钮上，当其变为形状时，按住鼠标左键并在垂直或者水平方向上拖动，便可将窗口拆分为上、下两个或左、右两个窗格，拆分后用鼠标将标记拖回原来的位置则可取消拆分。

2. 冻结工作表窗格

将某一单元格所在的行或列冻结后，用户可以任意查看工作表的其他部分而不移动该单元格所在的行或列，这样可以方便用户查看表格中的数据，具体操作方法如下。

单击【视图】选项卡中【窗口】选项组中的【冻结窗格】按钮，在弹出的下拉列表中选择所需的冻结方式即可，如图 5. 17 所示。冻结窗格的主要方式有以下几种。

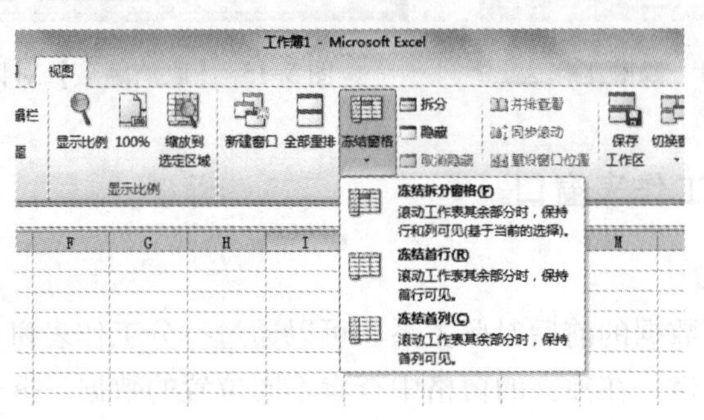

图 5. 17 【冻结窗格】下拉列表

(1) 冻结拆分窗格，即以中心单元格左侧和上方的框线为边界将窗口分为 4 部分，冻结后拖动滚动条查看工作表中的数据时，中心单元格左侧和上方的行与列的位置不变。

(2) 冻结首行，指冻结工作表的首行，当垂直滚动查看工作表中的数据时，工作表的首行位置不变。

(3) 冻结首列，指冻结工作表的首列，当水平滚动查看工作表中的数据时，工作表的首列位置不变。

如果要取消窗格的冻结，可再次单击【冻结窗格】按钮，在弹出的下拉菜单中选择【取消冻结窗格】选项即可。

5. 4 单元格的基本操作

5. 4. 1 选中单元格

在工作表中，信息存储在单元格中，用户要对某个或多个单元格进行操作，必须先选中该单元格，使之成为活动单元格。活动单元格与其他单元格的区别是它具有黑色边框。

1. 选中单个单元格

将鼠标指针指向任意一个单元格，单击鼠标选中这个单元格，使之成为活动单元格。只有活动单元格，才能够输入数据。

2. 选中单元格区域

选中连续的单元格区域：将鼠标指针指向要选中区域的第一个单元格，拖动鼠标到选中区域的最后一个单元格。

选中不连续的单元格区域：选中第一个单元格区域，按 Ctrl 键，同时用鼠标选中其他单元格。

3. 选中整行或整列

在工作表上单击某一列标（行标），可以选中一整列（行），以便用户对一整列（行）单元格进行操作。

选中连续的列（行）区域：单击要选中区域的第一列列标（行标），按 Shift 键，同时单击最末一列的列标（行标）。

选中不连续的列（行）区域：单击要选中区域的第一列列标（行标），按 Ctrl 键，同时单击想要选中的列标（行标）。

4. 选中所有单元格

单击【全选】按钮（如图 5. 18 所示）或按 Ctrl + A 组合键，都可以选中所有单元格。

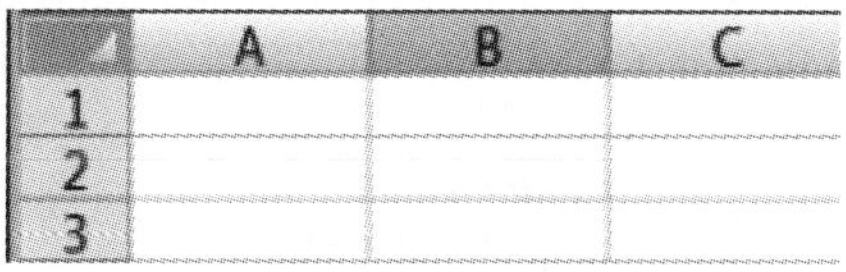

图 5. 18　单元格中的【全选】按钮

5. 4. 2　移动和复制单元格

1. 单元格的移动操作

1）使用粘贴方法

选中要移动的单元格，右击鼠标，在弹出的快捷菜单中选择【剪切】选项（或按 Ctrl + X 组合键），选中的单元格外围将环绕一个虚线边框，表示选中的单元格内容已被剪切到剪贴板上；选中移动单元格的新位置，右击鼠标，在弹出的快捷菜单中选择【粘贴】选项（或按 Ctrl + V 组合键），新位置原来的内容就会被取代。

2）使用鼠标拖动方法

选中要移动的单元格，将鼠标指针移到选中单元格的外边框上，当鼠标指针变形为“黑十字”花箭头形状后，再拖动鼠标将选中的单元格移动到新的位置（若同时按 Ctrl 键，则可以复制到新的位置）。伴随拖动，Excel 2010 工作表上同时显示了一个范围轮廓线和该范围当前的地址，以协助用户为拖动的内容定位。

2. 单元格的复制操作

1）使用粘贴方法

选中要复制的单元格，右击鼠标，在弹出的快捷菜单中选择【复制】选项（或按 Ctrl + C 组合键），选中的单元格外围会环绕一个虚线边框，表示选中的单元格内容已复制到剪贴板上，选中移动单元格的新位置，右击鼠标，在弹出的快捷菜单中选择【粘贴】选项（或按 Ctrl + V 组合键）。

2）使用填充柄方法

要将单元格内容复制到相邻的区域，一种实用又快速的复制方法是借助 Excel 2010 的填充柄。填充柄是位于选中区域或活动单元格右下角的小黑方块，当鼠标指向填充柄时，鼠标的指针变成“黑十字”花箭头形状。

选择要复制的单元格，拖动填充柄即把数据复制到相邻的单元格中。需要注意的是，如果复制的是带有数字的内容，拖动的同时还要按 Ctrl 键。

5.4.3 插入单元格

在工作表的输入或者编辑过程中，可能会发生错误，如将单元格“C5”的数据输入到了单元格“C4”中，或者在编辑过程中，发现要在某一位置插入一个单元格等类似操作，这时候，就需要在工作表中插入单元格。插入单元格后，现有的单元格将发生移动，给新的单元格让出位置。下面介绍插入单元格的方法。

首先选中一个单元格，右击鼠标，在弹出的快捷菜单中选择【插入】选项，打开单元格【插入】对话框，可以看到如图 5.19 所示的四个选项。

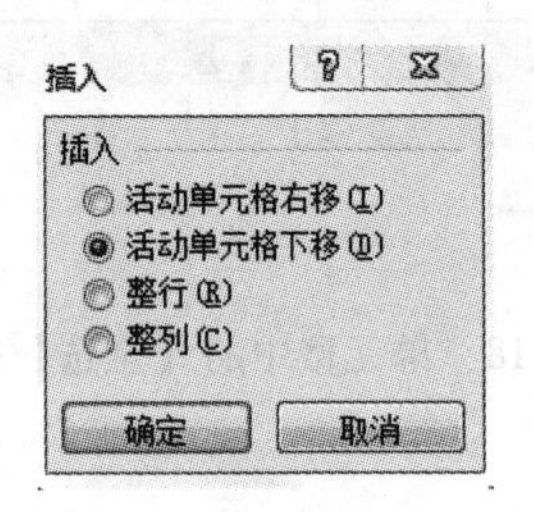

图 5.19 【插入】对话框

- 【活动单元格右移】：表示在选中单元格的左侧插入一个单元格；
- 【活动单元格下移】：表示在选中单元格的上方插入一个单元格；
- 【整行】：表示在选中单元格的上方插入一行；
- 【整列】：表示在选中单元格的左侧插入一列。

5.4.4 删除单元格

删除单元格的操作和插入单元格的操作类似。在对工作表的编辑过程中，可能会发生错误，如将单元格“C4”的数据输入到了单元格“C5”中，这时只要将“C4”单元格删除即可，而不必在“C4”单元格中重新输入一遍单元格“C5”的内容。删除单元格的操作步骤如下。

（1）选中要删除的单元格，使其成为活动单元格，如选中单元格“C4”，右击鼠标，在弹出的快捷菜单中选择【删除】选项，弹出如图 5.20 所示的【删除】对话框。

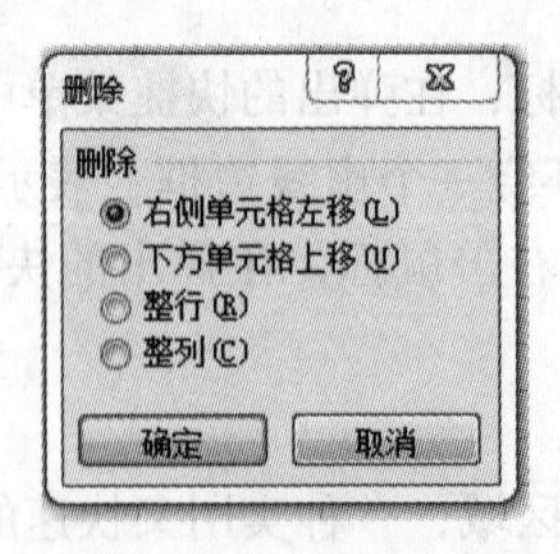

图 5.20 【删除】对话框

（2）本例中要实现单元格向上移动，因此单击【下方单元格上移】单选按钮，再单击

【确定】按钮，就会看到“C5”的内容向上移动到“C4”单元格，其以下的单元格全都上移一个单元格。

5.4.5　合并、拆分单元格

1. 合并单元格

选中要合并的所有单元格（只能是相邻的单元格），比如可以直接从“A1”拖动到“D1”，或者选中“A1”，按 Shift 键，同时选中“D1”，即可选中 A1:D1 区域；单击【合并后居中】按钮，如图 5.21 所示，如果是空单元格，则合并成功。

如果单元格内有数据，则弹出如图 5.22 所示的【警示】对话框，提示“选定区域包含多重数值。合并到一个单元格后只能保留最左上角的数据”。如果选中的内容数值都是一样的，可直接单击【确定】按钮。

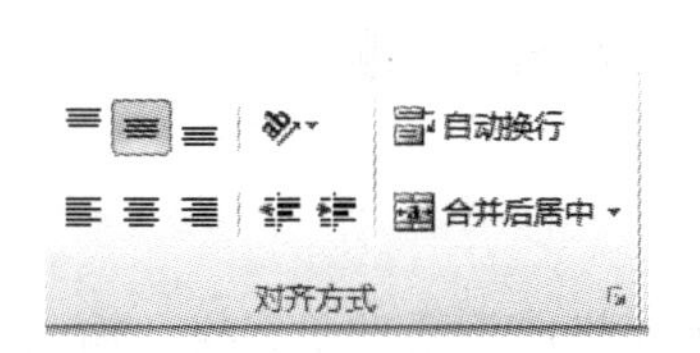

图 5.21　【合并后居中】按钮

图 5.22　【警示】对话框

2. 跨越合并单元格

跨越合并单元格是逐行分别合并，如 5 行 4 列合并后变为 5 行 1 列，并按照常规的方式对齐文本。跨越合并单元格的方法如下：选中要合并的区域，如图 5.23 所示，单击【开始】选项卡中【对齐方式】选项组中的【合并后居中】按钮，在下拉列表中选择【跨越式合并】选项，结果如图 5.24 所示。

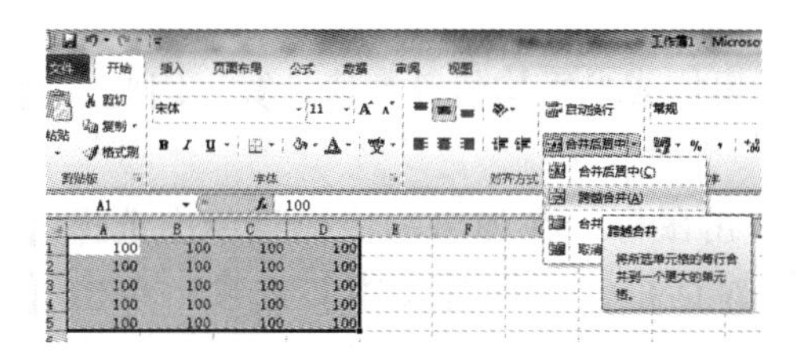

图 5.23　单元格跨越合并前

A	B	C	D
			100
			100
			100
			100
			100

图 5.24　单元格跨越合并后

3. 拆分单元格

在拆分之前，有一点必须明白：单元格是最小单位，不能再拆分成更小的，所说的拆分单元格，实际上是把已经合并的单元格，再拆分。具体操作步骤如下：选中要拆分的单元格，单击【合并后居中】选项，即将一个大单元格拆分成几个单元格，之前大单元格中的数据现在都存在于第一个单元格中。

实例 5.2：按如下要求，完成操作。

（1）打开工作表 Sheet1，在 K 列前插入一列。

（2）复制 C3 单元格内容到 D5 单元格。

（3）将 A2:B4 单元格合并并居中。

操作方法：

（1）打开工作表 Sheet1，右击选中 K 列，在弹出的快捷菜单中选择【插入】选项，在【插入】对话框中选中【整列】单选项。

（2）选中 C3 单元格，按 Ctrl + C 组合键复制，移动鼠标至 D5 单元格，按 Ctrl + V 组合键粘贴。

（3）选中 A2:B4 数据区域，单击【开始】选项卡中【对齐方式】选项组中的【合并后居中】选项。

5.5 输入和编辑数据

新建 Excel 工作表后，需要在工作表中输入数据使其更加完整。要能熟练运用工作表中的各种功能，快速、准确地输入各种类型的数据，并对数据进行编辑。

5.5.1 在单元格中输入数据

在单元格中输入数据时，首先要使输入数据的单元格成为活动单元格。输入结束后，可以按 Enter 键或方向键使下一个想要输入数据的单元格成为活动单元格。在某一单元格中输入数据时，若需要在同一单元格内另起一行输入，可使用 Alt + Enter 组合键。

1. 输入文本型数据

在 Excel 中，文本型数据包括汉字、英文字母、空格等，默认情况下，字符数据自动沿单元格左边对齐。当输入的字符串超出了当前单元格的宽度时，如果右边相邻单元格里没有数据，那么字符串会往右延伸；如果右边单元格里有数据，超出的那部分数据就会隐藏起来，只有把单元格的宽度调宽后才能显示出来。

由于身份证号码、电话号码等数据不需要进行累加或求平均值等数值计算，因此，通常被视为文本类型，而不是数字类型。

输入文本型数据的方法如下：选中单元格，右击鼠标，在弹出的快捷菜单中选择【设置单元格格式】选项，弹出【设置单元格格式】对话框，选择【文本】选项，单击【确定】按钮，输入的数据即为文本数据。

2. 输入数值型数据

在 Excel 2010 中，数值型数据包括数字 0 ~ 9 及含有正号、负号、货币符号、百分号等任意一种符号的数据。默认情况下，数值自动沿单元格右边对齐。

在 Excel 2010 单元格中，默认的通用数字格式可显示的最大数字为 99999999999。如果输入数字超出此范围，Excel 2010 将用科学表示法表示。例如，输入 123456789012345678，单元格会将其表示为 1.23457E +17。

如果输入的小数位数多于设置的有效位数，将会四舍五入。例如，输入数据 1.234，而有效位数为 2 位，则显示数据为 1.23。当字段的宽度发生变化时，科学表示法表示的有效位数会发生变化，以能够显示为限，但单元格中的存储值不变。因此，在一些情况下，单元格中显示的数字只是其真实值的近似表示。

输入数值型数据的方法：选中单元格，右击鼠标，在弹出的快捷菜单中选择【设置单元格格式】选项，弹出【设置单元格格式】对话框，选择【数值】选项，单击【确定】按钮，输入的数据即为数值型数据。

3. 输入分数

要在单元格中输入分数形式的数据，有以下两种方法。

（1）在编辑的单元格中输入"0"和一个空格，再输入分数，否则 Excel 会把分数当作日期处理。例如，要在单元格中输入分数"5/6"，首先要在编辑的单元格中输入"0"和一个空格，接着再输入"5/6"，按 Enter 键，单元格中就会出现分数"5/6"。

（2）选中单元格，右击鼠标，在弹出的快捷菜单中选择【设置单元格格式】选项，弹出【设置单元格格式】对话框，选择【分数】选项，选中相应的分数形式，单击【确定】按钮，输入的数据即为分数。

4. 输入日期和时间

输入日期时，年、月、日之间要用"/"号或"-"号隔开，如"2010-5-20"；输入时间时，时、分、秒之间要用冒号隔开，如"07：28：30"；若要在单元格中同时输入日期和时间，日期和时间之间应该用空格隔开。

输入日期和时间的方法：选中单元格，右击鼠标，在弹出的快捷菜单中选择【设置单元格格式】选项，弹出【设置单元格格式】对话框，选择【日期】或【时间】选项，选择要设置的区域，单击【确定】按钮，输入的数据即为时间和日期。

5.5.2 编辑数据

1. 更改单元格数据

在工作表中，用户可能需要替换单元格中已有的数据。单击单元格，使单元格处于活动状态，单元格中的数据会自动被选中，一旦重新输入数据，单元格中原来的内容就会被新输入的内容代替。

在 Excel 2010 中，如果单元格中包含大量字符或复杂的公式，而用户只想修改其中的一小部分，可按以下两种方法进行编辑。

（1）双击单元格，或者单击单元格再按 F2 键，在单元格中进行编辑。

（2）单击单元格，使其成为活动单元格，再单击编辑栏，在编辑栏中进行编辑。

2. 删除单元格数据

选中要删除数据的单元格，使其成为活动单元格，单击【剪切】按钮，将其置于剪贴板上，或按 Delete 键删除所选对象。Delete 键与【剪切】按钮的区别是：前者删除后不能再使用，而后者是将删除掉的信息放到剪贴板上，可以再使用。另外，可以用 Back Space 键删除光标前的一个字符，用 Delete 键删除光标后的一个字符。

3. 复制单元格数据

如果 Excel 中需要有反复出现的信息，则利用复制功能可以节省重复输入的时间。复制单元格的方法如下。

（1）拖动的方法：选中要复制的单元格，使其成为活动单元格，按 Ctrl 键，用鼠标拖动选中的单元格到需要的位置。

（2）剪贴板复制：选中要复制的单元格，单击【开始】选项卡中【剪贴板】选项组中的【复制】按钮，或者按 Ctrl + C 组合键，或者右击，在弹出的快捷菜单中选择【复制】选项，将鼠标定位到要复制的位置，再单击【粘贴】按钮，或者按 Ctrl + V 组合键。

4. 移动单元格数据

移动单元格数据是指将选中的数据从 Excel 中的一个位置移到另一个位置。复制和移动的主要区别是：复制单元格后原单元格数据不变，而移动单元格后原单元格数据的内容为空。

(1) 拖动的方法：选中单元格后，将鼠标置于左上角部分并按住左键，此时鼠标指针变形为“黑十字”花箭头，拖动鼠标到插入点处后放开鼠标按键，选中的单元格便被移动到新位置上，这种方法适合于少量文本在同一页中移动。

(2) 剪贴板移动：选中要移动的数据，单击【开始】选项卡中【剪贴板】选项组中的【剪切】选项，或者按 Ctrl + X 组合键，此时数据已从文档中删除，并被放到剪贴板上；将插入点定位到欲插入的位置，再单击【粘贴】按钮，或按 Ctrl + V 组合键即可插入数据，完成移动。

5.5.3 自动填充数据

1. 使用填充柄填充数据

在 Excel 2010 工作表中，如果需要在一行单元格中填入一月到十二月，或是在一列单元格中填入项目序号（按顺序排列），可以使用 Excel 2010 的自动填充功能。

使用填充柄填充数据的具体操作步骤如下：在第一个单元格内输入起始数据，在下一个单元格内输入第二个数据，选中这两个单元格，将光标指向单元格右下方的填充柄，沿着填充的方向拖动填充柄，拖过的单元格会自动按 Excel 内部规定的序列进行填充。

2. 使用序列对话框填充序列

具体操作步骤如下：在第一个单元格内输入起始数据，选中该单元格，在【开始】选项卡的【编辑】选项组中，单击【填充】选项，弹出如图 5.25 所示的下拉列表，在下拉列表中选择【系列】选项，在弹出的【系列】对话框中选择序列产生的位置、序列类型，设置步长值及终止值，如图 5.26 所示，单击【确定】按钮，就可以自动填充等差或等比序列。

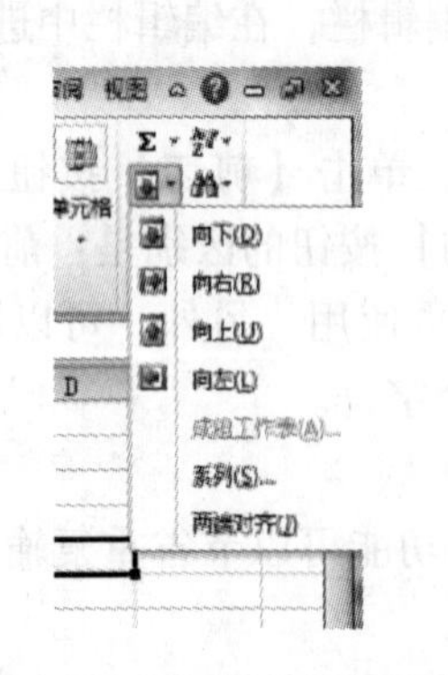

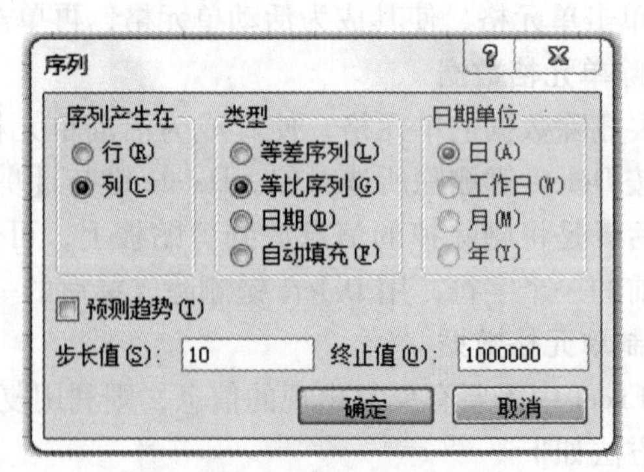

图 5.25 【填充】下拉列表　　图 5.26 【序列】对话框

3. 自定义填充序列

在 Excel 2010 工作表中，对于经常使用且具有一定规律的数据，用户可以将其自定义为填充序列，这样在输入时可以采用自动填充的方式将其快速输入至单元格中，下面介绍具体的操作方法。

1）手动添加自定义序列

单击【文件】→【选项】选项，打开【Excel 选项】对话框，单击【高级】选项，在右侧界面的【常规】区域中单击【编辑自定义列表】按钮，此时将会打开如图 5.27 所示的【自定义序列】对话框。在【输入序列】文本框中输入要创建的自动填充序列，单击【添加】按钮，则新的自定义填充序列将出现在【自定义序列】列表的最下方，单击【确定】按钮，关闭对话框。

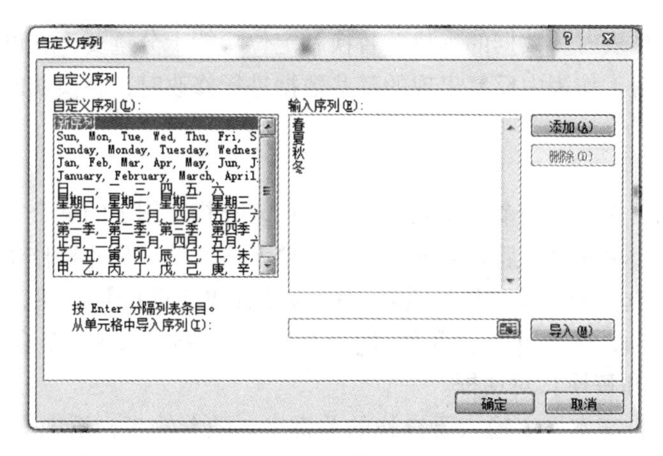

图 5.27　【自定义序列】对话框

2）从工作表中导入自定义序列

如果工作表中已经存在的数据多次被使用，也可以把数据导入到自定义序列中，方便后续的使用，具体操作步骤如下。

在工作表中输入自动填充序列，或者打开一个包含自动填充序列的工作表，并选中该序列，单击【文件】→【选项】选项，弹出【Excel 选项】对话框，单击【高级】选项，在右侧界面的【常规】区域中单击【编辑自定义列表】按钮，弹出【自定义序列】对话框，单击【导入】按钮，该序列将出现在左侧【自定义序列】列表的最下方。

实例 5.3：按如下要求，完成操作。

（1）打开工作表 Sheet1，在单元格 A1 中填写学号“000123”。

（2）在 B1 单元格中输入数据“1”，向下填充等比数列，设步长值为“10”，终止值为“100000”。

（3）创建自定义序列“春夏秋冬”，并填充到 C1:C4 区域。

操作方法：

（1）打开工作表 Sheet1，选中 A1 单元格，右击鼠标，在弹出的快捷菜单中选择【设置单元格格式】→【数字】→【文本】选项，单击【确定】按钮，返回工作表，在 A1 中输入“000123”。

（2）在B1单元格中输入数据“1”，单击【开始】选项卡中【编辑】选项组中的【填充】按钮，在弹出的下拉列表中选择【系列】选项，在弹出的对话框中的【步长值】文本框中输入“10”，【终止值】文本框中输入“100000”，单击【确定】按钮。

（3）单击【文件】→【选项】选项，在弹出的对话框中单击【高级】选项，在右侧界面中单击【编辑自定义列表】按钮，弹出【自定义序列】对话框，在【输入序列】文本框中输入“春夏秋冬”，使用Enter键作为分隔符，依次单击【添加】和【确定】选项。在C1单元格输入数据“春”，使用填充柄填充数据到C4单元格。

5.5.4 查找、替换、定位数据

在处理大型工作表时，数据的查找、替换和定位功能十分重要，它可以节省查找某些内容的时间。在需要对工作表中反复出现的某些数据进行修改时，替换功能将使这项复杂的工作变得十分简单。

1. 查找数据

查找功能可以用来查找整个工作表，也可以用来查找工作表的某个区域。前者可以单击工作表中的任意一个单元格，后者需要先选中该单元格区域，具体操作步骤如下。

单击【开始】选项卡中【编辑】选项组中的【查找和选择】按钮，在弹出的下拉列表中单击【查找】选项，弹出【查找和替换】对话框，或按Ctrl + F组合键，也会弹出如图5.28所示的【查找和替换】对话框。

在【查找内容】文本框中输入要查找的关键字，随着输入，系统会自动激活【查找下一个】按钮；单击【查找下一个】按钮，插入点即定位在查找区域内的第一个与关键字相匹配的字符串处，再次单击【查找下一个】按钮，将继续进行查找。到达文档尾部时，系统会给出全部搜索完毕提示框，单击【确定】按钮返回到【查找和替换】对话框。

单击【查找和替换】对话框中的【选项】按钮，将弹出如图5.29所示的更有效的【查找和替换】对话框。在该对话框中，可以继续设置查找的范围是工作表或者是工作簿，搜索方式是按行或者是按列，以及查找范围是在单元格公式中、单元格数值中或者是在单元格批注中等，单击对话框中的【关闭】按钮或按Esc键可随时结束查找操作。

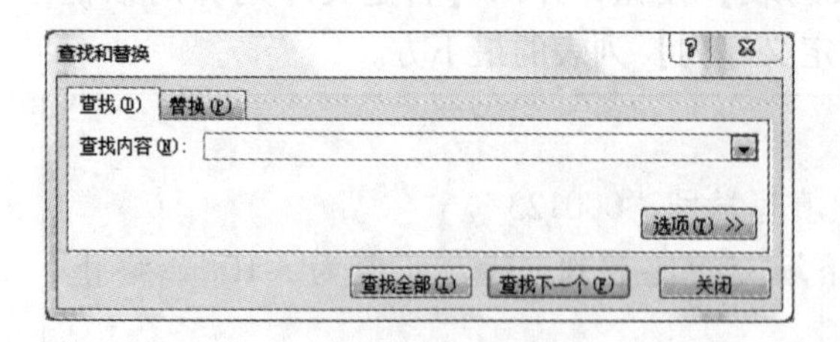

图5.28 【查找和替换】对话框

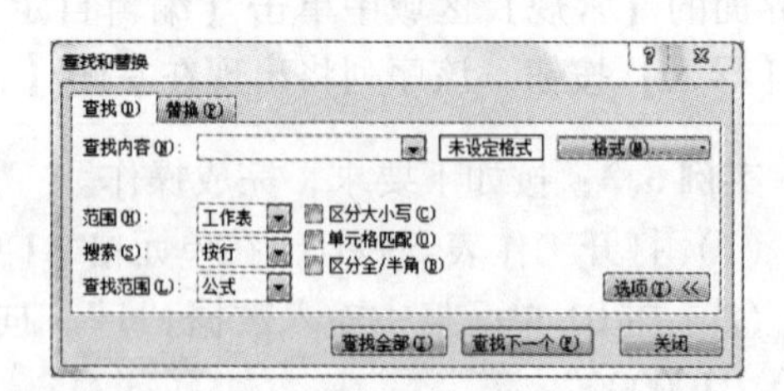

图5.29 单击【选项】按钮后弹出的【查找和替换】对话框

2. 替换数据

查找功能仅能查找到某个数据的位置，而替换功能可以在找到某个数据的基础上用新的数据进行代替。替换数据的操作类似查找操作，单击【开始】选项卡中【编辑】选项组中的【查找和选择】按钮，在弹出的下拉列表中单击【替换】按钮，或按Ctrl + H组合键，将弹出如图 5. 30 所示的【查找和替换】对话框。

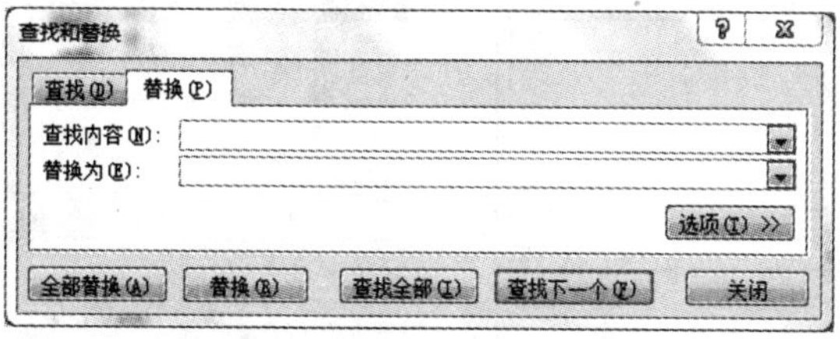

图 5. 30 【查找和替换】对话框

在【查找内容】文本框中输入要查找的内容，在【替换为】文本框中输入替换后的新内容，单击【替换】按钮进行替换，也可以单击【查找下一个】按钮跳过此次查找的内容并继续进行搜索。单击【全部替换】按钮，可以把所有与查找内容相符的单元格内容替换成新的内容，完成后自动关闭对话框。同样，更多有效的替换功能需要单击【选项】按钮。

3. 模糊查找数据

在 Excel 2010 数据处理中，用户常常需要搜索某类有规律的数据，比如以 A 开头的名称或以 B 结尾的编码等。这时，就不能以完全匹配目标内容的方式来精确查找了，可使用通配符模糊搜索查找数据。在模糊查找数据中，有两个可用的通配符能够用于模糊查找，分别是“?”（问号）和“*”（星号）。“?”可以在搜索目标中代替任何单个的字符或数字，而“*”可以代替任意多个连续的字符或数字。表 5. 1 介绍了 Excel 2010 模糊查找数据的写法。

表 5. 1　模糊查找数据的写法

搜 索 目 标	模糊查找写法
以 A 开头的编码	A *
以 B 结尾的编码	* B
包含 66 的电话号码	* 66 *
李姓三字的人名	李??

4. 定位数据

在数据量比较少的情况下，要到达 Excel 中某一位置时，通常会用鼠标拖动滚动条到达需要的位置，查找某已知固定的值，或按 Ctrl + F 组合键，在【查找内容】文本框中输入对应的值即可一个个地查找到其对应的位置。当数据量较多，或要定位满足条件的多个单元格时，用这种方法效率将会非常低，这时就需要使用定位数据的方法。下面通过查找空值的例子介绍定位的方法。

选中要定位的数据区域，按 Ctrl + G 组合键或者 F5 快捷键，打开如图 5. 31 所示的【定位】对话框，单击【定位条件】按钮，弹出【定位条件】对话框，选中【空值】单选项，单击【确定】按钮，此时便找到了所选区域中所有空单元格，在活动单元格（如图 5. 32 所示的 A1 单元格）中输入数据，同时按 Ctrl + Enter 组合键，则所有的空值都变为相同的数据。

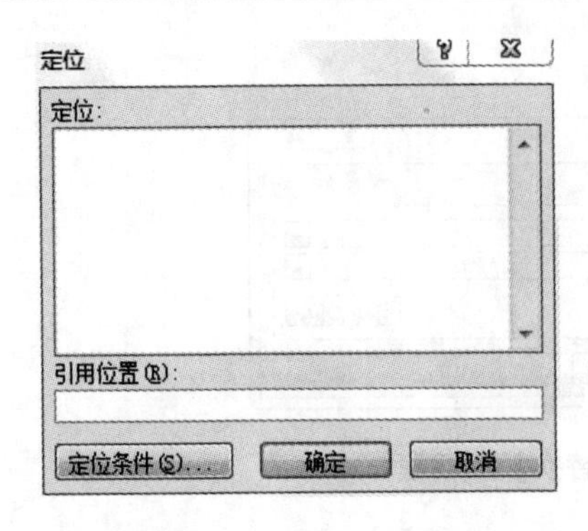

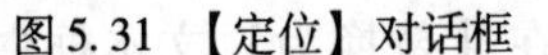

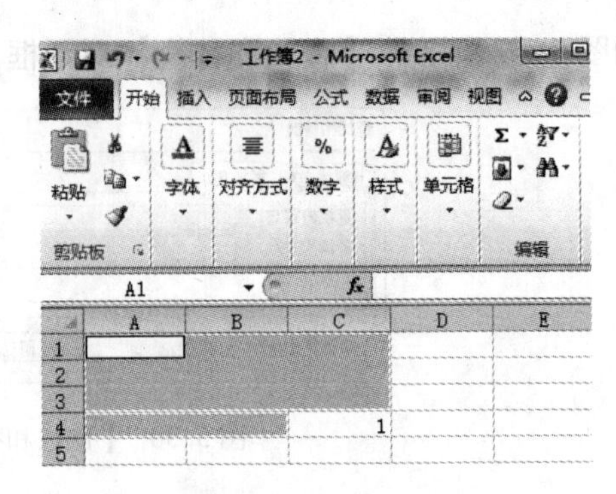

图 5.31 【定位】对话框　　图 5.32 定位窗口

5.5.5 数据有效性

在特定的条件下，设置数据有效性不仅能够有效避免由于失误造成的输入错误，而且还可以在单元格中创建下拉列表，方便用户选择性地输入，十分方便、快捷。下面介绍设置数据有效性的两种方法。

1. 直接输入

选中要设置的单元格或单元格区域，如 A1:D1，单击【数据】选项卡中的【数据有效性】按钮，弹出【数据有效性】对话框；选择【允许】下拉列表中的【序列】选项，在【来源】文本框中输入数据，如“男，女”（分割符号“，”必须为英文逗号的半角模式），如图 5.33 所示。

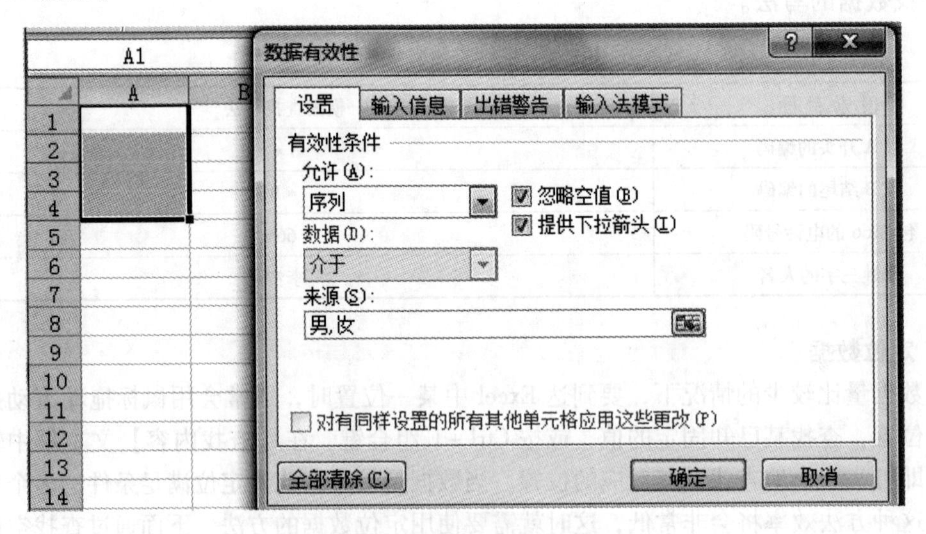

图 5.33 【数据有效性】对话框

在单元格中设置了数据有效性后，数据的输入就会受到限止，如果输入了其他不在设定范围内的数据，Excel 2010 就会弹出警示的对话框。用户可以自定义输入信息和出错信息的警告，在【数据有效性】对话框的【输入信息】文本框内填写提示信息，如图 5.34 所示，在【数据有效性】对话框的【错误信息】文本框内输入错误信息，如图 5.35 所示，单击【确定】按钮即可。

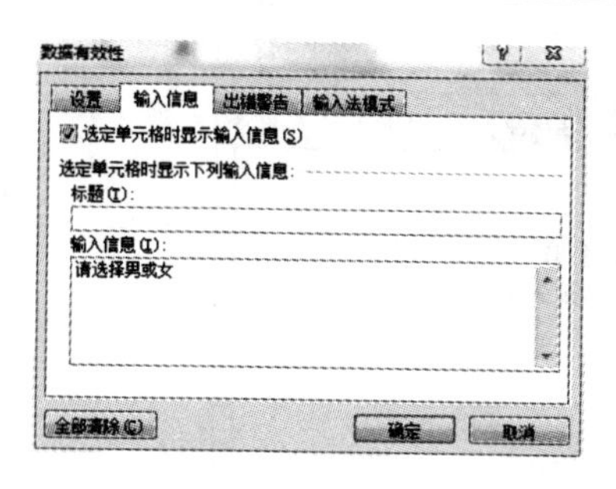

图 5.34　设置输入时的提示信息

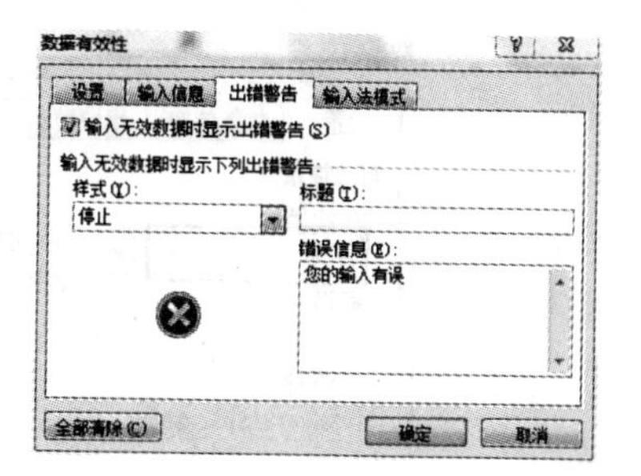

图 5.35　设置出错时的警告信息

单击【确定】按钮后将返回到工作表中，选中该区域的单元格，将弹出如图 5.36 所示的下拉列表。

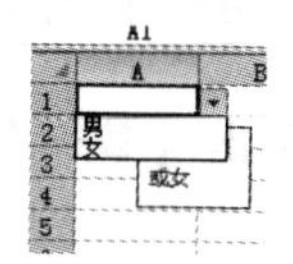

图 5.36　单元格的下拉列表

2. 引用工作表内的数据

如果同一工作表的某列是单元格的下拉菜单想要的数据，如引用工作表 Sheet1 中 B2:B5 的数据，具体操作步骤如下：选中要设置的单元格，如 A1:D1 单元格区域；单击【数据】选项卡中的【数据有效性】按钮，弹出【数据有效性】对话框；单击【设置】选项卡，选择【允许】下拉列表中的【序列】选项，在【来源】文本框中输入数据“=$B$2:$B$5”，也可以通过单击右边带红色箭头的按钮直接选择 B2:B5 区域（如图 5.37 所示），单击【确定】按钮即可。

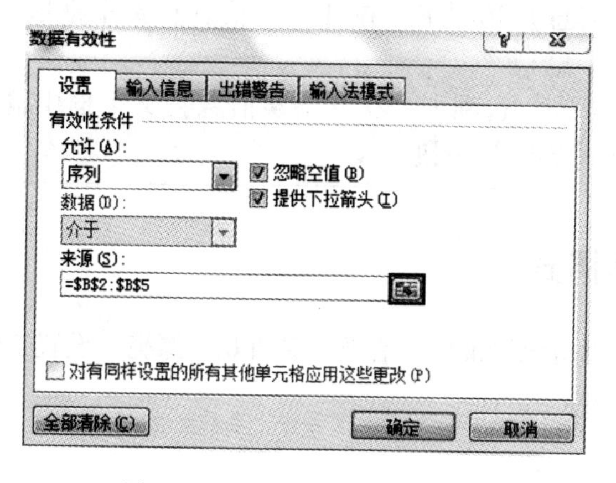

图 5.37　引用同工作表中的数据

如果要引用的数据在不同工作表中，如工作表 Sheet1 的 A1:D1 单元格区域要引用工作表 Sheet2 的 B2:B5 区域，则在【来源】文本框中输入数据“=Sheet2! $B $2: $B $5”，也可以通过单击右边带红色箭头的按钮直接选择 Sheet2 中的 B2:B5 区域（如图 5.38 所示），单击【确定】按钮即可。

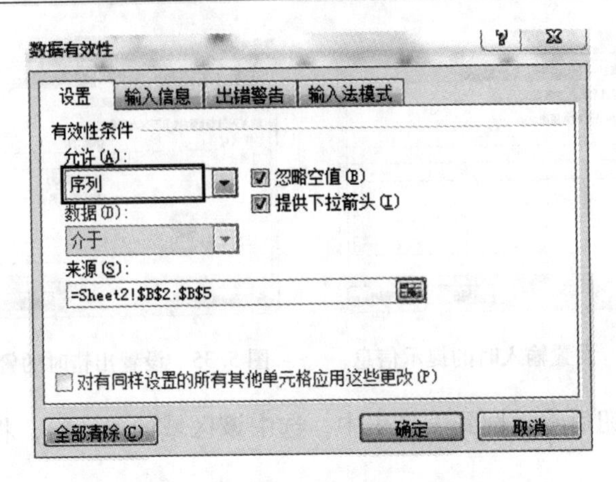

图 5.38　引用不同工作表中的数据

如果要取消数据有效性的设置，可单击【数据有效性】对话框中的【全部清除】按钮，即取消数据有效性的限制。

实例 5.4：按如下要求，完成操作。

（1）打开工作表 Sheet1，为数据区域 A1:C3 设置数据有效性，只能输入“男”“女”。

（2）输入时提示信息“请输入性别男或女”。

（3）输入出错时，提示出错警告“您的输入有误，请您重新输入”。

操作方法：

（1）打开工作表 Sheet1，选择数据区域 A1:C3，单击【数据】选项卡中的【数据有效性】按钮，在弹出的对话框中单击【允许】下拉列表框，选择【序列】选项，在【来源】文本框中输入“男 女”。

（2）单击【输入信息】选项卡，在【输入信息】文本框中输入“请输入性别男或女”。

（3）单击【出错警告】选项卡，在【错误信息】文本框中输入“您的输入有误，请您重新输入”，单击【确定】按钮。

5.6　设置单元格格式

工作表中显示的数据应该既准确、有效，又直观、漂亮。设置工作表的单元格格式可以更好地显示工作表的内容。

5.6.1　设置数据格式

选中要设置数据格式的单元格，单击【开始】选项卡中【单元格】选项组中的【格式】按钮，在弹出的下拉列表中选择【设置单元格格式】选项，弹出如图 5.39 所示的【设置单元格格式】对话框。

在此对话框中，用户可以设置数字格式，包括常规、数值、货币等格式，也可以在相应的选项中设置小数保留的位数等具体信息。

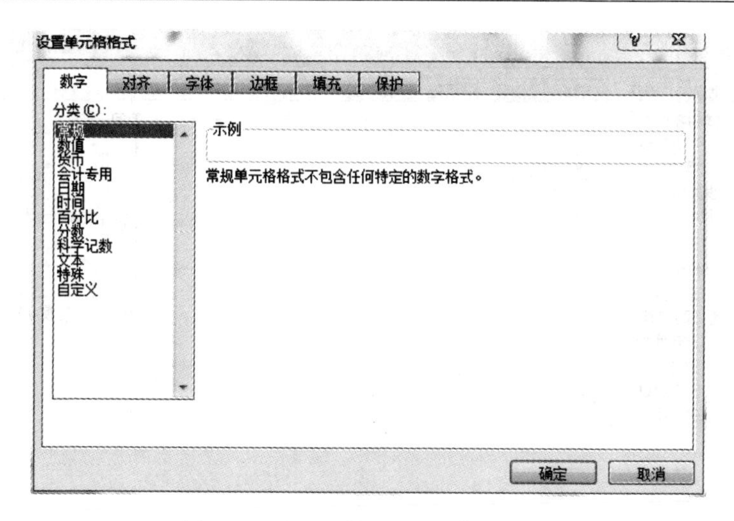

图 5.39　【设置单元格格式】对话框

5.6.2　设置字体格式

在【设置单元格格式】对话框中选择【字体】选项卡，如图 5.40 所示，可以进行单元格的字体、字形、字号、颜色、特殊效果等设置。

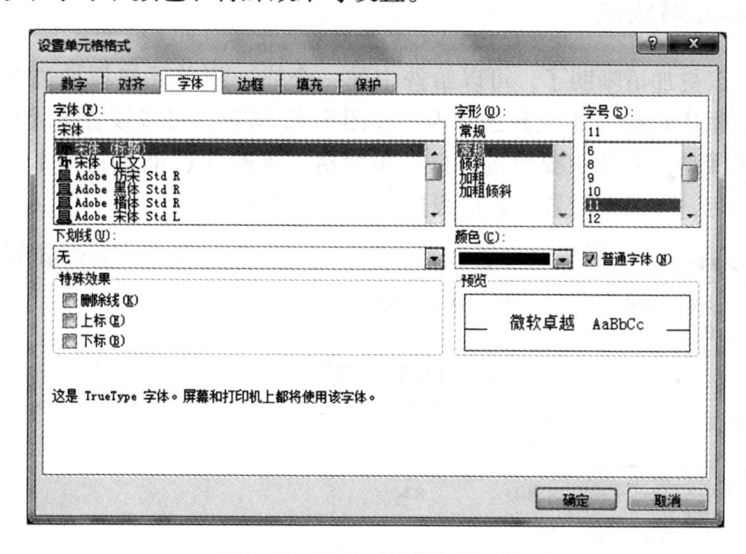

图 5.40　单击【字体】选项卡

5.6.3　设置对齐方式

在【设置单元格格式】对话框中，单击【对齐】选项卡，会弹出如图 5.41 所示的对话框。在默认情况下，所有的文本在单元格中均为左对齐方式，而数字、日期和时间均为右对齐方式。如果要改变对齐方式，可以在【对齐】选项卡中，进行水平对齐、垂直对齐和文本旋转等设置。

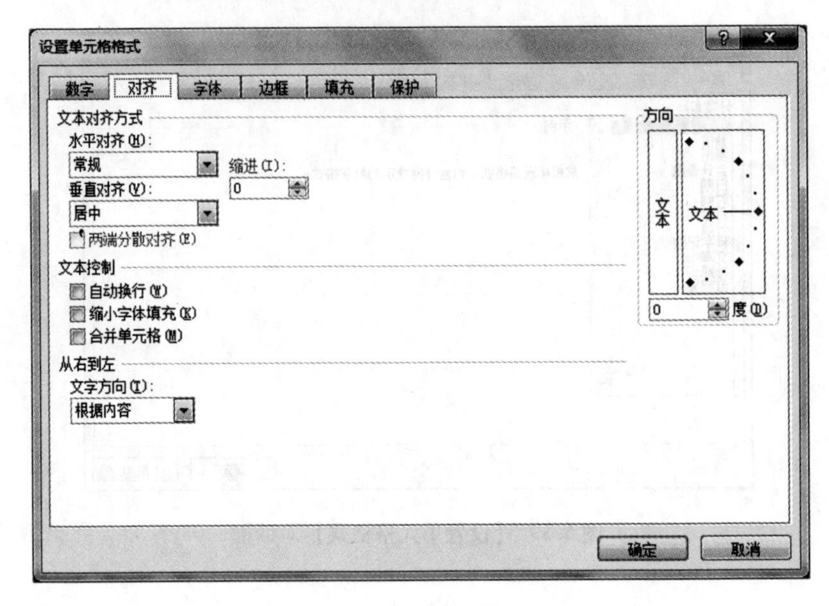

图5.41 单击【对齐】选项卡

如果要在同一单元格显示多行文本，可以选中【自动换行】复选框。

5.6.4 设置单元格边框

为了使工作表更加清晰明了，可以给选中的一个或一组单元格添加边框。在【设置单元格格式】对话框中选择【边框】选项卡，如图5.42所示，可以设置单元格的边框。设置单元格边框的步骤是：先选中要设置边框的单元格，单击【边框】选项卡，选择边框的线条样式及线条颜色，以及要设置的边框线位置，单击【确定】按钮。

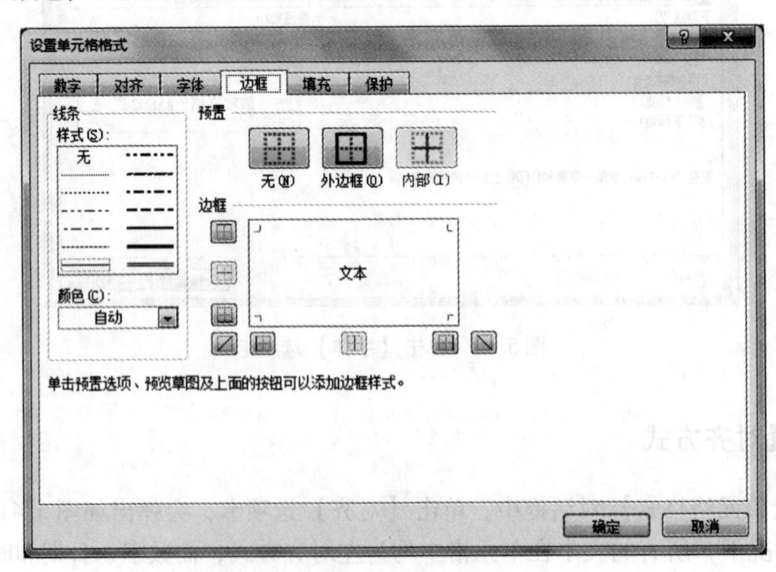

图5.42 单击【边框】选项卡

5.6.5　设置填充颜色和底纹

在制作工作表时，为了使其更加清楚，更加好看，或是突出表格中某块资料的重要性，往往会为表格中的某部分背景设置填充颜色。设置单元格填充颜色的步骤是：选中需要填充的部分，右击，在快捷菜单中选择【设置单元格格式】选项，在弹出的【设置单元格格式】对话框中选择【填充】选项卡，可以在该界面中选择填充的颜色和填充效果，也可以设置单元格的图案颜色和样式。

5.6.6　单元格区域的调整

1. 调整列宽与行高

（1）选中一个单元格或一组单元格，单击【开始】选项卡中【单元格】选项组中的【格式】按钮，在弹出的下拉列表中选择【列宽】选项，在弹出的【列宽】对话框中设定所需的列宽值，或选择【行高】选项进行行高的设置。

（2）鼠标指向欲改变列宽（或行高）的工作表的列（或行）编号之间的竖线（或横线），拖动鼠标，将列宽（或行高）调整到需要的宽度（或高度）后，释放鼠标即可。这是改变列宽或行高最快捷的方法。

2. 显示与隐藏行或列

选中要隐藏的行或列中的某一单元格，单击【开始】选项卡中【单元格】选项组中的【格式】按钮，在下拉列表中选择【隐藏和取消隐藏】选项，根据需要选择合适的选项即可。

在行标号或列标号上右击鼠标，在弹出的快捷菜单中也可以设置行或列的隐藏和显示。

5.6.7　自动套用格式

表格套用功能可以将制作的表格格式化。自动套用表格样式的操作步骤是：选中欲套用样式的单元格区域，单击【开始】选项卡中【样式】选项组中的【套用表格格式】按钮，在弹出的下拉列表中选择要套用的表格格式，如图5.43所示。

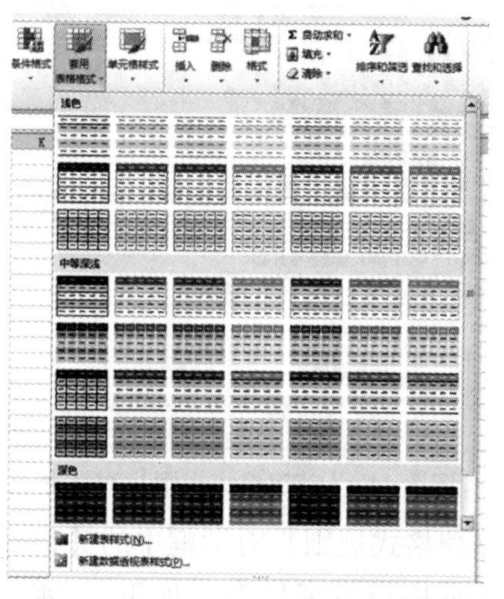

图5.43　【套用表格格式】下拉列表

实例 5.5：按如下要求，完成操作。

（1）打开工作表 Sheet1，为数据区域 A1:C3 设置橙色、双实线的外边框。

（2）调整数据区域 A1:C3 的行高为 15 磅，宽度为最合适的列宽。

操作方法：

（1）打开工作表 Sheet1，选中数据区域 A1：C3，右击鼠标，在快捷菜单中选择【单元格格式设置】选项，弹出【单元格格式设置】对话框，在【边框】选项卡中设置线条样式为“双实线”，颜色为“橙色”，单击【外边框】按钮，单击【确定】按钮。

（2）选中数据区域 A1:C3，单击【开始】选项卡中的【格式】按钮，在下拉列表中选择【行高】选项，在弹出的对话框中输入“15”；选择【自动调整列宽】选项。

5.6.8　条件格式

条件格式可以在很大程度上改进电子表格的设计和可读性，允许指定多个条件来确定单元格的行为，可根据单元格的内容自动地应用单元格的格式规则。可以设定多个条件，但 Excel 只会应用一个条件所对应的格式，即按顺序测试条件，如果该单元格满足某条件，则应用相应的格式规则，而忽略其他条件。

1. 新建规则

单击【开始】选项卡中【样式】选项组中的【条件格式】按钮，即可进行条件格式的设定。

例：将所有支出费用在 1 000 元以上的单元格中的数字设置为加粗、红色，背景颜色设置为淡蓝。操作步骤如下。

（1）设置条件：单击【开始】选项卡中【样式】选项组中的【条件格式】按钮，选择【新建规则】选项，弹出如图 5.44 所示的【新建格式规则】对话框；选中【选择规则类型】列表中的第二项【只为包含以下内容的单元格设置格式】，然后在【编辑规则说明】区域中选择【单元格值】和【大于】，再输入“1000”。

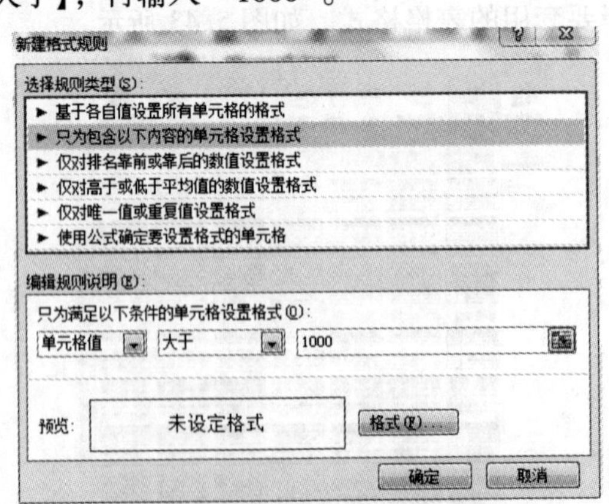

图 5.44　【新建格式规则】对话框

（2）设置格式：单击【新建格式规则】对话框中的【格式】按钮，弹出【设置单元格式】对话框；用户可在该对话框中设置字形为“加粗”，颜色为“红色”，填充背景色为

“淡蓝”，单击【确定】按钮完成设置。

2. 项目选取规则

项目选取规则可以突出显示选中区域内最大或最小的百分数或数字，指定数据所在的单元格，还可以指定大于或小于平均值的单元格。这里将介绍通过项目选取规则的设置突出显示高于支出费用平均值的所在单元格，具体操作步骤如下。

(1) 单击【开始】选项卡中【样式】选项组中的【条件格式】按钮，在下拉列表中单击【项目选取规则】→【高于平均值】选项，如图 5.45 所示。

图 5.45 【条件格式】下拉列表

(2) 在弹出的【高于平均值】对话框中，单击【针对选定区域，设置为】下拉列表框，选择【浅红填充色深红色文本】选项，单击【确定】按钮。

3. 使用数据条效果

如果希望能够一目了然地查看一列数据的大小情况，可以为数据应用“数据条”条件格式，数据条的长度即表示单元格中数值的大小。通过观察带颜色的数据条，可以省去逐个对比数值的时间，轻松获悉一列数据中的最大值或最小值。

(1) 选中工作表区域，单击【开始】选项卡中的【条件格式】按钮，在下拉列表中选择【数据条】选项，在弹出的列表中，可以选择对单元格中条件格式数据条的填充方法，如图 5.46 所示。这两种填充方法对于数据条没有什么影响，用户可以随意选择。

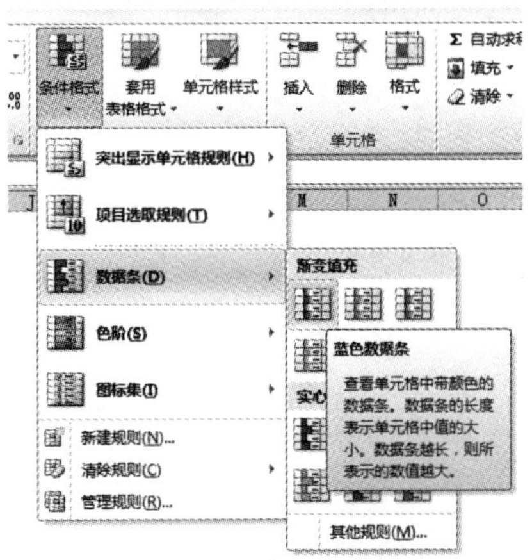

图 5.46　填充数据条

（2）选择完填充方法之后就可以看到被选中的单元格中出现了一个个数据条。数据条与单元格中的数字对应，数字值最大的其数据条就最长，反之则最短。

4. 清除条件格式

如果因为变动，不需要对数据设置条件格式，单击【开始】选项卡中的【条件格式】按钮，在下拉列表中单击【清除规则】→【清除整个工作表的规则】选项，如图 5.47 所示，即取消了表中所有单元格的条件格式设置。

图 5.47　清除条件格式

实例 5.6：按如下要求，完成操作。

打开素材中的销售数据工作表，将销售数量在 500 以上的单元格中的数字设置为红色。

操作方法：

（1）打开销售数据工作表，选中第 H 列，单击【开始】选项卡中的【条件格式】按钮，在弹出的下拉列表中单击【突出显示单元格规则】→【大于】选项，弹出【大于】对话框。

（2）在左侧的数值框中输入“500”，在右侧的下拉列表中选择【红色文本】选项。

评价单

<table>
<tr><td>项目名称</td><td colspan="3">Excel 工作表的创建与编辑</td><td>完成日期</td><td></td></tr>
<tr><td>班　级</td><td></td><td>小　组</td><td></td><td>姓　名</td><td></td></tr>
<tr><td>学　号</td><td colspan="3"></td><td>组长签字</td><td></td></tr>
<tr><td colspan="2">评价内容</td><td colspan="2">分　值</td><td>学生评价</td><td>教师评价</td></tr>
<tr><td colspan="2">数据的录入</td><td colspan="2">10</td><td></td><td></td></tr>
<tr><td colspan="2">单元格的合并</td><td colspan="2">10</td><td></td><td></td></tr>
<tr><td colspan="2">添加底纹</td><td colspan="2">10</td><td></td><td></td></tr>
<tr><td colspan="2">设置边框样式</td><td colspan="2">10</td><td></td><td></td></tr>
<tr><td colspan="2">重命名、隐藏工作表</td><td colspan="2">10</td><td></td><td></td></tr>
<tr><td colspan="2">填充序列</td><td colspan="2">10</td><td></td><td></td></tr>
<tr><td colspan="2">自定义序列</td><td colspan="2">10</td><td></td><td></td></tr>
<tr><td colspan="2">添加标题</td><td colspan="2">10</td><td></td><td></td></tr>
<tr><td colspan="2">模糊查找</td><td colspan="2">10</td><td></td><td></td></tr>
<tr><td colspan="2">独立完成任务的情况</td><td colspan="2">10</td><td></td><td></td></tr>
<tr><td colspan="2">总分</td><td colspan="2">100</td><td></td><td></td></tr>
<tr><td>学生得分</td><td colspan="5"></td></tr>
<tr><td>自我总结</td><td colspan="5"></td></tr>
<tr><td>教师评语</td><td colspan="5"></td></tr>
</table>

知识点强化与巩固

一、填空题

1. Excel 2010 的扩展名是（　　），文件的默认名是（　　）。
2. 若想在某单元格中输入身份证号，应把单元格的数字格式设置为（　　　）类型。
3. Excel 2010 默认的保存时间为（　　　）。
4. 用来给 Excel 2010 工作表中的行号进行编号的是（　　）。
5. 在 Excel 2010 中，插入一张新工作表的快捷键是（　　）。
6. 要设置 Excel 中单元格的字体、颜色等格式，可以使用（　　　）选项卡中设置字体格式的按钮。
7. 在 Excel 2010 中，要选择多张不连续的工作表，可以按（　　　）键，再用鼠标依次单击要选择的工作表。
8. 在 Excel 2010 中，工作表的最小组成单位是（　　　）。

二、选择题

1. 在 Excel 2010 主界面中，不包含的选项卡是（　　）。
A.【开始】　B.【函数】　C.【插入】　D.【公式】
2. 用来给电子工作表中的列号进行编号的是（　　）。
A. 数字　B. 字母　C. 数字与字母混合　D. 字母或数字
3. 电子工作表中单元格的默认格式为（　　）。
A. 数字　B. 文本　C. 日期　D. 常规
4. 假定一个单元格的地址为 D25，则此类地址的类型是（　　）。
A. 相对地址　B. 绝对地址　C. 混合地址　D. 三维地址
5. 启动 Excel 2010 后，在自动建立的工作簿文件中，工作表的初始个数是（　　）。
A. 4 个　B. 3 个　C. 2 个　D. 1 个
6. 在具有常规格式的单元格中输入数值后，其显示方式为（　　）。
A. 左对齐　B. 右对齐　C. 居中　D. 随机
7. Excel 2010 工作表具有（　　）。
A. 一维结构　B. 二维结构　C. 三维结构　D. 四维结构
8. 在 Excel 2010 的【页面设置】区域中，不能够设置（　　）。
A. 页面　B. 每页字数　C. 页边距　D. 页眉/页脚
9. 向 Excel 2010 工作簿文件中插入一张电子工作表，表标签中的英文单词为（　　）。
A. Sheet　B. Book　C. Table　D. List
10. 若一个单元格的地址为 F5，则其右边紧邻的一个单元格地址为（　　）。
A. F6　B. G5　C. E5　D. F4
11. 若一个单元格的地址为 F5，则其下边紧邻的一个单元格地址为（　　）。
A. F6　B. G5　C. E5　D. F4
12. 在 Excel 2010 中，日期数据的数据类型为（　　）。
A. 数字型　B. 文字型　C. 逻辑型　D. 时间型
13. 在 Excel 2010 中，通常把工作表中的每一行称为一个（　　）。

A. 记录 B. 字段 C. 属性 D. 关键字

14. 在 Excel 2010 中，通常把工作表中的每一列称为一个（ ）。

A. 记录 B. 字段 C. 属性 D. 关键字

15. 在 Excel 2010 中，按 Delete 键将清除被选区域中所有单元格的（ ）。

A. 内容 B. 格式 C. 批注 D. 所有信息

16. 在 Excel 2010 中，最小操作单位是（ ）。

A. 单元格 B. 一行 C. 一列 D. 一张表

17. 在 Excel 2010 中，进行查找与替换操作时，打开的对话框名称是（ ）。

A. 查找 B. 替换 C. 查找和替换 D. 定位

18. 对工作表中所选区域不能进行的操作是（ ）。

A. 调整行高 B. 调整列宽 C. 修改条件格式 D. 保存文档

三、判断题

1. 在 Excel 2010 中，行增高时，该行各单元格中的字符也随之自动增高。（ ）
2. 在 Excel 2010 中，自动填充只能在一行或一列上的连续单元格中填充数据。（ ）
3. 在 Excel 2010 中，单击选中单元格后输入新内容，则原内容将被覆盖。（ ）
4. Excel 2010 中的清除操作是将单元格内容删除，包括其所在的单元格。（ ）
5. 单元格默认对齐方式与数据类型有关，如：文字是左对齐，数字是右对齐。（ ）
6. 在 Excel 2010 中，清除是指对选定的单元格和区域内的内容清除，单元格依然存在。（ ）
7. 在 Excel 2010 中，把鼠标指向被选中单元格边框，当指针变成箭头时，拖动鼠标到目标单元格，将完成复制操作。（ ）
8. Excel 2010 中的工作表标签不可以设置颜色。（ ）
9. 在 Excel 2010 中，【常用】工具栏中的【格式刷】按钮，可以复制格式和内容。（ ）
10. 在 Excel 2010 中，可同时打开多个工作簿。（ ）
11. Excel 2010 菜单中灰色和黑色的命令都是可以使用的。（ ）
12. 在 Excel 2010 中，若要选中多个不连续的单元格，可以选中一个区域，再按住 Shift 键，然后选中其他区域。（ ）
13. 在 Excel 2010 中，选取范围不能超出当前屏幕范围。（ ）
14. 在 Excel 2010 中，工作表的拆分分为三种：水平拆分、垂直拆分和水平垂直拆分。（ ）

项目二 Excel 公式与函数

知识点提要

1. 单元格地址的引用
2. 公式的创建、编辑和使用
3. 公式中常见的错误及修改方法
4. 函数的创建、编辑和使用
5. 了解 SUM、MAX、MIN、AVERAGE、IF、COUNT 和 RANK 等常用函数

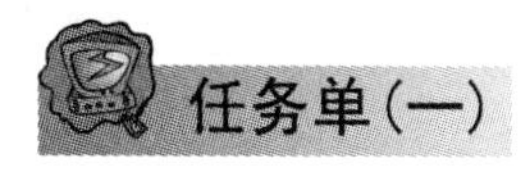

任务单(一)

<table>
<tr><td>任 务 名 称</td><td>整理毕业生成绩表</td><td>学　　时</td><td>2 学时</td></tr>
<tr><td>知识目标</td><td colspan="3">1. 了解公式和函数的区别。
2. 能够灵活使用 Excel 公式完成计算。
3. 能够使用函数处理数据。</td></tr>
<tr><td>能力目标</td><td colspan="3">1. 能准确使用公式和函数。
2. 具有自主学习能力。
3. 具有沟通、协作能力。</td></tr>
<tr><td>任务描述</td><td colspan="3">1. 绘制如下图所示的毕业生成绩表，将工作表名称更改为“毕业生成绩表”。
2. 输入标题：“2015 级毕业生成绩表”，并设置标题格式为黑体、20 号字、居中对齐。
3. 将第 3 行字体格式设置为楷体、16 号字，其余字体和字号为默认值。
<table>
<tr><th></th><th>A</th><th>B</th><th>C</th><th>D</th><th>E</th><th>F</th><th>G</th><th>H</th><th>I</th></tr>
<tr><td>2</td><td></td><td colspan="8">2015级毕业生成绩表</td></tr>
<tr><td>3</td><td></td><td>班级</td><td colspan="4">2015级3A</td><td>人数</td><td></td><td></td></tr>
<tr><td>4</td><td></td><td>学号</td><td>姓名</td><td>语文成绩</td><td>数学成绩</td><td>英语成绩</td><td>综合科成绩</td><td>总成绩</td><td>成绩等级</td></tr>
<tr><td>5</td><td></td><td>070123A01</td><td>江雨薇</td><td>123</td><td>117</td><td>94</td><td>216</td><td></td><td></td></tr>
<tr><td>6</td><td></td><td>070123A02</td><td>郝思嘉</td><td>95</td><td>61</td><td>79</td><td>184</td><td></td><td></td></tr>
<tr><td>7</td><td></td><td>070123A03</td><td>林晓彤</td><td>110</td><td>134</td><td>94</td><td>239</td><td></td><td></td></tr>
<tr><td>8</td><td></td><td>070123A04</td><td>曾云儿</td><td>94</td><td>146</td><td>129</td><td>242</td><td></td><td></td></tr>
<tr><td>9</td><td></td><td>070123A05</td><td>邱月清</td><td>111</td><td>141</td><td>120</td><td>220</td><td></td><td></td></tr>
<tr><td>10</td><td></td><td>070123A06</td><td>沈沉</td><td>131</td><td>119</td><td>62</td><td>148</td><td></td><td></td></tr>
<tr><td>11</td><td></td><td>070123A11</td><td>蔡小蓓</td><td>89</td><td>45</td><td>85</td><td>125</td><td></td><td></td></tr>
<tr><td>12</td><td></td><td>070123A13</td><td>尹南</td><td>127</td><td>110</td><td>92</td><td>221</td><td></td><td></td></tr>
<tr><td>13</td><td></td><td>070123A14</td><td>陈小旭</td><td>129</td><td>145</td><td>126</td><td>223</td><td></td><td></td></tr>
<tr><td>14</td><td></td><td>070123A15</td><td>薛婧</td><td>92</td><td>80</td><td>63</td><td>201</td><td></td><td></td></tr>
<tr><td>15</td><td></td><td>070123A16</td><td>萧煜</td><td>114</td><td>131</td><td>109</td><td>236</td><td></td><td></td></tr>
<tr><td>16</td><td></td><td>070123A17</td><td>乔小麦</td><td>100</td><td>129</td><td>100</td><td>232</td><td></td><td></td></tr>
<tr><td>17</td><td></td><td>070123A18</td><td>陈露</td><td>85</td><td>87</td><td>40</td><td>133</td><td></td><td></td></tr>
<tr><td>18</td><td></td><td>070123A19</td><td>杜媛媛</td><td>110</td><td>130</td><td>74</td><td>238</td><td></td><td></td></tr>
<tr><td>19</td><td></td><td>070123A20</td><td>杨清清</td><td>135</td><td>143</td><td>134</td><td>285</td><td></td><td></td></tr>
<tr><td>20</td><td></td><td>070123A22</td><td>柳晓琳</td><td>120</td><td>129</td><td>113</td><td>245</td><td></td><td></td></tr>
<tr><td>21</td><td></td><td>070123A23</td><td>程小月</td><td>111</td><td>94</td><td>126</td><td>243</td><td></td><td></td></tr>
<tr><td>22</td><td></td><td>070123A25</td><td>张大为</td><td>139</td><td>143</td><td>137</td><td>262</td><td></td><td></td></tr>
<tr><td>23</td><td></td><td>070123A26</td><td>卢艳霞</td><td>104</td><td>94</td><td>131</td><td>209</td><td></td><td></td></tr>
</table>
4. 使用函数计算班级总人数，并将结果填入单元格 H3 中。
5. 如果学生数学、语文、英语成绩低于 90 分，将这一分数的字体格式设为红色、加粗。
6. 使用函数计算出每名学生的总分。
7. 利用函数求出总成绩中的最高分和最低分。
8. 在第 I 列使用函数判断每名学生的成绩等级，若总分大于或等于 450 分，等级显示合格，否则为不合格。</td></tr>
<tr><td>任务要求</td><td colspan="3">1. 仔细阅读任务描述中的要求，认真完成任务。
2. 上交电子作品。
3. 小组间可以讨论、交流。</td></tr>
</table>

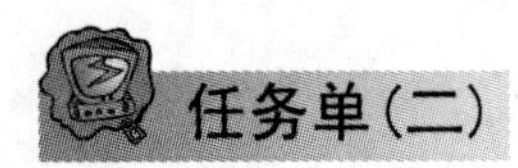

任务单(二)

<table>
<tr><td>任务名称</td><td>统计企业年度考核情况</td><td>学　　时</td><td>2学时</td></tr>
<tr><td>知识目标</td><td colspan="3">1. 了解公式和函数的区别。
2. 能够灵活使用 Excel 公式完成计算。
3. 能够使用函数处理数据。</td></tr>
<tr><td>能力目标</td><td colspan="3">1. 能准确使用公式和函数。
2. 具有自主学习能力。
3. 具有沟通、协作能力。</td></tr>
<tr><td>任务描述</td><td colspan="3">1. 打开工作簿，将工作表 Sheet1 重命名为“年度考核表”，输入员工的信息，如下图所示。
<table>
<tr><td></td><td>A</td><td>B</td><td>C</td><td>D</td><td>E</td><td>F</td><td>G</td><td>H</td><td>I</td><td>J</td><td>K</td></tr>
<tr><td>1</td><td colspan="11">企业年度考核表</td></tr>
<tr><td>2</td><td>部门</td><td>职务</td><td>姓名</td><td>学历</td><td>月平均工资</td><td>年终奖</td><td>补贴</td><td>通信费</td><td>交通费</td><td>全年总收入</td><td>评价</td></tr>
<tr><td>3</td><td>生产部</td><td>员工</td><td>李红</td><td>大专</td><td>2,870</td><td>15,000</td><td>1,300</td><td>900</td><td>900</td><td></td><td></td></tr>
<tr><td>4</td><td>生产部</td><td>员工</td><td>李小丽</td><td>大专</td><td>2,900</td><td>15,000</td><td>1,300</td><td>900</td><td>900</td><td></td><td></td></tr>
<tr><td>5</td><td>生产部</td><td>员工</td><td>赵锦程</td><td>大专</td><td>2,920</td><td>15,000</td><td>1,300</td><td>900</td><td>900</td><td></td><td></td></tr>
<tr><td>6</td><td>生产部</td><td>员工</td><td>马艳</td><td>大专</td><td>2,950</td><td>15,000</td><td>1,300</td><td>900</td><td>900</td><td></td><td></td></tr>
<tr><td>7</td><td>质量部</td><td>员工</td><td>邱琳</td><td>硕士</td><td>3,400</td><td>30,000</td><td>1,300</td><td>900</td><td>900</td><td></td><td></td></tr>
<tr><td>8</td><td>质量部</td><td>员工</td><td>常雯</td><td>本科</td><td>3,700</td><td>35,000</td><td>1,500</td><td>900</td><td>900</td><td></td><td></td></tr>
<tr><td>9</td><td>市场部</td><td>部门经理</td><td>张小蒙</td><td>本科</td><td>4,500</td><td>45,000</td><td>1,500</td><td>1,500</td><td>1,500</td><td></td><td></td></tr>
<tr><td>10</td><td>总人数</td><td></td><td></td><td></td><td></td><td></td><td></td><td></td><td>年收入最少</td><td></td><td></td></tr>
<tr><td>11</td><td></td><td></td><td></td><td></td><td></td><td></td><td></td><td></td><td>年收入最多</td><td></td><td></td></tr>
</table>
2. 对 D3：D19 单元格进行有效性设置，有效性条件为“博士、研究生、本科、大专”；当用户的输入出错时显示：“学历输入非法，请重新输入!”。
3. 计算全年总收入，并将结果填入相应的单元格中。全年总收入的公式为：全年总收入 = 月平均工资 × 12 + 年终奖 + 补贴 + 通信费 + 交通费。
4. 向 J3 单元格中添加批注：“全年总收入 = 月平均工资 × 12 + 年终奖 + 补贴 + 通信费 + 交通费”，并将该批注复制到从 J4 到 J19 的所有单元格中。
5. 在 I10 单元格中输入“年收入最少”，在 I11 单元格中输入“年收入最多”，并计算相应的结果。
6. 在 B10 单元格中，利用 COUNT 函数计算员工的数量。</td></tr>
<tr><td>任务要求</td><td colspan="3">1. 仔细阅读任务描述中的要求，认真完成任务。
2. 上交电子作品。
3. 小组间可以讨论、交流。</td></tr>
</table>

资料卡及实例

5.7 公式

5.7.1 公式简介

在 Excel 中，可以输入公式进行数据计算。公式是 Excel 强大数据处理功能的基本助手，通过使用公式，可以轻松地实现大批量数据的快速运算。公式是将单元格中的元素通过运算符号连接的等式，用于工作表中数值的计算。常见的运算符号包括：算术运算符、比较运算符、文本运算符、引用运算符。

（1）算术运算符。算术运算符用来完成基本的数学运算，如加法、减法和乘法。常见的算术运算符包括："+"（加）、"-"（减）、"*"（乘）、"/"（除）、"%"（百分比）、"^"（乘方）。

（2）比较运算符。比较运算符用来对两个数值进行比较，产生的结果为逻辑值 True（真）或 False（假）。比较运算符有"="（等于）、">"（大于）、">="（大于等于）、"<="（小于等于）、"<>"（不等于）。

（3）文本运算符。文本运算符"&"用来将一个或多个文本连接成为一个组合文本，如"Micro" & "soft" 的结果为"Microsoft"。

（4）引用运算符。引用运算符用来将单元格区域合并运算。

区域（冒号），表示对两个引用之间（包括两个引用在内）的所有区域的单元格进行引用，如 SUM（B1:D5）。

联合（逗号），表示将多个引用合并为一个引用，如 SUM（B5,B15,D5,D15）。

交叉（空格），表示对同时隶属于两个引用的单元格区域进行引用。

5.7.2 创建公式

在计算的时候，单击需要计算的单元格，输入"="，然后根据实际的需要输入涉及的单元格地址和运算符。Excel 公式的输入有两种方法：第一种，用鼠标单击单元格实现引用，在求值的单元格中输入"="，再用鼠标选中要运算的单元格；第二种，手写公式输入。

以任务单（二）中的"年度考核表"为例，要计算部门员工的全年总收入，单击 J3 单元格，输入"="，根据公式"全年总收入 = 月平均工资(E3 单元格) * 12 + 年终奖(F3 单元格) + 补贴(G3 单元格) + 通信费(H3 单元格) + 交通费(I3 单元格)"，在 J3 中输入"= E3 * 12 + F3 + G3 + H3 + I3"。

其余单元格可以通过复制单元格的方法进行计算：单击 J3 单元格，鼠标放在单元格右下角，当鼠标呈细"黑十字"形状时，拖动鼠标，如图 5.48 所示。

当计算后的单元格出现如图 5.49 左侧所示的情况时，说明此单元格的宽度不能完全显示单元格中的数值，这时只需要调整列 J 的宽度就可以解决此问题，操作方法为：单击 I 列的列号，将其选中，单击【开始】选项卡中【单元格】选项组中的【格式】按钮，在弹出的下拉列表中选择【自动调整列宽】选项，即可得到如图 5.49 右侧所示的结果。

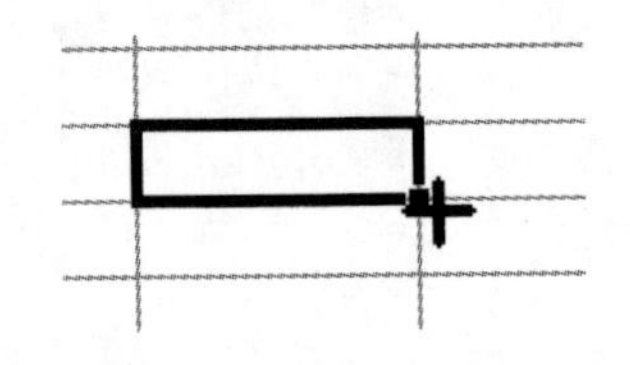

图 5.48 复制单元格

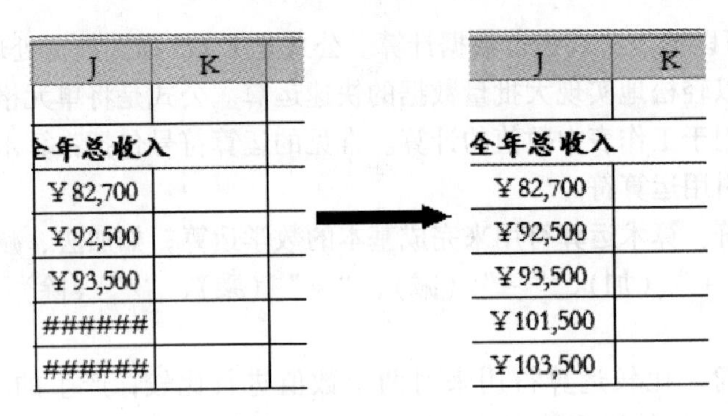

图 5.49 调整列宽

要想正确输入 Excel 公式，必须谨记以下要点：

（1）公式必须以“=”开始。不管是单纯的公式还是更高级的函数，都需要以“=”为开始标记，否则，所有的公式只是字符，无法完成计算功能；

（2）“=”之后紧接运算数和运算符；

（3）准确使用单元格。公式中用到的数据单元格地址要看清楚，A、B、C、D 是列号，1、2、3、4 是行号；

（4）公式以 Enter 键的输入为结束。以“=”开始，以 Enter 键输入结束是公式最基本的要求，千万不能在输入完公式但没有按 Enter 键的情况下单击鼠标，以免公式遭到破坏。

5.7.3 编辑公式

1. 修改公式

输入公式后，发现输入错误，需要对单元格中的公式进行修改。常见的修改公式的方法有以下三种。

（1）双击单元格。双击需要修改公式的单元格即可进入编辑状态（修改状态）。

（2）选中单元格后按 F2 键。单击需要修改公式的单元格，按 F2 键，可以快捷地修改 Excel 公式。

（3）在编辑栏内编辑。选中需要修改公式的单元格，在 Excel 表格区域上方的公式编辑栏内修改公式。

如果工作表被保护，需要先取消工作表保护，再对公式进行修改。

2. 复制公式

若单元格中的数据具有相同的运算规则，可以采用复制公式的方法对其他单元格进行运算。

（1）直接复制公式。先选中要复制公式的单元格或区域，右击鼠标，在弹出的快捷菜单中选择【复制】选项（或按 Ctrl + C 组合键），再选择要粘贴的单元格，右击鼠标，在弹出的快捷菜单中选择【粘贴】选项（或按 Ctrl + V 组合键）。此方法中公式会随着单元格的改变而发生相应的改变。

如果想连同单元格格式都粘贴，则可右击鼠标，在弹出的快捷菜单中选择【选择性粘贴】选项，在弹出的【选择性粘贴】对话框中选中【公式和数字格式】单选项，如图 5.50 所示；如果只想复制由公式计算出的数值，并不想复制公式，则可右击鼠标，在弹出的快捷菜单中选择【选择性粘贴】选项，在弹出的【选择性粘贴】对话框中选中【数值】单选项，如图 5.51 所示。

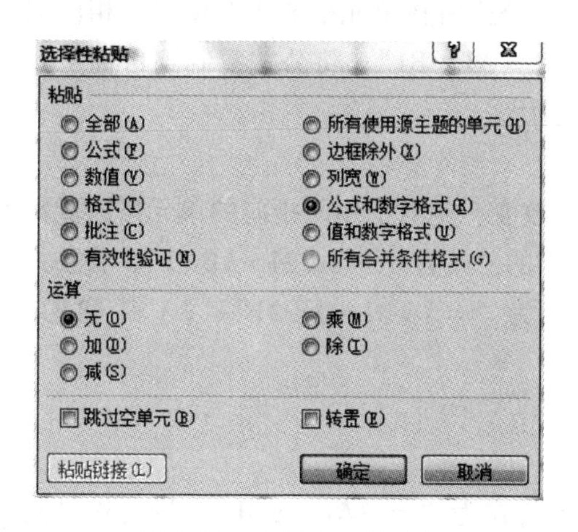

图 5.50　复制公式和格式

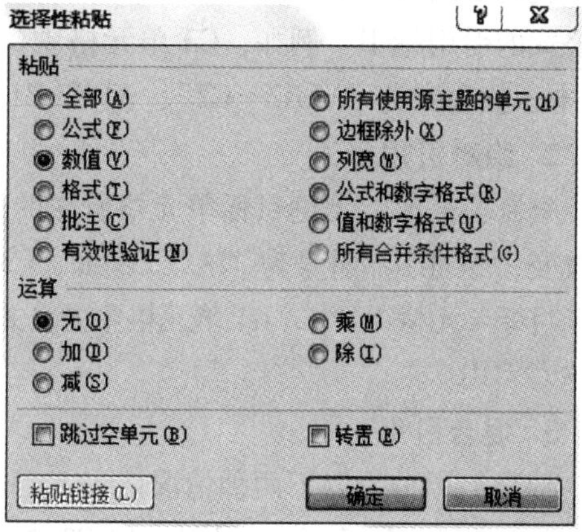

图 5.51　复制数值

（2）填充复制公式（适合单元格连续时的情况）。选中要复制公式的单元格或区域，将鼠标移动到单元格或区域的右下角，当鼠标变成“黑十字”形状时，拖动鼠标到相邻的单元格或区域，即可自动粘贴并应用公式。

3. 清除公式

（1）清除公式和数据。如果想清除公式的同时也清除公式计算的内容，则直接选中想删除的单元格，按 Delete 键，即将该单元格的内容全部清除。

（2）只清除公式，保留数据。如果只想清除公式而同时想保留公式计算的内容，则选中要清除公式的单元格，按 Ctrl + C 组合键进行复制，右击鼠标，在弹出的快捷菜单中选择【选择性粘贴】选项，在弹出的【选择性粘贴】对话框中选中【数值】单选项。

实例 5.7：按如下要求，完成操作。

打开素材中的销售数据工作表，计算出利润，并将结果填入相应的单元格中。计算利润的公式为：利润 =（销售单价 - 进货单价）× 销售数量。

操作方法：

打开销售数据工作表，选中 I3 单元格，输入“ =（G3 - F3）* H3”后按 Enter 键，完成公式的输入。选择 I3 单元格，通过填充柄的方式向下填充到其他单元格。

5.7.4 单元格引用

引用是指在公式中，用户输入单元格的地址作为参与运算的参数。引用某个单元格如A1，用字母和数字标识单元格地址，字母A表示列标，数字1表示行标；引用单元格区域，则使用区域左上角的标识符、冒号、区域右下角的单元格标识符共同标识，如D1:D3表示第D列中第1行至第3行的单元格。

单元格引用的方式包括：相对引用、绝对引用和混合引用。

1. 相对引用

复制公式时，Excel 2010会根据目标单元格与原公式所在单元格的相对位置，相应地调整公式的引用标识。例如，C3单元格中的公式为“=A1*B1”，将公式复制到目标单元格D4中，就会变为“=B2*C2”，A1和B1为相对引用。

2. 绝对引用

复制公式时，无论目标单元格所在的位置如何改变，绝对引用所指向的单元格区域都不会改变，绝对引用符号为“$”。例如，C3单元格中的公式为“=$A$1*$B$1”，将公式复制到目标单元格D4中，D4单元格中的公式不变，仍为“=$A$1*$B$1”，$A$1和$B$1为绝对引用。

3. 混合引用

混合引用分为以下两种情况。

（1）行相对、列绝对引用：如C3单元格中的公式为“=$A1*$B1”，将公式复制到目标单元格D4中，D4单元格公式会变为“=$A2*$B2”，$A1和$B1为单元格的行相对、列绝对引用。

（2）列相对、行绝对引用：如C3单元格中的公式为“=A$1*B$1”，将公式复制到目标单元格D4中，D4单元格公式会变为“=B$1*C$1”，A$1和B$1为单元格的列相对、行绝对引用。

5.7.5 公式中的错误及解决办法

在Excel 2010中输入公式后，有时不能正确地计算出结果，并在单元格内显示一个错误信息。这些错误的产生，有的是因公式本身产生的，有的不是。下面介绍几种常见的错误信息和解决办法。

1. #VALUE!错误

含义：输入引用文本项的数学公式。如果使用了不正确的参数或运算符，或者当执行自动更正公式功能时不能更正公式，都将产生错误信息“#VALUE!”。这个错误的产生通常有下面三种情况。

（1）在需要输入数字或逻辑值时输入了文本，Excel 2010不能将文本转换为正确的数据类型。例如：如果单元格A1包含一个数字，单元格A2包含文本，则公式“=A1+A2”将返回错误值“#VALUE!”。

解决方法：确认公式或函数所需的运算符或参数是否正确，以及公式引用的单元格中是否为有效的数值。

（2）将单元格引用、公式或函数作为数组常量输入。

解决方法：确认数组常量不是单元格引用、公式或函数。

（3）赋予需要单一数值的运算符或函数一个数值区域。

解决方法：将数值区域改为单一数值，或修改数值区域，使其包含公式所在的数据行或列。

2. #DIV/O！错误

含义：试图除以 0。这个错误的产生通常有下面两种情况。

（1）在公式中，除数使用了指向空单元格或包含零值单元格的单元格引用（在 Excel 中如果运算对象是空白单元格，Excel 会将此空值当作零值）。

解决方法：修改单元格引用，或者在用作除数的单元格中输入不为零的值。

（2）输入的公式中包含明显的除数零，如公式“=1/0”。

解决方法：将 0 改为非 0 值。

3. #REF！错误

含义：删除了被公式引用的单元格范围。当删除了由其他公式引用的单元格，或将移动单元格粘贴到由其他公式引用的单元格中，单元格引用无效，将产生错误值“#REF!”。

解决方法：更改公式，或者在删除或粘贴单元格之后，立即单击【撤消】按钮，以恢复工作表中的单元格。

4. #NUM！错误

含义：提供了无效参数。当公式或函数中某个数字有问题时，将产生错误值“#NUM!”。这个错误的产生通常有下面两种情况。

（1）在需要数字参数的函数中使用了函数不能接受的参数。

解决方法：确认函数中使用的参数类型正确无误。

（2）由公式产生的数值太大或太小，Excel 不能表示。

解决方法：修改公式，使其结果在有效数值范围之间。

5. #NULL！错误

含义：使用了不正确的区域运算符或不正确的单元格引用。当试图为两个并不相交的区域指定某种函数的运算时，将产生错误值“#NULL!”。例如，输入：“=SUM(A1:A10C1:C10)”，就会产生这种情况。

解决方法：如果要引用两个不相交的区域，必须使用联合运算符——逗号，如果没有使用逗号，Excel 将试图对同时属于两个区域的单元格求和。由于 A1:A10 和 C1:C10 并不相交，所以就会出错，上式可改为“=SUM(A1:A10,C1:C10)”。

6. #NAME？错误

含义：在公式中使用了 Excel 所不能识别的文本。这种情况可能是输错了名称，或是输入了一个已删除的名称，另外如果没有将字符串置于双引号内，也会产生此错误值。

解决办法：如果是使用了不存在或错误的名称而产生这一错误，应改正使用的名称；确认所有字符串都在双引号内；确认公式中的所有区域引用都使用了冒号（:）。

5.8 函数

5.8.1 函数简介

Excel 函数是预先定义的，执行计算、分析等处理数据任务的特殊公式。以常用的求和函数 SUM 为例，它的语法是“SUM(number1,number2,…)”。其中“SUM”为函数名称，一个函数只有唯一的名称，它决定了函数的功能和用途。函数名称后紧跟左括号，接着是用逗号分隔的称为参数的内容，最后用一个右括号表示函数结束。

参数是函数中最复杂的组成部分，它规定了函数的运算对象、顺序或结构等，使用户可以对某个单元格或区域进行处理，如分析存款利息、确定成绩名次、计算三角函数值等。

按照函数的来源，Excel 函数可以分为内置函数和扩展函数两大类。前者只要启动了 Excel，用户就可以使用它们；后者必须通过宏定义命令加载，然后才能像内置函数那样使用。

5.8.2 输入函数

使用函数处理数据主要有以下三种方法：单击编辑栏左侧的【插入函数】按钮fx，单击【公式】选项卡中的【插入函数】按钮和手动输入法。在【公式】选项卡中还提供了一些更加快捷的按钮：单击【自动求和】按钮，将显示一些常用的函数，如求和函数、平均值函数、最大值函数、最小值函数、条件函数、计数函数等；单击【最近使用的函数】按钮，将显示最近使用过的十个函数，为用户反复使用相同的函数提供了快捷的方法。

1. 使用【插入函数】对话框

【插入函数】对话框是 Excel 输入公式的重要工具，下面是具体操作过程：选中存放计算结果（即需要应用公式）的单元格，单击编辑栏（或工具栏）中的【插入函数】按钮，如图 5.52 所示，将弹出【插入函数】对话框，在【选择函数】列表中找到要使用的函数，如果需要的函数不在里面，可以单击【或选择类别】下拉列表框进行选择；单击【确定】按钮，弹出【函数参数】对话框，选择数据区域并确定参数后，单击【确定】按钮即可。

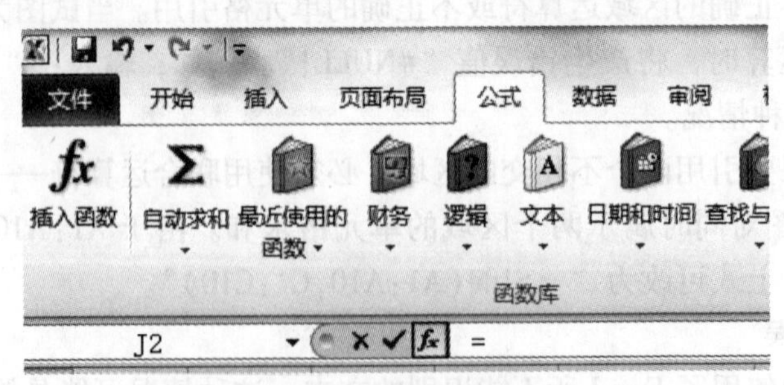

图 5.52 【插入函数】按钮

2. 编辑栏输入

如果要套用某个现成公式，或者输入一些嵌套关系复杂的公式，利用编辑栏输入会更加快捷。操作步骤如下：选中存放计算结果的单元格；单击编辑栏中的fx按钮，按照公式的组成顺序在弹出的对话框中依次输入各个部分；公式输入完毕后，单击编辑栏中的【√】按钮（或按 Enter 键）即可。

3. 手动输入

如果对某个公式非常熟悉，可以在单元格内直接手动输入函数。操作步骤如下：在编辑栏中输入函数，如“=SUM()”，然后将光标插入括号中间，再选择数据区域，就可以引用函数了。

5.8.3 常用的函数及使用

下面以素材中的“企业员工年度考核表”为例，介绍几个常用的函数及其使用方法。

1. SUM 函数

SUM 函数用于计算某一单元格区域中的数字、逻辑值及数字的文本表达式之和。如果参数中有错误值或不能转换成数字的文本，将会导致错误。公式为“SUM(number1,number2,…)”，其中 number1，number2 为需要求和的参数。使用 SUM 函数时，参数的使用需要注意以下几点。

（1）SUM 函数的参数表中的数字、逻辑值及数字的文本表达式将被计算，如 SUM(“3”,2,TRUE)=6。

（2）如果参数为数组或引用，只有其中的数字将被计算，数组或引用中的空白单元格、逻辑值、文本将被忽略，如 A1 单元格包含“3”，而 B1 单元格包含 TRUE，则 SUM(A1,2,B1)=2，因为对非数值型的值的引用不能被转换成数值。

（3）如果参数为错误值或不能转换成数字的文本，将会导致错误。

例：在 J3 单元格中计算员工的全年总收入，使用函数计算的步骤如下。

步骤一：单击 J3 单元格，将其选中。

步骤二：单击【公式】选项卡中的【插入函数】按钮，弹出【插入函数】对话框。

步骤三：在弹出的【插入函数】对话框中选择【常用函数】类别，如图 5.53 所示。

步骤四：在【选择函数】列表中选中“SUM”函数，在该对话框中的下半部分显示了该函数的功能。

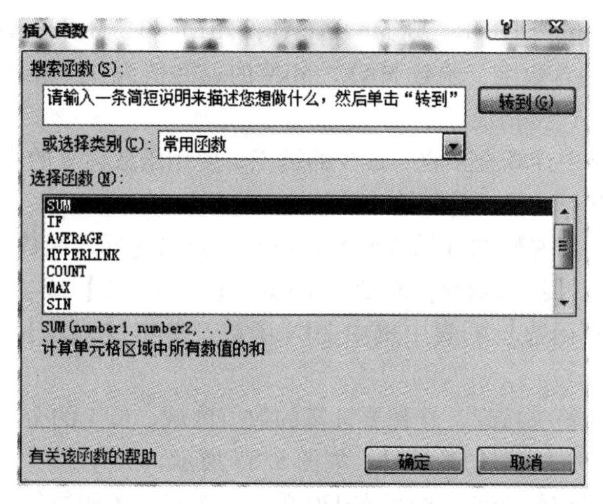

图 5.53 【插入函数】对话框

步骤五：单击【确定】按钮，弹出【函数参数】对话框，在该对话框中的下半部分显示了该函数参数的说明；单击对话框中的红箭头按钮，选择要计算的数值区域，每个员工的各项收入即 E3:I3，参数【Number1】文本框中显示“E3:I3”，如图 5.54 所示。

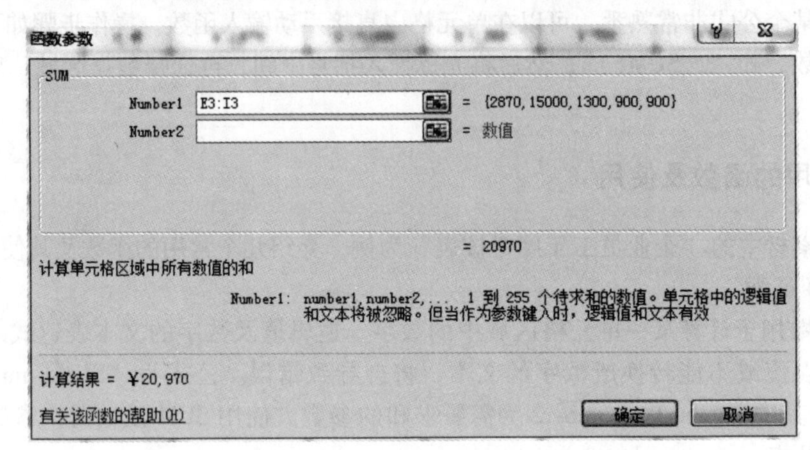

图 5.54 SUM【函数参数】对话框

步骤六：单击【确定】按钮，即可在 J3 单元格中显示该函数的计算结果。

2. MAX、MIN 函数

MAX 函数的功能是求出选中区域的最大数值，而 MIN 函数的功能是求出选中区域的最小数值，二者的语法分别为“MAX(number1,number2,…)和 MIN(number1,number2,…)。使用 MAX 函数或 MIN 函数时，参数的使用需要注意以下几点。

（1）MAX 函数和 MIN 函数的参数可以为数字、空白单元格、逻辑值或数字的文本表达式，如 MAX(“3”,2,TRUE)=3，MIN(“3”,2,TRUE)=1。

（2）如果参数为数组或引用，则只有数组或引用中的数字将被计算，而数组或引用中的空白单元格、逻辑值或文本将被忽略，如 A1 单元格包含“3”，而 B1 单元格包含 TRUE，则 MAX(A1,2,B1)=2，MIN(A1,2,B1)=2。

（3）如果逻辑值和文本不能忽略，可使用函数 MAXA 或 MINA 来代替，如 A1 单元格包含“3”，而 B1 单元格包含 TRUE，则 MAXA(A1,2,B1)=3，MINA(A1,2,B1)=1。

（4）如果参数不包含数字，函数 MAX、MIN 的返回值为 0；如果参数为错误值或不能转换成数字的文本，将产生错误。

例：在 J20 单元格中计算全年收入最少的员工，使用函数计算的步骤如下。

步骤一：单击 J20 单元格，将其选中。

步骤二：单击编辑栏左侧的【插入函数】按钮，弹出【插入函数】对话框。

步骤三：在弹出的【插入函数】对话框中选择【常用函数】或【全部】类别。

步骤四：在【选择函数】列表中选中 MIN 函数，单击【确定】按钮，弹出【函数参数】对话框。

步骤五：单击红色箭头按钮，选择要计算的数值区域，员工的全年总收入即 J3:J19，参数【Number1】文本框中显示【J3:J19】，如图 5.55 所示。

步骤六：单击【确定】按钮，即可在 J20 单元格中显示该函数的计算结果。

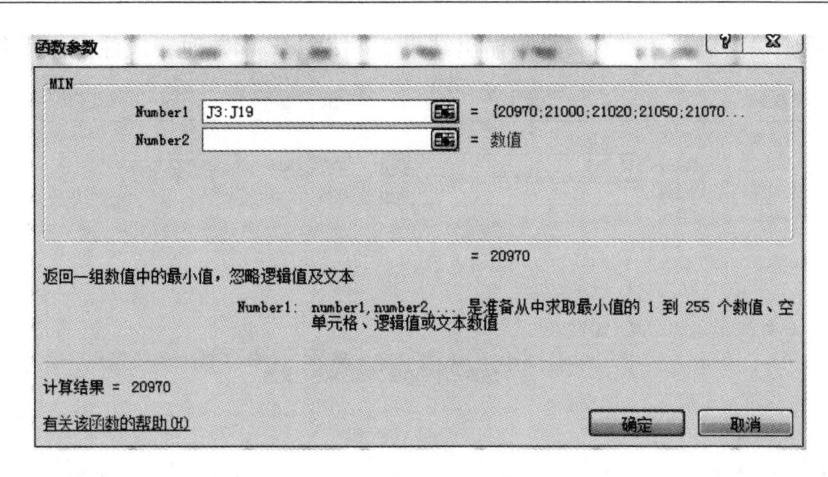

图 5.55　MIN【函数参数】对话框

3. COUNT 函数

COUNT 函数的功能是计算参数列表中数值型数据的个数，且只有数值型的数据才会被计数，语法为“COUNT(Value1,Value2,…)。使用 COUNT 函数时，参数的使用需要注意以下几点。

(1) 函数 COUNT 在计数时，将把数值型的数字计算进去，但是错误值、空值、逻辑值、日期、文字会被忽略。

(2) 如果参数是一个数组或引用，那么只统计数组或引用中的数字，而数组或引用中的空单元格、逻辑值、文字或错误值都将被忽略。如果要统计逻辑值、文字或错误值，可使用 COUNTA 函数。

如果第 A 列单元格中 A1 的内容为 1，A5 的内容为 3，A7 的内容为 2，其他均为空，则：

COUNT(A1:A7)=3，计算出 A1 到 A7 中数字的个数；

COUNT(A4:A7)=2，计算出 A4 到 A7 中数字的个数；

COUNT(A1:A7,2)=4，计算出 A1 到 A7 单元格和数字 2 中所包含的数字个数（A1 到 A7 中有 3 个，加上数字 2，一共 4 个）。

例：在 B20 单元格中计算出员工的人数，使用函数计算的步骤如下。

步骤一：单击 B20 单元格，将其选中。

步骤二：单击编辑栏左侧的【插入函数】按钮，弹出【插入函数】对话框。

步骤三：在弹出的【插入函数】对话框中选择【常用函数】类别。

步骤四：在【选择函数】列表中选择 COUNT 函数，单击【确定】按钮，弹出【函数参数】对话框。

步骤五：单击红色箭头按钮，选择要计算的数值区域，员工的总人数即 E3:E19，参数【Value1】文本框中显示【E3:E19】，如图 5.56 所示。

步骤六：单击【确定】按钮，即可在 B20 单元格中显示该函数的计算结果。

4. IF 函数

IF 函数是根据指定的条件来判断“真”（TRUE）、“假”（FALSE），从而返回相应的内容。IF 函数的语法结构为“IF(条件表达式,结果 1,结果 2)”，即对满足条件的数据进行处理，条件满足则输出结果 1，不满足则输出结果 2。使用 IF 函数时，应注意以下几点。

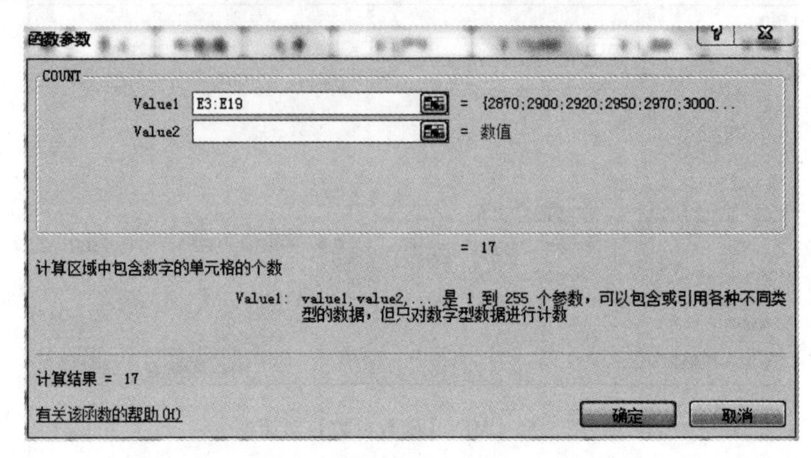

图 5.56　COUNT【函数参数】对话框

（1）把两个表达式用关系运算符（主要有 =，<>，>，<，>=，<= 6 个关系运算符）连接起来即构成条件表达式。

（2）可以省略结果 1 或结果 2，但不能同时省略。

（3）IF 函数嵌套的执行过程：如果按等级来判断某个变量，IF 函数的格式如下。

if（E2 >= 85，“优”，if（E2 >= 75，“良”，if（E2 >= 60，“及格”，“不及格”））），函数从左向右执行。首先计算 E2 >= 85，如果该表达式成立，显示“优”，如果不成立就继续计算 E2 >= 75，如果该表达式成立，显示“良”，否则继续计算 E2 >= 60，如果该表达式成立，显示“及格”，否则显示“不及格”。

例：在 K3 单元格中评价员工的全年收入情况，全年总收入超过 40000 元的员工，其评价单元格中显示“高薪”，否则什么也不显示，操作步骤如下。

步骤一：单击 K3 单元格，将其选中。

步骤二：单击编辑栏左侧的【插入函数】按钮，弹出【插入函数】对话框。

步骤三：在【插入函数】对话框中选择【常用函数】类别。

步骤四：在【选择函数】列表中选择 IF 函数，单击【确定】按钮，弹出【函数参数】对话框，如图 5.57 所示。

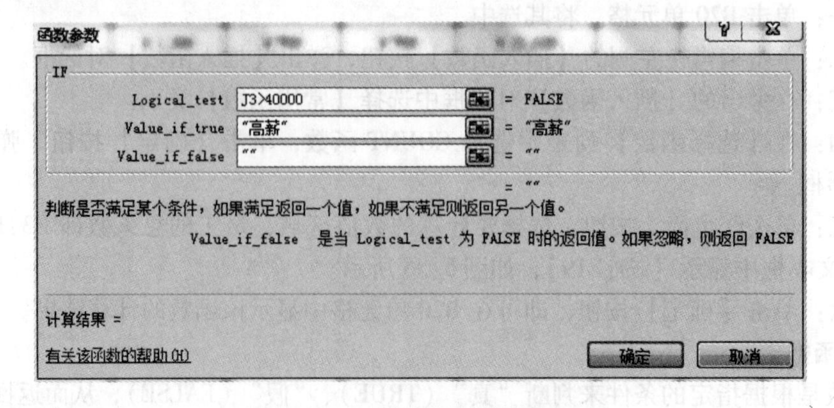

图 5.57　IF【函数参数】对话框

IF 函数共有三个参数，分别为“条件”“条件为真时的函数值”和“条件为假时的函数值”。

步骤五：分析本题，得出本题的条件为“全年总收入超过 40000 元”，而全年总收入的单元格为 J3，因此，在第一个参数【Logical_text】文本框中填“J3 >40000”。

步骤六：由题可知，全年总收入超过 40000 元的评价单元格中显示“高薪”，即当条件 J3 >40000 为真时显示“高薪”，因此，在第二个参数【Value_if_true】文本框中填“高薪”。

步骤七：由题可知，全年总收入小于 40000 元时什么也不显示，即当条件 J3 >40000 为假时显示为空（用两个连续的英文双引号表示），因此，在第三个参数【Value_if_false】文本框中填入两个连在一起的英文格式的双引号。

步骤八：单击【确定】按钮，完成计算，结果显示在 K3 中。

步骤九：鼠标放在 K3 单元格的右下角，当鼠标指针变成细的“黑十字”时，拖动鼠标到 K19，完成单元格的复制，计算出从 K3 开始到 K19 为止的所有员工全年总收入的评价，结果如图 5. 58 所示。

J	K
全年总收入	评价
¥36,500	
¥48,500	高薪
¥36,350	
¥21,070	
¥31,400	
¥31,350	
¥52,000	高薪
¥42,000	高薪
¥21,020	
¥31,450	
¥20,970	
¥21,000	
¥21,200	
¥21,050	
¥54,000	高薪
¥49,500	高薪
¥21,100	

图 5. 58　收入评价结果

5. RANK 函数

RANK 函数是排名函数，一般用于求某一个数值在某一区域内的排名。RANK 函数的语法结构为“RANK(number,ref,order)”。函数名后面的参数 number 为需要排名的数值或者单元格名称（单元格内必须为数字）；ref 为排名的参照数值区域；order 的值为 0 或 1，若省略该值，则得到的就是从大到小的排名，若是想从小到大排名，则需为 order 赋值 1。使用 RANK 函数时，需要注意以下几点。

（1）number 必须有一个数字值；ref 必须是一个包含数字数据值的数组或单元格区域。

（2）order 的值可以省略，如果省略 order，默认为它分配一个 0 值。

（3）相同数值用 RANK 函数计算得到的序数（名次）相同，但会导致后续数字的序数空缺。

例：在 L3 单元格中，输入员工全年总收入的排名情况，操作步骤如下。

步骤一：单击 L3 单元格，将其选中。

步骤二：单击编辑栏左侧的【插入函数】按钮，弹出【插入函数】对话框。

步骤三：在【插入函数】对话框中选择【常用函数】选项。

步骤四：在【选择函数】列表中选 RANK 函数，单击【确定】按钮，弹出【函数参数】对话框，如图 5.59 所示。

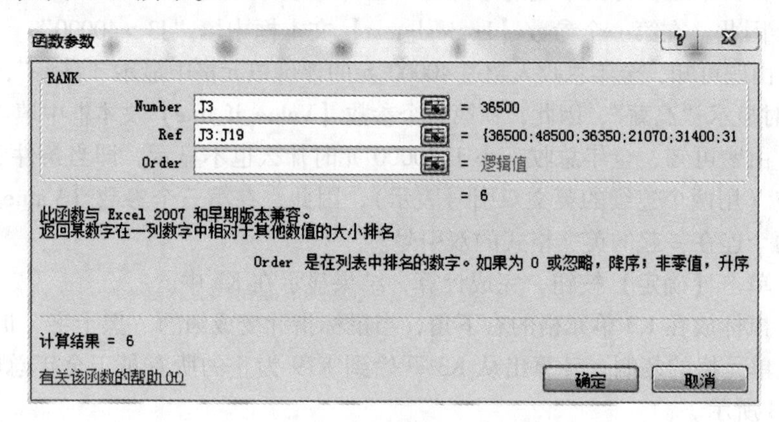

图 5.59 【函数参数】对话框

步骤五：分析本题，求出员工的收入排名情况。第一个参数为某个员工的全年总收入，在【Number】文本框中填“J3”；第二个参数为所有员工的收入区域，在【Ref】文本框中填“J3:J19”；按照降序排序，在【Order】文本框中填 0 或者不填（默认为 0）。

步骤六：单击【确定】按钮，完成计算，结果显示在 L3 中。

步骤七：鼠标放在 L3 单元格的右下角，当鼠标指针变成细的“黑十字”时，拖动鼠标到 L19，完成单元格的复制，计算出从 L3 开始到 L19 为止的所有员工全年总收入的排名情况，结果如图 5.60 所示。

J	K	L
全年总收入	评价	排名
￥36,500		6
￥48,500	高薪	4
￥36,350		7
￥21,070		13
￥31,400		9
￥31,350		10
￥52,000	高薪	2
￥42,000	高薪	5
￥21,020		15
￥31,450		8
￥20,970		17
￥21,000		16
￥21,200		11
￥21,050		14
￥54,000	高薪	1
￥49,500	高薪	3
￥21,100		12

图 5.60　员工收入排名结果

评价单

<table>
<tr><td>项 目 名 称</td><td colspan="3">Excel 公式与函数</td><td>完 成 日 期</td><td></td></tr>
<tr><td>班　　级</td><td></td><td>小　　组</td><td></td><td>姓　　名</td><td></td></tr>
<tr><td>学　　号</td><td colspan="3"></td><td>组 长 签 字</td><td></td></tr>
<tr><td colspan="2">评 价 内 容</td><td colspan="2">分　　值</td><td>学 生 评 价</td><td>教 师 评 价</td></tr>
<tr><td colspan="2">格式设置</td><td colspan="2">10</td><td></td><td></td></tr>
<tr><td colspan="2">条件格式</td><td colspan="2">10</td><td></td><td></td></tr>
<tr><td colspan="2">复制工作表</td><td colspan="2">10</td><td></td><td></td></tr>
<tr><td colspan="2">公式计算</td><td colspan="2">10</td><td></td><td></td></tr>
<tr><td colspan="2">SUM 函数</td><td colspan="2">10</td><td></td><td></td></tr>
<tr><td colspan="2">MAX、MIN 函数</td><td colspan="2">10</td><td></td><td></td></tr>
<tr><td colspan="2">IF 函数</td><td colspan="2">10</td><td></td><td></td></tr>
<tr><td colspan="2">COUNT 函数</td><td colspan="2">10</td><td></td><td></td></tr>
<tr><td colspan="2">RANK 函数</td><td colspan="2">10</td><td></td><td></td></tr>
<tr><td colspan="2">独立完成任务的情况</td><td colspan="2">10</td><td></td><td></td></tr>
<tr><td colspan="2">总分</td><td colspan="2">100</td><td></td><td></td></tr>
<tr><td>学 生 得 分</td><td colspan="5"></td></tr>
<tr><td>自我总结</td><td colspan="5"></td></tr>
<tr><td>教师评语</td><td colspan="5"></td></tr>
</table>

知识点强化与巩固

一、填空题

1. 在 Excel 2010 中，一个单元格的地址为 $D25，则该单元格的行地址为（ ）。

2. 在 Excel 2010 中，单元格 G12 的绝对引用地址应表示为（ ）。

3. 在 Excel 2010 中，单元格 B2 和 B3 的值分别为 5 和 10，则公式“=and(B2>5,B3<8)”的值为（ ）。

4. 在 Excel 2010 中，单元格 B2 的内容为“2016/12/30”，则函数“month(B2)”的值为（ ）。

5. 在 Excel 2010 中，单元格 A1 的内容为“78”，则公式“=if(A1>70,"好","差")”的值为（ ）。

6. 在 Excel 2010 中，求平均值的函数为（ ）。

7. 在 Excel 2010 中，公式中使用的引用地址 E1 是相对地址，而 $E$1 是（ ）地址。

8. 在 Excel 2010 中，公式都是以“=”开始的，后面由（ ）和运算符构成。

9. 在 Excel 2010 中，对指定区域求和用（ ）函数。

10. 在 Excel 2010 中，当输入有算术运算关系的数字和符号时，要想将结果显示在单元格内，必须以（ ）方式输入。

二、选择题

1. 假定一个单元格的地址为 $E3，则地址的表示方式为（ ）。

A. 绝对地址　　B. 混合地址　　C. 相对地址　　D. 三维地址

2. 假定一个单元格的地址为 $E$3，则地址的表示方式为（ ）。

A. 绝对地址　　B. 混合地址　　C. 相对地址　　D. 三维地址

3. 在 Excel 2010 中，求一组数组的最大值用（ ）函数。

A. AVERAGE　　B. MAX　　C. MIN　　D. SUM

4. 在向一个单元格输入公式或函数时，其前导字符必须是（ ）。

A. <　　B. >　　C. =　　D. %

5. 一个单元格所存入的公式为“=13*2+7”，则该单元格处于非编辑状态时显示的内容为（ ）。

A. 13*2+7　　B. =13*2+7　　C. 33　　D. =33

6. D3 单元格中保存的公式为“=B$3+C$3”，若把它复制到 E4 单元格中，则 E4 单元格中的公式为（ ）。

A. =B$3+C$3　　B. =C$3+D$3　　C. =B$4+C$4　　D. =C$4+D$4

7. D3 单元格中保存的公式为“=B3+C3”，若把它复制到 E4 单元格中，则 E4 单元格中的公式为（ ）。

A. =B3+C3　　B. =C3+D3　　C. =B4+C4　　D. =C4+D4

8. 在 Excel 2010 中，假定一个单元格的地址为 $D25，则该单元格的列地址为（ ）。

A. D　　B. 25　　C. C　　D. 30

9. 在 Excel 2010 中，若要表示数据表 1 中 B2 到 G8 的整个单元格区域，则应该表示为

(　　)。

A. 数据表1#B2:G8　B. 数据表1 $B2:G8　C. 数据表1! B2:G8　D. 数据表1:B2:G8

10. 在 Excel 2010 中，已知工作表中 C3 和 D3 单元格的值分别为 2 和 5，E3 单元格中的计算公式为“=C3+D3”，则 E3 单元格的值为（　　）。

A. 2　B. 5　C. 7　D. 3

11. 在 Excel 2010，假定 C4:C6 区域内保存的数值依次为 5、9 和 4，若 C7 单元格中的函数公式为“=AVERAGE(C4:C6)”，则 C7 单元格的值为（　　）。

A. 6　B. 5　C. 4　D. 9

12. 在 Excel 2010 中，假定 C4:C6 区域内保存的数值依次为 5、9 和 4，若 C7 单元格中的函数公式为“=SUM(C4:C6)，则 C7 单元格的值为（　　）。

A. 5　B. 18　C. 9　D. 4

13. 在 Excel 2010 中，要计算 B1 到 B3 三个单元格中数据的平均值，应使用函数（　　）。

A. INT(B1:B3)　B. SUM(B1:B3)　C. AVERAGE(B1,B3)　D. AVERAGE(B1:B3)

14. 在 Excel 2010 中，若单元格引用随公式所在单元格位置的变化而改变，则称之为（　　）。

A. 绝对引用　B. 相对引用　C. 物理引用　D. 逻辑引用

15. 在 Excel 2010 中，“$H $2”为单元格的（　　）引用。

A. 相对　B. 联合　C. 绝对　D. 混合

16. 在 Excel 2010 中，在单元格中输入公式“=2^3+5*4”，则结果为（　　）。

A. 26　B. 52　C. 28　D. 25

17. 在 Excel 2010 中，下列运算符的优先级最高的是（　　）。

A. ^　B. *　C. /　D. +

18. 在 Excel 2010 中，比较运算“3>2”返回的运算结果为（　　）。

A. COPY　B. FALSE　C. MAX　D. TRUE

19. 在 Excel 2010 中，各运算符号的优先级由高到低的顺序为（　　）。

A. 算术运算符，关系运算符，文本运算符

B. 算术运算符，文本运算符，关系运算符

C. 关系运算符，文本运算符，算术运算符

D. 文本运算符，算术运算符，关系运算符

三、判断题

1. 当用户复制某一公式后，系统会自动更新单元格的内容，但不计算其结果。（　　）

2. Excel 2010 规定在同一个工作簿中不能引用其他工作表。（　　）

3. 在 Excel 2010 的相对引用中，当复制并粘贴一个相对引用公式时，被粘贴公式中的引用将发生变化。（　　）

4. Excel 2010 中相对引用的含义是：把一个含有单元格地址引用的公式复制到一个新的位置或将一个公式填入一个选定的范围时，公式中的单元格地址会根据情况而改变。（　　）

5. 在 Excel 2010 中，对单元格“$D $2”的引用是绝对引用。（　　）

项目三 Excel 数据处理

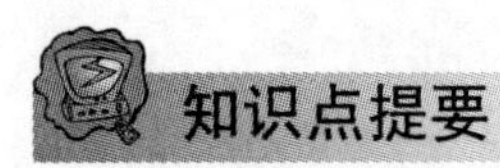

知识点提要

1. 数据的排序
2. 数据的筛选
3. 数据的分类汇总

任务单

<table>
<tr><td>任 务 名 称</td><td>数据的排序、筛选和分类汇总</td><td>学　　时</td><td>2 学时</td></tr>
<tr><td>知识目标</td><td colspan="3">1. 能够熟练掌握排序操作。
2. 能够熟练掌握筛选操作。
3. 能够熟练掌握分类汇总操作。</td></tr>
<tr><td>能力目标</td><td colspan="3">1. 能较快、准确地处理 Excel 数据。
2. 具有自主学习能力。
3. 具有沟通、协作能力。</td></tr>
<tr><td>任务描述</td><td colspan="3">一、商品销售数据表
1. 按照销售额为主要关键字进行降序排序。
2. 复制数据表到工作表 Sheet2 中，筛选出销售额在 30 000 元到 40 000 元之间的产品。
3. 复制数据表到新工作表 Sheet3 中，进行分类汇总，分类字段为“商品”，汇总方式为“统计”，选定汇总项为“数量”。
<table>
<tr><th colspan="5">商品销售数据表</th></tr>
<tr><th>员工姓名</th><th>商品</th><th>型号</th><th>数量</th><th>销售额</th></tr>
<tr><td>江雨薇</td><td>台式机</td><td>天骄E5001X</td><td>2</td><td>¥ 10,000.00</td></tr>
<tr><td>郝思嘉</td><td>服务器</td><td>、万全R510</td><td>4</td><td>¥ 32,000.00</td></tr>
<tr><td>林晓彤</td><td>台式机</td><td>天骄E5001X</td><td>10</td><td>¥ 50,000.00</td></tr>
<tr><td>郝思嘉</td><td>台式机</td><td>昭阳S620</td><td>1</td><td>¥ 5,200.00</td></tr>
<tr><td>曾云儿</td><td>服务器</td><td>X2558685-71</td><td>3</td><td>¥ 36,000.00</td></tr>
<tr><td>邱月清</td><td>台式机</td><td>商祺3200</td><td>5</td><td>¥ 22,500.00</td></tr>
<tr><td>沈沉</td><td>台式机</td><td>万全T350</td><td>2</td><td>¥ 15,000.00</td></tr>
<tr><td>邱月清</td><td>服务器</td><td>Xseries 236</td><td>5</td><td>¥ 50,000.00</td></tr>
<tr><td>蔡小蓓</td><td>台式机</td><td>商祺3200</td><td>6</td><td>¥ 27,000.00</td></tr>
<tr><td>尹南</td><td>服务器</td><td>万全T350</td><td>2</td><td>¥ 15,000.00</td></tr>
<tr><td>陈小旭</td><td>台式机</td><td>商祺3200</td><td>7</td><td>¥ 31,500.00</td></tr>
<tr><td>薛婧</td><td>台式机</td><td>昭阳S620</td><td>1</td><td>¥ 5,200.00</td></tr>
</table>
二、企业员工年度考核表
1. 以“全年总收入”为主关键字，“年终奖”为第二关键字进行降序排序。
2. 复制数据表到 Sheet2 中，在新表中筛选出年收入在 40 000 元到 50 000 元之间的员工。
3. 复制数据表到 Sheet3 中，分类字段为“部门”，汇总方式为“求和”，选定汇总项为“年终奖”。
<table>
<tr><th colspan="10">企业年度考核表</th></tr>
<tr><th>部门</th><th>职务</th><th>姓名</th><th>学历</th><th>月平均工资</th><th>年终奖</th><th>补贴</th><th>通信费</th><th>交通费</th><th>全年总收入</th></tr>
<tr><td>生产部</td><td>员工</td><td>李红</td><td>大专</td><td>2,870</td><td>15,000</td><td>1,300</td><td>900</td><td>900</td><td>20,970</td></tr>
<tr><td>生产部</td><td>员工</td><td>李小丽</td><td>大专</td><td>2,900</td><td>15,000</td><td>1,300</td><td>900</td><td>900</td><td>21,000</td></tr>
<tr><td>生产部</td><td>员工</td><td>赵锦程</td><td>大专</td><td>2,920</td><td>15,000</td><td>1,300</td><td>900</td><td>900</td><td>21,020</td></tr>
<tr><td>生产部</td><td>员工</td><td>马艳</td><td>大专</td><td>2,950</td><td>15,000</td><td>1,300</td><td>900</td><td>900</td><td>21,050</td></tr>
<tr><td>生产部</td><td>员工</td><td>刘晓鸥</td><td>大专</td><td>2,970</td><td>15,000</td><td>1,300</td><td>900</td><td>900</td><td>21,070</td></tr>
<tr><td>生产部</td><td>员工</td><td>唐芳</td><td>大专</td><td>3,000</td><td>15,000</td><td>1,300</td><td>900</td><td>900</td><td>21,100</td></tr>
<tr><td>市场部</td><td>员工</td><td>卢月</td><td>大专</td><td>3,150</td><td>25,000</td><td>1,300</td><td>1,100</td><td>900</td><td>31,450</td></tr>
<tr><td>技术部</td><td>员工</td><td>杜丽丽</td><td>本科</td><td>3,250</td><td>25,000</td><td>1,300</td><td>900</td><td>900</td><td>31,350</td></tr>
<tr><td>市场部</td><td>部门经理</td><td>张小蒙</td><td>本科</td><td>4,500</td><td>45,000</td><td>1,500</td><td>1,500</td><td>1,500</td><td>54,000</td></tr>
</table></td></tr>
<tr><td>任务要求</td><td colspan="3">1. 仔细阅读任务描述中的要求，认真完成任务。
2. 上交电子作品。</td></tr>
</table>

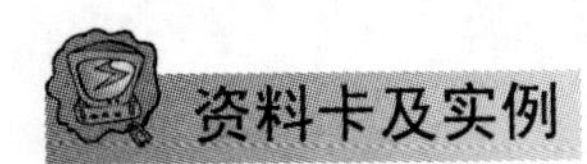

5.9 排序

排序是将杂乱无章的数据，通过一定的方法按关键字顺序排列的过程。排序条件随工作簿一起保存，每当打开工作簿时，都会对 Excel 表（而不是单元格区域）重新应用排序，这对于多列排序或花费很长时间创建的排序尤其重要。

排序可以对一列或多列中的数据按文本（升序或降序）、数字（升序或降序），以及日期和时间（升序或降序）进行，也可以按自定义序列（如大、中和小）或格式（包括单元格颜色、字体颜色或图标集）进行排序。大多数排序操作都是针对列进行的，但也可以针对行进行。

在按升序排序时，Excel 2010 使用如表 5.2 所示的排序规则，按降序排序时，则使用相反的规则。

表 5.2 排序规则

数字	数字按从最小的负数到最大的正数进行排序
日期	日期按从最早的日期到最晚的日期进行排序
文本	1. 字母数字文本按从左到右的顺序逐字符进行排序。例如，一个单元格中含有文本“A100”，Excel 2010 会将这个单元格放在含有“A1”的单元格后面，含有“A11”的单元格前面。 2. 文本及包含存储为文本的数字的文本按以下次序排序：0 1 2 3 4 5 6 7 8 9（空格）！" # $% & ( ) * , . / : ; ? @ [\ ] ^ _ ` { → } ~ + < = > A B C D E F G H I J K L M N O P Q R S T U V W X Y Z。 3. 撇号(')和连字符(-)会被忽略，但如果两个文本字符串除了连字符不同外其余都相同，则带连字符的文本排在后面。 4. 如果通过【排序选项】对话框将默认的排序次序更改为区分大小写，则字母字符的排序次序为：a A b B c C d D e E f F g G h H i I j J k K l L m M n N o O p P q Q r R s S t T u U v V w W x X y Y z Z
逻辑	在逻辑值中，FALSE 排在 TRUE 之前
错误	所有错误值（如 #NUM！和 #REF!）的优先级相同
空白单元格	1. 无论是按升序还是按降序排序，空白单元格总是放在最后； 2. 空白单元格是空单元格，它不同于包含一个或多个空格字符的单元格

下面将以素材中的“企业员工年度考核表”为例，对 Excel 2010 的排序操作进行介绍。

5.9.1 快速排序数据

为了更加直观地了解员工的全年收入情况，以“全年总收入”为关键字，对员工收入情况进行降序排序，操作步骤如下。

步骤一：选中要排序的区域（包含标题行），即 J3:J19 区域。

步骤二：单击【数据】选项卡中的【排序】按钮，弹出【排序提醒】对话框，由于各列数据有关联，选中【扩展选定区域】单选项，如图 5.61 所示。

步骤三：单击【排序】按钮，弹出【排序】对话框；在【主要关键字】下拉列表中选择“全年总收入”，【排序依据】下拉列表中选择“数值”，【次序】下拉列表中选择“降序”，如图 5.62 所示。

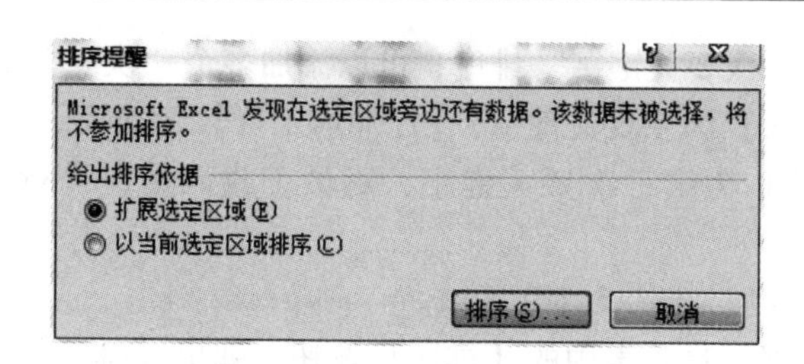

图 5.61　【排序提醒】对话框

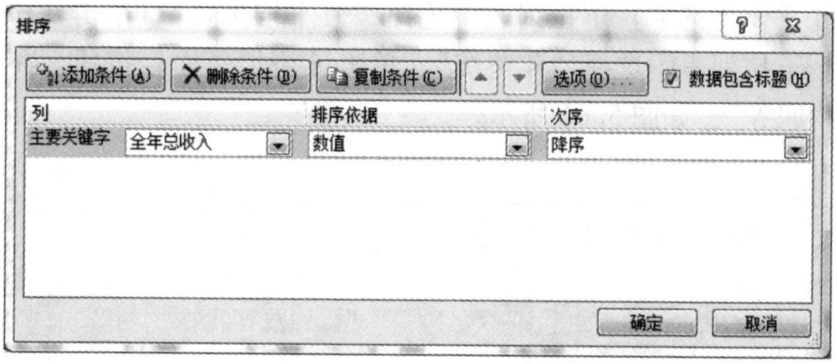

图 5.62　设置主要关键字

步骤四：单击【确定】按钮，完成排序。

下面介绍【排序】对话框中的一些其他功能。

【数据包含标题】复选框：选中【数据包含标题】复选框，第一行作为标题，不参加排序，始终放在原来的行位置，不选中【数据包含标题】复选框，则全部按定义的关键字进行排序。

【选项】按钮：在排序的时候有时还需要一些参数，单击【选项】按钮，弹出如图 5.63 所示的对话框。在该对话框中，若选中【区分大小写】复选项，则在排序时会区分字母的大小写，即 A 大于 a，若不选中，则 A 与 a 是等价的；在【方向】中用户可设置在行的方向排序或在列的方向排序；在【方法】中用户可设置中文的排序方法为按文字拼音顺序排序或按文字笔画排序。

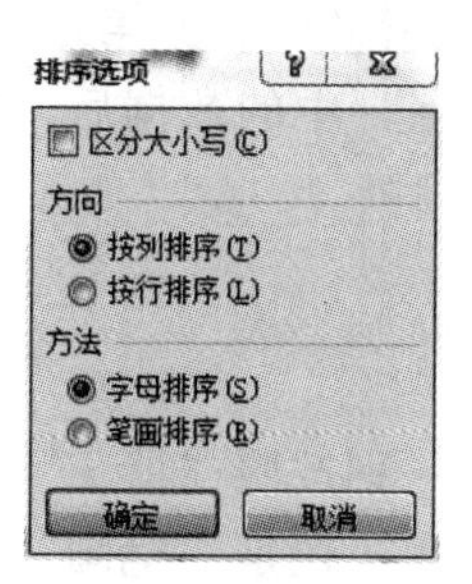

图 5.63　【排序选项】对话框

5.9.2　多条件排序数据

如果第一个条件不能完成数据的排序，可添加条件再次进行排序。数据先按照“主要关键字”进行排序；“主要关键字”相同的按“次要关键字”排序；如果前两者都相同，则再添加条件，按第二个“次要关键字”排序；可以添加多个“次要关键字”。

例：以【全年总收入】为主要关键字，【月平均工资】为次要关键字，【年终奖】为第二次要关键字，【职务】为第三次要关键字，对员工收入情况进行降序排序，操作步骤如下。

步骤一：选中数据区域，即 A2:J19 区域。

步骤二：单击【数据】选项卡中的【排序】按钮，弹出【排序】对话框。

步骤三：在【主要关键字】下拉列表中选择主要关键字为“全年总收入”，单击【添加条件】按钮，在【次要关键字】下拉列表中选择“月平均工资”，单击【添加条件】按钮，在【次要关键字】下拉列表中选择“年终奖”，单击【添加条件】按钮，在【次要关键字】下拉列表中选择“职务”，如图 5.64 所示。

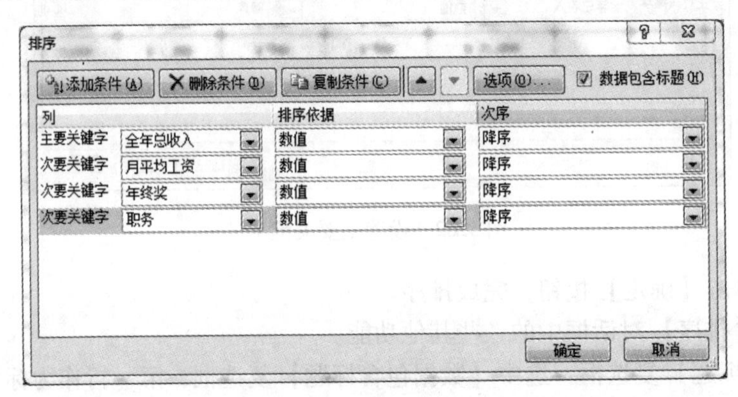

图 5.64 添加排序条件

步骤四：在各个关键字的【排序依据】下拉列表中选择“数值”，【次序】下拉列表中选择“降序”，单击【确定】按钮完成排序。

【添加条件】按钮：单击【添加条件】按钮后，会在原来关键字的基础上，增加新的次要关键字；在上面关键字的数据都相同的情况下，会按新增加的关键字进行排序。

【删除条件】按钮：单击“关键字”中的数据后，单击【删除条件】按钮，此“关键字”将被删除；如果删除的是“主要关键字”，原第二条关键字将成为新的主要关键字。

【复制条件】按钮：单击“关键字”中的数据后，单击【复制条件】按钮，将复制出与选中的关键字一样的条件。

5.9.3 自定义排序数据

如果要求 Excel 2010 对“学历”一列按照“博士”“硕士”“本科”和“大专”的特定顺序重排工作表数据，无论是按“拼音”还是“笔画”，都不符合要求。这类问题可以用自定义排序规则的方法解决，具体操作步骤如下。

步骤一：选中数据区域，即从 A2 到 J19。

步骤二：单击【数据】选项卡中的【排序】按钮，弹出【排序】对话框。

步骤三：在【主要关键字】下拉列表中选择排序的主要关键字为“学历”，在【排序依据】下拉列表中选择“数值”，在【次序】下拉列表中选择“自定义序列”，将弹出【自定义序列】对话框。

步骤四：在【自定义序列】对话框中输入指定的顺序：“博士”“硕士”“本科”和“大专”，并用 Enter 键分隔，如图 5.65 所示。单击【添加】按钮，把相应的数据存放到【自定义序列】列表中，可为下次使用节省时间。

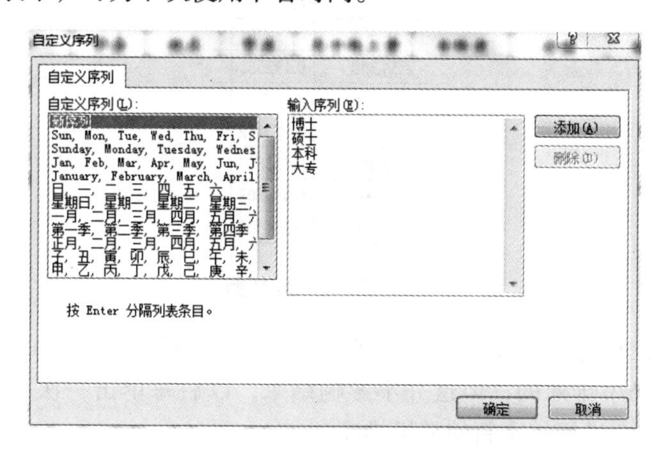

图 5.65 【自定义序列】对话框

步骤五：单击【确定】按钮，返回到【排序】对话框，【次序】中的内容为“博士，硕士，本科，大专”，如图 5.66 所示。

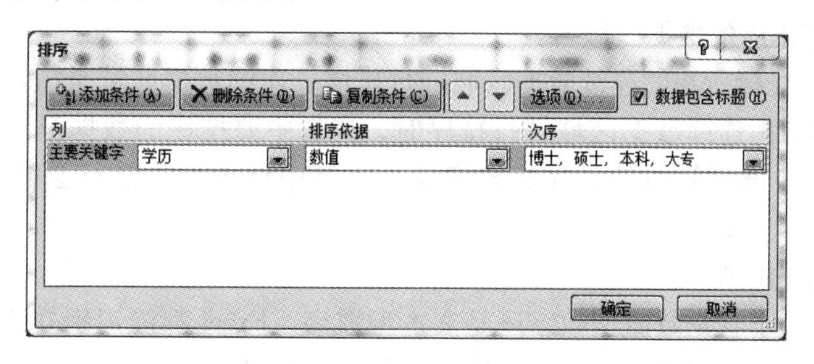

图 5.66 【自定义排序】对话框

步骤六：单击【确定】按钮，即完成自定义排序数据。

5.9.4 随机排序数据

有时我们需要对数据进行随机排序，而不是按照某种关键字进行升序或降序排列。例如，在编排考场时对考生的排序就需要随机排序。对于这个问题，我们可以用函数 RAND 来实现。在单元格中输入“ =rand()”，该单元格即得到一个大于等于0，小于1的随机数。

例：使用 Excel 2010 对员工随机排序，具体操作步骤如下。

步骤一：单击 K3 单元格，在单元格中输入“ =rand()”，按 Enter 键后将产生一个随机数。

步骤二：再次选中 K3 单元格，双击单元格右下角的填充柄，Excel 2010 会自动将随机数列填充到每个“全年总收入”单元格的右侧，如图 5.67 所示。

步骤三：选中 K3:K19 单元格，单击工具栏中的【升序】或【降序】按钮。这时，Excel 便自动用“扩展选定区域”的方式将整个工作表依据随机数的大小排列好了。

J	K
全年总收入	
￥36,500	0.311136
￥48,500	0.456701
￥36,350	0.192551
￥21,070	0.32387
￥31,400	0.473592
￥31,350	0.452804
￥52,000	0.356108
￥42,000	0.374302

图 5.67　生成随机数

注意： 排序时，K 列中的随机函数又重新产生了新的随机数，所以排序后的 K 列看上去并不是按升序或降序排列的，但这并不影响结果，以后每单击一次【升序】或【降序】按钮，Excel 2010 都会进行一次新的随机排序。

步骤四：删除 K 列。

5.9.5　排序注意事项

1. 关于参与排序的数据区域

Excel 默认对光标所在的连续数据区域进行排序。连续数据区域是指该区域内没有空行或空列。对工作表内连续数据区域进行排序时，先选中要排序的数据范围，然后单击【数据】选项卡中的【排序】按钮，完成排序操作。排序结束后，空行会被移至选中区域的底部。

2. 关于数据的规范性

一般情况下，不管是数值型数字还是文本型数字，Excel 都能识别并正确排序，但数字前、中、后均不能出现空格。若存在空格，可利用 Ctrl + H 组合键调出【查找和替换】对话框，在【查找内容】文本框中敲入一个空格，【替换为】文本框中不填任何内容，再按【全部替换】按钮，即把所有空格替换掉。

3. 关于撤消 Excel 排序结果

让数据顺序恢复原状，最简单的方法是按 Ctrl + Z 组合键撤消操作。如果中途存过盘，那按 Ctrl + Z 组合键就只能恢复到存盘时的数据状态。

4. 合并单元格的排序

Excel 不允许被排序的数据区域中有不同大小的单元格同时存在，合并单元格与普通单个单元格不能同时被排序，所以经常会有“此操作要求合并单元格都具有同样大小”的提示。解决办法是拆分合并单元格，使其成为普通单元格。

5. 第一条数据没参与排序

使用工具栏按钮来排序，有时会出现第一条数据不被排序的情况，这是因为使用工具栏按钮排序时默认第一条数据为标题行。

解决办法：在第一条数据前新增一行，并填上内容，让它假扮标题行。

5.10　筛选

数据筛选是指在数据列表中快速找到那些满足指定条件的数据，并隐藏那些不希望显示的数据。筛选数据之后，对于筛选过的数据的子集，不需要重新排列或移动就可以复制、查找、编辑、设置格式、制作图表和打印。

下面将以素材中的“企业员工年度考核表”为例，对 Excel 2010 的筛选操作进行介绍。

5.10.1　简单筛选数据

简单筛选数据包括自动筛选数据和自定义筛选数据等，一般用于简单的条件筛选，筛选时会将不满足条件的数据暂时隐藏起来，只显示符合条件的数据。使用简单筛选可以创建三种筛选类型：按列表值，按格式和按条件。对于每个单元格区域或列表来说，这三种筛选类型是互斥的，因此只能进行一般条件的简单筛选。

以“全年总收入”字段为例，筛选出全年总收入大于40000 元，小于50000 元的员工记录，具体操作步骤如下。

步骤一：选中要筛选的区域（包含标题行），即 A2:J19 区域。

步骤二：单击【数据】选项卡中的【筛选】按钮，此时选中的各列的标题后都将出现一个▾，如图 5.68 所示。

年 度 考 核 表

姓名▾	学历▾	月平均工资▾	年终奖▾	补贴▾	通信费▾	交通费▾	全年总收入▾
李红	大专	￥2,870	￥15,000	￥1,300	￥900	￥900	￥20,970

图 5.68　单击【筛选】按钮后的表格

步骤三：单击“全年总收入”列的▾，在下拉列表中选择【数字筛选】→【自定义筛选】选项，如图 5.69 所示。

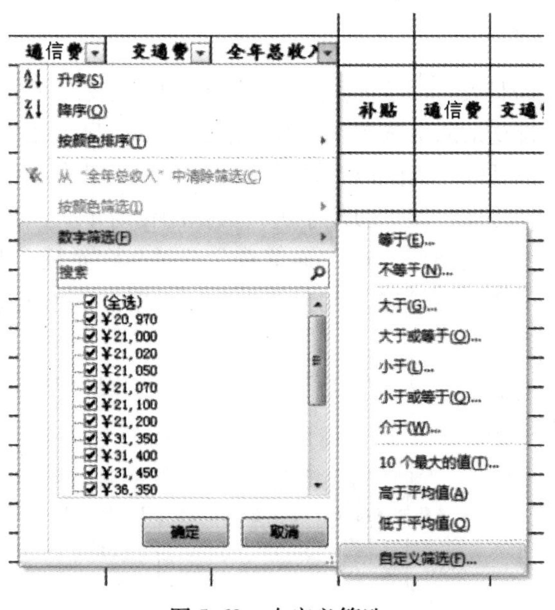

图 5.69　自定义筛选

步骤四：在如图 5.70 所示的【自定义自动筛选方式】对话框中设置筛选条件：【大于】后的文本框中输入“40000”；【小于】后的文本框中输入“50000”。

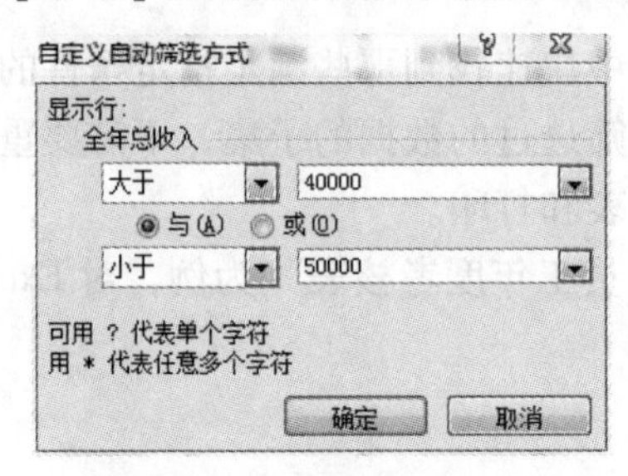

图 5.70 设置筛选条件

步骤五：单击【确定】按钮，完成自动筛选，筛选的结果如图 5.71 所示。

年度考核表									
部门	职务	姓名	学历	平均	年终奖	补贴	通信费	交通费	全年总收入
质量部	员工	常雯	本科	￥3,700	￥35,000	￥1,500	￥900	￥900	￥42,000
技术部	部门经理	李恬	硕士	￥4,000	￥40,000	￥1,500	￥1,500	￥1,500	￥48,500
生产部	部门经理	李长青	硕士	￥4,000	￥41,000	￥1,500	￥1,500	￥1,500	￥49,500

图 5.71 自动筛选结果

简单筛选数据时，应该注意以下几点。

（1）可同时对多个字段进行筛选操作，此时各字段之间限制的条件只能是“与”的关系。

（2）如果需要查找某些字符相同但其他字符不同的文本，请使用通配符：“?”（问号）代表任何单个字符，如“sm? th”可找到“smith”和“smyth”；“*”（星号）代表任何数量的字符，如“*east”可找到“Northeast”和“Southeast”。

5.10.2 高级筛选数据

简单筛选只能用于条件简单的筛选操作，不能实现字段之间包含“或”关系的操作。高级筛选一般用于条件较复杂的筛选操作，其筛选的结果可显示在原数据表格中，不符合条件的记录被隐藏起来，也可以在新的位置显示筛选结果，不符合条件的记录同时保留在数据表中而不会被隐藏起来。这样，就更加便于进行数据的比对了。

例如，我们要筛选出“交通费”或“通信费”超过 900 元且“月平均工资”超过 3000 元的符合条件的记录，用“自动筛选”就无能为力了，但“高级筛选”可方便地实现这一操作，具体操作步骤如下。

步骤一：建立并选中条件区域，在要筛选的工作表的相应位置处输入所要筛选的字段名和筛选条件，如图 5.72 所示。

I	J	K	L	M
交通费	全年总收入	通信费	交通费	月平均工资
￥900	￥20,970	>900		>3000
￥900	￥21,000		>900	

图 5.72 设置高级筛选条件

设置筛选条件时，要遵守以下规则：

（1）筛选条件的表头标题需要和数据表中的表头一致；

（2）要在条件区域的第一行写上条件中用到的字段名，比如要筛选数据清单中“通信费”在 900 元以上的数据，“通信费”即为数据清单中对应列的字段名，条件区域的第一行一定是该字段名；

（3）在具体输入条件时，我们要分析好条件之间是“与”关系还是“或”关系。筛选条件输入在同一行表示为“与”的关系；筛选条件输入在不同行表示为“或”的关系。

步骤二：单击【数据】选项卡中的【高级】按钮。

步骤三：在弹出的【高级筛选】对话框中进行筛选操作，默认使用原表格区域显示筛选结果。筛选列表区域选择 A2:J19，筛选条件区域选择 K2:M4，如图 5.73 所示。

如果需要将筛选结果在其他区域显示，则在【高级筛选】对话框中选中【将筛选结果复制到其他位置】单选项，单击【复制到】后面的红色箭头按钮选择目标单元格，如图 5.74 所示。

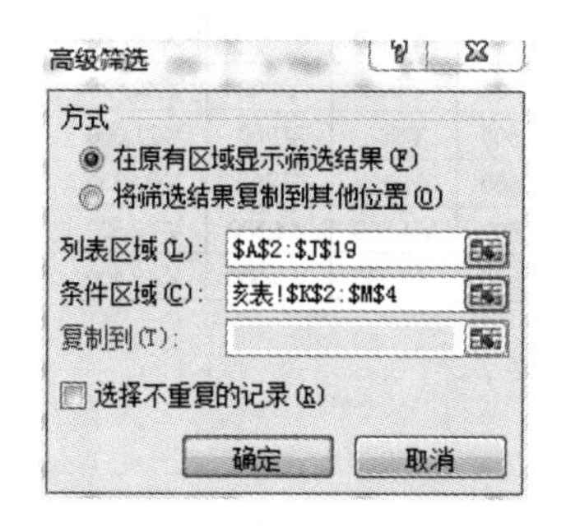

图 5.73　高级筛选的区域选择

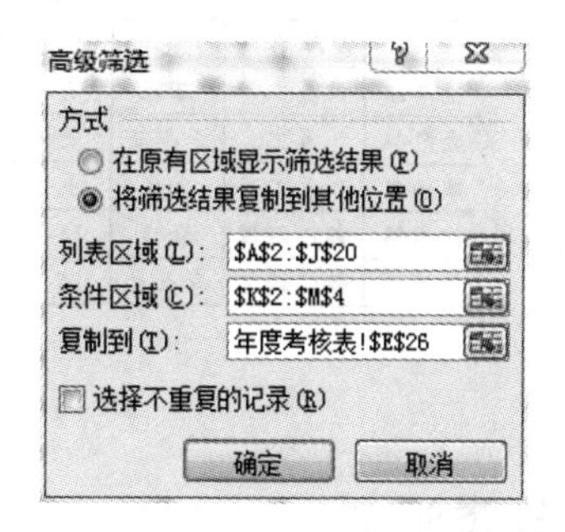

图 5.74　复制高级筛选结果

步骤四：单击【确定】按钮，得出高级筛选结果，如图 5.75 所示。

A	B	C	D	E	F	G	H	I	J
部门	职务	姓名	学历	平均工	年终奖	补贴	通信费	交通费	全年总收
市场部	员工	卢月	大专	¥3,150	¥25,000	¥1,300	¥1,100	¥900	¥31,450
市场部	员工	李成	大专	¥3,050	¥30,000	¥1,300	¥1,100	¥900	¥36,350
技术部	部门经理	李恬	硕士	¥4,000	¥40,000	¥1,500	¥1,500	¥1,500	¥48,500
生产部	部门经理	李长青	硕士	¥4,000	¥41,000	¥1,500	¥1,500	¥1,500	¥49,500
质量部	部门经理	杜云胜	博士	¥4,500	¥43,000	¥1,500	¥1,500	¥1,500	¥52,000
市场部	部门经理	张小蒙	本科	¥4,500	¥45,000	¥1,500	¥1,500	¥1,500	¥54,000

图 5.75　高级筛选结果

5.10.3　模糊筛选数据

在这份“企业员工年度考核表”中，如果要查找姓“李”的所有员工记录，可通过如下操作步骤实现。

步骤一：选中要筛选的区域——姓名一列（包含标题行），即 C2:C19 区域。

步骤二：单击【数据】选项卡中的【筛选】按钮，再单击“姓名”列的▾按钮，然后再下拉列表中单击【文本筛选】→【开头是】选项，如图 5.76 所示。

步骤三：在弹出的如图 5.77 所示的【自定义自动筛选方式】对话框中，【姓名】下拉列表默认选择的是【开头是】选项，在后面的文本框中输入“李”。

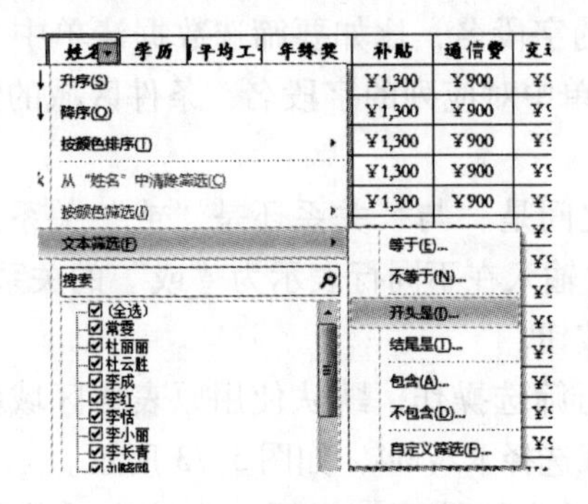

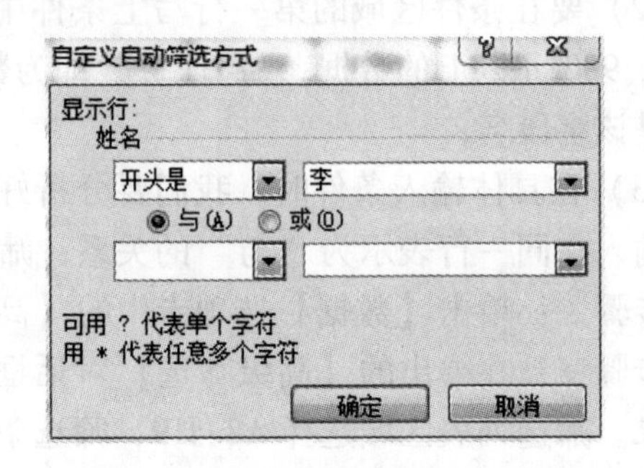

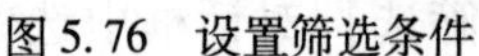

图 5.76 设置筛选条件　　图 5.77 【自定义自动筛选方式】对话框

步骤四：单击【确定】按钮，完成筛选，筛选的结果如图 5.78 所示。

部门	职务	姓名	学历	平均工	年终奖	补贴	通信费	交通费	全年总收
生产部	员工	李红	大专	¥2,870	¥15,000	¥1,300	¥900	¥900	¥20,970
生产部	员工	李小丽	大专	¥2,900	¥15,000	¥1,300	¥900	¥900	¥21,000
市场部	员工	李成	大专	¥3,050	¥30,000	¥1,300	¥1,100	¥900	¥36,350
技术部	部门经理	李恬	硕士	¥4,000	¥40,000	¥1,500	¥1,500	¥1,500	¥48,500
生产部	部门经理	李长青	硕士	¥4,000	¥41,000	¥1,500	¥1,500	¥1,500	¥49,500

图 5.78 模糊筛选结果

5.11 分类汇总

Excel 2010 的分类汇总功能可以使用户在对某一字段进行分类排序的同时，对同一种类的数据进行汇总统计和整理。下面以素材中的“企业员工年度考核表”为例，对 Excel 2010 的分类汇总操作进行介绍。

对每个部门的员工的全年总收入和年终奖进行分类汇总，其中，分类字段为“部门”，汇总方式为“求和”，选定汇总项为“全年总收入”和“年终奖”，具体操作步骤如下。

步骤一：进行分类汇总前要按分类字段进行排序，排序的过程如下。

(1) 选中 A2 到 A19 的数据区域。

(2) 单击【数据】选项卡中的【排序】按钮，弹出【排序】对话框，在【排序】对话框中设置主要关键字为“部门”，其余都可以使用默认值。

(3) 单击【确定】按钮，完成排序。

步骤二：选中要进行分类汇总的区域（包含标题行），即 B2:I23 区域，单击【数据】选项卡中的【分类汇总】按钮，弹出【分类汇总】对话框，如图 5.79 所示。

步骤三：在对话框中，将分类字段设置为“部门”，汇总方式设置为“求和”，在选定汇总项列表中选中【年终奖】和【全年总收入】复选框，单击【确定】按钮，实现分类汇总，如图 5.80 所示。

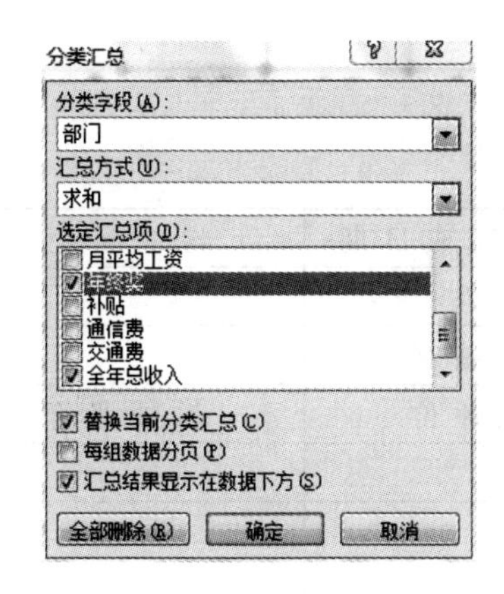

图 5.79　【分类汇总】对话框

	A	B	C	F	G	H	I	J
2	部门	职务	姓名	年终奖	补贴	通信费	交通费	全年总收入
3	技术部	员工	杜丽丽	¥25,000	¥1,300	¥900	¥900	¥31,350
4	技术部	员工	张小燕	¥25,000	¥1,300	¥900	¥900	¥31,400
5	技术部	部门经理	李恬	¥40,000	¥1,500	¥1,500	¥1,500	¥48,500
6	技术部 汇总			¥90,000				¥111,250
7	生产部	员工	李红	¥15,000	¥1,300	¥900	¥900	¥20,970
8	生产部	员工	李小丽	¥15,000	¥1,300	¥900	¥900	¥21,000
9	生产部	员工	赵锦程	¥15,000	¥1,300	¥900	¥900	¥21,020
10	生产部	员工	马艳	¥15,000	¥1,300	¥900	¥900	¥21,050
11	生产部	员工	刘晓鹏	¥15,000	¥1,300	¥900	¥900	¥21,070
12	生产部	员工	唐芳	¥15,000	¥1,300	¥900	¥900	¥21,100
13	生产部	员工	张月	¥15,000	¥1,300	¥900	¥900	¥21,200
14	生产部	部门经理	李长青	¥41,000	¥1,500	¥1,500	¥1,500	¥49,500
15	生产部 汇总			¥146,000				¥196,910
16	市场部	员工	卢月	¥25,000	¥1,300	¥1,100	¥900	¥31,450
17	市场部	员工	李成	¥30,000	¥1,300	¥1,100	¥900	¥36,350
18	市场部	部门经理	张小蒙	¥45,000	¥1,500	¥1,500	¥1,500	¥54,000
19	市场部 汇总			¥100,000				¥121,800

图 5.80　按部门进行分类汇总的结果

此分类汇总分为三个层次，最里面层是记录层，中间层是部门小计层，最外层是总计层。当单击中间层中的每条小计左边的减号按钮时，会使其变为加号，这时最里面层的记录就会被隐藏起来；当记录全部被隐藏时，则变成如图 5.81 所示的汇总结果；当单击最外层总计行左边的减号按钮时，也会使其变成加号，这时汇总结果只显示一条总计信息。

	A	B	C	F	G	H	I	J
2	部门	职务	姓名	年终奖	补贴	通信费	交通费	全年总收入
6	技术部 汇总			¥90,000				¥111,250
15	生产部 汇总			¥146,000				¥196,910
19	市场部 汇总			¥100,000				¥121,800
23	质量部 汇总			¥108,000				¥130,500
24	总计			¥444,000				¥560,460

图 5.81　只含有最外两层的汇总结果

为了把隐藏的信息显示出来，可以单击相应的加号按钮，使之展开下一层小计或记录信息。若要删除分类汇总，则首先要选中分类汇总表中的任意一个单元格，然后单击【数据】选项卡中的【分类汇总】按钮，在弹出的【分类汇总】对话框中单击【全部删除】按钮，此时，数据表又恢复为分类汇总前的排序表状态。

评价单

项目名称	Excel 数据处理	完成日期	
班级	小组	姓名	
学号		组长签字	
评价内容	分值	学生评价	教师评价
快速排序操作	10		
多条件排序操作	10		
自定义排序操作	10		
随机排序操作	10		
简单筛选数据	10		
高级筛选数据	10		
模糊筛选数据	10		
分类汇总	10		
任务完成情况	10		
独立完成情况	10		
总分	100		
学生得分			
自我总结			
教师评语			

知识点强化与巩固

选择题

1. 在 Excel 2010 中，对数据进行排序时，【排序】对话框中能够指定的排序关键字个数为（　　）。

A. 1 个　B. 2 个　C. 3 个　D. 任意

2. 在 Excel 2010 的自动筛选中，每个标题上的下三角按钮都对应一个（　　）。

A. 下拉菜单　B. 对话框　C. 窗口　D. 工具栏

3. 在 Excel 2010 高级筛选中，条件区域中同一行的条件是（　　）。

A. “或”的关系　B. “与”的关系　C. 窗口　D. 工具栏

4. 在 Excel 2010 高级筛选中，条件区域中不同行的条件是（　　）。

A. “或”的关系　B. “与”的关系　C. 窗口　D. 工具栏

5. 在 Excel 2010 中，在对数据清单进行分类汇总前，必须要做的操作是（　　）。

A. 排序　B. 筛选　C. 合并计算　D. 指定单元格

6. 在 Excel 2010 中，可以使用（　　）选项卡中的【分类汇总】选项来对记录进行统计分析。

A.【格式】　B.【编辑】　C.【工具】　D.【数据】

7. 在 Excel 2010 中，筛选的结果是（　　）不符合条件的记录。

A. 删除　B. 隐藏　C. 修改　D. 移动

8. 在 Excel 2010 中，对数据清单进行排序的操作是在（　　）选项卡中完成的。

A.【工具】　B.【文件】　C.【数据】　D.【编辑】

9. 在 Excel 2010 中，利用单元格数据格式化功能，可以对数据的许多方面进行设置，但不能对（　　）进行设置。

A. 数据显示格式　B. 数据排序方式　C. 数据的字体　D. 单元格的边框

10. 在 Excel 2010 中，打印学生成绩单时，欲对不及格学生的成绩用醒目的方式表示出来，最为方便的命令是（　　）。

A. 查找　B. 条件格式　C. 数据筛选　D. 定位

11. 在 Excel 工作表中，使用高级筛选的方法对数据清单进行筛选时，在条件区域不同行中输入两个条件，表示（　　）。

A. “非”的关系　B. “与”的关系

C. “或”的关系　D. “异或”的关系

12. 在 Excel 2010 中，关于数据表排序，下列叙述中不正确的是（　　）。

A. 对汉字数据可以按拼音升序排序

B. 对汉字数据可以按笔画降序排序

C. 对日期数据可以按日期降序排序

D. 对整个数据表不可以按列排序

13. 在 Excel 2010 中，进行分类汇总之前，必须（　　）。

A. 按分类列对数据清单进行排序，并且数据清单的第一行里必须有列标题

B. 按分类列对数据清单进行排序，并且数据清单的第一行里不能有列标题
C. 对数据清单进行筛选，并且数据清单的第一行里必须有列标题
D. 对数据清单进行筛选，并且数据清单的第一行里不能有列标题

14. 在 Excel 2010 中，下面关于分类汇总的叙述，错误的是（　　）。
A. 分类汇总前必须要按分类字段进行排序
B. 汇总方式只能是求和
C. 分类汇总的关键词只能是一个字段
D. 分类汇总可以被删除，但删除汇总后排序操作不能撤消

项目四　图表与透视表

知识点提要

1. 图表的类型
2. 图表的建立
3. 图表的编辑
4. 数据透视表的创建
5. 数据透视表的美化
6. 页面设置

任务单(一)

<table>
<tr><td>任务名称</td><td>图表的制作</td><td>学　时</td><td>2学时</td></tr>
<tr><td>知识目标</td><td colspan="3">1. 利用图表分析、整理数据。
2. 了解 Excel 2010 工作表的页面设置。</td></tr>
<tr><td>能力目标</td><td colspan="3">1. 能够准确使用图表分析数据。
2. 具有自主学习能力。
3. 具有沟通、协作能力。</td></tr>
<tr><td>任务描述</td><td colspan="3">1. 利用 Excel 2010 的图表，分析、整理出某公司产品的年终销售情况。相关数据参照下表。
<table>
<tr><td></td><td>A</td><td>B</td><td>C</td><td>D</td><td>E</td></tr>
<tr><td>1</td><td colspan="5">某公司产品一月份销售额</td></tr>
<tr><td>2</td><td>产品名称</td><td>单位数量</td><td>单价</td><td>销售量（箱）</td><td>销售金额</td></tr>
<tr><td>3</td><td>牛奶</td><td>每箱30盒</td><td>33</td><td>65</td><td>2145</td></tr>
<tr><td>4</td><td>鸡精</td><td>每箱20袋</td><td>50</td><td>40</td><td>2000</td></tr>
<tr><td>5</td><td>麻油</td><td>每箱16瓶</td><td>36.8</td><td>80</td><td>2944</td></tr>
<tr><td>6</td><td>花生油</td><td>每箱12瓶</td><td>23.4</td><td>60</td><td>1404</td></tr>
<tr><td>7</td><td>苹果汁</td><td>每箱24瓶</td><td>50.4</td><td>45</td><td>2268</td></tr>
<tr><td>8</td><td>啤酒</td><td>每箱12瓶</td><td>38.4</td><td>78</td><td>2995.2</td></tr>
<tr><td>9</td><td>碘洗盐</td><td>每箱30袋</td><td>32</td><td>86</td><td>2752</td></tr>
</table>
2. 根据所给的数据，在现有工作表中做一簇状柱形图，数据产生区域为 A2:A9、E2:E9。
3. 图表标题为“一月份销售额”，分类轴标题为“产品名称”，数值轴标题为“销售金额”。
4. 图例位置在图表区域的右侧。
5. 将已创建完的图表移动到 Sheet2 中。
6. 设置数据标签显示值。
7. 设置数据系列填充为“水滴纹理”。
8. 设置图表区的背景颜色为 RGB（150，200，255）。
9. 添加趋势线，线形、颜色、阴影自拟。
10. 设置纵坐标轴最小刻度为 0，最大刻度为 100。
11. 纵坐标轴数据格式为倾斜、11 磅、绿色。</td></tr>
<tr><td>任务要求</td><td colspan="3">1. 仔细阅读任务描述中的要求，认真完成任务。
2. 上交电子作品。
3. 小组间可以讨论、交流。</td></tr>
</table>

任务单(二)

<table>
<tr><td>任 务 名 称</td><td>数据透视表的制作</td><td>学　　时</td><td>2 学时</td></tr>
<tr><td>知识目标</td><td colspan="3">1. 利用数据透视表工具分析、整理数据。
2. 了解 Excel 2010 工作表的页面设置。</td></tr>
<tr><td>能力目标</td><td colspan="3">1. 能够准确使用数据透视表分析数据。
2. 具有自主学习能力。
3. 具有沟通、协作能力。</td></tr>
<tr><td>任务描述</td><td colspan="3">1. 利用数据透视表分析、整理如下的商品销售数据表。
<table>
<tr><th></th><th>A</th><th>B</th><th>C</th><th>D</th><th>E</th><th>F</th><th>G</th></tr>
<tr><td>1</td><td></td><td></td><td></td><td></td><td></td><td></td><td></td></tr>
<tr><td>2</td><td></td><td></td><td></td><td></td><td></td><td></td><td></td></tr>
<tr><td>3</td><td></td><td>商品销售数据表</td><td></td><td></td><td></td><td></td><td></td></tr>
<tr><td>4</td><td></td><td>序号</td><td>员工姓名</td><td>商品</td><td>型号</td><td>数量</td><td>销售额</td></tr>
<tr><td>5</td><td></td><td>1</td><td>江雨薇</td><td>台式机</td><td>天骄E5001</td><td>2</td><td>10,000.00</td></tr>
<tr><td>6</td><td></td><td>2</td><td>郝思嘉</td><td>服务器</td><td>万全R510</td><td>4</td><td>32,000.00</td></tr>
<tr><td>7</td><td></td><td>3</td><td>林晓彤</td><td>台式机</td><td>天骄E5001</td><td>10</td><td>50,000.00</td></tr>
<tr><td>8</td><td></td><td>4</td><td>郝思嘉</td><td>台式机</td><td>昭阳S620</td><td>1</td><td>5,200.00</td></tr>
<tr><td>9</td><td></td><td>5</td><td>曾云儿</td><td>服务器</td><td>X2558685-</td><td>3</td><td>36,000.00</td></tr>
<tr><td>10</td><td></td><td>6</td><td>邱月清</td><td>台式机</td><td>商祺3200</td><td>5</td><td>22,500.00</td></tr>
<tr><td>11</td><td></td><td>7</td><td>沈沉</td><td>台式机</td><td>万全T350</td><td>2</td><td>15,000.00</td></tr>
<tr><td>12</td><td></td><td>8</td><td>邱月清</td><td>服务器</td><td>Xseries 2</td><td>5</td><td>50,000.00</td></tr>
<tr><td>13</td><td></td><td>9</td><td>蔡小蓓</td><td>台式机</td><td>商祺3200</td><td>6</td><td>27,000.00</td></tr>
<tr><td>14</td><td></td><td>10</td><td>尹南</td><td>服务器</td><td>万全T350</td><td>2</td><td>15,000.00</td></tr>
<tr><td>15</td><td></td><td>11</td><td>陈小旭</td><td>台式机</td><td>商祺3200</td><td>7</td><td>31,500.00</td></tr>
<tr><td>16</td><td></td><td>12</td><td>薛婧</td><td>台式机</td><td>昭阳S620</td><td>1</td><td>5,200.00</td></tr>
</table>
2. 在当前工作表内创建商品销售数据表的透视表，起始位置为 A20。
3. 设置“员工姓名”“商品”“型号”为行标签。
4. 将“数量”及“销售额”添加到【数值】列表框中，并设置汇总方式为“求和”。
5. 为数据透视表添加样式：浅色 15。
6. 为数据透视表添加边框：外边框、“橙色”、双实线。
7. 设置打印区域，要求只打印前面 8 条记录。
8. 将第一行设置成打印顶端标题行。
9. 为工作表加上页脚，并在页脚中部插入页码。
10. 打印方向为横向，A4 纸张。</td></tr>
<tr><td>任务要求</td><td colspan="3">1. 仔细阅读任务描述中的要求，认真完成任务。
2. 上交电子作品。
3. 小组间可以讨论、交流。</td></tr>
</table>

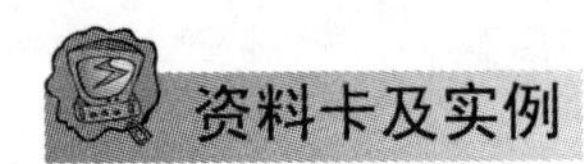

5.12　图表

相对于一大堆枯燥乏味、让人难以理清头绪的数字，Excel 图表能够以图的形式直观地展示一系列数字的大小，以及数字之间的相互关系和发展变化趋势。

5.12.1　认识图表

Excel 图表由很多部分（各图表元素）集合在一起，组成整个图表。要认识图表，就得认识各图表元素。Excel 2010 有图表信息提示功能，即将鼠标指针悬停在某个图表元素上时，会出现包含图表元素名称的图表提示信息。如图 5.82 所示，当鼠标指针悬停在图例上时，将出现包含“图例”的图表提示信息。用户可通过该方法认识图表的主要元素。

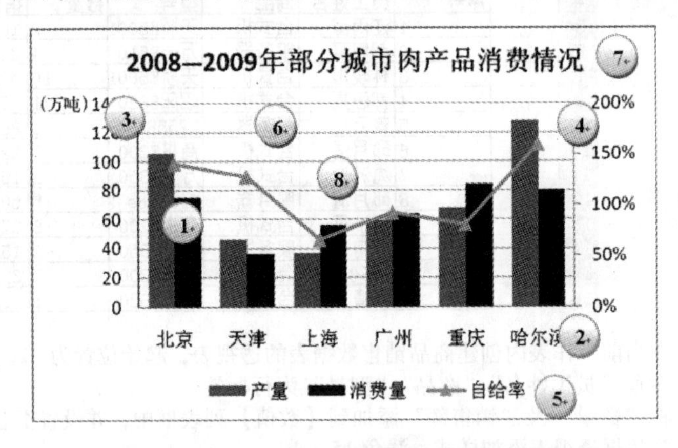

图 5.82　柱形图和折线图的简单组合图表

①数据系列　②分类轴　③主数值轴　④次数值轴
⑤图例　⑥网格线　⑦图表标题　⑧绘图区

鼠标指针放到每个图表元素上面时，都会出现该图表元素的名称提示。如果不出现提示，可以单击【文件】→【选项】选项，在弹出的【Excel 选项】对话框中选择【高级】选项，在右侧界面选中【悬停时显示图表元素名称】复选框。

1. 数据系列及图表类型

图 5.82 是一个显示“产量”“消费量”和“自给率”三个数据系列，包含两种图表类型的组合图表（组合图表使用两种或多种图表类型以强调图表中不同类型的信息）。其中，“产量”和“消费量”绘制成了簇状柱形图，而“自给率”绘制成了带三角数据标记的折线图。每一个柱形标记（或折线上的数据标记）都表示一个单一数据点，即代表来自工作表中的一个数字。

2. 坐标轴

如图 5.82 所示，该图表有一个水平轴，称为分类（x）轴（或横轴）。此轴表示该数据系列中每个数据点的分类归属，下面标记的文本（北京、天津、上海、广州等）即为分类轴标签。

此图表有两个垂直轴，也称为数值（y）轴（或纵轴），每个轴的刻度不同。左边的轴是柱形图所依据的坐标轴（“产量”和“消费量”两个系列所使用的轴），显示的刻度值范围是 0～140，主要刻度单位为 20 万吨，称为主数值轴；右边的轴是折线图依据的坐标轴（“自给率”系列所使用的轴），显示的刻度值范围是 0%～200%，主要刻度单位为 50%，称之为次数值轴。还需要注意一点，主坐标轴单位是万吨，而次坐标轴的单位是%。此处用两个数值轴非常合适，因为这三个数据系列的刻度变化明显不同，如果自给率也用左边的主数值轴绘制，那么折线的变化趋势将会非常不明显。

3. 图例

图例是用来标识不同数据系列的图表元素。图 5.82 中的图例被放在了图表的底部。

4. 网格线

网格线是坐标轴上刻度的延伸，便于观察者确定数据点的大小。读者可以观察发现，图 5.82 中网格线从左侧数值（y）轴的刻度线延伸到右侧数值（y）轴，但是并不与右侧数值（y）轴的刻度线相交，即网格线是坐标轴上刻度线的延伸。

5. 图表标题

图表标题是说明性的文本，可以自动与坐标轴对齐或在图表顶部居中。

6. 绘图区和图表区

所有的图表都有“绘图区”和“图表区”。不同类型的图表所拥有的图表元素是不同的。如果希望选择图表区的图表元素，通常情况下单击该元素即可。

5.12.2 主要图表元素简介

本节将主要图表元素名称及其简单介绍列在表 5.3 中，读者可参照各图表元素的介绍来理解各图表元素的真正含义。

表 5.3　图表元素说明

图表元素	说　明
图表工作表	工作簿中只包含图表的工作表
嵌入式图表	置于工作表中而不是图表工作表中单独的图表
图表区	整个图表及其全部元素，包含所有的数据系列、坐标轴、标题和图例。可以把它看成图表的主背景
图表标题	图表的标题，一般表述为该图表的主题，常见位置为图表区的顶端中部
图例	图例是一个带文字和图案的方框，用于标识图表中的数据系列或分类指定的颜色或图案
图例项	图例内的文本项之一
绘图区	在二维图表中，是指通过轴来界定的区域，包括所有数据系列。在三维图表中，同样是指通过轴来界定的区域，包括所有数据系列、分类名、刻度线标志和坐标轴标题
坐标轴	界定图表绘图区的线条，用作度量的参照框架。y 轴通常为垂直坐标轴并包含数据。x 轴通常为水平坐标轴并包含分类。条形图次序相反，y 轴为分类轴，x 轴为数值轴
刻度线	刻度线是类似于直尺分隔线的短度量线，与坐标轴相交
刻度线标签	刻度线标签用于标识图表上的分类、值或系列
分类轴	x 轴通常为水平轴，且包括分类，所以又叫作分类轴

续表

图表元素	说　明
分类轴标题	分类轴的标题
次分类轴	描绘图表分类的次轴
次分类轴标题	次分类轴的标题
数值轴	描述图表数值的轴
数值轴标题	数值轴的标题
次数值轴	附件数值轴，出现在主要数值轴的绘图区的对面
数据表	图表的数据表，其数据源于图表中所有数据系列的数值
网格线	可添加到图表中以易于查看和计算的线条。网格线是坐标轴上刻度线的延伸，并穿过绘图区。图表的每个轴都有主要网格线和次要网格线
数据标记	图表中的条形、面积、圆点、扇形或其他符号，代表源于数据表单元格的单个数据点或值。图表中的相关数据标记构成了数据系列
数据系列	具有唯一的颜色或图案，并且在图表的图例中表示。可以在图表中绘制一个或多个数据系列。饼图只有一个数据系列
数据点	数据系列中的数据点
数据标签	为数据标记提供附加信息的标签，数据标签代表源于数据表单元格的值或数据点
垂直线	从数据点向分类轴（x 轴）延伸的垂直线（只限折线图和面积图）
误差线	误差线通常用在统计或科学计数法数据中，用于显示相应系列中的每个数据标记的潜在误差或不确定度
趋势线	趋势线以图形方式表示数据系列的趋势。趋势线用于问题预测研究，又称为回归分析
趋势线标签	趋势线中的可选文字，包括回归分析公式或 R 平方值，或同时包括二者。可设置趋势线标签的格式及位置，但是不能直接调整其大小
分类间距	此值用于控制柱形簇或条形簇之间的间距。分类间距的值越大，数据标记之间的间距就越大

5.12.3 图表基本类型

Excel 2010 提供了 11 种图表类型，通过单击【插入】选项卡中【图表】选项组中的相应按钮，即可选择任何一种图表类型。单击该选项组右下角的【对话框启动器】按钮，随即打开【插入图表】对话框，如图 5.83 所示，从中可以看到 11 种图表类型，以及每类中所包含的许多子类型，如柱形图类型中包含有 19 种子类型，其中第一个叫作“簇状柱形图”。11 种图表类型分别为柱形图、折线图、饼图、条形图、面积图、XY 散点图、股价图、曲面图、圆环图、气泡图、雷达图。

这里主要介绍和使用前三种图表类型，即柱形图、折线图和饼图，对其他类型可以触类旁通。

1. 柱形图

柱形图可用来对数据表中的每个对象同一属性的数值大小进行直观比较，每个对象对应图表中的一簇不同颜色的矩形块，或上下颜色不同的一个矩形块，所有簇当中的同一种颜色的矩形块或者矩形段属于数据表中的同一属性，如同属于数学属性、英语属性等。柱形图类型中包含有簇状柱形图、圆柱图、圆锥图和棱锥图等子类型，如图 5.84 所示为簇状柱形图。

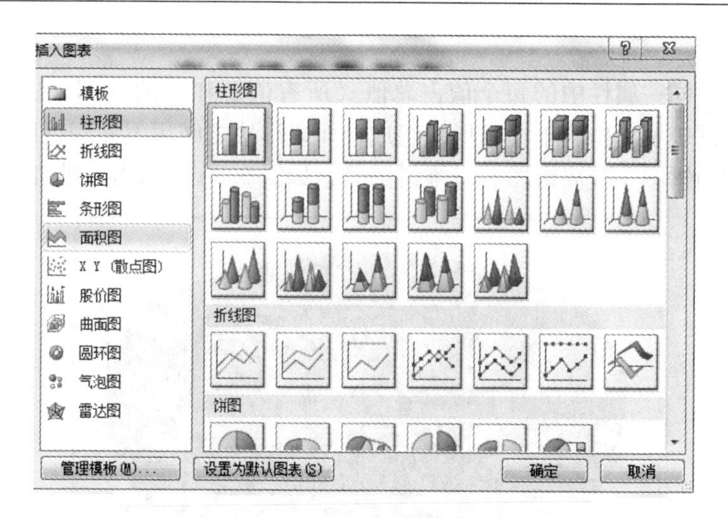

图 5.83 【插入图表】对话框

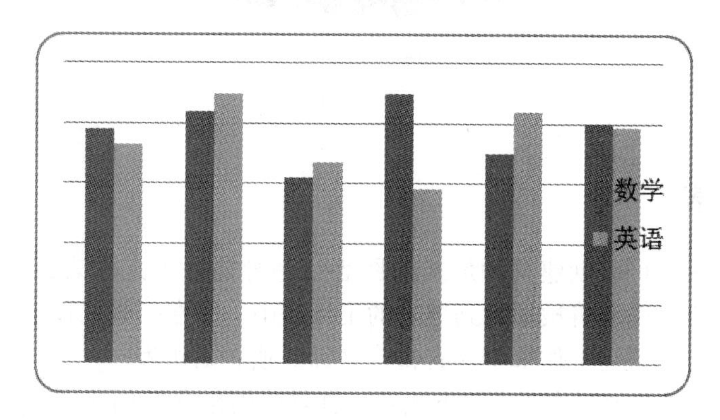

图 5.84　簇状柱形图

2. 折线图

折线图用来反映数据随时间或类别变化的趋势，可直观地显示数据的走势情况。在 Excel 2010 中，折线图中每个数据点或每截线段的高低表示对应数值的大小。折线图包含 7 种子类型，分别为折线图、带数据标记的折线图、堆积折线图等，如图 5.85 所示为折线图。

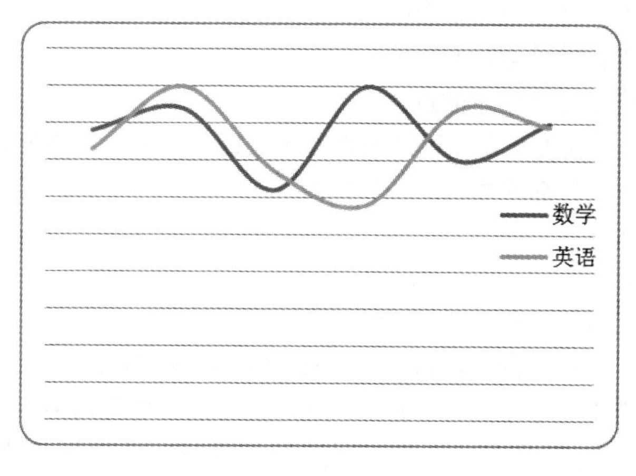

图 5.85　折线图

3. 饼图

饼图用来反映同一属性中的每个值占总值（所有值总和）的比例。饼图用一个平面或立体的圆形饼状图表示，由若干个扇形块组成，而扇形块之间用不同颜色区分。饼图的子类型有 6 种，分别为饼图、分离饼图、三维饼图等，如图 5. 86 所示为三维饼图。

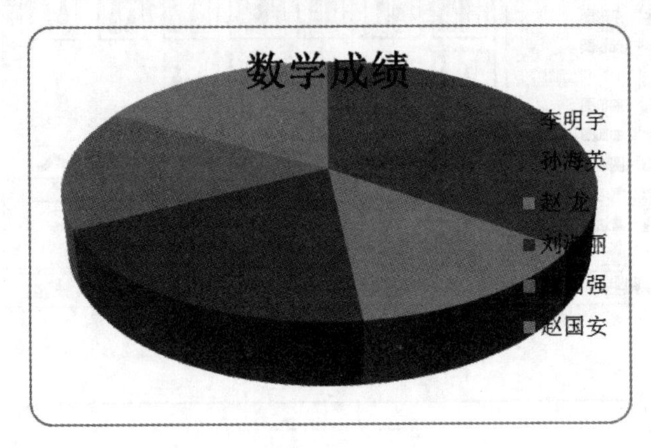

图 5. 86　三维饼图

5. 12. 4　创建图表

在 Excel 2010 中，可以创建两种形式的图表：一种是嵌入式图表，另一种是图表工作表。创建嵌入式图表，图表将被插入到现有的工作表中，即在一张工作表中同时显示图表及相关的数据；图表工作表是工作簿中具有特定名称的独立工作表。

Excel 2010 提供了两种创建图表的方法：一种是使用组合键创建图表，另一种是使用功能区的【图表】选项组中的按钮创建图表。

使用组合键创建图表的方法如下。

- 按 Alt + N + C 组合键可创建柱形图。
- 按 Alt + N + N 组合键可创建折线图。
- 按 Alt + N + E 组合键可创建饼图。
- 按 Alt + N + B 组合键可创建条形图。
- 按 Alt + N + A 组合键可创建面积图。
- 按 Alt + N + D 组合键可创建散点图。

Excel 2010 能够自动准确无误地识别的作图源数据有如下 4 个特征。

- 数据放在一个行、列都连续的工作表区域。
- 首行为系列名称。
- 首列为分类标志。
- 最左上角的单元格（首单元格）为空。

创建图表的时候，如选中的区域包括两个或两个以上的单元格，Excel 2010 会基于选中的区域作图；如果只选中一个单元格，Excel 2010 就会把该单元格所在的连续区域选为作图源数据区域。所以，把数据放在一个行、列连续的区域，选中区域内任意一个单元格，Excel 2010 便会自动识别整个区域为作图数据区域。通过保留首单元格为空，可使得 Excel

自动识别首行、首列分别为系列名称和分类标志。

构思好图表类型后，制图开始的第一步就是在 Excel 2010 中合理组织排列好源数据。具备如上 4 个特征的数据，Excel 2010 能够自动将其识别为作图源数据，用户甚至不需要选中该区域内的所有数据，只要选中该区域内任意一个单元格，Excel 2010 便会选中单元格周边的连续区域，并将其自动识别为绘制图表的源数据区域，同时准确无误地判断出分类标志和系列名称。

Excel 2010 提供了创建图表向导功能，利用它可以快捷、方便地创建一个标准类型或自定义类型的图表。使用图表向导创建图表的具体操作步骤如下。

（1）打开“新起点第一季度图书销售情况表”，并选中用于创建图表的数据。

（2）单击【插入】选项卡中【图表】选项组中的【对话框启动器】选项，弹出【插入图表】对话框。

（3）在【插入图表】对话框中选择图表的类型，如选择柱形图中的“簇状柱形图”，单击【确定】按钮，即可创建簇状柱形图图表，如图 5.87 所示。

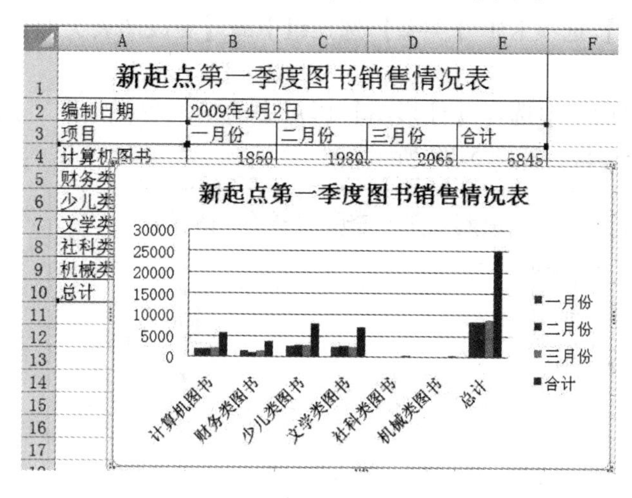

图 5.87　创建图表效果

5.12.5　编辑图表

创建好图表后，还可以对图表的类型、布局等进行设置，使图表更加符合用户的需要，下面将对这些编辑操作进行介绍。

1. 修改图表样式

使用如图 5.88 所示的【设计】选项卡可更改图表的样式、数据和布局，其功能区中主要按钮和列表框的功能介绍如下。

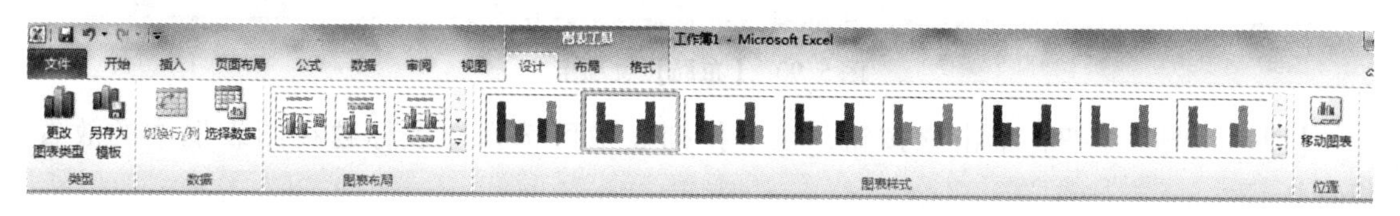

图 5.88　【设计】选项卡

【选择数据】按钮：单击该按钮，可打开 Excel 重新选择图表中的数据源。

【切换行/列】按钮：单击该按钮，可交换坐标轴上的数据。

【图表布局】列表框：在该列表框中可选择图表中的标题、图例和数字标签在文档中的布局方式。

【图表样式】列表框：在该列表框中可选择图表的颜色和样式。

【更改图表类型】按钮：单击该按钮，可打开【更改图表类型】对话框，重新选择图表样式。

【另存为模板】按钮：单击该按钮，可打开【保存图表模板】对话框，将设计后的图表样式保存到计算机中，方便以后调用。

【移动图表】按钮：单击该按钮，可打开【移动图表】对话框，在其中可选择图表移动的目标位置。

下面以更改簇状柱形图的图表类型为例，介绍更改图表类型的方法。

(1) 选中创建的图表。

(2) 单击【设计】选项卡中【类型】选项组中的【更改图表类型】按钮，弹出【更改图表类型】对话框。

(3) 在弹出的对话框中选择【柱形图】区域中的“堆积柱形图”选项，单击【确定】按钮，即可更改图表类型，如图 5.89 所示。

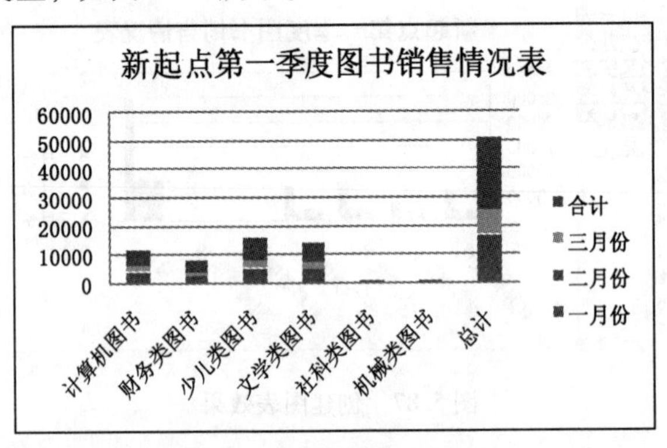

图 5.89 更改类型后的图表

2. 修改图表布局

在【布局】选项卡中可对图表的各组件样式和各组件在图表中的分布进行设置，如图 5.90 所示，其功能区中主要按钮和列表框功能介绍如下。

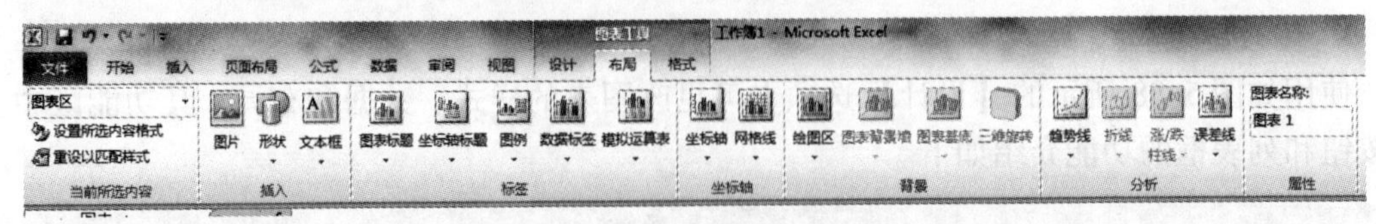

图 5.90 【布局】选项卡

【图表标题】按钮：单击该按钮，在下拉列表中可选择图表标题在图表框中的放置位置。

【图例】按钮：单击该按钮，在弹出的下拉列表中可选择图例在图表框中的放置位置。

【数据标签】按钮：单击该按钮，在下拉列表中可选择图表数据标签在图表框中的放置位置。

【网格线】按钮：单击该按钮，在下拉列表中可选择是否使用主、次要横网格线和纵网格线。

3. 设置图表格式

使用如图 5. 91 所示的【格式】选项卡，可以设置当前选中的图表组件样式，还可以对图表组件中的文字样式进行设置，其功能区中主要按钮和列表框功能介绍如下。

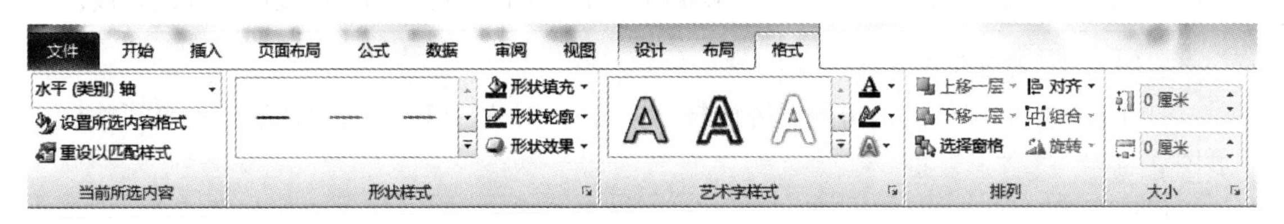

图 5. 91　【格式】选项卡

【形状样式】列表框：选中图表组件后，在该列表框中选择样式，可快速对该组件应用填充色、边框和文字颜色。

【形状填充】按钮：选中图表组件后，单击该按钮，在下拉列表中可选择图表组件的填充色。

【形状轮廓】按钮：选中图表组件后，单击该按钮，在下拉列表中可选择图表组件的边框颜色和样式。

【形状效果】按钮：选中图表组件后，单击该按钮，在下拉列表中可选择图表组件的特殊效果，如阴影、发光等。

【艺术字样式】列表框：选中图表组件后，在该列表框中选择样式，可快速对该组件中的文字应用艺术字样式。

【文本填充】按钮：选中图表组件后，单击该按钮，在下拉列表中可选择图表组件文字的填充色。

【文本轮廓】按钮：选中图表组件后，单击该按钮，在下拉列表中可选择图表组件文字的边框颜色和样式。

【文本效果】按钮：选中图表组件后，单击该按钮，在下拉列表中可选择图表组件文字的特殊效果，如阴影、映射和发光等。

4. 移动图表

创建图表后，新建的图表总是显示在表格的前面，遮挡住了部分数据。为了能够完整地看到数据表格和图表，必须移动图表，使整个工作表布局合理。

下面介绍移动图表的方法，其操作步骤如下。

（1）单击图表后系统将显示图表工具，其中包含【设计】【布局】和【格式】选项卡。

（2）选择【设计】选项卡中【位置】选项组中的【移动图表】按钮，弹出【移动图表】对话框。

（3）若要将图表移动到新的工作表，单击【新工作表】选项，然后在【新工作表】文本框中输入工作表名称；若要将图表作为对象移动到其他工作表中，单击【对象位于】选项，然后在【对象位于】下拉列表中选择要在其中放置图表的工作表。

注意：选中图表后将鼠标指针移至图表区的空白位置，当鼠标指针呈✥形状时，拖动鼠标，将图表移动到目的位置，也可以将图表放到其他图表工作表（图表工作表即工作簿中只包含图表的工作表）中。

5. 调整图表大小

在 Excel 2010 中，可以调整图表的大小，其操作步骤是：选中图表，其边框会出现 8 个控制点，将鼠标指针移动至控制点上，当鼠标指针呈↘或↙形状时，拖动鼠标，可以等比例调整图表大小；当鼠标指针呈↕或↔形状时，拖动鼠标，可以调整图表的高度或宽度。

实例 5.8：按如下要求，完成操作。

打开素材中的“年度销售数据统计与分析表”，对 A2:F10 中的数据创建一个簇状柱形图。

操作方法：

（1）打开“年度销售数据统计与分析表”，单击【插入】选项卡中【图表】选项组中的【对话框启动器】按钮，在弹出的【插入图表】对话框中设置图表类型为“簇状柱形图”，单击【确定】按钮。

（2）选中空图表，单击【图表工具】下【设计】选项卡中的【选择数据】按钮，弹出【选择数据源】对话框，单击【图表数据区域】的红色箭头按钮，选择 A2:F10 区域，单击【确定】按钮。

5.13 数据透视表

本节将介绍如何使用 Excel 2010 中的数据透视表工具综合分析工作表数据。在 Excel 2010 中，数据透视表是一个功能十分强大的工具，可以完成各种十分复杂的统计分析工作。很多使用复杂函数才能解决的问题，使用数据透视表则可以十分便捷地进行处理。

在本节中，将以一个典型的销售基础数据（素材中的“任务二商品销售数据表”）为例，说明如何使用数据透视表对销售数据进行各种综合的统计和分析。

5.13.1 创建数据透视表

数据透视表是一种对大量数据快速汇总和建立交叉列表的交互式表格，具有能够全面、灵活地对数据进行分析、汇总等功能。例如，在“任务二商品销售数据表”中，使用数据透视表按商品和型号来统计销售数据和销售额，具体操作步骤如下。

步骤一：打开【创建数据透视表】对话框

（1）将光标定位到工作表中的任意单元格上，单击【插入】选项卡中的【数据透视表】按钮，如图 5.92 所示。

（2）在弹出的下拉列表中，选择【数据透视表】选项，弹出【创建数据透视表】对话框，如图 5.93 所示。

（3）在【表/区域】文本框中，默认情况下已经选中“商品销售数据表[[员工姓名]:[销售额]]”的单元格区域，其他设置可以不改变。直接单击【确定】按钮，即可自动生成一个新的工作表，并在该工作表中创建数据透视表，如图 5.94 所示。

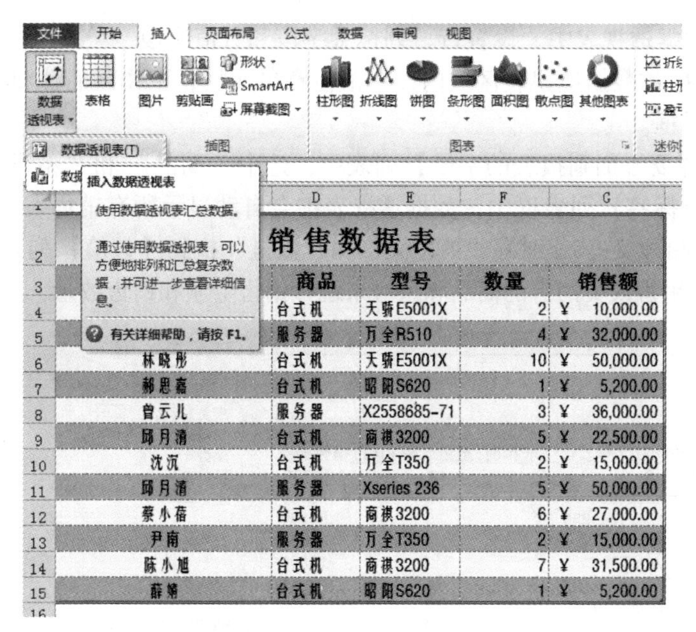

图 5.92　插入数据透视表

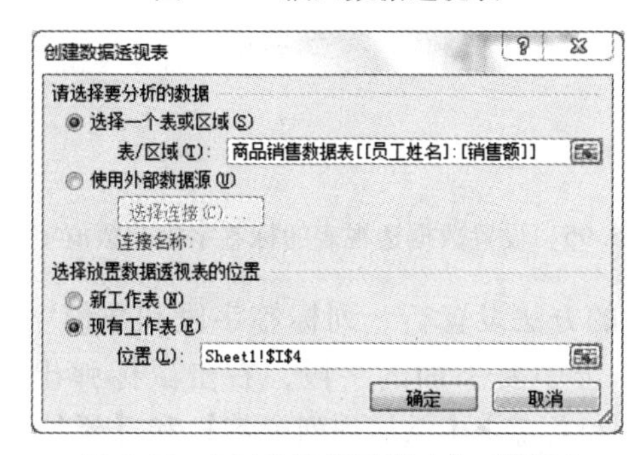

图 5.93　【创建数据透视表】对话框

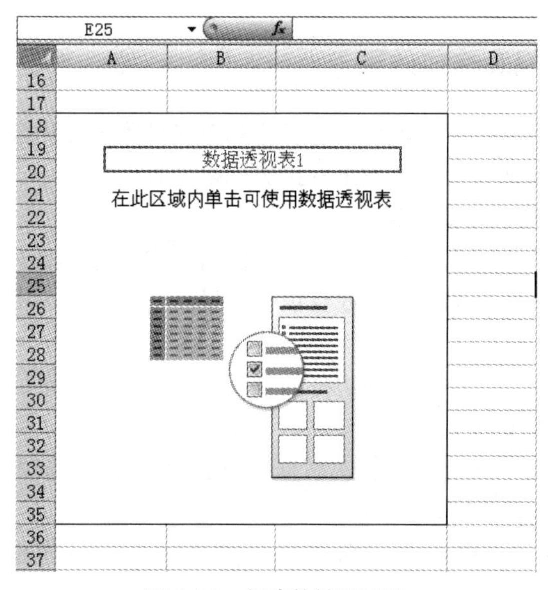

图 5.94　创建数据透视表

步骤二：在数据透视表中，设置行、列标签字段和数值字段

（1）在图5.94的数据透视表区域内，单击任意单元格，工作区右侧将展开【数据透视表字段列表】对话框。

（2）在【选择要添加到报表的字段】列表中，选中“商品”和“型号”字段并拖动鼠标，将其拖到【行标签】列表框中，数据透视表中会自动显示所有销售人员列表。

（3）利用同样的方法，分别将“销售额”和“数量”拖到【数值】列表框中，即可在数据透视表中，根据销售人员销售的商品和型号来统计销售金额和销售数量，如图5.95所示。

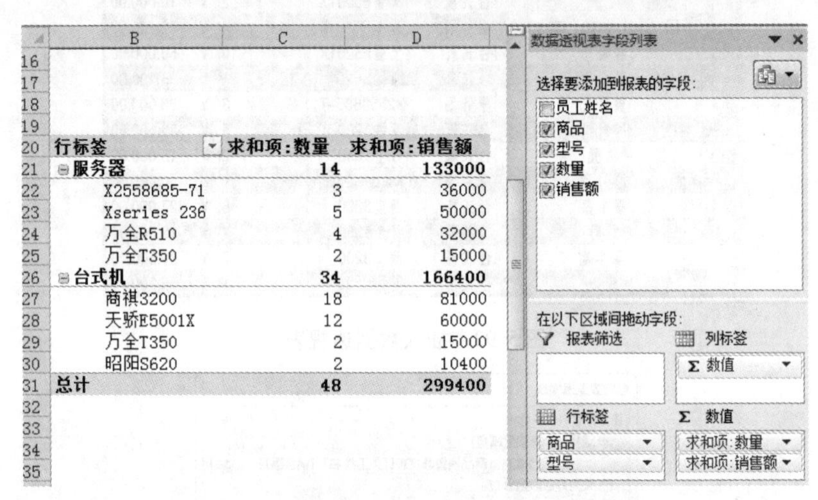

图5.95　设置数据透视表的标签字段和数值字段

除了可以使用鼠标拖动的方法设置行、列标签字段和数值字段外，还可以在【选择要添加到报表的字段】列表中选中要添加的字段，右击鼠标弹出下拉列表，列表中显示了【添加到报表筛选】【添加到行标签】【添加到列标签】和【添加到值】4个选项，用户根据需要选择添加位置即可。

5.13.2　美化数据透视表格式效果

数据透视表创建完成后，可以进行格式设置和布局设置来美化数据透视表，也可以直接套用Excel 2010提供的数据透视表样式来直接美化格式效果。

1. 手工美化数据透视表格式效果

在默认情况下，创建的数据透视表没有进行任何格式设置，此时可以通过手工设置的方式，设置单元格或单元格区域的边框、底纹填充效果。

1）设置边框效果

（1）在数据透视表中，选中要添加边框的单元格区域，右击鼠标，在弹出的快捷菜单中选择【设置单元格格式】选项。

（2）在弹出的【设置单元格格式】对话框中选择【边框】选项卡，即可为选中的单元格区域添加边框效果，如图5.96所示。

（3）利用同样的方法，可以逐一对其他单元格区域进行边框设置，效果如图5.97所示。

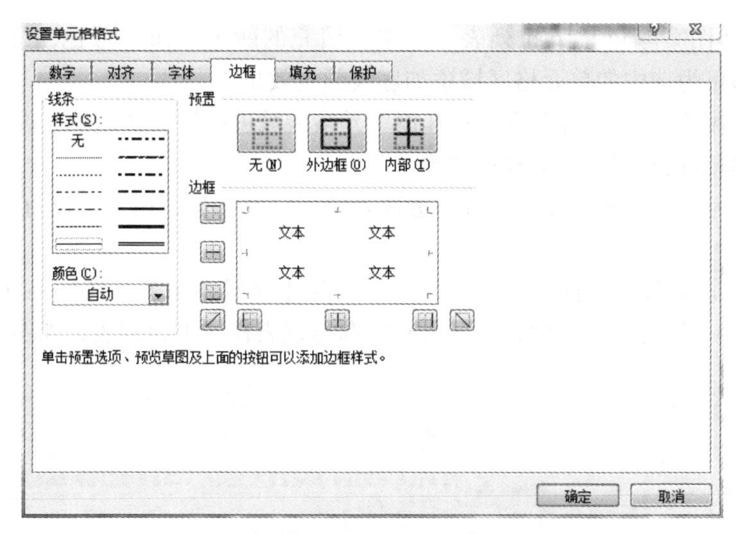

图 5.96 【设置单元格格式】对话框

行标签	求和项:数量	求和项:销售额
⊟服务器	14	133000
X2558685-71	3	36000
Xseries 236	5	50000
万全R510	4	32000
万全T350	2	15000
⊟台式机	34	166400
商祺3200	18	81000
天骄E5001X	12	60000
万全T350	2	15000
昭阳S620	2	10400
总计	48	299400

图 5.97　手工设置数据透视表的边框效果

2）设置底纹填充效果

（1）在数据透视表中，选中要填充底纹的单元格区域。

（2）右击，在弹出的快捷菜单中选择【设置单元格格式】选项，弹出【设置单元格格式】对话框，单击【填充】选项卡，如图 5.98 所示。

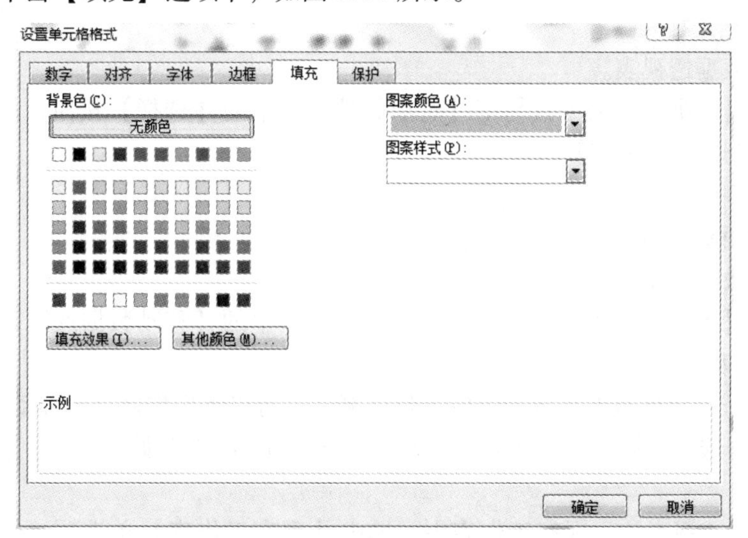

图 5.98 【设置单元格格式】对话框

（3）单击【图案颜色】下拉列表，选中要填充的颜色，如“橙色，强调文字颜色 6，淡色 40%”，即可为选中的单元格区域添加底纹颜色效果。

（4）利用同样的方法，可以逐一对其他单元格区域进行底纹颜色填充设置。

2. 套用数据透视表样式美化格式效果

Excel 2010 为数据透视表提供了数据透视表样式设置方案，用户可以直接套用样式美化数据透视表。

（1）选中要设置数据透视表样式的区域，单击【数据透视表工具】→【设计】→【数据透视表样式】→【其他】选项，展开所有数据透视表样式下拉列表，如图 5.99 所示。

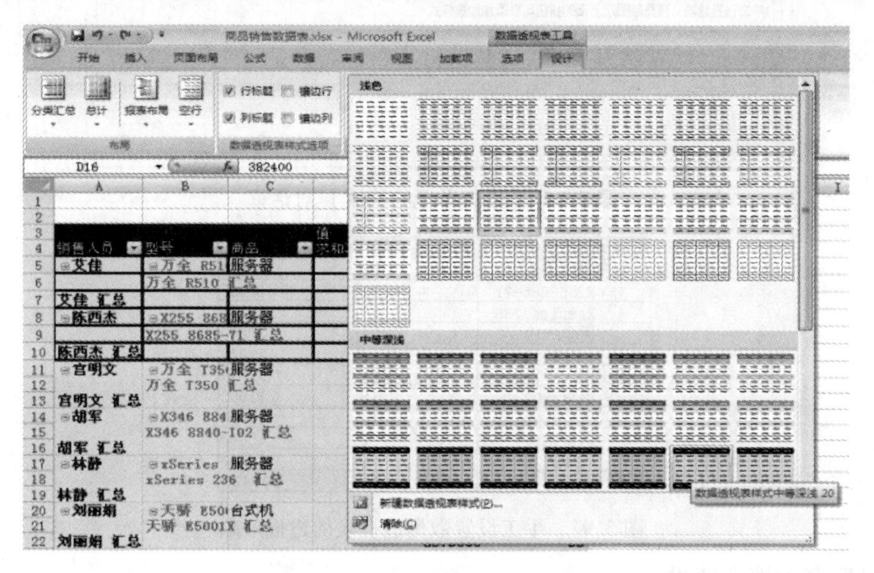

图 5.99　设置数据透视表样式

（2）在数据透视表样式下拉列表中，根据需要选择一种样式，如“数据透视表样式中等深浅 20”，即可将该样式套用到数据透视表中。

3. 删除数据透视表

（1）选中数据透视表。

（2）单击【数据透视表工具】下【选项】选项卡中的【选择】按钮，在弹出的下拉列表中选择【整个数据透视表】选项。

（3）按 Delete 键。

4. 移动数据透视表

（1）选中数据透视表。

（2）单击【数据透视表工具】下【选项】选项卡中的【移动数据透视表】按钮，弹出【移动数据透视表】对话框。

（3）在【选择放置数据透视表的位置】区域，执行以下操作之一可移动数据透视表。

若要将数据透视表放入一个新的工作表中（从单元格 A1 开始），选中【新工作表】单选项。

若要将数据透视表放入现有工作表中，选中【现有工作表】单选项，然后在目标单元格区域中单击第一个单元格。

实例 5.9：按如下要求，完成操作。

（1）打开素材中的“年度销售数据统计与分析表”，创建数据透视表，起始位置为 A20，行标签为“产品名称”，数据区域为四个季度的销量。

（2）数据透视表的样式为“浅色 10”。

操作方法：

（1）打开素材中的“年度销售数据统计与分析表”，单击【插入】选项卡中【表格】选项组中的【数据透视表】按钮，在弹出的【创建数据透视表】对话框中，单击【表/区域】文本框右侧的红色箭头按钮，在工作表中选中 A2:F10 区域，再选中【现有工作表】单选项，单击【位置】文本框右侧的红色箭头按钮，在工作表中选中 A20 单元格，单击数据透视表区域内的任意单元格，打开【数据透视表字段列表】对话框，在对话框中将“产品名称”拖拽至【行标签】列表框中，“销售量”拖拽至【数值】列表框中。

（2）选中数据透视表，单击【数据透视表工具】下的【设计】选项卡，在【数据透视表样式】区域选择【数据透视表样式浅色 10】选项，单击【确定】按钮。

5.14　页面设置与打印输出

打印工作表之前须对工作表页面进行设置，合理的页面设置可以使打印效果更为美观。

5.14.1　页面设置

单击【页面布局】选项卡中【页面设置】选项组中的【对话框启动器】按钮，即可弹出【页面设置】对话框，如图 5.100 所示。该对话框可对页面、页边距、页眉/页脚、工作表等进行设置。

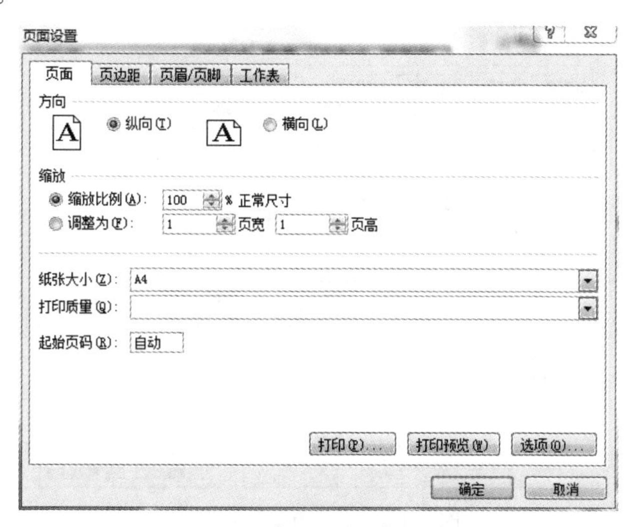

图 5.100　【页面设置】对话框

1. 设置页面

选择【页面设置】对话框中的【页面】选项卡，如图 5.100 所示，可以设置如下内容。

(1)【方向】区域：打印方向是纵向还是横向的，其中纵向是默认的打印方向。

(2)【缩放】区域：在【缩放比例】微调框中可以选择10%～400%缩放比例的打印效果；在【调整为】微调框中可以分别设置页宽和页高的比例。例如，如果需要打印3页余几行的工作表，可以将其压缩到3页内进行打印，以便节省纸张和增强信息的完整性，则选中【调整为】单选项，然后在【页宽】微调框中输入3即可。

(3)【纸张大小】下拉列表框：在【纸张大小】下拉列表中可选择打印纸张的类型，如A4、B5、16K等。

(4)【打印质量】下拉列表框：点数越高打印质量就越好，但要受到打印机本身的限制。

(5)【起始页码】文本框：如果不想从第一页开始打印，可以在其文本框中输入起始页码。如果不输入数值，默认情况下为“自动”，即从多张工作表中的第一页开始按照默认顺序打印。

此外，也可在【页面布局】选项卡中的【页面设置】选项组中单击【纸张方向】和【纸张大小】按钮，设置纸张方向和页面大小。【页面设置】选项组如图5.101所示。

图5.101 【页面设置】选项组

2. 设置页边距

页边距是指页面上打印区域之外的空白处。为页面设置合适的页边距，可以设置有效的打印区域。

在【页面设置】对话框中单击【页边距】选项卡，如图5.102所示，在其中可以进行以下设置。

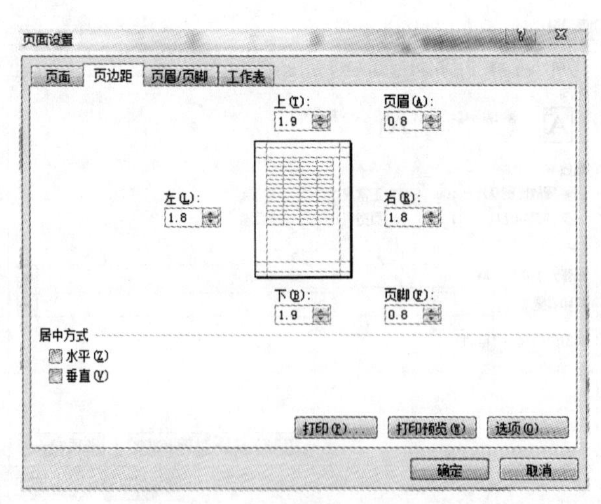

图5.102 【页边距】选项卡

(1)【上】【下】【左】【右】4栏：分别调整上、下、左、右的页边距，可以在相应的微调框中直接输入数据，也可以单击右端的微调按钮调整。

(2)【页眉】【页脚】微调框：可以通过单击微调按钮或输入具体的数据来设置页眉与页脚距离纸张的上边缘和下边缘的位置。

(3)【居中方式】区域：可以设置打印文件在一张纸中的水平或垂直居中方式。

如果工作表中的内容超出整数页不多，则可以通过调整页边距来调整打印页数，以节省纸张。此外，也可以在【页面布局】选项卡中的【页面设置】选项组中单击【页边距】按钮，设置页边距。

3. 设置工作表

选择【页面设置】对话框中的【工作表】选项卡，如图 5.103 所示，可以设置如下内容。

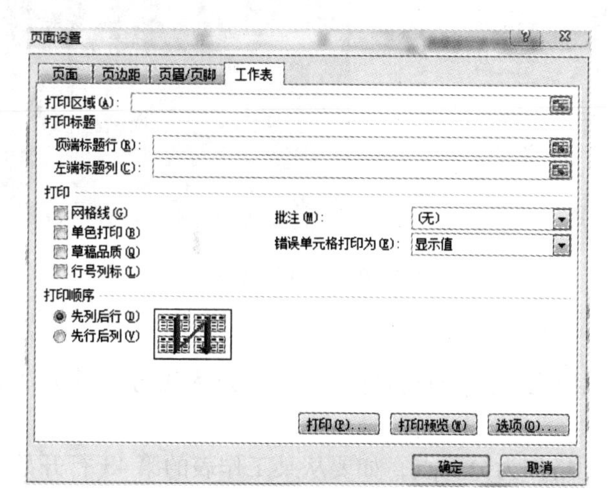

图 5.103　【工作表】选项卡

【打印区域】文本框：如果该文本框中内容非空，则在打印时将只打印该文本框中所设置的工作表区域。可以在该文本框中直接输入区域的引用值，也可以单击右侧的红色箭头按钮，然后直接在工作表中选取。

【打印标题】区域：设置每一页要打印的标题行和列，这样就不需要在每一页的开头都输入标题行和列。

【网格线】复选项：决定是否在工作表中打印水平和垂直方向的网格线。

【单色打印】复选项：如果数据中有彩色的格式，而打印机为黑白打印机，则选中【单色打印】复选项；如果是彩色打印机，选择该选项可以减少打印时间。

【草稿品质】复选项：选中此复选框，则 Excel 2010 将不打印网格线和大多数图表，从而减少打印时间。

【行号列标】复选项：设置在打印页中是否显示行号和列标。

【批注】下拉列表框：设置打印单元格批注的方式。

【打印顺序】区域：为超过一页的数据选择打印的顺序，选择了一种顺序后便可以在预览框中预览打印文档的方式。

5.14.2　设置分页

Excel 2010 会自动为数据分页，用户可以先查看分页情况，然后再对分页进行调整。

1. 查看分页

单击【视图】选项卡中【工作簿视图】选项组中的【分页预览】按钮，可以将当前视图切换到如图 5.104 所示的分页预览模式。该模式下，用蓝色的虚线或者实线表示分页的位置。单击鼠标拖动分页符，可以调整分页的位置。

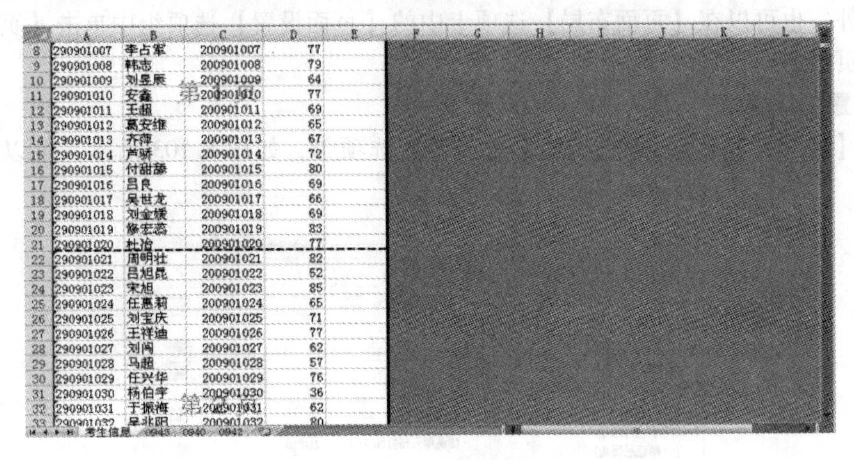

图 5.104　分页预览模式

2. 人工分页

如果想从某个单元格起另起一页打印，可以通过人工分页的方法完成，具体操作步骤如下。

（1）选取一个单元格作为分页点，如要从某工作表的第 43 行开始分页，可选取 A43 单元格。

（2）单击【页面布局】选项卡中【页面设置】选项组中的【分隔符】按钮，弹出如图 5.105 所示的下拉列表。

图 5.105　【分隔符】下拉列表

（3）选择【插入分页符】选项，这样会在该单元格上方插入一个分页符。在分页预览模式下，可清楚地看到插入的人工分页符。

在插入人工分页符后，可再拖动分页符对分页符进行调整。如果要删除分页符，只需再次选中该单元格，然后从图 5.105 所示的下拉列表中选择【删除分页符】选项即可。

5.14.3　打印预览

打印之前可以使用打印预览功能查看打印的效果，如果对效果满意则可以打印，如果不满意则需要重新进行设置。

打开打印预览窗口有以下 2 种方法。

（1）单击【文件】→【打印】→【打印预览】选项。

（2）按 Ctrl + F2 组合键，单击快速访问工具栏中的【打印预览】按钮，弹出【打印预览】窗口。

【打印预览】窗口中显示的是打印内容的缩略图，它和打印出来的效果相同。

5.14.4　打印输出

打印工作表之前，需要选择打印机，确认打印份数、打印范围和打印内容等，这些都可以在【打印内容】对话框中设置，具体步骤如下。

（1）单击【文件】→【打印】选项，弹出【打印内容】对话框。

（2）在【打印机】下拉列表中选择打印机名称；在【设置】区域中设置打印区域、页数、边距等；在【打印份数】数值框中输入打印的份数。

（3）设置完毕后，单击【确定】按钮，打印机便会按要求自动完成打印任务。

实例 5.10：按如下要求，完成操作。

（1）打开素材中的“年度销售数据统计与分析表”，设置工作表上、下、左、右的页边距各为 1.5 厘米。

（2）为工作表添加页脚，要求在页脚中部插入页码。

（3）打印前 8 条数据。

（4）打印方向为横向，选择 B5 纸张。

操作方法：

打开“工程年度销售数据统计与分析表”，单击【页面布局】选项卡中【页面设置】选项组中的【对话框启动器】按钮，弹出【页面设置】对话框。

（1）单击【页边距】选项卡，调整上、下、左、右页边距为 1.5 厘米。

（2）单击【页眉/页脚】选项卡中的【自定义页脚】按钮，在【中】处单击【插入页码】选项。

（3）单击【工作表】选项卡，设置打印区域为前 8 行数据。

（4）单击【页面】选项卡，设置方向为“横向”、纸张大小为“B5”，单击【确定】按钮。

评价单

<table>
<tr><td>项目名称</td><td colspan="3">图表与透视表</td><td>完成日期</td><td></td></tr>
<tr><td>班　　级</td><td></td><td>小　　组</td><td></td><td>姓　　名</td><td></td></tr>
<tr><td>学　　号</td><td colspan="2"></td><td colspan="2">组长签字</td><td></td></tr>
<tr><td colspan="2">评价内容</td><td colspan="2">分　值</td><td>学生评价</td><td>教师评价</td></tr>
<tr><td colspan="2">准确选取数据区域</td><td colspan="2">10</td><td></td><td></td></tr>
<tr><td colspan="2">设置图表类型</td><td colspan="2">10</td><td></td><td></td></tr>
<tr><td colspan="2">设置图表、分类轴标题</td><td colspan="2">10</td><td></td><td></td></tr>
<tr><td colspan="2">复制图表</td><td colspan="2">10</td><td></td><td></td></tr>
<tr><td colspan="2">设置数据标签显示值</td><td colspan="2">10</td><td></td><td></td></tr>
<tr><td colspan="2">设置数据系列填充样式</td><td colspan="2">10</td><td></td><td></td></tr>
<tr><td colspan="2">设置图表区的背景颜色</td><td colspan="2">10</td><td></td><td></td></tr>
<tr><td colspan="2">添加趋势线</td><td colspan="2">10</td><td></td><td></td></tr>
<tr><td colspan="2">整体设计效果</td><td colspan="2">10</td><td></td><td></td></tr>
<tr><td colspan="2">态度是否认真、完成是否及时</td><td colspan="2">10</td><td></td><td></td></tr>
<tr><td colspan="2">总分</td><td colspan="2">100</td><td></td><td></td></tr>
<tr><td colspan="6">学生得分</td></tr>
<tr><td>自我总结</td><td colspan="5"></td></tr>
<tr><td>教师评语</td><td colspan="5"></td></tr>
</table>

知识点强化与巩固

一、选择题

1. 在 Excel 2010 图表的标准类型中，包含的图表类型共有（　　）种。

A. 11　　B. 14　　C. 20　　D. 30

2. 在 Excel 2010 图表中，能反映出数据变化趋势的图表类型是（　　）。

A. 柱形图　　B. 折线图　　C. 饼图　　D. 气泡图

3. 在 Excel 2010 图表中，水平 x 轴通常作为（　　）。

A. 排序轴　　B. 分类轴　　C. 数值轴　　D. 时间轴

4. 在 Excel 2010 中，在单元格内不能输入的内容是（　　）。

A. 文本　　B. 图表　　C. 数值　　D. 日期

5. 在 Excel 2010 的页面设置中，不能够设置（　　）。

A. 页面　　B. 每页字数　　C. 页边距　　D. 页眉/页脚

6. 在 Excel 2010 中，创建图表要打开（　　）选项卡。

A.【开始】　　B.【插入】　　C.【公式】　　D.【数据】

7. 在 Excel 2010 中，编辑图表时，【图表工具】下的选项卡不包括（　　）选项卡。

A.【设计】　　B.【布局】　　C.【编辑】　　D.【格式】

8. 在 Excel 2010 中，【图表工具】下包含的选项卡个数为（　　）。

A. 1　　B. 2　　C. 3　　D. 4

9. 在 Excel 2010 中，选择形成图表的数据区域 A2：C3 所表示的范围是（　　）。

A. A2，C3　　B. A2，B2，C3

C. A2，B2，C2　　D. A2，B2，C2，A3，B3，C3

10. 在 Excel 2010 中，关于打印的错误说法是（　　）。

A. 打印内容可以是整张工作表

B. 可以将内容打印到文件上

C. 可以一次性打印多份

D. 不可以打印整个工作簿

二、判断题

1. 在 Excel 2010 中，如果要打印一个多页的列表，并且使每页都出现列表的标题行，则应在【页面设置】对话框中进行设置。（　　）

2. 在 Excel 2010 中，图表可以分为两种类型：独立图表和嵌入式图表。（　　）

3. 在 Excel 2010 中，删除工作表中与图表有链接的数据，图表将自动删除相应的数据。（　　）

4. 【页面设置】对话框中【工作表】选项卡中的【打印区域】文本框的作用是选择要打印的区域。（　　）

5. 在 Excel 2010 图表中，水平 x 轴通常作为数值轴。（　　）

第6章 演示文稿制作软件 PowerPoint 2010

项目一 幻灯片设计

知识点提要

1. PowerPoint 2010 窗口各部分的功能
2. 演示文稿的创建、打开、保存等基本操作
3. 演示文稿的视图方式
4. 标尺、参考线、网格线
5. 幻灯片的插入、复制、移动、删除等编辑操作
6. 幻灯片版式
7. 幻灯片对象的添加与编辑
8. 主题、背景、模板

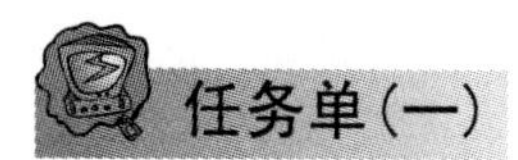

任务单(一)

任务名称	使用 SmartArt 图形创建演示文稿	学　时	2 学时
知识目标	1. 掌握幻灯片的插入、复制、移动等编辑操作方法。 2. 掌握幻灯片中文本、图片、SmartArt 图形的插入方法。 3. 掌握图形、图片的编辑方法。 4. 掌握设置声音的播放效果的方法。 5. 掌握幻灯片背景的设置方法。		
能力目标	1. 能对幻灯片的布局进行合理设计。 2. 能对幻灯片中添加的对象根据需要进行编辑。 3. 具有沟通、协作能力。		
任务描述	**一、按下面要求用 SmartArt 图形介绍中国的名胜古迹** 1. 创建一个演示文稿，插入 3 张幻灯片。 2. 第一张插入艺术字“名胜古迹欣赏”，字体为“楷体”，字号为“72 号”，文本填充为“浅蓝色”，文字轮廓颜色为“深蓝”，文字 2，淡色 40%，艺术字形状为倒 V 形，发光效果选择最后一个水绿色。 3. 第二张幻灯片插入一个 SmartArt 图，在【列表】中选择“垂直图片列表”类型，图片在左侧，文本在右侧；古迹名称文字格式为“黄色、20 号、加粗”，介绍文字格式为“16 号、白色、加粗”。 4. 第三张幻灯片插入一个 SmartArt 图，在【列表】中选择“垂直图片列表”类型，图片在右侧，文本在左侧；古迹名称文字格式为“黄色、20 号、加粗”，介绍文字格式为“16 号、白色、加粗”。 5. 设置合适的幻灯片背景。 6. 添加背景音乐，设置循环播放，直到演示文稿播放完毕。 **二、按下面要求制作音乐贺卡** 1. 背景图片适合贺卡主题。 2. 贺卡包含图片或图形、文字或艺术字。 3. 布局合理。 4. 添加适合的背景音乐。		
任务要求	1. 仔细阅读任务描述中的设计要求，认真完成任务。 2. 上交电子作品。 3. 小组间互相学习设计作品的优点。		

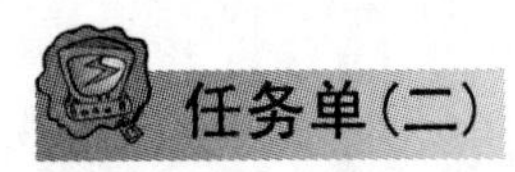

任务单(二)

任务名称	制作个人简历演示文稿	学　时	2学时
知识目标	1. 掌握幻灯片的插入、复制、移动等编辑操作方法。 2. 掌握幻灯片中文本及其他各种对象的插入方法。 3. 掌握各种对象的编辑方法。 4. 掌握设置声音播放效果的方法。 5. 掌握幻灯片背景的设置方法。 6. 掌握母版的使用方法。		
能力目标	1. 能对幻灯片的布局进行合理设计。 2. 能对幻灯片中添加的对象根据需要进行编辑。 3. 具有沟通、协作能力。		
任务描述	按下面要求制作个人简历演示文稿 1. 创建一个演示文稿，插入至少6张幻灯片。 2. 第一张幻灯片版式为“标题幻灯片”，主标题为“个人简历”，副标题为学生姓名。 3. 第二张幻灯片用表格形式输入个人基本信息。 4. 第三张幻灯片输入个人大学期间专业课学习情况。 5. 第四张幻灯片用图表分析个人所学专业课程成绩情况。 6. 第五张幻灯片介绍个人在校期间参加的各种活动及获奖情况。 7. 第六张幻灯片介绍个人兴趣、爱好和特长。 8. 根据个人情况，可以添加更多的个人信息。 9. 应用合适的主题或设置合适的幻灯片背景。 10. 对每张幻灯片中添加的对象进行格式设置，使幻灯片整体效果美观。 11. 利用母版在每张幻灯片的右上角添加文本“个人简历”。		
任务要求	1. 仔细阅读任务描述中的设计要求，认真完成任务。 2. 上交电子作品。 3. 小组间互相学习设计作品的优点。		

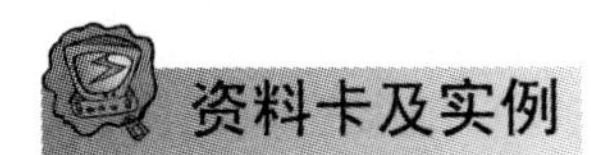

6.1　PowerPoint 2010 概述

1. PowerPoint 2010 简介

PowerPoint 2010 是当前非常流行的幻灯片制作工具。用 PowerPoint 2010 可制作出生动活泼、富有感染力的幻灯片，用于报告、总结和演讲等各种场合。借助图片、声音和图像的强化效果，PowerPoint 2010 可使用户简洁而又明确地表达自己的观点。PowerPoint 2010 具有操作简单、使用方便的特点，用它可制作出专业的演示文稿。

2. PowerPoint 2010 的新增功能

新增的视频、图片编辑功能及增强功能是 PowerPoint 2010 的新亮点。此版本提供了许多与他人一起轻松处理演示文稿的新方式。此外，切换效果和动画运行比以往更为平滑和丰富，并且它们在功能区中有自己的选项卡。许多新增的 SmartArt 图形版式（包括一些基于照片的版式）会给用户带来意外惊喜。此版本提供了多种使用户可以更加轻松地广播和共享演示文稿的方式。

1）在新增的 Backstage 视图中管理文件

新增的 Microsoft Office Backstage 视图取代了 Microsoft Office 2007 系统中 Office 按钮下的选项，使用户可以通过 Backstage 视图快速访问、管理与文件相关的常见任务，如查看文件属性、设置权限，以及打开、保存、打印和共享演示文稿等。

2）多人同时编辑演示文稿

多个作者可以同时独立编辑同一个演示文稿。在处理面向团队的项目时，使用 PowerPoint 2010 中的共同创作功能可以生成统一的演示文稿，通过同时编辑演示文稿来节约时间。若要同时编辑同一个演示文稿，每个作者均应该从服务器上的某个公用位置打开该文件。在计算机上打开演示文稿之后，可以看到谁正在编辑该演示文稿，谁正在编辑特定幻灯片，以及服务器上其他作者在何时做出的更新。

3）自动保存演示文稿的多种版本

PowerPoint 2010 可自动保存演示文稿的多种版本。使用 Office 自动修订功能，可以自动保存演示文稿的不同渐进版本，以便检索部分或所有早期版本。如果用户忘记手动保存，或者其他作者覆盖了某位作者的内容，或者无意间保存了更改，又或者想返回演示文稿的早期版本，则此功能非常有用。用户必须启用自动恢复或自动保存功能才能利用此功能。

4）将幻灯片组织为逻辑节

在 PowerPoint 2010 幻灯片中，可以使用多个节来组织大型幻灯片版面，以简化其管理和导航。此外，通过对幻灯片进行标记并将其分为多个节，可以与他人协作创建演示文稿，可以命名和打印整个节，也可以将效果应用于整个节。

5）合并和比较演示文稿

使用 PowerPoint 2010 中的合并和比较功能，可以比较当前演示文稿和其他演示文稿，并可以将这两个演示文稿合并，还可以通过比较两个演示文稿来了解它们之间的不同之处。合并和比较功能适合将多人合作设计的演示文稿进行整合，能最大限度地减少设计演示文稿所需的时间。

6）在不同的窗口中使用单独的 PowerPoint 演示文稿文件

可以在一台监视器上并排运行多个演示文稿，演示文稿不再受主窗口或父窗口的限制。因此，可以采用在处理某个演示文稿时引用另一个演示文稿的方法。此外，在幻灯片放映中，还可以使用新的阅读视图在单独管理的窗口中同时显示两个演示文稿，并具有完整动画效果和完整媒体支持。

7）在演示文稿中插入、编辑和播放视频

在 PowerPoint 2010 中插入的视频会成为演示文稿的一部分，在移动演示文稿时不会出现视频丢失的情况。可以修改视频，并在视频中添加同步的重叠文本、标牌框架、书签和淡化效果。此外，同对图片执行的操作一样，也可以对视频应用边框、反射、辉光、柔和边缘、三维旋转等效果。

8）剪辑视频或音频文件

剪辑视频或音频文件，可以删除无关的部分，使文件更加简短。

9）将演示文稿转换为视频

将演示文稿转换为视频是分发和传递它的一种新方法。如果用户希望为他人提供演示文稿的高保真版本（通过电子邮件附件形式发布到网络上，或者刻录 CD 或 DVD），可将其保存为视频文件。

10）对图片应用艺术效果

通过 PowerPoint 2010，可以对图片应用不同的艺术效果，使其看起来更像素描、绘图或油画。新增效果包括铅笔素描、线条图、粉笔素描、水彩海绵、马赛克气泡、玻璃、水泥、蜡笔平滑、塑封、发光边缘、影印和画图笔画等。

11）删除图片的背景

PowerPoint 2010 增加了删除图片背景的功能，可以删除图片的背景，以强调或突出显示图片主题。

12）使用三维动画效果切换

借助 PowerPoint 2010，可以在幻灯片之间使用新增的平滑切换效果来吸引观众。

13）向幻灯片中添加屏幕截图

可快速向 PowerPoint 2010 演示文稿中添加屏幕截图，而无须离开 PowerPoint。添加屏幕截图后，可以使用【图片工具】选项卡上的工具来编辑图像和增强效果。

14）将鼠标转变为激光笔

想在幻灯片上强调要点时，可将鼠标指针变成激光笔。在【幻灯片放映】视图中，只需按住 Ctrl 键，同时单击鼠标左键，即可开始对幻灯片进行标记。

6.2 PowerPoint 2010 基础

6.2.1 PowerPoint 2010 的启动和退出

1. 启动

启动 PowerPoint 2010 可以采用以下方法。

（1）启动 Windows 7 后，单击【开始】→【所有程序】→【Microsoft Office】→【Microsoft PowerPoint 2010】选项，即可启动 PowerPoint 2010。启动后，屏幕上会显示 PowerPoint 2010 的工作窗口。

(2) 双击桌面上的 PowerPoint 2010 快捷图标。

(3) 双击已存在的 PowerPoint 2010 演示文稿。

2. 退出

退出 PowerPoint 2010 可以采用以下方法。

(1) 单击 PowerPoint 窗口的【关闭】按钮。

(2) 单击【文件】菜单下的【退出】按钮。

6.2.2 PowerPoint 2010 窗口

PowerPoint2010 启动后，会自动创建一个名为“演示文稿 1”的文件。PowerPoint 2010 窗口与 PowerPoint 2007 窗口相似，将相关命令按钮显示在工作界面的上方，使用方便、快捷，更能提高工作效率。PowerPoint 2010 的工作界面如图 6.1 所示，主要包括快速访问工具栏、标题栏、【文件】选项卡、其他选项卡、【帮助】按钮、功能区、幻灯片/大纲窗格、幻灯片编辑区、备注窗格、状态栏、视图栏、显示比例按钮和滑块等几个主要组成部分。

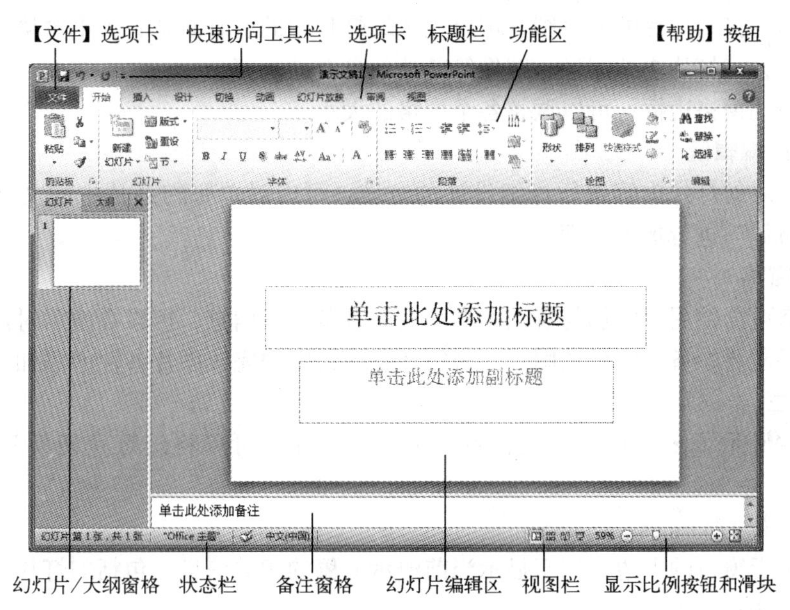

图 6.1 PowerPoint 2010 工作界面

1. 标题栏

标题栏位于窗口的最上端，用于标识正在运行的程序和当前正在编辑的演示文稿的名称。如果窗口未最大化，可拖动标题栏移动窗口。

2. 快速访问工具栏

快速访问工具栏在标题栏的左侧，该工具栏用于显示常用的工具按钮。快速访问工具栏中的工具按钮用户可以自己设置。单击【自定义快速访问工具栏】按钮，可以设置某个按钮的显示或隐藏。

3. 【文件】选项卡

PowerPoint 2010 中的【文件】选项卡是一个类似于菜单的选项卡，位于窗口左上角。单击【文件】选项卡可以打开文件界面，界面采用全页面形式，分为三栏，最左侧是功能选项或常用按钮，选项包括【信息】【最近所用文件】【新建】【打印】【保存并发送】，按钮包括【选项】【退出】【打开】【关闭】【保存】等。

4. 功能区

功能区由不同的选项卡及对应的选项组组成，单击不同的选项卡将显示不同选项组，选项组中提供了各种命令按钮。

5. 选项卡

PowerPoint 2010 将各种工具按钮进行分类管理，放在不同的选项卡中。PowerPoint 2010 的窗口中有八个选项卡，分别为【开始】【插入】【设计】【切换】【动画】【幻灯片放映】【审阅】和【视图】选项卡。

6. 幻灯片/大纲窗格

在幻灯片/大纲窗格中可以清晰地看到幻灯片的编号、数量、位置及结构，还可以轻松地完成幻灯片的移动、复制、删除等操作。

单击【幻灯片】或【大纲】选项卡标签，即可在幻灯片和大纲窗格之间切换。幻灯片窗口显示的是每张幻灯片的缩略图，可以显示幻灯片中的所有对象；大纲窗格只显示幻灯片中的文字信息，幻灯片中的图形、图像等其他信息自动隐藏。

用鼠标拖动窗格边框，可以调整各个窗格的大小。

7. 幻灯片编辑区

该区域是对幻灯片内容进行详细设计的区域，可以对单张幻灯片中的文字、图形、对象、配色、布局等进行加工处理。

8. 备注窗格

备注窗格可帮助用户添加与观众共享的演说者备注或信息，可以在演示时提示容易忘记的内容。如果需要在备注中添加图片，必须在备注视图中完成图片备注的添加。

9. 视图栏

视图栏中显示了多个视图按钮，单击不同的按钮，可以将幻灯片切换到不同的视图方式。

10. 状态栏

状态栏位于窗口的下边，用于显示当前演示文稿的相关信息，包括幻灯片总页数、当前幻灯片、输入法状态等。

11. 显示比例按钮和滑块

显示比例按钮和滑块在状态栏的右侧，用于设置当前幻灯片页面的显示比例。

6.2.3 PowerPoint 常用术语介绍

1. 演示文稿

用 PowerPoint 创建的文件称为演示文稿，一般演示文稿由很多页组成。

2. 幻灯片

演示文稿中的每一页称为幻灯片。

3. 占位符

幻灯片中的虚线框称为占位符，起到规划幻灯片结构的作用。

占位符分为文本占位符和内容占位符。文本占位符中有提示语，如“单击此处添加标题”等，用鼠标单击之后，提示语自动消失，如果输入信息，输入的信息会取代占位符提示语。内容（图表、表格、图片、剪贴画、媒体剪辑等）占位符有图片提示，单击相应图片，即可插入内容。

4. 幻灯片版式

幻灯片版式是 PowerPoint 2010 中的一种常规排版的格式，由占位符组成。通过占位符的个数和位置关系来设计幻灯片中文字和各种对象的排列方式，使幻灯片布局更加合理简洁。

5. 主题

主题是定义了格式的文件，包括背景、文本、表格、图表等对象的填充、配色方案等。

6. 幻灯片母版

幻灯片母版用于设置幻灯片的样式，可供用户设定标题文字、背景、属性等，只需在母版上更改一项内容就可应用于所有幻灯片。PowerPoint 2010 中有 3 种母版：幻灯片母版、讲义母版、备注母版。

6.3　PowerPoint 2010 演示文稿的基本操作

6.3.1　创建演示文稿

1. 创建空白演示文稿

创建空白演示文稿有以下几种方法。

（1）单击【文件】选项卡，选择其中的【新建】选项，将显示如图 6.2 所示的界面。

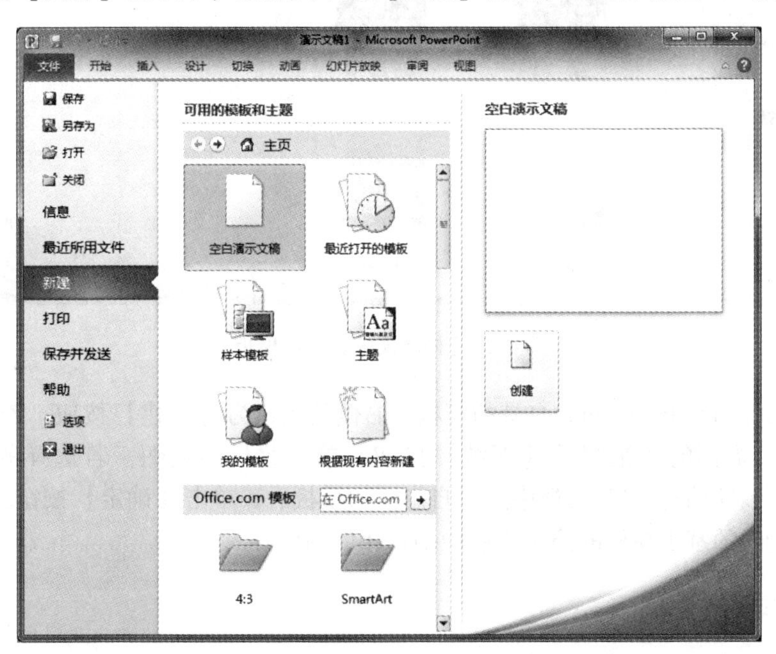

图 6.2　使用【文件】选项卡新建空白演示文稿

选择其中的【空白演示文稿】，双击鼠标或单击右侧下方的【创建】按钮。

（2）单击快速访问工具栏中的【新建】按钮，创建空白演示文稿。

（3）按组合键 Ctrl + N。

2. 创建基于模板的演示文稿

除了通用型的空白演示文稿模板之外，PowerPoint 2010 中还内置了多种演示文稿模板，如培训模板、相册模板、宣传手册模板等。另外，Office. com 网站还提供了会议类、动画类、图表类、信息工作者类等有特定功能的模板。借助这些模板，用户可以创建比较专业的 PowerPoint 2010 演示文稿。在 PowerPoint 2010 中使用模板创建演示文稿的步骤如下。

（1）单击【文件】选项卡，选择其中的【新建】选项，将显示如图 6. 2 所示的界面。

（2）选择【样本模板】，在其中选择一种内置的模板，如【培训】【现代型相册】等，如图 6. 3 所示。如果存在自定义的模板，可以选择【我的模板】，或者选择【Office. com 模板】中的某一类模板。

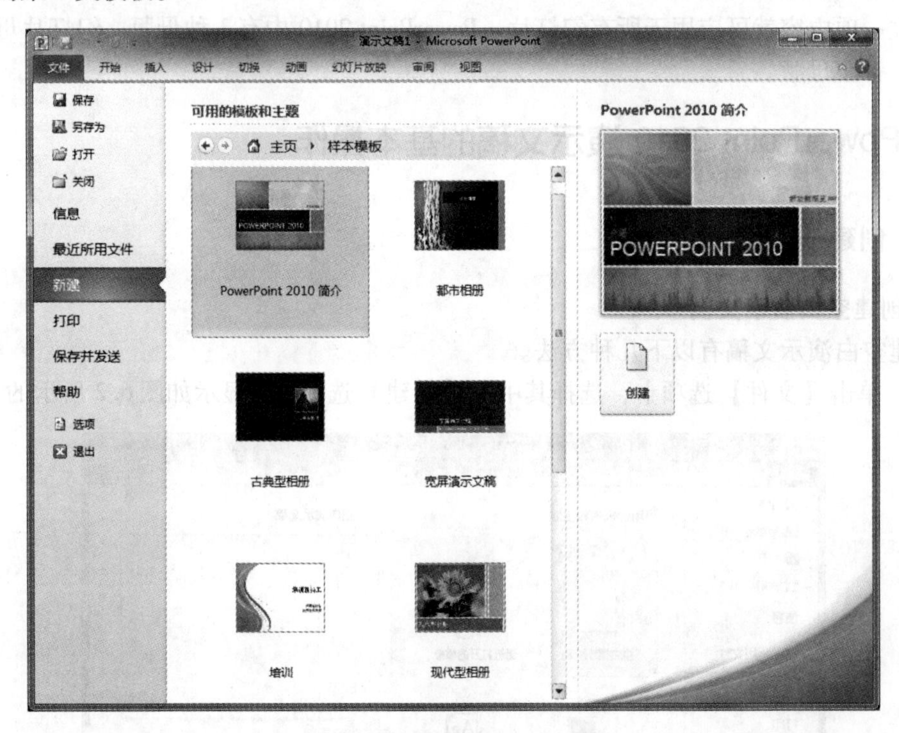

图 6. 3 【样本模板】中的模板

（3）若选择的是 PowerPoint 自带的模板，右侧的按钮为【创建】按钮；若选择的是 Office. com 模板，右侧的按钮则是【下载】按钮，单击此处的按钮。若选择的是【我的模板】，则会弹出对话框，在对话框中选择自定义的模板后，单击【确定】按钮。

（4）在创建的基于模板的演示文稿中编辑相应的内容。

6. 3. 2 保存演示文稿

1. 保存演示文稿可以采用以下几种方法

（1）单击【文件】选项卡，选择【保存】选项。

（2）单击快速访问工具栏中的【保存】按钮。

（3）按组合键 Ctrl + S。

PowerPoint 2010 文件保存后的扩展名是“. pptx”，也可以保存为 97—2003 版本的文件格式。

2. 演示文稿的加密保护

演示文稿加密保护的主要目的是防止其他用户随意打开或修改演示文稿。设置密码保护的方法及步骤如下。

（1）单击【文件】选项卡，选择其中的【信息】选项，将显示如图 6. 4 所示的界面。

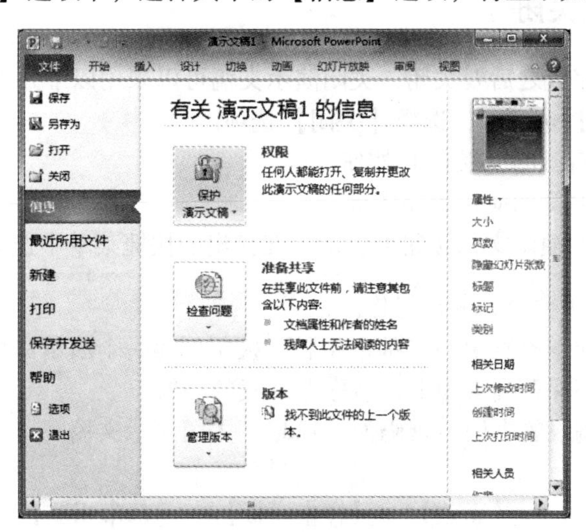

图 6. 4　单击【文件】选项卡的【信息】选项

（2）单击【保护演示文稿】按钮，将弹出下拉菜单。

（3）选择下拉菜单中的【用密码进行加密】选项，将弹出如图 6. 5 所示的【加密文档】对话框，在【密码】文本框中输入密码。

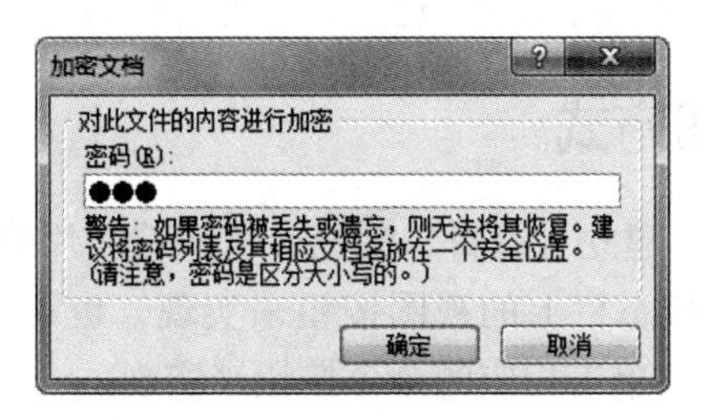

图 6. 5　【加密文档】对话框

（4）单击【确定】按钮，系统会要求重新输入密码，输入相同的密码，单击【确定】按钮即可。

设置了密码的演示文稿，被关闭之后再次打开时系统会要求输入打开密码，只有密码输入正确之后文件才可以被打开，所以对文档加密可以起到保护演示文稿的作用。

6. 3. 3　演示文稿的打开

打开已存在的演示文稿可以采用以下几种方法。

（1）单击【文件】选项卡，选择【打开】选项，弹出【打开】对话框，在对话框中选择要打开的文件，单击【打开】按钮。

（2）单击快速访问工具栏中的【打开】按钮。

（3）按组合键 Ctrl + O 或 Ctrl + F12。

（4）如果要打开的是最近访问过的演示文稿，可以单击【文件】选项卡，选择【最近所用文件】选项，在显示的界面中单击要打开的演示文稿。

6.3.4 演示文稿的关闭

演示文稿在编辑完成之后要关闭，关闭演示文稿可以采用以下几种方法。

（1）单击【文件】选项卡，选择【关闭】选项。

（2）单击标题栏右侧的【关闭】按钮。

（3）双击标题栏左侧的应用程序图标。

（4）在任务栏中的演示文稿按钮上右击，在弹出的快捷菜单中选择【关闭】选项。

实例 6.1：按如下要求，完成操作。

（1）使用系统样本模板中的“都市相册”模板创建一个演示文稿。

（2）将演示文稿保存到桌面上，名称为“我的相册”。

（3）为演示文稿设置密码，密码为“123”，关闭演示文稿。

操作方法：

（1）单击【文件】→【新建】→【样本模板】→【都市相册】→【创建】按钮。

（2）单击【文件】→【保存】选项，在弹出的对话框中输入文件名称“我的相册”，并将保存位置设置为桌面，单击【保存】按钮。

（3）单击【文件】→【信息】→【保护演示文稿】按钮，在下拉列表中选择【用密码进行加密】选项，然后在【加密文档】对话框输入密码“123”，再确认密码“123”，单击【确定】按钮。单击标题栏右侧的【关闭】按钮，关闭演示文稿。

6.4 演示文稿的视图方式

PowerPoint 2010 为了满足建立、编辑、浏览、放映幻灯片的需要，提供了多种视图。各种视图之间的切换可以通过状态栏上的视图按钮来实现，也可以通过在【视图】选项卡中的【演示文稿视图】选项组中单击相应的命令按钮来实现。

1. 普通视图

普通视图是 PowerPoint 2010 默认的视图。该视图中，界面由三个部分组成：幻灯片/大纲窗格、备注窗格和幻灯片编辑区，如图 6.6 所示。

2. 备注页视图

若要为幻灯片添加文本备注，可以在备注窗格中添加，但是要设置备注文本格式或添加图片、图形、图表等备注信息，需要切换到备注页视图。在备注页中设置的格式和添加的图片、图形、图表等对象在普通视图中不显示。在备注页视图中，页面的上方会显示与备注信息框大小相同的幻灯片缩略图，若要扩展备注空间，可以将幻灯片缩略图删除。备注页视图的显示方式如图 6.7 所示。

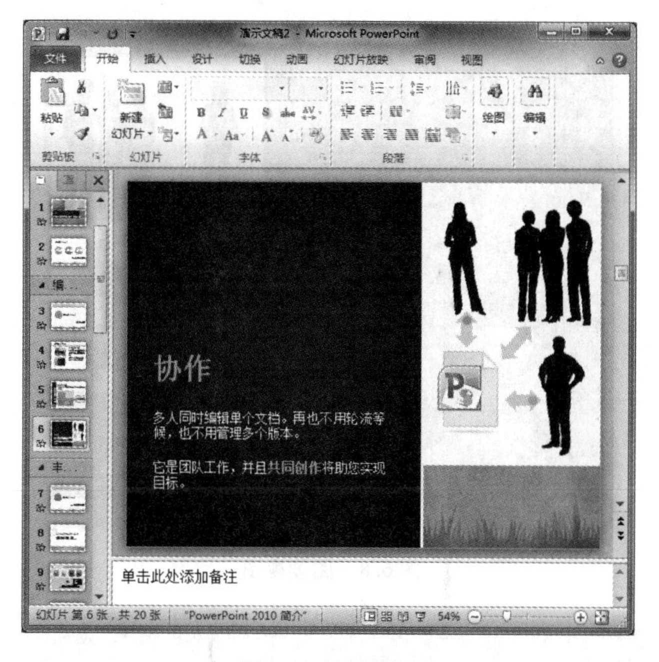

图 6.6 普通视图

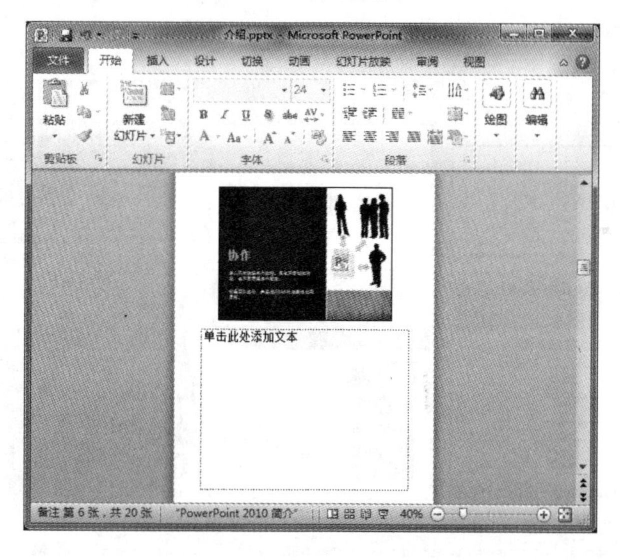

图 6.7 备注页视图

3. 阅读视图

阅读视图是幻灯片的预播放状态。在幻灯片编辑过程中，可以随时用阅读视图预览每张幻灯片设计的效果，以便进一步修改。阅读视图的显示方式如图 6.8 所示。

4. 幻灯片浏览视图

在此视图中，同一界面中将显示整个演示文稿所有的幻灯片。这些幻灯片是以缩略图的方式显示的，可以清楚地看到所有幻灯片的排列顺序和前后搭配效果。同时，在该视图下可以对选择的幻灯片进行幻灯片切换设置，并可以预览幻灯片中的动画效果，还可以在幻灯片浏览视图中添加节，并按不同的类别或节对幻灯片进行排序。该视图显示方式如图 6.9 所示。

图 6.8　阅读视图

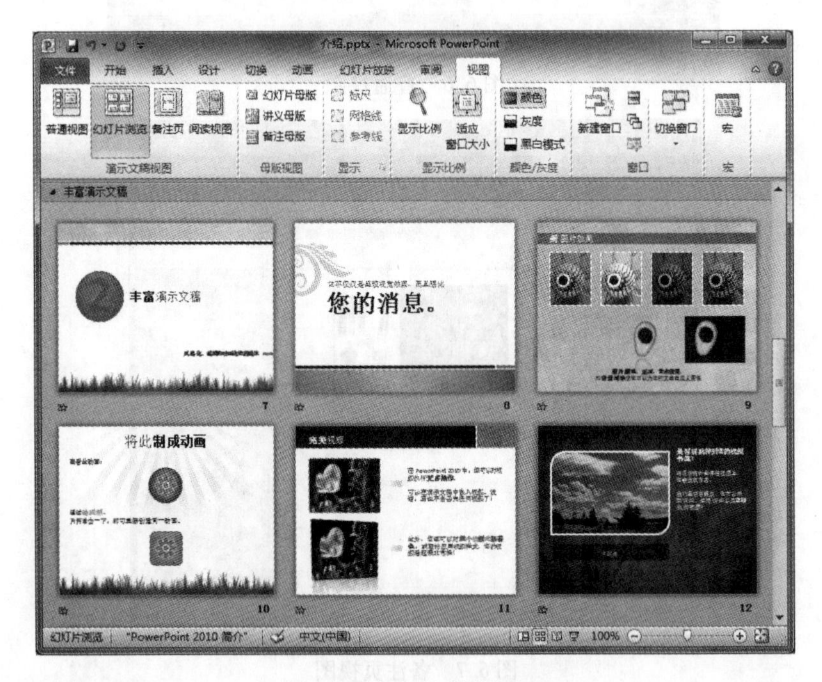

图 6.9　幻灯片浏览视图

5. 幻灯片放映视图

在排练演示文稿时，幻灯片放映视图能够清晰地展示最终成果。在幻灯片放映视图中，幻灯片以全屏的方式显示，可以按 Page Up 或 Page Down 键翻页或单击幻灯片翻页。

在该视图方式下，用户可以浏览每张幻灯片的动画效果及切换效果，如果不满意，可按 Esc 键退出幻灯片放映状态并进行修改。单击【幻灯片放映】按钮，即可进入幻灯片放映视图中。

快捷键：按 F5 键，将从第一张幻灯片开始播放；按 Shift + F5 组合键，将从当前幻灯片开始播放。

实例 6.2：按如下要求，完成操作。

（1）打开桌面上在“实例 6.1”中创建的演示文稿“我的相册”。

（2）分别切换到备注页视图、幻灯片浏览视图、阅读视图查看幻灯片的状态。

（3）放映幻灯片，播放幻灯片。

操作方法：

（1）在桌面找到演示文稿“我的相册”，双击该文件的图标。

（2）单击【视图】选项卡，在【演示文稿视图】选项组中单击【备注页】按钮，即进入备注页视图，单击【幻灯片浏览】按钮，即进入幻灯片浏览视图，单击【阅读视图】按钮，即进入阅读视图。

（3）单击视图栏中的【幻灯片放映】按钮，进入放映状态，通过单击鼠标的方法换页播放。

6.5 PowerPoint 2010 窗口设置

在制作演示文稿时，为了方便编辑幻灯片中的对象或随时检验幻灯片的设计效果，常常需要对各个窗口进行缩放处理，或者需要利用网格线、参考线、标尺等来控制对象之间的大小和位置关系。

6.5.1 幻灯片的缩放

在设计幻灯片时，如果要看清幻灯片中各对象的细节，可以将幻灯片放大；若要查看幻灯片的整体效果，而幻灯片在窗口中没有完全显示，可以将幻灯片缩小。PowerPoint 2010 提供了缩放幻灯片的功能。

幻灯片的缩放可以通过以下方法实现。

1. 通过【显示比例】对话框来设置

单击【视图】选项卡中【显示比例】选项组中的【适应窗口大小】按钮来自动调整显示比例，使幻灯片充满窗口，或单击【显示比例】按钮，弹出如图 6.10 所示的【显示比例】对话框，在该对话框中选择合适的比例，单击【确定】按钮。

2. 通过状态栏右侧的显示比例滑块来设置

状态栏右侧的显示比例滑块如图 6.11 所示。用鼠标拖动显示比例滑块，幻灯片会随之改变大小，在滑块左侧会显示当前设置的显示比例值，达到合适比例放开鼠标即可。单击最

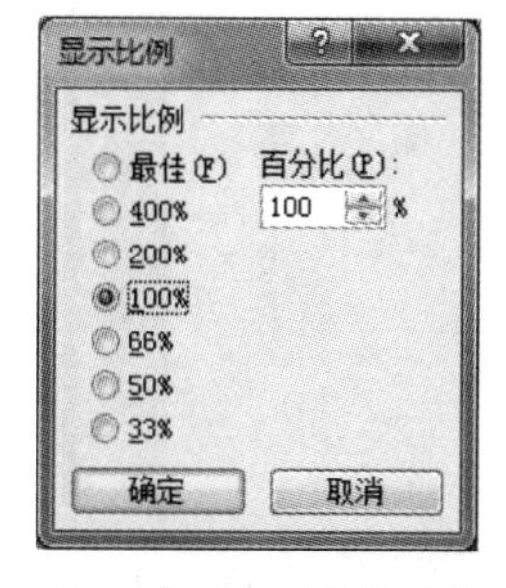

图 6.10 【显示比例】对话框

图 6.11 显示比例滑块

右侧的按钮，可以设置最佳比例。

6.5.2 标尺

不像 Word 2010，PowerPoint 2010 默认情况下是不显示标尺的。PowerPoint 中的标尺是很有用的工具，在编辑幻灯片时，标尺可帮助用户更准确地放置对象或设置文本对齐方式。在 PowerPoint 2010 中显示幻灯片编辑区的标尺可以通过以下方法实现。

在【视图】选项卡的【显示】选项组中有一个【标尺】复选框，用鼠标选中该选项，即可显示标尺；若要隐藏标尺可以再次单击此【标尺】复选框。标尺仅在【普通视图】和【备注页视图】中可用。

垂直标尺是可选的。要禁用垂直标尺，同时保留水平标尺，可单击【文件】→【选项】按钮，在弹出的【PowerPoint 选项】对话框中单击【高级】选项，在【显示】区域中单击【显示垂直标尺】复选框（使复选框中√消失），如图 6.12 所示。

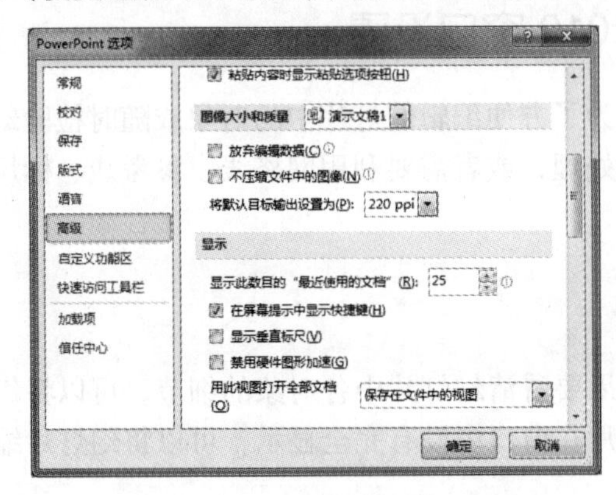

图 6.12 【PowerPoint 选项】对话框

6.5.3 网格线

网格线是不会打印出来的虚线，是不可移动、不可改变的。网格线的主要作用是为形状、图片等幻灯片对象服务的，可以利用网格线调整形状和图片的大小，也可以据此调整形状和图片的位置及对齐效果。设置了网格线的幻灯片效果如图 6.13 所示。

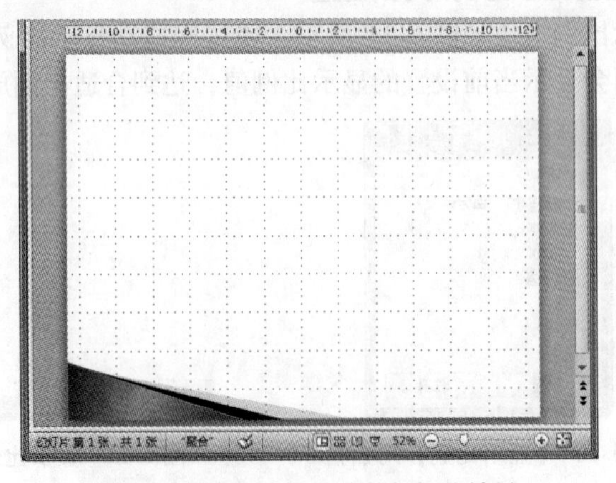

图 6.13 设置了网格线的幻灯片效果

在 PowerPoint 2010 中显示或隐藏网格线可以采用以下方法。

（1）按 Shift + F9 组合键。

（2）在【视图】选项卡的【显示】选项组中选中或清除【网格线】复选框。

（3）单击【开始】选项卡中【绘图】选项组中的【排列】按钮，在弹出的下拉菜单中单击【对齐】→【查看网格线】选项。

可以设置网格线的选项，包括对象是否对齐网格、网格是否可见、网格间距。网格线选项的设置方法如下。

（1）在【开始】选项卡的【绘图】选项组中，单击【排列】→【对齐】→【网格设置】选项，或右击幻灯片背景，并选择【网格和参考线】选项，此时将打开【网格线和参考线】对话框，如图 6.14 所示。

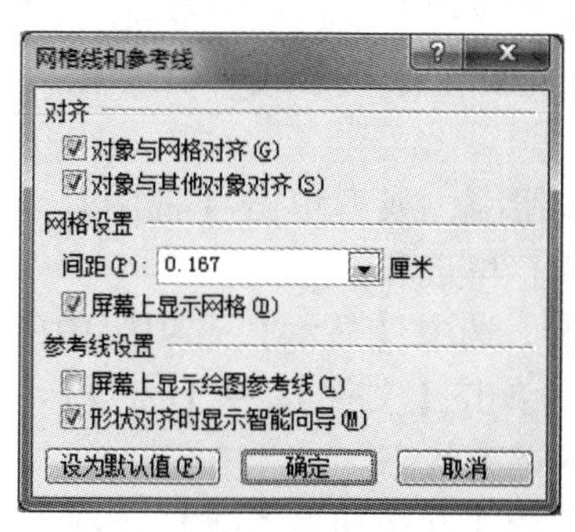

图 6.14 【网格线和参考线】对话框

（2）在【对齐】区域中，选中或清除以下复选框。

【对象与网格对齐】：指定对象是否自动移动并与网格对齐。

【对象与其他对象对齐】：指定对象是否自动移动并与其他对象对齐。

（3）在【网格设置】区域中，输入所需的网格线间距数或选择下拉选项。

（4）选中或清除【屏幕上显示网格】复选框，显示或隐藏网格。（注意：即便不显示网格，也可使对象与网格对齐）

（5）单击【确定】按钮。

6.5.4 参考线

参考线与网格线类似，差别在于网格线主要用于调整图形、图片等对象的大小，而参考线主要用于形状和图片的排列。某一系列的形状和图片是可以依据某一条参考线统一排列的（如以该参考线为基准向左对齐），而参考线又是可以灵活复制、删除或移动的。此外，参考线还可以作为版面比例划分的工具。无论是将页面按黄金分割比例进行划分，还是将页面等分为若干份，都能够用参考线轻易做到。这就给 PPT 的排版带来极大的便利。

在 PowerPoint 2010 中显示或隐藏参考线可以采用以下方法。

（1）按 Alt + F9 组合键。

（2）在【视图】选项卡的【显示】选项组中选中或清除【参考线】复选框。

（3）在图 6.14 所示的对话框中选中或清除【屏幕上显示绘图参考线】复选框。

参考线的复制、删除和移动的方法如下。

（1）参考线的复制：按住 Ctrl 键，用鼠标拖动幻灯片中已有的参考线，即可复制出一条参考线。

（2）参考线的删除：用鼠标拖动要删除的参考线，一直拖到幻灯片区域外，即可删除。

（3）参考线的移动：用鼠标拖动要移动的参考线，此时鼠标处会出现一个数值，表示参考线在标尺上的位置，到达目标位置放开鼠标即可完成移动操作。

实例 6.3：打开 PowerPoint 2010，在新建的演示文稿中完成下列操作。

（1）设置幻灯片的显示比例为最佳比例。

（2）显示网格线和水平标尺，隐藏垂直标尺。

（3）取消网格线，显示参考线，并删除幻灯片上已有的占位符。

（4）复制出 2 条水平参考线和 2 条垂直参考线。

（5）分别删除 1 条水平参考线和 1 条垂直参考线。

（6）调整剩余参考线，将幻灯片平均分成 9 个区域。

操作方法：

（1）单击状态栏右侧的按钮⊡，或者单击【视图】→【显示比例】按钮，在【显示比例】对话框中选中【最佳】单选项。

（2）单击【视图】选项卡，选中【显示】选项组中的【标尺】和【网格线】复选框，若窗口显示了垂直标尺，单击【文件】→【选项】→【高级】选项，在【显示】区域取消【显示垂直标尺】的选中状态。

（3）右击幻灯片背景，选择【网格和参考线】选项，在弹出的【网格线和参考线】对话框中，取消“网格线”，选中“参考线”。选择占位符，按 Delete 键删除占位符。

（4）将鼠标指向参考线，按 Ctrl 键的同时拖动鼠标即复制参考线。

（5）将要删除的参考线用鼠标拖动到幻灯片区域外即可删除。

（6）用鼠标拖动参考线，参考线上会显示坐标值，通过坐标值将幻灯片编辑区平均分为 9 个区域。

6.6 制作幻灯片

在熟悉了 PowerPoint 2010 的工作界面并了解了 PowerPoint 2010 的基础知识后，就可以开始创建并编辑幻灯片了。

6.6.1 编辑幻灯片

编辑幻灯片包括在演示文稿中插入、选择、复制、移动、删除幻灯片等操作。

1. 插入新幻灯片

插入新幻灯片可以采用如下方法来实现。

（1）在幻灯片/大纲窗格中选择要插入幻灯片的位置，按回车键，或单击鼠标右键并在弹出的菜单中选择【新建幻灯片】选项。

（2）单击【开始】选项卡中【幻灯片】选项组中的【新建幻灯片】按钮。

2. 幻灯片版式设置

在幻灯片编辑窗格中显示的幻灯片为当前幻灯片，用户可根据需要选择不同的版式，设计幻灯片中各对象的布局，并在相应的占位符中输入文本或插入图片等对象。

设置幻灯片版式的具体操作步骤如下。

（1）选择要设置版式的幻灯片。

（2）在【开始】选项卡的【幻灯片】选项组中单击 版式 按钮，弹出幻灯片版式列表框，如图 6.15 所示。

（3）在列表中选择用户所需的版式，如选择【比较】版式，幻灯片效果如图 6.16 所示。

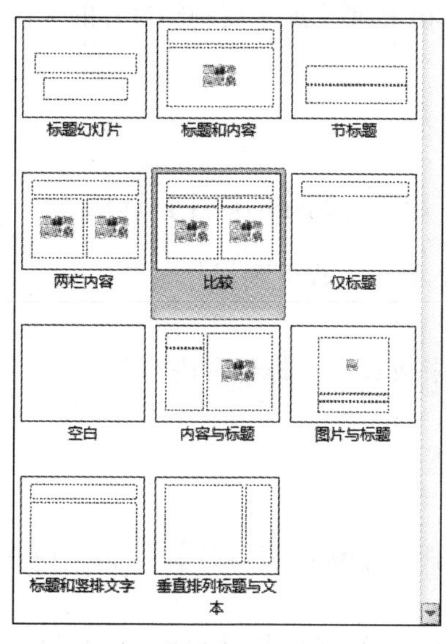
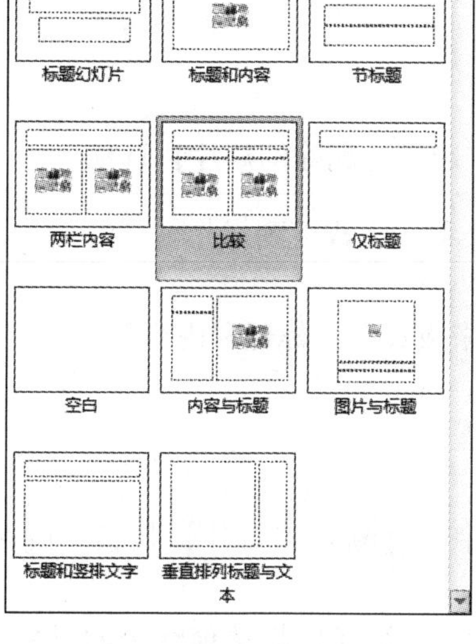

图 6.15　幻灯片版式列表框

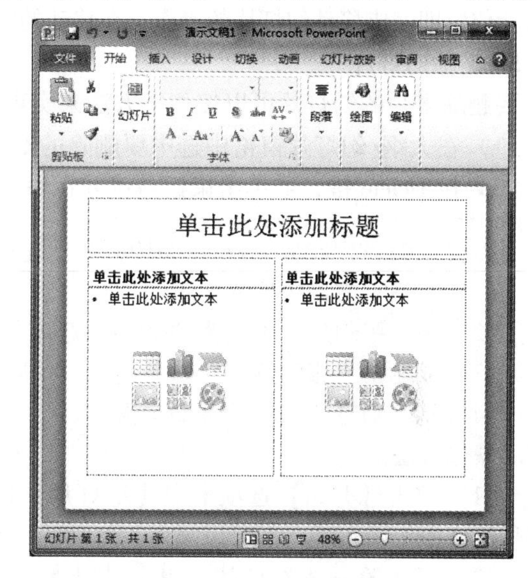

图 6.16　【比较】版式

在图 6.16 所示的幻灯片中，按文字提示在出现的占位符中输入文字或单击占位符中的图标完成对象的添加。

3. 选中幻灯片

选中幻灯片包括选中单张幻灯片和选中多张幻灯片两种。

1）选中单张幻灯片

在幻灯片/大纲窗格中单击要选中的幻灯片，即可选中该幻灯片。被选中的幻灯片边框线条将变色并加粗，此时用户可以对幻灯片进行编辑。

2）选中多张幻灯片

（1）在幻灯片/大纲窗格中选中一张幻灯片，然后按住 Shift 键，再按键盘中的“↑”或“↓”方向键，可以选中相邻的多张幻灯片。

（2）在幻灯片/大纲窗格中选中一张幻灯片，然后按住 Shift 键，再单击另一张幻灯片，可以同时选中两张幻灯片之间的所有幻灯片。

（3）在幻灯片/大纲窗格中选中一张幻灯片，然后按住 Ctrl 键，再单击其他幻灯片，可以同时选中不连续的多张幻灯片。

（4）按 Ctrl + A 组合键可选中所有的幻灯片。

4. 复制和移动幻灯片

复制和移动幻灯片的具体操作步骤如下。

（1）选中一张或多张幻灯片。

（2）在【开始】选项卡的【剪贴板】选项组中单击【复制】按钮，或按组合键 Ctrl + C，或单击鼠标右键并在快捷菜单中选择【复制】选项，即将幻灯片复制到剪贴板中；如果要移动幻灯片，单击【剪贴】按钮，或者按组合键 Ctrl + X，或单击鼠标右键并在快捷菜单中选择【剪切】选项，即将幻灯片移动到剪贴板中。

（3）单击要插入幻灯片的位置，再单击【粘贴】按钮，或按组合键 Ctrl + V，即可完成幻灯片的复制或者移动操作。

技巧：可以用鼠标拖动的方式来复制和移动幻灯片。在选中幻灯片后，用鼠标拖动幻灯片到目标位置即完成移动幻灯片的操作，在移动的同时按 Ctrl 键则完成了复制幻灯片的操作。

5. 删除幻灯片

要删除多余的幻灯片可以按如下方法来实现。

（1）在大纲/幻灯片窗格中选中要删除的幻灯片。

（2）按 Delete 键，或单击鼠标右键并在快捷菜单中选择【删除幻灯片】选项。

实例 6.4：打开 PowerPoint 2010，在新建的演示文稿中完成下列操作。

（1）在演示文稿中插入 2 张幻灯片。

（2）第一张幻灯片版式为“标题幻灯片”，第二张版式为“标题和内容”。

（3）复制第二张幻灯片，粘贴到第二张后面。

（4）练习幻灯片的移动和删除操作。

操作方法：

（1）单击【开始】选项卡中【幻灯片】选项组中的【新建幻灯片】按钮，或在幻灯片窗格中按回车键，都可以插入幻灯片。

（2）选中第一张幻灯片，单击【开始】选项卡中【幻灯片】选项组中的【版式】按钮，在下拉列表中选择“标题幻灯片”，按相同的方法设置第二张幻灯片版式为“标题和内容”。

（3）选择第二张幻灯片，依次按 Ctrl + C 和 Ctrl + V 组合键，或按住 Ctrl 键的同时用鼠标拖动幻灯片。

（4）用鼠标指向要移动的幻灯片，将其拖动到目标位置后放开鼠标即可完成移动。选中要删除的幻灯片并按 Delete 键，即可完成删除操作。

6.6.2 幻灯片中对象的添加

在 PowerPoint 2010 中，可以向幻灯片中添加多种对象，如文本、图片、图形、SmartArt 图形、艺术字、图表、表格、媒体剪辑等。

1. 文本的输入

文本在演示文稿中最为常用。在幻灯片中输入文本有两种方式，即在文本框中输入和在占位符中输入。

在文本框中输入文本的具体操作步骤如下。

（1）单击【插入】选项卡中【文本】选项组中的【文本框】按钮。

（2）在下拉列表中选择【横排文本框】或【垂直文本框】选项。

（3）在幻灯片要输入文本的位置，单击鼠标或用鼠标拖拽出一个矩形框，便出现一个可以输入文本的文本框，文本框中显示文本的输入提示符。

（4）在该文本框中输入相应的文本即可。

在占位符中输入文本的具体操作方法如下。

(1) 用鼠标单击提示输入文本的占位符，占位符中即出现输入光标，此时直接在占位符中输入文本内容。

(2) 输入完成后，单击占位符以外的任意位置，可使占位符的边框消失。

为了使整个幻灯片美观，根据文本内容的不同，用户可以使用不同的字体、字号，以使演示文稿变得生动活泼。设置文本字体格式的具体操作步骤如下。

(1) 用鼠标选中要设置格式的文本。

(2) 在选中的文本上单击鼠标右键，选择【字体】选项，弹出【字体】对话框，在该对话框中完成文本格式设置，或使用【开始】选项卡中【字体】选项组中的命令按钮完成文本格式的设置，具体设置方法与 Word 2010 中的设置方法相同。

2. 插入图片

图片是幻灯片中不可缺少的组成元素，它可以形象、生动地表达作者的意思。在 PowerPoint 2010 中，不仅可以插入剪贴画，还可以插入来自文件的图片。

插入来自文件的图片的具体操作步骤如下。

(1) 单击【插入】选项卡中【图像】选项组中的【图片】按钮，弹出【插入图片】对话框，如图 6. 17 所示。

(2) 在该对话框中选择要插入的图片，单击【插入】按钮，即可将图片插入到幻灯片中。

3. 插入剪贴画

在幻灯片中插入剪贴画的具体操作步骤如下。

(1) 在【插入】选项卡的【图像】选项组中单击【剪贴画】按钮，打开【剪贴画】任务窗格。

(2) 在【搜索文字】文本框中输入要搜索的图片的关键字，如输入“办公用品”，单击【搜索】按钮，系统将自动搜索所需的剪贴画，如图 6. 18 所示。

图 6. 17 【插入图片】对话框

图 6. 18 【剪贴画】任务窗格

(3) 在合适的剪贴画上双击鼠标即可。

PowerPoint 2010 中图片的编辑方法与 Word 2010 中图片的编辑方法相同。

4. 插入艺术字

艺术字是以制作者输入的普通文字为基础，通过添加阴影及改变文字的大小和颜色等，把文字变成多种预定义的形状，用来突出和美化这些文字。PowerPoint 可以利用艺术字功能创建鲜明的标志或标题。艺术字在幻灯片上是作为一个对象存在的，可以对它进行移动、复制、删除或调整它的大小、位置、形状等操作。

插入及编辑艺术字的具体操作步骤如下。

(1) 选择要插入艺术字的幻灯片。

(2) 单击【插入】选项卡中【文本】选项组中的【艺术字】按钮，将弹出【艺术字样式】下拉列表，在列表中选择一个样式后单击鼠标，幻灯片上将出现一个带有提示文字“请在此放置您的文字”的文本框。

(3) 在文本框中输入文字，同时会激活【绘图工具】及其【格式】选项卡。

(4) 利用【格式】选项卡中的工具对艺术字效果进行设置。

实例 6.5：按下列要求完成艺术字和图片的插入及编辑操作。

(1) 新建一个演示文稿，插入 2 张幻灯片，幻灯片版式为“空白”。

(2) 在第一张幻灯片中插入艺术字，内容为“生态保护和建设”，并将字体设置为“楷体、加粗、48 号”。插入自然类图片，效果如样张 6.1A 所示。

(3) 在第二张幻灯片中插入艺术字及一幅动物图片，去除图片背景，如样张 6.1B 所示。

操作方法：

(1) 打开 PowerPoint 2010，单击【开始】→【新建幻灯片】按钮，或在幻灯片窗格中按回车键，都可以插入幻灯片。单击【幻灯片】选项组中的【版式】按钮，在版式列表中选择“空白”版式。

(2) 选中第一张幻灯片，单击【插入】→【艺术字】按钮，在文本框中输入“生态保护和建设”，然后在【格式】选项卡中设置字体、字号。单击【插入】→【图片】按钮，在弹出的对话框中选中图片并单击【插入】按钮，在【图片工具】下的【格式】选项卡中设置图片格式。

(3) 按上述方法插入艺术字和图片，选中图片，单击【格式】选项卡中的【删除背景】按钮。

样张 6.1

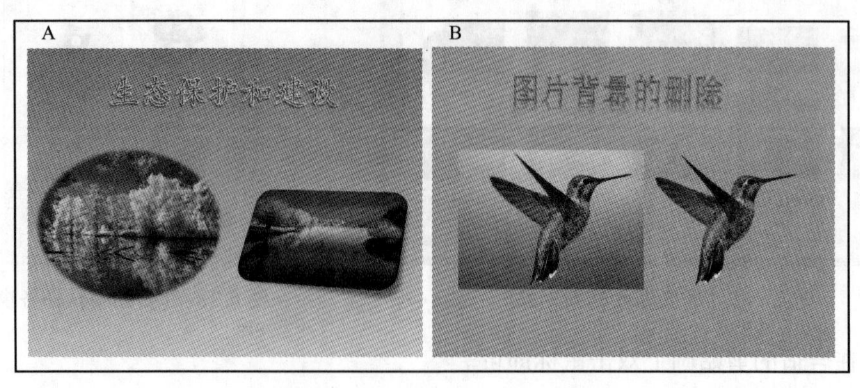

5. 插入形状和 SmartArt 图形

PowerPoint 2010 提供了功能强大的绘图工具，利用绘图工具可以绘制各种形状，这对于需要绘制图形的幻灯片设计来说十分方便。同时 PowerPoint 2010 还提供了 SmartArt 图形，既专业又精美，操作起来也很简单。

插入形状的具体操作步骤如下。

（1）选择要插入形状的幻灯片。

（2）单击【插入】选项卡中【插图】选项组中的【形状】按钮，将弹出【形状】下拉列表。

（3）选择一个形状，在幻灯片上用鼠标拖动的方法或单击鼠标即在幻灯片中插入了一个形状对象。

（4）选择添加的形状，单击【格式】选项卡中的工具可以对形状进行各种编辑。

插入 SmartArt 图形的具体操作步骤如下。

（1）选择要插入形状的幻灯片。

（2）单击【插入】选项卡中【插图】选项组中的【SmartArt】按钮，将弹出【选择 SmartArt 图形】对话框。

（3）选择一种图形类型，在对话框中间部分选择该类型的一种布局，单击【确定】按钮，幻灯片上就插入了一个带有图形和文字提示的 SmartArt 图形。

（4）按文字提示输入文字。

（5）选择添加的 SmartArt 图形，会激活【SmartArt 工具】及其【设计】和【格式】选项卡，如图 6.19 和图 6.20 所示。单击【设计】选项卡，可以增加形状的个数，更改形状的颜色及布局等；单击【格式】选项卡可以更改形状，以及设置形状的样式、填充、轮廓、效果等。

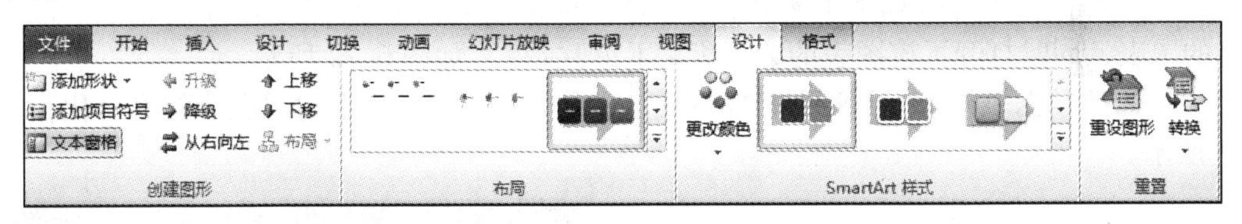

图 6.19 【SmartArt 工具】的【设计】选项卡

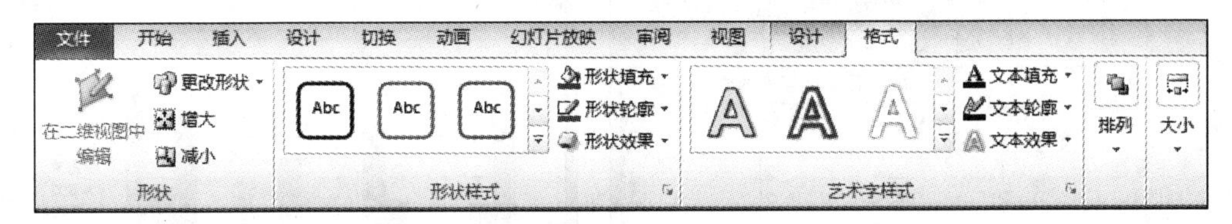

图 6.20 【SmartArt 工具】的【格式】选项卡

6. 插入表格

在幻灯片中插入表格的方法如下。

（1）单击【插入】选项卡中【表格】选项组中的【表格】按钮，在弹出的下拉列表中选择相应的选项。

（2）如果幻灯片中有内容占位符，占位符中会显示插入表格的图标，单击【表格】图标，将弹出【插入表格】对话框，在对话框中输入行数和列数，再单击【确定】按钮，也可在幻灯片中插入表格。

提示：选择表格后，在功能区将出现【表格工具】的【设计】和【布局】选项卡，在其中可以对表格的样式、类型、颜色、背景等进行具体设置。

7. 插入图表

如果向观众展示的是数据信息，则用图表来描述数据之间的大小关系、变化趋势等更直观，更易于理解。

在幻灯片中插入图表的操作方法如下。

（1）单击【插入】选项卡中【插图】选项组中的【图表】按钮，或在占位符中单击【插入图表】图标，将弹出【插入图表】对话框，如图 6.21 所示。

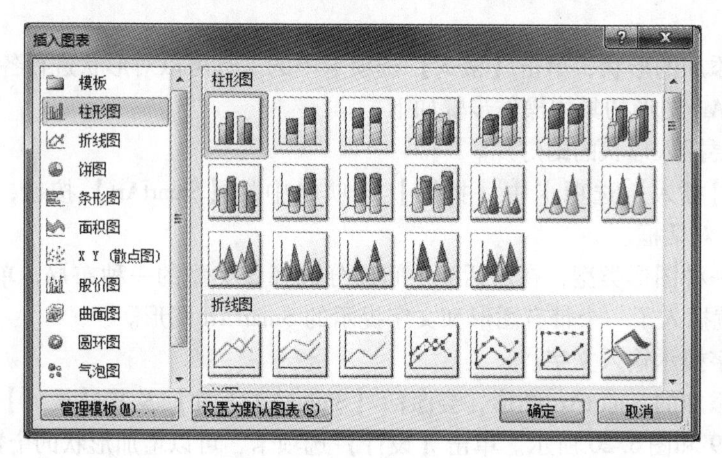

图 6.21 【插入图表】对话框

（2）选择图表类型（如选择簇状柱形图），单击【确定】按钮。此时幻灯片中将显示创建的图表，同时打开了该图表的数据表格 Excel 文件，如图 6.22 所示。

（3）修改数据表格 Excel 文件中的字段和数据信息，幻灯片中的图表会随之变化，如图 6.23 所示。

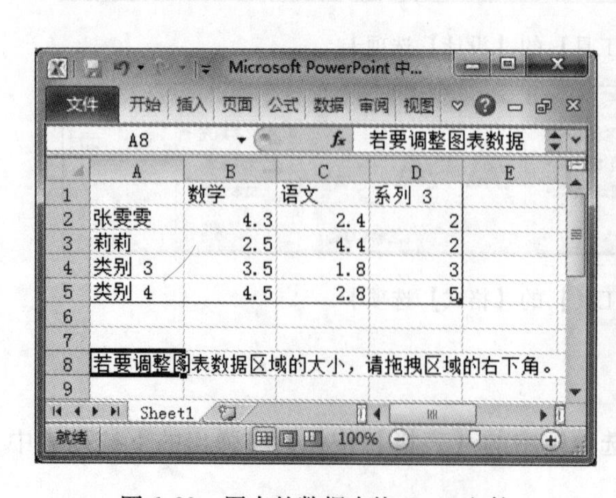

图 6.22 图表的数据表格 Excel 文件

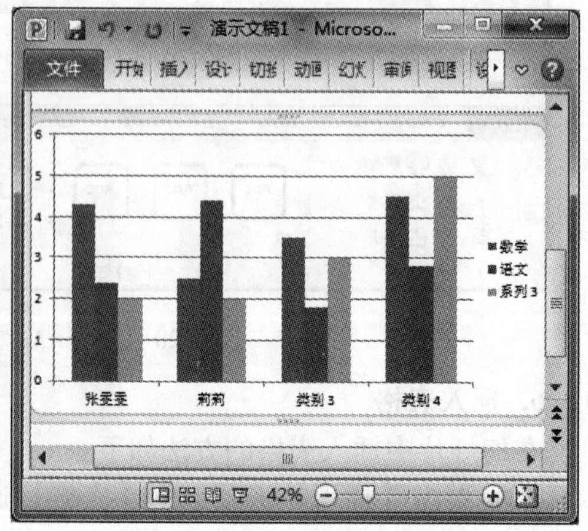

图 6.23 编辑了数据后的图表

选择幻灯片中插入的图表后，会激活【图表工具】下的【设计】【布局】和【格式】选项卡，利用选项卡中的命令按钮可以对图表进行编辑，具体操作方法与 Excel 2010 中图表的编辑方法相同。

8. 插入声音

在演示文稿中插入声音对象，可以使得演示文稿更加富有感染力。在幻灯片中插入并编辑声音的具体操作步骤如下。

(1) 单击【插入】选项卡中【媒体】选项组中的【音频】按钮，将弹出下拉列表，如图 6.24 所示。

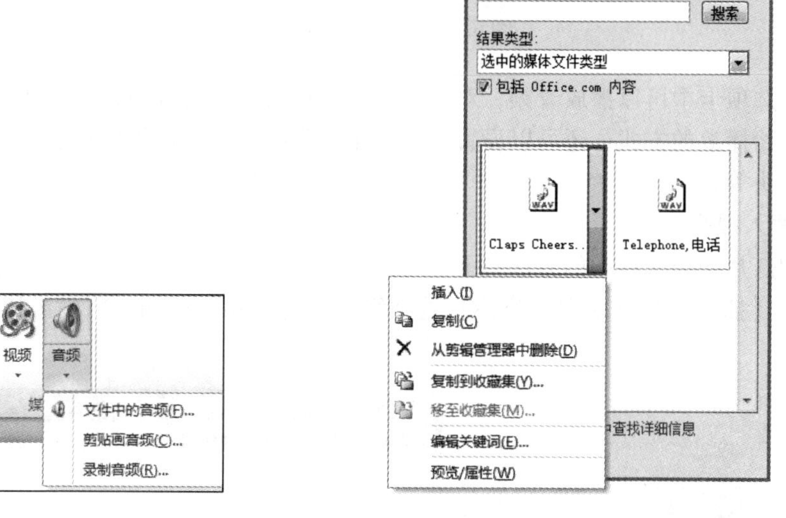

图 6.24 【音频】下拉列表　　图 6.25 【剪贴画】窗格

(2) 如果选择【文件中的音频】选项，将弹出【插入音频】对话框，在对话框中选择文件，单击【插入】按钮，声音文件就会插入到幻灯片中；如果选择【剪贴画音频】选项，则弹出【剪贴画】窗格，并显示剪辑管理库中的音频剪辑文件，如图 6.25 所示，将鼠标指向要插入的音频剪辑文件，单击右侧的下三角按钮，单击【插入】选项，音频剪辑文件就被插入到幻灯片中；如果选择【录制音频】选项，则弹出【录音】对话框，如图 6.26 所示，准备好录音设备，单击红色的【录音】按钮，开始录音，此时，中间的【停止】按钮被激活并呈蓝色，单击【停止】按钮，录音结束，录制的音频将插入到幻灯片中。音频添加到幻灯片后会显示一个喇叭形状的图标，如图 6.27 所示。

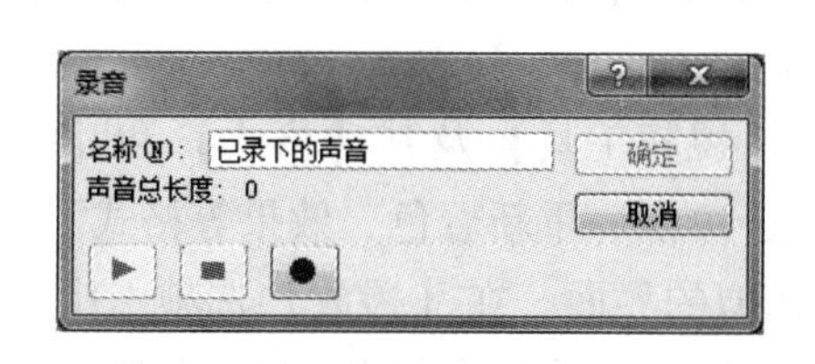

图 6.26 【录音】对话框

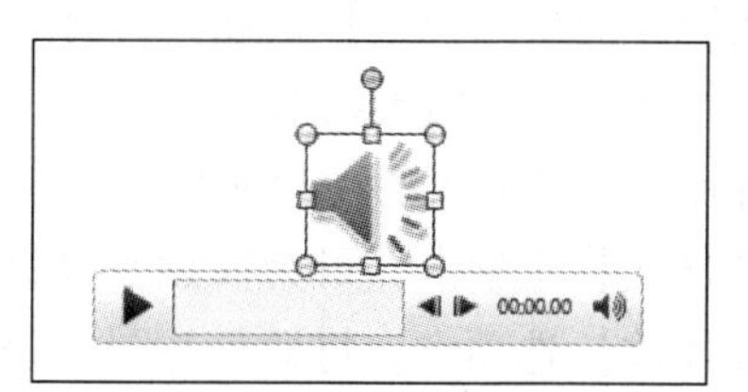

图 6.27　音频图标

(3) 若要编辑音频，选中音频图标会激活【音频工具】及其【格式】和【播放】选项卡，单击【格式】选项卡，可为音频图标设置格式。格式选项卡中的按钮及按钮功能与图片的相同。

选中音频图标后，单击【播放】选项卡，将显示如图 6.28 所示的界面。

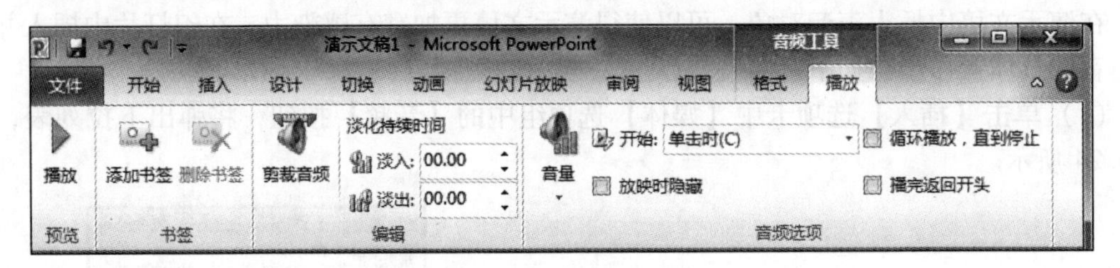

图 6.28 音频的【播放】选项卡

在该选项卡中可以播放音频，对插入音频进行剪裁，设置声音淡入和淡出时间、音量的大小、开始播放的方式，还可以设置放映时是否隐藏图标、是否循环播放音频、播放完后是否返回开头等。

9. 插入视频

在幻灯片中插入视频的方法如下：

单击【插入】选项卡中【媒体】选项组中的【视频】按钮，将弹出如图 6.29 所示的下拉列表。

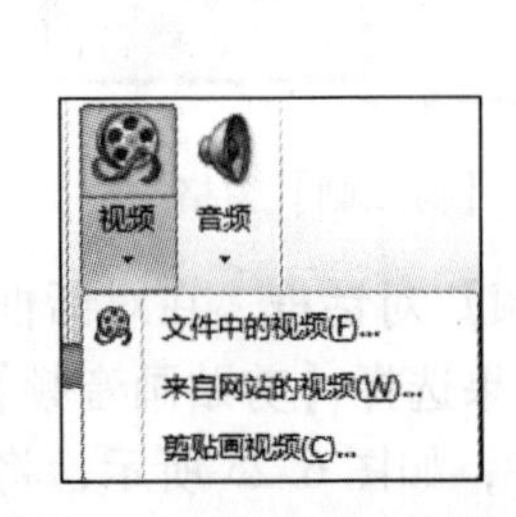

图 6.29 【视频】下拉列表

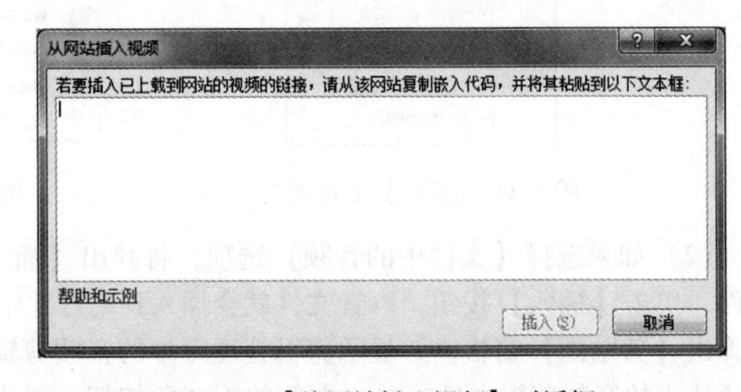

图 6.30 【从网站插入视频】对话框

如果选择【文件中的视频】选项，将打开【插入视频文件】对话框，选择要插入的视频文件，单击【确定】按钮；如果选择【来自网站的视频】选项，将弹出【从网站插入视频】对话框，如图 6.30 所示，把视频的嵌入代码粘贴到该对话框中，再单击【插入】按钮；如果选择【剪贴画视频】选项，将打开【剪贴画】窗格，选择要插入的视频剪辑文件，单击视频文件即可将其插入到幻灯片中。

在幻灯片中单击插入的视频文件，会激活【视频工具】及其【格式】和【播放】选项卡。单击【格式】选项卡，可为视频设置版式、边框、重新着色、效果等格式。

单击【播放】选项卡，将显示与图 6.28 相似的界面。在【播放】选项卡中可以播放视频，剪辑视频，设置视频淡入和淡出的时间、视频开始播放的方式，以及是否全屏播放、未播放时是否隐藏、是否循环播放、播放完是否返回开头，等等。

实例 6.6：在“实例 6.5”创建的演示文稿中完成下列编辑操作。

（1）在第一张幻灯片中添加背景音乐。

（2）设置音乐与幻灯片一起播放。

（3）设置音乐循环播放，直到演示文稿放映结束。

操作方法：

（1）打开“实例 6.5”创建的演示文稿，选择第一张幻灯片，单击【插入】→【音频】→【文件中的音频】选项，在【插入音频】对话框中选择音频文件，单击【插入】按钮。

（2）选中第一张幻灯片中插入的音频文件，单击【音频工具】下的【播放】选项卡，在【开始】下拉列表中选择【自动】选项。

（3）在【音频工具】的【播放】选项卡中选中【循环播放，直到停止】复选框；单击【动画】→【动画窗格】按钮，在【动画窗格】中选中声音，单击右侧的下三角按钮，选择【效果】选项，在【播放音频】对话框中【效果】选项卡中的【停止播放】区域选择并设置“在 2 张幻灯片后”。

6.7　统一幻灯片外观风格

为了使制作的演示文稿在播放时效果统一协调，需要对演示文稿中的所有幻灯片的外观风格进行统一设计。在 PowerPoint 2010 中，统一幻灯片外观风格可以通过采用统一的模板、主题、主题的配色方案和背景来实现，也可以通过母版来实现。

6.7.1　应用设计模板

PowerPoint 2010 提供了内嵌的样本模板，在背景颜色、文字效果、背景主题等方面都具有统一的风格。在创建演示文稿时可以应用设计模板，在模板的基础上对文本等信息进行修改就可以创建具有统一外观风格的演示文稿。

6.7.2　应用主题

主题就是一组格式设计的组合，其中包含颜色设置、字体设置、对象效果设置、布局设置及背景图形等。

1. 使用默认主题

PowerPoint 2010 的每一个默认主题的首页与其他页在布局上略有不同。

在【设计】选项卡的【主题】选项组中，直接选中主题样式，就可以将默认的主题应用于演示文稿中。此时，整个演示文稿中所有幻灯片中的文本及各种对象便具有了统一的格式。

2. 设置主题的颜色、字体、效果

可以对系统自带的主题的颜色、字体和效果进行更改，而不改变主题的整体布局和背景图形。

在【设计】选项卡的【主题】选项组中，单击右侧相应的选项，就可以对演示文稿的颜色、字体及效果进行相应的设置，如图 6.31 所示。

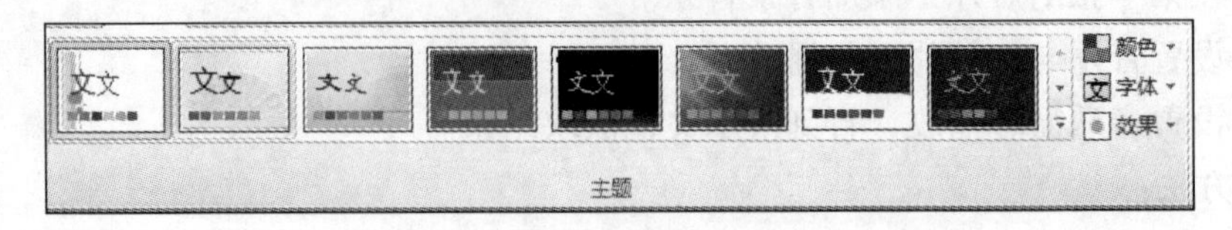

图 6.31 设置主题的颜色、字体、效果

颜色：通过颜色设置，可以更改当前应用的主题中所有对象（包括文本、背景、形状、图表等）的配色方案。

单击【颜色】按钮，将弹出【颜色】下拉列表，如图 6.32 所示。选择一种配色方案，整个演示文稿中的各种对象的颜色都将发生改变。

字体：通过字体设置，可以更改当前主题中所有文字的字体效果。

单击【字体】按钮，将弹出【字体】下拉列表，如图 6.33 所示。选择一种字体，所有幻灯片中的字体将发生改变。

效果：通过效果设置，可以更改当前主题中所有图形（包括 SmartArt 图形）的外观效果，而对其他元素没有影响。

单击【效果】按钮，将弹出【效果】下拉列表，如图 6.34 所示。选择一种效果，幻灯片中的图形对象外观将发生改变。

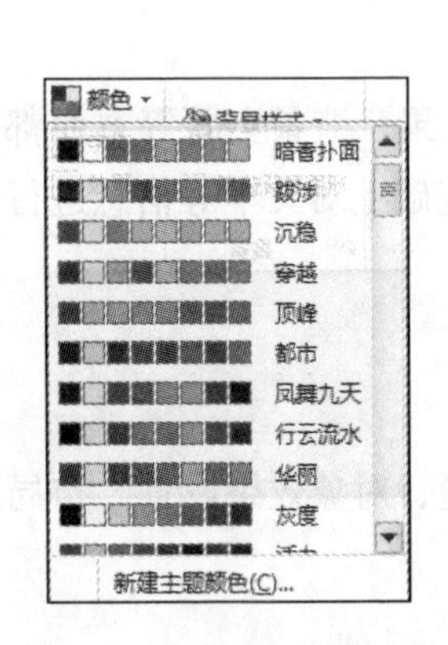

图 6.32 【颜色】下拉列表

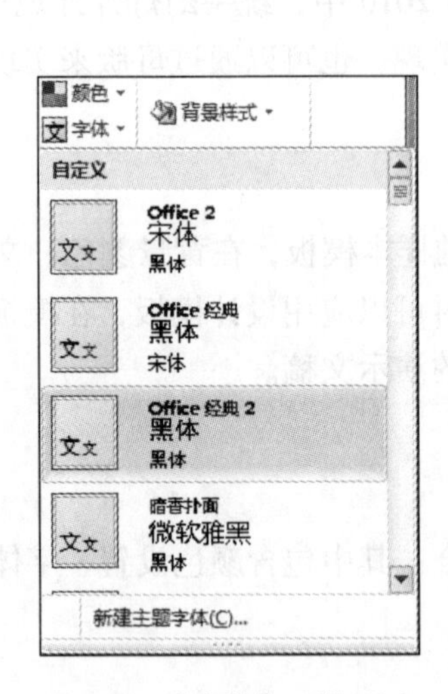

图 6.33 【字体】下拉列表

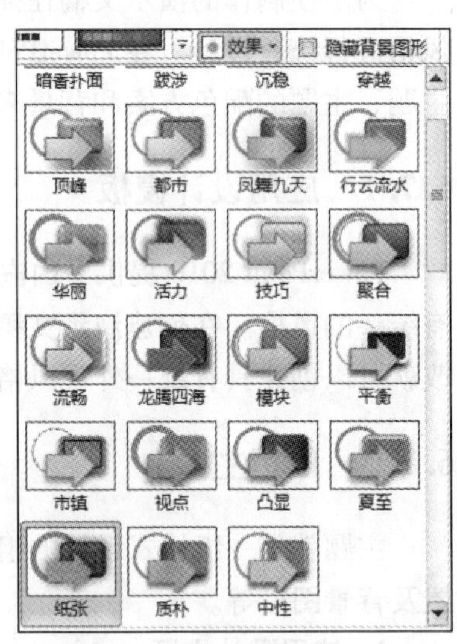

图 6.34 【效果】下拉列表

6.7.3 设置背景样式和背景格式

通过设置幻灯片的背景样式可以更改幻灯片的背景颜色、背景效果。如果幻灯片应用了主题，设置背景样式并不改变主题的布局，以及主题自带的图形等对象，只是更改了背景颜色、填充效果及文字的颜色等与颜色有关的属性。

背景样式的设置方法如下。

单击【设计】选项卡中【背景】选项组中的【背景样式】按钮，将弹出【背景样式】下拉列表，如图 6.35 所示，选择一种背景样式，单击即可。如果只更改选定的幻灯片的背景样式，可以在选择的背景样式上单击右键，选择【应用于选定的幻灯片】选项即可。

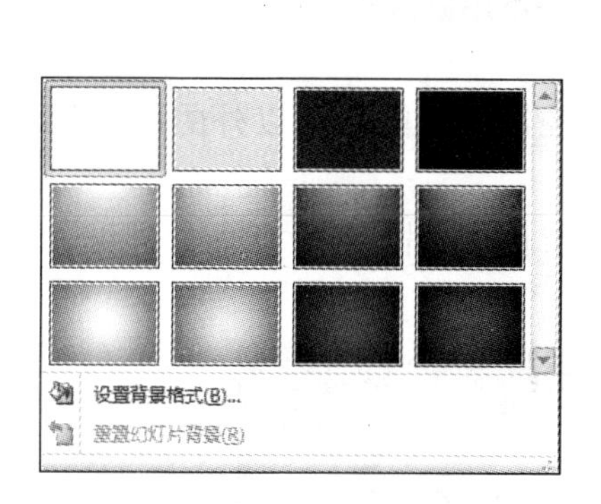

图 6.35 【背景样式】下拉列表

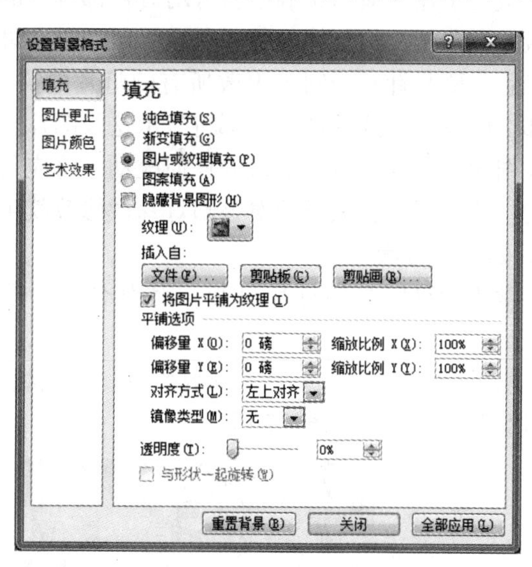

图 6.36 【设置背景格式】对话框

背景格式包括背景的填充效果、透明度、亮度等。设置背景格式的方法如下。

在【背景样式】下拉列表中单击【设置背景格式】选项，将弹出【设置背景格式】对话框，如图 6.36 所示。

如果要填充单一的颜色，选中【填充】下面的【纯色填充】单选项；如果要填充多种颜色的渐变效果，选中【渐变填充】单选项，再设置渐变方式等效果；如果要填充图片或纹理，选中【图片或纹理填充】单选项，单击纹理右侧的下三角按钮，选择纹理效果，或单击【文件】按钮，选择要作为背景的图片文件；如果要填充系统给定的图案效果，选中【图案填充】单选项。如果应用了主题，并且要将主题自带的背景形状隐藏，可以选中【隐藏背景图形】单选项。单击【关闭】按钮，可以将设置应用于当前选定的幻灯片。单击【全部应用】按钮，可以将设置应用于所有幻灯片。

实例 6.7：按下面要求制作展示自己校园生活的演示文稿，保存到桌面，文件名为“我的大学生活”。

（1）演示文稿应用“角度”主题。

（2）设置背景样式为“样式 10”。

（3）设置主题的颜色为“穿越”，字体为“跋涉”，效果为“聚合”。

操作方法：

（1）单击【设计】选项卡，在【主题】选项组中找到“角度”主题并单击。

（2）单击【背景】选项组中的【背景样式】按钮，在下拉列表中选择“样式 10”。

（3）【主题】选项组右侧有三个按钮，单击【颜色】按钮，选择“穿越”，单击【字体】按钮，选择“跋涉”，单击【效果】按钮，选择“聚合”。

6.7.4　母版的设置

母版用于建立演示文稿中所有幻灯片都具有的共同属性，是所有幻灯片的底版。幻灯片的母版种类包括：幻灯片母版、备注母版和讲义母版。

母版主要是针对于同步更改所有幻灯片的文本及对象而设计的，如在母版上放一张图片，那么所有幻灯片的同一处都将显示这张图片。要对幻灯片的母版进行修改，必须切换到母版视图才可以。对母版所做的任何改动，将应用于所有使用该母版的幻灯片上。若只改变单张幻灯片的版面，只要针对该幻灯片做修改就可以，不用修改母版。

1. 幻灯片母版

最常用的母版是幻灯片母版，因为幻灯片母版控制的是除标题以外的所有幻灯片的格式。

单击【视图】选项卡中【母版视图】选项组中的【幻灯片母版】按钮，即可进入【幻灯片母版】视图，如图 6.37 所示。

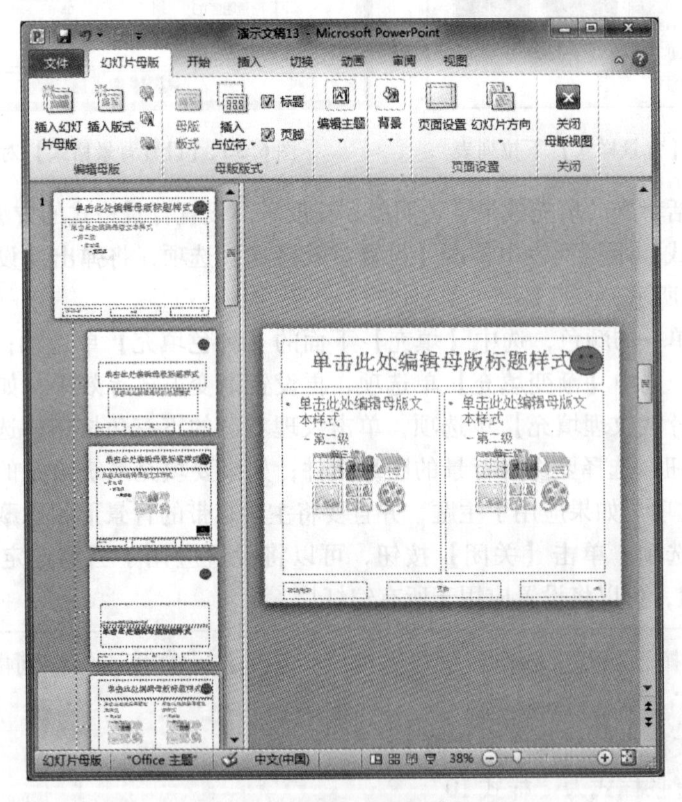

图 6.37　【幻灯片母版】视图

幻灯片母版上有 5 个占位符，用来确定幻灯片母版的版式，但这些占位符只起到占位和引导用户操作的作用，并没有实际内容。占位符中的文字是无效的，仅起提示作用，可以输入任意信息，但是它们的格式决定了幻灯片上相应对象的格式。

1）更改文本格式

在幻灯片母版中选择对应的占位符，可以设置字符格式、段落格式等。要想在幻灯片中添加所有幻灯片共有的文本，必须在母版中使用文本框，因为文本框是独立的对象，而母版中的独立对象将会显示在每一张幻灯片中。

2）向母版中插入对象

要想在每一张幻灯片上都显示某个对象，如图形、图片、统一的标题、动画徽标等，可以向母版中插入该对象。在母版中插入的对象，只能在幻灯片母版视图中编辑。

3）设置母版背景

可以为任何母版设置背景，而幻灯片母版的背景设置最为常用。通过对母版背景的设置，可以使每一张幻灯片具有相同的背景。母版背景的设置方法与幻灯片的背景设置方法相同。

提示：幻灯片母版视图窗口左侧第一个幻灯片是所有幻灯片的母版，下面 11 个幻灯片，是对应 11 种版式的幻灯片母版。若只设置第一张幻灯片中各占位符中文本的格式，则所有的幻灯片都会随之改变；若只想设置某一个版式的幻灯片的格式，可以在下面的幻灯片中找到对应版式的母版幻灯片，再设置格式，则只有应用了这种版式的幻灯片才会具有该格式。若要在所有幻灯片中添加统一的对象，如图片、文字等，需要在第一张幻灯片母版中添加；若只想在某种版式的幻灯片中添加某一个对象，则需要在下面找到对应版式的母版幻灯片，在该母版幻灯片中添加才可以。

单击【关闭母版视图】按钮，可以回到普通视图。

2. 备注母版

备注母版主要用来设置备注视图下幻灯片区域和备注区域的大小及备注信息的格式。

单击【视图】选项卡中【母版视图】选项组中的【备注母版】按钮，即可进入【备注母版】视图，如图 6.38 所示。备注母版的修改与幻灯片母版的修改方式类似。

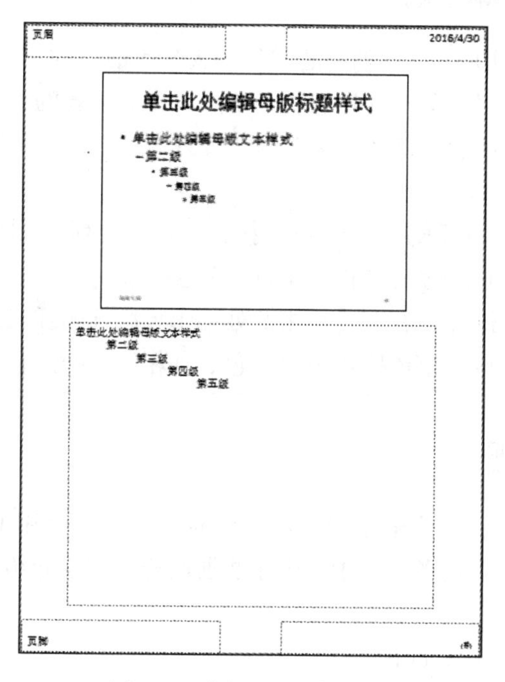

图 6.38 【备注母版】视图

3. 讲义母版

讲义母版是为制作讲义而准备的。讲义只显示幻灯片而不显示相应的备注，可用来了解演示的内容或作为参考。与幻灯片、备注母版不同的是，讲义是直接在讲义母版中创建的。

单击【视图】选项卡中【母版视图】选项组中的【讲义母版】按钮，即可进入【讲义母版】视图，如图 6.39 所示。

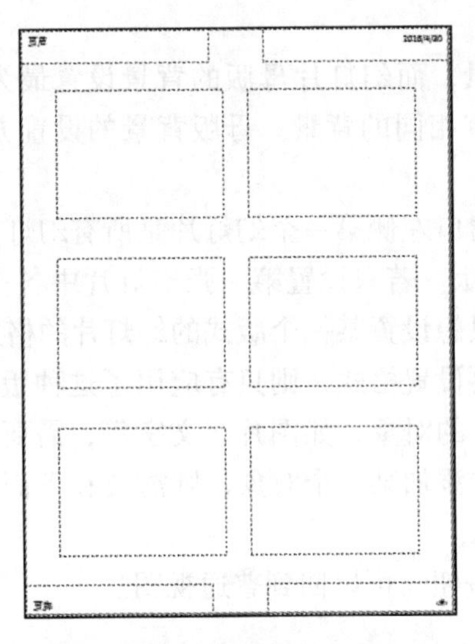

图 6.39 【讲义母版】视图

进入【讲义母版】视图，在【讲义母版】选项卡中可以设置幻灯片的大小、方向、讲义方向、每页幻灯片数量等信息。

实例 6.8：打开“实例 6.7”创建的“我的大学生活”演示文稿，完成下列操作。

（1）利用母版，在每一页幻灯片的右上角添加文本“我的大学生活”。

（2）利用母版，将所有幻灯片的标题格式设置为“红色、加粗”效果。

操作方法：

（1）单击【视图】→【幻灯片母版】按钮，进入母版视图状态；选择第一张幻灯片，在右上角添加文本框，输入文本“我的大学生活”。

（2）选择第一张幻灯片，右击【单击此处编辑母版标题样式】文本框，在快捷菜单中选择【字体】选项，设置字体格式为“红色、加粗”，单击【关闭母版视图】按钮。

6.8 制作电子相册

随着数码相机的普及，制作电子相册的用户越来越多，使用 PowerPoint 2010 可以轻松制作出精美的电子相册。在商务应用中，电子相册同样适用于介绍公司的产品，或者分享图像数据及研究成果。

新建相册的具体操作步骤如下。

（1）打开 PowerPoint 2010。

（2）单击【插入】选项卡中【图像】选项组中的【相册】按钮，在弹出的下拉菜单中选择【新建相册】选项，弹出【相册】对话框，如图 6.40 所示。

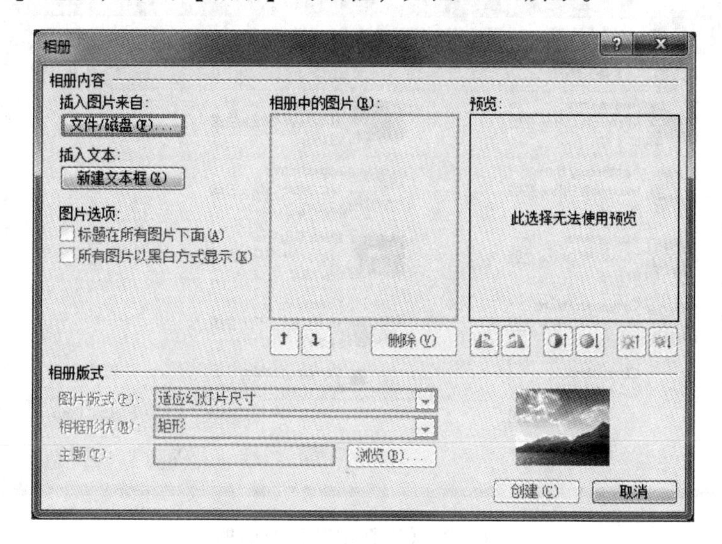

图 6.40 【相册】对话框

（3）单击【文件/磁盘】按钮，弹出【插入新图片】对话框，如图 6.41 所示，选中需要的图片，单击【插入】按钮，返回【相册】对话框。

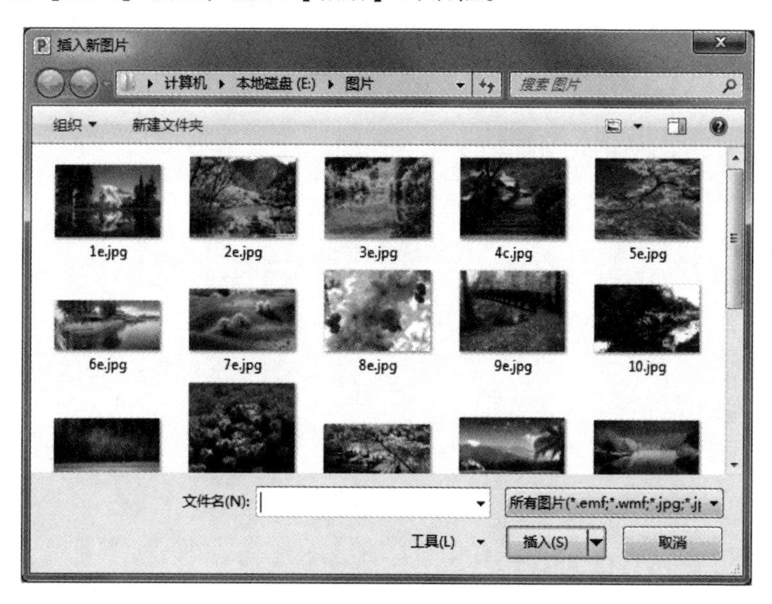

图 6.41 【插入新图片】对话框

（4）在【相册版式】区域中的【图片版式】下拉列表中，选择每张幻灯片中放置的图片张数，在【相框形状】下拉列表中选择相框样式，单击【浏览】按钮，弹出【选择主题】对话框，如图 6.42 所示，选中相应的主题，单击【打开】按钮，返回【相册】对话框。

（5）单击【创建】按钮，即可创建图片的电子相册。

图 6.42 【选择主题】对话框

评价单

<table>
<tr><td>项目名称</td><td colspan="5">幻灯片设计</td><td>完成日期</td><td></td></tr>
<tr><td>班级</td><td colspan="2"></td><td>小组</td><td colspan="2"></td><td>姓名</td><td></td></tr>
<tr><td>学号</td><td colspan="4"></td><td colspan="2">组长签字</td><td></td></tr>
<tr><td colspan="2">评价内容</td><td colspan="3">分值</td><td colspan="2">学生评价</td><td>教师评价</td></tr>
<tr><td colspan="2">PowerPoint 2010 使用的熟练程度</td><td colspan="3">10</td><td colspan="2"></td><td></td></tr>
<tr><td colspan="2">添加、编辑各种对象的熟练程度</td><td colspan="3">10</td><td colspan="2"></td><td></td></tr>
<tr><td colspan="2">母版使用的熟练程度</td><td colspan="3">10</td><td colspan="2"></td><td></td></tr>
<tr><td colspan="2">幻灯片编辑操作的熟练程度</td><td colspan="3">10</td><td colspan="2"></td><td></td></tr>
<tr><td colspan="2">幻灯片设计是否满足要求</td><td colspan="3">10</td><td colspan="2"></td><td></td></tr>
<tr><td colspan="2">主题、颜色、背景的设置情况</td><td colspan="3">10</td><td colspan="2"></td><td></td></tr>
<tr><td colspan="2">幻灯片整体风格是否协调</td><td colspan="3">10</td><td colspan="2"></td><td></td></tr>
<tr><td colspan="2">整体布局是否合理</td><td colspan="3">10</td><td colspan="2"></td><td></td></tr>
<tr><td colspan="2">态度是否认真</td><td colspan="3">10</td><td colspan="2"></td><td></td></tr>
<tr><td colspan="2">与小组成员的合作情况</td><td colspan="3">10</td><td colspan="2"></td><td></td></tr>
<tr><td colspan="2">总分</td><td colspan="3">100</td><td colspan="2"></td><td></td></tr>
<tr><td>学生得分</td><td colspan="7"></td></tr>
<tr><td>自我总结</td><td colspan="7"></td></tr>
<tr><td>教师评语</td><td colspan="7"></td></tr>
</table>

知识点强化与巩固

一、填空题

1. PowerPoint 2010 演示文稿文件的扩展名是（　　）。
2. 从当前幻灯片开始播放演示文稿，可以使用快捷键（　　）。
3. PowerPoint 2010 中要显示参考线，可以单击（　　）选项卡。
4. 适合编辑幻灯片内容的视图是（　　）。
5. 按（　　）键可以结束幻灯片的放映状态。
6. 要在所有幻灯片的同一位置添加相同的文本或图片对象，可以在（　　）视图中添加。
7. 要在幻灯片中创建 SmartArt 图形，可以使用（　　）选项卡。
8. PowerPoint 2010 中，插入一张新幻灯片的快捷键是（　　）。
9. 要设置幻灯片中文本的字体、颜色等格式，可以使用（　　）选项卡中的命令按钮。
10. 在 PowerPoint 2010 中，要选择多张不连续的幻灯片，可以按（　　）键，再用鼠标依次单击要选择的幻灯片。

二、选择题

1. 打开 PowerPoint 2010，系统新建文件的默认名称是（　　）。
   A. DOC1　B. SHEET1　C. 演示文稿 1　D. BOOK1
2. PowerPoint 2010 的主要功能是（　　）。
   A. 幻灯片处理　B. 声音处理　C. 图像处理　D. 文字处理
3. 在 PowerPoint 2010 中，添加新幻灯片的快捷键是（　　）。
   A. Ctrl + M　B. Ctrl + N　C. Ctrl + O　D. Ctrl + P
4. 下列视图中不属于 PowerPoint 2010 视图的是（　　）。
   A. 幻灯片浏览视图　B. 页面视图　C. 普通视图　D. 备注页视图
5. 进入 PowerPoint 2010 后，默认的视图是（　　）视图。
   A. 幻灯片浏览　B. 阅读　C. 备注　D. 普通
6. 在 PowerPoint 2010 中，【文件】选项卡可创建（　　）。
   A. 新文件　B. 图表　C. 页眉或页脚　D. 动画
7. 在 PowerPoint 2010 中，【插入】选项卡可创建（　　）。
   A. 新文件　B. 表、形状与图表　C. 文本对齐方式　D. 动画
8. 在 PowerPoint 2010 中，【设计】选项卡可自定义演示文稿的（　　）。
   A. 新文件、打开文件　B. 表、形状与图表
   C. 背景、主题设计和颜色　D. 动画设计与页面设计
9. 从当前幻灯片开始放映的快捷键是（　　）。
   A. Shift + F5　B. Shift + F4　C. Shift + F3　D. Shift + F2
10. 要对演示文稿进行保存、打开、新建、打印等操作，应在（　　）选项卡中操作。
    A. 【文件】　B. 【开始】　C. 【设计】　D. 【审阅】
11. 要在幻灯片中插入表格、图片、艺术字、视频、音频等元素，应在（　　）选项卡中操作。

A. 【文件】　B. 【开始】　C. 【插入】　D. 【设计】

12. 在状态栏中没有显示的是（　）按钮。

A. 【普通视图】　B. 【幻灯片浏览】　C. 【幻灯片放映】　D. 【备注页】

13. 按住（　）键可以选择多张不连续的幻灯片。

A. Shift　B. Ctrl　C. Alt　D. Ctrl + Shift

14. 按住鼠标左键，并拖动幻灯片到其他位置是进行幻灯片的（　）操作。

A. 移动　B. 复制　C. 删除　D. 插入

15. 幻灯片的版式是由（　）组成的。

A. 文本框　B. 表格　C. 图表　D. 占位符

16. 演示文稿与幻灯片的关系是（　）。

A. 演示文稿和幻灯片是同一个对象　B. 幻灯片由若干个演示文稿组成

C. 演示文稿由若干个幻灯片组成　D. 演示文稿和幻灯片没有联系

17. 在应用了版式之后，幻灯片中的占位符（　）。

A. 不能添加，也不能删除　B. 不能添加，但可以删除

C. 可以添加，也可以删除　D. 可以添加，但不能删除

18. 设置背景时，若要使所选择的背景仅适用于当前所选择的幻灯片，应该按（　）。

A. 【全部应用】按钮　B. 【关闭】按钮

C. 【取消】按钮　D. 【重置背景】按钮

19. 若要在幻灯片中插入垂直文本框，应选择的选项是（　）。

A. 【开始】选项卡中的【文本框】按钮　B. 【审阅】选项卡中的【文本框】按钮

C. 【格式】选项卡中的【文本框】按钮　D. 【插入】选项卡中的【文本框】按钮

20. 在 PowerPoint 2010 中，格式刷位于（　）选项卡中。

A. 【开始】　B. 【设计】　C. 【切换】　D. 【插入】

三、判断题

1. 在用 PowerPoint 2010 制作演示文稿时，可以根据需要选择不同的幻灯片版式。（　）

2. 幻灯片中插入的音频，只有当该幻灯片播放时其声音才能播放，换片后自动结束。（　）

3. 屏幕截图和删除背景功能是 PowerPoint 2010 的新增功能。（　）

4. 在“幻灯片浏览”视图中，可以对幻灯片中的文本等内容进行编辑。（　）

5. 从头开始播放幻灯片可以按 F5 键。（　）

6. 可以对幻灯片中的文本设置对齐、缩进、行距等段落格式。（　）

7. 在编辑幻灯片时，若不小心删除了重要的信息，可以按 Ctrl + Z 组合键撤消删除操作。（　）

8. 在幻灯片中插入的视频文件，不能改变其播放窗口的大小和形状。（　）

9. 要在幻灯片中插入时间、日期、页眉和页脚信息，必须在幻灯片母版视图中添加。（　）

10. 在 PowerPoint 2010 中插入的 SmartArt 图形是系统设计好的图形，不能改变其形状。（　）

项目二 幻灯片动画设计

知识点提要

1. 动画设置与编辑
2. 幻灯片切换设置
3. 超链接与动作按钮设置
4. 幻灯片放映设置
5. 打印设置

任务单(一)

任务名称	幻灯片实例制作（一）	学　时	2 学时
知识目标	1. 掌握幻灯片动画的设置方法。 2. 掌握幻灯片切换效果的设置方法。 3. 掌握幻灯片放映的设置方法。		
能力目标	1. 能对幻灯片的布局进行合理设计。 2. 能为幻灯片中添加的对象设计合适的动画效果。 3. 具有沟通、协作能力。		
任务描述	按下面要求用 PowerPoint 2010 制作演示文稿实例 1. 创建演示文稿，插入 5 张幻灯片。 2. 第一张幻灯片要求如下。 采用“空白”版式，插入艺术字作为标题，艺术字样式为【艺术字】下拉列表中第 5 行第 5 列的样式，艺术字的内容为“演示文稿制作”，字体格式为“72 号，加粗，倾斜”。添加艺术字动画效果为“飞入，自左侧，持续时间 2 秒，单击鼠标时开始播放”；在艺术字下面插入一个水平文本框，内容为“专业班级 + 姓名”，字体格式为“黑体，32 号，浅蓝色”。 3. 第二张幻灯片要求如下。 采用“仅标题”版式，标题内容为“图片练习”。插入一幅指定图片（动物 . jpg），调整大小至合理位置并将该图片设定为“删除背景”，对图片设置“向内溶解”的动画效果。设置该幻灯片的切换效果为“水平百叶窗”，持续时间为 1 秒，无声音。 4. 第三张幻灯片要求如下。 采用“仅标题”版式，标题内容为“音乐练习”。插入一个指定音频文件（月光边境 . mp3）。将音乐文件设置为自动播放，播放时隐藏文件图标，淡入 1 秒，淡出 1 秒。 5. 第四张幻灯片要求如下。 采用“仅标题”版式，标题内容为“视频练习”。插入一段指定视频（视频例子）。将视频设置为全屏播放，并从 2 秒处开始裁剪，裁剪长度为 1 分钟，淡入 1 秒，淡出 1 秒。 6. 第五张幻灯片要求如下。 采用“仅标题”版式，作为结束页面，内容为“谢谢”，设置背景为“纹理填充”，纹理样式为“画布”。 7. 页面布局合理，应用的主题和颜色搭配准确，整体风格良好。 8. 完成作品后，保存并上交，文件名为“学号 + 姓名”。		
任务要求	1. 仔细阅读任务描述中的设计要求，认真完成任务。 2. 上交电子作品。 3. 小组间互相学习设计作品的优点。		

任务单(二)

任务名称	幻灯片实例制作（二）	学　时	2学时
知识目标	1. 掌握幻灯片动画的设置方法。 2. 掌握幻灯片切换效果的设置方法。 3. 掌握幻灯片放映的设置方法。		
能力目标	1. 能对幻灯片的布局进行合理设计。 2. 能对幻灯片中添加的对象设计合适的动画效果。 3. 具有沟通、协作能力。		
任务描述	按下面要求制作画轴展开的演示文稿 1. 在幻灯片中插入一幅图片，设置动画效果为进入中的“劈裂”，方向为“中央向左右展开”，持续时间为“4秒”。 2. 在同一个幻灯片中插入两个矩形作为画轴，设置其填充颜色或纹理，放在图片的垂直中心位置。 3. 设置画轴的动画效果为“动作路径”，起点为图片的中心，终点为图片的左边界或右边界，持续时间为“4秒”，与图片同时播放。		
任务要求	1. 仔细阅读任务描述中的设计要求，认真完成任务。 2. 上交电子作品。 3. 小组间互相学习设计作品的优点。		

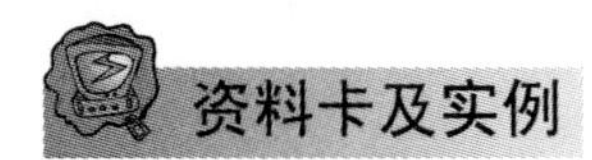

6.9　设置动画

制作幻灯片时，不仅要使幻灯片的内容设计精美，还要在幻灯片中的对象的动画上下功夫。好的幻灯片动画能给演示文稿带来一定的帮助与推力，使制作的幻灯片更具有吸引力。PowerPoint 2010 提供了强大的动画效果，用户可以为幻灯片中的文本、图片、图表、媒体剪辑文件等各种对象设置动画效果。

PowerPoint 2010 提供了 4 类动画，分别是进入、强调、退出和动作路径。

进入。用于设置幻灯片中的对象在幻灯片中出现时的动作形式，如可以使对象弹跳出现于幻灯片，从边缘飞入幻灯片或者跳入视图中，动画效果分为基本型、细微型、温和型和华丽型。

强调。为了突出强调某一个对象而设置的动画效果。强调动画效果包括使对象缩小或放大、闪烁或沿着其中心旋转等，动画效果分为基本型、细微型、温和型和华丽型。

退出。退出效果与进入效果类似但是相反，它用于定义对象退出时所表现的动画形式，如让对象飞出幻灯片，从视图中消失或者从幻灯片旋出，动画效果分为基本型、细微型、温和型和华丽型。

动作路径。动作路径这一个动画效果是根据形状或者直线、曲线的路径来展示对象游走的路径，使用这些效果可以使对象上下移动、左右移动或者沿着星形或圆形图案移动，动画路径分为基本型、直线和曲线型、特殊型。

6.9.1　添加动画效果

添加动画效果的操作步骤如下。

（1）选中要设置动画的对象，单击【动画】选项卡，如图 6.43 所示。

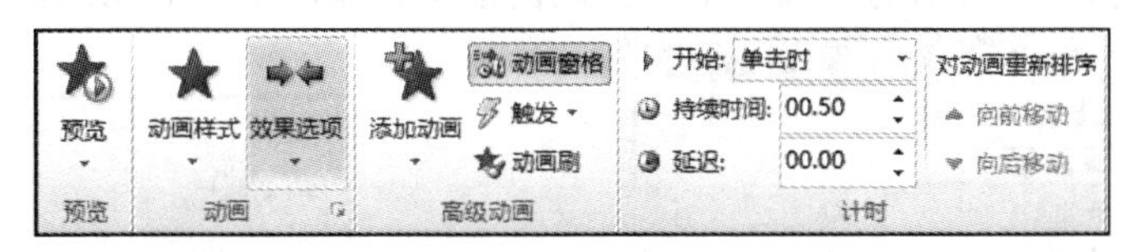

图 6.43　单击【动画】选项卡

（2）单击【添加动画】按钮，弹出如图 6.44 所示的【动画效果】下拉列表。

（3）在下拉列表中用不同的颜色和符号显示了 4 类动画效果中常用的效果名称。如果要选择更多的效果，可以单击下方的【更多进入效果】【更多强调效果】【更多退出效果】或【其他动作路径】选项，将弹出动画效果对话框，如图 6.45 所示是【添加进入效果】对话框，其他动画效果对话框类似。

（4）在下拉列表中选择一种动画效果，单击鼠标，也可以在对话框中选择一种动画效果，单击【确定】按钮，就为选择的对象添加了动画效果。

提示：若选择的是某种动作路径效果，需在幻灯片中绘制路径线图，路径线的绿色端为动画路径的起点，红色端为动画路径的终点。可以通过鼠标来调整路径的位置、大小等属性。

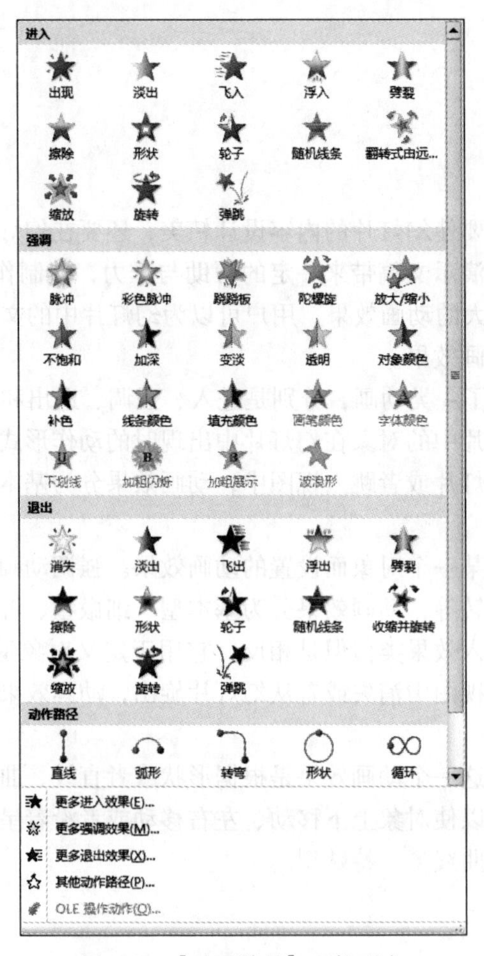

图 6.44 【动画效果】下拉列表

添加了动画效果之后，单击【动画】选项卡中【高级动画】选项组中的【动画窗格】按钮，将显示如图 6.46 所示的动画窗格，在此窗格中将显示添加的动画。

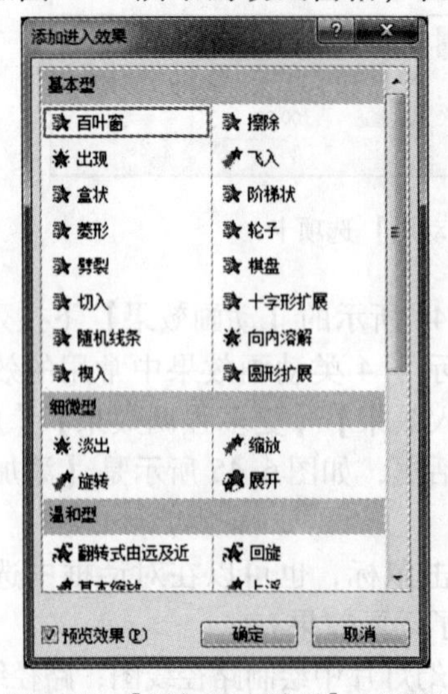

图 6.45 【添加进入效果】对话框

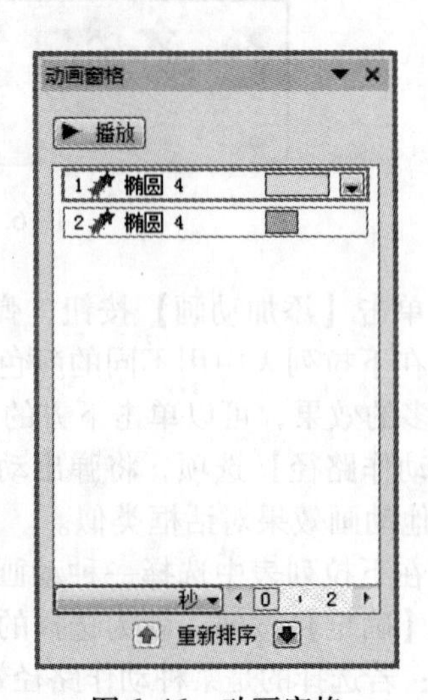

图 6.46 动画窗格

6.9.2　编辑动画效果

1. 更改动画效果

要更改动画效果，首先在动画窗格的动画序列中选中要更改的动画编号，单击【动画】选项卡中【动画】选项组中的动画样式按钮，选择一个动画效果即可。

2. 设置动画的效果选项

设置动画的效果选项可以通过两种方法来实现。

1）利用【动画】选项卡中【动画】选项组中的【效果选项】按钮来实现

单击【动画】→【动画窗格】按钮，在动画窗格的动画序列中单击要设置动画选项的动画编号，单击【效果选项】按钮，在弹出的下拉列表中选择一项并单击鼠标即可。

【效果选项】按钮的图标、有效性及下拉列表中的内容会随着所选的动画效果不同而有所变化。例如：设置的动画效果为进入类型中的“飞入”效果，【效果选项】按钮图标为箭头，内容为方向；若动画效果为退出类型中的“随机线条”效果，【效果选项】按钮图标为带线条的星状，内容为水平和垂直；若动画效果为强调类型的“脉冲”效果，则【效果选项】按钮图标变成不可用的灰色状态。

2）利用【效果选项】对话框来实现

在【动画窗格】的动画序列中选择要设置效果选项的动画编号，单击右侧的下三角按钮，选择【效果选项】选项，弹出如图 6.47 所示的对话框。在【效果】选项卡的【设置】区域设置方向等效果，在【增强】区域设置动画声音及动画播放后的状态。

图 6.47　单击【效果选项】弹出的对话框

3. 设置动画计时

设置动画计时可以通过两种方法来实现。

1）利用【动画】选项卡中【计时】选项组中的选项来实现

可以在【开始】下拉列表中设置动画开始播放的方式，有【单击时】【与上一动画同时】【上一动画之后】三个选项。

- 【单击时】指当幻灯片放映到动画序列中该动画效果时，单击鼠标动画即开始播放，否则将一直停在此位置等待用户单击鼠标。
- 【与上一动画同时】指与动画序列中与该动画相邻的前一个动画效果同时播放，这时其序号将与前一个动画效果的序号相同。
- 【上一动画之后】指该动画效果将在幻灯片的动画序列中与之相邻的前一个动画效果播放完时发生，这时其序号将和前一个动画效果的序号相同。

可以在【持续时间】下拉列表中设置动画效果播放延续的时间，单位为秒。可以通过设置持续时间的长短来调整动画播放的速度。

可以在【延迟】下拉列表中设置动画效果从开始触发到动画播放之间的时间间隔。

2）利用【效果选项】对话框来实现

单击【动画】→【动画窗格】按钮，在动画窗格的动画序列中选择要设置效果选项的动画编号，单击右侧的下三角按钮，选择【效果选项】选项，在弹出的对话框中选择【计时】选项卡，如图 6.48 所示。在【计时】选项卡中设置开始方式、延迟时间、播放期间、重复播放的次数等选项。

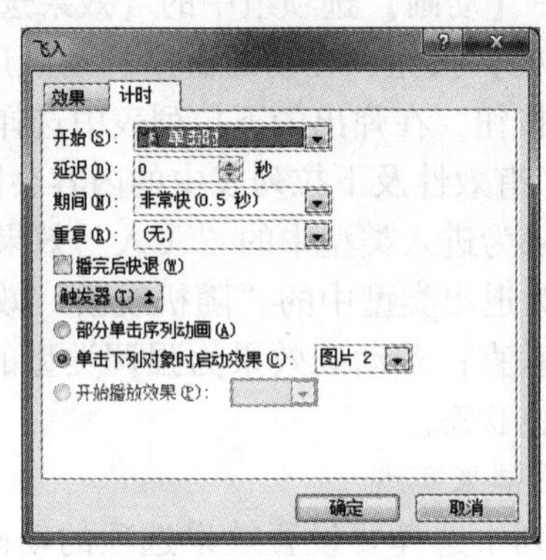

图 6.48 【计时】选项卡

4. 设置触发器

可以为动画设置触发器，即单击幻灯片中的某个对象时会触发该动画。设置方法如下：在图 6.48 所示的对话框中，选中【触发器】按钮下方的【单击下列对象时启动效果】单选项，并单击右侧的下三角按钮，选择一个对象即可。

如果设置了触发器，则在【计时】中设置的开始方式将失效。

5. 设置动画声音

为动画添加合适的声音效果，可以使动画更具吸引力。为动画添加声音效果的方法如下：

按前面方法打开动画窗格，在动画序列中选择要设置声音的动画编号，单击右侧的下三角按钮，选择【效果选项】，打开如图 6.47 所示的对话框，单击【增强】区域中【声音】右侧的下三角按钮，选择相应的声音即可。

6. 动画刷的使用

动画刷是 PowerPoint 2010 新增加的一项功能，是用来复制动画效果的工具。要对多个对象设置相同的动画效果、开始方式、持续时间、延迟等效果选项，使用动画刷可以节省大量的时间。

动画刷的使用方法如下。

在多个需要设置相同动画效果的对象中选择一个对象，添加动画并编辑。设置完成后，选中该对象，单击【动画】选项卡中【高级动画】选项组中的【动画刷】按钮，此时鼠标指针旁边会出现一个小刷子标志，单击其他对象，即可将动画效果复制到被单击的其他对象中。

提示：选择了带有动画效果的对象后，单击【动画刷】按钮，只能为一个其他对象复制动画效果；双击【动画刷】按钮，可以为多个其他对象复制动画效果。

7. 调整动画顺序

在图 6.46 所示的动画窗格中选中要移动位置的动画编号，单击下方的【上移】按钮或【下移】按钮即可调整动画顺序。

8. 删除动画

在动画窗格中选中要删除的动画编号，单击右侧的下三角按钮，选择【删除】选项或按 Delete 键，都会删除动画效果。

实例 6.9：创建一个名为“动画”的演示文稿，保存到桌面，完成下列操作。

（1）插入 2 张幻灯片，第一张幻灯片版式为“标题幻灯片”，第二张幻灯片版式为“空白”。第一张幻灯片主标题为“动画效果设计”，副标题为“进入动画设计”。

（2）设置主标题的动画效果为“从左侧飞入，单击开始播放，动画持续 2 秒”，副标题动画效果为“回旋，在前一动画之后播放，持续 2 秒时间，延迟 1 秒播放”。

（3）在第二张幻灯片中插入一幅图片，设置动画效果为“基本缩放，持续 2 秒”，设置动画声音为“风铃，与前一动画同时播放”。

操作方法：

（1）打开 PowerPoint 2010，按 Ctrl + M 组合键添加幻灯片，选择第一张幻灯片，单击【开始】→【版式】按钮，选择“标题幻灯片”，第二张幻灯片按相同方法设置“空白”版式。选择第一张幻灯片，在相应的文本框中输入主标题和副标题。

（2）选择第一张幻灯片的主标题，单击【动画】→【添加动画】→【飞入】按钮，在动画窗格中完成主标题动画效果的设置。副标题按相同的方法根据要求设置动画效果。

（3）选择第二张幻灯片，单击【插入】→【图片】按钮，然后选中该图片，并设置图片的动画效果，动画效果设置方法与（2）相同。在动画窗格中，单击要设置动画声音的动画编号，再单击其右侧的下三角按钮，单击【效果选项】→【声音】下三角按钮，在弹出的下拉列表中选择【风铃】选项。

6.10 设置幻灯片切换效果

幻灯片切换是指演示文稿在播放过程中，其每一张幻灯片进入和离开屏幕时产生的视觉效果，也就是让幻灯片之间的切换以动画方式放映的特殊效果。PowerPoint 2010 提供了多种切换方案，如溶解、棋盘、立方体、翻转、漩涡等。在演示文稿制作过程中，可以为指定的一张幻灯片设计切换方案，也可以为一组幻灯片设计切换方案。

设置幻灯片切换效果最好在“幻灯片浏览”视图状态下，因为在这种视图状态下可以为任何一张、一组或全部幻灯片设置切换效果，并方便预览指定的效果。

1. 设置幻灯片切换效果

设置幻灯片切换效果的具体操作步骤如下。

（1）单击【切换】选项卡，如图 6.49 所示。

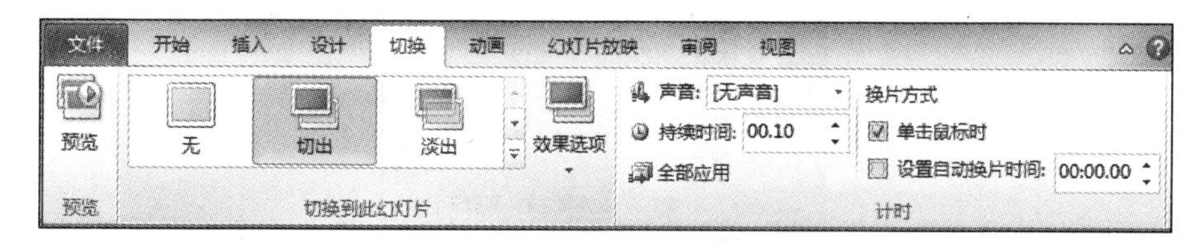

图 6.49 单击【切换】选项卡

（2）单击【切换到此幻灯片】选项组中【切换方案】右下角的下三角按钮，将弹出切换方案列表，如图 6.50 所示。

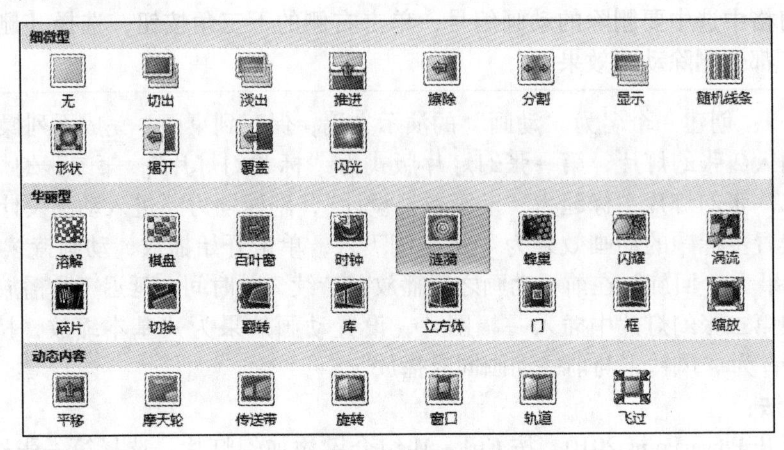

图 6.50　切换方案列表

（3）在列表中选择需要的切换效果，单击鼠标即可。

2. 设置幻灯片切换的效果选项

幻灯片切换的效果选项指切换方案的方向、方式等。【效果选项】按钮在【切换】选项卡中【切换到此幻灯片】选项组的右侧，其图标样式和效果选项会随着选择的切换方案不同而有所不同。例如："百叶窗"方案的效果选项有【水平】和【垂直】两项；"平移"方案的效果选项有【自底部】【自左侧】【自右侧】和【自顶部】四项；"闪光""蜂巢"方案没有效果选项。

设置切换方案的效果选项的方法如下：在选择了某个切换方案后，【效果选项】会变成与所选方案相同的图标，单击【效果选项】按钮，在弹出的列表中选择一个选项即可。

3. 设置幻灯片切换的声音

单击【切换】选项卡中【计时】选项组中的【声音】下三角按钮，在弹出的下拉列表中选择一个声音，如图 6.51 所示。

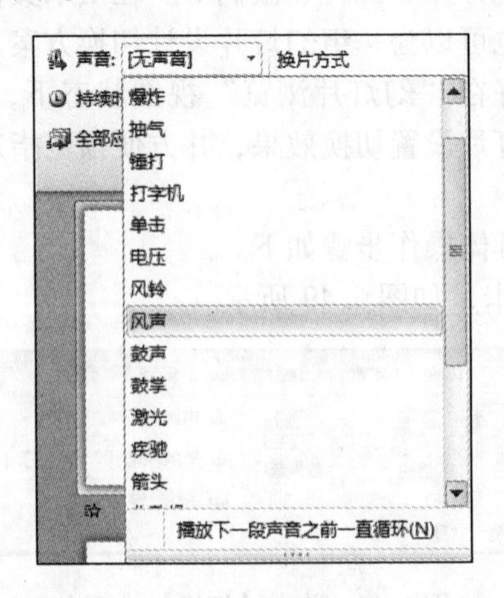

图 6.51　幻灯片切换效果的声音列表

4. 设置幻灯片切换的持续时间

在【切换】选项卡中【计时】选项组中的【持续时间】数值框中设置持续时间，单位为秒。通过设置时间的长短来确定幻灯片切换的速度。

5. 设置幻灯片之间的换片方式

在【切换】选项卡中的【计时】选项组中，可以选择单击鼠标时切换或自动计时切换两种换片方式（计时切换以秒为单位切换幻灯片）。

6. 删除幻灯片的切换效果

若要删除幻灯片的切换效果方案，单击【切换方案】右下角的下拉按钮，选择列表中的【无】，就可以将已添加的幻灯片切换效果删除。

6.11　设置超链接和动作按钮

6.11.1　设置超链接

1. 链接到同一演示文稿中的其他幻灯片

用户可以通过设置超链接，达到幻灯片页面自由跳转的目的，具体操作步骤如下。

选中要设置超链接的文本或图形，在【插入】选项卡的【链接】选项组中，单击【超链接】选项，出现如图 6.52 所示的【插入超链接】对话框；在【插入超链接】对话框中的左侧，单击【本文档中的位置】按钮，在中间选中要链接的目标位置，用户就可以在幻灯片播放的过程中，通过单击该文本或图形对象，链接到同一演示文稿中的其他幻灯片。

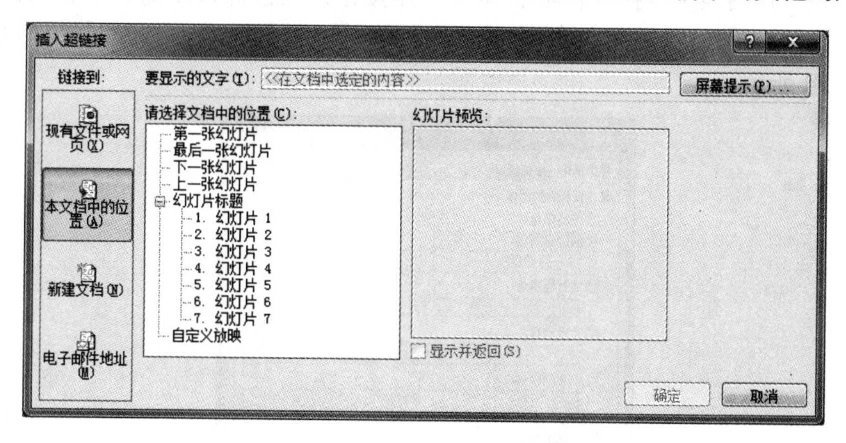

图 6.52 【插入超链接】对话框

2. 链接到其他演示文稿中的幻灯片

按前面的方法打开【插入超链接】对话框，单击对话框左侧的【现有文件或网页】按钮，如图 6.53 所示。在中间【查找范围】下拉列表中选择要插入的超链接目标文件，就可以将文本或图形对象链接到其他演示文稿中的幻灯片。单击【新建文档】按钮则将演示文稿链接到某一新建的文档；单击【电子邮件地址】按钮，在【电子邮件地址】文本框中输入邮件地址，在运行该链接时就可以写邮件发送给该地址。

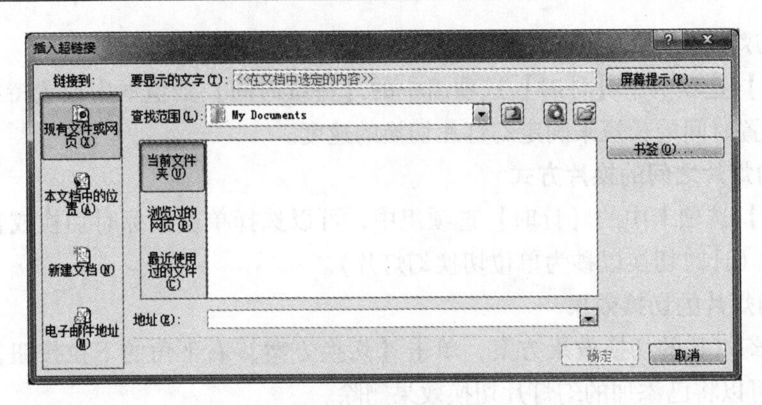

图 6.53 【插入超链接】对话框

3. 更改或删除超链接

选中已设置超链接的文本或图形，单击【插入】选项卡中的【超链接】按钮，弹出【编辑超链接】对话框，在【编辑超链接】对话框中单击【删除链接】按钮，就可以删除超链接。

6.11.2 设置按钮的交互

用户可以通过向幻灯片中添加各种动作按钮，实现通过按钮换片或任意跳转的效果，具体操作步骤如下。

(1) 选择要添加动作按钮的幻灯片，单击【插入】选项卡中【插图】选项组中的【形状】按钮，在下拉列表中选择一种形状作为动作按钮，用鼠标拖动的方法在幻灯片中绘制出所需按钮，然后放开鼠标左键，单击【插入】→【动作】按钮，打开【动作设置】对话框，如图 6.54 所示。

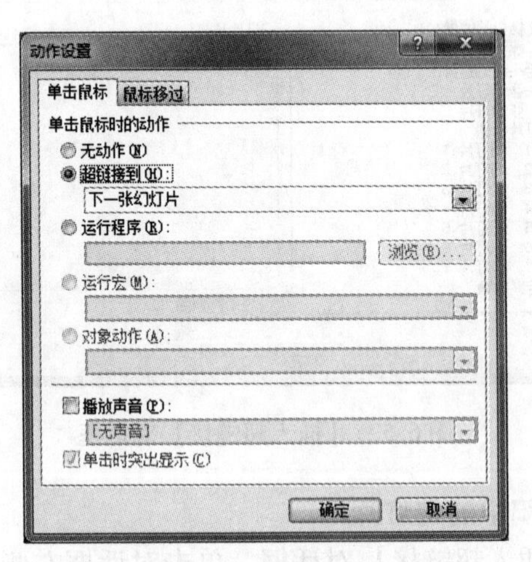

图 6.54 【动作设置】对话框

(2) 如果希望采用单击鼠标执行动作的方式，则选择【单击鼠标】选择卡；如果希望采用鼠标移过执行动作的方式，则选择【鼠标移过】选项卡。若选中【无动作】单选按钮则只是添加了一个按钮，不能通过它链接到其他幻灯片。选中【超链接到】单选按钮，然后在其下拉列表中选择链接到的目标选项，则播放幻灯片时单击该按钮即可链接到目标选项。选中【运行程序】单选按钮，再单击【浏览】按钮，会弹出【选择一个要运行的程序】对话框，在该对话框中选择一个程序后，单击【确定】按钮，即可建立一个用来运行外部程序的动作按钮，并返回到【动作设置】对话框。选中【播放声音】复选框后，可在其下拉列表中选择一种单击超链接时播放的声音。单击【确定】按钮，即可完成动作按钮的设置。

实例6.10：打开"实例6.9"创建的"动画"演示文稿，完成下列操作。

（1）设置主题为"波形"。

（2）设置所有幻灯片切换效果为"框"型。

操作方法：

（1）单击【设计】选项卡，在【主题】选项组的主题样式列表中选择"波形"主题。

（2）单击【切换】选项卡中【切换方案】右下角的下三角按钮，在弹出的下拉列表中选择"框"型切换效果，然后单击【计时】选项组中的【全部应用】按钮。

6.12 演示文稿的放映与打印

6.12.1 设置演示文稿的放映

演示文稿制作完毕，还要经过最后一道工序，那就是放映。如何把制作好的演示文稿播放好，是制作和播放过程中的一项重要任务。

1. 自定义放映

自定义放映功能可以选择演示文稿中的部分幻灯片播放，其他幻灯片在放映时不播放，而且可以调整播放顺序。

设置方法如下。

单击【幻灯片放映】选项卡中【开始放映幻灯片】选项组中的【自定义幻灯片放映】按钮，然后选择【自定义放映】选项，将弹出【自定义放映】对话框，如图6.55所示，再单击【新建】按钮，将弹出如图6.56所示的【定义自定义放映】对话框。

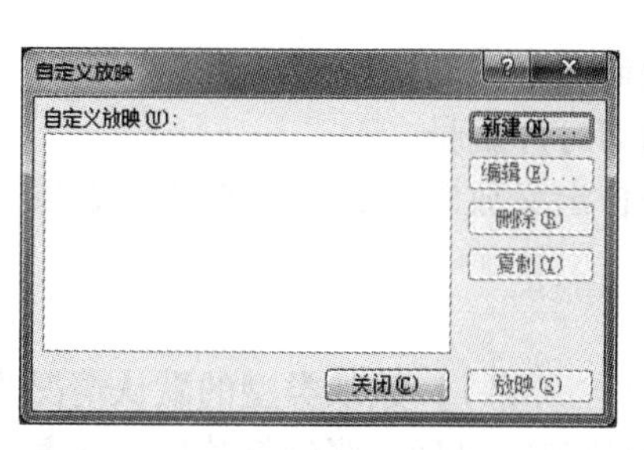

图6.55 【自定义放映】对话框

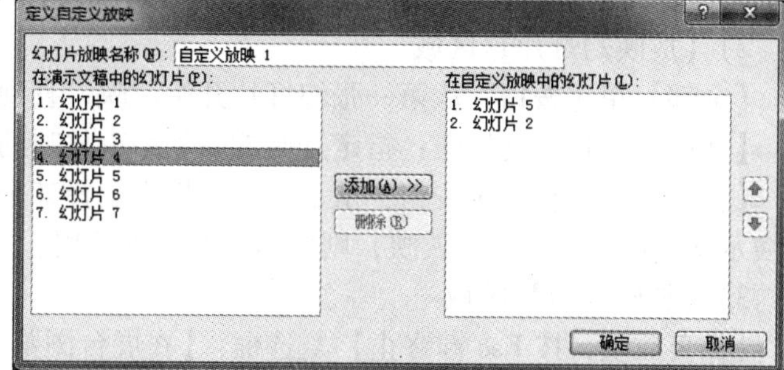

图6.56 【定义自定义放映】对话框

在【在演示文稿中的幻灯片】下选择要放映的幻灯片，单击【添加】按钮，使其添加到右侧的【在自定义放映中的幻灯片】区域。

添加到【在自定义放映中的幻灯片】区域的幻灯片可以调整播放的先后顺序，单击要调整顺序的幻灯片，单击【上移】按钮或【下移】按钮，即可完成播放顺序的调整。

2. 设置放映方式

通过设置放映方式，可以使用户随心所欲地控制幻灯片的放映过程。

在【幻灯片放映】选项卡中，单击【设置幻灯片放映】按钮，打开【设置放映方式】对话框，如图 6. 57 所示，在该对话框中用户可以方便地设置幻灯片的放映方式。

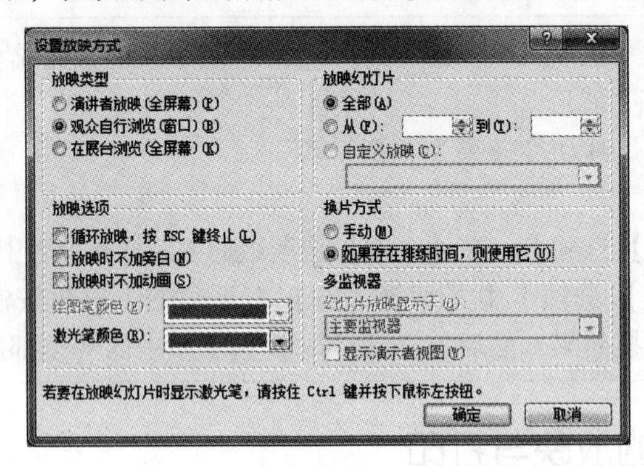

图 6. 57 【设置放映方式】对话框

1）【放映类型】区域

【演讲者放映（全屏幕）】单选按钮：该放映类型是系统默认的放映方式。若应用了排练计时功能或设定了时间间隔，则可连续放映该幻灯片，否则可采用人工方式进行放映。演讲者也可根据需要随时切换到其他幻灯片，也可以控制幻灯片的放映节奏，甚至可以使放映暂停。

【观众自行浏览（窗口）】单选按钮：在放映窗口中会出现菜单栏和 Web 工具栏，可以通过其上的选项和按钮实现浏览放映和打印等功能，类似于网页的浏览，主要用于小规模的演示。

【在展台浏览（全屏幕）】单选按钮：一般设置该放映类型前要将幻灯片设置成连续放映的幻灯片，否则在放映过程中会停留在某一张幻灯片上，无法向下进行。应用这种类型放映的幻灯片无须人工干预，当放映完最后一张幻灯片后会自动返回放映第一张，这样一直循环下去，直到按 Esc 键才会停止，主要用于放映无人管理的广告。

2）【放映幻灯片】区域

【全部】单选按钮：从第一张幻灯片开始放映，直到最后一张幻灯片。

【从…到…】单选按钮：指定开始放映和结束放映的幻灯片编号。

【自定义放映】单选按钮：从下拉列表框中选择某个自定义放映方式进行播放，如果当前演示文稿中没有自定义放映，则此项为灰色不可用。

3）【放映选项】区域

【循环放映，按 Esc 键终止】复选框：【在展台浏览（全屏幕）】放映类型的默认情况为这种放映方式，所以为灰色选中状态。选中该复选框，则放映完最后一张幻灯片后会接着放映第一张幻灯片，进行重复放映，直到按 Esc 键才会终止放映。

【放映时不加旁白】复选框：选中该复选框后，放映幻灯片时不播放录制的旁白。

【放映时不加动画】复选框：选中该复选框后，放映幻灯片时不播放动画。

4）【换片方式】区域

【手动】单选按钮：选中后，在放映幻灯片时只能人为进行换片。

【如果存在排练时间，则使用它】单选按钮：选中后，如果幻灯片设置了【排练计时】则按照排练的时间进行放映，如果没有设置则只能手动换片。

5）【多监视器】区域：可以设置演示文稿在多台监视器上放映。

3. 应用排练计时

在【幻灯片放映】选项卡的【设置】选项组中，选择【排练计时】选项，就可以立即以排练计时方式启动幻灯片放映。在幻灯片放映屏幕的左上角，将出现如图 6.58 所示的【录制】对话框。在该方式下启动幻灯片放映，每次换片都将重新计时，它会记录每张幻灯片播放的时间长度，使用户可以方便地看到播放及讲解演示文稿所用的时间。结束放映后，可以选择是否保留排练计时，若保留，则在设置放映方式时可以选择使用排练计时。

图 6.58　排练计时的【录制】对话框

4. 录制旁白

通过录制旁白可以将演讲者的解说声音添加到幻灯片中，这样不在场的观众也能听到演讲。

录制旁白的操作步骤如下。

在【幻灯片放映】选项卡的【设置】选项组中，单击【录制幻灯片演示】按钮，在弹出的下拉列表中有【从头开始录制】和【从当前幻灯片开始录制】两个选项，选择其中一项即开始录制，并进入播放状态，按 Esc 键则结束放映状态，录制结束。录制旁白后，对每张幻灯片的解说都会被录制为音频文件，并自动添加到幻灯片中。

5. 隐藏幻灯片

如果没有设置自定义放映，要使某些幻灯片在放映时不播放，可以将其隐藏，设置方法如下：选中不播放的幻灯片，单击【幻灯片放映】选项卡中【设置】选项组中的【隐藏幻灯片】按钮即可。

实例 6.11：以“节约能源”为主题制作一个不少于 5 张幻灯片的演示文稿。

（1）对幻灯片进行排练计时，并应用排练计时。

（2）设置自定义放映，名称为“放映 1”，只播放前三张幻灯片，并且逆序播放。

操作方法：

（1）单击【幻灯片放映】→【排练计时】选项，进入排练计时状态，结束时保留排练计时。

（2）单击【幻灯片放映】→【自定义放映幻灯片】→【自定义放映】选项，打开【自定义放映】对话框，单击【新建】按钮，在弹出的对话框中的【幻灯片放映名称】文本框中输入“放映 1”，依次选择幻灯片编号为 3、2、1 的幻灯片，单击【添加】→【确定】按钮。

单击【设置幻灯片放映】按钮，打开【设置放映方式】对话框，从【放映幻灯片】区域的【自定义放映】下拉列表中选择【放映 1】，在【换片方式】区域中选中【如果存在排练时间，则使用它】单选项，然后单击【确定】按钮。

6.12.2 放映幻灯片

1. 启动幻灯片放映

单击【幻灯片放映】选项卡，在【开始放映】选项组中单击【从头开始】按钮或按 F5 键，可以从第一张幻灯片开始放映；单击【从当前幻灯片开始】按钮或按 Shift + F5 组合键，可以从当前的幻灯片开始启动幻灯片放映。

2. 退出幻灯片放映

要退出放映，可以使用如下的方法。

（1）在放映的幻灯片上单击鼠标右键，选择【结束放映】。

（2）按 Esc 键。

6.12.3 打印演示文稿

1. 设置幻灯片的页面属性

单击【设计】选项卡中的【页面设置】选项，打开【页面设置】对话框，如图 6.59 所示。

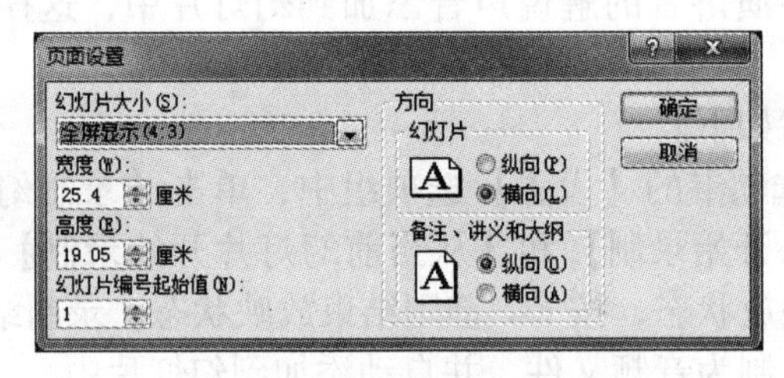

图 6.59 【页面设置】对话框

【页面设置】对话框各区域的功能如下。

（1）【幻灯片大小】下拉列表：设置幻灯片的大小以适合纸张的大小，选择该项后【宽度】和【高度】数值框中的数值也随之改变；若选择【自定义】选项，则在【宽度】和【高度】数值框中输入数值可自己定义幻灯片的大小。

（2）【幻灯片编号起始值】数值框：输入第一张幻灯片的起始编号。

（3）幻灯片方向：

【纵向】单选按钮：将幻灯片改为垂直方向显示；

【横向】单选按钮：将幻灯片改为水平方向显示，也是默认的显示方式。

（4）备注、讲义和大纲方向：

【纵向】单选按钮：将备注、讲义和大纲改为垂直方向显示；

【横向】单选按钮：将备注、讲义和大纲改为水平方向显示。

设置完毕后，单击【确定】按钮即可。

2. 设置幻灯片页眉和页脚

页眉和页脚是添加于演示文稿中的注释内容，它的内容一般是时间、日期和幻灯片编号等。添加页眉和页脚有助于幻灯片的制作和管理，具体操作步骤如下。

在【插入】选项卡中的【文本】选项组中，单击【页眉和页脚】选项，打开【页眉和页脚】对话框，如图 6.60 所示。

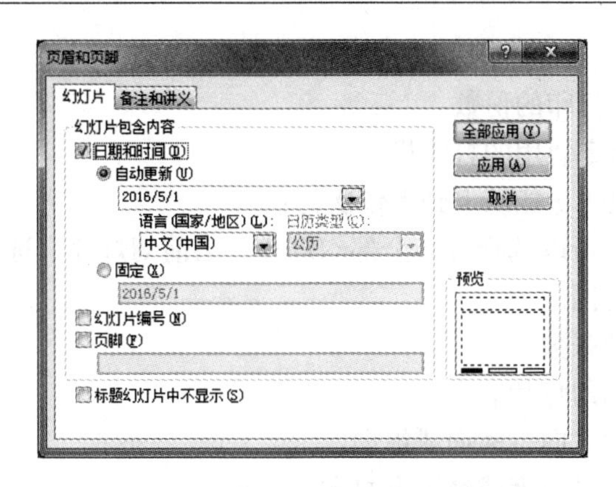

图 6.60 【页眉和页脚】对话框

若选中【日期和时间】复选框，则可添加日期和时间。选中【自动更新】单选项时，系统将自动插入当时的日期或时间，日期和时间的格式可从下拉列表中选择；选中【固定】单选项时，用户可以直接输入日期和时间，格式由用户自定义。要添加幻灯片编号，选中【幻灯片编号】复选框。要给幻灯片添加一些附注说明，选中【页脚】复选框，然后在下面的文本框中输入要添加的内容。如果不想让日期、时间、幻灯片编号或页脚文本出现在标题幻灯片上，则选中【标题幻灯片中不显示】复选框。

设置完毕后，如果要将设置结果添加到当前幻灯片中，单击【应用】按钮；如果要添加到演示文稿的所有幻灯片中，则单击【全部应用】按钮。

3. 打印演示文稿

单击【文件】选项卡，选择【打印】选项，即可弹出如图 6.61 所示的界面。

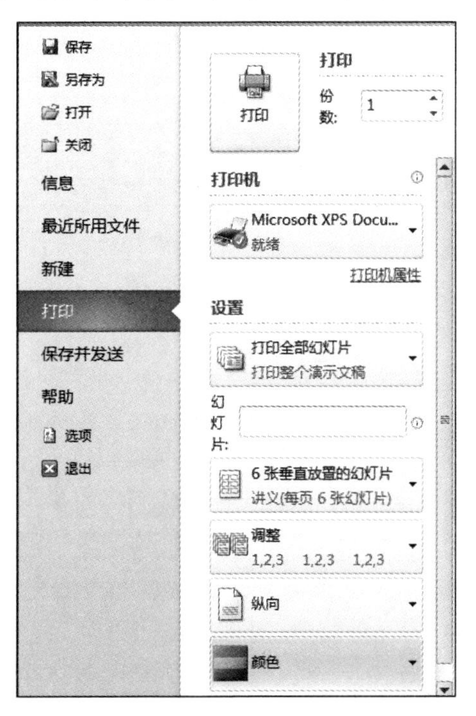

图 6.61　单击【文件】选项卡的【打印】选项

各区域的功能如下。

【打印】区域：设置打印的份数。

【打印机】区域：指定使用的打印机。

【设置】区域各按钮的功能从上到下依次为：

- 设置打印的范围，可以选择打印全部幻灯片、当前幻灯片、选择的幻灯片或自定义打印幻灯片编号的范围。
- 每页打印幻灯片的张数。
- 选择是否逐份打印幻灯片。
- 设置打印时纸张的方向，横向或纵向。
- 选择是彩色打印还是灰度或纯黑白打印。

评价单

<table>
<tr><td>项 目 名 称</td><td colspan="5">幻灯片动画设计</td><td>完 成 日 期</td><td></td></tr>
<tr><td>班　　级</td><td colspan="2"></td><td>小　　组</td><td colspan="2"></td><td>姓　　名</td><td></td></tr>
<tr><td>学　　号</td><td colspan="4"></td><td colspan="2">组 长 签 字</td><td></td></tr>
<tr><td colspan="2">评 价 内 容</td><td colspan="3">分　　值</td><td colspan="2">学 生 评 价</td><td>教 师 评 价</td></tr>
<tr><td colspan="2">PowerPoint 2010 使用的熟练程度</td><td colspan="3">10</td><td colspan="2"></td><td></td></tr>
<tr><td colspan="2">主题、颜色、背景的设置情况</td><td colspan="3">10</td><td colspan="2"></td><td></td></tr>
<tr><td colspan="2">动画效果的设置</td><td colspan="3">10</td><td colspan="2"></td><td></td></tr>
<tr><td colspan="2">幻灯片切换效果的设置</td><td colspan="3">10</td><td colspan="2"></td><td></td></tr>
<tr><td colspan="2">幻灯片放映的设置</td><td colspan="3">10</td><td colspan="2"></td><td></td></tr>
<tr><td colspan="2">幻灯片设计是否满足要求</td><td colspan="3">10</td><td colspan="2"></td><td></td></tr>
<tr><td colspan="2">幻灯片整体风格是否协调</td><td colspan="3">10</td><td colspan="2"></td><td></td></tr>
<tr><td colspan="2">整体布局是否合理</td><td colspan="3">10</td><td colspan="2"></td><td></td></tr>
<tr><td colspan="2">态度是否认真</td><td colspan="3">10</td><td colspan="2"></td><td></td></tr>
<tr><td colspan="2">与小组成员的合作情况</td><td colspan="3">10</td><td colspan="2"></td><td></td></tr>
<tr><td colspan="2">总分</td><td colspan="3">100</td><td colspan="2"></td><td></td></tr>
<tr><td>学 生 得 分</td><td colspan="7"></td></tr>
<tr><td>自我总结</td><td colspan="7"></td></tr>
<tr><td>教师评语</td><td colspan="7"></td></tr>
</table>

知识点强化与巩固

一、填空题

1. PowerPoint 2010 提供了 4 类动画，分别是进入、强调、（　　）和（　　）。
2. 在幻灯片中若要复制动画效果，可以使用【动画】选项卡中的（　　）按钮。
3. 创建电子相册可以使用（　　）选项卡中的选项。
4. 若要从第一张幻灯片开始播放演示文稿，可以使用（　　）选项卡中的命令按钮。
5. 若要使每张幻灯片都能按各自所需的时间实现连续自动播放，应进行（　　）。
6. 要对幻灯片进行页面设置，可以单击（　　）选项卡中的【页面设置】按钮。
7. 在放映幻灯片时，按（　　）键可以将鼠标切换到“笔”的状态。
8. 在幻灯片中设置（　　）可以使幻灯片在播放时能自由跳转到其他位置。
9. 创建并编辑动画效果要使用（　　）选项卡中的选项。
10. 文本框有（　　）和（　　）两种类型。

二、选择题

1. 在 PowerPoint 2010 中，要设置幻灯片循环放映，应使用（　　）选项卡。
   A.【开始】　B.【视图】　C.【幻灯片放映】　D.【审阅】
2. 如果要从一张幻灯片“溶解”到下一张幻灯片，应在（　　）选项卡中设置。
   A.【设计】　B.【切换】　C.【幻灯片放映】　D.【动画】
3. 幻灯片母版可以起到的作用是（　　）。
   A. 设置幻灯片的放映方式　B. 定义幻灯片的打印页面
   C. 设置幻灯片的切换效果　D. 统一设置整套幻灯片的标志图片或多媒体元素
4. 在 PowerPoint 2010 中，【动画】选项卡中可以实现的功能是（　　）。
   A. 更改与删除动画　B. 插入表、形状与图表
   C. 背景、主题设计　D. 动画设计与页面设计
5. 要设置幻灯片中对象的动画效果及动画的出现方式时，应在（　　）选项卡中操作。
   A.【切换】　B.【动画】　C.【设计】　D.【审阅】
6. 要设置幻灯片的切换效果及切换方式时，应在（　　）选项卡中操作。
   A.【开始】　B.【设计】　C.【切换】　D.【动画】
7. 在 PowerPoint 2010 中，要设置幻灯片之间的切换方式，应在（　　）选项卡中操作。
   A.【动画】　B.【幻灯片放映】　C.【切换】　D.【视图】
8. 在 PowerPoint 2010 中，【动画刷】按钮所在的选项卡是（　　）。
   A.【开始】　B.【设计】　C.【动画】　D.【切换】
9. 对幻灯片进行排练计时设置的作用是（　　）。
   A. 预置幻灯片播放时的动画　B. 预置幻灯片播放时的放映方式
   C. 预置幻灯片的播放顺序　D. 控制幻灯片播放的时间
10. 演示文稿的基本组成单元是（　　）。
    A. 图形　B. 文本　C. 幻灯片　D. 占位符
11. 要使幻灯片中的标题、图片、文字等按顺序出现，应进行（　　）设置。
    A. 放映方式　B. 切换　C. 动画　D. 超链接

12. 在 PowerPoint 2010 的幻灯片切换中，不能设置切换的是（　　）。
A. 换片方式　B. 颜色　C. 声音　D. 持续时间
13. 如果要从第 2 张幻灯片跳转到第 5 张幻灯片，应进行（　　）设置。
A. 超链接　B. 动画　C. 切换　D. 排练计时
14. 播放幻灯片时，以下说法正确的是（　　）。
A. 只能按顺序播放　B. 只能按幻灯片编号的顺序播放
C. 可以按任意顺序播放　D. 不能逆序播放
15. 在幻灯片放映时，若使用了画笔，则错误的说法是（　　）。
A. 可以在屏幕上随意绘画　B. 可以随时更换画笔颜色
C. 在幻灯片上做的记号不能保留　D. 在幻灯片上做的记号可以保留
16. （　　）是无法打印出来的。
A. 幻灯片中的图片　B. 幻灯片中的动画
C. 母版上添加的标志　D. 幻灯片中添加的日期
17. 在幻灯片浏览视图下，不能（　　）。
A. 插入幻灯片　B. 删除幻灯片
C. 更改幻灯片顺序　D. 编辑幻灯片中的文字
18. 在对幻灯片中的对象设置动画时，不可以设置（　　）。
A. 动画效果　B. 动画时间　C. 开始方式　D. 结束方式
19. 在 PowerPoint 2010 中，幻灯片版式共有（　　）种。
A. 1　B. 7　C. 11　D. 16
20. 更改幻灯片主题使用的是（　　）选项卡。
A.【开始】　B.【设计】　C.【切换】　D.【动画】

三、判断题

1. 动画窗格中动画序列的顺序是不能调整的。（　　）
2. 在 PowerPoint 2010 中，幻灯片母版是一张特殊的幻灯片，包含已设定格式的占位符。（　　）
3. 对于演示文稿中不准备放映的幻灯片，可以将其隐藏起来。（　　）
4. 在 PowerPoint 2010 的自定义动画中，可以设置动作循环播放。（　　）
5. 在 PowerPoint 2010 中，【项目符号】按钮通常在【开始】选项卡的界面上。（　　）
6. 在 PowerPoint 2010 中，放映方式分为演讲者放映、观众自行浏览和在展台浏览三种。（　　）
7. 在 PowerPoint 2010 中，通过【自定义放映】选项可以选择要播放的幻灯片及其播放顺序。（　　）
8. 设置了幻灯片中对象的动画效果后，不能改变动画的播放速度。（　　）
9. 若设置了幻灯片切换效果，则所有的幻灯片在切换时都是相同的效果。（　　）
10. 在 PowerPoint 2010 中，可以为图片和动作按钮设置超链接，不能对文本设置超链接。（　　）

第7章　网络安全基础

项目一　计算机网络安全设置

知识点提要

1. 计算机网络安全的概念
2. 计算机网络安全的属性
3. 威胁网络信息安全的因素
4. 网络信息安全的标准
5. 数据加密、身份认证、访问控制、入侵检测、防火墙的概念
6. 网络道德规范

任务单

任 务 名 称	计算机网络安全设置	学　　时	2 学时
知识目标	1. 了解本地安全策略。 2. 了解计算机日志的查看方式。 3. 掌握防火墙的设置方法。		
能力目标	1. 能熟练地设置 Windows 7 的本地安全策略。 2. 能根据需要对计算机进行安全设置。 3. 能熟练地设置防火墙。		
任务描述	按照以下要求进行操作 1. 修改 Windows 7 操作系统的安全服务设置。通过单击【管理工具】对话框中的【本地安全策略】快捷方式图标，配置本地的安全策略。在【本地安全策略】对话框中，单击左侧【安全设置】目录树中【本地策略】下的【安全选项】选项，查看系统的安全设置。 2. 修改 IE 浏览器安全设置。打开 IE 浏览器，单击【工具】按钮，在下拉列表中选择【Internet 选项】选项，在弹出的对话框中单击【安全】选项卡，然后进行 IE 浏览器的安全设置，自定义安全级别，设置添加受信任和受限制的站点。 3. 设置用户的本地安全策略，包括密码策略和账户锁定策略。单击【管理工具】对话框中的【本地安全策略】快捷方式图标，然后单击【帐户策略】→【密码策略】选项，在弹出的对话框中设置密码复杂性要求，设置密码长度最小值，设置密码最长使用期限。 4. 用事件查看器查看三种日志。以管理员身份登录系统，打开【事件查看器】中的【Windows 日志】选项，从中可以看到系统记录的三种日志，单击【应用程序】选项，就可以看到系统记录的应用程序日志，用同样方法也可以查看安全日志和系统日志。 5. 防火墙设置。单击【控制面板】窗口中的【Windows 防火墙】选项，在弹出的对话框中单击【允许程序或功能通过 Windows 防火墙】链接，在弹出的对话框中完成相应的设置，然后单击【确定】按钮。		
任务要求	1. 仔细阅读任务描述中的操作要求，认真完成任务。 2. 上交操作截图的电子作品。 3. 小组间可以讨论、交流操作方法。		

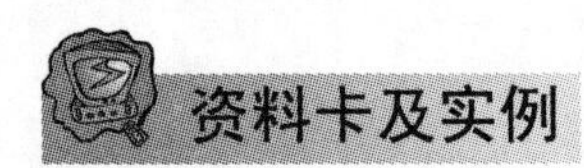

7.1 计算机网络安全概述

7.1.1 计算机网络安全的相关概念

“安全”是指将服务与资源的脆弱性降到最低限度。脆弱性指计算机系统的任何弱点。国际标准化组织（ISO）对计算机系统安全的定义是：为数据处理系统建立和采用的技术和管理的安全保护，保护计算机硬件、软件和数据不因偶然和恶意的原因遭到破坏、更改和泄露。计算机安全的定义包含网络安全和逻辑安全两方面的内容，其逻辑安全的内容可理解为我们常说的信息安全，指对信息的保密性、完整性和可用性的保护，而网络安全的含义是信息安全含义的引申，指对网络信息保密性、完整性和可用性的保护。

计算机网络安全主要包括以下内容。

（1）网络实体安全，如计算机的物理条件、物理环境及设施的安全标准，计算机硬件、附属设备及网络传输线路的安装及配置等。

（2）软件安全，如保护网络系统不被非法侵入，系统软件与应用软件不被非法复制、篡改且不受病毒的侵害等。

（3）数据安全，如保护网络信息的数据安全，以及保护其完整、一致等。

（4）网络安全管理，如运行时对突发事件的安全处理等，包括采取计算机安全技术，建立安全管理制度，开展安全审计。

计算机网络安全通常包括如下属性：可用性、机密性（保密性）、完整性、可控性、不可抵赖性。

（1）可用性，指得到授权的实体在需要时可以使用所需要的网络资源和服务。

（2）机密性，指网络中信息不被非授权实体（包括用户和进程等）获取与使用。

（3）完整性，指网络信息的真实、可信性，即网络中的信息不会遭受偶然或者蓄意的删除、修改、伪造、插入等破坏，保证授权用户得到的信息是真实的。

（4）可控性，指系统在规定的条件下和规定的时间内，完成规定功能的概率。

（5）不可抵赖性，指通信的双方在通信过程中，对于自己所发送或接收的消息不可抵赖，即发送者不能抵赖他发送过消息的事实和内容，而接收者也不能抵赖其接收到消息的事实和内容。

7.1.2 威胁网络安全的因素

威胁计算机网络安全的主要因素分为内部因素和外部因素两种。内部因素是指网络本身在网络设计、网络协议和网络设施方面存在的安全缺陷或漏洞。网络的开放性给网络互连带来方便的同时，也给入侵者提供了方便之门，网络协议（如 TCP/IP）存在的安全漏洞给入侵者可乘之机，网络设施的信息泄露给入侵者直接获取网络有用信息创造了机会。外部因素是指网络之外的、威胁网络安全的因素，除了自然灾害（水灾、火灾、地震、雷击和电磁辐射）等带来的安全威胁之外，还有人为的蓄意攻击，这些蓄意攻击主要表现为中断、窃取、篡改、假冒等入侵攻击行为。

（1）人为的无意失误，如操作员安全配置不当造成的安全漏洞，用户安全意识不强，用户口令选择不慎，用户将自己的账号随意转借他人或与别人共享等都会给网络安全带来威胁。

（2）人为的恶意攻击，这是计算机网络所面临的最大威胁，敌人的攻击和计算机犯罪就属于这一类。此类攻击又可以分为以下两种：一种是主动攻击，它以各种方式有选择地破坏信息的有效性和完整性；另一种是被动攻击，它是在不影响网络正常工作的情况下，进行截获、窃取、破译以获得重要机密信息。这两种攻击均可对计算机网络造成极大的危害，并导致机密数据的泄露。

（3）网络软件的漏洞，网络软件不可能是百分之百的无缺陷和无漏洞的，而这些漏洞和缺陷恰恰是黑客进行攻击的首选目标。曾经出现过黑客攻入网络内部的事件，这些事件大部分都是因为安全措施不完善所导致的苦果。

网络的不安全因素一般包括：计算机系统本身的脆弱性、操作系统的脆弱性、电磁泄漏、数据的可访问性（一定条件下，可不留痕迹地访问、复制、删除或破坏数据）、通信系统和通信协议的弱点、数据库系统的脆弱性、网络存储介质的脆弱性等。

7.2　计算机安全技术

7.2.1　数据加密

数据加密是一门历史悠久的技术，指通过加密算法和加密密钥将明文转变为密文，而解密则是通过解密算法和解密密钥将密文恢复为明文。数据加密目前仍是计算机系统对信息进行保护的一种最可靠的办法。它利用密码技术对信息进行加密，实现信息隐蔽，从而起到保护信息安全的作用。加密算法是公开的，而密钥则是不公开的。数据加密必须具备五个要素：明文、密钥、密文、加密算法和解密算法。数据加密技术包括两种：对称加密技术（DES、IDEA、AES等）、非对称加密技术（RSA、Rabin、D-H、ECC等）。

文档加密是现今信息安全防护的主力军，它采用透明的解密技术，对数据进行强制加密，但又不改变用户原有的使用习惯。此技术仅对数据自身加密，不管是脱离操作系统，还是非法脱离安全环境，用户数据自身都是安全的，对环境的依赖性比较小。市面上的文档加密技术主要分为磁盘加密、应用层加密、驱动级加密等几种技术。

7.2.2　数字签名

数字签名也称电子签名，如同出示手写签名一样，能起到电子文件认证、核准和生效的作用，其实现方式是：把散列函数和公开密钥算法结合起来，发送方从报文文本中生成一个散列值，并用自己的私钥对这个散列值进行加密，形成发送方的数字签名；然后，发送方将这个数字签名作为报文的附件和报文一起发送给报文的接收方；报文的接收方首先从接收到的原始报文中计算出散列值，接着再用发送方的公开密钥来对报文附加的数字签名进行解密；如果这两个散列值相同，那么接收方就能确认该数字签名是发送方的。数字签名机制提供了一种鉴别方法，以解决伪造、抵赖、冒充、篡改等问题。

7.2.3 防火墙技术

防火墙技术是指网络之间通过预定义的安全策略，对内、外网通信强制实施访问控制的安全应用措施。它对两个或多个网络之间传输的数据包按照一定的安全策略来实施检查，以决定网络之间的通信是否被允许，并监视网络运行状态。由于它简单实用且透明度高，可以在不修改原有网络应用系统的情况下，达到一定的安全要求，所以被广泛使用。

目前，一些厂商还把防火墙技术并入其硬件产品中，即在其硬件产品中采取功能更加先进的安全防范机制。可以预见，防火墙技术作为一种简单实用的网络信息安全技术将得到进一步发展。然而，防火墙也并非人们想象的那样不可渗透。在过去的统计中曾遭受过黑客入侵的网络用户有三分之一是有防火墙保护的，也就是说要保证网络信息的安全还必须有其他一系列措施，如对数据进行加密处理。

Windows XP 系统自带的防火墙软件仅提供简单和基本的功能，且只能保护入站流量，阻止任何非本机启动的入站连接，默认情况下，该防火墙还是关闭的，这使得用户只能另外去选择专业可靠的安全软件来保护自己的电脑。Windows 7 系统就弥补了这个缺憾，全面改进了自带的防火墙软件，提供了更加强大的保护功能。

1. Windows 7 防火墙的启动

在 Windows 7 桌面上，单击【开始】菜单右侧的【控制面板】选项，将弹出如图 7.1 所示的窗口，然后单击窗口中的【Windows 防火墙】选项，即成功打开【Windows 防火墙】窗口。

图 7.1 【控制面板】窗口

2. Windows 7 防火墙的基本设置

防火墙如果设置不好，不仅不能有效阻止网络恶意攻击，还可能会阻挡用户正常访问互联网，所以之前很多电脑用户都不会去手动设置防火墙。Windows 7 系统的防火墙设置相对简单很多，普通的电脑用户也可独立进行相关的基本设置。单击【Windows 防火墙】窗口左侧的【打开或关闭 Windows 防火墙】链接，在弹出的对话框中选中【启用 Windows 防火墙】单选项，并单击【确定】按钮，即可开启 Windows 7 的防火墙，如图 7.2 所示。

Windows 7 系统的新手用户尽可放心大胆去设置，就算操作失误也没关系，因为 Windows 7 系统提供的防火墙还原默认设置功能可立即把防火墙恢复到初始状态。Windows 7 系统提供了三种网络类型可供用户选择：公用网络、家庭网络及工作网络，后两者都被 Windows 7 系统视为私人网络。所有网络类型，Windows 7 系统都允许手动调整配置。另外，

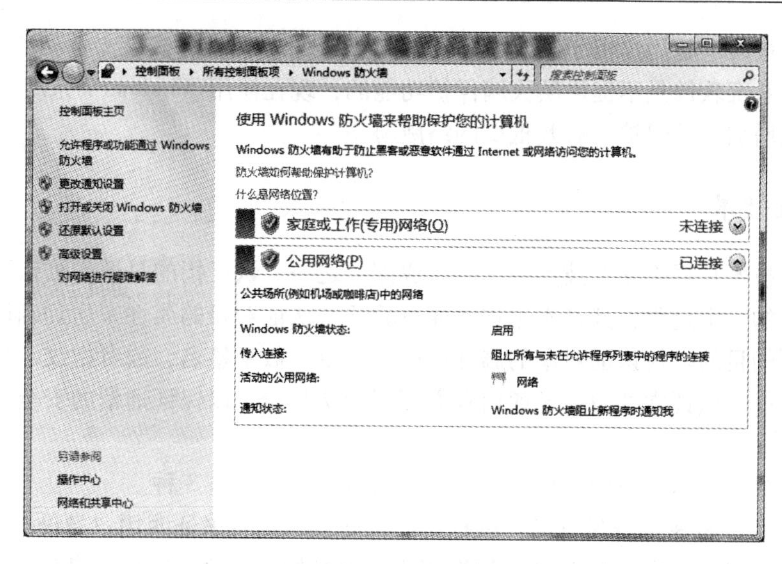

图 7.2 【Windows 防火墙】窗口

Windows 7 系统为每一项设置都提供了详细的说明文字，一般用户在动手设置前有不明白的地方可以参考。

3. Windows 7 防火墙的高级设置

很多 Windows 7 旗舰版高级用户想要把防火墙设置得更全面、详细，为此 Windows 7 的防火墙还提供了高级设置控制台，在这里用户可以为每种网络类型的配置文件进行设置，包括出站规则、入站规则、连接安全规则等，如图 7.3 所示。

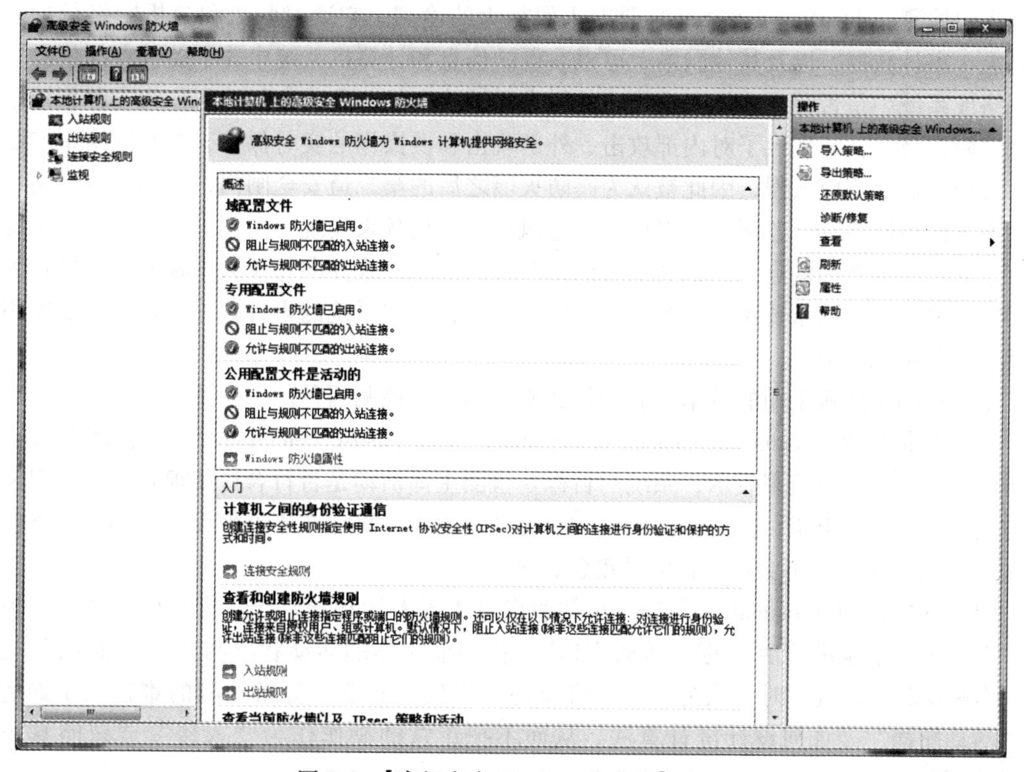

图 7.3 【高级安全 Windows 防火墙】窗口

目前国内很多电脑用户由于缺乏电脑安全知识，同时又没有安装专业可靠的安全软件，而一些免费的杀毒软件是不提供防火墙保护功能的，现在使用 Windows 7 系统自带的防火墙便可以为系统增加一层保护，有效抵御网络威胁。

7.2.4 认证技术

网络认证技术是网络安全技术的重要组成部分之一。认证指的是证实被认证对象是否属实和是否有效的一个过程，其基本思想是通过验证被认证对象的属性来达到确认被认证对象是否真实有效的目的。被认证对象的属性可以是口令、数字签名，或者指纹、声音、视网膜一类的生理特征。认证常常被用于通信双方相互确认身份，以保证通信的安全。认证可采用各种方法进行。

在真实世界里，对用户的身份认证基本方法可以分为以下 3 种。

（1）基于信息秘密的身份认证：根据用户所知道的信息来证明用户身份。

（2）基于信任物体的身份认证：根据用户所拥有的东西来证明用户身份。

（3）基于生物特征的身份认证：直接根据用户独一无二的身体特征来证明用户身份（如指纹、面貌等）。

为了达到更高的身份认证安全性，在某些场景中会从上面 3 种中挑选 2 种混合使用，即所谓的双因素认证。

7.2.5 入侵检测

入侵检测（intrusion detection）是对入侵行为的检测。它通过收集和分析网络行为、安全日志、审计数据，以及其他网络上可以获得的信息和计算机系统中若干关键点的信息，检查网络或系统中是否存在违反安全策略的行为和被攻击的迹象。入侵检测作为一种积极主动的安全防护技术，它提供了对内部攻击、外部攻击和误操作的实时保护，能在网络系统受到危害之前拦截和响应入侵，因此被认为是防火墙之后的第二道安全闸门，在不影响网络性能的情况下能对网络进行监测。入侵检测通过执行以下任务来实现：监视、分析用户及系统活动；审计系统构造和弱点；识别并反映已知进攻的活动模式并向相关人士报警；异常行为模式的统计分析；评估重要系统和数据文件的完整性；操作系统的审计跟踪管理，并识别用户违反安全策略的行为。

入侵检测系统所采用的技术可分为特征检测与异常检测两种。

（1）特征检测（signature - based detection），又称 Misuse detection，这一检测假设入侵者活动可以用一种模式来表示，系统的目标是检测主体活动是否符合这些模式。它可以将已有的入侵方法检查出来，但对新的入侵方法无能为力，其难点在于如何设计模式使之既能够表达“入侵”现象又不会将正常的活动包含进来。

（2）异常检测（anomaly detection）的假设是入侵者活动异常于正常主体的活动。根据这一理念建立主体正常活动的“活动简档”，将当前主体的活动状况与“活动简档”相比较，当违反其统计规律时，认为该活动可能是“入侵”行为。异常检测的难题在于如何建立“活动简档”及如何设计统计算法，从而不把正常的操作作为“入侵”或忽略真正的“入侵”行为。

7.2.6　访问控制

访问控制是指按用户身份及其所归属的某项定义组来限制用户对某些信息项的访问，或限制对某些控制功能的使用的一种技术，如 UniNAC 网络准入控制系统的原理就是基于此技术之上的。访问控制通常用于系统管理员控制用户对服务器、目录、文件等网络资源的访问。

访问控制是网络安全防范和保护的主要策略，它的主要任务是保证网络资源不被非法使用，是保证网络安全最重要的核心策略之一。访问控制包括入网访问控制、网络权限控制、目录级控制及属性控制等多种手段。访问控制通常有三种策略：自主访问控制（discretionary access control，DAC），强制访问控制（mandatory access control，MAC），基于角色的访问控制（role-based access control，RBAC）。

7.2.7　日志

Windows 日志位于计算机管理的事件查看器中，用于存储来自旧版应用程序的事件及适用于整个系统的事件。Windows 7 系统的 Windows 日志包括五个类别，分别为应用程序日志、安全日志、系统日志、安装程序日志和转发事件日志。

应用程序日志包含由应用程序记录的事件；安全日志包含系统的登录、文件资源的使用，以及与系统安全相关的事件；系统日志包含 Windows 系统组件记录的事件；安装程序日志包含与应用程序安装有关的事件；转发事件日志用于存储从远程计算机收集的事件。

Windows 7 日志的启动方法如下：单击【开始】按钮，在右侧的列表中选择【控制面板】选项，在弹出的对话框中单击【系统与安全】链接，然后单击弹出对话框中的【管理工具】链接，再单击弹出对话框中的【事件查看器】快捷方式，进入事件查看器，选择【Windows 日志】选项，再根据事件的不同类型，在对话框中间界面选择【应用程序】选项、【安全】选项、【Setup】选项、【系统】选项和【转发事件】选项中的一个选项，查看相应事件产生的原因，并做出相应的处理。

7.3　网络道德

在信息技术日新月异的今天，人们无时无刻不在享受着信息技术给人们带来的便利与好处。然而，随着信息技术的深入发展和广泛应用，网络中出现了许多不容回避的道德与法律问题。因此，在我们充分利用网络提供的历史机遇的同时，要抵御其负面效应。大力进行网络道德建设已刻不容缓。网络道德的主要准则有以下几点。

（1）保护好自己的数据。企业和个人有责任保证自己数据的完整和正确。

（2）不使用盗版软件。软件是一种商品，付费购买商品是天经地义的事情，使用盗版软件既不尊重软件的作者，也不符合 IT 行业的道德准则。

（3）不做“黑客”。“黑客”是指未经授权而访问他人计算机系统中的信息的人，这是一种违法行为。

（4）网络自律。不应在网上发布和传播不健康的内容和他人的隐私，更不应恶意攻击他人，也不应在网上发布未经核实的虚假信息。

（5）要维护网络安全，不破坏网络秩序。

评价单

项目名称	计算机网络安全设置		完成日期	
班　级		小　组	姓　名	
学　号		组长签字		

评价内容	分值	学生评价	教师评价
注册表使用的熟练程度	10		
本地安全策略设置是否正确	20		
查看日志的熟练程度	10		
防火墙设置的熟练程度	20		
操作步骤截图是否符合要求	20		
态度是否认真	10		
与小组成员的合作情况	10		
总分	100		

学生得分	
自我总结	
教师评语	

知识点强化与巩固

一、填空题

1. 网络安全的特征有机密性、(　　)、可用性、可控性、不可抵赖性。
2. 网络安全的结构层次包括（　　）、安全控制、安全服务。
3. 网络安全面临的主要威胁有黑客攻击、(　　)、拒绝服务。
4. 计算机安全的主要目标是保护计算机资源免遭毁坏、替换、(　　)、丢失。
5. 数字签名可分为（　　）和仲裁签名两类。

二、选择题

1. 对网络系统中的信息进行更改、插入、删除属于（　　）。
   A. 系统缺陷　B. 主动攻击　C. 漏洞威胁　D. 被动攻击
2. （　　）是指在保证数据完整性的同时，还要使其能被正常利用和操作。
   A. 可控性　B. 可用性　C. 完整性　D. 保密性
3. （　　）是指保证系统中的数据不被无关人员识别。
   A. 可控性　B. 可用性　C. 完整性　D. 保密性
4. 下面属于被动攻击的是（　　）。
   A. 假冒　B. 搭线窃听　C. 篡改信息　D. 重放信息
5. AES 代表（　　）。
   A. 不对称加密算法　B. 消息摘要算法　C. 对称加密算法　D. 流密码算法

三、判断题

1. 网络安全技术研究大致可以分为基础技术研究、防御技术研究、攻击技术研究、安全控制技术和安全体系研究。（　　）
2. 协议和软件设计本身的缺陷不属于网络安全威胁的原因。（　　）
3. 密钥的管理需要借助于加密、认证、签字、协议、公证等技术。（　　）
4. 数字签名的目的是保证信息的完整性和真实性。（　　）
5. 电子证书不是进行安全通信的必备工具。（　　）

项目二 病毒与木马的防御与查杀

知识点提要

1. 病毒的概念与特点
2. 木马的相关知识
3. 木马和病毒的区别
4. 病毒和木马的防范措施
5. 常用防御与查杀软件的介绍

任务单

任 务 名 称	杀毒软件的安装和使用	学　　时	2 学时
知识目标	1. 掌握杀毒软件的安装和使用方法。 2. 初步了解杀毒软件的相关知识。 3. 掌握有关网络防毒的防范措施。		
能力目标	1. 能熟练地掌握各种杀毒软件的安装方法。 2. 能根据需要对扫描和查杀进行设置。 3. 提高学生使用电脑和网络的安全意识。		
任务描述	按照以下要求进行操作 1. 实验准备：提前准备好杀毒软件安装包。 2. 软件安装：根据提示安装杀毒软件。 3. 启动杀毒软件：一般情况，安装完杀毒软件，工作界面会自动打开，如果没有自动运行，在桌面上双击杀毒软件的图标，或者单击【开始】菜单中的【所有程序】选项，在【所有程序】菜单中找到相应的软件并双击。 4. 认识主界面：不同的杀毒软件的主界面不同，根据所选择的杀毒软件，详细介绍每部分的名称和功能。 5. 查看系统安全状态：系统安全状态一般包括文件防护、网络防护、硬件防护、驱动防护、移动设备防护、下载防护、黑客入侵防护等。 6. 设置扫描范围：用户根据不同的需求，选择不同的扫描范围，包括扫描整个计算机、指定的磁盘、文件夹或者文件。 7. 设置扫描方式：一般包括全面扫描、快速扫描、闪电扫描等。扫描后，用户可根据扫描结果进行处理，也可以查看日志。 8. 用户自定义设置：通过【设置】对话框，用户可以自定义设置查杀、防御、扫描方式。		
任务要求	1. 仔细阅读任务描述中的操作要求，认真完成任务。 2. 上交操作截图的电子作品。 3. 小组间可以讨论、交流操作方法。		

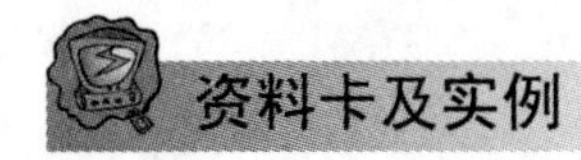

7.4 计算机病毒和木马

7.4.1 计算机病毒概述

计算机病毒（computer virus）在《中华人民共和国计算机信息系统安全保护条例》中被明确定义，指“编制者在计算机程序中插入的破坏计算机功能或者破坏数据，影响计算机使用并且能够自我复制的一组计算机指令或者程序代码”。计算机病毒与医学上的病毒不同，计算机病毒不是天然存在的，是人利用计算机软件和硬件所固有的脆弱性编制的一组指令集或程序代码。它能潜伏在计算机的存储介质（或程序）里，条件满足时即被激活，通过修改其他程序的方法将自己的精确拷贝或者可能演化的形式放入其他程序中，从而感染其他程序，对计算机资源进行破坏。它是人为造成的，对其他用户的危害性很大。

病毒具有以下特点。

（1）繁殖性。计算机病毒可以像生物病毒一样进行繁殖，当正常程序运行时，它也会运行并进行复制。是否具有繁殖、感染的特征是判断计算机病毒的首要条件。

（2）破坏性。计算机中毒后，可能会导致正常的程序无法运行，使计算机内的文件被删除或受到不同程度的损坏，破坏引导扇区、BIOS及硬件环境。

（3）传染性。计算机病毒传染性是指计算机病毒通过修改别的程序将自身的复制品或变体传染到其他无毒的对象上，这些对象可以是一个程序，也可以是系统中的某一个部件。

（4）潜伏性。计算机病毒潜伏性是指计算机病毒可以依附于其他媒体寄生的能力，侵入后的病毒会一直潜伏到条件成熟才发作，使电脑变慢。

（5）隐蔽性。计算机病毒具有很强的隐蔽性，可以通过病毒软件检查出来少数。隐蔽性计算机病毒时隐时现、变化无常，这类病毒处理起来非常困难。

（6）可触发性。编制计算机病毒的人，一般都为病毒程序设定了一些触发条件，如系统时钟的某个时间或日期，系统运行了某些程序等。一旦条件满足，计算机病毒就会“发作”，使系统遭到破坏。

计算机中毒主要有以下征兆。

（1）屏幕上出现不应有的特殊字符或图像，字符无规则变化，出现雪花、小球亮点，以及莫名其妙的信息提示等。

（2）发出尖叫、蜂鸣声或非正常奏乐等。

（3）经常无故死机，随机地发生重新启动或无法正常启动，运行速度明显下降，内存空间变小，磁盘驱动器及其他设备无缘无故地变成无效设备等。

（4）磁盘标号被自动改写，出现异常文件，出现固定的坏扇区，可用磁盘空间变小，文件无故变大、失踪或被改乱，可执行文件（.exe）变得无法运行等。

（5）打印异常，打印速度明显降低，不能打印，不能打印汉字与图形，打印时出现乱码等。

（6）收到来历不明的电子邮件，自动链接到陌生的网站，自动发送电子邮件等。

目前的情况下，病毒主要通过以下 3 种途径传播。

途径 1：通过不可移动的计算机硬件设备进行传播，这类病毒虽然极少，但破坏力却极强，目前尚没有较好的检测手段应对。

途径 2：通过移动存储介质传播，包括软盘、光盘、U 盘和移动硬盘等，用户之间在互相拷贝文件的同时也造成了病毒的扩散。

途径 3：通过计算机网络进行传播。人们通过计算机网络，互相传递文件、信件，这样就加快了病毒的传播速度；资源共享使得人们经常在网上下载免费、共享的软件，病毒也难免会夹在其中。网络是目前病毒传播的首要途径。

7.4.2 计算机木马的概述

计算机木马（又称间谍程序）是一种后门程序，常被黑客用作控制远程计算机的工具。木马的英文单词为“Trojan”，直译为“特洛伊”。木马程序与一般的病毒不同，它不会自我繁殖，也并不“刻意”地去感染其他文件，它的主要作用是为施种木马者打开被种者电脑的门户，使其可以任意毁坏、窃取被种者的文件，甚至远程操控被种者的电脑。

特洛伊木马与病毒的重大区别是特洛伊木马不具传染性，它并不能像病毒那样复制自身，也并不“刻意”地去感染其他文件，它主要通过将自身伪装起来，吸引用户下载执行。特洛伊木马中包含能够在触发时导致数据丢失甚至被窃的恶意代码。要使特洛伊木马传播，必须在计算机上有效地启用这些程序，如打开电子邮件附件或者将木马捆绑在软件中放到网络上吸引人下载执行等。现在的木马一般主要以窃取用户相关信息为主要目的，相对病毒而言，我们可以简单地说，病毒是破坏用户的信息，而木马是窃取用户的信息。典型的特洛伊木马有灰鸽子、网银大盗等。

木马和病毒的主要区别有以下三点。

（1）木马的主要目的不是破坏而是盗取。

（2）计算机病毒是主动攻击，而木马属于被动攻击，所以木马更难预防。

（3）木马不是主动传播，而是通过欺骗的手段，利用用户的误操作来实现传播。

7.4.3 计算机病毒和木马的防范

（1）为计算机安装杀毒软件，定期扫描系统并查杀病毒；及时更新病毒库，更新系统补丁。编写的程序不是十全十美的，所以软件也免不了会出现 bug，而补丁是专门用于修复这些 BUG 的。若原来发布的软件存在缺陷，发现之后另外编制一个小程序使其完善，这种小程序俗称补丁。定期进行补丁升级，升级到最新的安全补丁，可以有效地防止非法入侵。

（2）下载软件时尽量到官方网站或大型软件下载网站下载，在安装或打开来历不明的软件或文件前要先杀毒。

（3）不随意打开不明网页链接，尤其是不良网站的链接，陌生人通过 QQ 给自己传链接时，尽量不要打开。

（4）使用网络通信工具时不随便接收陌生人的文件，若接收，可在工具菜单栏中的【文件夹选项】中取消选中【隐藏已知文件类型扩展名】选项来查看文件类型。

（5）对公共磁盘空间加强权限管理，定期查杀病毒。

（6）打开移动存储器前先用杀毒软件进行检查，可在移动存储器中建立名为“autorun. inf”的文件夹（可防U盘病毒启动）。

（7）需要从公共网络上下载资料转入内网计算机时，用刻录光盘的方式实现转存。

（8）对计算机系统的各个账号要设置口令，及时删除或禁用过期账号。

（9）定期备份，以便遭到病毒严重破坏后能迅速修复。

7.4.4 常用的防御与查杀软件

1. Avira Free Antivirus

Avira Free Antivirus（小红伞）来自德国，是全球最受欢迎的基本病毒扫描软件之一。小红伞采用高效的启发式扫描，查杀能力毋庸置疑，在系统扫描、即时防护等方面的表现都不输给知名的付费杀毒软件，而且国内已知的360杀毒、QQ电脑管家都集成了它的查杀引擎。它除了可以阻止所有类型的恶意软件外，还可以防止广告公司对用户的上网活动进行跟踪。

2. 金山毒霸

老牌杀毒厂商金山一直受国人推崇。金山毒霸是一款云安全智扫反病毒软件，融合了启发式搜索、代码分析、虚拟机查毒等成熟可靠的反病毒技术。金山毒霸集病毒防火墙实时监控、压缩文件查毒、查杀电子邮件病毒等多项先进的功能于一身，在查杀病毒种类及速度，以及未知病毒防治等方面都已达到先进水平。它的KSC引擎用于查杀各类流行木马病毒，全新KVM云启发引擎增强了软件对未知病毒的识别。另外，金山毒霸还集成了漏洞扫描和安全应用百宝箱，为系统提供了全面的安全防护。系统占用上，依然延续了轻巧不卡机的特点，系统占用率较低。

3. 360杀毒

360杀毒采用自主研发的QVM引擎，基于人工智能算法，具有“自学习、自进化”的能力，对新生木马病毒有较好的防御效果。另外，360杀毒集成了小红伞和比特梵德两大知名反病毒引擎，查杀能力得到了进一步增强。360杀毒的界面清爽简洁，对资源的占用也很小，运行起来很安静。

4. 电脑管家

电脑管家集成了管家云查杀引擎和小红伞本地查杀引擎，拥有不逊于“杀毒软件+辅助软件”的防护能力。电脑管家将杀毒和管理两大功能合二为一，成为安全应用的一大突破。腾讯并非只是将杀毒与管理两个安全功能进行简单打包，而是实现了技术底层的融合。对用户来说，只需要安装电脑管家，就能够满足杀毒与管理两个核心用户需求。电脑管家在打击恶意网址和反网络钓鱼、欺诈方面，已经拥有十余年的积累和成熟的运营经验，以及全国最大的恶意网址数据库，先后为中国反钓鱼联盟、百度、支付宝等提供恶意网址鉴定及拦截服务，为网友上网安全提供了有力保障。

5. 瑞星杀毒软件

瑞星的智能虚拟化引擎，显著提高了其对木马、后门、蠕虫等的查杀率，并明显提升了杀毒速度。智能云安全技术针对互联网上大量出现的恶意病毒、挂马网站和钓鱼网站等，可实现自动收集、分析、处理，完美阻截了木马攻击、黑客入侵及网络诈骗，为用户上网提供了智能化的整体上网安全解决方案。瑞星杀毒软件提供了系统内核加固、木马防御、U 盘防护、浏览器防护和办公软件防护等功能，还提供了文件和邮件的实时监控，并集合了一系列的实用安全工具。

评价单

<table>
<tr><td>项目名称</td><td colspan="5">病毒与木马的防御与查杀</td><td>完成日期</td><td></td></tr>
<tr><td>班级</td><td colspan="2"></td><td>小组</td><td colspan="2"></td><td>姓名</td><td></td></tr>
<tr><td>学号</td><td colspan="4"></td><td colspan="2">组长签字</td><td></td></tr>
<tr><td colspan="2">评价内容</td><td colspan="3">分值</td><td colspan="2">学生评价</td><td>教师评价</td></tr>
<tr><td colspan="2">软件准备是否符合要求</td><td colspan="3">10</td><td colspan="2"></td><td></td></tr>
<tr><td colspan="2">软件安装熟练程度</td><td colspan="3">10</td><td colspan="2"></td><td></td></tr>
<tr><td colspan="2">主界面介绍是否全面</td><td colspan="3">20</td><td colspan="2"></td><td></td></tr>
<tr><td colspan="2">系统状态介绍是否正确</td><td colspan="3">10</td><td colspan="2"></td><td></td></tr>
<tr><td colspan="2">扫描方式是否全面</td><td colspan="3">10</td><td colspan="2"></td><td></td></tr>
<tr><td colspan="2">整体作品完成效果</td><td colspan="3">20</td><td colspan="2"></td><td></td></tr>
<tr><td colspan="2">态度是否认真</td><td colspan="3">10</td><td colspan="2"></td><td></td></tr>
<tr><td colspan="2">与小组成员的合作情况</td><td colspan="3">10</td><td colspan="2"></td><td></td></tr>
<tr><td colspan="2"></td><td colspan="3"></td><td colspan="2"></td><td></td></tr>
<tr><td colspan="2"></td><td colspan="3"></td><td colspan="2"></td><td></td></tr>
<tr><td colspan="2">总分</td><td colspan="3">100</td><td colspan="2"></td><td></td></tr>
<tr><td>学生得分</td><td colspan="7"></td></tr>
<tr><td>自我总结</td><td colspan="7"></td></tr>
<tr><td>教师评语</td><td colspan="7"></td></tr>
</table>

一、填空题

1. DOS病毒的绝大部分是感染DOS可执行文件，如（　　）“.COM”“.BAT”等文件。

2. 从近两年的发展趋势看，病毒的威胁将变得更为复杂，病毒的发展呈现出（　　）、隐蔽化、多样化、破坏性更强和简单化等特点。

3. 计算机病毒程序一般由感染模块、触发模块、（　　）模块和主控模块组成。

4. 计算机病毒的防治主要从（　　）、检测和清除三个方面来进行。

5. 计算机病毒的检测方式有特征代码法、（　　）、行为检测法、软件模拟法、启发式扫描技术几种。

二、选择题

1. 网络病毒不具有（　　）特点。

A. 传播速度快　　B. 清除难度大　　C. 传播方式单一　　D. 破坏危害大

2.（　　）是一种基于远程控制的黑客工具，它通常寄生于用户的计算机系统中，盗窃用户信息，并通过网络发送给黑客。

A. 文件病毒　　B. 木马　　C. 引导型病毒　　D. 蠕虫

3.（　　）是一种可以自我复制的完全独立的程序，它的传播不需要借助被感染主机的其他程序。

A. 文件病毒　　B. 木马　　C. 引导型病毒　　D. 蠕虫

4. 以下措施不能防止计算机病毒的是（　　）。

A. 保持计算机清洁

B. 先用杀毒软件将从别人PC机上拷来的文件进行病毒清查

C. 不用来历不明的U盘

D. 经常关注防病毒软件的版本升级情况，并尽量使用最高版本的防病毒软件

5. 计算机病毒通常是（　　）。

A. 一段程序　　B. 一个命令　　C. 一个文件　　D. 一个标记

三、判断题

1. 计算机病毒是编制的或在计算机程序中插入的破坏计算机功能或毁坏数据，影响计算机使用，并能自我复制的一组计算机指令或者程序代码。（　　）

2. 按病毒的传染方式可将病毒分为：引导型病毒、文件型病毒、复合型病毒。（　　）

3. DOS病毒是第一个直接攻击和破坏硬件的计算机病毒。（　　）

4. 脚本病毒不属于网络病毒。（　　）

5. 宏病毒是用C语言编写的，它通常利用宏的自动化功能进行感染。当一个感染的宏被运行时，它会将自己安装在应用的模板中，并感染应用创建和打开的所有文档。（　　）

第8章　多媒体技术基础

项目一　图像处理技术基础

知识点提要

1. 多媒体的基础知识
2. 图像处理技术的基础知识
3. Photoshop CS5 工作界面及常用工具的使用
4. 在 Photoshop CS5 中选择和移动图像
5. 在 Photoshop CS5 中校正倾斜、变形的图像
6. 在 Photoshop CS5 中调整图像的亮度、对比度和色彩
7. 在 Photoshop CS5 中利用多种方法抠图，拼合图像
8. 在 Photoshop CS5 中完成图层的基本操作

任务单

任 务 名 称	Photoshop CS5 的基本操作	学　　时	4 学时
知识目标	1. 熟悉 Photoshop CS5 的工作界面。 2. 掌握选择和移动图像的方法。 3. 掌握校正倾斜、变形图像的方法。 4. 掌握调整图像的亮度、对比度和色彩的方法。 5. 熟悉图层的相关操作。		
能力目标	1. 能够熟练地使用 Photoshop CS5 的工具箱。 2. 能够对图像进行修改和优化。 3. 掌握多种抠图方法，并能进行拼合。		
任务描述	对指定的素材按以下要求操作 1. 用照相设备获取自己的头像素材，并作为第一张图像素材。 2. 将采集到的图像素材输入到电脑中进行处理，保存并命名为“图像 1”。 3. 采集第二张图像素材（非人物图像素材），保存并命名为“图像 2”。 4. 运用 Photoshop CS5 软件分别打开两个图像文件。 5. 利用选择工具在“图像 1”的人物脸部创建选区。 6. 设置“图像 1”的羽化值。 7. 选择工具箱中的【移动工具】按钮，将“图像 1”拖动至“图像 2”中，在“图像 2”中自动生成“图层 1”。 8. 按 Ctrl + T 组合键，变换图像的大小并调整图像的位置和方向。 9. 选中“图层 1”，选择【图像】→【调整】→【色相/饱和度】选项，在弹出的对话框中对图像的色相和饱和度进行调整。 10. 选择【图像】→【调整】→【亮度对比度】选项，在弹出的对话框中对图像的亮度进行调整。 11. 确定“图层 1”是当前图层，选择【图层】→【向下合并】选项，将“图层 1”合并入“背景层”中。 12. 单击工具箱中的【模糊工具】按钮，模糊脸部的边缘。		
任务要求	1. 仔细阅读任务描述中的要求，认真完成任务。 2. 上交电子作品。 3. 小组间可以讨论、交流操作方法。		

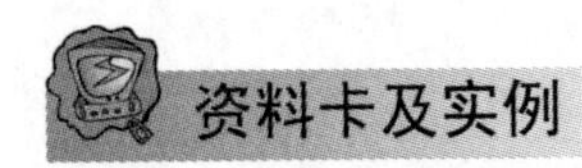

8.1 多媒体技术概述

8.1.1 多媒体技术的概念

多媒体译自英文 Multimedia 一词。媒体在计算机领域中有两个含义：一个是指用来存储信息的实体，如软盘、硬盘、光盘等；另一个是指信息的载体，如文本、图形、图像、动画、音频、视频等媒体信息。根据国际电信联盟标准化部门（ITU－T）的建议，可将媒体分为感觉媒体、表示媒体、表现媒体、存储媒体和传输媒体 5 大类。多媒体计算机技术的定义是：计算机综合处理多种信息媒体，如文本、图形、图像、音频和视频等，使多种信息建立逻辑连接，集成为一个系统并具有交互性。

多媒体技术的特性包括多样性（多媒体计算机可以综合处理文本、图形、图像、声音和视频信息等多种形式的信息媒体，能对输入的信息加以变换、创作和加工，增加其输出信息的表现力，丰富其显示效果）、集成性（将多媒体信息有机地组织在一起，使文字、声音、图形、图像一体化，综合表达某个完整信息）、交互性（多媒体提供了人们与计算机的多种交互控制能力，使人们能获取信息和使用信息，变被动为主动）、实时性（在人的感官系统允许的情况下，进行多媒体交互）、数字化（多媒体中的各种媒体都是以数字形式存放在计算机中的）。

多媒体技术包括多媒体设备的控制和媒体信息的处理与编码技术、多媒体系统技术、多媒体信息组织与管理技术、多媒体通信网络技术、多媒体人机接口与虚拟现实技术以及多媒体应用技术。

8.1.2 多媒体计算机的组成

在多媒体系统中计算机是基础性部件。如果没有计算机，多媒体就无法实现。多媒体个人计算机（MPC）的基本部件由中央处理器（CPU），内部存储器（ROM 和 RAM）和外部存储器（软盘、硬盘、闪盘、光盘），以及输入/输出接口三部分组成。多媒体计算机特征部件是多媒体板卡。多媒体板卡可根据多媒体系统获取或处理各种媒体信息的需要插接在计算机上，以解决输入和输出问题。多媒体板卡是建立多媒体应用程序工作环境必不可少的硬件设备。常用的多媒体板卡有显示卡、声卡和视频卡等。多媒体设备多种多样，工作方式一般有输入和输出两种。常用的多媒体设备有显示器、打印机、光盘存储器、音箱、摄像机、数码相机、触摸屏、投影机等。

8.1.3 多媒体技术的应用

多媒体技术的发展使计算机的信息处理在规范化和标准化的基础上更加多样化和人性化，特别是多媒体技术与网络通信技术的结合，使得远距离多媒体应用成为可能，也加速了多媒体技术在经济、科技、教育、医疗、文化、传媒、娱乐等各个领域的广泛应用。多媒体技术已成为信息社会的主导技术之一，其典型的应用主要有以下几方面。

1. 在教育培训方面

多媒体教学是多媒体的主要应用对象。利用多媒体技术编制的教学、测试和考试课件能创造出图文并茂、绘声绘色、生动逼真的教学环境和交互式学习方式，从而激发学生的学习积极性和主动性，提高教学质量。通过多媒体通信网络，可以建立起具有虚拟课堂、虚拟实验室和虚拟图书馆的远程学习系统。用于培训的多媒体系统不仅提供了生动、逼真的场景，省去了大量的设备和原材料消耗费用，避免了不必要的身体伤害，而且能够设置各种复杂环境，以提高受训人员面对突发事件的应变能力。

2. 在信息咨询方面

各公司、企业、学校、部门甚至个人都可以建立自己的信息网站，进行自我展示并提供信息服务。使用多媒体技术编制的各种图文并茂的软件可开展各类信息咨询服务，如旅游、邮电、交通、商业、气象等公共信息都可存放在多媒体系统中，向公众提供多媒体咨询服务，帮助用户查询到所需的多媒体信息资料。

3. 在电子出版物方面

电子出版物不仅包括只读光盘这种有形载体，还包括计算机网络上传播的无形载体。电子出版物的制作过程包括信息材料的组织、记录、制作、复制、传播，最后到读者阅读和使用。多媒体电子出版物是一种存储在光盘上的电子图书，它具有存储容量大、媒体种类多、携带方便、检索迅速、可长期保存、价格低廉等优点。

4. 在广播电视、通信领域

计算机网络技术、通信技术和多媒体技术的结合是现代通信发展的必然要求。目前，多媒体技术在广播电视、通信领域的应用已经取得了许多新进展。多媒体会议系统、多媒体交互电视系统、多媒体电话、远程教学系统和公共信息查询等一系列应用正在改变着我们的生活。

5. 在家庭娱乐方面

（1）交互式电视。通过增加机顶盒和铺设高速光纤电缆，可以将现在的单向有线电视改造成为双向交互电视系统。这样，用户在看电视时将可以使用点播、选择等方式随心所欲地找到自己想看的节目，还可以通过交互式电视实现家庭购物、多人游戏等多种娱乐活动。

（2）交互式影院。这种电影不仅可以通过声音、画面制造效果，还可以通过座椅产生触感和动感，甚至可以控制电影情节的进展。观众可以以一种参与的方式去“看”电影。

（3）交互式立体网络游戏。运用了三维动画、虚拟现实等先进的多媒体技术的游戏软件变得更加丰富多彩、变幻莫测，可以使用户沉浸在虚拟的游戏世界中，更受游戏爱好者的喜爱。

6. 虚拟现实

虚拟现实（virtual reality）技术通过综合应用计算机图像处理、模拟与仿真、传感技术及显示系统等技术和设备，以模拟：仿真的方式给用户提供一个真实反映操作对象变化与相互作用的三维图像环境，从而构成虚拟世界，并通过特殊设备（如头盔、数据手套等）进行表达和交互，展现给用户一个接近真实的虚拟世界。

8.2 图像处理技术

8.2.1 图像技术基础

“图像”一词主要来自西方艺术史译著，通常指 image、icon、picture 和它们的衍生词，也指人对视觉感知的物质再现。图像可以由光学设备获取，如照相机、望远镜、显微镜等，也可以人为创作，如手工绘画。图像可以记录、保存在纸质媒介、胶片等对光信号敏感的介质上。随着数字采集技术和信号处理理论的发展，越来越多的图像以数字形式存储。因而，在有些情况下，“图像”一词实际上是指数字图像。本书主要探讨的也是数字图像的处理。

数字图像（或称数码图像）是指以数字方式存储的图像。将图像在空间上离散，量化存储每一个离散位置的信息，这样就可以得到最简单的数字图像。这种数字图像一般数据量很大，需要采用图像压缩技术以便能更有效地存储在数字介质上。在计算机中常用的存储格式有 BMP、TIFF、EPS、JPEG、GIF、PSD 等。Photoshop 软件出现之后，数字图像艺术所特有的视觉表现语言逐步形成。在学习应用 Photoshop 软件创建种种超越现实的、不可思议的新概念空间与视觉效果之前，必须先掌握 Photoshop 图像处理必备的一些基础概念。

8.2.2 图像数字化过程

要在计算机中处理图像，必须先把真实的图像（照片、画报、图书、图纸等）通过数字化转变成计算机能够接受的显示和存储格式，然后再用计算机进行分析处理。图像的数字化过程主要分为采样、量化与编码三个步骤。

1. 采样

采样的实质就是要用多少点来描述一幅图像，采样结果质量的高低就是用前面所说的图像分辨率来衡量的。将二维空间上连续的图像在水平和垂直方向上等间距地分割成矩形网状结构，所形成的微小方格称为像素点。一幅图像就是由有限个像素点构成的集合。例如，一幅 640×480 分辨率的图像，表示这幅图像是由 307 200（640×480）个像素点组成的。

2. 量化

量化是指要使用多大范围的数值来表示图像采样之后的每一个点。量化的结果是图像能够容纳的颜色总数，它反映了采样的质量。例如：如果以 4 位存储一个点，就表示图像只能有 16 种颜色；若采用 16 位存储一个点，则图像有 65 536（2^{16}）种颜色。所以，量化位数越大，表示图像可以拥有越多的颜色，自然可以产生更为细致的图像效果，但是也会占用更大的存储空间。

3. 编码

数字化图像后得到的数据量十分巨大，必须采用编码技术来压缩其信息量。在一定意义上讲，编码压缩技术是实现图像传输与储存的关键，常见的有图像的预测编码、变换编码、分形编码、小波变换图像压缩编码等技术。如果没有一个共同的图像编码标准做基础，不同系统间不能兼容，除非每一编码方法的各个细节完全相同，否则各系统间的连接十分困难。为了使图像压缩标准化，20 世纪 90 年代后，国际电信联盟（ITU）、国际标准化组织（ISO）和国际电工委员会（IEC）制定了一系列静止和活动的图像编码的国际标准，现已批准的标准主要有 JPEG 标准、MPEG 标准等。

8.2.3　常用术语简介

1. 位图

位图图像，亦称为点阵图像或绘制图像，是由称作像素（图片元素）的单个点组成的。这些点可以进行不同的排列和染色以构成图样。当放大位图时，可以看见构成整个图像的无数的单个方块。扩大位图尺寸的效果是增多单个像素，从而使线条和形状显得参差不齐。点阵图像是与分辨率有关的，即在一定面积的图像上包含有固定数量的像素，因此如果在屏幕上以较大的倍数放大显示图像，或以过低的分辨率打印图像，位图图像会出现锯齿边缘。

2. 矢量图

矢量图也称为面向对象的图像或绘图图像，繁体版本上称为向量图，是计算机图形学中用点、直线或者多边形等基于数学方程的几何图元表示的图像。矢量图使用直线和曲线来描述图形，这些图形的元素是一些点、线、矩形、多边形、圆和弧线等，它们都是通过数学公式计算获得的。矢量图最大的优点是无论放大、缩小或旋转等都不会失真，最大的缺点是难以表现色彩层次丰富的逼真图像效果。

3. 分辨率

处理位图时，输出图像的质量取决于处理过程开始时设置的分辨率高低。分辨率是一个笼统的术语，这里主要讲解图像分辨率的概念。图像分辨率指每英寸（1 英寸 =2.54 厘米）图像内含有多少个像素点，分辨率单位为“像素/英寸”（简称 ppi），400ppi 意味着该图像每英寸含有 400 个像素点，即每平方英寸含有 400×400 个像素。在 Photoshop 中还可以采用“像素/厘米”作为分辨率的单位。在数字化的图像中，图像分辨率的大小直接影响图像的品质，所以在对图像进行处理时，应根据不同的用途而设置不同的分辨率，最经济有效地进行工作。

4. 常用图像存储格式

文件格式（file formats）是一种将文件以不同方式进行保存的方式。在 Photoshop 中，它主要包括固有格式、应用软件交换格式、专有格式、主流格式（JPEG、TIFF），等等。

8.3　Photoshop 图像处理软件

8.3.1　Photoshop 软件简介

Adobe Photoshop 简称“PS”，是由 Adobe Systems 开发和发行的图像处理软件。Photoshop 主要处理以像素构成的数字图像。使用 PS 众多的编修与绘图工具，可以有效地进行图片编辑工作。PS 有很多功能，在图像、图形、文字、视频、出版等各方面都有涉及。

从功能上看，该软件可分为图像编辑、图像合成、校色调色及特效制作等。图像编辑是图像处理的基础，可以对图像做各种变换，如放大、缩小、旋转、倾斜、镜像、透视等，也可进行复制、去除斑点、修补、修饰图像的残损等操作；图像合成则是将几幅图像通过图层操作、工具应用合成完整的、传达明确意义的图像，这是美术设计的必经之路，PS 提供的图像合成功能让外来图像与创意可以很好地融合；校色调色可方便快捷地对图像的颜色进行明暗、色偏的调整和校正，也可在不同颜色间进行切换，以满足图像在不同领域（如网页设计、印刷、多媒体等方面）的应用；特效制作在该软件中主要由滤镜、通道及工具综合应用完成，它包括图像的特效创意和特效字的制作，如油画、浮雕、石膏画、素描等常用的传统美术技巧都可以利用该软件特效制作功能完成。

8.3.2 Photoshop CS5 基础

1. 启动

（1）Photoshop 软件分为安装版本和免安装版本。安装版本可通过单击【开始】菜单中的【所有程序】选项，在右侧弹出的列表中单击【Adobe Photoshop CS5】→【Adobe Photoshop CS5】选项，即可启动 Photoshop CS5；免安装版本则双击文件夹中的“Photoshop. exe”应用程序图标，即可启动 Photoshop CS5。

（2）双击桌面上的 Photoshop CS5 快捷方式图标。

（3）双击已存在的 Photoshop CS5 图像文件。

2. 退出

退出 Photoshop CS5 时，如果当前窗口中有未关闭的文件，要先将其关闭，若该文件被修改过则需要保存，保存后再退出 Photoshop CS5。

（1）单击 Photoshop CS5 工作界面标题栏右侧的【关闭】按钮。

（2）在 Photoshop CS5 界面中选择【文件】→【退出】选项。

（3）快捷键：按 Ctrl + Q 组合键。

（4）双击菜单栏左侧的“PS”图标。

3. 工作界面组成

启动 Photoshop CS5 中文版后，工作界面如图 8.1 所示，此界面主要包括标题栏、菜单栏、图像编辑窗口、工具箱、工具属性栏、浮动控制面板和状态栏等。

图 8.1 工作界面

（1）菜单栏。菜单栏位于界面最上方，包含了用于图像处理的各类命令，共有 11 个菜单，每个菜单下又有若干个子菜单，选择子菜单中的命令可以执行相应的操作。

（2）工具选项栏。工具选项栏位于菜单栏下方，其功能是显示工具箱中当前被选择工具的相关参数和选项，以便对其进行具体设置。

（3）标题栏。标题栏位于工具选项栏下方，显示了文档名称、文件格式、窗口缩放比例和颜色模式等信息。

（4）工具箱。工具箱的默认位置位于界面左侧，通过单击工具箱上部的双箭头，可以在单列和双列间进行转换。

（5）图像窗口。图像窗口中显示打开的图像文件。

（6）调板区。调板区的默认位置位于界面右侧，主要用于存放 Photoshop CS5 提供的功能调板。

（7）状态栏。状态栏位于工作界面或图像窗口最下方，用于显示当前图像的状态及操作命令的相关提示信息。

8.3.3　Photoshop CS5 基本操作

1. 新建图像文件

启动 Photoshop CS5 中文版后并未新建或打开一个图像文件，这时用户可根据需要新建一个图像文件。新建图像文件是指新建一个空白图像文件。新建图像文件首先要打开【新建】对话框，具体方法如下：选择【文件】→【新建】选项；按 Ctrl + N 组合键；按 Ctrl 键的同时双击 Photoshop CS5 工作界面空白区（空白区指的是没有图像也没有调板的地方）。其次，在【新建】对话框中根据需要设置相应的参数，如图 8.2 所示。最后，单击【确定】按钮。

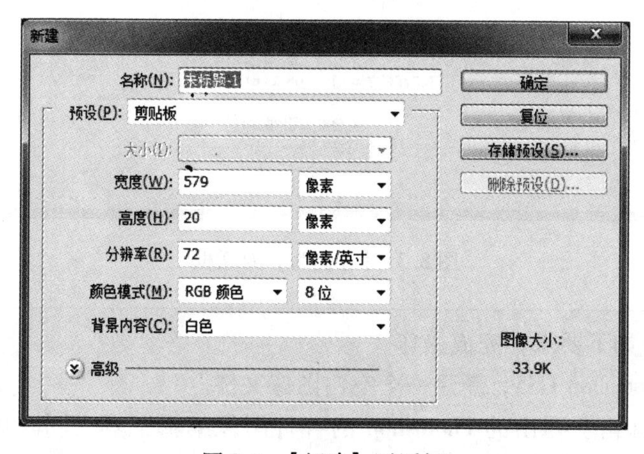

图 8.2　【新建】对话框

下面简单介绍一下【新建】对话框中的各参数。

（1）宽度、高度：是指图像的尺寸，打开右侧下拉列表，可以看到其单位有像素、英寸、厘米、毫米、点、派卡等。

（2）分辨率：是指计算机的屏幕所能呈现的图像的最高品质，一般 PC 机屏幕的分辨率为 72 像素/英寸。

(3) 颜色模式：可以设置图像的色彩模式，如位图、灰色、RGB 颜色、CMYK 颜色和 Lab 颜色等。

(4) 背景内容：用来控制文件的背景颜色，可以将背景设为白色、背景色或者透明。

(5) 图像大小：显示文件所占磁盘的空间。

2. 保存图像文件

选择【文件】→【存储】/【存储为】选项，这时就会弹出一个【存储为】对话框，如图 8.3 所示，在对话框中完成选择保存位置、填写文件名、选择保存格式等操作后，单击【保存】按钮即可。

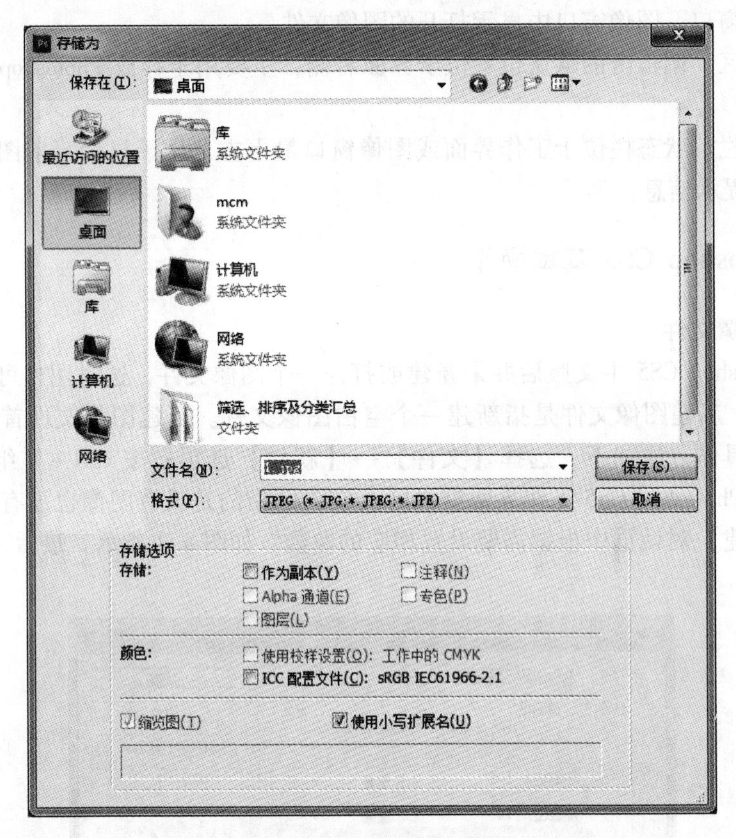

图 8.3 【存储为】对话框

实例 8.1：按如下要求，完成操作。

(1) 启动 Photoshop CS5，新建一个空白图像文件。

(2) 单击工具箱上列出的 Photoshop 的各种图像编辑工具，同时观察工具属性栏，并在文件中使用工具，观察其作用。

(3) 单击界面右侧控制面板中的各选项和按钮等，观察其变化。

(4) 使用工具箱中的工具创建一幅图像，并将其保存为“.psd”格式的文件。

操作步骤：

(1) 单击【文件】→【新建】选项，在弹出的对话框中单击【确定】按钮。

> （2）分别左击、右击工具箱上的工具。
> （3）分别左击、右击右侧面板中的各选项和按钮等。
> （4）选择【文件】→【存储为】选项，在【格式】下拉列表中选择【Photoshop(*.PSD; *.PDD)】选项。

3. 选择工具

（1）选框工具。对于有规则形状（如矩形、圆形）、整齐像素的对象来说，使用选框工具是最方便的选择。选框工具包括矩形选框工具、椭圆选框工具、单行选框工具和单列选框工具，如图 8.4 所示，其工具选项栏上有四个选区按钮分别为：【新选区】按钮（拉动十字箭头即可建立一个矩形选区）、【添加到选区】按钮（两个矩形选区叠加）、【从选区减去】按钮（两个矩形叠加在一起会减去另一部分及叠加部分）及【与选区交叉】按钮（两个矩形交叉那部分）。羽化功能会使选择边界有一个过渡效果。如果要用羽化功能，要在绘制选区之前先给定羽化值，单击【选择】→【修改】→【羽化】选项，或按 Shift + F6 组合键，也可以右击后在快捷菜单中选择【羽化】选项，设置完之后要将羽化值改成 0。

图 8.4　选框工具效果图

（2）套索工具。该工具适用于边缘色彩反差强烈的图像，包括套索工具、多边形套索工具，以及磁性套索工具，如图 8.5 所示。使用时，用户需要按住鼠标左键，细心地沿对象边缘勾勒。

（3）魔棒工具。该工具适用于颜色一致性高的图片，包括快速选择工具和魔棒工具，如图 8.6 所示。

（4）钢笔工具。钢笔工具是用户手中最为有力的工具之一，如图 8.7 所示。它的精确勾勒轮廓的能力是其他选择工具所不能比拟的。

图 8.5 套索工具效果图

图 8.6 魔棒工具效果图

4. 移动工具

单击工具箱中最上边的【移动】按钮，或按快捷键 V 键都可以打开移动工具。移动分为以下几种情况。

（1）对于同一个文件中的图片，要移动的话，首先要确保图层没有锁定。图层锁定的话不能够移动图像本身，但可以在图像某个区域进行移动。

（2）对于文件之间的图像移动，首先要打开两个图片，然后单击工具箱中的【移动】按钮，将光标放置在图像或选择区域内，按住鼠标左键并将其拖拽到另一个图片文件窗口中

图 8.7　钢笔工具效果图

即可完成图片的移动操作。

（3）对图片中的某个区域进行移动的时候，当光标移动到选区内时，鼠标指针下面多了个剪刀，拖动鼠标，移动选择区，原图像区域将以背景色填充。

（4）对图片中的某个区域进行移动的时候，当光标移动到选区内时，按 Ctrl 键不动，鼠标指针下面多了个白色三角，拖动鼠标，移动选择区，原图像区域不变，并复制一个选区图案。

（5）按 Shift 键的同时，将光标放置在选区内拖动，可以将选区沿一个方向移动；如果同时按住 Alt 键，拖动鼠标时，每松开一次按键便可以完成一次复制，如图 8.8 所示。

图 8.8　移动工具效果图

实例 8.2：按如下要求，完成操作。

（1）启动 Photoshop CS5，打开素材中的案例图片。

（2）利用选择工具将图片中的小狗抠出来。

（3）新建一个图像文件，其背景内容为透明。

（4）将抠出的小狗粘贴到新图像文件中，并将其保存为“. png”文件。

操作步骤：

（1）单击【文件】→【打开】选项，找到案例图片。

（2）在工具箱中选择适合的选择工具，设置羽化值，进行选择，并调整图像边缘。

（3）选择完毕后，单击【移动工具】按钮，选择【编辑】→【剪切】选项。

（4）选择【文件】→【新建】选项，在弹出对话框中的【背景内容】下拉列表中选择【透明】选项，单击【确定】按钮。

（5）选择【编辑】→【粘贴】选项，再选择【文件】→【存储为】选项，在弹出的对话框中将格式设置为 PNG，然后单击【保存】按钮。

5. 颜色调整

（1）亮度与对比度

利用【亮度与对比度】选项可以调整图像的亮度和对比度，该命令只能对图像进行整体调整，而不能对单个通道进行调整。该命令是个快速、简单的色彩调整命令，在调整的过程中，会损失图像中的一些颜色细节。它是对图像的色调范围进行简单调整的最便捷方法，与“色阶”和“曲线”命令不同，该命令一次性调整图像中的所有像素（包括高光、暗调和中间调）。

（2）色相/饱和度

利用【色相/饱和度】选项不仅可以调整整个图像中颜色的色相、饱和度和亮度，还可以针对图像中某一种颜色成分进行调整。与“色彩平衡”命令一样，该命令也是通过改变色彩的混合模式来调整色彩。

8.3.4 图层的应用

1. 新建与删除

Photoshop CS5 中文版中新建图层有以下几种方法。

（1）单击图层面板底部【创建新图层】按钮，即可在当前图层上方创建一个“图层1”，该图层内容为空。

（2）选择【图层】→【新建】→【图层】选项，打开【新建图层】对话框，单击【确定】按钮。

（3）单击图层面板上的按钮，在弹出的菜单中选择【新建图层】选项，打开【新建图层】对话框，单击【确定】按钮。

（4）按 Ctrl + Shift + N 组合键也可新建图层。

在进行图像处理的过程中，常常需要将不要的图层删除，图层被删除后，图层中的内容也随之消失，所以删除图层前一定要慎重。一般情况下，选择删除图层操作时，系统都会打开提示框，询问是否选择删除操作。

Photoshop CS5 中文版删除图层有以下几种方法。

（1）选中要删除的图层，单击图层面板上的【删除图层】按钮，打开【警告】对话框，如果确认删除图层操作，单击【是】按钮即可删除图层。

（2）选中要删除的图层，直接按住鼠标左键不放，把该图层拖到图层面板上的【删除图层】按钮处，也可删除图层，但不会打开提示对话框。

（3）选中要删除的图层，单击图层面板右上角的按钮，在弹出的菜单中选择【删除图层】选项即可。

（4）选中要删除的图层，选择【图层】→【删除】→【图层】选项，也可以删除图层。

（5）选中要删除的图层，单击鼠标右键，在弹出的快捷菜单中选择【删除图层】选项。

2. 选择与移动

要调整某一图层的位置，就在图层面板中选择该图层，再单击【移动工具】按钮，用鼠标拖动的方法移动图层即可，切记先选择再移动。被选择的图层在图层面板中会以突出颜色显示，同时在眼睛标志右边的小框内会出现画笔标志，表示现在可以对这个图层进行像素操作。

图像中的各个图层间，彼此是有层次关系的，层次效果的最直接体现就是遮挡。位于图层面板下方的图层层次是较低的，越往上层次越高而且位于较高层次的图像内容会遮挡较低层次的图像内容。改变图层层次的方法是在图层面板中单击某一图层并将其拖动到上方或下方，拖动过程可以一次跨越多个图层。

3. 图层样式

Photoshop 中的样式即指图层样式，就是为图层“化妆”，添加效果。我们可以单击【窗口】→【样式】选项，打开样式调板，如图 8.9 所示。位于图 8.9 所示的样式列表中的第一行第一个样式功能是清除样式，可以通过单击它来清除已有的样式。

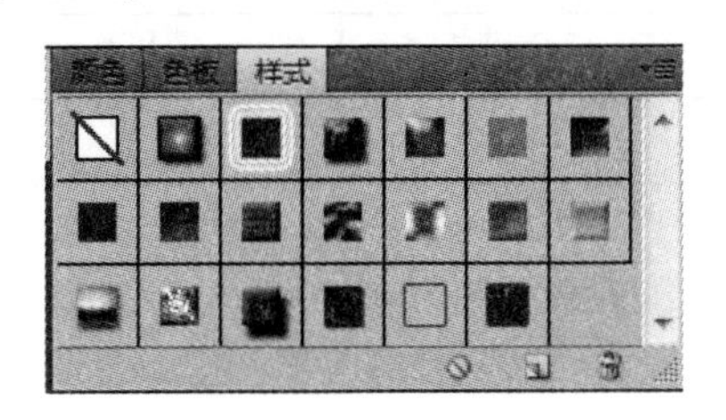

图 8.9　样式调板

4. 图层合并

在 Photoshop CS5 中文版中，一个图像文件的图像可以由一个图层组成，也可以由多个图层组成。在一个图像文件中，图像的图层越多，其文件所占的磁盘空间就越大，软件运行该图像的速度也就越慢。为了提高图像的处理速度，减小磁盘空间，可以在图像处理过程中适当地将图层合并。

Photoshop CS5 中文版合并图层的操作方法如下。

（1）首先在含有多个图层的图层面板中选择要合并的图层，按住 Ctrl 键不放，并且鼠标单击要合并的图层。

（2）按 Ctrl + E 组合键即可将选中的图层合并为一个图层，或者单击图层面板右上角的按钮，在弹出的菜单中根据需要选择 3 个合并图层命令（【向下合并】选项、【合并可见图层】选项、【拼合图像】选项）中的 1 个。

评价单

<table>
<tr><td>项目名称</td><td colspan="3">图像处理技术基础</td><td>完成日期</td><td></td></tr>
<tr><td>班 级</td><td></td><td>小 组</td><td></td><td>姓 名</td><td></td></tr>
<tr><td>学 号</td><td colspan="2"></td><td colspan="2">组长签字</td><td></td></tr>
<tr><td colspan="2">评价内容</td><td colspan="2">分 值</td><td>学生评价</td><td>教师评价</td></tr>
<tr><td colspan="2">Photoshop CS5 使用熟练程度</td><td colspan="2">10</td><td></td><td></td></tr>
<tr><td colspan="2">素材的准备是否符合要求</td><td colspan="2">10</td><td></td><td></td></tr>
<tr><td colspan="2">选择工具使用的熟练程度</td><td colspan="2">10</td><td></td><td></td></tr>
<tr><td colspan="2">移动工具使用的熟练程度</td><td colspan="2">10</td><td></td><td></td></tr>
<tr><td colspan="2">操作步骤是否满足要求</td><td colspan="2">10</td><td></td><td></td></tr>
<tr><td colspan="2">颜色属性设置情况</td><td colspan="2">10</td><td></td><td></td></tr>
<tr><td colspan="2">拼合整体风格是否协调</td><td colspan="2">10</td><td></td><td></td></tr>
<tr><td colspan="2">整体作品是否积极向上</td><td colspan="2">10</td><td></td><td></td></tr>
<tr><td colspan="2">态度是否认真</td><td colspan="2">10</td><td></td><td></td></tr>
<tr><td colspan="2">与小组成员的合作情况</td><td colspan="2">10</td><td></td><td></td></tr>
<tr><td colspan="2">总分</td><td colspan="2">100</td><td></td><td></td></tr>
<tr><td>学生得分</td><td colspan="5"></td></tr>
<tr><td>自我总结</td><td colspan="5"></td></tr>
<tr><td>教师评语</td><td colspan="5"></td></tr>
</table>

知识点强化与巩固

一、填空题

1. 能对文本、声音、图形、视频图像进行交互处理的计算机称为（　　）。
2. 显示器、音响设备可以作为计算机中多媒体的（　　）。
3. 多媒体技术中的媒体是指（　　）。
4. 多媒体技术中多媒体的三种重要特性是多样性、集成性、（　　）。

二、选择题

1. 下列各组应用不是多媒体技术应用的是（　　）。

A. 计算机辅助教学　B. 电子邮件　C. 远程医疗　D. 视频会议

2. 以下列文件格式存储的图像，在图像缩放过程中不易失真的格式是（　　）。

A. BMP　B. GIF　C. JPG　D. SWF

3. 在多媒体课件中，课件能够根据用户答题情况给予正确和错误的回复，突出显示了多媒体技术的（　　）。

A. 多样性　B. 非线性　C. 集成性　D. 交互性

4. 一幅图像的分辨率为 256×512，计算机的屏幕分辨率为 1024×768，该图像按 100% 显示时，将占据屏幕的（　　）。

A. 1/2　B. 1/6　C. 1/3　D. 1/10

5. 多媒体信息在计算机中的存储形式是（　　）。

A. 二进制数字信息　B. 十进制数字信息　C. 文本信息　D. 模拟信号

三、判断题

1. 计算机只能加工数字信息，多媒体信息都必须转换成数字信息再由计算机处理。（　　）
2. 媒体信息数字化以后，体积减小了，信息量也减少了。（　　）
3. 制作多媒体作品首先要写出脚本设计，然后画出规划图。（　　）
4. BMP 格式的图像转换为 JPG 格式，其文件大小基本不变。（　　）
5. 对图像文件采用有损压缩，可以将文件压缩得更小，减少存储空间。（　　）

项目二　音频处理技术基础

知识点提要

1. 音频技术的相关概念
2. 音频卡的介绍
3. 数字音频的格式
4. 音频格式转换的方法
5. 认识 Adobe Audition 音频处理软件
6. 使用 Adobe Audition 进行音频编辑与优化
7. 使用 Adobe Audition 进行录制与合成

任务单

任 务 名 称	Adobe Audition 的基本操作	学　　时	4 学时
知识目标	1. 熟悉 Adobe Audition 的工作环境。 2. 掌握利用 Adobe Audition 对音频进行编辑的基本方法。 3. 掌握利用 Adobe Audition 对音频进行效果处理的基本方法。		
能力目标	1. 能够使用音频软件进行音频素材采集。 2. 能够利用 Adobe Audition 对声音进行编辑美化。 3. 能够使用 Adobe Audition 进行声音合成。		
任务描述	对指定的素材按下面要求操作 1. 素材准备：选择风格适合的背景音乐，存储并命名为“伴奏”。 2. 利用控制面板对声卡进行录音设置。 3. 启动 Adobe Audition 程序，试听效果。 4. 制作“诗歌朗诵”素材，保持在安静的环境下，利用麦克风开始朗诵诗歌。 5. 对诗歌朗诵声音进行降噪处理。 6. 对声音音量进行调整。 7. 对多余声音进行剪切，存储并命名为“诗歌朗诵”，保存为 MP3 格式。 8. 将录制的“诗歌朗诵”及“伴奏”都导入到软件中，并根据“诗歌朗诵”对“伴奏”进行剪切和优化，直到满意为止。 9. 保存混缩音频，选择保存位置，以“学号 + 姓名”方式命名，保存为 MP3 或者 WMA 格式。		
任务要求	1. 仔细阅读任务描述中的任务要求，认真完成任务。 2. 上交电子作品。 3. 小组间可以讨论、交流操作方法。		

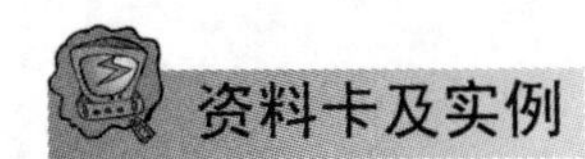

8.4 音频技术概述

8.4.1 音频的相关概念

自然界中的声音是由于物体的振动产生的，通过空气传递振动，最后这种机械运动被传递到人的耳膜而被人感知。下面以音叉为例，具体说明一下声音的产生和传播过程。当一个音叉受到敲击振动时，叉枝会左右摆动。当叉枝向外摆动时，叉枝会挤压周围的空气使周围空气形成一个密部，相反，当叉枝向内摆动时，会拉动周围的空气而形成一个疏部。空气这种密部与疏部交替运动会形成一种波（声波）并向周围发散传播出去，从而形成声音的传播。

这种声音的传播运动最后传递给人的耳膜并通过听小骨传递给听觉神经，产生了人的听觉。听觉是人类感知自然的一种重要手段，所以音频也就成了多媒体范畴中的一个重要部分。从听觉角度讲，声音媒体具有三个要素：音调、音强和音色。

自然界的声音经过麦克风后，机械运动被转化为电信号，这时的电信号由许多正弦波组成，其中正弦波的频率取决于声音中含有的频率。对于计算机来说，处理和存储的只可以是二进制所表示的数，所以需要在计算机处理和存储声音之前把这些电信号转换为二进制数。这个转换过程在电子技术中称为模数转换（A/D）。模数转换的过程可以分成两个部分：第一部分是采样，第二部分是量化。经过这个过程处理后的音频电信号就变成了可以被计算机存储和处理的二进制序列，这个过程是在计算机的声卡中完成的。

在某些特定的时刻对这种模拟信号进行测量叫作采样（sampling），而采样得到的信号称为离散时间信号。采样得到的幅值是无穷多个实数值中的一个，而对于固定位数的二进制数只能表示有限的值，所以要把这些可能的幅值的数目加以限定，这种由有限个数值组成的信号就称为离散幅度信号，这个过程就叫作量化，这样处理势必会带来误差，这个误差就是量化误差。例如，假设输入电压的范围是0.0～1.5V，并假设量化后二进制数为四位，这样只有16个采样值可以选取，它的取值将限定在0、0.1、0.2，…，1.5，共16个值；如果采样得到的幅度值是0.323V，它的取值就算作0.3V，如果采样得到的幅度值是0.56V，它的取值就算作0.6，这种数值就称为离散数值，得到离散数值的过程即为量化。把时间和幅度都用离散的数字表示的信号就称为数字信号。

声音其实是一种能量波，因此也有频率和振幅的特征，频率对应于时间轴线，振幅对应于电平轴线。采样的过程就是抽取某点的幅度值。很显然，在一秒内抽取的点越多，获取的频率信息就越丰富，而为了复原波形，一次振动中，必须有2个点的采样。人耳能够感觉到的最高频率为20 kHz，因此要满足人耳的听觉要求，则需要至少每秒进行40 k次采样，用40 kHz表达，这个40 kHz就是采样频率，即每秒钟需要采集多少个声音样本。在声音信号的数字化中，采样频率是一个重要概念，目前通用的标准采样频率有：8 kHz、11.025 kHz、22.05 kHz、15 kHz、44.1 kHz和48 kHz。我们常见的CD的采样频率为44.1 kHz。光有频率信息是不够的，我们还必须获得该频率的能量值并量化，用于表示信号强度。采样精度指每个声音样本需要用多少位二进制数来表示，它反映出度量声音波形幅度值的精确程度。一个二进制位有 0 和 1 两种可能，显然量化电平数为 2 的整数次幂。举个简单例子：假设对一个能量波进行 8 次采样，采样点对应的能量值分别为 A1 ~ A8，但我们只使用 2 bit 的采样大小，所以我们只能保留 A1 ~ A8 中 4 个点的值而舍弃另外 4 个；如果我们使用 3 bit 的采样大小，则刚好记录下 8 个点的所有信息。采样频率和采样精度的值越大，记录的波形就越接近原始信号。

声道数是指所使用的声音通道的个数，它表明声音记录是产生一个波形（即单音或单声道）还是两个波形（即立体声或双声道）。虽然，立体声听起来要比单音丰满优美，但需要两倍于单音的存储空间。

采样频率、量化位数和声道数对声音的音质和占用的存储空间起着决定性作用。我们希望音质越高越好，磁盘存储空间越少越好，这本身就是一个矛盾，必须在音质和磁盘存储空间之间取得平衡。数据量与上述三要素之间的关系可用下述公式表示：

$$数据量=\frac{采样频率\times 量化位数\times 声道数}{8}$$

8.4.2　声卡简介

声卡（sound card）也叫音频卡。声卡是多媒体技术最基本的组成部分，是实现声波/数字信号相互转换的一种硬件。声卡的基本功能是把来自话筒、磁带、光盘的原始声音信号加以转换，输出到耳机、扬声器、扩音机、录音机等声响设备上，或通过音乐设备数字接口（MIDI）使乐器发出美妙的声音。声卡发展至今，主要分为板卡式、集成式和外置式三种接口类型。

声卡的工作原理：声卡从话筒中获取声音模拟信号，通过模数转换器（ADC），将声波振幅信号转换成一串数字信号，存储到计算机中；重放时，这些数字信号将被送到数模转换器（DAC）中，数模转换器以同样的采样速度还原模拟波形，放大后送到扬声器发声，这一技术称为脉冲编码调制技术（PCM）。

8.4.3　数字音频格式

数字音频的不同表示形式，导致了不同的文件格式，下面我们介绍几种常见的音频文件格式。

1. PCM 编码格式

如果把模数转换过程中得到的离散电平值用二进制数表示出来，并把二进制数直接记录下来，形成的多媒体声音文件就称为 PCM 编码。PCM 编码最大的优点就是音质好，最大的缺点就是体积大。常见的 Audio CD 就采用了 PCM 编码，一张光盘只能容纳 72 分钟的音乐信息。

2. WAV 格式

WAV 是微软公司开发的一种声音文件格式，也叫波形声音文件，是最早的数字音频格式。基于 Windows 本身的影响力，这个格式已经成为了事实上的通用音频格式。WAV 格式符合 RIFF（Resource Interchange File Format）规范。WAV 格式支持许多压缩算法，支持多种音频位数、采样频率和声道，但它采用44.1 kHz的采样频率及16位量化位数，跟CD一样，对存储空间需求太大，不便于交流和传播。在Windows平台下，基于PCM编码的WAV是被支持得最好的音频格式，能完美支持所有音频软件，另外它可以达到较高的音质要求，因此WAV也是音乐编辑创作的首选格式，适合用于保存音乐素材。

3. MP3编码格式

MP3是MPEG（moving picture experts group）Audio Layer-3的简称，是MPEG1的衍生编码方案。MP3可以做到12:1的惊人压缩比，并保持基本可听的音质。MP3之所以能够达到如此高的压缩比例同时又能保持相当不错的音质是因为利用了知觉音频编码技术，也就是利用了人耳的特性，成功削减了音乐中人耳听不到的成分，同时尝试尽可能地维持原来的声音质量。

4. WMA格式

WMA（windows media audio）是由微软公司推出的一种音频文件格式。WMA格式以减少数据流量但保持音质的方法来达到更高的压缩率目的，其压缩率一般可以达到1:18。WMA支持防复制功能，可以限制播放时间和播放次数，甚至于播放的机器。WMA同样也可以支持网络流媒体播放。

5. ASF格式

ASF（advanced streaming format）是一种支持在各类网络和协议上进行数据传输的标准。它支持音频、视频及其他多媒体类型，而WMA只包含音频的ASF文件。ASF在录制时可以对音质进行调节，音质好的可与CD媲美，压缩比较高的可用于网络广播。由于微软的大力推广，这种格式在高音质领域直逼MP3，并且压缩速度比MP3高出1倍；在网络广播方面可与Real公司相竞争。

6. RA、RM、RMX格式

RA、RM、RMX这几个文件类型就Real Media在音频方面的格式。它是由Real Networks公司开发的，特点是可以在非常低的带宽下（低达28.8kbps）提供足够好的音质。大部分音乐网站采用的都是这三种格式，这三种格式完全针对的就是网络上的媒体市场，支持非常丰富的功能。这三种格式最大的特点就是都可以根据听众的带宽来控制自己的码率，在保证流畅的前提下尽可能提高音质。RA可以支持多种音频编码，包括ATRAC3，而且和WMA一样，RA不但支持边读边放，也同样支持使用特殊协议来隐匿文件的真实网络地址，从而实现只在线播放而不提供下载的播放方式。因此，这几种文件格式都属于网络流媒体格式。

7. MIDI格式

这是记录MIDI音乐的文件格式。与波形文件相比较，它记录的不是实际声音信号采样、量化后的数值，而是演奏乐器的动作过程及属性，因此数据量很小。这种格式的文件可以利用Windows提供的“媒体播放器”进行播放。

8. Ogg Vorbis编码格式

Ogg Vorbis是一种音频压缩格式，类似于MP3等现有的通过有损压缩算法进行音频压缩的音乐格式。但是不同的是，Ogg Vorbis是完全免费、开放源码且没有专利限制的。Ogg Vorbis是高质量的音频编码方案，可以在相对较低的数据速率下实现比MP3更好的音质。

9. MOD格式

Module（简称MOD）是数码音乐文件，由一组乐器的声音采样、曲谱和时序信息组成。

8.4.4　音频格式转换

音频文件的格式有很多，在音频的处理过程中，往往要进行各种格式之间的相互转换。音频格式的转换可以通过以下两种途径。

1）借助权威公司开发的专用转换工具

这些软件多数是专门开发用来进行各种音频格式之间的转换的，有些软件转换工具只是集成在某一里面的一个部分，不同的软件支持转换的音频格式也不同。AudioStudio 就集成有一个强大的音频转换工具，它几乎能实现大多数常见的音频格式的转换，而且操作方便，同时也支持批量转换，软件主界面如图 8.10 所示。

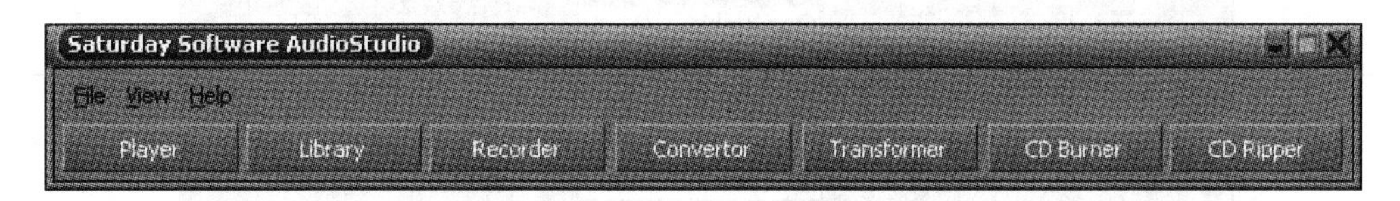

图 8.10　AudioStudio 软件主界面

单击 AudioStudio 主界面的【Convertor】按钮或【Transformer】按钮都可以进入它自带的音频格式转换向导工具，如图 8.11 所示。

图 8.11　AudioStudio 音频转换向导

单击【Add】按钮可以添加需要转换的音频文件，然后单击【Next】按钮，进入下一步，在弹出的对话框中选择输出格式和输出路径，如图 8.12 所示；设置完以后再单击【Next】按钮，将弹出如图 8.13 所示的对话框；在该对话框中设置采样频率、声道数等参数，单击【Next】按钮就开始转换。

2）通过一些常用软件实现转换

这些常用软件指我们熟悉的一些软件，如豪杰解霸、金山影霸、格式工厂等，它们都自带音频转换工具，能很方便地实现音频格式转换。如图 8.14 所示为“格式工厂”的音频转换界面。

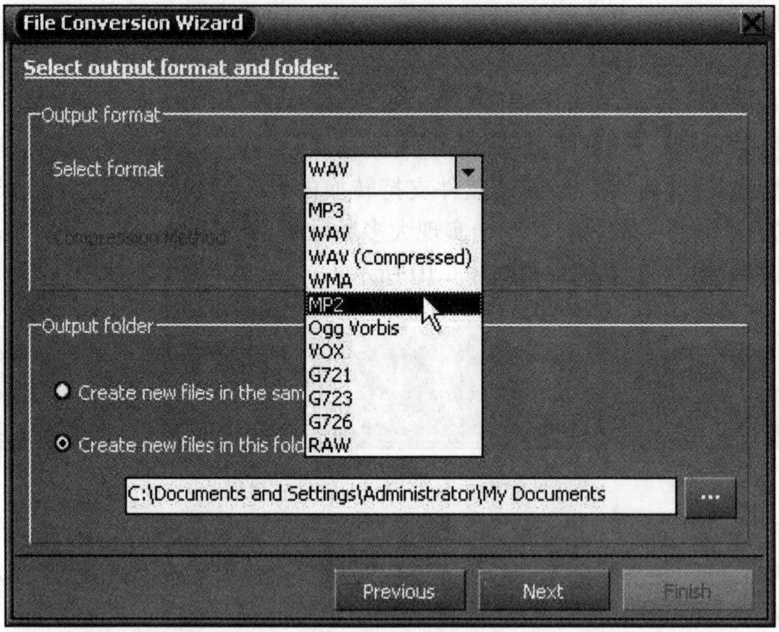

图 8.12 选择输出格式和输出路径

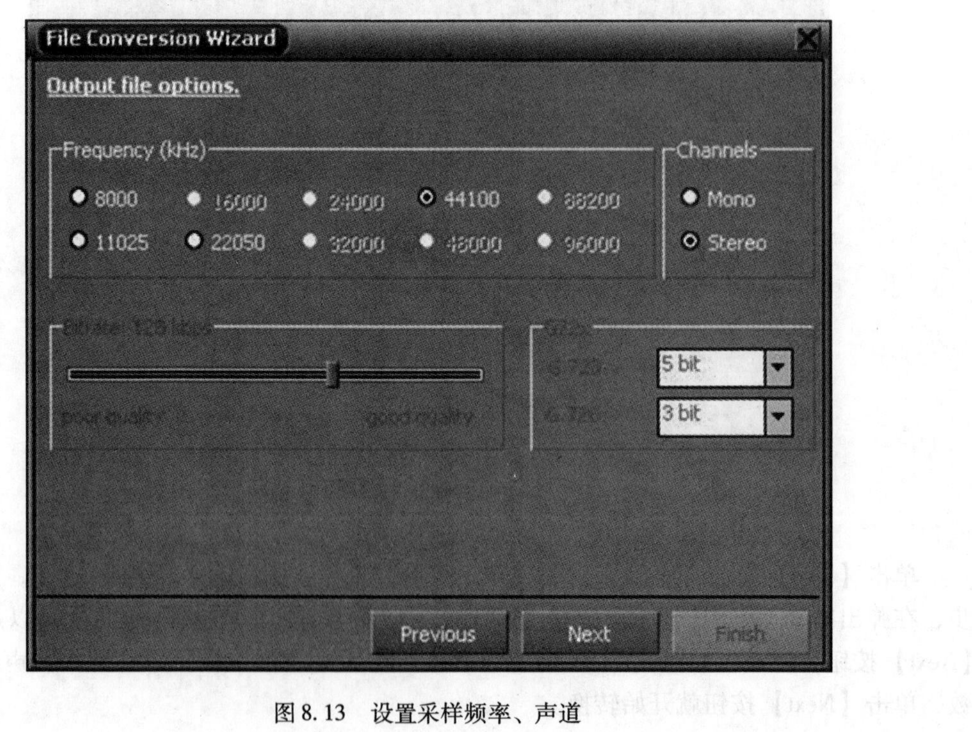

图 8.13 设置采样频率、声道

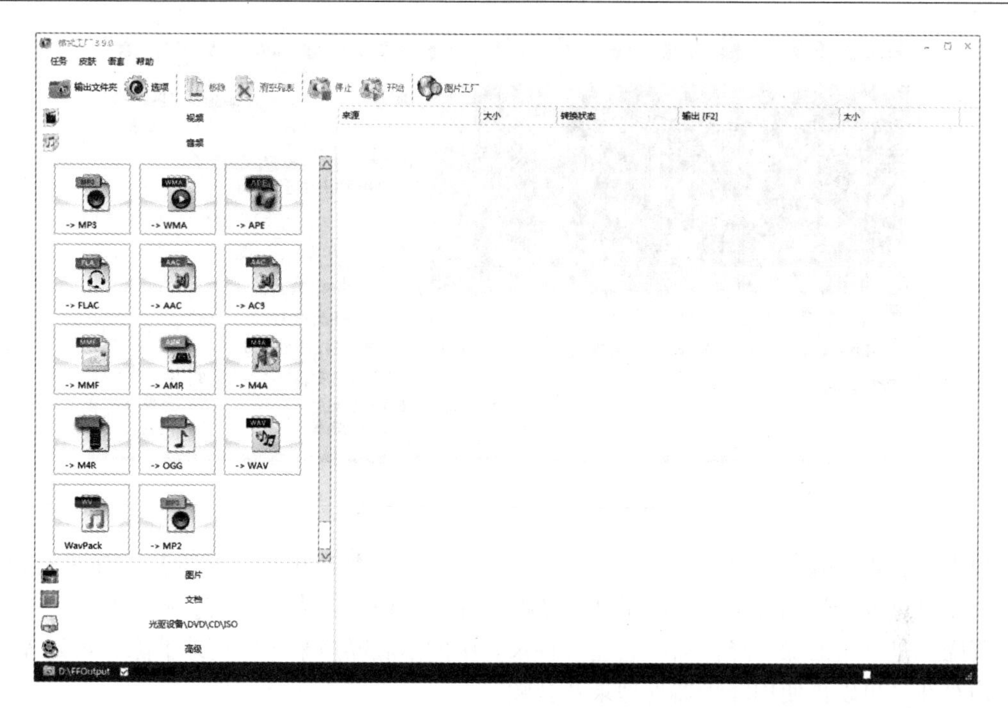

图 8.14 “格式工厂”的音频转换界面

8.4.5 Adobe Audition 软件基础

Adobe Audition 的前身为 Cool Edit。2003 年 Adobe 公司收购了 Syntrillium 公司的全部产品，用于充实其阵容强大的视频处理软件系列。Adobe 在图形图像界的影响可谓尽人皆知，做起音频来自然也不会含糊。Adobe Audition 功能强大，控制灵活，使用它可以录制、混合、编辑和控制数字音频文件，也可轻松地创建音乐、制作广播短片、修复录制缺陷，还可将音频和视频内容结合在一起。

Adobe Audition 有三种工作环境可供选择，分别是：单轨迹编辑环境，即专门为单轨迹波形音频文件进行编辑设置的界面，比较适合处理单个音频文件；多轨迹编辑环境，即对多个音频文件进行编辑，可以制作更具特效的音频文件；CD 模式编辑环境，可以整理集合音频文件，并将其转化为 CD 音频。对于这三种工作环境，用户可以根据需求在创建项目时进行选择。用户可以使用数字快捷键实时切换（0 键、9 键、8 键），或者使用【View】窗口进行切换。

1. 导入音频

打开 Adobe Audition 软件，单击数字键 9，在编辑视图下，单击文件面板中的【导入文件】按钮，这时会弹出【导入】对话框，在【查找范围】下拉列表中选择所需的文件夹，然后单击对话框中相应的音频文件，再单击【打开】按钮，即成功导入下载或录好的音频文件，其波形会显示在波形显示区。

2. 降低噪声

素材在录制过程中受环境的影响较大，若录制的声音中夹杂一些噪声，就需要用降噪器将噪声减弱，提高录音音频的质量，其具体操作步骤如下：先选择一段有噪声的波形，单击【效果】→【修复】→【消除嘶声】选项，弹出【嘶声消除】对话框，如图 8.15 所示。

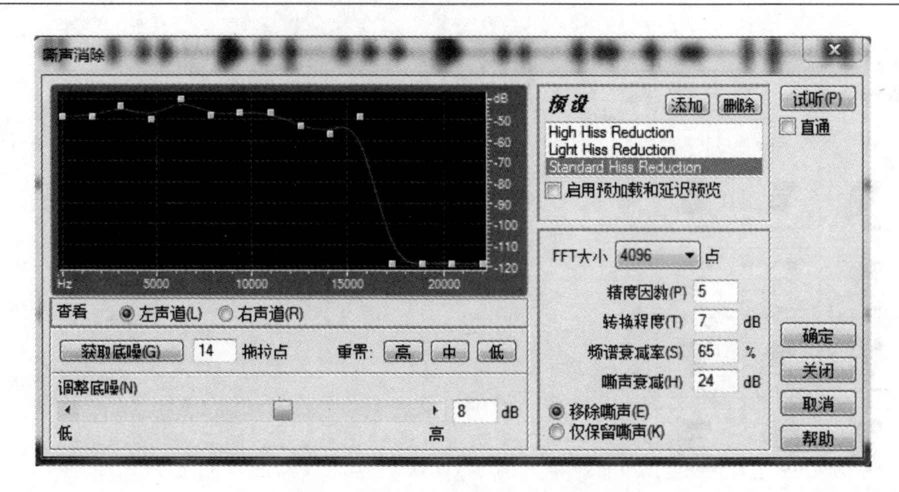

图 8.15 【嘶声消除】对话框

单击【获取低噪】按钮，显示区域会显示分析结果，然后单击【试听】按钮进行试听，如果发现有过度降噪的现象，可以手动调整部分曲线，最后单击【确定】按钮即可。

降噪器是常用的噪声降低器，它能够将录音中的本底噪声最大限度地消除；若处理后还有噪声存在，可以再使用降噪器处理录音音频。

3. 淡入/淡出

制作淡入效果的操作方法是：先选择开头一小段声音波形，单击【效果】→【振幅和压限】→【振幅/淡化】选项，弹出【振幅/淡化】对话框，如图 8.16 所示；在【预设】列表框中选择【淡入】选项，单击【确定】按钮，被选中的声音波形就出现了淡入的效果。

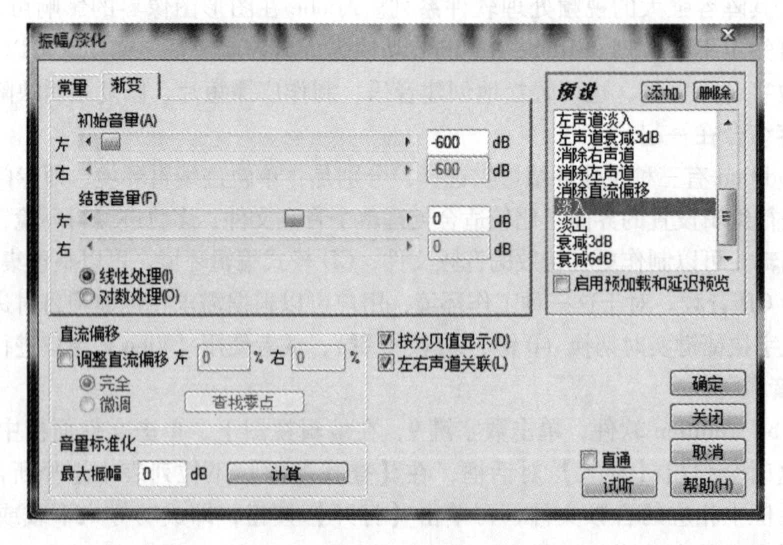

图 8.16 【振幅/淡化】对话框

制作淡出效果的操作方法是：先选择一小段结尾部分的波形，单击【效果】→【振幅和压限】→【振幅/淡化】选项，弹出【振幅/淡化】对话框；在【预设】列表框中选择【淡出】选项，单击【确定】按钮，被选中的声音波形就出现了淡出的效果。

4. 音频剪辑

1）选取波形

从选取区域的起始点开始拖动鼠标，直到选取结束再松开鼠标。在拖拽过程中鼠标的位置要保持在两个波形之间，这样才能同时选中左、右两个声道中的波形。

2）删除波形

先选取一段要删除的波形，然后按 Delete 键，即可将选取的波形删除。

5. 延迟效果

为声音添加延迟效果的操作方法是：选中音频文件，单击【效果】→【延迟与回声】→【延迟】选项，弹出【VST 插件 - 延迟】对话框，拖动【延迟时间】滑块可以改变左、右声道的延迟时间，如图 8.17 所示。

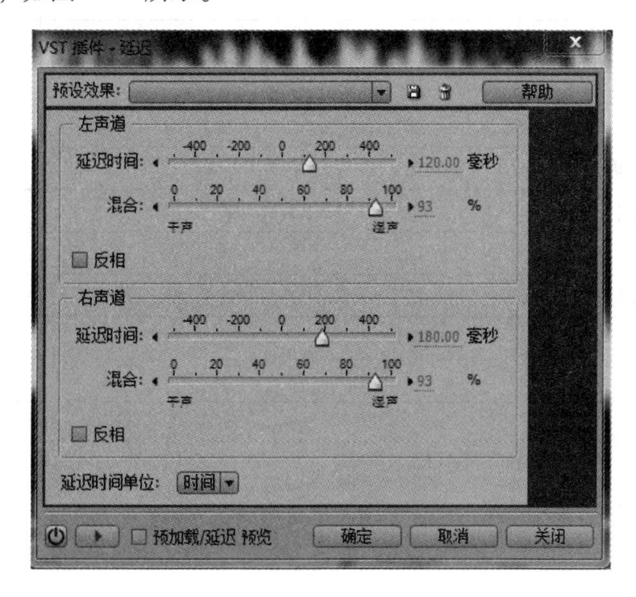

图 8.17 【VST 插件 - 延迟】对话框

6. 改变波形的振幅

改变波形振幅的操作方法是：选中音频文件，单击【效果】→【振幅和压限】→【放大】选项，弹出【VST 插件 - 放大】对话框，如图 8.18 所示，向右移动滑块可以增大声音音量，向左移动滑块可以减小声音音量，单击【预览】按钮可以预听声音效果，如果觉得不满意，还可以继续调整滑块，直到对音量大小满意为止。

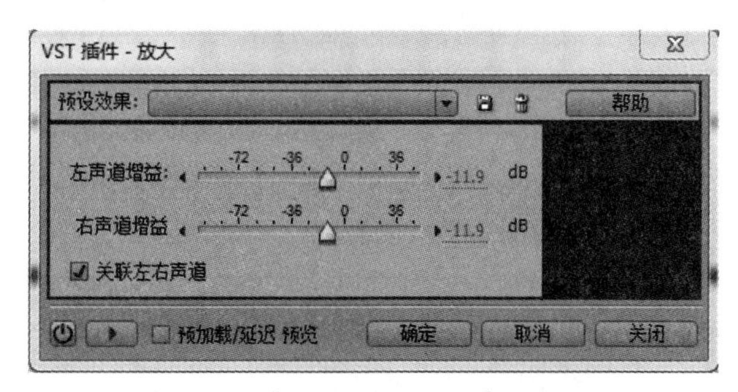

图 8.18 【VST 插件 - 放大】对话框

评价单

<table>
<tr><td>项目名称</td><td colspan="3">音频处理技术基础</td><td>完成日期</td><td></td></tr>
<tr><td>班　级</td><td></td><td>小　组</td><td></td><td>姓　名</td><td></td></tr>
<tr><td>学　号</td><td colspan="3"></td><td>组长签字</td><td></td></tr>
<tr><td colspan="2">评价内容</td><td colspan="2">分　值</td><td>学生评价</td><td>教师评价</td></tr>
<tr><td colspan="2">Adobe Audition 使用熟练程度</td><td colspan="2">10</td><td></td><td></td></tr>
<tr><td colspan="2">伴奏的准备是否符合要求</td><td colspan="2">10</td><td></td><td></td></tr>
<tr><td colspan="2">录制声音的熟练程度</td><td colspan="2">10</td><td></td><td></td></tr>
<tr><td colspan="2">诗朗诵处理的效果</td><td colspan="2">10</td><td></td><td></td></tr>
<tr><td colspan="2">操作步骤是否满足要求</td><td colspan="2">10</td><td></td><td></td></tr>
<tr><td colspan="2">伴奏音乐处理的效果</td><td colspan="2">10</td><td></td><td></td></tr>
<tr><td colspan="2">合成整体风格是否协调</td><td colspan="2">10</td><td></td><td></td></tr>
<tr><td colspan="2">整体作品是否积极向上</td><td colspan="2">10</td><td></td><td></td></tr>
<tr><td colspan="2">态度是否认真</td><td colspan="2">10</td><td></td><td></td></tr>
<tr><td colspan="2">与小组成员的合作情况</td><td colspan="2">10</td><td></td><td></td></tr>
<tr><td colspan="2">总分</td><td colspan="2">100</td><td></td><td></td></tr>
<tr><td>学生得分</td><td colspan="5"></td></tr>
<tr><td>自我总结</td><td colspan="5"></td></tr>
<tr><td>教师评语</td><td colspan="5"></td></tr>
</table>

知识点强化与巩固

一、填空题

1. 音频主要分为（　　）、语音和音效。

2. 声卡主要根据数据采样量化的位数来分类，通常分为（　　）位、（　　）位和（　　）位声卡。

3. 对于音频，常用的三种采样频率是（　　）、（　　）、（　　）。

4. 在多媒体技术中，存储声音的常用文件格式有 AOC 文件、（　　）文件、MIDI 文件、WAV 文件。

5. 在实施音频数据压缩时，要综合考虑（　　）、数据量、计算复杂度三方面。

二、选择题

1. 下列采集的波形声音质量最好的是（　　）。

A. 单声道、8 位量化、22.05 kHz 采样频率

B. 双声道、8 位量化、44.1 kHz 采样频率

C. 双声道、16 位量化、44.1 kHz 采样频率

D. 单声道、16 位量化、22.05 kHz 采样频率

2. 15 分钟、双声道、16 位采样位数、44.1 kHz 采样频率的声音文件，若不压缩其数据量为（　　）。

A. 75.7 MB　　B. 151.4 MB

C. 2.5 MB　　D. 120.4 MB

3. 一般来说，要求声音的质量越高，则（　　）。

A. 分辨率越低、采样频率越低　　B. 分辨率越高、采样频率越低

C. 分辨率越低、采样频率越高　　D. 分辨率越高、采样频率越高

4. 数字音频采样和量化过程所用的主要硬件是（　　）。

A. 数字编码器　　B. 数字解码器

C. 模数转换器　　D. 数模转换器

5. 关于 MIDI，下列叙述不正确的是（　　）。

A. MIDI 是合成声音　　B. MIDI 的回放依赖设备

C. MIDI 文件是一系列指令的集合　　D. 使用 MIDI 不需要许多乐理知识

三、判断题

1. 若 CD－ROM 光盘存储的内容是文本（程序和数字），则对误码率的要求较低，若存储的内容是声音和图像，则对误码率的要求就较高。（　　）

2. 美国的原版 DVD 光盘，在标有中国区码的 DVD－ROM 驱动器上能读出。（　　）

3. 音频指的是在 20 Hz～20 kHz 频率范围内的声音。（　　）

4. 在音频数字处理技术中，要考虑量化的编码问题。（　　）

5. 对音频数字化来说，在相同条件下，立体声比单声道占的存储空间大，分辨率越高则占的存储空间越小，采样频率越高则占的存储空间越大。（　　）

项目三　视频处理技术基础

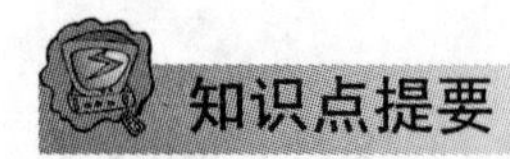

知识点提要

1. 视频技术的相关概念
2. 视频卡的简介
3. 常见的视频格式
4. 视频格式转换的方法
5. 认识会声会影软件的工作界面和术语
6. 使用会声会影软件对视频进行编辑和美化

任务单

任务名称	会声会影的基本操作	学　　时	4 学时
知识目标	1. 掌握素材的导入方法。 2. 熟悉视频编辑及项目保存的操作。 3. 掌握转场效果的使用方法。 4. 掌握几种常用的覆叠属性设置。 5. 掌握标题和字幕的添加过程与设置方法。 6. 掌握音频的添加和处理方法。		
能力目标	1. 能够采集视频素材。 2. 能够使用会声会影软件对素材进行编辑美化。 3. 能够使用会声会影软件对素材进行合成。		
任务描述	利用会声会影软件对指定的素材按下面要求操作 1. 获取视频：利用摄像机录制视频，主题积极向上，利用格式转换软件进行视频格式转换。 2. 素材准备：采集所需要的文字、图片、声音，以及视频素材。 3. 双击打开“会声会影”软件，导入视频，对视频进行预览和修剪操作。 4. 添加转场效果并设置其属性。 5. 覆叠编辑，增加覆叠轨道，设置其透明度、边框粗细，以及边框颜色等属性。 6. 添加标题并设置其属性，为标题添加动画。 7. 添加背景音乐，拖放音频到时间线上需要的位置。 8. 保存工程文件，生成智能包，便于移植。 9. 输出视频，以“学号 + 姓名”的方式储存并命名，保存文件类型为 MPEG4。		
任务要求	1. 仔细阅读任务描述中的任务要求，认真完成任务。 2. 上交电子作品。 3. 小组间可以讨论、交流操作方法。		

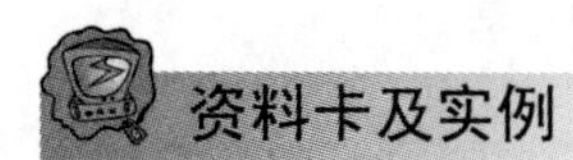

8.5 视频技术概述

8.5.1 视频的相关概念

视频信号可分为模拟视频信号和数字视频信号两大类。所谓的模拟视频就是采用电子学的方法来传送和显示活动景物或静止图像，也就是通过在电磁信号上建立变化来支持图像和声音信息的传播和显示。数字视频从字面上来理解，就是以数字方式记录的视频信号。数字视频包括两方面的含义：一方面是指将模拟视频数字化以后得到的数字视频；另一方面是指由数字摄录设备直接获得或由计算机软件生成的数字视频。

从表面上看，数字视频只不过是将标准的模拟视频信号转换成计算机能够识别的位和字节，然而这个过程并不简单，它要包括视频的存储和播放。但是，一旦视频是以数字形式存在的，那么它就具备了许多不同于模拟视频的特点，可以做许多模拟视频做不到的事情：首先，数字视频是由一系列二进位数字组成的编码信号，它比模拟信号更精确，而且不容易受到干扰；其次，视频信号数字化后，视频设备在加工数字视频时只涉及视频数据的索引编排，对数字视频的处理只是建立一个访问地址表，而不涉及实际的信号本身，这就意味着不管对数字信号做多少次处理和控制，画面质量几乎不会下降，可以多次复制而不失真；再次，可以运用多种编辑工具对数字视频进行编辑加工，对数字视频的处理方式有多种多样，可将视频融入计算机化的制作环境，这改变了以往视频处理的方式，也便于视频处理的个人化、家庭化；最后，数字信号可以被压缩，使更多的信息能够在带宽一定的频道内传输，大大增加了节目资源，数字信号的传输不再是单向的，而是交互式的。

8.5.2 视频卡简介

视频卡是基于PC机的一种多媒体视频信号处理平台。它可以汇集视频源、音频源等信息，然后经过编辑或特技处理而产生非常漂亮的画面，它还可以对这些画面进行捕捉、数字化、冻结、存储、输出及其他操作。修整画面，调整像素显示等都是视频卡支持的标准功能。多媒体视频卡除了可以实现视频信号数字化和捕捉特定镜头外，还可以在VGA上开窗口并与VGA信号叠加显示。

由于绘图与视频功能都要使用图像存储器，因此绘图芯片厂商将视频功能纳入绘图芯片中，以节省部分图像存储器。视频卡主要以视频芯片为核心，提供了视频加速（accelerator）、播放（playback）和捕捉（capture）等功能。视频卡的种类繁多，性能方面也有许多互相交错的地方，按其功能分，又可分为图像加速卡、播放卡（回放卡或解压缩卡）、捕捉卡和电视卡（TV卡）等。

8.5.3 常见的视频格式

视频格式有很多种类，下面介绍几个常见的视频格式。

（1）AVI格式。它的英文全称为Audio Video Interleaved，即音频视频交错格式。这种视频格式的优点是图像质量好，可以跨多个平台使用，其缺点是体积过于庞大，而且压缩标准不统一。

（2）MPEG 格式。它的英文全称为 Moving Picture Expert Group，即运动图像专家组格式，家里常看的 VCD、SVCD、DVD 就是这种格式。MPEG 文件格式是运动图像压缩算法的国际标准，它采用有损压缩方法，减少了运动图像中的冗余信息，具体来说就是依据相邻两幅画面绝大多数是相同的，把后续图像中和前面图像有冗余的部分去除，从而达到压缩的目的。目前，MPEG 格式有三个压缩标准，分别是 MPEG-1、MPEG-2、和 MPEG-4。

（3）MOV 格式。美国 Apple 公司开发的一种视频格式，默认的播放器是苹果的 Quick Time Player。它具有较高的压缩比率和较完美的视频清晰度等特点，但是其最大的特点还是跨平台性，即不仅能支持 Mac OS 系统，同样也能支持 Windows 系统。

（4）ASF 格式。它的英文全称为 Advanced Streaming Format。它是微软为了和现在的 Real Player 竞争而推出的一种视频格式，用户可以直接使用 Windows 自带的 Windows Media Player 对其进行播放。由于它使用了 MPEG-4 的压缩算法，所以压缩率和图像的质量都很不错（高压缩率有利于视频流的传输，但图像质量肯定会损失）。

（5）WMV 格式。它的英文全称为 Windows Media Video，也是微软推出的一种采用独立编码方式并且可以直接在网上实时观看视频节目的文件压缩格式。WMV 格式的主要优点包括：可扩充的媒体类型、可伸缩的媒体类型、流的优先级化、多语言支持、环境独立性、丰富的流间关系及扩展性等。

8.5.4　会声会影软件基础

视频处理软件有很多，如 Video for Windows、Adobe Premiere，以及会声会影等。其中，会声会影是一款功能强大的视频编辑软件，具有图像抓取和编修功能，可以抓取 MV、DV、V8、TV 和实时记录画面文件，并提供了 100 多种编制功能与效果，可导出多种常见的视频格式，甚至可以直接制作成 DVD 和 VCD 光盘。会声会影支持各类编码，包括音频和视频编码。

1. 工作界面介绍

视频编辑工作需要大量的计算机资源，所以必须正确设置计算机，以确保捕获成功和视频编辑顺利。会声会影软件的主界面如图 8.19 所示。

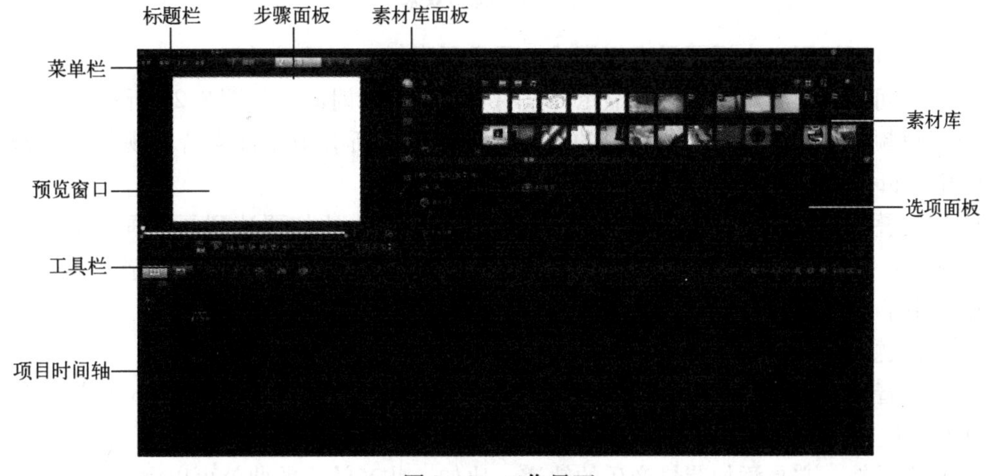

图 8.19　工作界面

2. 相关术语

（1）滤镜。滤镜是会声会影中功能最丰富、效果最奇特的工具之一。滤镜是通过不同的方式改变像素数据，以达到对图像进行抽象、艺术化的特殊处理效果，如图 8. 20 所示。

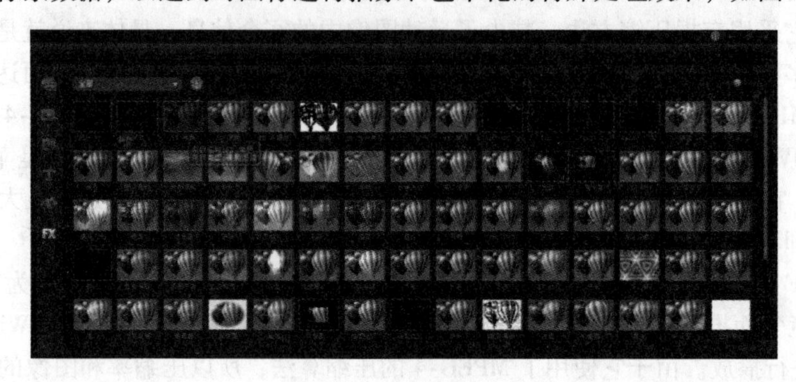

图 8. 20　滤镜效果

（2）转场。电影、电视剧、宣传片、片头等视频作品经常要对场景与段落的连接采用不同的方式，我们统称为“转场”。转场的方法多种多样，但通常可以分为两种：一种是用特技的手段作转场，另一种是用镜头的自然过渡作转场，前者也叫技巧转场，后者又叫无技巧转场，如图 8. 21 所示。

图 8. 21　转场效果

（3）故事板视图。本视图呈大纲模式，只显示素材，不显示时间。

（4）时间轴视图。本视图模式显示各素材具体的编辑时间，如图 8. 22 所示。

（5）视频轨。它是放置视频片段的地方，你可以将所有被软件支持的视频片段都拖到视频轨中编辑并添加效果。

（6）覆叠轨。它用于放置视频轨上面的视频或图片，比如要达到画中画的效果，就需要一个视频在视频轨，一个视频在覆盖轨，然后调整覆盖轨视频的大小和位置，就可以达到画中画效果了。

（7）标题轨。它是存放文字的地方，比如音乐歌词，电影字幕。

（8）声音轨。它是存放视频本身声音的轨道，比如在分离视频的音频时它就自动放在与视频相对应的位置上。

（9）音乐轨。它是添加背景音乐的轨道，比如一些音效、歌曲就可以添加在这里。

图 8.22　时间轴视图

3. 新建、保存项目文件

当打开会声会影时，它会自动新建一个项目文件。若想另外新建一个项目文件，则单击【文件】→【新建项目】选项，如图 8.23 所示，这时会弹出一个对话框，提醒用户是否将正在编辑的项目文件保存，单击【是】按钮，弹出【另存为】对话框，完成文件保存。

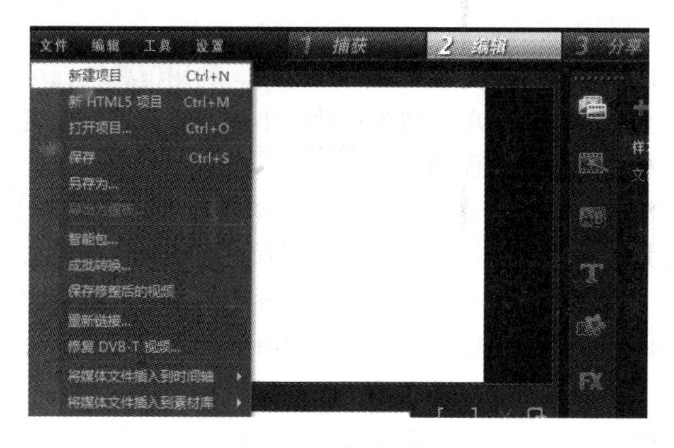

图 8.23　新建项目

保存文件也可单击【文件】→【保存】/【另存为】选项，再选择保存的路径，为项目文件命名，然后单击【确定】按钮，这样一个项目就创建完毕。

4. 采集素材

单击会声会影步骤面板中的【捕获】选项卡，然后在选项面板中选择捕获素材的方式。会声会影提供了三种方式，分别是捕获视频、从 DVD/DVD - VR 导入、DV 快速扫描。

需要指出的是，在捕获视频时，需要用 IEEE - 1394 线将 DV 摄像机连接到电脑的 IEEE - 1394 接口上，再打开摄像机的电源开关，然后将摄像机设置为播放状态（PLAY）。

5. 导入素材

会声会影支持多种格式的动态影视文件及许多常用的静态图形文件与声音文件，如 MPG、AVI、MOV、JPG、MP3 等。其中，MOV 为 QuickTime 支持的影视文件格式，如果在安装会声会影的时候没有安装 QuickTime 软件，将不能使用该格式的影视文件。

导入素材的方法如下：打开会声会影软件，单击【文件】→【将媒体文件插入到时间轴】/【将媒体文件插入到素材库】选项，在弹出的菜单中选择插入素材的类型，再选择要导入的素材，还可以将素材直接拖拽到项目时间轴上。

6. 转场效果的使用

会声会影中提供了多种转场效果，如3D、相册、取代、时钟等，使用时直接将素材库中的转场效果拖到视频轨中间即可，而拖动转场效果左右两边缘，可以增加或减少转场时间。右击转场效果，在弹出的快捷菜单中选择【删除】选项，即可删除转场效果。

7. 滤镜效果的使用

会声会影包含了众多的滤镜效果。使用滤镜效果的方法如下：首先将素材放置在会声会影的视频轨中，单击【滤镜】图标，在弹出的菜单中选择需要的滤镜效果，然后将滤镜效果拖动到素材上，松手即可。如果对软件自带的滤镜效果不是很满意，还可以自行设置效果，只需单击选项面板中的【选项】按钮，在弹出的面板中单击【自定义滤镜】按钮，然后在弹出的对话框中，调整各个参数的数值，使其达到预设的效果后再单击【确定】按钮。

8. 标题的使用

利用会声会影，我们可以给视频文件加上相应的文字，简称标题。系统默认了很多标题素材供用户使用。

9. 覆叠轨

会声会影作品中的众多特效都是覆叠轨所产生的。利用覆叠轨，可以制作出生动有趣的影片。会声会影的覆叠轨，可以简单理解为自动缩小叠加的意思，放在这一轨道的视频或者图片，会自动缩小并叠加在视频画面的上面。

使用覆叠轨的方法如下：打开会声会影软件，单击放在【覆叠轨】上的素材，在视频预览窗口中会出现该素材编辑框，即在素材的周围有虚线和黄色的点出现；右击编辑框，会弹出快捷菜单，菜单中有各种命令可供选择；将鼠标定位于虚线框的四角，拖动鼠标可以对视频素材进行等比例缩放。覆叠轨上的素材之间可以添加各种转场，丰富了视频的画面效果。

10. 创建视频文件

单击步骤面板中的【分享】选项卡，弹出分享面板，如图8.24所示，在分享面板中可以选择多重视频输出方式。

图8.24 分享面板

评价单

<table>
<tr><td>项 目 名 称</td><td colspan="5">视频处理技术基础</td><td>完 成 日 期</td><td></td></tr>
<tr><td>班　　级</td><td colspan="2"></td><td>小　　组</td><td colspan="2"></td><td>姓　　名</td><td></td></tr>
<tr><td>学　　号</td><td colspan="4"></td><td colspan="2">组 长 签 字</td><td></td></tr>
<tr><td colspan="2">评 价 内 容</td><td colspan="3">分　　值</td><td colspan="2">学 生 评 价</td><td>教 师 评 价</td></tr>
<tr><td colspan="2">会声会影使用的熟练程度</td><td colspan="3">10</td><td colspan="2"></td><td></td></tr>
<tr><td colspan="2">素材准备是否符合要求</td><td colspan="3">10</td><td colspan="2"></td><td></td></tr>
<tr><td colspan="2">视频录制的效果</td><td colspan="3">10</td><td colspan="2"></td><td></td></tr>
<tr><td colspan="2">录制视频的处理效果</td><td colspan="3">10</td><td colspan="2"></td><td></td></tr>
<tr><td colspan="2">操作步骤是否满足要求</td><td colspan="3">10</td><td colspan="2"></td><td></td></tr>
<tr><td colspan="2">标题和声音处理的效果</td><td colspan="3">10</td><td colspan="2"></td><td></td></tr>
<tr><td colspan="2">合成整体风格是否协调</td><td colspan="3">10</td><td colspan="2"></td><td></td></tr>
<tr><td colspan="2">整体作品是否积极向上</td><td colspan="3">10</td><td colspan="2"></td><td></td></tr>
<tr><td colspan="2">态度是否认真</td><td colspan="3">10</td><td colspan="2"></td><td></td></tr>
<tr><td colspan="2">与小组成员的合作情况</td><td colspan="3">10</td><td colspan="2"></td><td></td></tr>
<tr><td colspan="2">总分</td><td colspan="3">100</td><td colspan="2"></td><td></td></tr>
<tr><td>学 生 得 分</td><td colspan="7"></td></tr>
<tr><td>自我总结</td><td colspan="7"></td></tr>
<tr><td>教师评语</td><td colspan="7"></td></tr>
</table>

知识点强化与巩固

一、填空题

1. 视频采集是将视频信号（　　）并记录到文件上的过程。

2. 动画和电影的制作正是利用人眼的视觉暂留特性，如果动画或电影的画面刷新率为每秒（　　）幅左右，则人眼看到的就是连续的画面。

3. 使用视频编辑软件，用户能够像使用文字处理软件那样轻松地对（　　）上的视频和图片进行剪切、复制、移动、插入、拼接和删除等操作，并且可以在两个画面衔接时加入不同的转场效果。

4. 视频信号可分为模拟视频信号和（　　）两大类。

5. 在捕获视频时，需要用（　　）线将 DV 摄像机连接到电脑的接口上。

二、选择题

1. 数字视频的重要性体现在（　　）。

（1）可以用新的与众不同的方法对视频进行创造性编辑

（2）可以不失真地进行无限次拷贝

（3）可以用计算机播放电影节目

（4）易于存储

A. 仅（1）　B.（1），（2）　C.（1），（2），（3）　D. 全部

2. 影响视频质量的主要因素是（　　）。

（1）数据速率（2）信噪比（3）压缩比（4）显示分辨率

A. 仅（1）　B.（1），（2）　C.（1），（3）　D. 全部

3. 下列关于 Premiere 软件的描述正确的是（　　）。

（1）Premiere 软件与 Photoshop 软件是同一家公司的产品

（2）Premiere 软件可以将多种媒体数据综合集成为一个视频文件

（3）Premiere 软件具有多种活动图像的特技处理功能

（4）Premiere 软件是一个专业化的动画与数字视频处理软件

A.（1），（3）　B.（2），（4）　C.（1），（2），（3）　D. 全部

4. 下列软件中不属于多媒体处理软件的是（　　）。

A. PhotoShop　B. Cool Edit　C. 会声会影　D. Win RAR

5. 下列参数中不是数码相机的技术参数的是（　　）。

A. 像素　B. 光学变焦　C. BOIS 基本输入、输出　D. ISO 感光度

三、判断题

1. 位图可以用画图程序获得，用荧光屏直接抓取，用扫描仪或视频图像抓取。（　　）

2. 帧动画是指对每一个活动的对象分别进行设计，并构造每一个对象的特征，然后用这些对象组成完整的画面。（　　）

3. MPEG 对电视信号而言，其视频速率为 1.5 Mbps。（　　）

4. ra、rm 及 rmvb 格式是 Windows 公司开发的一种静态图像文件格式。（　　）

5. AVI 格式可以将视频和音频交织在一起进行同步播放。（　　）

第9章　动漫设计

项目一　Flash 动画应用

知识点提要

1. Flash 8 的工作界面
2. Flash 8 的启动，文件的创建、打开、保存与退出
3. 设置文件的属性
4. 场景、时间轴、元件、库
5. 对象操作：基本操作、分离与组合、变形、对齐、调色板
6. 文本的编辑
7. 逐帧动画、形状补间动画、动作补间动画、遮罩动画
8. 引用声音和视频
9. Flash 8 影片的导出与发布
10. Flash 8 动画的应用

任务单

任务名称	Flash 动画制作	学　时	4 学时
知识目标	1. 熟悉 Flash 8 的工作界面。 2. 掌握 Flash 8 的基本操作。 3. 掌握帧的基本操作。 4. 掌握动画的创建方法。 5. 掌握影片的导出与发布方法。		
能力目标	1. 能够利用 Flash 制作简单的动画。 2. 能够导出和发布影片。 3. 具有沟通、协作能力。		
任务描述	1. 在桌面上新建文件夹，命名为“学号” +“姓名”，如“16 李戈”。 2. 按照“资料卡及实例”中“实例 1”的操作步骤，制作逐帧动画，文件名为“跑动的马儿”，保存位置为桌面上名为“学号” +“姓名”的文件夹内。 3. 按照“资料卡及实例”中“实例 2”的操作步骤，制作形状补间动画，文件名为“跳动的心”，保存位置为桌面上名为“学号” +“姓名”的文件夹内。 4. 按照“资料卡及实例”中“实例 3”的操作步骤，制作动作补间动画，文件名为“弹性小球”，保存位置为桌面上名为“学号” +“姓名”的文件夹内。 5. 按照“资料卡及实例”中“实例 4”的操作步骤，制作遮罩动画，文件名为“地球转动”，保存位置为桌面上名为“学号” +“姓名”的文件夹内。		
任务要求	1. 仔细阅读任务描述中的设计要求，认真完成任务。 2. 上交电子作品。 3. 小组间互相共享有效资源。		

资料卡及实例

Flash 是一款动画制作软件，其制作出的动画具有文件体积小，传输速度快等特点，因此被广泛地应用于网页动画设计，交互式产品展示，以及多媒体教学等领域。

9.1 Flash 8 工作环境简介

Flash 以便捷、完美、舒适的动画编辑环境，得到了广大动画制作者的喜爱。在制作动画之前，先对 Flash 8 的工作环境进行介绍，包括一些基本的操作方法，以及工作环境的组织和安排。

9.1.1 启动 Flash 8

启动 Flash 8 的方法有很多种，最常用的两种方法是：双击桌面上的 Flash 8 快捷方式图标；单击【开始】菜单中的【所有程序】选项，在弹出的菜单中单击【Macromedia】→【Macromedia Flash 8】选项。

9.1.2 Flash 8 工作界面

启动 Flash 8，首先看到的是开始页。开始页将常用的任务集中放在一个页面中，包括【打开最近项目】【创建新项目】【从模板创建】【扩展】等区域，如图 9.1 所示。

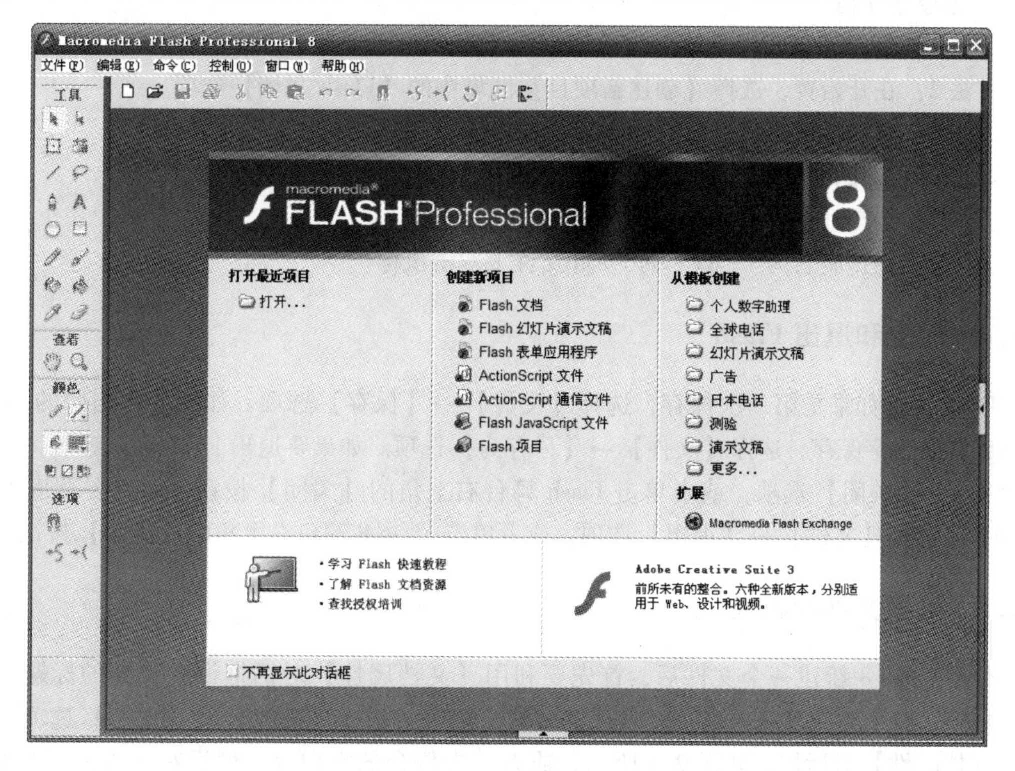

图 9.1 开始页

在开始页中，选择【创建新项目】下的【Flash 文档】选项，就会启动 Flash 8 的工作窗口并新建一个影片文档，如图 9.2 所示。

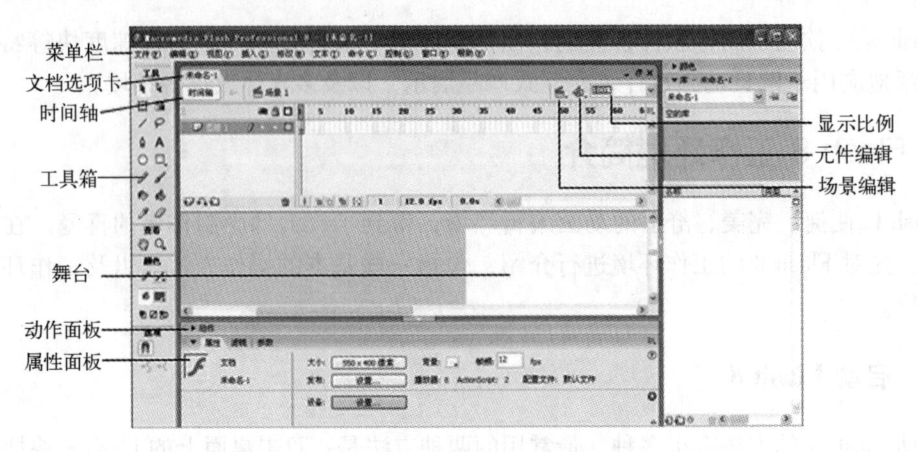

图 9.2 Flash 8 的工作窗口

该界面主要由菜单栏、工具箱、时间轴、动作面板、属性面板、舞台、显示比例等部分组成。

9.1.3 创建和打开 Flash 文档

1. 创建新文档

方法 1：单击【文件】菜单中的【新建】选项。

方法 2：在开始页，选择【创建新项目】区域中的【Flash 文档】选项。

方法 3：单击常用工具栏上的【新建】按钮。

2. 打开已有的文档

方法 1：选择【文件】菜单中的【打开】选项。

方法 2：在扩展名为“.fla”的 Flash 文件上双击鼠标。

9.1.4 保存和退出 Flash

Flash 文件如果是第一次保存，选择【文件】→【保存】选项。如果要将当前的 Flash 文件以其他名字保存，选择【文件】→【另存为】选项。如果要退出 Flash 动画窗口，选择【文件】→【关闭】选项，或者单击 Flash 舞台右上角的【关闭】按钮。如果要彻底退出 Flash，可选择【文件】→【退出】选项，或者单击 Flash 8 窗口右上角的【关闭】按钮。

9.1.5 设置文件的属性

使用 Flash 8 新建一个文件后，首先要利用【文档属性】对话框设置文档的标题、尺寸、帧频、背景颜色等基本属性。常用的方法有两种：选择【修改】→【文档】选项，弹出【文档属性】对话框，如图 9.3 所示，或者单击舞台的空白处，然后在下方的【属性】面板上单击 550 x 400 像素 按钮也可以进入到【文档属性】对话框。

图 9.3 【文档属性】对话框

在【文档属性】对话框中，舞台的默认大小为550px×400px，最小可以设定为1px×1px，最大可以设定为2 880px×2 880px。

9.2 Flash 动画的基础知识

9.2.1 场景

在 Flash 中舞台只有一个，场景可以有多个。在动画制作的过程中，可以更换不同的场景。场景的相关操作如下。

1. 插入新场景和打开场景面板

（1）选择【插入】→【场景】选项可以插入新的场景。

（2）选择【窗口】→【其他面板】→【场景】选项，或者按 Shift + F2 组合键都可以打开场景面板，如图 9.4 所示。

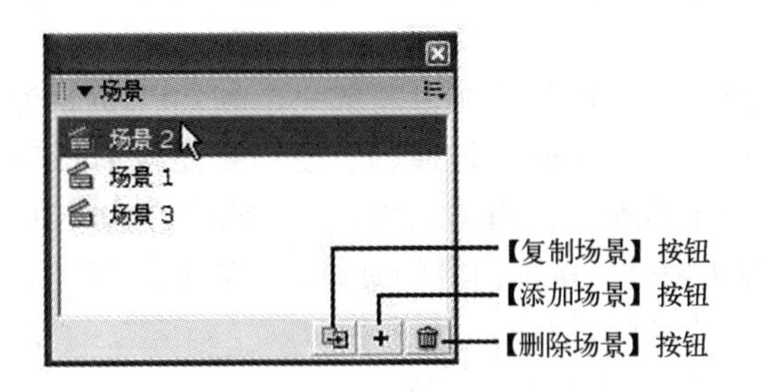

图 9.4 场景面板

2. 场景面板的操作

场景面板的操作包括复制场景、添加场景、删除场景、改变场景顺序、重命名场景。

9.2.2 时间轴

时间轴用来显示图形和其他项目元素的时间，同时也可以指定舞台上各图形的分层顺序。位于较高图层中的图形显示在较低图层中的图形的上方。时间轴分为两部分：左边为图层控制区，右边为时间轴控制区（或者称为帧控制区），如图 9.5 所示。

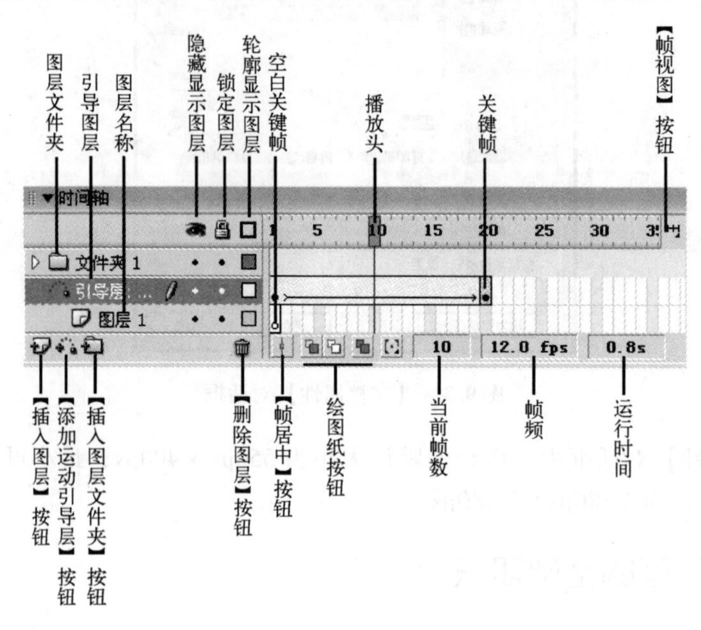

图 9.5 时间轴

1. 图层控制区

图层就像一张透明的纸，各图层之间相互独立，都有自己的时间轴，包含自己独立的多个帧。当修改某一图层时，不会影响到其他图层上的对象。制作者可以把一系列复杂的动画进行划分，将它们分别放在不同的图层上，然后依次对每个图层上的对象进行编辑，不但可以简化烦琐的工作，也方便以后的修改，从而有效地提高了工作效率。和 Photoshop 类似，我们在 Flash 中也可以设置多个图层，以便分别对各图层中的内容进行操作而不影响其他图层。Flash 中的图层包括：普通层、遮照层、被遮照层、引导层和被引导层。

2. 帧控制区

时间轴中的每一个矩形小方格在动画中表示一个帧。Flash 8 为用户提供了 4 种类型的帧，分别为空白帧、关键帧、静止帧和过渡帧。空白帧是没有任何内容的帧，用白色块表示；关键帧是动画发生变化的地方，用黑点表示（如果该关键帧中无内容，则为空白关键帧，用空心圆表示）；静止帧是关键帧内容的延续，用灰色块表示；过渡帧是在关键帧使用“补间”时，Flash 自动完成动画过渡的一系列帧。

Flash 8 中对帧的操作主要包括以下几种。

（1）选择帧。

① 选中单个帧，单击帧所在位置即可选中单个帧。

② 选择连续的多个帧，按 Shift 键然后分别选中连续帧中的第 1 帧和最后 1 帧即可。

③ 选择不连续的多个帧，按 Ctrl 键，然后依次单击要选择的帧即可。

（2）创建关键帧，包括创建关键帧和创建空白关键帧两种操作。

① 在 Flash 8 中创建关键帧的常用方法主要有以下几种。

方法 1：单击【插入】→【时间轴】→【关键帧】选项，即可在选中的时间轴位置插入关键帧。

方法2：在需要创建关键帧的帧上右击，在弹出的快捷菜单中选择【插入关键帧】选项。

方法3：按F6快捷键创建关键帧。

② 在Flash 8中创建空白关键帧的常用方法主要有以下几种。

方法1：按F7快捷键创建空白关键帧。

方法2：若前一个关键帧中没有内容，直接插入关键帧即可得到空白关键帧。

方法3：在选中的帧上右击，在弹出的快捷菜单中选择【插入空白关键帧】选项。

方法4：在某一帧上右击，在弹出的快捷菜单中选择【插入空白关键帧】选项。

方法5：若前一个关键帧中有内容，在时间轴上选中一个帧，然后单击【插入】→【时间轴】→【空白关键帧】选项。

3. 复制帧

在Flash 8中复制帧的方法有以下两种。

方法1：选中要复制的帧，然后按Alt键并将其拖动到要复制的位置。

方法2：在时间轴上右击要复制的帧，在弹出的快捷菜单中选择【拷贝帧】选项，然后右击目标帧，在弹出的快捷菜单中选择【粘贴帧】选项。

4. 移动帧

在Flash 8中移动帧的方法有以下两种。

方法1：选中要移动的帧，然后按住鼠标左键将其拖到目标位置。

方法2：选中要移动的帧后右击，在弹出的快捷菜单中选择【剪切帧】选项，然后在目标位置再次右击，在弹出的快捷菜单中选择【粘贴帧】选项。

5. 插入帧

插入帧可实现延长动画播放时间或在动画中添加新动画片断等操作，其操作方法有以下几种。

方法1（插入普通帧）：在关键帧后面任意选取一个帧并右击，在弹出的快捷菜单中选择【插入帧】选项或按F5键，当关键帧与插入的帧之间变为灰色背景时，即可在当前位置插入普通帧。在关键帧后插入帧或在已沿用的帧中插入帧，都可增加动画的播放时间。

方法2（插入关键帧）：在要插入帧的位置右击，在弹出的快捷菜单中选择【插入关键帧】选项或按F6键，可在当前位置插入关键帧。插入关键帧之后即可对插入的关键帧中的内容进行修改和调整，并且不会影响前一个关键帧及其沿用帧中的内容。

方法3（插入空白关键帧）：在要插入帧的位置右击，在弹出的快捷菜单中选择【插入空白关键帧】选项或按F7键，可在当前位置插入空白关键帧，并将空白关键帧后的内容清除。

6. 翻转帧

翻转帧是指将选中的所有帧的播放顺序进行颠倒，其操作方法是：在时间轴上选中要颠倒的所有帧，在选中的帧上右击，在弹出的快捷菜单中选择【翻转帧】选项。

7. 删除帧

删除帧是指将选中帧从时间轴中完全清除，其操作方法是：在时间轴上选中要删除的帧，在选中帧上右击，在弹出的快捷菜单中选择【删除帧】选项。

8. 清除帧

清除帧是指将选中帧的所有内容清除，但继续保留帧所在的位置，其操作方法主要有以下两种。

方法 1（清除帧）：清除帧可将选中的普通帧或关键帧转化为空白关键帧，其方法是选中要清除的帧，然后右击，在弹出的快捷菜单中选择【清除帧】选项。

方法 2（清除关键帧）：清除关键帧可以将选中的关键帧转化为普通帧，其方法是选中要清除的关键帧，然后右击，在弹出的快捷菜单中选择【清除关键帧】选项。

9.2.3 Flash 8 的工具箱

Flash 提供了各种工具来绘制自由形状，以及准确的线条、形状和路径，同时还能对填充对象涂色。要想使用某个工具，直接用鼠标单击即可。工具箱从上到下分为【工具】【查看】【颜色】【选项】4 栏，如图 9.6 所示。

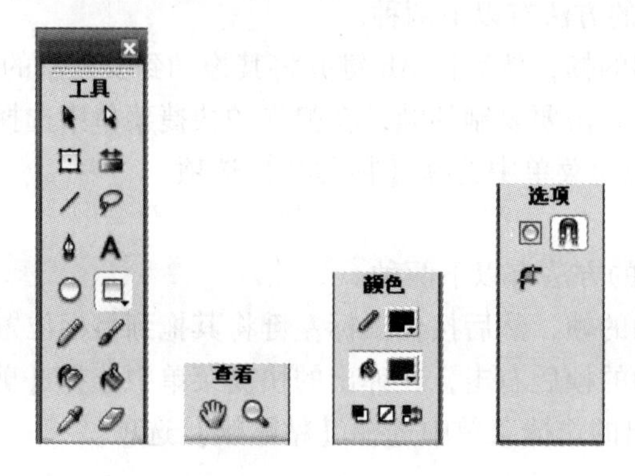

图 9.6 工具箱

【工具】栏中包括选择对象、绘制图形、输入文字、编辑图像和填充颜色等工具。【查看】栏包括两个工具：手型工具用来调整舞台编辑画面的位置，放大镜工具用来调整舞台的显示比例。【颜色】栏用来设置填充物和线条的颜色。【选项】栏中包括一些对当前激活的工具进行设置的属性按钮和功能按钮。工具箱中的各个工具的作用如下。

选择舞台中的对象，可以进行移动对象及改变对象的大小、形状操作。

选择矢量图形，增加和删除矢量曲线的节点，改变矢量图形的形状。

改变对象的位置、大小、旋转和倾斜的角度。

改变填充物的位置、大小、旋转和倾斜的角度。

绘制各种不同形状、粗细、长短、颜色和角度的矢量直线。

选择位图不规则区域。

绘制任意形状的矢量图形。

输入和编辑字符和文字对象。

绘制椭圆和正圆形的矢量图。

绘制长方形和正方形的矢量图。

绘制任意形状的矢量曲线图形。

绘制任意形状和粗细的矢量曲线图形。

改变线条的颜色、形状和粗细等属性。

给矢量线围成的区域填充颜色和图像。

获取某一位置的颜色。

擦除舞台上的图形和图像对象。

在舞台上通过鼠标拖动的方法来移动画面的观察位置。

改变舞台的工作区和对象的显示比例。

用于线条着色。

用于填充物着色。

从左到右分别是【默认】【无色】【转换】按钮：【默认】按钮可使线条颜色和填充颜色恢复到默认状态；【无色】按钮可使线条颜色和填充颜色消失；【转换】按钮可使线条颜色和填充颜色互相转换。

9.2.4　元件和库

在 Flash 动画中，元件就像剧中的演员、道具，具有独立的地位，并发挥着各自的作用。它是 Flash 动画中不可或缺的主体元素。一个精彩的动画作品，就是由若干元件组合和变化而形成的。利用创建的元件制作动画时，可以简化动画的制作过程，方便编辑、修改，缩减文件的大小，方便网络传输，还可以添加一些功能性的设计等。

依据元件在 Flash 中所发挥作用的不同，我们可将其划分为：图形元件、按钮元件和影片剪辑三种类型，如图 9.7 所示。

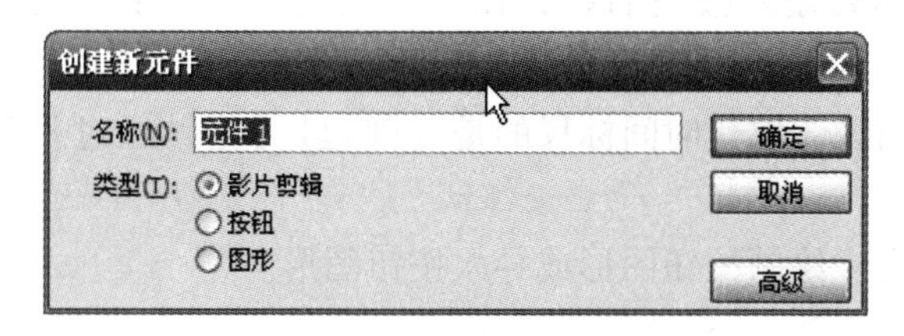

图 9.7　元件

1. 图形元件

图形元件是动画制作中最基本的元件，主要用于建立或储存相对独立的图形内容，以及制作动画。如果把图形元件拖到舞台或其他元件中，则不能对其设置实例名称，也不可为其添加脚本。图形元件的形成可分为创建和转换两种。

（1）创建新的图形元件就是创建一个空白的图形元件。单击【插入】→【新建元件】选项，在【创建新元件】对话框中输入名称，选中【图形】单选项，然后单击【确定】按钮，即可完成创建图形元件的操作。需要注意的是，图形元件必须在元件编辑区进行编辑，在场景和其他元件中是不可以编辑的。如果要对该元件进行编辑，可单击【编辑】→【编辑元件】选项，或双击场景中的该元件，或双击库中的该元件，或右击库中的该元件，然后在元件编辑区对其进行修改、编辑即可。

（2）将对象转换为图形元件。场景中的任何对象都可以转换为元件。用【选择工具】按钮选中舞台中的对象，单击【修改】→【转换为元件】选项，或按F8键，或在该对象上右击并在弹出的快捷菜单中选择【转换为元件】选项；然后，在打开的对话框中输入元件的名称，并选中【图形】单选项，然后单击【确定】按钮。

2. 影片剪辑

影片剪辑是Flash动画中常用的元件类型，是有独立时间线的动画元件，主要用于创建具有独立主题内容的动画片段。当影片剪辑所在图层的其他帧没有别的元件和空白关键帧时，它将不受帧长度之限制，可循环播放；如果有空白关键帧并且其所在位置比影片剪辑结束帧靠前的话，影片会结束。影片剪辑可以分为创建和转换两种。

（1）创建新的影片剪辑元件就是创建一个空白的影片剪辑元件。单击【插入】→【新建元件】选项，在【创建新元件】对话框中输入名称，选中【影片剪辑】单选项，然后单击【确定】按钮，即可完成创建影片剪辑元件的操作。

（2）选中舞台对象，单击【修改】→【转换为元件】选项，或按F8键，或在该对象上右击，选择【转换为元件】选项，在打开的对话框中输入元件的名称，选中【影片剪辑】单选项，然后单击【确定】按钮。

这时系统会自动切换到影片剪辑编辑模式，即可在这个编辑区中编辑和修改该影片剪辑元件。

3. 按钮元件

按钮元件是Flash动画中创建交互功能的重要组成部分，它可在动画中实现鼠标单击、滑过及按下等命令，从而将事件传递给互动程序进行处理。创建按钮的步骤如下。

（1）选择【插入】→【新建元件】选项，打开【创建新元件】对话框。

（2）在对话框名称处输入按钮名称，在类型处选中【按钮】单选项，然后单击【确定】按钮。

（3）进入按钮编辑区，取代时间标尺的是【弹起】【指针经过】【按下】【点击】四个空白帧。

（4）在编辑区舞台中绘制按钮图形或导入按钮图形。

9.2.5 公用库的使用

Flash 8为用户提供了几个公用库，搜集了许多按钮、交互等元件，用户可以从中直接调用元件，而不必自己创建。单击【窗口】→【公用库】选项，在弹出的如图9.8所示菜单中可以根据需要选择相应的库。若选择【按钮】选项，将打开【库】面板，其中包含系统中自带的许多按钮元件；若选择【学习交互】选项，将打开【学习交互】面板，其中包含与动作交互有关的各种元件；若选择【类】选项，将打开【类】面板，其中包含与类有关的各种元件。在打开的【库】面板中选中要调入舞台的元件，按住鼠标左键将其拖动到舞台中即可。

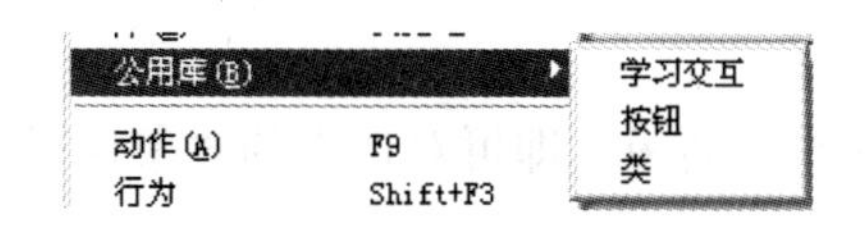

图9.8　公用库类型

9.2.6　对象操作

在Flash中，可编辑的对象有很多种，如矢量图形、字符、位图图形或对象等。对这些对象的操作包括选取、复制、删除、移动、分离与组合、变形等。

1. 选取对象

不同的工具选取的对象的操作方法不同。

（1）【箭头工具】按钮：单击可选取形状上的线条部分或填充颜色部分；双击可选取形状上的全部线条或填充颜色；单击可选取元件（按Shift键可选择多个对象）；按Ctrl+A组合键可选取全部对象；在选区外单击鼠标或按Esc键可以取消选取。

（2）【套索工具】中的【魔术棒工具】可在分离的位图上选取色块；【套索工具】中的【多边形套索工具】可在画板上勾出多边形选区，双击可结束选择。

2. 复制、移动与删除对象

复制和移动操作可在相同层上，也可在不同层及不同场景之间。

（1）命令操作有3种方法。

方法1：单击【编辑】→【拷贝】→【粘贴】选项，执行复制操作。

方法2：单击【编辑】→【剪切】→【粘贴】选项，执行移动操作。

方法3：单击【编辑】→【清除】，执行删除操作。

（2）快捷键操作有3种方法。

方法1：按Ctrl+C组合键与Ctrl+V组合键执行复制操作。

方法2：按Ctrl+X组合键与Ctrl+V组合键执行移动操作。

方法3：按Del键执行删除操作。

3. 分离与组合

分离与组合是Flash 8中最常用的两个操作，经过这两种操作处理后的对象制作出的动画效果完全不同。组合的对象只能进行运动渐变，而分离的对象只能进行形状渐变。分离与组合的具体操作如下。

（1）选中要组合的对象，选择【修改】→【组合】选项，或按Ctrl+G组合键，可以将对象组合。

（2）选中对象后，选择【修改】→【分离】选项，或按Ctrl+B组合键，可以将对象分离。多个文字需要分离两次才可以变成矢量图形。

4. 变形

Flash 8提供了任意变形、扭曲、封套等变形方法，其中分离的对象可以进行上述3种变形操作，而组合的对象只能进行任意变形操作，具体操作方法如下。

方法1：单击工具箱中的变形工具按钮。

方法2：右击需要变形的对象，在弹出的快捷菜单中选择变形的方法。

方法3：使用Ctrl+T组合键打开【变形】面板，进行变形操作。

5. 对齐

按 Ctrl + K 组合键，打开对齐面板，即可对选中的对象执行各种对齐操作。

6. 调色板的使用

利用调色板工具可以给舞台上的文本或矢量图形等对象设置线条颜色或者填充颜色，可以通过工具箱【颜色】栏或者是混色器面板来设置实色、渐变色及透明色。元件的颜色可在其属性面板中进行设置，如图 9.9 所示。

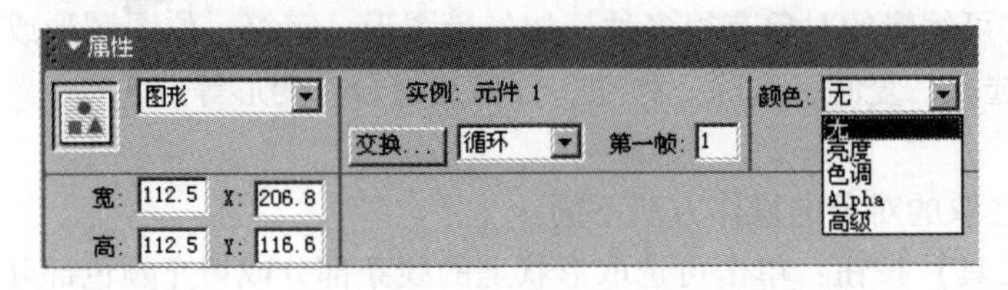

图 9.9 元件颜色设置

9.2.7 文本的编辑

文字是 Flash 动画中的一个重要角色，并且使用 Flash 可以制作多种特效文字动画。Flash 中文本可设置为静态文本、动态文本和输入文本。静态文本的内容在动画播放状态下是不可修改的；动态文本可以实时地反映动作或程序对变量值的修改，创建动态文本时，在面板中要为其设置一个变量进行标识；输入文本为用户提供了一个可以对应用程序进行修改的窗口，创建输入文本时，也要设置一个对应的变量名。下面介绍有关文字的基础知识。

1. 输入文字

单击绘图工具箱中的 A 按钮，将鼠标移至场景中，按住鼠标左键在场景中拖动出一个虚线框，然后释放鼠标左键，将出现一个文本框，在文本框中输入文字，单击文本框外的任意空白处即可完成文字的输入。文字输入后，若要添加文字，只需将指针移动到要添加的地方，输入要添加的文字即可；若要删除不需要的文字，只需单击输入的文字，选中要删除的文字，然后按 Del 键即可。

2. 设置文本属性

输入文本后可对其进行设置，使其符合要求，具体设置方法如下。

（1）选中文本，打开【属性】面板，如图 9.10 所示。

图 9.10 【属性】面板

（2）在该面板中可对文本的高度、宽度、字体、字号、颜色、对齐方式等进行设置。

9.3　动画基础

Flash 8 中常见的五种动画形式有：逐帧动画、形状补间动画、动作补间动画、遮罩动画、引导线动画。本节针对前四种进行举例讲解，具体可参考实例进行理解。

9.3.1　逐帧动画

逐帧动画是一种常见的动画手法，它的原理是在连续的关键帧中分解动画动作，也就是每一帧中的内容不同，连续播放而形成动画。由于逐帧动画的帧序列内容不一样，不仅增加了制作负担，而且最终输出的文件也很大，但它的优势也很明显，因为它相似于电影播放模式，适合于表演很细腻的动画，如 3D 效果、人物或动物急剧转身等效果。

1. 逐帧动画的概念

在时间帧上逐帧绘制帧内容称为逐帧动画，由于是一帧一帧地画，所以逐帧动画具有非常大的灵活性，几乎可以表现任何想表现的内容。

2. 逐帧动画在时间轴上的表现形式

逐帧动画在时间轴上表现为连续出现的关键帧，如图 9.11 所示。

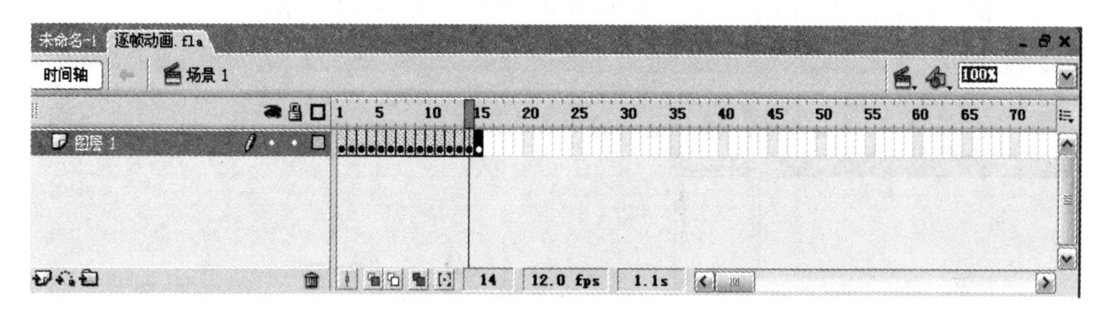

图 9.11　逐帧动画在时间轴上的表现形式

3. 创建逐帧动画的几种方法

1）用导入的静态图片建立逐帧动画

把 jpg、png 等格式的静态图片连续导入 Flash 中，就会建立一段逐帧动画。

2）绘制矢量逐帧动画

用鼠标或压感笔在场景中一帧一帧地画出帧内容。

3）文字逐帧动画

用文字作帧中的元件，实现文字跳跃、旋转等特效。

4）导入序列图像

可以导入 gif 序列图像、swf 动画文件，或者利用第 3 方软件（如 swish、swift 3D 等）产生的动画序列。

> **实例 9.1：** 跑动的马儿
>
> 初步掌握了制作逐帧动画的原理和方法，下面以制作“跑动的马儿”动画为例，体会一下逐帧动画的奇妙。

操作方法：

（1）创建影片文档。单击【文件】→【新建】选项，在弹出的面板中选择【常规】→【Flash 文档】选项后，单击【确定】按钮，新建一个影片文档，在【属性】面板上设置文件大小为 640 ×480 像素。

（2）选中图层 1 的第 1 帧，单击【文件】→【导入】→【导入到舞台】选项，在弹出的对话框中选中“奔跑的马儿”系列图片，并单击【打开】按钮。此时，会弹出一个对话框，如图 9.12 所示。如果选【是】，则一次就会把所有图像导入进去，选择【否】，只能导入当前选定的这张图像。建议第一次做的时候选择【否】，这样能够充分理解制作逐帧动画的过程。这里选择【否】。

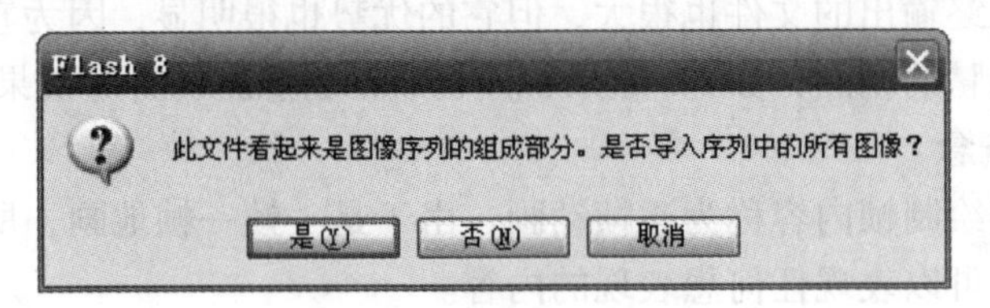

图 9.12　系列图片导入

（3）依次在第 2 ~ 8 帧位置，导入第 2 ~ 8 张图片，如图 9.13 所示。

图 9.13　导入序列图像

（4）测试存盘。单击【控制】→【测试影片】选项，可以看到动画播放的效果。单击【文件】→【保存】选项，在【另存为】对话框中将文件命名为“奔跑的马儿”，格式设置为“.fla”，并单击【保存】按钮。

9.3.2　形状补间动画

形状补间动画是Flash中非常重要的表现手法之一，运用它可以变幻出各种奇妙、不可思议的变形效果。形状补间动画可以实现两个图形之间颜色、形状、大小、位置的相互变化，其变形的灵活性介于逐帧动画和动作补间动画之间，使用的元素多为用工具或压感笔绘制出的形状。如果使用图形元件、按钮、文字，则须先打散再变形。

1. 形状补间动画的概念

在Flash 8的时间轴面板上，在一个时间点（关键帧）绘制一个形状，然后在另一个时间点更改该形状或绘制另一个形状，Flash根据二者之间的帧的值或形状来创建的动画就称为形状补间动画。

2. 形状补间动画在时间轴面板上的表现

形状补间动画创建好后，时间轴面板上的帧的背景色变为淡绿色，在起始帧和结束帧之间有一个长长的箭头，如图9.14所示。

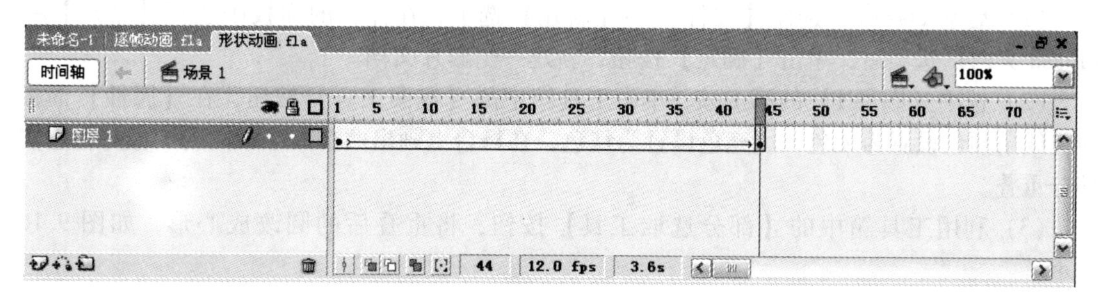

图9.14　形状补间动画在时间轴面板上的标记

3. 创建形状补间动画的方法

在时间轴面板上动画开始播放的地方创建或选择一个关键帧并设置要开始变形的形状（一般一帧中以一个对象为好），在动画结束处创建或选择一个关键帧并设置要变成的形状，再单击开始帧，然后单击【属性】选项卡中的【补间】下三角按钮，在弹出的列表中选择【形状】选项，此时一个形状补间动画就创建完毕。

4. 认识形状补间动画的属性面板

Flash的属性面板随鼠标选定的对象不同而发生相应的变化。当建立了一个形状补间动画后，单击时间轴上的某一帧，就会显示如图9.15所示的属性面板。

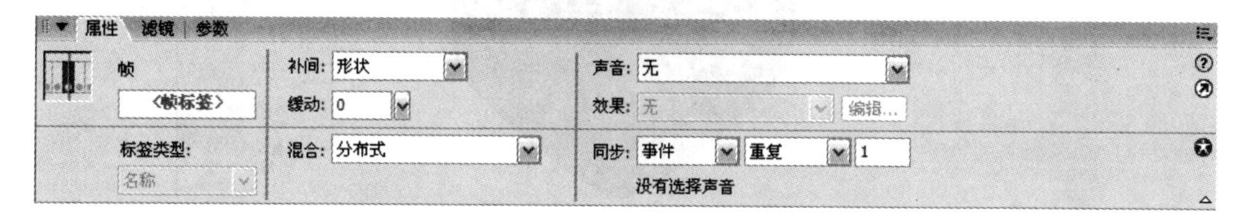

图9.15　形状补间动画的属性面板

形状补间动画的属性面板上只有以下两个参数。

1）缓动

在【缓动】文本框右边有个滑动拉杆按钮，单击后上下拉动滑杆或在文本框中填入具体的数值，形状补间动画会随之发生相应的变化。在 1 到 -100 的负值之间，动画运动的速度从慢到快，朝运动结束的方向加速补间；在 1 到 100 的正值之间，动画运动的速度从快到慢，朝运动结束的方向减速补间。默认情况下，补间帧之间的变化速率是不变的。

2）混合

【混合】下拉列表中有两个选项供选择：【角形】选项，创建的动画中间形状会保留有明显的角和直线，适合于具有锐化转角和直线的混合形状；【分布式】选项，创建的动画中间形状比较平滑和不规则。

实例 9.2：跳动的心

在了解了形状补间动画的相关知识的基础上，下面以制作“跳动的心”动画为例，体会一下形状补间动画的奇妙。

操作方法：

（1）启动 Flash 8，选择【文件】→【新建】选项，在弹出的面板中选择【常规】→【Flash 文档】选项后，单击【确定】按钮，新建一个影片文档。

（2）选中【图层 1】的第 1 帧，单击工具箱中的【椭圆工具】按钮，在【属性】面板中将线条颜色设置为无色，填充色设置为红色，在舞台上画出两个大小相同的圆，并将它们部分重叠。

（3）利用工具箱中的【部分选取工具】按钮，将重叠后的圆改成心形，如图 9.16 所示。

图 9.16　起始帧形状

（4）在图层 1 的第 20 帧处按 F6 键，插入一个关键帧，再利用工具箱中的【任意变形工具】按钮将心形缩小一定比例，如图 9.17 所示。

图 9.17　结束帧形状

（5）用鼠标选中第 1 帧，单击属性面板上的【补间】下三角按钮，选择【形状】选项，创建形状补间动画。

（6）按 Ctrl + S 组合键保存动画，按 Ctrl + Enter 组合键观看动画效果。

9.3.3　动作补间动画

动作补间动画也是 Flash 中非常重要的表现手段之一，与形状补间动画不同，构成动作补间动画的元素是元件或组合体，包括影片剪辑、图形元件、按钮等。除了元件，其他元素都不能创建动作补间动画，也就是说其他的位图、文本等都必须转换成元件，或把形状组合后才可以做动作补间动画。

1. 动作补间动画的概念

在 Flash 8 的时间轴面板上，在一个时间点（关键帧）放置一个元件，然后在另一个时间点改变这个元件的大小、颜色、位置、透明度等，Flash 根据二者之间的帧的值创建的动画称为动作补间动画。

2. 动作补间动画在时间轴面板上的表现

动作补间动画建立后，时间轴面板的背景色变为淡紫色，在起始帧和结束帧之间有一个长长的箭头，如图 9.18 所示。

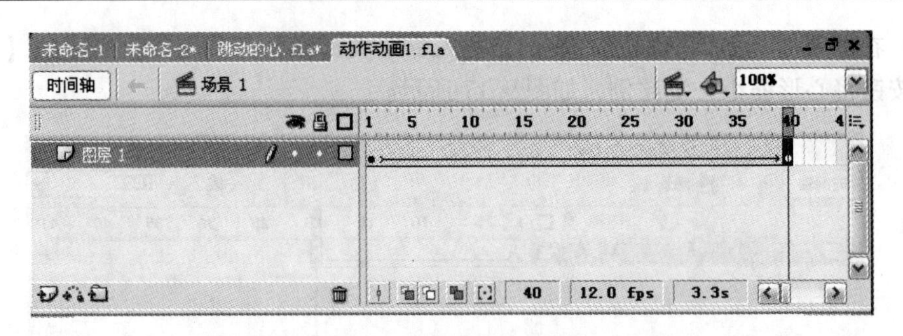

图 9.18 动作补间动画在时间轴面板上的表现

3. 创建动作补间动画的方法

在时间轴面板上动画开始播放的地方创建或选择一个关键帧并设置一个元件，一帧中只能放一个项目，在动画要结束的地方创建或选择一个关键帧并设置该元件的属性，再单击开始帧，在属性面板上单击【补间】下三角按钮，在弹出的列表中选择【动画】选项，或右击关键帧，在弹出的快捷菜单中选择【创建补间动画】选项，就建立了动作补间动画。

4. 认识动作补间动画的属性面板

单击时间轴上动作补间动画的起始帧，就会显示如图 9. 19 所示的属性面板。

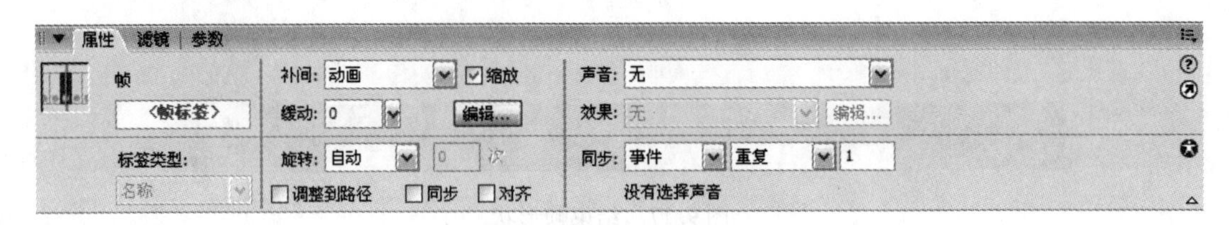

图 9. 19 动作补间动画的属性面板

下面介绍动作补间动画的属性面板上的一些参数。

1）缓动

在【缓动】右边有个滑动拉杆按钮，单击后上下拉动滑杆或在文本框中填入具体的数值，动作补间动画会随之做出相应的变化。在 1 到 －100 的负值之间，动画运动的速度从慢到快，朝运动结束的方向加速补间；在 1 到 100 的正值之间，动画运动的速度从快到慢，朝运动结束的方向减速补间。默认情况下，补间帧之间的变化速率是不变的。

2）旋转

【旋转】下拉列表中有四个选项，选择【无】（默认设置）禁止元件旋转；选择【自动】可以使元件在需要最小动作的方向上旋转对象一次；选择【顺时针】（CW）或【逆时针】（CCW），并在后面输入数字，可使元件在运动时顺时针或逆时针旋转相应的圈数。

3）【调整到路径】复选框

将补间元素的基线调整到运动路径，此项功能主要用于引导线运动。

4）【同步】复选框

使图形元件的动画和主时间轴同步。

5）【对齐】复选框

可以根据注册点将补间元素附加到运动路径上，此项功能也主要用于引导线运动。

实例9.3：弹性小球

在了解了动作补间动画的相关知识的基础上，下面以制作“弹性小球”动画为例，让我们体会动作补间动画的奇妙。

操作方法：

（1）启动Flash 8，选择【文件】→【新建】选项，在弹出的对话框中选择【常规】选项卡下的【Flash文档】选项，单击【确定】按钮，新建一个影片文档。

（2）选择【插入】→【新建元件】选项，弹出【创建新元件】对话框，在【名称】文本框中输入“小球”，在【类型】选项区中选中【图形】单选项，单击【确定】按钮，进入该元件的编辑窗口。

（3）单击工具箱中的【椭圆工具】按钮，在属性面板中设置笔触颜色为“无”，填充颜色为“红色至黑色”的放射状渐变色，按住Shift键，在舞台上绘制一个圆形，如图9.20所示。

（4）单击【场景1】链接，返回到主场景。

（5）选择【窗口】→【库】选项，打开库面板，如图9.21所示。

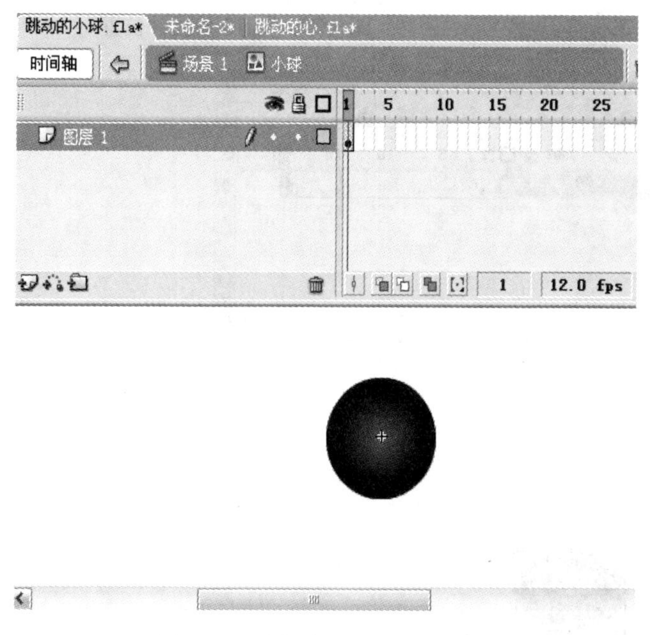

图9.20 在舞台绘制一个圆元件

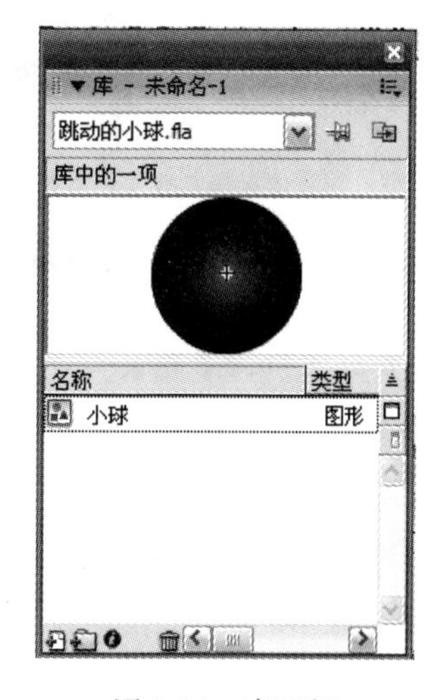

图9.21 库面板

（6）选中图层1的第1帧，从库面板拖动圆元件到如图9.22所示的位置。

（7）选中第15帧，按F6键，插入关键帧，并将该帧中的球体向下移动一段距离，如图9.23所示。

（8）选中第20帧，按F6键，插入关键帧，然后使用任意变形工具将该帧中的球体压扁，做出球体落地后变形的效果，如图9.24所示。

（9）选中第30帧，按F6键，插入关键帧，然后将该帧中的球体向上移动一段距离，并恢复球体为原来的形状，如图9.25所示。

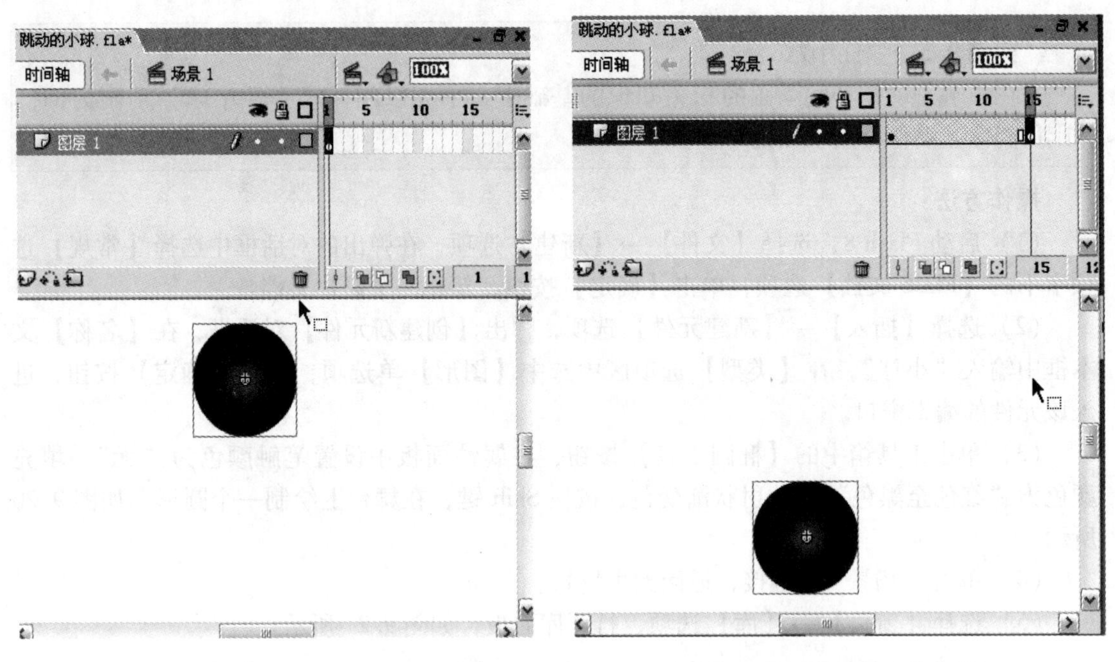

图 9.22　第 1 帧元件位置　　　　图 9.23　第 15 帧元件位置

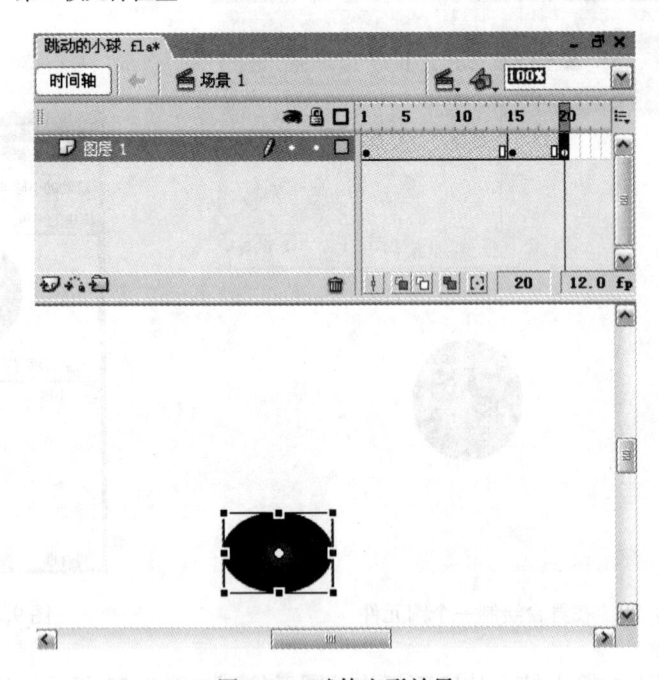

图 9.24　球体变形效果

（10）选中第 1 ~ 14 帧之间的任意一帧，选择属性面板中【补间】下拉列表中的【动画】选项，创建动作补间动画。此时，在两个关键帧之间将出现一条带箭头的直线，并且帧的背景变为淡紫色。

（11）按第（10）步的方法，在第 15 ~ 19 帧和第 20 ~ 29 帧之间创建动作补间动画，如图 9.26 所示。

（12）按 Ctrl + Enter 组合键，预览动画的效果。

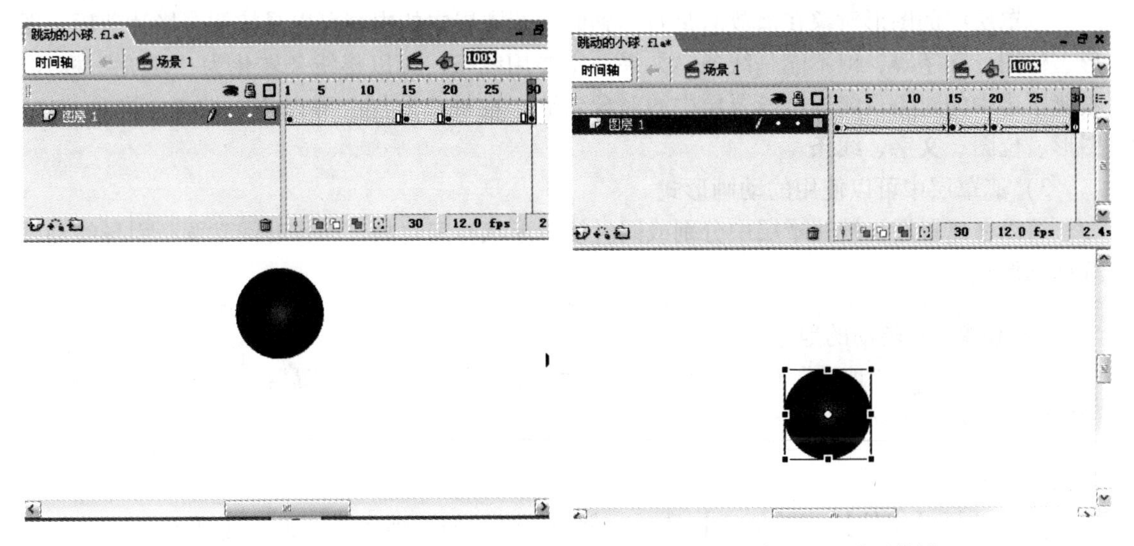

图 9.25　球体复原　　　　图 9.26　动画效果

9.3.4　遮罩动画

在 Flash 8 的作品中，我们常常看到很多眩目神奇的效果，其中有很多是用最简单的"遮罩"完成的，如水波、万花筒、百叶窗、放大镜、望远镜等。遮罩层就像是一张不透明的纸，遮罩层中的对象就像是纸上的洞，只有通过这个洞才能看到下面的对象。

1. 遮罩动画的概念

遮罩，顾名思义就是遮挡住下面的对象。在 Flash 8 中，遮罩动画是通过遮罩层来达到有选择地显示位于其下方的被遮罩层中的内容的目的的。在一个遮罩动画中，遮罩层只有一个，而被遮罩层可以有任意多个。

2. 创建遮罩的方法

1）创建遮罩层

在 Flash 8 中，没有一个专门的按钮来创建遮罩层，遮罩层其实是由普通图层转化而来的。可在要创建的图层上右击，在弹出的菜单中选择【遮罩层】选项，该图层就会变成遮罩层，层图标也会从普通层图标变为遮罩层图标，而且系统会自动把遮罩层下面的一层关联为被遮罩层。如果要关联更多的被遮罩层，只需把这些层拖到被遮罩层下面即可，如图 9.27 所示。

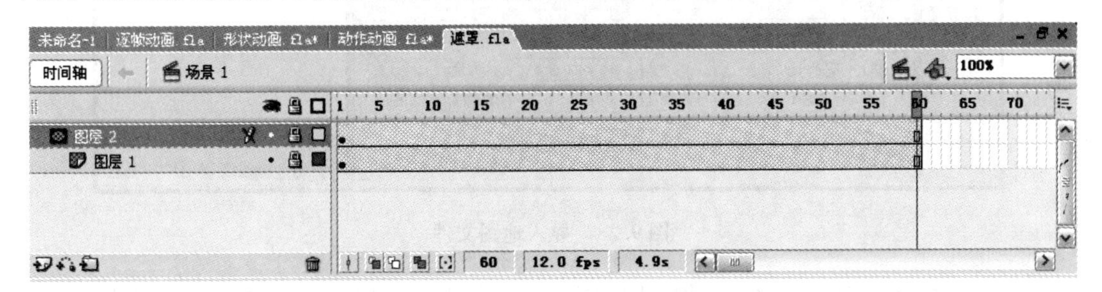

图 9.27　遮罩层

2）构成遮罩层和被遮罩层的元素

遮罩层中的图形对象在播放时是看不到的，遮罩层中的内容可以是按钮、影片剪辑、图形、位图、文字等，但不能是线条，如果一定要用线条，可以将线条转化为“填充”模式。被遮罩层中的对象只能透过遮罩层中的对象看到。在被遮罩层，可以使用按钮、影片剪辑、图形、位图、文字、线条。

3）遮罩层中可以使用的动画形式

可以在遮罩层、被遮罩层中分别或同时使用形状补间动画、动作补间动画、引导线动画等动画形式。

实例9.4：转动的地球

用一幅名为“地图”（JPG格式）的平面地图图片，利用遮罩层制作一个地球转动的效果，保存并命名为“转动的地球”。

操作方法：

（1）选择【文件】→【新建】选项，创建一个新的动画文件。选择【插入】→【新建元件】选项，创建影片剪辑元件，元件名称命名为“转动的地球”。

（2）选择【文件】→【导入】→【导入到舞台】选项，将“地图.JPG”图片文件导入到库中，如图9.28所示。

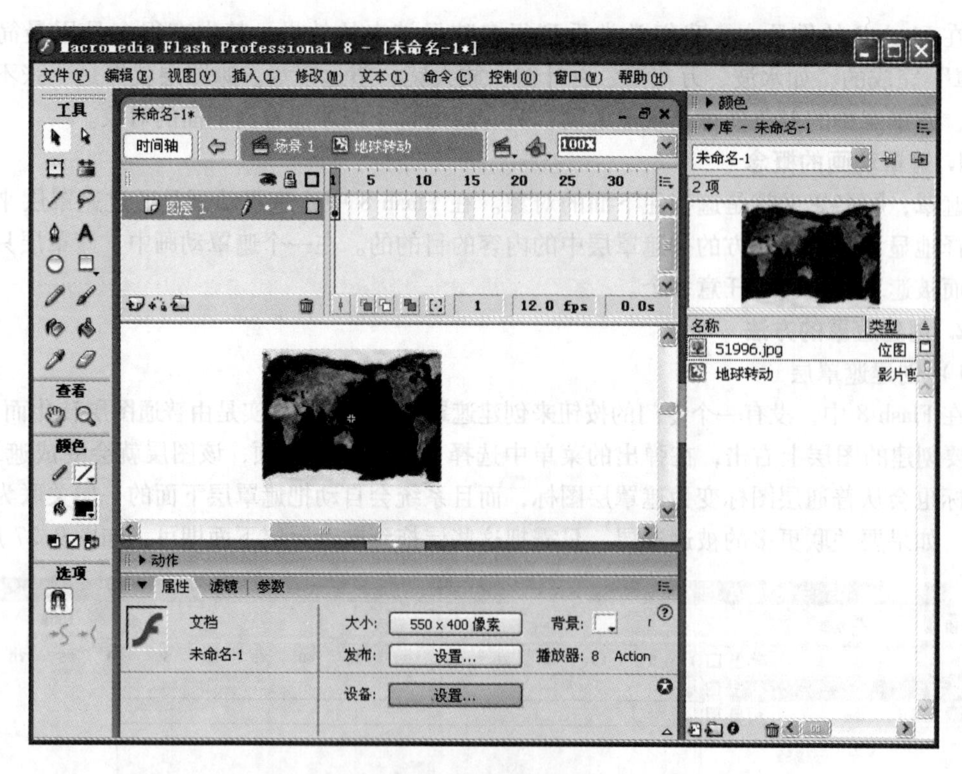

图9.28 导入地图文件

（3）按住Ctrl键，用鼠标拖动导入的图片，复制出另一幅图片，调整两幅图片的位置，并将复制的图片和原来的图片连接起来，如图9.29所示。

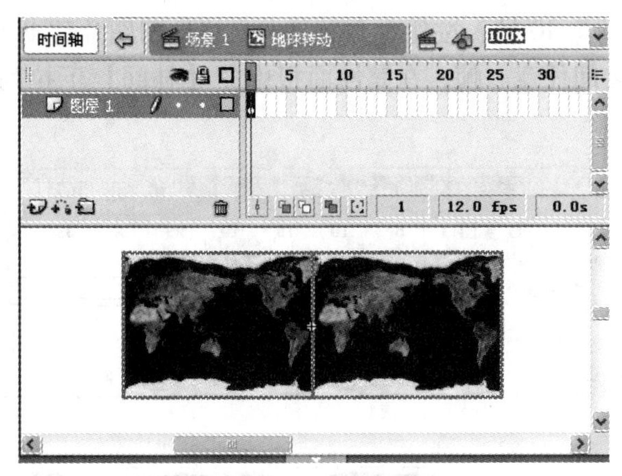

图 9.29　复制地图图像

（4）选中两个图片，按 Ctrl + G 组合键将它们组合起来。

（5）插入一个新图层——图层 2，选中这个图层，并单击工具箱中的【椭圆工具】按钮，在舞台绘制一个正圆，如图 9.30 所示，并设置其大小和位置。

图 9.30　绘制圆形

（6）用鼠标双击圆，选中整个圆，按 Ctrl + G 组合键将它组合起来，然后在图层 2 的第 40 帧处按 F5 键插入关键帧，在图层 1 的第 40 帧处按 F6 键插入帧，如图 9.31 所示。

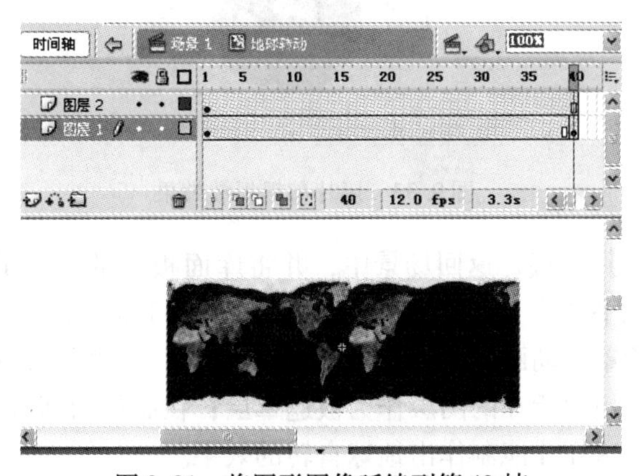

图 9.31　将图形图像延续到第 40 帧

（7）选中图层1的第40帧，按住右方向键→，将地图图片移动到圆的右侧，然后选中图层1的第1~40帧之间任意一帧，在属性面板中的【补间】下拉列表中选择【动画】选项，如图9.32所示。

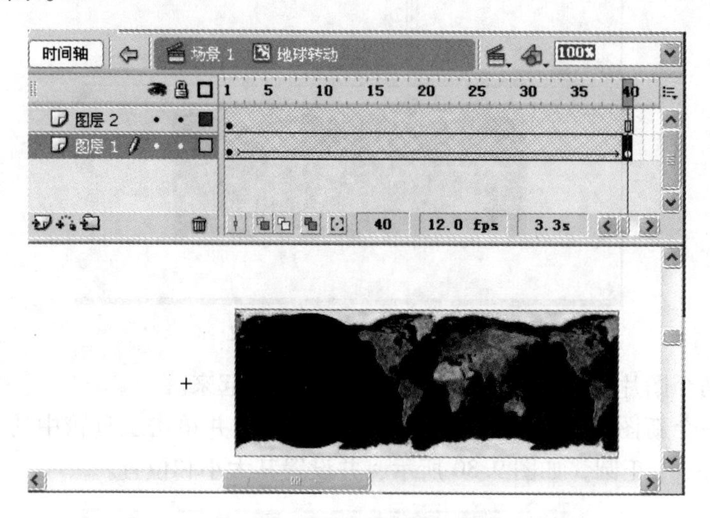

图9.32 将地图移到圆的右侧

（8）在图层2上右击，在弹出的快捷菜单中选择【遮罩层】选项，然后用鼠标单击第1帧，按Enter键，预览动画的播放过程，如图9.33所示，这时就会看到一个地球转动的动画效果。

图9.33 影片剪辑播放效果

（9）单击【场景1】链接，返回场景中，并将库面板中的影片剪辑文件拖动到舞台中央；单击【文件】→【保存】按钮，保存文件，按Ctrl+Enter组合键，预览动画的效果。

技巧解析：制作遮罩层动画的关键是确定哪个是遮罩层，哪个是被遮罩层。本例中圆所在的图层作为遮罩层，地图所在的图层作为被遮罩层；在制作动画时必须让圆的位置保持不动，地图图片做运动，这样才能制作出地球自转的效果。

9.4 声音和视频

9.4.1 声音

Flash 提供了许多使用声音的方式：可以使声音独立于时间轴连续播放，或使动画与一个声音同步播放，还可以向按钮添加声音，使按钮具有更强的感染力，另外通过设置淡入淡出效果还可以使声音更加优美。由此可见，Flash 对声音的支持已经由先前的实用，转到了现在的既实用又追求美的阶段。

1. 将声音导入 Flash

只有将外部的声音文件导入到 Flash 中，才能在 Flash 作品中加入声音效果。可直接导入 Flash 的声音文件，主要有 WAV 和 MP3 两种格式。另外，如果系统安装了 QuickTime 4 或更高的版本，就可以导入 AIFF 格式和只有声音而无画面的 QuickTime 影片格式文件。

下面介绍在 Flash 8 中如何将声音导入 Flash 动画中。

（1）按前面方法新建一个 Flash 影片文档或者打开一个已有的 Flash 影片文档。

（2）单击【文件】→【导入】→【导入到库】选项，弹出【导入到库】对话框，在该对话框中，选择要导入的声音文件，单击【打开】按钮，将声音导入。

（3）声音导入后，就可以在库面板中看到刚导入的声音文件了，也就可以像使用元件一样使用声音对象了。

2. 引用声音

将声音从外部导入到 Flash 以后，时间轴并没有发生任何变化，而必须引用声音文件，声音对象才能出现在时间轴上，才能进一步应用声音。将库面板中的声音对象拖动到场景中，这时会发现时间轴上图层 1 的第 1 帧出现一条短线，这其实就是声音对象的波形起始点，任意选择其后面的某一帧，比如第 30 帧，按下 F5 键，就可以看到声音对象的波形，这说明已经将声音引用到图层上了。这时，按一下键盘上的回车键，就可以听到声音，如果想听到效果更为完整的声音，可以按 Ctrl + Enter 组合键。

3. 声音属性设置和编辑

选择图层 1 的第 1 帧，打开窗口下方的属性面板，可以发现，属性面板中有很多设置和编辑声音对象的参数，可根据需要来设置。

9.4.2 视频

Flash 从 Flash MX 版本就开始全面支持视频文件的导入和处理功能。Flash 视频具备创造性的技术优势，允许把视频、数据、图形、声音和交互式控制融为一体，从而创造出引人入胜的丰富体验。Flash 中支持 MPEG、DV、MOV、QuickTime 和 VAL 等多种格式的视频文件。

下面通过实际操作介绍将视频剪辑导入到 Flash 8 中的嵌入文件的方法，以此来了解在 Flash 8 中插入视频文件的操作步骤。

（1）按照前面的方法新建一个 Flash 8 影片文档。

（2）选择【文件】→【导入】→【导入视频】选项，弹出【导入视频】向导窗口。

（3）在【文件路径】文本框中输入要导入的视频文件的本地路径和文件名，或者单击后面的【浏览】按钮，弹出【打开】对话框，在其中选择要导入的视频文件，再单击【打开】按钮，这时【文件路径】文本框中会自动出现要导入的视频文件路径。

（4）单击【下一个】按钮，弹出【部署】向导窗口，选中【您希望如何部署视频?】区域中的【在 SWF 中嵌入视频并在时间轴上播放】单选项。选择这种方式，视频文件将直接嵌入到影片中。

（5）单击【下一个】按钮，弹出【嵌入】向导窗口。在这个向导窗口中，【符号类型】下拉列表中包括【嵌入的视频】【影片剪辑】【图形】三个选项，这里保持默认设置。

（6）单击【下一个】按钮，弹出【编码】向导窗口。在这个窗口中，有一个【请选择一个 Flash 视频编码配置文件】下拉列表框，在其中可以选择一个视频编码配置文件。另外，单击【显示高级设置】按钮，可以更进一步地设置视频编码配置，这里保持默认设置。

（7）单击【下一个】按钮，弹出【完成视频导入】向导窗口，该窗口会显示一些提示信息，直接单击【结束】按钮，将弹出【导入进度】窗口，进度完成以后，视频就被导入到了舞台上，按 Enter 键可以播放视频效果。

9.5 Flash 8 动画的导出与发布

9.5.1 Flash 8 动画的导出

导出 Flash 动画是为了产生单独格式的 Flash 作品，这样方便观赏者观看。导出的 Flash 动画主要包括图像和影片两种类型。

1. 导出图像

将动画中的某个图像导出并存储为图片格式，可以作为制作其他动画的素材。导出动画文件的具体操作步骤如下。

（1）打开 Flash 动画文件，选中某帧或场景中要导出的某个图像。

（2）选择【文件】→【导出】→【导出图像】选项，打开【导出图像】对话框。

（3）在该对话框的【保存在】下拉列表框中指定文件要导出的路径，在【文件名】文本框中输入文件名称，在【保存类型】下拉列表框中选择图像保存的类型。

（4）单击【保存】按钮即可。

2. 导出影片

将 Flash 动画以影片的形式导出，可以应用到其他领域。导出影片文件的具体操作步骤如下。

（1）打开要导出的 Flash 动画。

（2）选择【文件】→【导出】→【导出影片】选项，打开【导出影片】对话框。

（3）在该对话框的【保存在】下拉列表框中指定文件要导出的路径，在【文件名】文本框中输入文件名称，在【保存类型】下拉列表框中选择影片保存的类型，在此选择【Flash 影片（*.swf）】选项。

（4）单击【保存】按钮即可。

9.5.2 Flash 8 动画的发布

为了 Flash 作品的推广和传播，还需要将制作的 Flash 动画文件进行发布。

1. 设置发布格式

在 Flash 8 的【发布设置】对话框中可以对动画发布格式等进行设置，还能将动画发布为其他的图形文件和视频文件格式，具体的设置方法如下。

（1）选择【文件】→【发布设置】选项，即可打开【发布设置】对话框。

（2）在该对话框中单击【Flash】选项卡，对 Flash 格式文件进行设置。

（3）完成 Flash 格式设置后，在【发布设置】对话框中单击【HTML】选项卡，对 HTML 格式文件进行相应设置。

（4）完成上面两个选项卡的设置后，单击【确定】按钮即可。

2. 预览发布效果

完成动画的发布格式设置后，还需要对动画格式进行预览，具体操作步骤如下：选择【文件】→【发布预览】选项，系统将弹出子菜单，在该子菜单中选择一种要预览的文件格式，即可在动画预览界面中看到该动画发布后的效果。

3. 发布 Flash 作品

按 Shift + F12 组合键，选择【文件】→【发布】选项或在发布设置完毕后，单击【发布】按钮等这几种方法都可以完成动画的发布。

9.6 Flash 8 动画的应用

随着 Flash 功能的不断增强，Flash 被越来越多的领域所应用，目前 Flash 的应用领域主要有以下几个方面。

网络动画：由于 Flash 对矢量图的应用和对视频、声音的良好支持，以及以流媒体的形式进行播放等特点，使其能够在文件容量不大的情况下实现多媒体的播放，而用 Flash 制作的作品非常适合网络环境下的传输，也使 Flash 成为网络动画的重要制作工具之一。

网页广告：一般的网页广告都具有短小、精悍、表现力强等特点，而 Flash 恰到好处地满足了这些要求，因此 Flash 在网页广告的制作中得到广泛的应用。

动态网页：Flash 具备的交互功能使用户可以配合其他工具软件制作出各种形式的动态网页。

在线游戏：Flash 中的 Actions 语句可以编制一些游戏程序，再配合以 Flash 的交互功能，能使用户通过网络进行在线游戏。

多媒体课件：Flash 素材的获取方法有很多，可为多媒体教学提供更易操作的平台，目前已被越来越多的教师和学生所熟识。

评价单

<table>
<tr><td>项目名称</td><td colspan="5">Flash动画应用</td><td>完成日期</td><td></td></tr>
<tr><td>班级</td><td colspan="2"></td><td>小组</td><td colspan="2"></td><td>姓名</td><td></td></tr>
<tr><td>学号</td><td colspan="4"></td><td colspan="2">组长签字</td><td></td></tr>
<tr><td colspan="2">评价内容</td><td colspan="3">分值</td><td colspan="2">学生评价</td><td>教师评价</td></tr>
<tr><td colspan="2">Flash工作界面的熟悉程度</td><td colspan="3">5</td><td colspan="2"></td><td></td></tr>
<tr><td colspan="2">对帧的基本操作的熟练程度</td><td colspan="3">5</td><td colspan="2"></td><td></td></tr>
<tr><td colspan="2">影片的导出与发布情况</td><td colspan="3">5</td><td colspan="2"></td><td></td></tr>
<tr><td colspan="2">逐帧动画完成整体效果</td><td colspan="3">15</td><td colspan="2"></td><td></td></tr>
<tr><td colspan="2">形状补间动画完成整体效果</td><td colspan="3">15</td><td colspan="2"></td><td></td></tr>
<tr><td colspan="2">动作补间动画完成整体效果</td><td colspan="3">15</td><td colspan="2"></td><td></td></tr>
<tr><td colspan="2">遮罩动画完成整体效果</td><td colspan="3">15</td><td colspan="2"></td><td></td></tr>
<tr><td colspan="2">整体布局是否合理</td><td colspan="3">5</td><td colspan="2"></td><td></td></tr>
<tr><td colspan="2">态度是否认真</td><td colspan="3">10</td><td colspan="2"></td><td></td></tr>
<tr><td colspan="2">与小组成员的合作情况</td><td colspan="3">10</td><td colspan="2"></td><td></td></tr>
<tr><td colspan="2">总分</td><td colspan="3">100</td><td colspan="2"></td><td></td></tr>
<tr><td>学生得分</td><td colspan="7"></td></tr>
<tr><td>自我总结</td><td colspan="7"></td></tr>
<tr><td>教师评语</td><td colspan="7"></td></tr>
</table>

知识点强化与巩固

简答题

1. Flash 8 的窗口主要由哪几部分组成?
2. 选择工具是工具箱中最常用的工具，它具有哪些功能?
3. 任意变形工具可对图形进行哪些操作?
4. 在制作 Flash 动画的过程中，图层的作用是什么?
5. 如何使用椭圆工具绘制一个空心的椭圆，具体应该怎样操作?
6. 在 Flash 8 中，元件有几种? 各有什么特点?
7. 逐帧动画的含义是什么?
8. 创建形状动画的具体操作是什么?
9. 引导动画和遮罩动画的制作原理各是什么?
10. 简述导出动画文件的过程。

项目二　3ds Max 应用

知识点提要

1. 3ds Max 2010 的硬件要求
2. 3ds Max 2010 的启动与退出
3. 3ds Max 2010 文件的打开与保存
4. 3ds Max 2010 的界面分布
5. 3ds Max 2010 视图区常用操作
6. 3ds Max 2010 的内置几何体建模
7. 使用 3ds Max 2010 将二维图形对象生成三维模型
8. 3ds Max 2010 的常用复合建模
9. 3ds Max 2010 的材质与贴图
10. 3ds Max 2010 的灯光与摄影机
11. 使用 3ds Max 2010 生成动画

任务单

任务名称	三维建模	学　　时	4学时
知识目标	1. 熟悉3ds Max界面。 2. 掌握视图基本操作。 3. 掌握常用工具的使用。 4. 掌握基础建模的操作。 5. 会制作简单的三维模型。		
能力目标	1. 能够用3ds Max进行简单的基础建模操作。 2. 能生成简单的动画。 3. 具有沟通、协作能力。		
任务描述	1. 按照“资料卡及实例”中实例9.5的步骤，制作一个安卓机器人，文件名为“安卓机器人”，保存位置为桌面上“学号+姓名”的文件夹内。 2. 按照“资料卡及实例”中实例9.6的步骤，制作一个公园休息凳，文件名为“休息凳”，保存位置为桌面上“学号+姓名”的文件夹内。		
任务要求	1. 仔细阅读任务描述中的设计要求，认真完成任务。 2. 上交电子作品。 3. 小组间互相共享有效资源。		

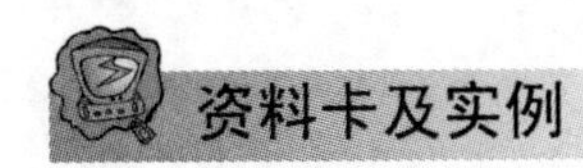

9.7 3ds Max 概述

3ds Max 由 Autodesk 公司推出，是一个基于 Windows 操作平台的优秀三维动画制作软件，因其涉及范围广、功能强大、易于操作等特点，深受广大用户的喜爱。3ds Max 自 1996 年正式面世以来已经荣获了近百项行业大奖，获得了业内人士的诸多好评。虽然取得了如此辉煌的成就，Autodesk 公司并没有因此而止步不前，该公司于 2009 年推出了 3ds Max 的第 12 个版本——3ds Max 2010 和同胞软件 3ds Max Design 2010，虽然这两个同胞软件在技术上几乎完全相同，但它们各具特色。3ds Max 2010 更适合于角色搭建、灯光、纹理和动画等领域工作的需要；3ds Max Design 2010 更适合于建筑、土木工程、工业和制造业等领域工作的需要。用户可以根据实际工作的需要选择其中任意一款。对于普通用户来说，无论使用哪一款都可以满足日常工作的需要。

9.7.1 3ds Max 2010 的硬件要求

3ds Max 2010 分为 32 位和 64 位两种，分别对应 32 位和 64 位的操作系统。下面介绍 3ds Max 的官方推荐配置。

1. 3ds Max 软件的 32 位版本的基本要求

操作系统：Microsoft Windows XP Professional 操作系统或更高版本，如 Microsoft Windows 7 Professional 32 位操作系统。

CPU：英特尔奔腾 4 或更高版本，AMD Athlon 64 或更高版本，以及 AMD 皓龙处理器。

内存：1GB（推荐 2GB）。

交换空间：1GB（推荐 2GB）。

可用硬盘空间：2GB。

显卡：Direct3D 10、Direct3 D9 或 OpenGL，显存达到 128 MB 或更高。

鼠标：三键鼠标和鼠标驱动程序软件。

光驱：DVD - ROM 光驱。

浏览器：Microsoft Internet Explorer 6 或更高版本的浏览器。

2. 3ds Max 软件 64 位版本的基本要求

操作系统：Microsoft Windows XP Professional 64 位操作系统或更高版本，如 Microsoft Windows 7 Professional 64 位操作系统。

CPU：Intel EM64T、AMD Athlon 64 或更高版本、AMD 皓龙处理器。

内存：1 GB（推荐 2 GB）。

交换空间：1 GB（推荐 2 GB）。

可用硬盘空间：2 GB。

显卡：Direct3D 10、Direct3D 9 或 OpenGL，显存达到 128 MB 或更高。

鼠标：三键鼠标和鼠标驱动程序软件。

光驱：DVD - ROM 光驱。

浏览器：Microsoft Internet Explorer 6 或更高版本的浏览器。

9.7.2 3ds Max 的启动与退出

3ds Max 2010 分为中文版和英文版，这里以 Windows 7 安装的3ds Max 2010 32 位版本为例进行介绍。

1. 启动3ds Max 中文版

双击桌面上的应用程序图标即可启动3ds Max 中文版，如图9.34 所示。

2. 退出3ds Max 中文版

方法一：单击窗口左上角的应用程序图标按钮，在弹出的下拉菜单中单击右下角的【退出3ds Max】按钮，如图9.35 所示。

图9.34 3ds Max 图标

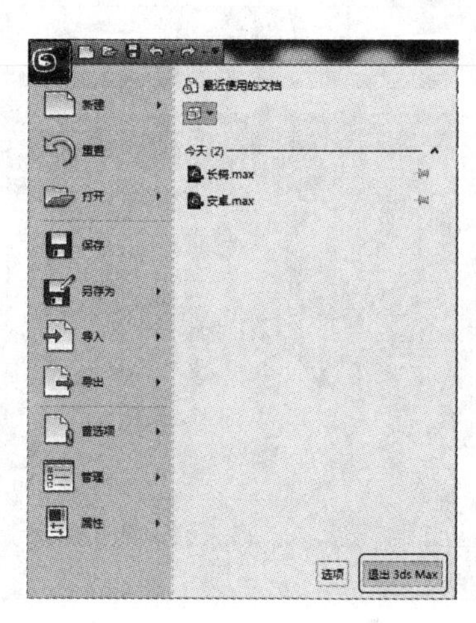

图9.35 3ds Max 应用程序菜单

方法二：单击3ds Max 程序窗口右上角的【关闭】按钮。

9.7.3 3ds Max 文件的打开与保存

用户可以使用多种方式打开和保存3ds Max 文件。

1. 3ds Max 文件的打开

使用【打开】命令可以从【打开文件】对话框中加载场景文件、角色文件或 VIZ 渲染文件到场景中。

方法一：按 Ctrl + O 组合键，弹出【打开文件】对话框，从中寻找需要的路径和文件，双击该文件即可。

方法二：单击3ds Max 快捷工具栏中的【打开】按钮，其他操作同方法一。

2. 3ds Max 文件的保存

1）保存

使用“保存”命令可以覆盖上次保存的场景文件。如果是第一次保存场景，则此命令的工作方式与“另存为”命令相同。

（1）单击3ds Max 快捷工具栏中的【保存】按钮。

（2）单击应用程序按钮，在弹出的应用程序菜单中选择【保存】选项。

2）另存为

单击应用程序按钮，在弹出的下拉菜单中选择【另存为】选项，打开【文件另存为】对话框，选择保存路径，填写文件名称，选择保存类型，单击【保存】按钮。

9.7.4 3ds Max 界面分布

3ds Max 的初识界面如图9.36 所示，主要包括以下几个区域：标题栏、菜单栏、主工具栏、视图区、命令面板、视图控制区、动画控制区、信息提示区与状态栏、时间滑块与轨迹栏。

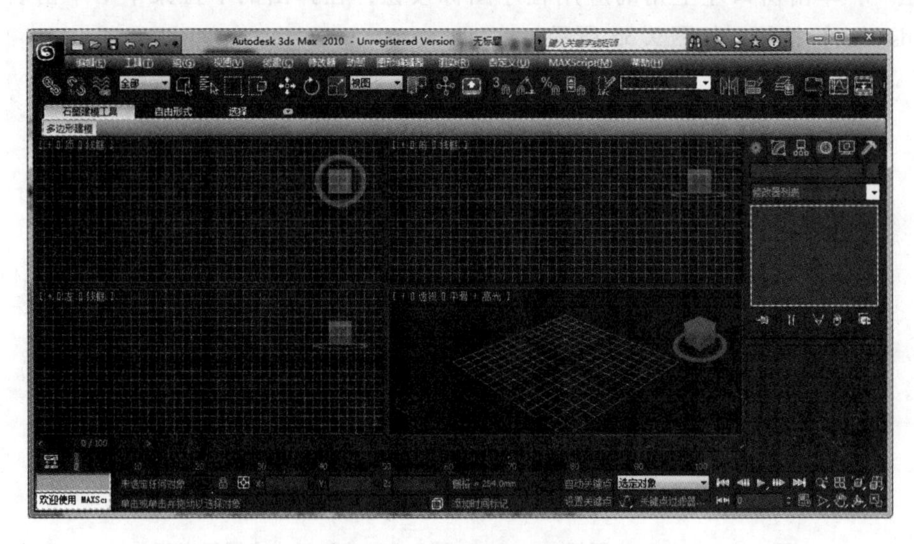

图9.36 3ds Max 初始界面

1. 标题栏

3ds Max 窗口的标题栏用于管理文件和查找信息。

应用程序按钮：单击该按钮可显示文件处理命令的“应用程序”菜单。

快速访问工具栏：主要提供管理场景文件的常用命令。

文档标题栏：用于显示 3ds Max 的文档标题。

2. 菜单栏

3ds Max 菜单栏位于屏幕界面的上方。菜单栏中的大多数命令都可以在相应的命令面板、工具栏或快捷菜单中找到，并且远比在菜单栏中执行命令方便得多。

3. 主工具栏

菜单栏下方即为主工具栏，通过主工具栏可以快速访问 3ds Max 中很多常见任务的工具和对话框，如图9.37 所示。单击【自定义】→【显示】→【显示主工具栏】选项，即可显示或关闭主工具栏，也可以按 Alt +6 组合键进行切换。

4. 视图区

视图区位于界面的正中央，几乎所有的工作都要在此完成。当首次打开 3ds Max 软件中文版时，系统缺省的视图区状态是以 4 个视图的划分方式显示的，分别为顶视图、前视图、

图 9.37 主工具栏

左视图和透视视图。这种视图方式是标准的划分方式，也是比较通用的划分方式，如图 9.38 所示。

5. 命令面板

位于视图区右侧的是命令面板，如图 9.39 所示。命令面板集成了 3ds Max 中大多数的功能与参数控制项目。创建及编辑物体或场景主要通过命令面板进行操作。命令面板中包含创建、修改、层次、运动、显示和实用程序 6 项。

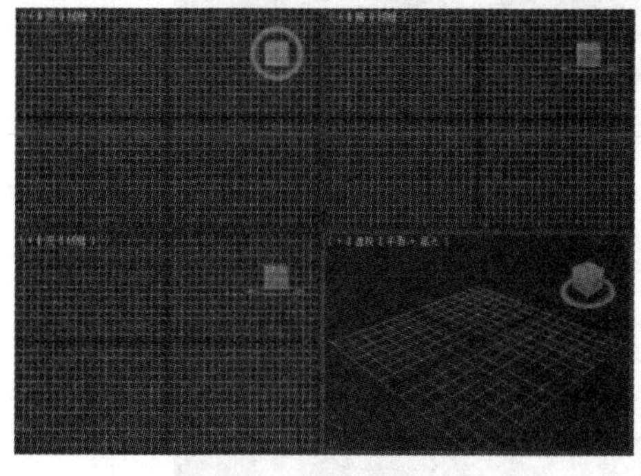

图 9.38 默认视图划分

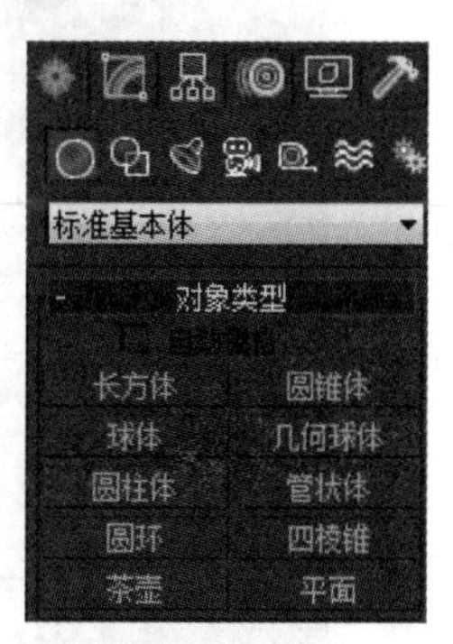

图 9.39 命令面板

6. 视图控制区

该区位于工作界面的右下角，如图 9.40 所示，主要用于调整视图中物体的显示状态，可通过缩放、平移、旋转等操作达到更改观察角度和方式的目的。

7. 动画控制区

该区主要用来控制动画的设置和播放，位于屏幕的下方，如图 9.41 所示。

图 9.40 视图控制区

图 9.41 动画控制区

8. 信息提示区与状态栏

信息提示区与状态栏用于显示 3ds Max 视图中物体的操作效果，如移动、旋转坐标及缩放比例等，如图 9.42 所示。

图 9.42 信息提示区与状态栏

9. 时间滑块与轨迹栏

时间滑块与轨迹栏位于 3ds Max 视图区的下方，用于设置动画，浏览动画，以及设置动画帧数等，如图 9.43 所示。

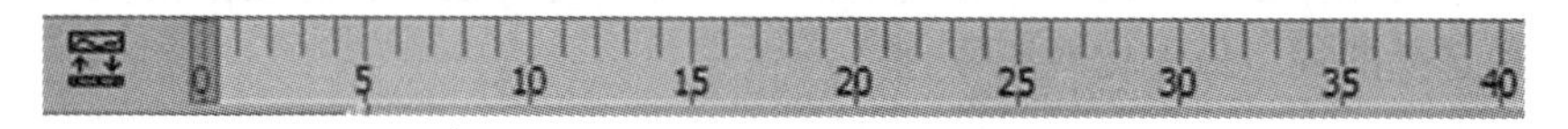

图 9.43 时间滑块与轨迹栏

9.7.5 3ds Max 视图区常用操作

3ds Max 系统中文版默认的 4 个视图中，顶视图、左视图和前视图为正交视图，它们能够准确地表现物体的尺寸及各物体之间的相对关系，而透视图则符合近大远小的透视原理。

1. 激活视口

将鼠标指针放在视图区域内，右击即可激活该视口。被激活的视口边框会显示为黄色，图 9.44 所示为处于激活状态的透视图。在视图区域内，单击左键也可以激活视口，而且同时具有物体的选择等功能。

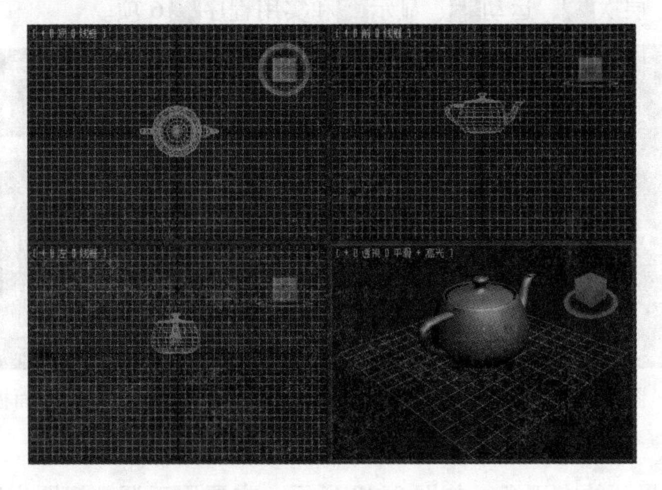

图 9.44 处于激活状态的透视图

2. 转换视口

系统默认的 4 个视口是可以相互转换的，默认的转换快捷键为：T——顶视图，B——底视图，L——左视图，U——用户视图，F——前视图，P——透视图。

3. 视口快捷菜单

用鼠标左键或右键单击视图左上角的三个标识，将弹出相应的快捷菜单，如图 9.45 所示。这些菜单可以改变场景中对象的明暗类型，更改模型的显示方式，更改最大化视图，显示网格，将当前视口改变成其他视口等。

图 9.45 视口快捷菜单

其中一些常用操作也可以使用快捷键实现，如按 G 键可显示和隐藏栅格，按 Alt + W 组合键可将当前选择的视口最大化或还原。

9.7.6 3ds Max 主工具栏常用工具

主工具栏中包含了编辑对象时常用的各种工具，本节将介绍其中的一些工具。

1. 选择对象工具

单击【选择对象】按钮，在任意视口中将指针移到目标对象上，当指针变成小十字形时，单击即可选择该对象。选定的线框对象会变成白色，选定的着色对象其边界框的各角会显示白色边框，效果如图 9.46 所示。

2. 选择并移动工具

单击【选择并移动】按钮（或按 W 键），在选择物体的同时可进行移动操作，移动时根据定义的坐标系和坐标轴方向进行，如图 9.47 所示。如果指针放在操作轴上，指针会变成移动形态，拖动即可沿相应的轴方向移动对象；如果指针放在轴平面上，轴平面会变成黄色，拖动即可在相应平面上移动对象。

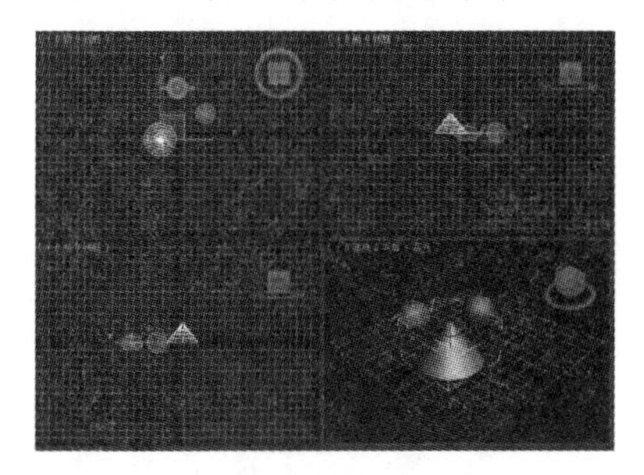

图 9.46　选择状态的对象

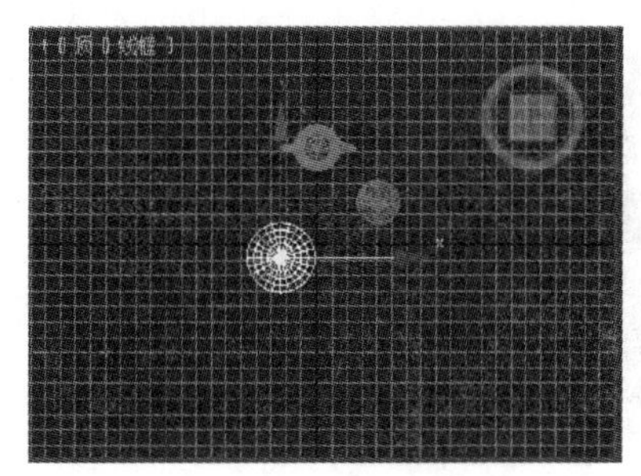

图 9.47　沿 *X* 轴移动对象

3. 选择并旋转工具

单击【选择并旋转】按钮（或按 E 键）可在选择物体的同时进行旋转操作，旋转将根据定义的坐标系和坐标轴方向进行。如图 9.48 所示，当指针放在操纵范围时会变成旋转形态，拖动即可实现相应的旋转操作。红、绿、蓝三种颜色操作轴分别对应 *X*、*Y*、*Z* 三个轴向，当前操纵的轴向显示为黄色。外圈的灰色圆弧表示在当前视图角度的平面上进行旋转。指针在透视图的内圈灰色圆弧范围内拖动时，对象可在三个轴向上任意旋转。

4. 选择并缩放工具

单击【选择并缩放】按钮（或按 R 键），可在选择物体的同时进行缩放操作，缩放将根据定义的坐标系和坐标轴方向进行。如图 9.49 所示，当指针放在操纵范围时会变成缩放形态，拖动即可实现相应缩放操作。

图 9.48　任意旋转对象

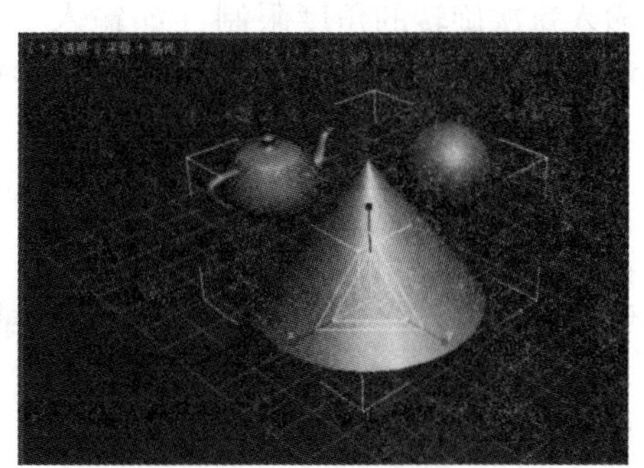

图 9.49　*X*、*Y*、*Z* 轴方向同时缩放

对于选择并移动、选择并旋转和选择并缩放 3 种工具的操作方法有以下相似之处：在工具按钮上右击将弹出相应的对话框，输入数据即可实现精确的移动/旋转/缩放操作；当选择 3 种工具中的一种时，按 Shift 键的同时进行拖动将弹出【克隆选项】对话框，如图 9.50 所示。其中【复制】表示新生成对象和源对象相同，但两者相互独立；【参考】表示修改源对象的同时新生成的对象也随之改变，即影响是单向的；【实例】表示修改源对象的同时新生成的对象也随之改变，反之亦可，即影响是双向的。

在使用上述 4 种与选择相关的工具时还可以配合快捷键实现增减选择对象的操作：按 Ctrl 键的同时单击视口中的对象，可增加选择对象；按 Alt 键的同时单击视口中已选择的对象，可以减去选择的对象。

5. 选择区域工具

选择区域工具用于控制上述 4 种与选择相关的工具的选择方式。单击【选择区域】按钮，按住鼠标左键不放将弹出 5 种形状的选择区域，如图 9.51 所示。

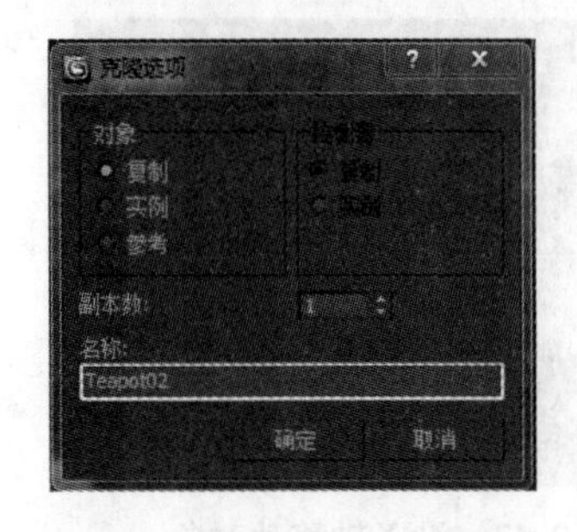

图 9.50 “克隆选项”对话框

图 9.51 选择区域工具中的 5 种形状

（1）矩形选择区域：拖动鼠标，矩形框内对象被选择。

（2）圆形选择区域：拖动鼠标，圆形框内对象被选择。

（3）围栏线选择区域：单击鼠标不断拉出直线，在末端双击，围成多边形区域，多边形框内对象被选择。

（4）套索选择区域：拖动鼠标左键绘制区域，选择所需对象。

（5）绘制选择区域：按下鼠标左键，此时鼠标处显示一个圆形区域，在拖动鼠标过程中框入该圆框的对象均被选择。

6. 角度捕捉切换工具

在【角度捕捉切换】按钮上右击，在弹出的【栅格和捕捉设置】对话框的【角度】文本框中输入每次旋转的角度限制（如输入 10），再单击【角度捕捉切换】按钮后，对所有对象的旋转变换操作将以输入的角度递增或递减。

7. 百分比捕捉切换工具

在【百分比捕捉切换】按钮上右击，在弹出的【栅格和捕捉设置】对话框的【百分比】文本框中输入缩放百分比（如输入 10），再单击【百分比捕捉切换】按钮后，对所有对象的缩放变换操作将以输入的百分比递增或递减。

8. 微调器捕捉切换工具

微调器捕捉切换工具用于设置 3ds Max 中所有微调器每次单击时增加或减少的值。在【微调器捕捉切换】按钮上右击，弹出【首选项设置】对话框，在【微调器】参数设置框中设置精度及捕捉的值，如设置精度为1，捕捉为10，则表示在微调器的编辑字段中显示的小数位为1位，每单击一次微调器将增加或减少10。

9. 镜像工具

镜像工具的作用是模拟现实中的镜子效果，把实物翻转或复制成对应的虚像。在视口中选择需要镜像的对象，单击主工具栏中的【镜像】按钮，弹出【镜像】对话框，对话框中包含内容如下。

【镜像轴】参数设置框：用于设置镜像的轴或者平面。

【偏移】文本框：用于设定镜像对象中偏移源对象轴心点的距离。

【克隆当前选择】参数设置框：默认选中的是【不克隆】单选项，即只翻转对象而不复制对象，其他单选项与选择并缩放工具中介绍的【克隆选项】对话框中的作用相同。

10. 对齐工具

对齐工具用来调整视口中两个对象的对齐方式。假设当前视口中存在一个长方体和一个圆柱体，先选中长方体，单击【对齐】按钮，再选中圆柱体，将会弹出【对其当前选择】对话框，此时，“当前对象”为长方体，“目标对象”为圆柱体，即长方体参照圆柱体位置对齐。

【对齐位置】区域中的【X位置】【Y位置】【Z位置】复选框用来确定物体沿3ds Max坐标系中的哪一条约束轴与目标物体对齐，【对齐方向】区域中的【X轴】【Y轴】【Z轴】复选框用来确定如何旋转当前物体，以使其按选定的坐标轴与目标对象对齐。【匹配比例】区域中的【X轴】【Y轴】【Z轴】复选框用于选择匹配两个选定对象之间的缩放轴，将“当前对象”沿局部坐标轴缩放到与“目标对象”相同的百分比，如果两个对象之前都未进行缩放，则其大小不会更改。

9.8 3ds Max基础建模

建模是三维制作的基本环节，也是动画及渲染等环节的前提，3ds Max基础建模方式有内置几何体建模、复合对象建模、二维图形建模等。

9.8.1 3ds Max内置几何体建模

3ds Max内置一些基本模型，包括标准基本体、扩展基本体等，选择命令面板中的【创建】→【几何体】选项，在下拉列表中选择内置模型类型，在【对象类型】卷展栏中将列出该类型的模型创建按钮，单击相应按钮之后，在视口中通过单击、移动、拖动鼠标等操作即可创建模型，右击结束创建。如果因某些操作结束了创建过程，那么右侧的【参数】卷展栏将会消失，此时单击命令面板中的【修改】标签则可进入修改面板继续修改对象的参数。

标准基本体及扩展基本体的创建方法大致相同，各种模型的参数略有差别，下面介绍一些常用的重要模型参数含义。

1. 分段

所有的标准基本体都有分段属性。“分段”值的大小决定了模型是否能够弯曲及弯曲的程度。“分段”值越大，模型弯曲就越平滑，但同时也将大大增加模型的复杂程度，降低了刷新速度。图 9.52 所示为圆环分段值为 8 和 24 的效果。

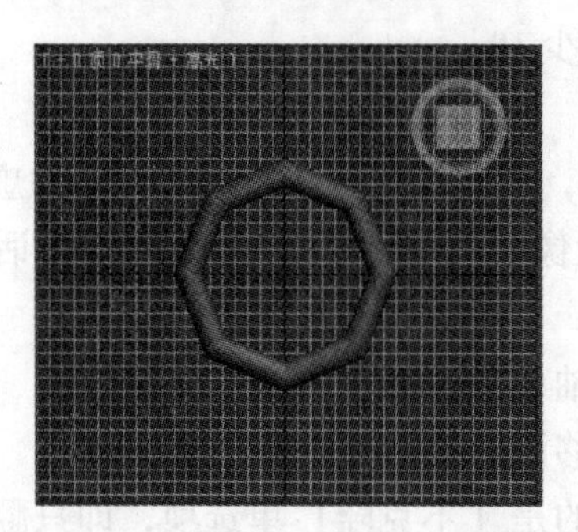
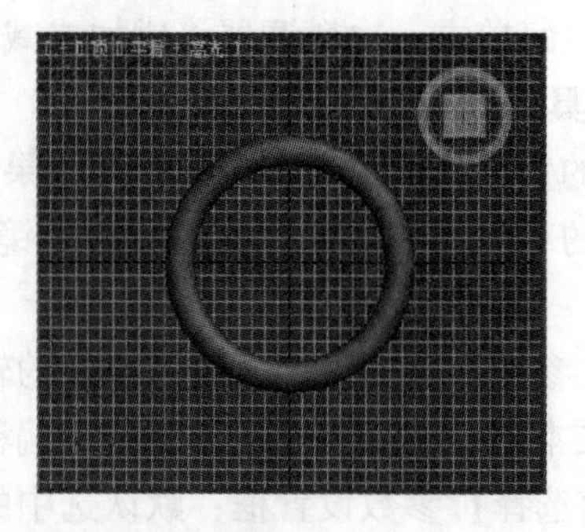

图 9.52　圆环分段值为 8 和 24 的效果

2. 边数

标准基本体中的圆锥体、球体、圆柱体、管状体、圆环和茶壶，以及扩展基本体中的环形节、切角圆柱体、油罐、胶囊、纺锤体、球棱柱和环形波都有边数属性，该属性决定了弯曲曲面边的边数，其值越大，侧面越接近圆形。图 9.53 所示为圆柱体边数值为 6 和 18 的效果。

图 9.53　圆柱体边数值为 6 和 18 的效果

3. 平滑

拥有边数属性的基本体一般也拥有平滑属性，该属性主要用于平滑模型的弯曲曲面。当勾选【平滑】属性时，较小的边数即可获得圆滑的侧面。图 9.54 所示为圆柱体边数值为 18 时未勾选和勾选【平滑】属性的效果。

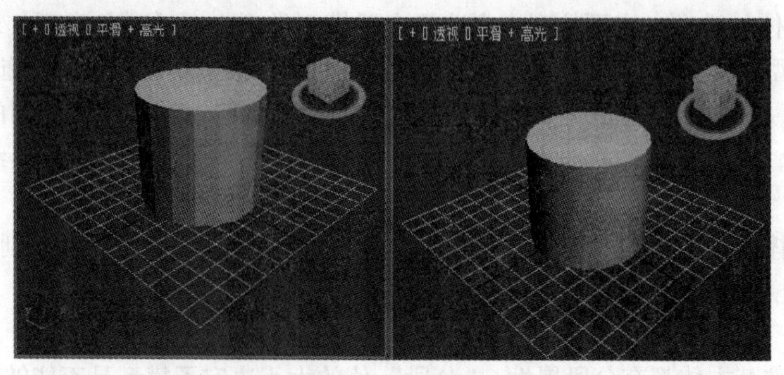

图 9.54　圆柱体边数值为 18 时未勾选和勾选【平滑】属性的效果

4. 切片

标准基本体中的圆锥体、球体、圆柱体、管状体和圆环，以及扩展基本体中的油罐、胶囊、纺锤体都有切片起始位置和切片结束位置属性。这两个属性可用于设置从基本体 X 轴的 O 点开始环绕其 Z 轴的切割度数，两个参数设置无先后之分，负值按顺时针方向移动切片，正值按逆时针方向移动切片。图 9.55 所示为圆柱体切片起始位置为 85，而切片结束位置为 15 的效果。

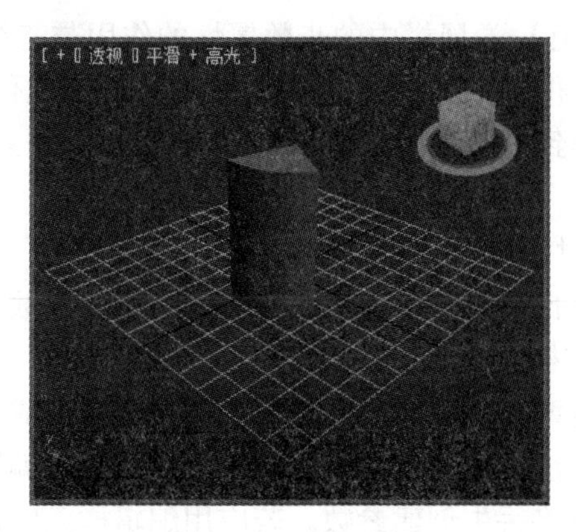

图 9.55 切片效果

9.8.2 3ds Max 二维图形对象生成三维模型

很多三维模型很难分解为简单的基本体，对于这种模型可以先制作二维图形，再通过复合建模或修改器建模等方法将其转换成三维模型，具体操作方法如下：选择命令面板中的【创建】→【图形】选项，在下拉列表中选择图形类型，在【对象类型】卷展栏中将列出该类的模型创建按钮。

3ds Max 中的二维图形是一种矢量线，由基本的顶点、线段和样线条等元素构成。使用二维图形建模的方法是先绘制一个基本的二维图形，然后进行编辑，最后添加转化成三维模型的命令，即可生成三维建模。

1. 二维图形对象的层级结构

(1) 顶点：顶点是线段开始和结束的点，有如下 4 种类型。

- 角点：该类顶点两端的线段相互独立，两个线段可以有不同的方向。
- 平滑：该类顶点两端的线段的切线在同一条线上，使曲线有光滑的外观。
- 贝塞尔曲线：该类顶点的切线类似于平滑顶点，但贝塞尔曲线提供了一个可以调节切线矢量大小的句柄。
- 贝塞尔曲线角点：该类顶点分别为顶点的线段提供了各自的调节句柄，它们是相互独立的，两个线段的切线方向可以单独进行调整。

(2) 控制手柄：位于顶点两侧，控制顶点两侧线段的走向与弧度。

(3) 线段：两个顶点之间的连线。

(4) 样条曲线：由一条或多条连续线段构成。

(5) 二维图形对象：由一条或多条样条曲线组合而成。

2. 二维图形的重要属性

除了截面以外，其他的二维图形都有【渲染】和【插值】属性卷展栏。

- 在默认情况下，二维图形是不能被渲染的，但在【渲染】卷展栏中则可以进行相关设置并获得渲染效果。勾选【在渲染中启用】复选框，渲染引擎将使用指定的参数对样条线进行渲染。勾选【在视口中启用】复选框，可直接在视口中观察到样条线的渲染效果。
- 对于样条而言，【插值】卷展栏中的步数属性的作用与三维基本体的分段属性作用相同，步数的值越高，得到的弯曲曲线越平滑。勾选【优化】复选框，则可根据样条线以最小的折点数得到最平滑的效果。勾选【自适应】复选框，系统将自动计算样条线的步数。

3. 访问二维图形的次对象

线在所有二维图形中是比较特殊的，它没有可以编辑的参数。创建完线对象就必须在其次对象层次（顶点、线段和样条线）中进行编辑。

对于其他二维图形，有两种方法来访问次对象：将其转换成可编辑样条线，或者应用编辑样条线修改器。这两种方法在用法上略有不同。若转化成可编辑样条线，就可以直接在次对象层次设置动画，但同时将丢失创建参数。若应用编辑样条线修改器，则可保留对象的创建参数，但不能直接在次对象层次设置动画。

将二维对象转换成可编辑样条线有以下两种方法。

- 在编辑修改器堆栈显示区域的对象名上右击，然后从快捷菜单中选择【转换为可编辑样条线】。
- 在场景中选择的二维图形上右击，然后从快捷菜单中选择【转换为可编辑样条线】。

要给对象应用编辑样条线修改器，可以在选择对象后打开修改命令面板，再从【编辑修改器】列表中选中【编辑样条线】选项即可。

4. 编辑样条线修改器

1)【选择】卷展栏

卷展栏用于设定编辑层次。设定了编辑层次后，可用标准选择工具在场景中选择该层次的对象。

2)【几何体】卷展栏

许多次对象工具在该卷展栏中，这些工具与选择的次对象层次紧密相关。样条线次对象层次中的常用工具如下。

- 附加：给当前编辑的图形增加一个或者多个图形，使其成为一个全新的对象。
- 分离：从二维图形中分离出某个线段或者样条线。
- 布尔运算：对样条线进行交、并和差运算。
- 焊接：根据可调整的阈值将两个点合并成一个点。
- 插入：用于插入顶点。
- 圆角/切角：将角处理成圆角或切角。
- 拆分：在指定线段上等距离地添加多个顶点。

3)【软选择】卷展栏

主要用于次要对象层次的变换。软选择会定义一个影响区域，使这个区域内的次对象都被软选择。

5. 常用将二维对象转换成三维对象的编辑修改器

有很多编辑修改器可以将二维对象转换成三维对象。在此将介绍挤出、车削、倒角和倒角剖面编辑修改器。

挤出是沿着二维对象的局部坐标系的 Z 轴为其增加一个厚度，同时可以沿着拉伸方向指定段数。若二维图形是封闭的，可以指定拉伸的对象是否有顶面和底面。

车削是绕指定的轴向旋转二维图形，常用来建立诸如杯子、盘子和花瓶等模型。旋转角度的取值范围可以是0°～360°。

倒角与挤出类似，但它除了可沿对象的局部坐标系的 Z 轴拉伸对象外，还可分3个层次调整截面的大小。

倒角剖面的作用类似于倒角，但它用一个称为侧面的二维图形来定义截面大小，变化更为丰富。

9.8.3　3ds Max 常用复合建模

在命令面板中单击【创建】→【复合对象】选项，即可在【对象类型】卷展栏下显示复合对象创建工具。复合对象建模是指通过对两个以上的对象执行特定的合成方法，最终生成一个对象的建模方式。3ds Max 中提供了多种复合建模方式，本节将对常用的方式进行介绍。

1. 布尔运算

布尔运算是指通过对两个对象进行加运算、减运算或交运算，而得到新的物体形态的运算。布尔运算需要两个原始的对象，设其为对象A和对象B。先选择一个操作对象，作为对象A，单击【布尔】按钮，再单击【拾取布尔】卷展栏中的【拾取操作对象B】按钮，即可指定对象B，从而进行布尔运算。布尔运算主要包含以下几种类型。

并集：将对象A、B合并，相交部分删除，生成一个新对象。

交集：保留对象A、B的相交部分，删除其余部分。

差集（A－B）：从对象A中减去与对象B相交的部分。

差集（B－A）：从对象B中减去与对象A相交的部分。

当立方体为对象A，球体为对象B时，布尔运算效果如图9.56所示。

2. 放样

放样操作是使一个或多个样条线（或截面图形）沿着第三个轴（或放样路径）产生三维物体，使用这种方法也可以实现二维图形到三维模型的转变。在视口中选中要放样的样条线，在复合对象面板中单击【放样】按钮，打开放样参数设置界面。

在【创建方法】卷展栏中通过选择【获取路径】按钮或【获取图形】按钮确定已选择的样条线作为路径还是截面图形。

【曲面参数】卷展栏用于设定放样曲面的平滑度，以及是否对放样对象应用纹理贴纸。

【路径参数】卷展栏用于设定沿放样对象路径上各个截面图形的间隔位置等。

【蒙皮参数】卷展栏用于控制放样对象网格的优化程度和复杂性。

创建放样复合对象后，通过修改面板的【变形】卷展栏中提供的【缩放】【扭曲】【倾斜】【倒角】和【拟合】按钮可以轻松地调整放样对象的形状，单击按钮即可打开相应的变形操作对话框，设置调整效果。

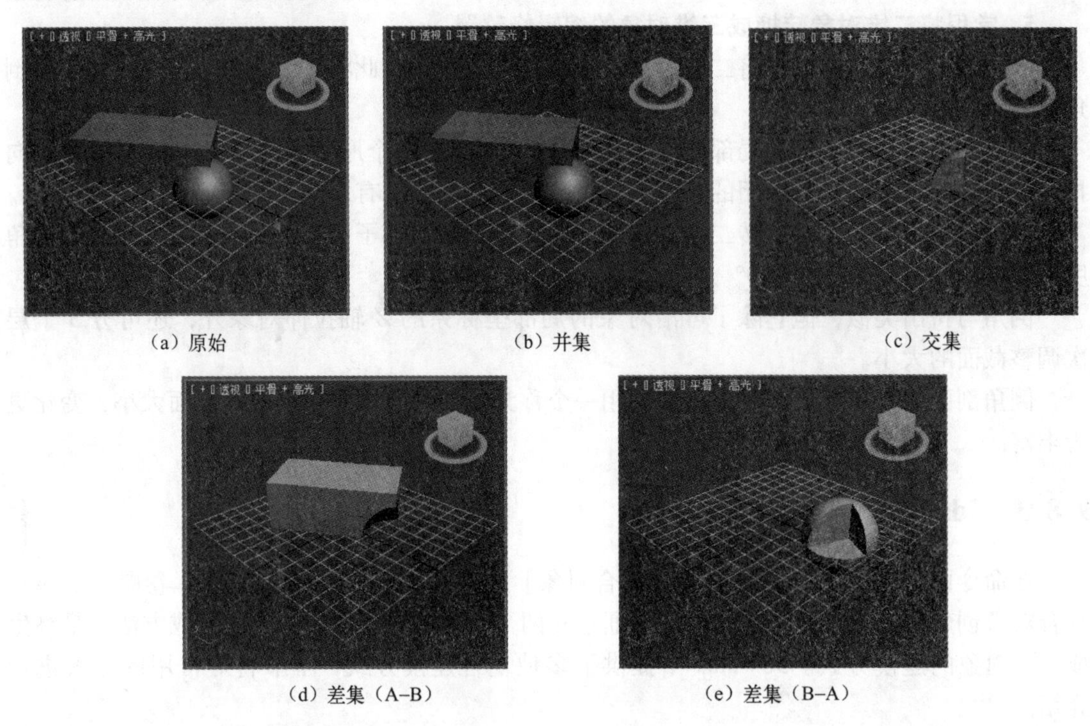

（a）原始 （b）并集 （c）交集

（d）差集（A–B） （e）差集（B–A）

图 9.56 布尔运算

3. 散布

3ds Max 支持两种类型的散布：一是将所选源对象散布为阵列，二是将所选源对象散布到分布对象的表面。散布要求源对象是网格对象或可以转换成网格对象的对象。通过散布可以制作大片的花草、树林、毛发等。

4. 连接

连接复合对象可以在两个表面有孔洞的对象之间创建连接的表面，填补对象间的空缺空间。执行此操作前，要先确保每个对象均存在可被删除的面，这样其表面就能产生一个或多个洞，然后使两个对象的洞面对面。

9.9 3ds Max 材质与贴图

材质与贴图主要用于表现对象表面的物质状态，构造真实世界中自然物质表面的视觉效果。材质用于表现物体的颜色、反光度、透明度等表面特性，而贴图是将图片信息投影到曲面上的方法。

另外，材质与贴图还是减少建模复杂程度的有效手段之一。某些造型上的细节，如物体表面的线饰、凹槽等效果完全可以通过编辑材质与贴图实现，这样将大大减少模型中的信息量，从而达到降低复杂度的目的。

9.9.1 3ds Max 精简材质编辑器

在主工具栏中单击按钮，打开【材质编辑器】窗口。【材质编辑器】窗口上方显示材质的【示例窗】，每一个材质球代表一种材质。【示例窗】的右侧和下方是垂直工具栏和水平工具栏。垂直工具栏主要用于【示例窗】的显示设定，水平工具栏主要用于对材质球的操作。

1.【材质编辑器】窗口中的常用工具栏按钮

- 【将材质放入场景】按钮：在编辑材质之后更新场景中的已应用于对象的材质。
- 【将材质指定给选定对象】按钮：将当前材质指定给视口中选定的对象。
- 【重置材质/贴图为默认设置】按钮：将当前材质球恢复到默认值。
- 【生成材质副本】按钮：复制当前选中的材质，生成材质副本。
- 【使唯一】按钮：将两个关联的材质球的实例化属性断开，使贴图实例成为唯一的副本。
- 【放入库】按钮：将当前选定的材质添加到当前库中。
- 【材质 ID 通道】按钮：材质 ID 值等同于对象的 G 缓冲区值，范围为 1 ~ 15。
- 【显示最终结果】按钮：当此按钮处于应用状态时，【示例窗】将显示材质树中所有贴图和明暗器组合的效果；当此按钮处于禁用状态时，【示例窗】只显示材质的当前层级。
- 【转到父对象】按钮：在当前材质中上移一个层级。
- 【转到下一个同级项】按钮：切换到下一个同级贴图或材质。

2. 标准材质的【明暗器基本参数】卷展栏

3ds Max 的默认材质是标准材质，它适用于大部分模型。设置标准材质首先要选择明暗器，在【明暗器基本参数】卷展栏中提供了 8 种不同的明暗器类型，每种明暗器都有一组特定的特性。例如：【金属】明暗器用于创建有光泽的金属效果；【各向异性】明暗器用于创建高光区为拉伸并成角的物体表面，模拟流线型的表面高光，如头发、玻璃等。

在【明暗器基本参数】卷展栏中，除了明暗器类型外还包含以下功能选项。

- 线框：以线框模式渲染材质，用户可在【扩展参数】卷展栏中设置线框的大小。
- 双面：使材质成为双面渲染对象。
- 面贴图：将材质应用到几何体的各个面。
- 面状：渲染对象表面的每一面都像是平面一样。

3. 标准材质的构成

1）颜色构成

当选择不同明暗器时，标准材质的参数略有不同，但颜色基本都通过环境光、漫反射、高反射 3 部分色彩来模拟材质的基本色。环境光影响对象阴影区域的颜色；漫反射的色彩决定了对象本身的颜色；高反射则控制了对象高光区域的颜色。

2）反射高光

不同的明暗器对应的高光控制是不同的，【反射高光】区域参数的设置决定了高光的强度和范围的形状。常见的反射高光参数包括高光级别、光泽度和柔化。

- 高光级别决定了反射高光的强度，其值越大，高光越亮。
- 光泽度影响反射高光的范围，其值越大，范围越小。
- 柔化控制高光区域的模糊程度，使之与背景更融合，其值越大，柔化程度越强。

3）自发光

自发光模拟彩色灯泡从对象内部发光的原理。若采用自发光，实际就是使用漫反射颜色替换曲面上的阴影颜色。

4）不透明度

不透明度用来设置对象的透明程度，其值越小，透明度越高，值为0则表示全透明。设置完不透明度后，可以单击【材质编辑器】窗口右侧的【背景】按钮，使用彩色棋盘格图案作为当前材质“示测图”的背景，这样更加便于观察效果。

9.9.2 3ds Max 贴图的类型

3ds Max 中材质是用来描述对象在光线照射下反射和传播光线的方式，而材质中的贴图则是用来模拟材质表面的纹理、质地，以及折射、反射等效果。

3ds Max 的所有贴图都可以在【材质/贴图浏览器】对话框中找到。贴图包含多种类型，常用的有如下几种。

1. 二维贴图

二维平面图像，常用于几何对象的表面，也可以用环境贴图来创建场景背景。最常用也是最简单的二维贴图是位图，它都是由程序生成的，如棋盘格贴图、渐变贴图、平铺贴图等。

2. 三维贴图

此类贴图是程序生成的三维模板，拥有自己的坐标系统。被赋予这种材质的对象，其切面纹理与外部纹理是相匹配的。三维贴图包括凹痕贴图、大理石贴图、烟雾贴图等。

3. 合成器贴图

此类贴图用于混合处理不同的颜色和贴图，包括合成贴图、混合贴图、遮罩贴图及RGB倍增贴图4种类型。

4. 反射和折射贴图

此类贴图用于具有反射或折射效果的对象，包括光线跟踪贴图、反射/折射贴图、平面镜贴图及薄壁折射贴图4种类型。

在【材质编辑器】窗口的【贴图】卷展栏中单击某一贴图通道的【None】按钮，就会弹出【材质/贴图浏览器】对话框，在其中可以选择任何一种类型的贴图作为材质贴图。

9.9.3 3ds Max 贴图的坐标

贴图坐标用于指定贴图在对象上放置的位置、大小比例、方向等。通常系统默认的贴图坐标就能达到较好的效果，而某些贴图则可以根据需要改变贴图的位置、角度等。

对于某些贴图而言，可以直接在【材质编辑器】窗口中的【坐标】卷展栏中进行偏移、平铺、角度设置，还有一种方法是在【材质编辑器】窗口中为对象设置贴图后，在【修改】面板中添加UVW贴图修改器，在该修改器的【参数】卷展栏中可以选择贴图坐标类型。

- 平面：以物体本身的面为单位投射贴图，两个共边的面将会投射为一个完整贴图，单个面则会投射为一个三角形。

- 柱形：贴图投射在一个柱面上，环绕在圆柱的侧面。柱形坐标系对造型近似柱体的对象非常有效。
- 球形：贴图坐标以球形方式投射在物体表面，但此种贴图会出现一个接缝。这种方式常用于造型类似球体的对象。
- 收紧包裹：该坐标方式也是球形的，但收紧了贴图的四角，将贴图的所有边聚集在球的一点，这样可以使贴图不出现接缝。
- 长方体：将贴图分别投射在6个面上，每个面都是一个平面贴图。
- 面：直接为对象的每块表面进行平面贴图。
- *XYZ* to *UVW*：贴图坐标的 *X*、*Y*、*Z* 轴会自动适配物体造型表面的 *U*、*V*、*W* 方向。此类贴图坐标可自动选择适配物体造型的最佳贴图形式，不规则对象比较适合选择此类贴图方式。

9.10 3ds Max 灯光与摄影机

一幅好的效果图需要好的观察角度，让人一目了然，因此调节摄影机是进行工作的基础。使用灯光的主要目的是对场景产生照明、烘托场景气氛和产生视觉冲击。产生照明是由灯光的亮度决定的，烘托气氛是由灯光的颜色、衰减和阴影决定的，产生视觉冲击是结合前面建模和材质并配合灯光摄影机的运用来实现的。

9.10.1 3ds Max 摄影机简介

摄影机可以从不同的角度、方向观察同一个场景，通过调节摄影机的角度、镜头、景深等参数，可以得到一个场景的不同效果。3ds Max 摄影机是模拟真实的摄影机设计的，具有焦距、视角等光学特性，还能实现一些真实摄影机无法实现的操作，比如瞬间更换镜头等。

1. 摄影机的类型

3ds Max 提供了两种摄影机：目标摄影机和自由摄影机。

- 目标摄影机在创建的时候就创建了两个对象，即摄影机本身和摄影目标点。将目标点链接到动画对象上就可以拍摄视线跟踪动画，即拍摄点固定而镜头跟随动画对象移动。目标摄影机通常用于跟踪拍摄、空中拍摄等。
- 自由摄影机在创建时仅创建了单独的摄影机。这种摄影机可以很方便地进行推拉、移动、倾斜等操作，而摄影机指向的方向即为观察区域。自由摄影机比较适合绑定到运动对象上进行拍摄，即拍摄轨迹动画，其主要用于流动拍摄、摇摄和轨迹拍摄。

2. 摄影机的主要参数设置

以上两种摄影机的参数设置绝大部分是完全相同的，在此统一进行介绍。

- 【镜头】微调框：设置摄影机的镜头的焦距长度，单位为毫米（mm）。镜头的焦距决定了成像的远近和景深，其值越大看到的越远，但视野范围越小，景深也越小。焦距在40～55 mm 之间为标准镜头。焦距在17～35 mm 之间为广角镜头，这种镜头拍摄的画面视野宽阔，景深长可以表现出很大的清晰范围。焦距在6～16 mm 之间为短焦镜头，这种镜头视野更加宽阔，但是物体会产生一些变形。【备用镜头】选项组中提供了一些常用的镜头焦距选项。

- 【视野】微调框：设置摄影机观察范围的宽度，单位为度。视野与焦距是紧密相连的，焦距越短，视野越宽。

9.10.2 3ds Max 灯光简介

灯光对象是用来模拟现实生活中不同类型的光源的，通过为场景创建灯光可以增强场景的真实感、清晰程度和三维纵深度。在没有添加灯光对象的情况下，场景会使用默认的照明方式，这种照明方式根据设置由一盏或两盏不可见的灯光对象构成。若在场景中创建了灯光对象，系统的默认照明方式将自动关闭。若删除场景中的全部灯光，默认照明方式又会重新启动。在渲染图中，光源会被隐藏，只渲染光线产生的效果。3ds Max 中提供了标准灯光和光度学灯光。标准灯光简单、易用，光度学灯光则较复杂。下面主要介绍标准灯光的类型和参数。

1. 标准灯光的类型

1）聚光灯

聚光灯能产生锥形照射区域，有明确的投射方向。聚光灯又分为目标聚光灯和自由聚光灯。目标聚光灯创建后会产生两个可调整对象：投射点和目标点。这种聚光灯可以方便地调整照明的方向，一般用于模拟路灯、顶灯等固定不动的光源。自由聚光灯创建后仅产生投射点这一个可调整对象，一般用于模拟手电筒、车灯等动画灯光。

2）平行光

平行光的光线是平行的，它能产生圆柱形或矩形棱柱照射区域。平行光又分为目标平行光与自由平行光。目标平行光与目标聚光灯类似，也包含投射点和目标点两个对象，一般用于模拟太阳光。自由平行光则只包含了投射点，只能整体地移动和旋转，一般用于对运动物体进行跟踪照射。

3）泛光

泛光是一个点光源，没有明确的投射方向，它由一个点向各个方向均匀地发射出光线，可以照亮周围所有的物体。但需要注意，如果过多地使用泛光会令整个场景失去层次感。

4）天光

天光是一种圆顶形的区域光。它可以作为场景中唯一的光源，也可以和其他光源共同模拟出高亮度和整齐的投影效果。

2. 灯光的常用参数

不同种类的灯光参数设置略有不同，这里主要介绍常用的基本参数的设置方法。

- 【常规参数】卷展栏：主要用于确定是否启用灯光，灯光的类型，是否投射阴影及启用阴影时阴影的类型。
- 【强度/颜色/衰减】卷展栏：【倍增】微调框用于指定灯光功率放大的倍数。【衰退】区域用于设置衰退算法，配合【近距衰减】和【远距衰减】区域中的参数设置模拟距离灯光远近不同的区域的亮度。
- 【阴影参数】卷展栏：用于设置场景中物体的投影效果，包括阴影的颜色、密度（密度越大，阴影越暗）、材质，以及确定灯光的颜色是否与阴影颜色混合。除了设置阴影的常规属性之外，也可以让灯光在大气中透射阴影。

9.11 3ds Max 生成动画的基本流程

动画是以人眼的“视觉暂留”现象为基础实现的。当一系列相关的静态图像在人眼前快速通过的时候，人们就会觉得看到的是动态的，而其中的每一幅静态图像称之为一帧。3ds Max 采用了关键帧的动画技术，创作者只需要绘制关键帧的内容即可，关键帧之间的信息则由 3ds Max 计算得出。

3ds Max 中实现动画的途径有很多。例如：使用自动关键帧和手动关键帧创建动画；使用轨迹视图、动力学系统、反动力学系统创建动画；使用动画控制器创建动画；使用外部插件创建动画等。3ds Max 生成动画的基本流程如下。

1）进行时间配置

在制作动画之前应该对动画时长、帧频等参数进行设置。单击动画控制区中的【时间配置】按钮，将打开【时间配置】对话框。该对话框的【帧速率】区域用于设置帧频，帧频越高，动画的播放速度越快；【动画】区域用于设置动画的总帧数，总帧数越大，动画的时间越长。

2）制作场景及对象模型

设计好动画情节后就开始对场景及对象进行建模。在建模过程中要根据情节的要求设置相应参数，包括灯光和摄影机等。

3）记录动画

在动画控制区中除了提供了动画的播放控制按钮，还提供了基础动画设置的控制按钮，常用的有如下两个。

（1）【切换自动关键点模式】按钮：开启/关闭自动关键点模式。开启自动关键点模式后，时间轨迹都变成红色，此时软件会自动将当前帧记录为关键帧，并记录下对模型的任何修改，如移动、旋转、缩放等。

（2）【切换设置关键点模式】按钮：开启/关闭设置关键点模式。开启设置关键点模式后，时间轴都变成红色，此时单击【设置关键点】按钮，软件会将当前帧记录为关键帧，并记录下对模型的任何修改。

4）结束记录

所有的关键点设置完毕后，再次单击【切换自动关键点模式】按钮或【切换设置关键点模式】按钮即可关闭记录关键点的状态，时间轨迹恢复正常。

5）播放及调整动画

动画制作完成后即可用动画播放控制区的按钮控制动画播放来查看动画效果，并且反复进行调整和测试。

9.12 综合实例

本节将通过介绍实例的方式使读者熟悉 3ds Max 中基本工具的使用方法及创建场景的常规过程。

实例9.5：制作“安卓机器人”公仔模型

“安卓机器人”是“安卓”手机系统的标识，如图9.57所示。创建模型之前我们要观察其结构，分析其各个组成部分的形态，进而决定应使用的建模工具和方法。

图9.57 安卓机器人

操作方法：

(1) 启动3ds Max，单击【自定义】→【单位位置】选项，在弹出的【单位位置】对话框中选中【公制】单选项，在其下拉列表中选择【毫米】选项。

(2) 在右侧的命令面板中单击【创建】→【标准基本体】→【球体】选项，用鼠标在顶视图中拖动。将【参数】卷展栏中的【半径】微调框数值设为30，【半球】微调框数值设为0.5，其他参数不变。在顶视图中单击右键，结束球体的创建。

(3) 在右侧的命令面板中单击【创建】→【扩建基本体】→【切角圆柱体】选项，用鼠标在透视图中拖动创建的公仔的身体。在【参数】卷展栏中将【半径】微调框数值设为30，【高度】微调框数值设为60，【圆角】微调框数值设为3，【分段】微调框数值设为4，【边数】微调框数值设为30，其他参数不变。在透视图中单击右键，结束切角圆柱体的创建。

(4) 选中刚建好的切角圆柱体，单击主工具栏上的【对齐】按钮，再单击创建的半球体。在弹出的【对齐当前选择】对话框中选中【X位置】【Y位置】复选项，选中【当前对象】及【目标对象】区域中的【轴心】单选项，单击【确定】按钮。这样公仔的头部与身体部分的 Z 轴就重合了。

在主工具栏中单击【选择并移动】按钮，在透视图中，沿 Z 轴方向移动公仔身体，使其与头部之间留有适当的间隙。

(5) 在右侧的命令面板中单击【创建】→【扩展基本体】→【胶囊】选项，用鼠标在透视图中公仔身体的右侧拖动创建公仔的一条胳膊。在【参数】卷展栏中将【半径】微调框数值设为6，【高度】微调框数值设为45，其他参数不变。在透视图中单击右键，结束胶囊的创建。

(6) 选中刚建好的胶囊体，单击主工具栏上的【对齐】按钮，再单击切角圆柱体。在弹出的【对齐当前选择】对话框中选中【Z位置】复选项，选中【当前对象】及【目标对象】区域中的【最大】单选项，单击【确定】按钮。这样公仔胳膊的顶部与身体部分的顶部就对齐了，效果如图9.58所示。用同样的方法使公仔胳膊的 Y 轴轴心与身体的 Y 轴轴心重合，效果如图9.59所示。

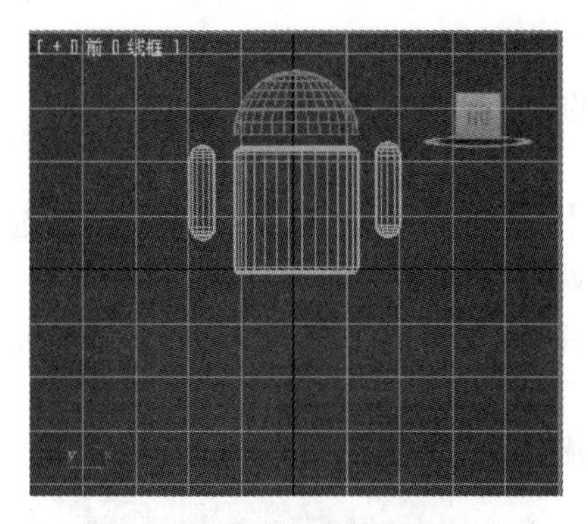

图 9.58 胳膊与身体顶部对齐

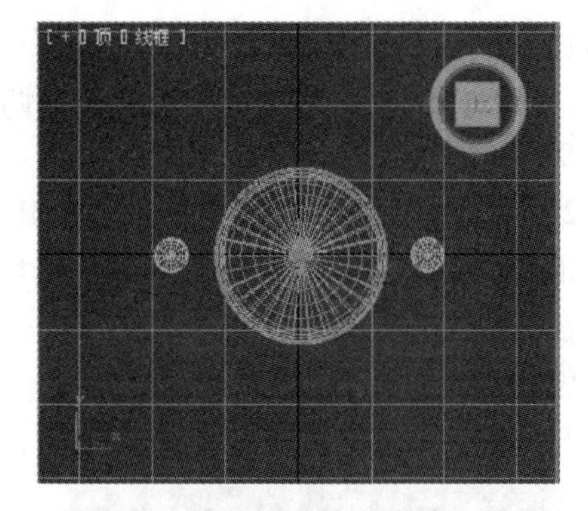

图 9.59 胳膊与身体 Y 轴轴心重合

在主工具栏中单击【选择并移动】按钮，在透视图中，用鼠标拖动的方法沿 X 轴方向移动公仔胳膊，使其与身体之间留有适当的间隙。

（7）在前视图中选择调整好位置的胶囊体，单击主工具栏上的【镜像】按钮。在弹出的【镜像：屏幕坐标】对话框中单击【镜像轴】区域中的【X】单选项，再单击【克隆当前选择】区域中的【复制】单选项。根据胶囊体与切角圆柱体的位置关系，在【偏移】微调框中输入适当的值（如“-82”）。单击【确定】按钮，复制公仔的另一条胳膊。

（8）在透视图中选中一个胶囊体，在右侧的命令面板中单击【层次】→【轴】→【仅影响轴】选项。在主工具栏中单击【选择并移动】按钮，然后沿 Z 轴方向移动胶囊体的轴心点到顶部，再次单击【仅影响到轴】按钮，结束调整。

在主工具栏中单击【选择并旋转】按钮，在透视图中将胶囊体沿 Z 轴旋转适当的角度。用同样的方法调整另一个胶囊体，最终效果如图 9.60 所示。

（9）用与制作胳膊相似的过程制作出公仔的腿、天线和眼睛并调整到合适的位置，最终效果如图 9.61 所示。

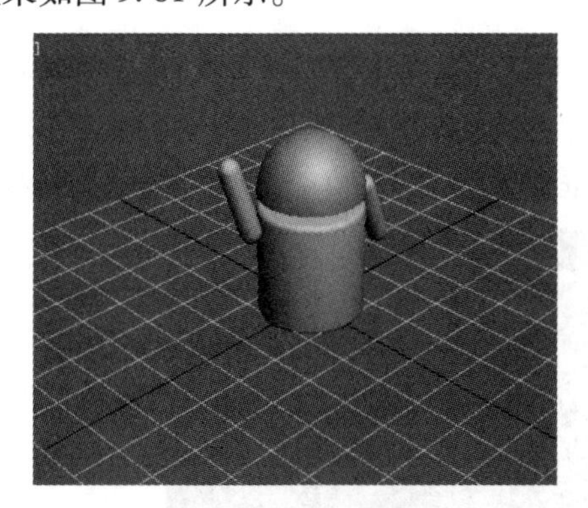

图 9.60 旋转后效果

图 9.61 建模后效果

（10）单击主工具栏上的【材质编辑器】按钮，在打开的窗口中单击【漫射】色块，在弹出的对话框中设置红、绿、蓝分别为 39、244、49，单击【确定】按钮。

在右侧命令面板中，将【高光级别】微调框数值设为 80，【光泽度】微调框数值设为 40。在视口中选中公仔的全部部件，然后按住 Alt 键并分别单击两只眼睛，使得除眼睛外其他的部位均处于被选中状态，单击【材质编辑器】窗口中的【将材质指定给选定对象】按钮，为选中部分赋予当前的材质。在视口中单击空白位置，取消当前选择。

（11）在【材质编辑器】窗口中选择第二个材质球，按住 Ctrl 键，在视口中分别单击两只眼睛，将眼睛选中，并用同样的方法将调整好的第二个材质球的材质指定给眼睛。最终效果如图 9.62 所示。

（12）在右侧的命令面板中单击【创建】→【灯光】→【标准】→【天光】选项，用鼠标在顶视口中单击添加天光，并将【倍增】微调框数值设为 0.7，再单击【目标平行光】选项，在视口中拖动鼠标添加目光平行光，将【倍增】微调框数值设为 0.5，调整光源点和目标点位置。

（13）单击【渲染】→【渲染】选项，得到最终渲染结果如图 9.63 所示。

图 9.62 指定材质后的效果

图 9.63 渲染效果

实例 9.6：制作“公园休息凳”模型

本实例主要学习“挤出”“晶格”“布尔运算”等室外效果图制作的基础知识和基本操作技能。

操作方法：

（1）单击【创建】→【图形】→【椭圆】选项，在左视图中创建一个长 190 mm、宽 700 mm 的椭圆，在右侧命令面板中，单击按钮，在【修改器列表】下拉列表中选择【挤出】选项，在【参数】卷展栏中将【数量】微调框数值设为 1 400 mm，如图 9.64 所示。

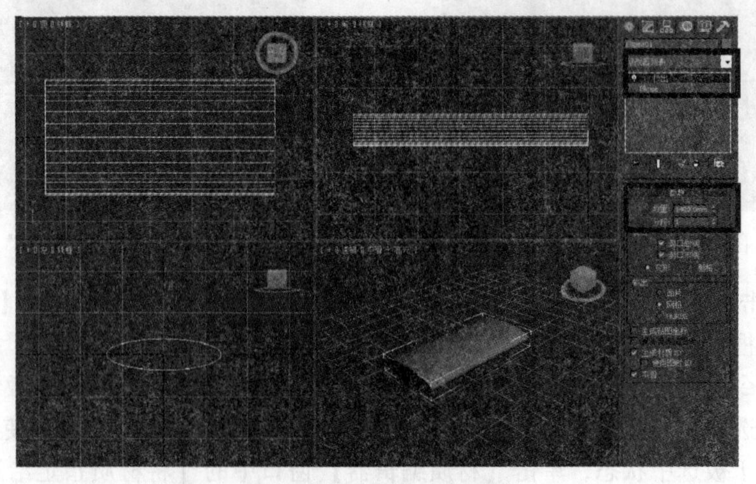

图 9.64 椭圆挤出效果图

（2）单击【创建】→【标准基本体】→【长方体】选项，在顶视图中创建一个长600 mm、宽1 300 mm、高200 mm的长方体，然后按图9.65所示的布局调整长方体位置。

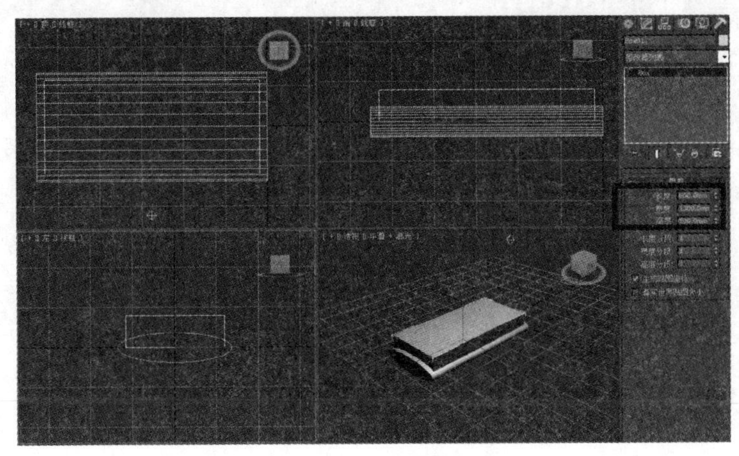

图9.65 长方体布局

（3）对两个物体进行布尔运算，首先单击上面的长方体，在菜单栏上选择【创建】→【复合对象】→【布尔】选项，在右侧命令面板中的【拾取布尔】卷展栏中单击【拾取操作对象B】按钮，在左视图中单击椭圆的挤出体，最后在【操作】区域选择相应的布尔运算，效果如图9.66所示。

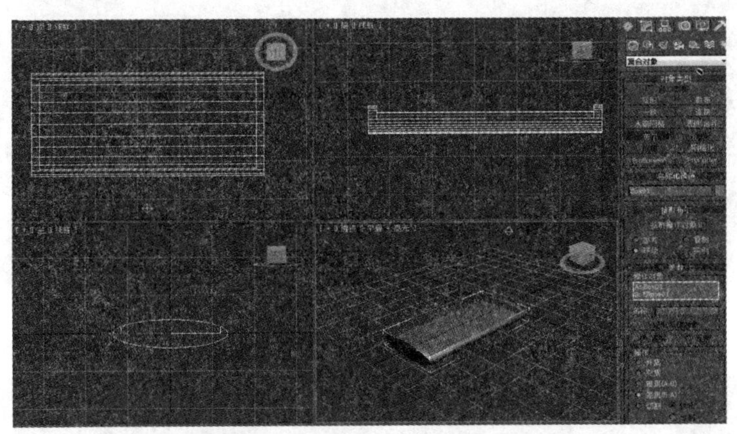

图9.66 进行布尔运算后的效果图

（4）要截取一部分圆弧，首先单击【角度捕捉开关】按钮，然后在左视图中绘制一条圆弧，在右侧命令面板中的【参数】卷展栏中将【半径】微调框数值设为980 mm，【从】微调框数值设为72，【到】微调框数值设为108，最后参照图9.67调整圆弧的位置。

（5）单击选中圆弧，在右侧命令面板【修改器列表】列表中选择【挤出】选项，在【参数】卷展栏中将【数量】微调框数值设为1 300，【分段】微调框数值设为20，效果和参数如图9.68所示。

（6）在右侧命令面板中单击【修改器列表】列表中的【晶格】选项，然后在【几何体】区域中选中【应用于整个对象】复选框，再选中【仅来自边的支柱】单选项，在【支柱】区域将半径设为5.0 mm，分段设为1，边数设为4，材质设为1，参数选择及效果如图9.69所示。

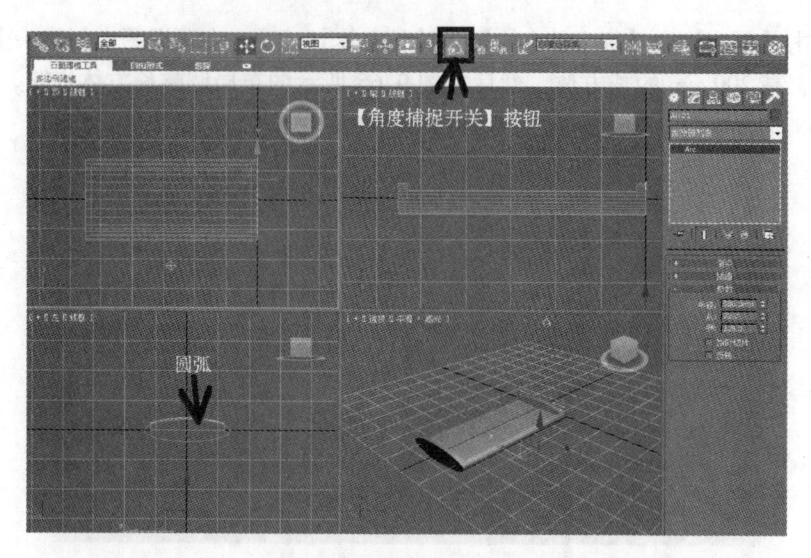

图 9.67 【圆弧】效果

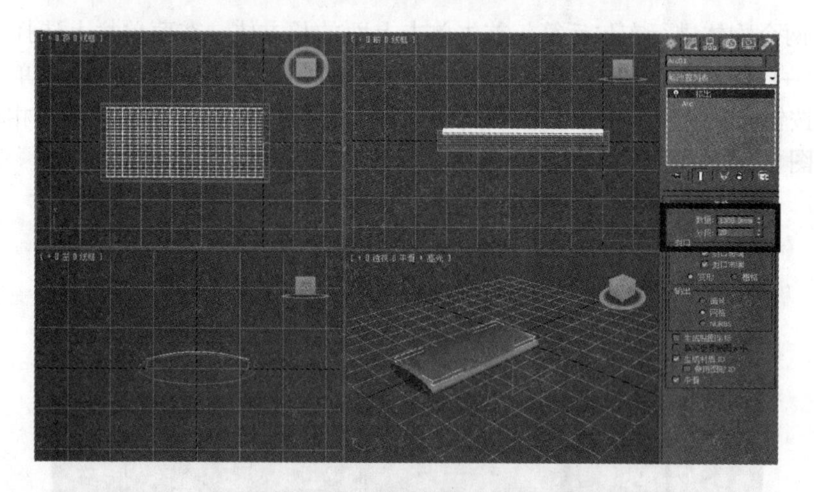

图 9.68 圆弧的挤出效果

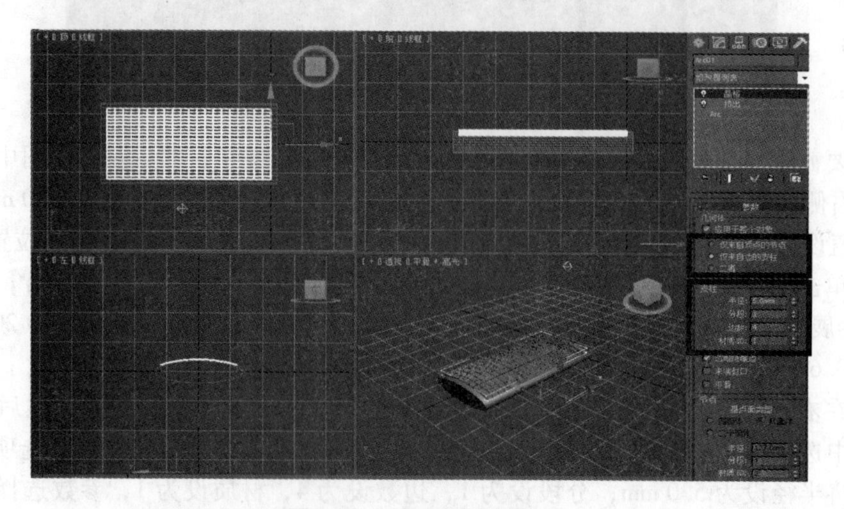

图 9.69 圆弧的晶格效果

（7）以上所创建的几何体，作为公园休息凳的凳面。在顶视图中创建圆柱体，作为公园休息凳的腿部，单击【修改器列表】列表中的【Cylinder】选项，在【参数】卷展栏中将半径设为30 mm，高度设为450 mm，然后调整其位置，如图9.70所示。

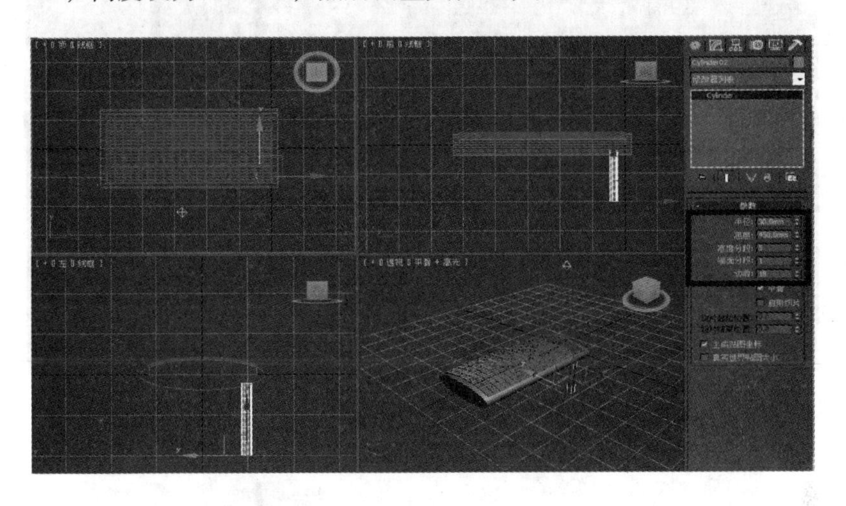

图9.70 圆柱体的效果

（8）利用主工具栏上【镜像】按钮，复制三个圆柱体，分别调整其位置，如图9.71所示。

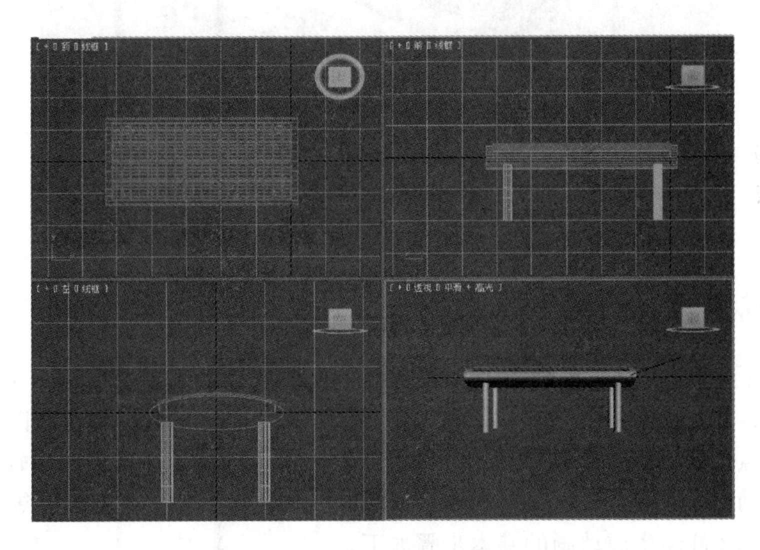

图9.71 【圆柱形】位置及效果

（9）按前面方法在顶视图中创建一个长、宽、高分别为6 000 mm、6 000 mm、10 mm的长方体，并调整到适当位置作为地面，如图9.72所示。

（10）添加材质和灯光后的渲染效果如图9.73所示。

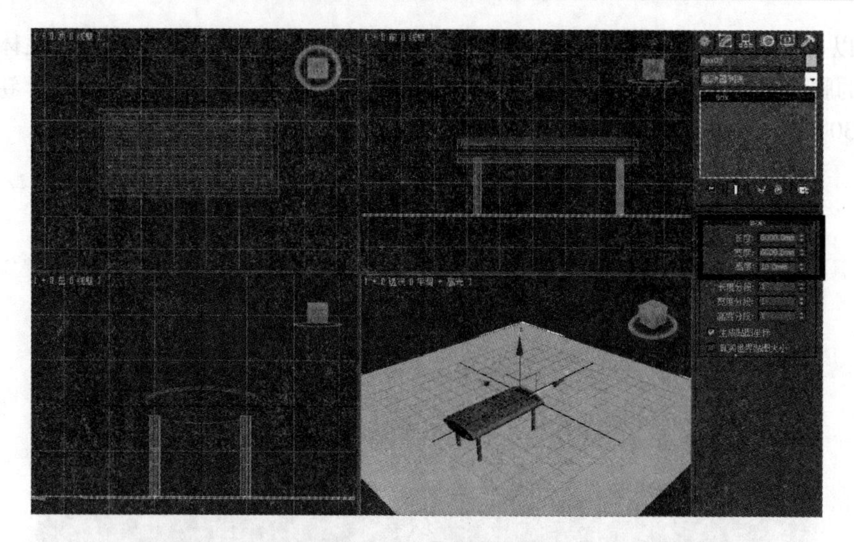

图 9.72 整体效果

图 9.73 渲染后效果

9.13 生成动画

3ds Max 除了可以完成三维建模外，还有一个重要的功能是制作动画。3ds Max 的动画功能十分强大，几乎所有的参数变化都可以记录为动画。在 3ds Max 中既可以使用自动关键点和手动关键点创建动画，也可以使用动画控制器来生成动画，还可以使用轨迹视图、动力学系统、反向动力学系统、Reactor、Character Studio，以及第三方动画插件等多种工具来制作动画。使用 3ds Max 生成动画的基本步骤如下。

1. 确定动画时间和帧率

单击动画控制区中的【时间配置】按钮，在弹出的对话框中对动画的时间长度、帧数和制式等参数进行适当设置。

2. 制作运动物体

设定动画时间属性后，在视图中建模，并根据实际需求对物体参数属性进行相应设置。

3. 开始记录动画

制作好运动物体后便可以开始记录动画。首先将时间滑块拖动到第 0 帧，单击【关键帧】按钮，然后将时间滑块拖动到其他时间轴上，此时对物体的任何修改（如移动一段距离、旋转一个角度、放大或缩小、修改编辑器等）都将被记录为动画，并在此帧添加一个关键帧。

4. 结束记录

修改完物体后再次单击【关键帧】按钮，关闭动画记录开关。

5. 播放动画

单击动画控制区中的【播放】按钮，播放动画并观看效果。

本章简要介绍了 3ds Max 的基础知识、常用工具的用法、常用建模方法、材质与贴图的设置，以及灯光和摄影机的基本知识。本章还结合综合实例介绍了 3ds Max 建模的一般过程，读者通过学习和实践可以对本章介绍的知识有所了解，进而达到举一反三的目的。

评价单

<table>
<tr><td>项目名称</td><td colspan="3">3ds Max应用</td><td>完成日期</td><td></td></tr>
<tr><td>班　级</td><td></td><td>小　组</td><td></td><td>姓　名</td><td></td></tr>
<tr><td>学　号</td><td colspan="2"></td><td colspan="2">组长签字</td><td></td></tr>
<tr><td colspan="2">评价内容</td><td>分　值</td><td colspan="2">学生评价</td><td>教师评价</td></tr>
<tr><td colspan="2">3ds Max工作界面熟悉程度</td><td>5</td><td colspan="2"></td><td></td></tr>
<tr><td colspan="2">工具栏上常用工具使用的熟练程度</td><td>10</td><td colspan="2"></td><td></td></tr>
<tr><td colspan="2">基础建模的熟练程度</td><td>10</td><td colspan="2"></td><td></td></tr>
<tr><td colspan="2">二维生成三维模型的熟练程度</td><td>15</td><td colspan="2"></td><td></td></tr>
<tr><td colspan="2">复合建模中布尔运算掌握的熟练程度</td><td>15</td><td colspan="2"></td><td></td></tr>
<tr><td colspan="2">材质与贴图的运用情况</td><td>15</td><td colspan="2"></td><td></td></tr>
<tr><td colspan="2">灯光与摄影机的运用情况</td><td>15</td><td colspan="2"></td><td></td></tr>
<tr><td colspan="2">任务整体完成情况</td><td>5</td><td colspan="2"></td><td></td></tr>
<tr><td colspan="2">态度是否认真</td><td>5</td><td colspan="2"></td><td></td></tr>
<tr><td colspan="2">与小组成员的合作情况</td><td>5</td><td colspan="2"></td><td></td></tr>
<tr><td colspan="2">总分</td><td>100</td><td colspan="2"></td><td></td></tr>
<tr><td>学生得分</td><td colspan="5"></td></tr>
<tr><td>自我总结</td><td colspan="5"></td></tr>
<tr><td>教师评语</td><td colspan="5"></td></tr>
</table>

知识点强化与巩固

一、填空题

1. 3ds Max 默认界面包括顶视图、左视图、前视图和（　　　　）。

2. 按（　　　　）快捷键可将当前选择的视口最大化或还原。

3. 当使用选择并移动工具时，按住 Shift 键的同时进行拖动将弹出（　　　　）对话框。

4. （　　　　）操作是使一个或多个样条线沿着第三个轴生成三维物体。

5. 选择并移动工具的快捷键是（　　　　）。

6. 选择并旋转工具的快捷键是（　　　　）。

7. 选择并缩放工具的快捷键是（　　　　）。

8. 在使用选择并缩放工具时，按住 Ctrl 键的同时单击视口中的对象，可（　　　　）。

9. 在使用选择并旋转工具时，按住 Alt 键的同时单击视口中已选择的对象，可（　　　　）。

10. 在使用对齐工具时先选中长方体，单击【对齐】按钮，再选中圆柱体，那么此时"当前对象"为（　　　　）。

11. 圆柱体的（　　　　）属性值决定了弯曲曲面边的个数，其值越大，侧面越接近圆形。

二、简答题

1. 请说明【克隆选项】对话框中 3 个单选项的意义。

2. 简述二维图形的顶点类型及其特征。

3. 简述 4 种布尔运算的作用。

4. 简述 UVW 贴图坐标的种类及它们的特点。

5. 简述 3ds Max 提供的摄影机的类型及其特点。